DOMINO 2019

기능사, 합격의 Do!

도미노는 예문사 국가기술자격 수험서의 새 브랜드입니다.
하나의 블록을 넘어뜨리면 마지막 블록까지 모두 넘어가는 도미노처럼
25년간 국가기술자격서를 다뤄온 예문사의 노하우와 차별화된 구성으로
기능사/산업기사/기사/기능장/기술사 시험의 합격까지 안내하겠습니다.

전기기능사 필기 단기완성

김종남 · 이현옥 공저

기술자격시험의 DO

"Do! mino"

도미노는 국가기술자격 전문출판사인 예문사의 새 브랜드입니다.
하나의 블록을 넘어뜨리면 그 다음 블록이 연이어 넘어가는 도미노처럼,
기능사에서 시작하여 산업기사 - 기사 – 기능장/기술사 자격에 이르기까지
빠르고 정확한 내용으로 여러분을 합격으로 안내해 줄 것입니다.

전기는 고도의 정보화 사회에서 가장 중추적인 에너지원이다.
최근 스마트 그리드와 신재생에너지 등 신성장동력산업이 이슈화되면서 전기 분야 기술인력의 수요가 급증하고 있다.
다른 분야와는 달리 기술자격을 갖춘 기술자가 반드시 필요하기에 전기기능사는 전기 분야의 입문단계에서 디딤돌 역할을 하는 자격으로 이를 준비하는 수험생들이 좀 더 쉽게 공부할 수 있는 교재가 절실하다. 이에 본 교재에서는 필자의 오랜 강의경험과 현장실무지식을 바탕으로 전기 전반에 대한 기본이론 및 출제경향을 쉽게 이해하고, 더 나아가 상위 자격 취득에도 도움이 되도록 다음 사항에 중점을 두고 내용을 구성하였다.

첫째, 기능사 필기시험이 CBT(Computer-Based Training)방식으로 시행됨에 따라 기존의 형식에서 벗어나 CBT 맞춤식으로 구성하여 수험자가 새로운 방식에 쉽게 적응하도록 하였다.
둘째, 전기에 대한 기초지식이 없어도 쉽게 접근할 수 있도록 강의식 내용구성으로 흥미를 잃지 않고 공부할 수 있도록 하였다.
셋째, 최근 기출문제를 각 단원별로 수록하여 자연스럽게 출제경향을 파악하면서 내용을 익힐 수 있도록 하였다.

이 교재를 활용하는 방법으로는 처음부터 암기식 공부로 지루한 공부를 하기보다는 가벼운 마음으로 쉬운 문제부터 접근하면서 두세 번 반복하여 본 후에 핵심테마 36선을 중점적으로 공부한다면 보다 더 효과적인 수험 준비가 될 것이다.

끝으로 이 교재를 통해 전기기능사를 준비하는 모든 수험생들이 합격의 영광을 누림과 동시에 미래에 우수한 전기기술자로 거듭날 것을 기대하며 출간을 위해 많은 도움을 주신 도서출판 예문사에도 감사의 말씀을 전한다.

저 자

INFORMATION

시험정보

- **자격명 :** 전기기능사(Craftsman Electricity)
- **직무내용 :** 전기에 필요한 장비 및 공구를 사용하여 회전기, 전지기, 제어장치 또는 빌딩, 공장, 주택 및 전력시설물의 전선, 케이블, 전기기계 및 기구를 설치, 보수, 검사, 시험 및 관리하는 일

출제경향

- 전기설비에 필요한 장비 및 공구를 사용하여 회전기, 전지기, 제어장치 또는 빌딩, 공장, 주택 및 전력시설물의 전선, 케이블, 전기기계 및 기구를 설치, 보수 검사, 시험 및 관리하는 능력을 평가
- 전기설비기술기준 및 판단기준 개정 시행(2015년 1월 30일), 내선규정의 개정 시행(2013년 1월 1일)에 따라 수험자는 개정된 기준 및 규정으로 수험준비에 임하여야 함

※ 2016년 제5회 기능사 필기시험부터 CBT(Computer-Based Training) 방식으로 시행되어, 수험생 개인별로 상이한 문제를 풀게 되며, 시험문제는 비공개입니다. 본 도서의 최신기출문제 일부는 수험생의 기억에 의해 출제된 문제 중 같거나 유사한 문제로 재구성한 것입니다.

시험일정

구 분	필기원서 접수	필기시험	필기합격자 발표	실기원서 접수	실기시험	최종합격자 발표
정기 1회	1.4~1.10	1.19~1.27	2.1	2.18~2.21	3.23~4.14	4.19
정기 2회	3.22~3.28	4.6~4.14	4.19	4.29~5.3	5.25~6.7	6.21
	산업수요 맞춤형 및 특성화고등학교 등 필기시험 면제자 검정 ※일반인 필기시험 면제자 응시 불가			5.7~5.10	6.15~6.28	7.12
정기 3회	6.21~6.27	7.13~7.21	7.26	7.29~8.1	8.24~9.6	9.20
정기 4회	8.23~8.29	9.28~10.6	10.18	10.28~10.31	11.23~12.6	12.20

※ 시험일정은 큐넷(www.q-net.or.kr)에서 확인할 수 있습니다.

검정방법(필기)

- 객관식 4지 택일형 60문항
- **시험시간 :** 1시간
- **합격기준 :** 절대평가, 60점 이상 득점 시 합격

출제기준(필기)

주요 항목	세부 항목
정전기와 콘덴서	❶ 전기의 본질 ❷ 정전기의 성질 및 특수현상 ❸ 콘덴서 ❹ 전기장과 전위
자기의 성질과 전류에 의한 자기장	❶ 자석에 의한 자기현상 ❷ 전류에 의한 자기현상 ❸ 자기회로
전자력과 전자유도	❶ 전자력 ❷ 전자유도
직류회로	❶ 전압과 전류 ❷ 전기저항
교류회로	❶ 정현파 교류회로 ❷ 3상 교류회로 ❸ 비정현파 교류회로
전류의 열작용과 화학작용	❶ 전류의 열작용 ❷ 전류의 화학작용
변압기	❶ 변압기의 구조와 원리 ❷ 변압기 이론 및 특성 ❸ 변압기 결선 ❹ 변압기 병렬운전 ❺ 변압기 시험 및 보수
직류기	❶ 직류기의 원리와 구조 ❷ 직류발전기의 이론 및 특성 ❸ 직류전동기의 이론 및 특성 ❹ 직류전동기의 특성 및 용도 ❺ 직류기의 시험법
유도전동기	❶ 유도전동기의 원리와 구조 ❷ 유도전동기의 속도제어 및 용도
동기기	❶ 동기기의 원리와 구조 ❷ 동기발전기의 이론 및 특성 ❸ 동기발전기의 병렬운전 ❹ 동기발전기의 운전
정류기 및 제어기기	❶ 정류용 반도체 소자 ❷ 각종 정류회로 및 특성 ❸ 제어 정류기 ❹ 사이리스터의 응용회로 ❺ 제어기 및 제어장치
보호계전기	❶ 보호계전기의 종류 및 특성
배선재료 및 공구	❶ 전선 및 케이블 ❷ 배선재료 ❸ 전기설비에 관련된 공구
전선접속	❶ 전선의 피복 벗기기 ❷ 전선의 각종 접속방법 ❸ 전선과 기구단자와의 접속
옥내배선공사	❶ 애자사용배선 ❷ 금속몰드배선 ❸ 합성수지 몰드 배선 ❹ 합성수지관 배선 ❺ 금속전선관배선 ❻ 가요전선관배선 ❼ 덕트 배선 ❽ 케이블 배선 ❾ 저압 옥내배선 ❿ 특고압 옥내배선
전선 및 기계기구의 보안공사	❶ 전선 및 전선로의 보안 ❷ 과전류 차단기 설치공사 ❸ 각종 전기기기 설치 및 보안공사 ❹ 접지공사 ❺ 피뢰기 설치공사
가공인입선 및 배전선공사	❶ 가공인입선 공사 ❷ 배전선로용 재료와 기구 ❸ 장주, 건주 및 가선 ❹ 주상기기의 설치
고압 및 저압 배전반공사	❶ 배전반공사 ❷ 분전반공사
특수장소공사	❶ 먼지가 많은 장소의 공사 ❷ 위험물이 있는 곳의 공사 ❸ 가연성 가스가 있는 곳의 공사 ❹ 부식성 가스가 있는 곳의 공사 ❺ 흥행장, 광산, 기타 위험장소의 공사
전기응용시설공사	❶ 조명배선 ❷ 동력배선 ❸ 제어배선 ❹ 신호배선 ❺ 전기응용기기 설치공사

최근 4년간 전기기능사 출제빈도

시험 과목	최근 4년간 출제빈도	단원(제목) 구성	세부 구성
전기 이론	15%	1 직류회로	① 전류와 전압 및 저항 ② 전기회로의 회로해석
	11%	2 전류의 열작용과 화학작용	① 전력과 전기회로 측정 ② 전류의 화학작용과 열작용
	17%	3 정전기와 콘덴서	① 정전기의 성질 ② 정전용량과 정전에너지 ③ 콘덴서
	14%	4 자기의 성질과 전류에 의한 자기장	① 자석의 자기작용 ② 전류에 의한 자기현상과 자기회로
	16%	5 전자력과 전자유도	① 전자력 ② 전자유도 ③ 인덕턴스와 전자에너지
	19%	6 교류회로	① 교류회로의 기초 ② 교류전류에 대한 RLC의 작용 ③ RLC 직렬회로 ④ RLC 병렬회로 ⑤ 공진회로 ⑥ 교류전력
	5%	7 3상 교류회로	① 3상 교류 ② 3상 회로의 결선 ③ 3상 교류전력
	4%	8 비정현파와 과도현상	① 비정현파 교류 ② 과도현상
소계	100%(20문항)		
전기 기기	25%	1 직류기	① 직류 발전기의 원리 ② 직류 발전기의 구조 ③ 직류 발전기의 이론 ④ 직류 발전기의 종류 ⑤ 직류 발전기의 특성 ⑥ 직류 전동기의 원리 ⑦ 직류 전동기의 이론 ⑧ 직류 전동기의 종류 및 구조 ⑨ 직류 전동기의 특성 ⑩ 직류 전동기의 운전 ⑪ 직류 전동기의 손실 ⑫ 직류기의 효율
	21%	2 동기기	① 동기 발전기의 원리 ② 동기 발전기의 구조 ③ 동기 발전기의 이론 ④ 동기 발전기의 특성 ⑤ 동기 발전기의 운전 ⑥ 동기 전동기의 원리 ⑦ 동기 전동기의 이론 ⑧ 동기 전동기의 운전 ⑨ 동기 전동기의 특징
	19%	3 변압기	① 변압기의 원리 ② 변압기의 구조 ③ 변압기유 ④ 변압기의 이론 ⑤ 변압기의 특성 ⑥ 변압기의 결선 ⑦ 변압기 병렬운전 ⑧ 특수 변압기
	22%	4 유도전동기	① 유도전동기의 원리 ② 유도전동기의 구조 ③ 유도전동기의 이론 ④ 유도전동기의 특성 ⑤ 유도전동기의 운전 ⑥ 단상 유도전동기
	12%	5 정류기 및 제어기기	① 정류용 반도체 소자 ② 각종 정류회로 및 특성 ③ 제어 정류기 ④ 사이리스터의 응용회로 ⑤ 제어기 및 제어장치
소계	100%(20문항)		
전기 설비	26%	1 배선재료 및 공구	① 전선 및 케이블 ② 배선재료 및 기구 ③ 전기공사용 공구 ④ 전선접속
	25%	2 옥내배선공사	① 애자사용배선 ② 몰드 배선공사 ③ 합성수지관 배선 ④ 금속전선관 배선 ⑤ 가요전선관 배선 ⑥ 덕트 배선 ⑦ 케이블 배선
	13%	3 전선 및 기계기구의 보안공사	① 전압 ② 간선 ③ 분기회로 ④ 변압기 용량 산정 ⑤ 전로의 절연 ⑥ 접지공사 ⑦ 피뢰기 설치공사
	28%	4 가공인입선 및 배전선 공사	① 가공인입선 공사 ② 건주, 장주 및 가선 ③ 배전반공사 ④ 분전반공사 ⑤ 보호계전기
	8%	5 특수장소 및 전기응용시설 공사	① 특수장소의 배선 ② 조명배선
소계	100%(20문항)		

교재에 수록된 기호 및 문자

1. 전기 · 자기의 단위

명 칭	기호	단위의 명칭	단위기호	명 칭	기호	단위의 명칭	단위기호
전압(전위, 전위차)	V, U	volt	V	유전율	ε	farad/meter	F/m
기전력	E	volt	V	전기량(전하)	Q	coulomb	C
전류	I	ampere	A	정전용량	C	farad	F
전력(유효전력)	P	watt	W	자체 인덕턴스	L	henry	H
피상전력	P_α	voltampere	VA	상호 인덕턴스	M	henry	H
무효전력	P_γ	var	var	주기	T	second	sec
전력량(에너지)	W	joule, watt second	J, w · s	주파수	f	hertz	Hz
저항률	ρ	ohmmeter	Ω · m	각속도	ω	radian/second	rad/sec
전기저항	R	ohm	Ω	임피던스	Z	ohm	Ω
전도율	σ	mho/meter	℧/m	어드미턴스	Y	mho	℧
자장의 세기	H	ampere-turn/meter	AT/m	리액턴스	X	ohm	Ω
자속	φ	weber	Wb	컨덕턴스	G	mho	℧
자속밀도	B	weber/meter^2	Wb/m^2	서셉턴스	B	mho	℧
투자율	μ	henry/meter	H/m	열량	H	calorie	cal
자하	m	weber	Wb	힘	F	newton	N
전장의 세기	E	volt/meter	V/m	토크	T	newton meter	Nm
전속	ψ	coulomb	C	회전속도	N	revolution per minute	rpm
전속밀도	D	coulomb/meter^2	C/m^2	마력	P	horse power	HP

2. 그리스 문자

대문자	소문자	명 칭	대문자	소문자	명 칭
Δ	δ	델타(delta)	Ρ	ρ	로(rho)
Ε	ε	엡실론(epsilon)	Σ	σ	시그마(sigma)
Η	η	이타(eta)	Τ	τ	타우(tau)
Θ	θ	세타(theta)	Φ	φ	파이(phi)
Μ	μ	뮤(mu)	Ψ	ψ	프사이(psi)
Π	π	파이(pi)	Ω	ω	오메가(omega)

3. 단위의 배수

기 호	읽는 법	양	기 호	읽는 법	양
G	giga	10^9	m	milli	10^{-3}
M	mega	10^6	μ	micro	10^{-6}
k	kilo	10^3	n	nano	10^{-9}

※ 한국산업인력공단에서는 자격검정 CBT 웹 체험을 제공하고 있습니다. (큐넷 http://www.q-net.or.kr 참고)

수험자 정보 확인

시험장 감독위원이 컴퓨터에 나온 수험자 정보와 신분증이 일치하는지를 확인하는 단계입니다.
수험번호, 성명, 주민등록번호, 응시종목, 좌석번호를 확인합니다.

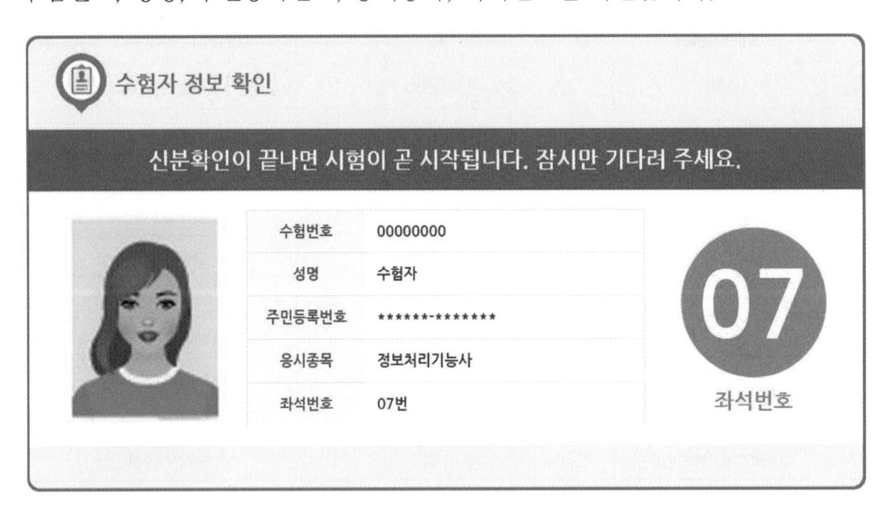

안내사항

시험에 관련된 안내사항이므로 꼼꼼히 읽어보시기 바랍니다.

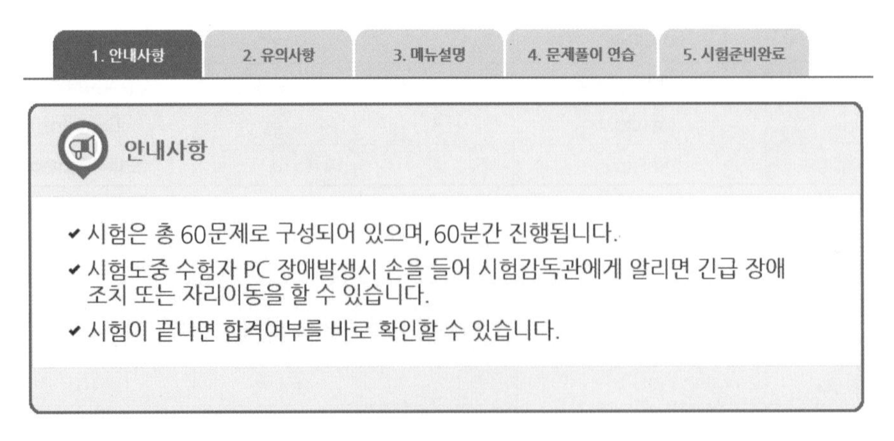

유의사항

부정행위는 절대 안 된다는 점, 잊지 마세요!

유의사항 - [1/3]

- **다음과 같은 부정행위가 발각될 경우 감독관의 지시에 따라 퇴실 조치되고, 시험은 무효로 처리되며, 3년간 국가기술자격검정에 응시할 자격이 정지됩니다.**

✔ 시험 중 다른 수험자와 시험에 관련한 대화를 하는 행위
✔ 시험 중에 다른 수험자의 문제 및 답안을 엿보고 답안지를 작성하는 행위
✔ 다른 수험자를 위하여 답안을 알려주거나, 엿보게 하는 행위
✔ 시험 중 시험문제 내용과 관련된 물건을 휴대하여 사용하거나 이를 주고받는 행위

다음 유의사항 보기 ▶

문제풀이 메뉴 설명

문제풀이 메뉴에 대한 주요 설명입니다. CBT에 익숙하지 않다면 꼼꼼한 확인이 필요합니다. (글자크기/화면배치, 전체/안 푼 문제 수 조회, 남은 시간 표시, 답안 표기 영역, 계산기 도구, 페이지 이동, 안 푼 문제 번호 보기/답안 제출)

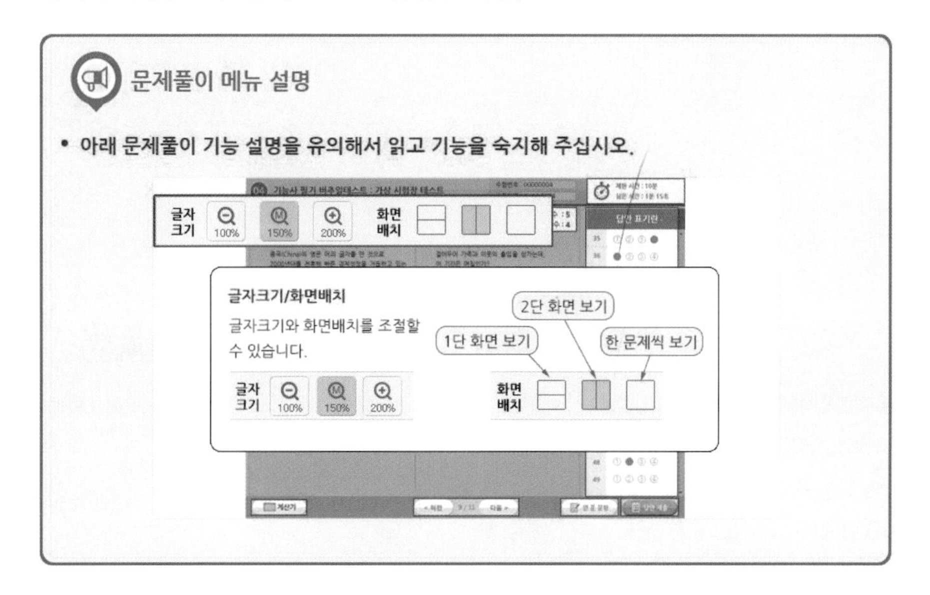

시험준비 완료!

이제 시험에 응시할 준비를 완료합니다.

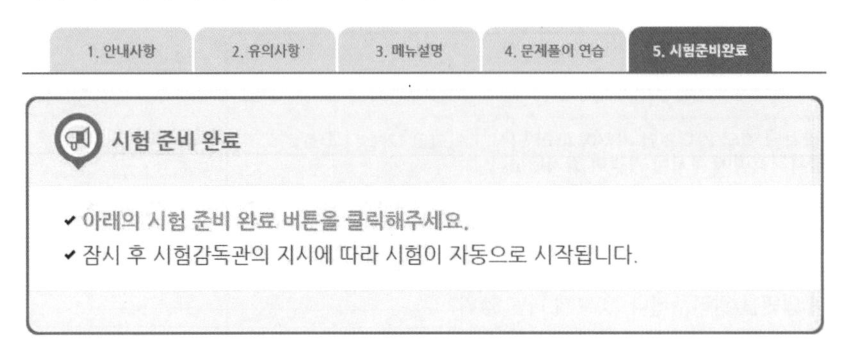

시험화면

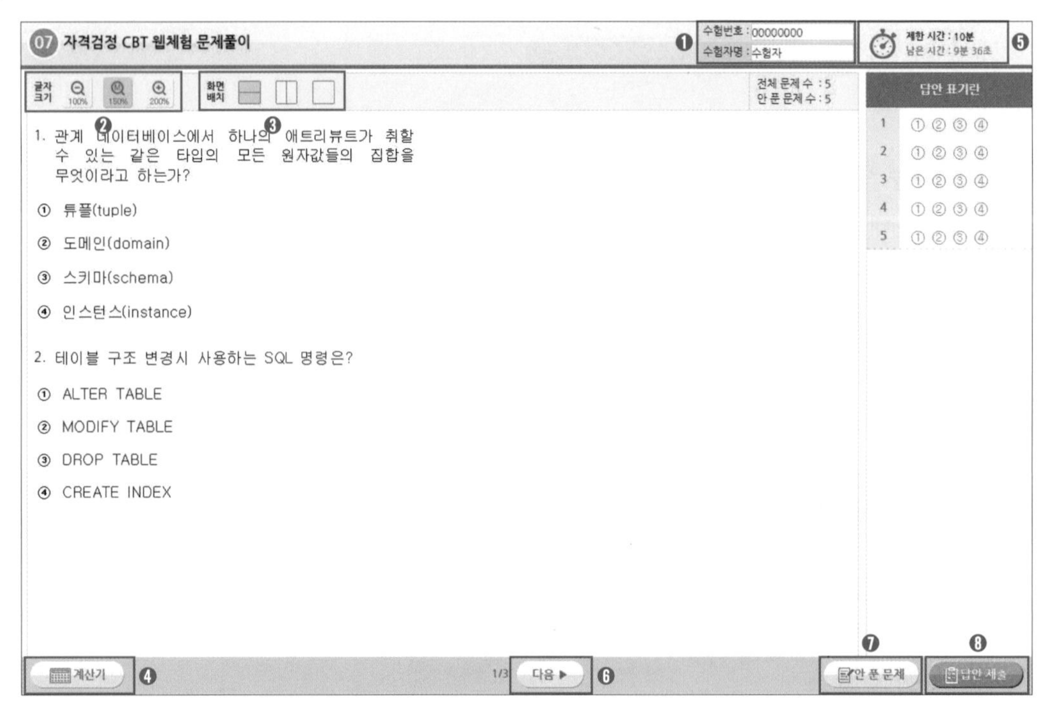

❶ **수험번호, 수험자명 :** 본인이 맞는지 확인합니다.

❷ **글자크기 :** 100%, 150%, 200%로 조정 가능합니다.

❸ **화면배치 :** 2단 구성, 1단 구성으로 변경합니다.

❹ **계산기 :** 계산이 필요할 경우 사용합니다.

❺ **제한 시간, 남은 시간 :** 시험시간을 표시합니다.

❻ **다음 :** 다음 페이지로 넘어갑니다.

❼ **안 푼 문제 :** 답안 표기가 되지 않은 문제를 확인합니다.

❽ **답안 제출 :** 최종답안을 제출합니다.

답안 제출

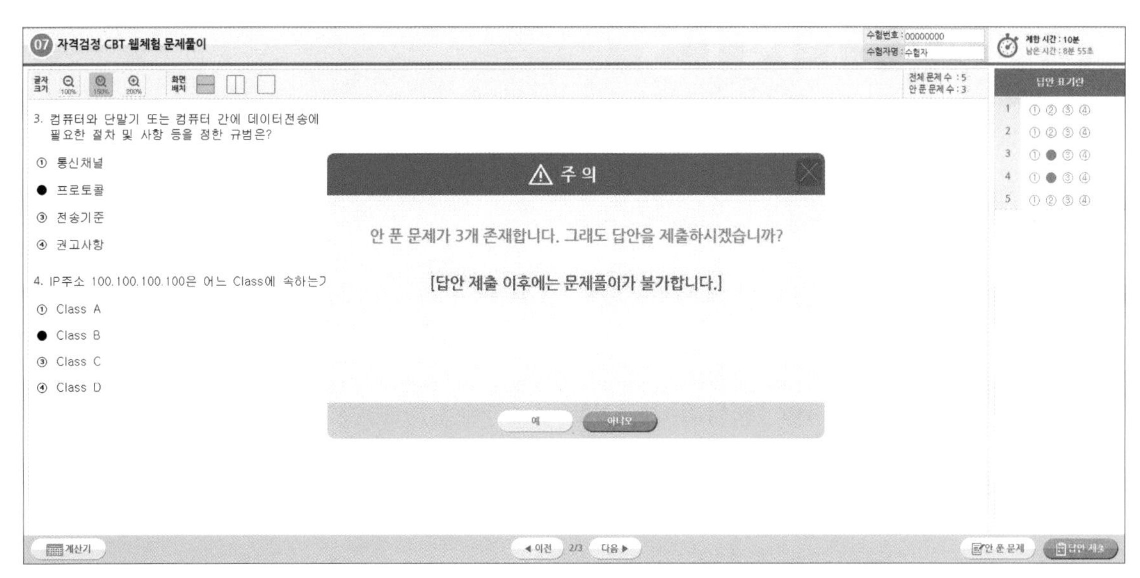

문제를 다 푼 후 답안 제출을 클릭하면 위와 같은 메시지가 출력됩니다.
여기서 '예'를 누르면 답안 제출이 완료되며 시험을 마칩니다.

알고 가면 쉬운 CBT 4가지 팁

1. 시험에 집중하자.
기존 시험과 달리 CBT 시험에서는 같은 고사장이라도 각기 다른 시험에 응시할 수 있습니다. 옆 사람은 다른 시험을 응시하고 있으니, 자신의 시험에 집중하면 됩니다.

2. 필요하면 연습지를 요청하자.
응시자의 요청에 한해 시험장에서는 연습지를 제공하고 있습니다. 연습지는 시험이 종료되면 회수되므로 필요에 따라 요청하시기 바랍니다.

3. 이상이 있으면 주저하지 말고 손을 들자.
갑작스럽게 프로그램 문제가 발생할 수 있습니다. 이때는 주저하며 시간을 허비하지 말고, 즉시 손을 들어 감독관에게 문제점을 알려주시기 바랍니다.

4. 제출 전에 한 번 더 확인하자.
시험 종료 이전에는 언제든지 제출할 수 있지만, 한 번 제출하고 나면 수정할 수 없습니다. 맞게 표기하였는지 다시 확인해보시기 바랍니다.

CONTENTS

PART 01 전기이론

PART 02 전기기기

PART 03 전기설비

최신기출문제

단기독기 시험장 핵심노트

Do! mino

전기기능사 필기

CRAFTSMAN ELECTRICITY

학습 전에 알아두어야 할 사항

전기이론을 효과적으로 학습하기 위해서는 각종 법칙이나 공식을 이해한 후에 기출문제를 통해 어떻게 활용되어 출제되는지 분석하고, 합격 페이퍼를 여러 번 반복하여 암기하는 것이 효과적인 방법이라 생각된다.

PART

01

전기이론

CHAPTER 01 직류회로

TOPIC 01 전류와 전압 및 저항

1 전류

1. 전류(Electric Current)

전기회로에서 에너지가 전송되려면 전하의 이동이 있어야 한다. 이 전하의 이동을 전류라고 한다.

① 전류의 기호 : I

② 전류의 단위 : 암페어(Ampere, 기호[A])

③ 어떤 도체의 단면을 t[sec] 동안 Q[C]의 전하가 이동할 때 통과하는 전하의 양으로 정의한다.

$$I=\frac{Q}{t}[\mathrm{C/sec}]\,;[\mathrm{A}]$$

따라서 1[A]는 1[sec] 동안에 1[C]의 전기량이 이동할 때 전류의 크기이다.

2. 전류의 방향

전자는 음(−)극에서 양(+)극으로 이동하고, 전류는 양(+)극에서 음(−)극으로 흐른다.

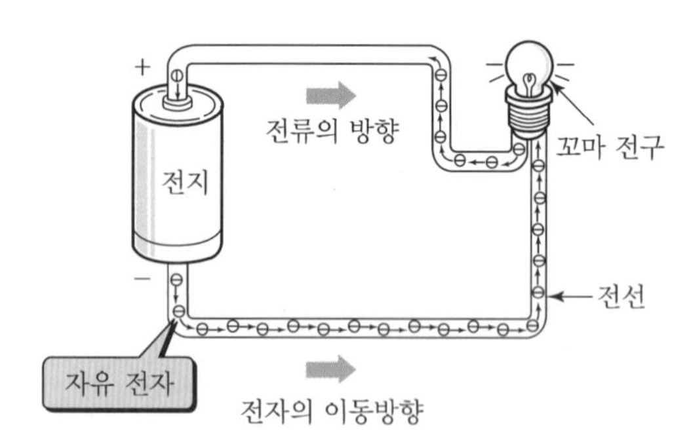

▌전류의 방향▐

2 전압

1. 전압(Electric Voltage) 또는 전위차

① 전류를 흐르게 하는 전기적인 에너지의 차이, 즉 전기적인 압력의 차를 말한다.

② 전기회로에 있어서 임의의 한 점의 전기적인 높이를 그 점의 전위라 한다.

③ 두 점 사이의 전위의 차를 전압으로 나타내며, 전류는 높은 전위에서 낮은 전위로 흐른다.

2. 전압의 크기

① 전압의 기호 : V

② 전압의 단위 : 볼트(Volt, 기호[V])

③ 어떤 도체에 Q[C]의 전기량이 이동하여 W[J]의 일을 하였다면 이때의 전압 V[V]는 다음과 같이 나타낸다.

$$V=\frac{W}{Q}[\mathrm{J/C}]\,;[\mathrm{V}]$$

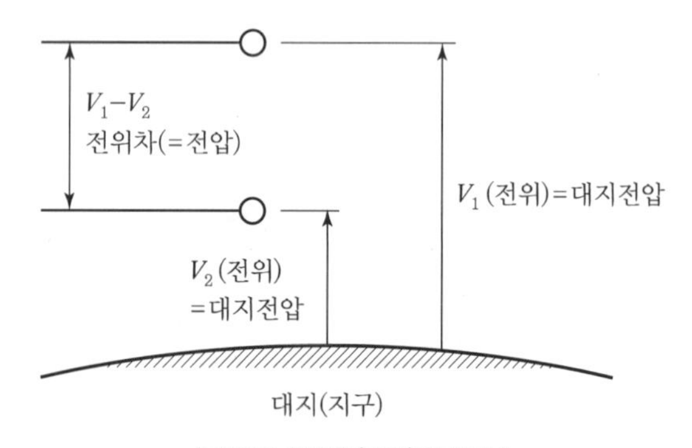

▌전위와 전위차(전압)의 관계▐

3. 기전력(emf : Electromotive Force)

① 전위차를 만들어 주는 힘을 기전력이라 한다. 이때 힘은 화학작용, 전자유도작용 등이 있다.

② 기전력의 기호 : E

③ 기전력의 단위 : 볼트(Volt, 기호[V]) – 전압과 동일

3 저항

1. 전기저항(Electric Resistance)과 고유저항 (Specific Resistinity)

① 전기저항 : R(옴(Ohm), 기호[Ω])

- 전류의 흐름을 방해하는 성질의 크기
- 도체의 단면적을 A, 길이를 ℓ이라 하고, 물질에 따라 결정되는 비례상수를 ρ라 하면

$$R = \rho\frac{\ell}{A}[\Omega]$$

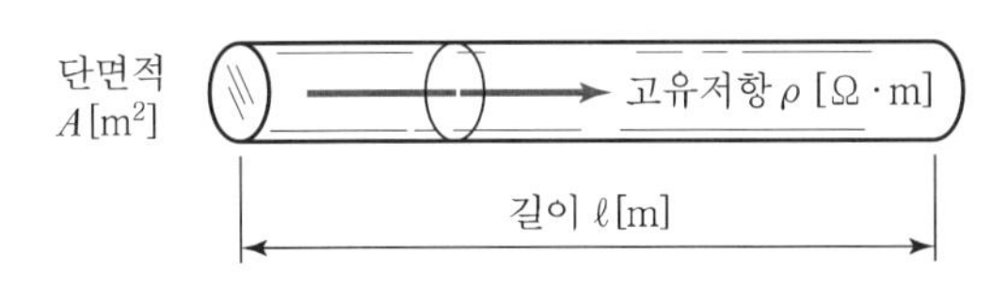

▌도체의 저항▐

② 고유 저항 : ρ [Ω · m]

길이 1[m], 단면적 1[m²]인 물체의 저항을 나타내며 물질에 따라 정해진 값이 된다. ρ를 물질의 고유저항 또는 저항률이라 한다.

2. 컨덕턴스(Conductance)와 전도율(Conductivity)

① 컨덕턴스

G(모(mho), 기호[℧] ; 지멘스(Siemens), 기호[S])

- 전류가 흐르기 쉬운 정도를 나타내는 전기적인 양
- 저항의 역수

$$R = \frac{1}{G}[\Omega], \quad G = \frac{1}{R}[℧]$$

② 전도율 : σ

- 단위 : [℧/m] = [Ω^{-1}/m] = [S/m]
- 고유저항과 전도율의 역수 관계

$$\sigma = \frac{1}{\rho}$$

3. 여러 가지 물질의 고유저항

① 도체

전기가 잘 통하는 10^{-4}[Ω · m] 이하의 고유저항을 갖는 물질(도전재료)

② 부도체

전기가 거의 통하지 않는 10^{6}[Ω · m] 이상의 고유저항을 갖는 물질(절연재료)

③ 반도체

도체와 부도체의 양쪽 성질을 갖는 10^{-4} ~ 10^{6}[Ω · m]의 고유저항을 갖는 물질[규소(Si), 게르마늄(Ge)]

01 원자핵의 구속력을 벗어나서 물질 내에서 자유로이 이동할 수 있는 것은?
2015

① 중성자 ② 양자
③ 분자 ④ 자유전자

02 다음 중 가장 무거운 것은?
2013

① 양성자의 질량과 중성자의 질량의 합
② 양성자의 질량과 전자의 질량의 합
③ 원자핵의 질량과 전자의 질량의 합
④ 중성자의 질량과 전자의 질량의 합

해설
- 양성자의 질량 : 1.673×10^{-27}[kg]
- 중성자의 질량 : 1.675×10^{-27}[kg]
- 전자의 질량 : 9.11×10^{-31}[kg]
- 원자핵의 질량 : 중성자와 양성자 질량의 합

03 어떤 물질이 정상 상태보다 전자 수가 많아져 전기를 띠는 현상을 무엇이라 하는가?
2014

① 충전 ② 방전
③ 대전 ④ 분극

해설 대전(Electrification) : 물질에 전자가 부족하거나 남게 된 상태에서 양전기나 음전기를 띠게 되는 현상

04 어떤 도체에 5초간 4[C]의 전하가 이동했다면 이 도체에 흐르는 전류는?
2012

① 0.12×10^3[mA] ② 0.8×10^3[mA]
③ 1.25×10^3[mA] ④ 8×10^3[mA]

해설 $I=\dfrac{Q}{t}$이므로, $I=\dfrac{4}{5}=0.8$[A]이다.

05 어떤 전지에서 5[A]의 전류가 10분간 흘렀다면 이 전지에서 나온 전기량은?
2010
2012

① 0.83[C] ② 50[C]
③ 250[C] ④ 3,000[C]

해설 $Q=I\cdot t$에서 $Q=5\times10\times60=3{,}000$[C]

06 24[C]의 전기량이 이동해서 144[J]의 일을 했을 때 기전력은?
2014

① 2[V] ② 4[V]
③ 6[V] ④ 8[V]

해설 전위차 $V=\dfrac{W}{Q}=\dfrac{144}{24}=6$[V]

07 1.5[V]의 전위차로 3[A]의 전류가 3분 동안 흘렀을 때 한 일은?
2010

① 1.5[J] ② 13.5[J]
③ 810[J] ④ 2,430[J]

해설 $W=VQ=VIt=1.5\times3\times3\times60=810$[J]

08 어떤 도체의 길이를 2배로 하고 단면적을 $\dfrac{1}{3}$로 했을 때의 저항은 원래 저항의 몇 배가 되는가?
2015

① 3배 ② 4배
③ 6배 ④ 9배

해설 $R=\rho\dfrac{\ell}{A}$이므로, $R=\rho\dfrac{2\times\ell}{\frac{1}{3}A}=\rho\dfrac{\ell}{A}\times6$이 된다.

09 동선의 길이를 2배로 늘리면 저항은 처음의 몇 배가 되는가?(단, 동선의 체적은 일정함)
2010

① 2배 ② 4배
③ 8배 ④ 16배

해설
- 체적은 단면적×길이이다.
- 체적을 일정하게 하고 길이를 n배로 늘리면 단면적은 $\dfrac{1}{n}$배로 감소한다.
- $R=\rho\dfrac{\ell}{A}$

$\therefore R'=\rho\dfrac{\ell}{\frac{A}{2}}=2^2\cdot\rho\dfrac{\ell}{A}=2^2R=4R$

정답 01 ④ 02 ③ 03 ③ 04 ② 05 ④ 06 ③ 07 ③ 08 ③ 09 ②

TOPIC 02 전기회로의 회로해석

1 옴의 법칙(Ohm's Law)

저항에 흐르는 전류의 크기는 저항에 인가한 전압에 비례하고, 전기저항에 반비례한다.

$$I=\frac{V}{R}[\text{A}],\ V=IR[\text{V}]$$

2 저항의 접속

1. 직렬접속회로

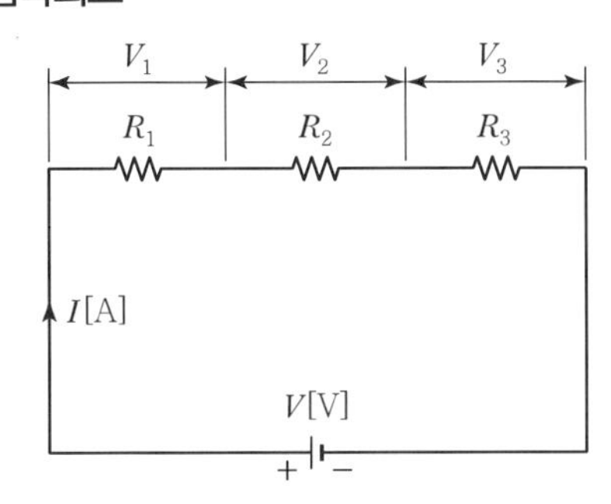

❙ 저항의 직렬접속회로 ❙

① 합성 저항(R_o)

$$R_o=R_1+R_2+R_3[\Omega]$$

② 전류(I)

$$I=\frac{V}{R_o}=\frac{V}{R_1+R_2+R_3}[\text{A}]$$

③ 직렬로 접속회로에 있어서 각 저항에 흐르는 전류의 세기는 같다.

④ 각 저항 양단의 전압 V_1, V_2, V_3[V]는 옴의 법칙에 의하여 다음과 같다.

$$V_1=R_1I\ [\text{V}]$$
$$V_2=R_2I\ [\text{V}]$$
$$V_3=R_3I\ [\text{V}]$$

2. 병렬접속회로

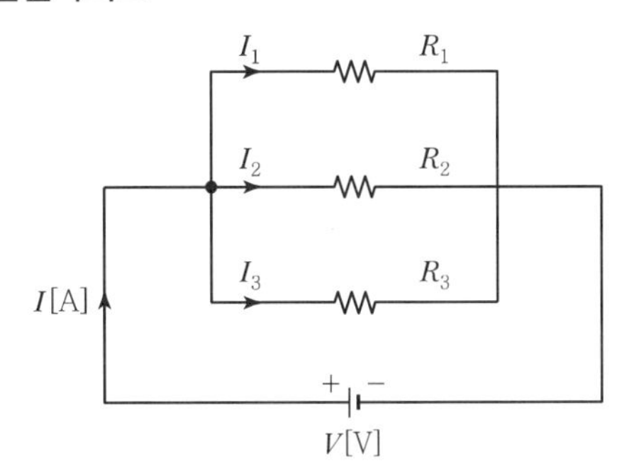

❙ 저항의 병렬접속회로 ❙

① 합성 저항(R_o)

$$R_o=\frac{1}{\frac{1}{R_1}+\frac{1}{R_2}+\frac{1}{R_3}}[\Omega]$$

② 저항 R_1, R_2, R_3에 흐르는 전류는 각 저항의 크기에 반비례하여 흐른다.

$$I_1=\frac{V}{R_1}[\text{A}]$$
$$I_2=\frac{V}{R_2}[\text{A}]$$
$$I_3=\frac{V}{R_3}[\text{A}]$$

③ 병렬 접속 회로에 있어서 각 저항 양단에 나타나는 전압은 같다.

④ 각 분로에 흐르는 전류비는 저항값에 반비례하여 흐르고 각 분로에 흐르는 전류는 다음과 같다.

$$I_1=\frac{R}{R_1}I[\text{A}]$$
$$I_2=\frac{R}{R_2}I[\text{A}]$$
$$I_3=\frac{R}{R_3}I[\text{A}]$$

3. 직 · 병렬접속회로

① 그림(a)에서 $a-b$ 사이의 병렬회로의 합성 저항 R_{ab}

$$R_{ab}=\frac{1}{\frac{1}{R_1}+\frac{1}{R_2}}=\frac{R_1R_2}{R_1+R_2}[\Omega]$$

② 그림(b)에서 R_{ab}와 R_3의 직렬회로에 있어서의 합성 저항

$$R=R_{ab}+R_3=\frac{R_1R_2}{R_1+R_2}+R_3\,[\Omega]$$

③ 그림(c)에서의 전전류 I[A]

$$I=\frac{V}{R}[\Omega]$$

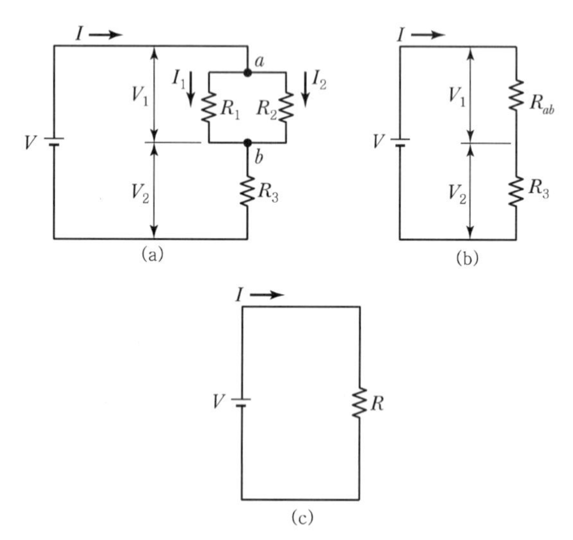

❙ 저항의 직 · 병렬접속회로 ❙

3 키르히호프의 법칙(Kirchhoff's Law)

1. 제1법칙(전류의 법칙)

① 회로의 접속점(Node)에서 볼 때, 접속점에 흘러들어오는 전류의 합은 흘러나가는 전류의 합과 같다.
(Σ유입전류 = Σ유출전류)

② $I_1+I_2=I_3,\quad I_1+I_2-I_3=0,\quad \Sigma I=0$

2. 제2법칙(전압의 법칙)

① 임의의 폐회로에서 기전력의 총합은 회로소자(저항)에서 발생하는 전압 강하의 총합과 같다.
(Σ기전력 = Σ전압강하)

② $E_1-E_2+E_3=IR_1+IR_2+IR_3+IR_4,$
$\Sigma E=\Sigma IR$

4 전지의 접속

1. 전지의 직렬접속

기전력 E[V], 내부저항 $r\,[\Omega]$인 전지 n개를 직렬접속하고 여기에 부하저항 $R\,[\Omega]$을 접속하였을 때, 부하에 흐르는 전류는

$$I=\frac{nE}{R+nr}[\mathrm{A}]$$

2. 전지의 병렬접속

기전력 E[V], 내부저항 $r\,[\Omega]$인 전지 N조를 병렬접속하고 여기에 부하저항 $R\,[\Omega]$을 접속하였을 때 부하에 흐르는 전류는

$$I=\frac{E}{\frac{r}{N}+R}[\mathrm{A}]$$

3. 전지의 직병렬접속

기전력 E[V], 내부저항 $r\,[\Omega]$인 전지 n개를 직렬로 접속하고 이것을 다시 병렬로 N조를 접속하였을 때 부하저항 $R\,[\Omega]$에 흐르는 전류는

$$I=\frac{nE}{\frac{nr}{N}+R}=\frac{E}{\frac{r}{N}+\frac{R}{n}}$$

기출 및 예상문제

01 (2014) 어떤 저항(R)에 전압(V)을 가하니 전류(I)가 흘렀다. 이 회로의 저항(R)을 20[%] 줄이면 전류(I)는 처음의 몇 배가 되는가?

① 0.8 ② 0.88
③ 1.25 ④ 2.04

해설 옴의 법칙 $I=\frac{V}{R}$에서 전압이 일정할 때 저항을 20[%] 줄이면, 전류는 125[%] 증가한다.

02 (2010) 100[V]에서 5[A]가 흐르는 전열기에 120[V]를 가하면 흐르는 전류는?

① 4.1[A] ② 6.0[A]
③ 7.2[A] ④ 8.4[A]

해설 전열기는 저항만 있는 부하이므로,
전열기 저항 $R=\frac{V}{I}=\frac{100}{5}=20[\Omega]$
전류 $I=\frac{V}{R}=\frac{120}{20}=6[A]$

03 (2012) R_1, R_2, R_3의 저항 3개를 직렬접속했을 때의 합성 저항 값은?

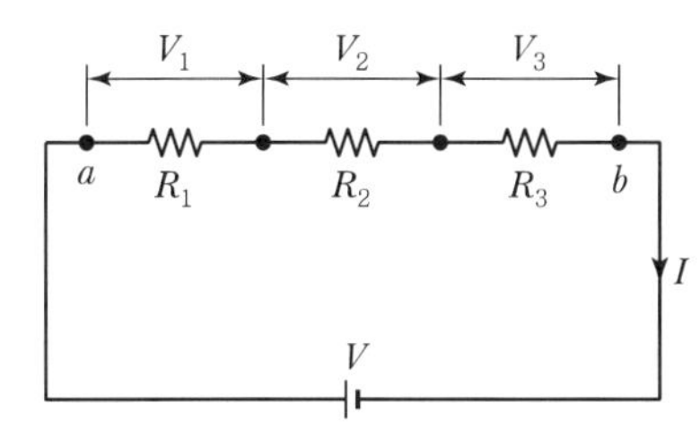

① $R=R_1+R_2\cdot R_3$
② $R=R_1\cdot R_2+R_3$
③ $R=R_1\cdot R_2\cdot R_3$
④ $R=R_1+R_2+R_3$

04 (2012) 5[Ω], 10[Ω], 15[Ω]의 저항을 직렬로 접속하고 전압을 가하였더니 10[Ω]의 저항 양단에 30[V]의 전압이 측정되었다. 이 회로에 공급되는 전전압은 몇 [V]인가?

① 30[V] ② 60[V]
③ 90[V] ④ 120[V]

해설 10[Ω]에 흐르는 전류를 구하면 $I=\frac{30}{10}=3[V]$
직렬접속 회로에 전류는 일정하므로, 5[Ω], 15[Ω]에도 3[A]의 전류가 흐른다.
각 저항에 전압강하를 구하면
$V_5=3\times5=15[V]$
$V_{15}=3\times15=45[V]$
따라서, 전전압은 각 저항에서 발생하는 전압강하의 합과 같으므로, 전전압 $V=15+30+45=90[V]$이다.

05 (2013) 저항의 병렬접속에서 합성 저항을 구하는 설명으로 옳은 것은?

① 연결된 저항을 모두 합하면 된다.
② 각 저항값의 역수에 대한 합을 구하면 된다.
③ 저항값의 역수에 대한 합을 구하고 다시 그 역수를 취하면 된다.
④ 각 저항값을 모두 합하고 저항 숫자로 나누면 된다.

해설 저항 병렬접속 시 합성 저항 구하는 식

$$R_o=\frac{1}{\frac{1}{R_1}+\frac{1}{R_2}\cdots\frac{1}{R_n}}[\Omega]$$

06 (2013) 20[Ω], 30[Ω], 60[Ω]의 저항 3개를 병렬로 접속하고 여기에 60[V]의 전압을 가했을 때, 이 회로에 흐르는 전체 전류는 몇 [A]인가?

① 3[A] ② 6[A]
③ 30[A] ④ 60[A]

해설
- $\frac{1}{R_o}=\frac{1}{20}+\frac{1}{30}+\frac{1}{60}$에서 합성 저항 $R_o=10[\Omega]$
- 전체 전류 $I_o=\frac{V}{R_o}=\frac{60}{10}=6[A]$

정답 01 ③ 02 ② 03 ④ 04 ③ 05 ③ 06 ②

07 10[Ω]의 저항과 R[Ω]의 저항이 병렬로 접속되고 10[Ω]의 전류가 5[A], R[Ω]의 전류가 2[A]이면, 저항 R[Ω]은?
2015

① 10 ② 20
③ 25 ④ 30

해설 아래와 회로도와 같으므로,

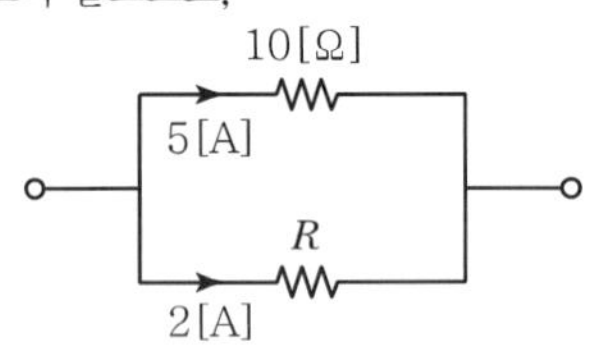

병렬회로에서는 동일한 전압이 걸리므로,
10[Ω]에서 발생하는 전압강하는
$V = IR = 5 \times 10 = 50$[V]
저항 $R = \frac{V}{I} = \frac{50}{2} = 25$[Ω]

08 그림과 같이 R_1, R_2, R_3의 저항 3개가 직병렬 접속되었을 때 합성 저항은?
2014

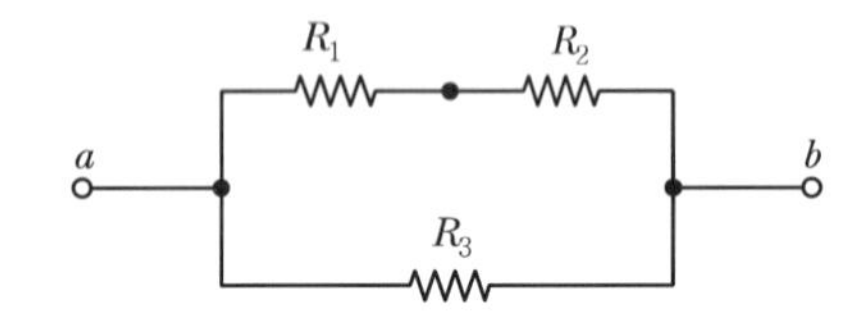

① $R = \frac{(R_1 + R_2)R_3}{R_1 + R_2 + R_3}$

② $R = \frac{(R_2 + R_3)R_1}{R_1 + R_2 + R_3}$

③ $R = \frac{(R_1 + R_3)R_2}{R_1 + R_2 + R_3}$

④ $R = \frac{R_1 R_2 R_3}{R_1 + R_2 + R_3}$

해설 R_1과 R_2는 직렬연결이고, 이들과 R_3는 병렬연결이다.

09 그림에서 $a-b$간의 합성 저항은 $c-d$ 간의 합성 저항보다 몇 배인가?
2015

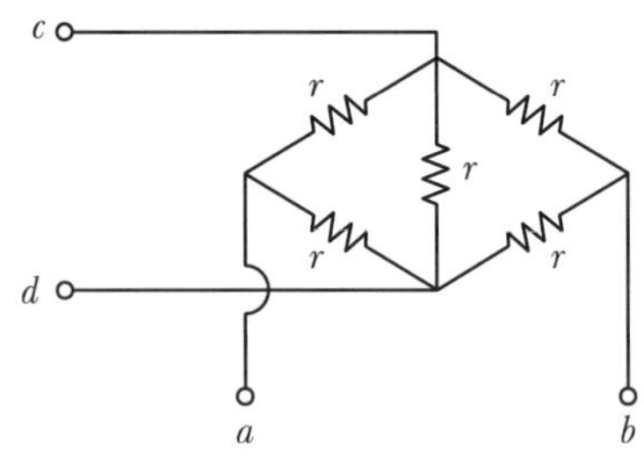

① 1배 ② 2배
③ 3배 ④ 4배

해설
- $a-b$간의 합성 저항은 휘스톤브리지 회로이므로 중앙에 있는 r에 전류가 흐르지 않는다.
  따라서 중앙에 있는 r를 제거하고 합성 저항을 구하면,
  $R_{ab} = \frac{2r \times 2r}{2r + 2r} = r$이다.
- $c-d$간의 합성 저항은 병렬회로로 구하면,
  $\frac{1}{R_{cd}} = \frac{1}{2r} + \frac{1}{r} + \frac{1}{2r}$에서 $R_{cd} = \frac{r}{2}$이다.
- 따라서, R_{ab}는 R_{cd}의 2배이다.

10 회로망의 임의의 접속점에 유입되는 전류는 $\Sigma I = 0$라는 법칙은?
2015

① 쿨롱의 법칙
② 패러데이의 법칙
③ 키르히호프의 제1법칙
④ 키르히호프의 제2법칙

해설
- 키르히호프의 제1법칙 : 회로 내의 임의의 접속점에서 들어가는 전류와 나오는 전류의 대수합은 0이다.
- 키르히호프의 제2법칙 : 회로 내의 임의의 폐회로에서 한쪽 방향으로 일주하면서 취할 때 공급된 기전력의 대수합은 각 지로에서 발생한 전압강하의 대수합과 같다.

정답 07 ③ 08 ① 09 ② 10 ③

11 2014

그림에서 폐회로에 흐르는 전류는 몇 [A]인가?

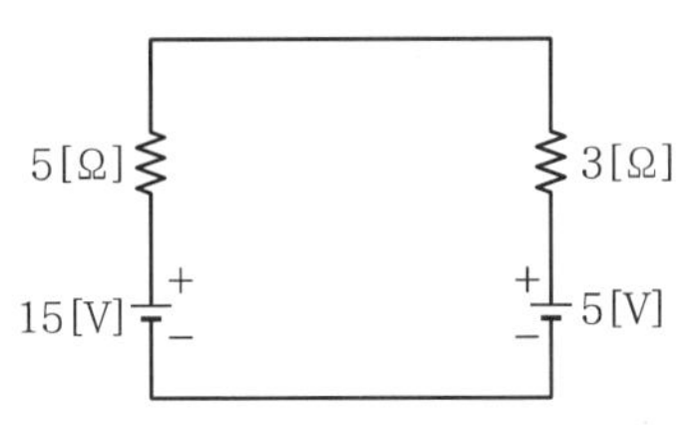

① 1 ② 1.25
③ 2 ④ 2.5

해설 회로에 가해진 기전력은 15[V]+(−5[V])=10[V]가 된다.
따라서, 전류 $I=\frac{10}{5+3}=1.25$[A]이다.

12 2012 2015

기전력이 V_o [V], 내부저항이 r[Ω]인 n개의 전지를 직렬 연결하였다. 전체 내부저항을 옳게 나타낸 것은?

① $\frac{r}{n}$ ② nr
③ $\frac{r}{n^2}$ ④ nr^2

해설 전지를 직렬 연결하면, 아래 그림과 같이 내부저항도 직렬 연결된 것과 같다.

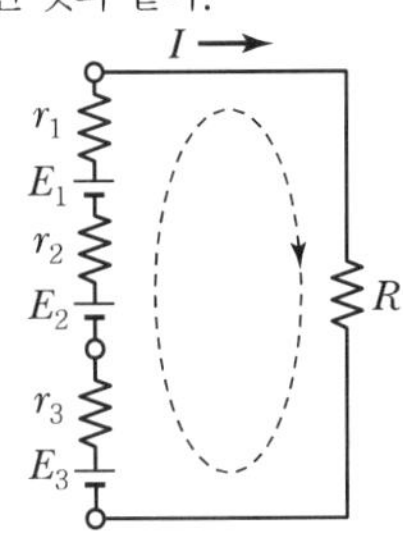

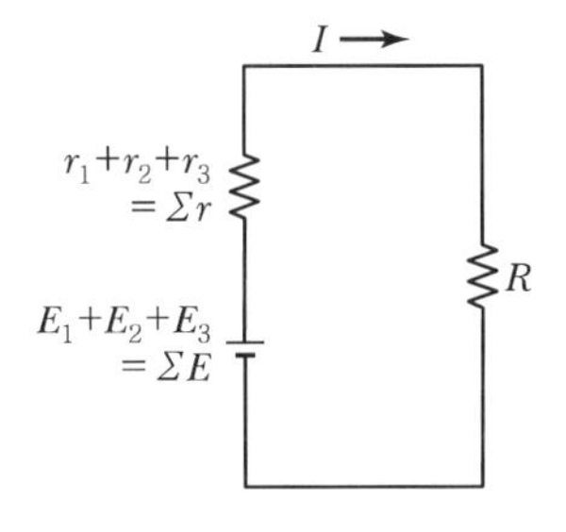

13 2012 2014

기전력 1.5[V], 내부저항 0.2[Ω]인 전지 5개를 직렬로 연결하고 이를 단락하였을 때의 단락전류[A]는?

① 1.5 ② 4.5
③ 7.5 ④ 15

해설 전지의 직렬접속에서 기전력 E[V], 내부저항 r [Ω]인 전지 n개를 직렬접속하고 단락하였을 때, 흐르는 단락전류는 $I=\frac{nE}{nr}$[A]이다. 따라서, 단락전류 $I=\frac{5\times1.5}{5\times0.2}=7.5$[A]

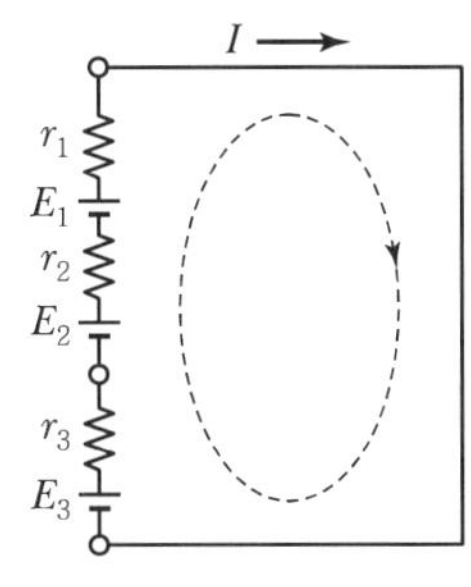

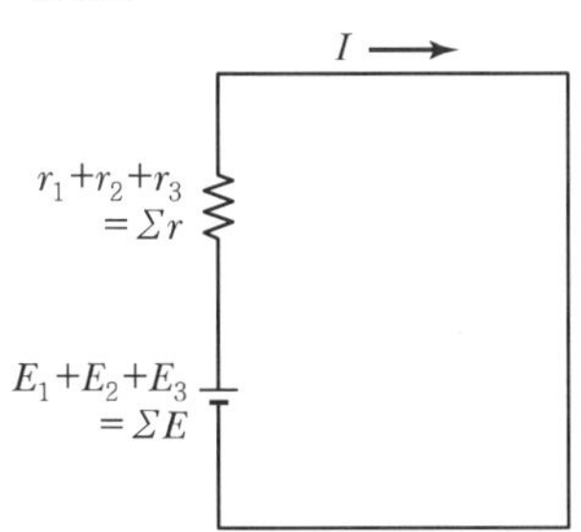

14 2010 2012

내부 저항이 0.1[Ω]인 전지 10개를 병렬 연결하면, 전체 내부 저항은?

① 0.01[Ω] ② 0.05[Ω]
③ 0.1[Ω] ④ 1[Ω]

해설 전지를 병렬로 연결하면, 전압은 상승하지 않으며, 내부저항은 병렬연결된 것과 같다.
따라서, 전체 내부저항 $r=\frac{r_0}{n}=\frac{0.1}{10}=0.01$[Ω]

정답 11 ② 12 ② 13 ③ 14 ①

CHAPTER 02 전류의 열작용과 화학작용

TOPIC 01 전력과 전기회로 측정

1 전력과 전력량

1. 전력(Electric Power)

① 전력의 기호 : P

② 전력의 단위 : 와트[W]

③ $R[\Omega]$의 저항에 V[V]의 전압을 가하여 I[A]의 전류가 흘렀을 때의 전력

$$P=VI=I^2R=\frac{V^2}{R}[\mathrm{W}]\,(\because V=IR)$$

2. 전력량

① 전력량의 기호 : W

② 전력량의 단위 : 와트 세크[W · sec]

③ 어느 일정시간 동안의 전기에너지가 한 일의 양

$$W=Pt[\mathrm{J}],\ [\mathrm{W\cdot sec}]$$

2 줄의 법칙(Joule's Law)

① 도체에 흐르는 전류에 의하여 단위시간 내에 발생하는 열량은 도체의 저항과 전류의 제곱에 비례한다.

② 저항 $R[\Omega]$에 I[A]의 전류를 t [sec] 동안 흘릴 때 발생한 열을 줄열이라 하고, 일반적으로 열량의 단위는 칼로리(calorie, 기호 [cal])라는 단위를 많이 사용한다.

$$H=\frac{1}{4.186}I^2Rt \fallingdotseq 0.24I^2Rt[\mathrm{cal}]$$

3 전류와 전압 및 저항의 측정

1. 분류기(Shunt)

전류계의 측정 범위 확대를 위해 전류계의 병렬로 접속하는 저항기

2. 배율기(Multiplier)

전압계의 측정범위 확대를 위해 전압계와 직렬로 접속하는 저항기

3. 휘스톤 브리지(Wheatstone Bridge)

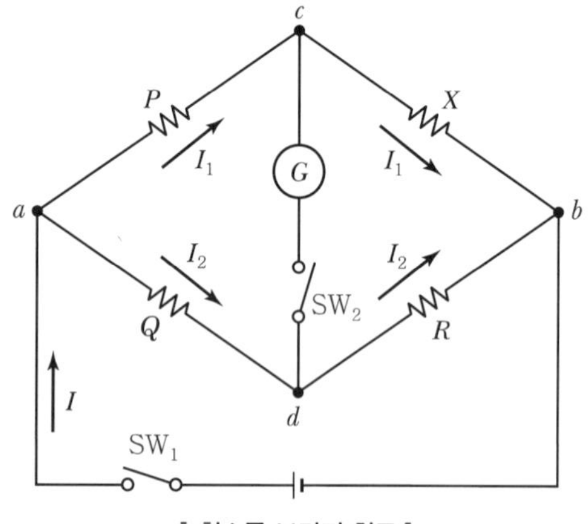

▎휘스톤 브리지 회로▕

저항을 측정하기 위해 4개의 저항과 검류계(Galvano Meter) G를 그림과 같이 브리지로 접속한 회로를 휘스톤 브리지 회로라 한다.

① X가 미지의 저항이라 할 때 나머지 저항을 가감하여 I_g가 0이 되었을 때를 휘스톤 브리지 평형이라 한다.

② 브리지의 평형조건 $PR=QX$가 성립된다.

$$X=\frac{P}{Q}R\,[\Omega]$$

기출 및 예상문제

01 4[Ω]의 저항에 200[V]의 전압을 인가할 때 소비되는 전력은?
2015

① 20[W] ② 400[W]
③ 2.5[kW] ④ 10[kW]

해설 소비전력 $P=VI=I^2R=\frac{V^2}{R}$[W]이므로,

$=\frac{200^2}{4}=10,000[W]=10[kW]$이다.

02 정격전압에서 1[kW]의 전력을 소비하는 저항에 정격의 90[%] 전압을 가했을 때, 전력은 몇 [W]가 되는가?
2014

① 630[W] ② 780[W]
③ 810[W] ④ 900[W]

해설 전력 $P=\frac{V^2}{R}=1,000[W]$에서

따라서

$P'=\frac{(0.9V)^2}{R}=0.81\frac{V^2}{R}=0.81\times1,000=810[W]$

03 200[V], 500[W]의 전열기를 220[V] 전원에 사용하였다면 이때의 전력은?
2014

① 400 [W] ② 500 [W]
③ 550 [W] ④ 605 [W]

해설 전열기의 저항은 일정하므로,

$R=\frac{{V_1}^2}{P}=\frac{200^2}{500}=80[\Omega]$

$\therefore P=\frac{{V_2}^2}{R}=\frac{220^2}{80}=605[W]$

04 20[A]의 전류를 흘렸을 때 전력이 60[W]인 저항에 30[A]를 흘리면 전력은 몇 [W]가 되겠는가?
2011

① 80 ② 90
③ 120 ④ 135

해설 $P=I^2R[W]$, $R=\frac{P}{I^2}=\frac{60}{20^2}=0.15[\Omega]$

$P'=I'^2R=30^2\times0.15=135[W]$

05 20분간에 876,000[J]의 일을 할 때 전력은 몇 [kW]인가?
2015

① 0.73 ② 7.3
③ 73 ④ 730

해설 전력 $P=\frac{W}{t}=\frac{876,000}{20\times60}=730[W]=0.73[kW]$

06 다음 중 전력량 1[J]과 같은 것은?
2009 2012

① 1[cal] ② 1[W · s]
③ 1[kg · m] ④ 860[N · m]

해설 1[W · s]란 1[J]의 일에 해당하는 전력량이다.
1[W · s] = 1[J]
1[J/s] = 1[W]

07 저항이 있는 도선에 전류가 흐르면 열이 발생한다. 이와 같이 전류의 열작용과 가장 관계가 깊은 법칙은?
2015

① 패러데이 법칙
② 키르히호프의 법칙
③ 줄의 법칙
④ 옴의 법칙

해설 줄의 법칙(Joule's Law) : 전류의 발열작용
$H=0.24I^2Rt$[cal]

08 저항이 10[Ω]인 도체에 1[A]의 전류를 10분간 흘렸다면 발생하는 열량은 몇 [kcal]인가?
2015

① 0.62 ② 1.44
③ 4.46 ④ 6.24

해설 줄의 법칙에 의한 열량
$H=0.24I^2Rt=0.24\times1^2\times10\times10\times60=1,440[cal]$
$=1.44[kcal]$

정답 01 ④ 02 ③ 03 ④ 04 ④ 05 ① 06 ② 07 ③ 08 ②

09 2015 **3[kW]의 전열기를 정격 상태에서 20분간 사용하였을 때의 열량은 몇 [kcal]인가?**

① 430 ② 520
③ 610 ④ 860

해설 줄의 법칙에 의한 열량
$H=0.24\,I^2Rt=0.24\,Pt=0.24\times3\times10^3\times20\times60$
$\fallingdotseq 860[\text{kcal}]$

10 2011 **부하의 전압과 전류를 측정하기 위한 전압계와 전류계의 접속방법으로 옳은 것은?**

① 전압계 : 직렬, 전류계 : 병렬
② 전압계 : 직렬, 전류계 : 직렬
③ 전압계 : 병렬, 전류계 : 직렬
④ 전압계 : 병렬, 전류계 : 병렬

해설 전압, 전류 측정회로

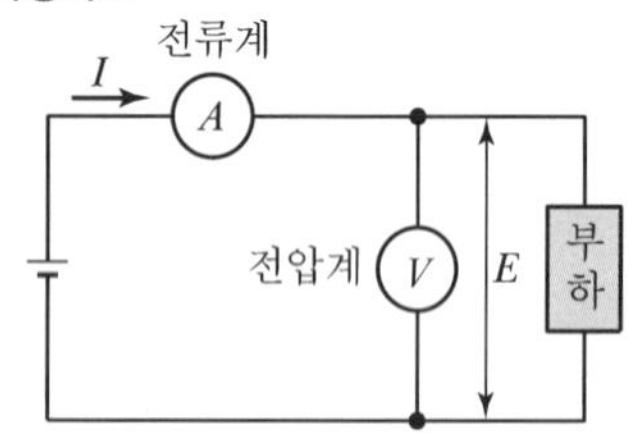

11 2009 2012 **전압계의 측정 범위를 넓히기 위한 목적으로 전압계에 직렬로 접속하는 저항기를 무엇이라 하는가?**

① 전위차계(Potentiometer)
② 분압기(Voltage Divider)
③ 분류기(Shunt)
④ 배율기(Multplier)

해설
- 분류기(Shunt) : 전류계의 측정범위의 확대를 위해 전류계의 병렬로 접속하는 저항기
- 배율기(Multiplier) : 전압계의 측정범위의 확대를 위해 전압계와 직렬로 접속하는 저항기

12 2011 **전압계 및 전류계의 측정 범위를 넓히기 위하여 사용하는 배율기와 분류기의 접속방법은?**

① 배율기는 전압계와 병렬접속, 분류기는 전류계와 직렬접속
② 배율기는 전압계와 직렬접속, 분류기는 전류계와 병렬접속
④ 배율기 및 분류기 모두 전압계와 전류계에 직렬접속
③ 배율기 및 분류기 모두 전압계와 전류계에 병렬접속

해설
- 배율기(Multiplier) : 전압계의 측정 범위의 확대를 위해 전압계와 직렬로 접속하는 저항기
- 분류기(Shunt) : 전류계의 측정 범위의 확대를 위해 전류계의 병렬로 접속하는 저항기

13 2012 **회로에서 검류계의 지시가 0일 때 저항 X는 몇 [Ω]인가?**

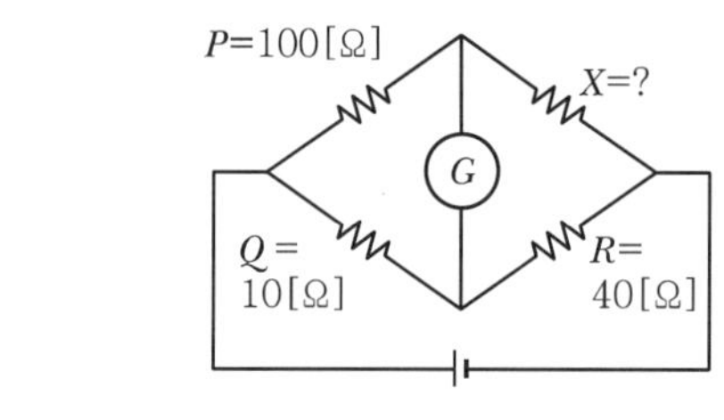

① 10[Ω] ② 40[Ω]
③ 100[Ω] ④ 400[Ω]

해설 휘스톤 브리지에서 평형이 되었을 때, $PR=QX$이다.
따라서, $X=\dfrac{P}{Q}R=\dfrac{100\times40}{10}=400[\Omega]$이다.

정답 09 ④ 10 ③ 11 ④ 12 ② 13 ④

TOPIC 02 전류의 화학작용과 열작용

1 전류의 화학작용

1. 전기분해(Electrolysis)

산, 염기 또는 염류 등의 수용액에 직류를 통해 전해액을 화학적으로 분해하여 양, 음극판 위에 분해 생성물을 석출하는 현상

2. 패러데이 법칙(Faraday's Law)

① 전기 분해의 의해서 전극에 석출되는 물질의 양은 전해액을 통과한 전기량에 비례한다.

② 총 전기량이 같으면 물질의 석출량은 그 물질의 화학당량(원자량/원자가)에 비례한다.

$$\omega = kQ = kIt \text{ [g]}$$

여기서, k(전기화학당량) : 1[C]의 전하에서 석출되는 물질의 양

2 전지

- 1차 전지(Primary Cell) : 반응이 불가역적이며 재생할 수 없는 전지
- 2차 전지(Secondary Cell) : 외부에서 에너지를 주면 반응이 가역적이 되는 전지

1. 납축전지(Lead Storage Battery)

① 양극 : 이산화납(PbO_2)

② 음극 : 납(Pb)

③ 전해액 : 묽은 황산(H_2SO_4) – 비중 1.23~1.26으로 사용한 것

④ 축전지의 용량 = 방전전류(I) × 방전시간(t)[Ah]

2. 국부작용과 분극작용

① 국부작용 : 전지에 포함되어 있는 불순물에 의해 전극과 불순물이 국부적인 하나의 전지를 이루어 전지 내부에서 순환하는 전류가 생겨 화학변화가 일어나 기전력을 감소시키는 현상

- 방지법 : 전극에 수은 도금, 순도가 높은 재료 사용

② 분극작용(Polarization Effect) : 전지에 전류가 흐르면 양극에 수소가스가 생겨 이온의 이동을 방해하여 기전력을 감소하는 현상

- 감극제(Depolarizer) : 분극(성극) 작용에 의한 기체를 제거하여 전극의 작용을 활발하게 유지시키는 산화물을 말한다.

3 열과 전기

1. 제백 효과(Seebeck Effect)

① 서로 다른 금속 A, B를 그림과 같이 접속하고 접속점을 서로 다른 온도로 유지하면 기전력이 생겨 일정한 방향으로 전류가 흐른다. 이러한 현상을 열전 효과 또는 제백 효과라 한다.

② 열전 온도계, 열전형 계기에 이용된다.

2. 펠티어 효과(Peltier Effect)

① 서로 다른 두 종류의 금속을 접속하고 한 쪽 금속에서 다른 쪽 금속으로 전류를 흘리면 열의 발생 또는 흡수가 일어나는 현상을 말한다.

② 흡열은 전자 냉동, 발열은 전자 온풍기에 이용된다.

기출 및 예상문제

01 2015
전기분해를 하면 석출되는 물질의 양은 통과한 전기량에 관계가 있다. 이것을 나타낸 법칙은?

① 옴의 법칙 ② 쿨롱의 법칙
③ 앙페르의 법칙 ④ 패러데이의 법칙

해설 패러데이의 법칙(Faraday's Law)
$w = kQ = kIt$ [g]
여기서, k(전기 화학당량) : 1[C]의 전하에서 석출되는 물질의 양

02 2015
전기분해를 통하여 석출된 물질의 양은 통과한 전기량 및 화학당량과 어떤 관계인가?

① 전기량과 화학당량에 비례한다.
② 전기량과 화학당량에 반비례한다.
③ 전기량에 비례하고 화학당량에 반비례한다.
④ 전기량에 반비례하고 화학당량에 비례한다.

해설 1번 문제 해설 참고

03 2012 2013
1차 전지로 가장 많이 사용되는 것은?

① 니켈 – 카드뮴전지 ② 연료전지
③ 망간건전지 ④ 납축전지

해설 1차 전지는 재생할 수 없는 전지를 말하고, 2차 전지는 재생 가능한 전지를 말한다.

04 2010 2013
납축전지의 전해액으로 사용되는 것은?

① H_2SO_4 ② $2H_2O$
③ PbO_2 ④ $PbSO_4$

해설 납축전지의 전해액은 묽은황산(H_2SO_4)을 사용한다.

05 2012
10[A]의 전류로 6시간 방전할 수 있는 축전지의 용량은?

① 2[Ah] ② 15[Ah]
③ 30[Ah] ④ 60[Ah]

해설 축전지의 용량 $Q = I \times H$[Ah]이므로,
$Q = 10 \times 6 = 60$[Ah]이다.

06 2015
전지의 전압강하 원인으로 틀린 것은?

① 국부작용 ② 산화작용
③ 성극작용 ④ 자기방전

해설 ① 국부작용 : 전지의 전극에 이물질로 인해 기전력이 감소하는 현상
③ 성극작용 : 전지의 전극에 수소 가스가 생겨 기전력이 감소하는 현상(분극작용)
④ 자기방전 : 전지 내부에서 방전되는 현상

07 2012
두 개의 서로 다른 금속의 접속점에 온도차를 주면 열기전력이 생기는 현상은?

① 홀 효과 ② 줄 효과
③ 압전기 효과 ④ 제벡 효과

해설 제벡 효과(Seebeck Effect)
- 서로 다른 금속 A, B를 접속하고 접속점을 서로 다른 온도로 유지하면 기전력이 생겨 일정한 방향으로 전류가 흐른다. 이러한 현상을 열전 효과 또는 제벡 효과라 한다.
- 열전 온도계, 열전형 계기에 이용된다.

08 2010 2015
두 금속을 접속하여 여기에 전류를 통하면, 줄열 외에 그 접점에 열의 발생 또는 흡수가 일어나는 현상은?

① 펠티에 효과 ② 제벡 효과
③ 홀 효과 ④ 줄 효과

해설 펠티에 효과(Peltier Effect)
- 서로 다른 두 종류의 금속을 접속하고 한쪽 금속에서 다른 쪽 금속으로 전류를 흘리면 열의 발생 또는 흡수가 일어나는 현상을 말한다.
- 흡열은 전자 냉동, 발열은 전자 온풍기에 이용된다.

정답 01 ④ 02 ① 03 ③ 04 ① 05 ④ 06 ② 07 ④ 08 ①

CHAPTER 03 정전기와 콘덴서

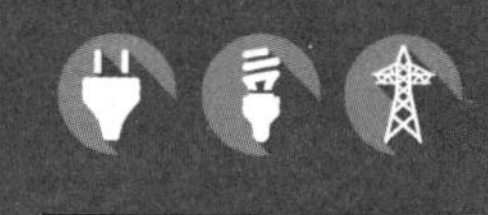

TOPIC 01 정전기의 성질

1 정전기의 발생

- 대전(Electrification)과 마찰전기(Frictional Electricity)

  플라스틱 책받침을 옷에 문지른 다음 머리에 대면 머리카락이 달라붙는다. 이것은 책받침이 마찰에 의하여 전기를 띠기 때문인데, 이를 대전현상이라 하고, 이때 마찰에 의해 생긴 전기를 마찰전기라고 한다.

2 정전기력(Electrostatic Force)

1. 쿨롱의 법칙(Coulomb's Law)

① 두 점 전하 사이에 작용하는 정전기력의 크기는 두 전하(전기량)의 곱에 비례하고, 전하 사이의 거리의 제곱에 반비례한다.

② 두 점 전하 Q_1, Q_2[C]이 r[m] 떨어져 있을 때 진공 중에서의 정전기력의 크기 F는

$$F = \frac{1}{4\pi\varepsilon} \cdot \frac{Q_1 Q_2}{r^2} [\mathrm{N}]$$

2. 유전율(Dielectric Constant)

① 유전율(ε) : 전기장이 얼마나 그 매질에 영향을 미치는지, 그 매질에 의해 얼마나 영향을 받는지를 나타내는 물리적 단위로서, 매질이 저장할 수 있는 전하량으로 볼 수도 있다.

$\varepsilon = \varepsilon_0 \cdot \varepsilon_s$ [F/m]

② 진공 중의 유전율(ε_0) : $\varepsilon_0 = 8.855 \times 10^{-12}$ [F/m]

③ 비유전율(ε_s) : 진공 중의 유전율에 대해 매질의 유전율이 가지는 상대적인 비

$\varepsilon_s = \dfrac{\varepsilon}{\varepsilon_0}$ (진공 중의 $\varepsilon_s = 1$, 공기 중의 $\varepsilon_s \fallingdotseq 1$)

3 전기장

1. 전기장의 세기(Intensity of Electric Field)

① 전기장 : 전기력이 작용하는 공간(전계, 전장이라고 한다.)

② 전기장의 세기 : 전기장 내에 이 전기장의 크기에 영향을 미치지 않을 정도의 미소 전하를 놓았을 때 이 전하에 작용하는 힘의 방향을 전기장의 방향으로 하고, 작용하는 힘의 크기를 단위 양전하 +1[C]에 대한 힘의 크기로 환산한 것을 전기장의 세기로 정한다.

③ 전기장의 세기의 단위 : [V/m], [N/C]

④ Q[C]의 전하로부터 r[m]의 거리에 있는 P점에서의 전기장의 크기 E[V/m]는 다음과 같다.

$$E = \frac{1}{4\pi\varepsilon} \cdot \frac{Q}{r^2} [\mathrm{V/m}]$$

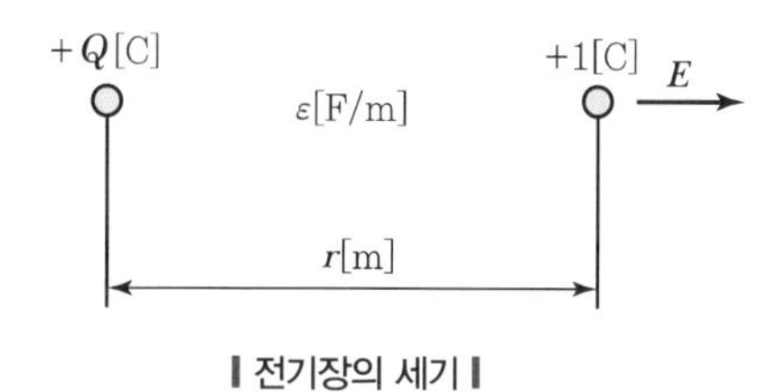

| 전기장의 세기 |

⑤ 전기장의 세기 E[V/m]의 장소에 Q[C]의 전하를 놓으면 이 전하가 받는 정전기력 F[N]은 다음과 같다.

$$F = QE [\mathrm{N}]$$

2. 전기력선(Line of Electric Force)

전기장에 의해 정전기력이 작용하는 것을 설명하기 위해 전기력선이라는 작용선을 가상한다.

> **참고** 전기력선의 성질
>
> - 전기력선은 양전하 표면에서 나와 음전하 표면에서 끝난다.
> - 전기력선은 접선방향이 그 점에서의 전장의 방향이다.
> - 전기력선은 수축하려는 성질이 있으며 같은 전기력선은 반발한다.
> - 전기력선은 등전위면과 직교한다.
> - 전기력선은 수직한 단면적의 전기력선 밀도가 그 곳의 전장의 세기를 나타낸다.
> - 전기력선은 도체 표면에 수직으로 출입하며 도체 내부에는 전기력선이 없다.
> - 전기력선은 서로 교차하지 않는다.

3. 가우스의 정리(Gauss Theorem)

임의의 폐곡면 내에 전체 전하량 Q[C]이 있을 때 이 폐곡면을 통해서 나오는 전기력선의 총수는 $\frac{Q}{\varepsilon}$개다.

4 전위

1. 전위

Q[C]의 전하에서 r[m] 떨어진 점의 전위 V는

$$V = Er = \frac{Q}{4\pi\varepsilon r}[\text{V}]$$

2. 전위차

단위전하를 B점에서 A점으로 옮기는 데 필요한 일의 양으로 단위는 전하가 한 일의 의미로 [J/C] 또는 [V]를 사용한다.

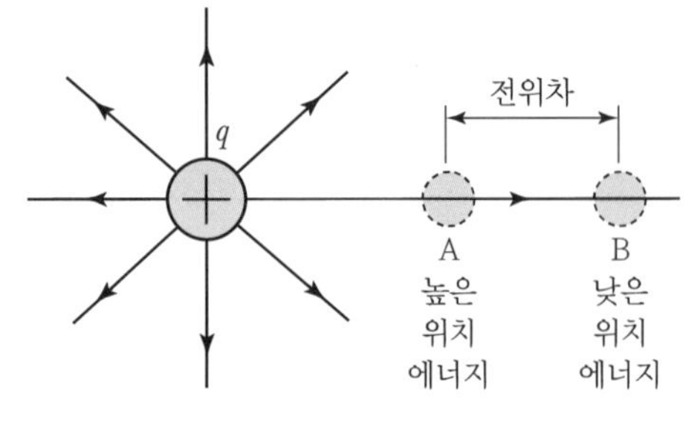

Ⅰ 전위차 Ⅰ

01 일반적으로 절연체를 서로 마찰시키면 이들 물체는 전기를 띠게 된다. 이와 같은 현상은?
2009 2014

① 분극 ② 정전
③ 대전 ④ 코로나

해설 대전
두 물질이 마찰할 때 한 물질 중의 전자가 다른 물질로 이동하여 양(+)이나 음(−) 전기를 띠게 되는 현상

02 진공 중에서 10^{-4}[C]과 10^{-8}[C]의 두 전하가 10[m]의 거리에 놓여 있을 때, 두 전하 사이에 작용하는 힘[N]은?
2014

① 9×10^{2} ② 1×10^{4}
③ 9×10^{-5} ④ 1×10^{-8}

해설 쿨롱의 법칙에서 정전력 $F=\frac{1}{4\pi\varepsilon}\frac{Q_1Q_2}{r^2}$[N]이다.
이때, 진공에서는 $\varepsilon_s=1$이고, $\varepsilon_0=8.855\times10^{-12}$이므로,
$F=9\times10^{9}\times\frac{10^{-4}\times10^{-8}}{10^{2}}=9\times10^{-5}$[N]이다.

03 전기장의 세기에 관한 단위는?
2013 2015

① [H/m] ② [F/m]
③ [AT/m] ④ [V/m]

해설 ① [H/m] : 투자율 단위
② [F/m] : 유전율 단위
③ [AT/m] : 자기장의 세기 단위

04 전기장 중에 단위 전하를 놓았을 때 그것에 작용하는 힘은 어느 값과 같은가?
2011 2014

① 전장의 세기 ② 전하
③ 전위 ④ 전위차

해설 전장의 세기는 $E=\frac{F}{Q}$[N/C]으로 단위 정전하에 작용하는 힘이라 할 수 있다.

05 전기력선의 성질 중 맞지 않는 것은?
2013

① 전기력선은 양(+)전하에서 나와 음(−)전하에서 끝난다.
② 전기력선의 접선방향이 전장의 방향이다.
③ 전기력선은 도중에 만나거나 끊어지지 않는다.
④ 전기력선은 등전위면과 교차하지 않는다.

해설 전기력선은 등전위면과 수직으로 교차한다.

06 등전위면과 전기력선의 교차관계는?
2010 2015

① 직각으로 교차한다.
② 30[°]로 교차한다.
③ 45[°]로 교차한다.
④ 교차하지 않는다.

해설 등전위면과 전기력선은 수직(직각)으로 교차한다.

07 그림과 같이 공기 중에 놓인 2×10^{-8}[C]의 전하에서 2[m] 떨어진 점 P와 1[m] 떨어진 점 Q의 전위차는?
2013 2014

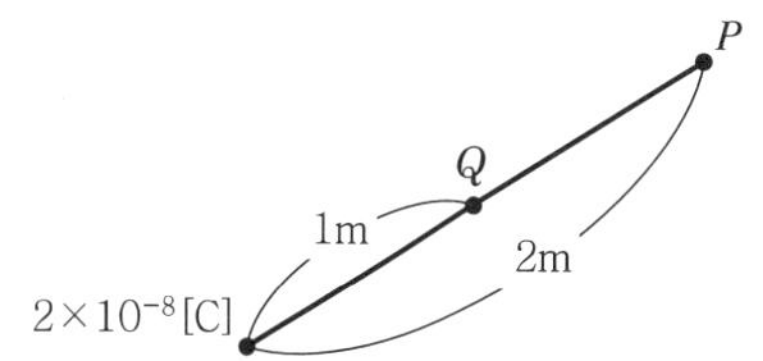

① 80[V] ② 90[V]
③ 100[V] ④ 110[V]

해설 Q[C]의 전하에서 r[m] 떨어진 점의 전위 P와 r_0[m] 떨어진 점의 전위 Q와의 전위차
$V_d=\frac{Q}{4\pi\varepsilon}\left(\frac{1}{r}-\frac{1}{r_0}\right)=\frac{2\times10^{-8}}{4\pi\times8.855\times10^{-12}\times1}\left(\frac{1}{1}-\frac{1}{2}\right)$
$=90$[V]

정답 01 ③ 02 ③ 03 ④ 04 ① 05 ④ 06 ① 07 ②

TOPIC 02 정전용량과 정전에너지

1 정전용량(Electrostatic Capacity) : 커패시턴스(Capacitance)

① 콘덴서가 전하를 축적할 수 있는 능력을 표시하는 양
② 단위 : 패럿(Farad, 기호[F])을 사용
③ 정전용량 C : 콘덴서에 축적되는 전하 Q[C]는 전압 V[V]에 비례하는데, 그 비례 상수를 C라 하면 다음과 같은 식이 성립한다.

$$Q = CV[\mathrm{C}]$$

2 정전용량의 계산

- 평행판 도체의 정전용량

$$C = \varepsilon \frac{A}{\ell}[\mathrm{F}]$$

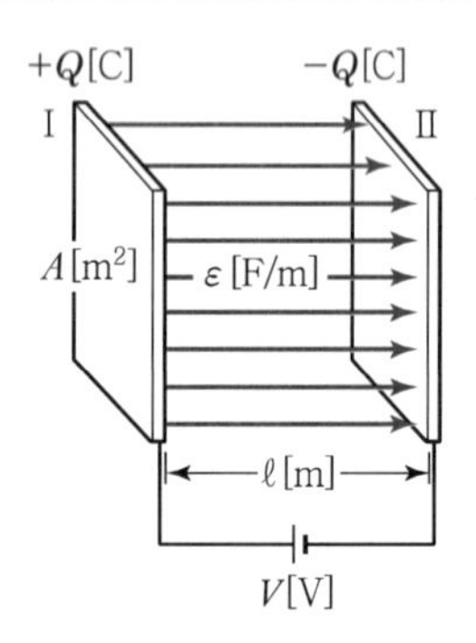

Ⅰ 평행판 콘덴서 Ⅰ

3 정전 에너지(Electrostatic Energy)

콘덴서에 전압 V[V]가 가해져서 Q[C]의 전하가 축적되어 있을 때 축적되는 에너지

$$W = \frac{1}{2}QV = \frac{1}{2}CV^2 = \frac{1}{2}\frac{Q^2}{C}[\mathrm{J}]$$

($\because Q = CV$)

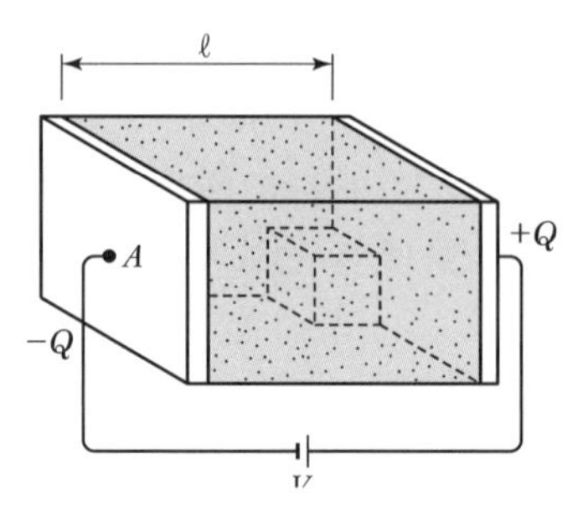

Ⅰ 유전체 내의 에너지 Ⅰ

기출 및 예상문제

01 어떤 콘덴서에 1,000[V]의 전압을 가하였더니 5×10^{-3}[C] 전하가 축적되었다. 이 콘덴서의 용량은?
2011

① 2.5[μF] ② 5[μF]
③ 250[μF] ④ 5,000[μF]

해설 $C=\frac{Q}{V}=\frac{5\times10^{-3}}{1,000}=5\times10^{-6}=5[\mu F]$

02 콘덴서의 정전용량에 대한 설명으로 틀린 것은?
2015

① 전압에 반비례한다.
② 이동 전하량에 비례한다.
③ 극판의 넓이에 비례한다.
④ 극판의 간격에 비례한다.

해설 전압, 전하량, 정전용량은 $C=\frac{Q}{V}$[F]의 관계이고, 극판의 넓이, 간격, 정전용량은 $C=\varepsilon\frac{A}{\ell}$[F]으로 정해진다.

03 정전에너지 W[J]를 구하는 식으로 옳은 것은?(단, C는 콘덴서 용량[μF], V는 공급전압[V]이다.)
2015

① $W=\frac{1}{2}CV^2$ ② $W=\frac{1}{2}CV$
③ $W=\frac{1}{2}C^2V$ ④ $W=2CV^2$

해설 정전에너지
$W=\frac{1}{2}CV^2$[J]

04 어떤 콘덴서에 전압 20[V]를 가할 때 전하 800[μC]이 축적되었다면 이때 축적되는 에너지는?
2012

① 0.008[J] ② 0.16[J]
③ 0.8[J] ④ 160[J]

해설 정전에너지
$W=\frac{1}{2}QV=\frac{1}{2}\times800\times10^{-6}\times20=0.008$[J]

05 100[μF]의 콘덴서에 1,000[V]의 전압을 가하여 충전한 뒤 저항을 통하여 방전시키면 저항에 발생하는 열량은 몇 [cal]인가?
2009

① 3 ② 5
③ 12 ④ 43

해설 정전 에너지는 저항을 통해 모두 방전되므로 정전 에너지는 저항에서 소비된 에너지와 같다.
$W=\frac{1}{2}CV^2=\frac{1}{2}\times100\times10^{-6}\times1,000^2=50$[J]
$H=0.24\times W=0.24\times50=12$[cal]

06 정전흡인력에 대한 설명 중 옳은 것은?
2010
2012

① 정전흡인력은 전압의 제곱에 비례한다.
② 정전흡인력은 극판 간격에 비례한다.
③ 정전흡인력은 극판 면적의 제곱에 비례한다.
④ 정전흡인력은 쿨롱의 법칙으로 직접 계산한다.

해설 정전흡인력 $f=\frac{1}{2}\varepsilon E^2=\frac{1}{2}\varepsilon\left(\frac{V}{\ell}\right)^2$[N/m²]
따라서, 정전흡인력은 전압의 제곱에 비례한다.

정답 01 ② 02 ④ 03 ① 04 ① 05 ③ 06 ①

TOPIC 03 콘덴서

1 콘덴서의 구조

1. 콘덴서(Condenser)

두 도체 사이에 유전체를 넣어 절연하여 전하를 축적할 수 있게 한 장치

| 콘덴서의 구조 |

2. 콘덴서의 성질

① 절연 파괴(Dielectric Breakdown)
콘덴서 양단에 가하는 전압을 점차 높여서 어느 정도 전압에 도달하게 되면 유전체의 절연이 파괴되어 통전되는 상태

② 콘덴서의 내압(With－stand Voltage)
콘덴서가 어느 정도의 전압까지 견딜 수 있는가 나타내는 값

2 콘덴서의 접속

1. 직렬접속

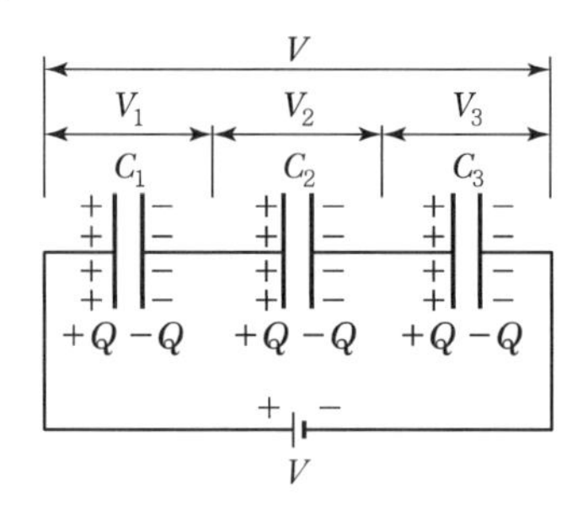

| 콘덴서의 직렬접속 |

합성 정전용량을 구하면

$$C=\frac{Q}{V}=\frac{1}{\frac{1}{C_1}+\frac{1}{C_2}+\frac{1}{C_3}}[\mathrm{F}]$$

2. 병렬접속

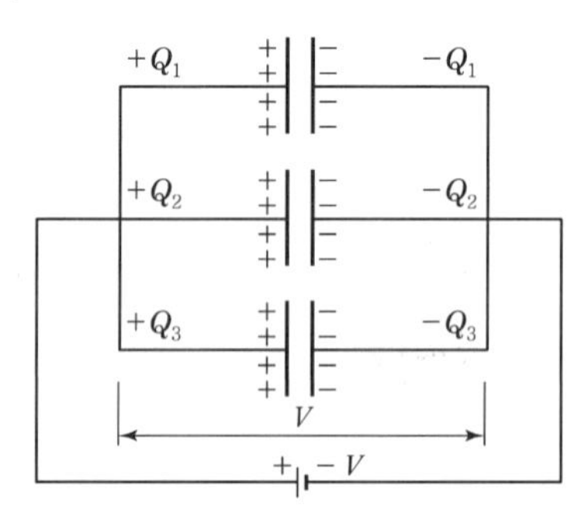

| 콘덴서의 병렬접속 |

합성 정전용량을 구하면

$$C=\frac{Q}{V}=C_1+C_2+C_3[\mathrm{F}]$$

기출 및 예상문제

01 전하를 축적하는 작용을 하기 위해 만들어진 전기소자는?
2009
① Free Electron ② Resistance
③ Condenser ④ Magnet

해설 콘덴서(Condenser)
두 도체 사이에 유전체를 넣어 절연하여 전하를 축적할 수 있게 한 장치

02 그림에서 $C_1=1[\mu F]$, $C_2=2[\mu F]$, $C_3=2[\mu F]$일 때 합성 정전용량은 몇 $[\mu F]$인가?
2014

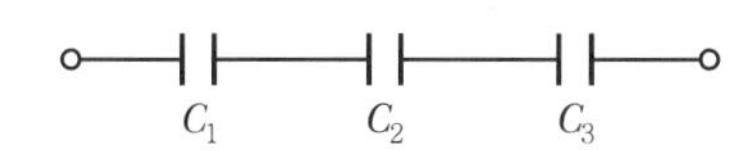

① $\frac{1}{2}$ ② $\frac{1}{5}$
③ 2 ④ 5

해설 직렬일 경우 합성 정전용량

$$C_0=\frac{1}{\frac{1}{C_1}+\frac{1}{C_2}+\frac{1}{C_3}}=\frac{1}{\frac{1}{1}+\frac{1}{2}+\frac{1}{2}}=\frac{1}{2}[\mu F]$$

03 2[F], 4[F], 6[F]의 콘덴서 3개를 병렬로 접속했을 때의 합성 정전용량은 몇 [F]인가?
2014
① 1.5 ② 4
③ 8 ④ 12

해설 $C=C_1+C_2+C_3=2+4+6=12[\mu F]$

04 30[μF]과 40[μF]의 콘덴서를 병렬로 접속한 후 100 [V] 전압을 가했을 때 전 전하량은 몇 [C]인가?
2009
2014
① 17×10^{-4} ② 34×10^{-4}
③ 56×10^{-4} ④ 70×10^{-4}

해설
- 콘덴서가 병렬접속이므로,
  합성 정전용량 $C=C_1+C_2=30+40=70[\mu F]$
- 전 전하량 $Q=CV=70\times10^{-6}\times100=70\times10^{-4}[C]$

05 다음 중 콘덴서의 접속법에 대한 설명으로 알맞은 것은?
2009
① 직렬로 접속하면 용량이 커진다.
② 병렬로 접속하면 용량이 적어진다.
③ 콘덴서는 직렬접속만 가능하다.
④ 직렬로 접속하면 용량이 적어진다.

해설
- 직렬접속 시 합성 정전용량은 적어진다.
  $\left(C=\frac{C_1C_2}{C_1+C_2}\right)$
- 병렬접속 시 합성 정전용량은 커진다.($C=C_1+C_2$)

06 다음 회로의 합성 정전용량[μF]은?
2015

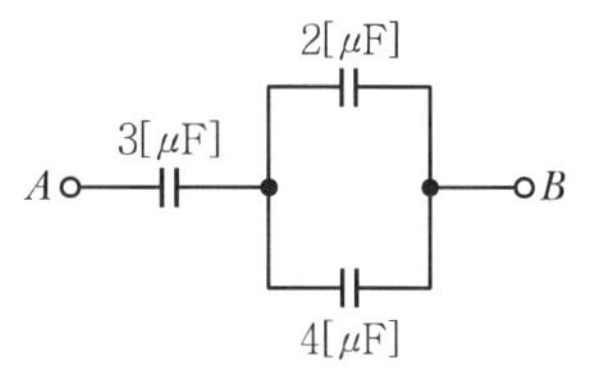

① 5 ② 4
③ 3 ④ 2

해설
- 2[μF]과 4[μF]의 병렬합성 정전용량=6[μF]
- 3[μF]과 6[μF]의 직렬합성 정전용량$=\frac{3\times6}{3+6}=2[\mu F]$

07 정전용량이 같은 콘덴서 10개가 있다. 이것을 직렬접속할 때의 값은 병렬 접속할 때의 값보다 어떻게 되는가?
2014
① $\frac{1}{10}$로 감소한다. ② $\frac{1}{100}$로 감소한다.
③ 10배로 증가한다. ④ 100배로 증가한다.

해설
- 직렬로 접속 시 합성 정전용량 $C_S=\frac{C}{10}$
- 병렬로 접속 시 합성 정전용량 $C_P=10C$

따라서 $\frac{C_S}{C_P}=\frac{\frac{C}{10}}{10C}=\frac{1}{100}$이다.

정답 01 ③ 02 ① 03 ④ 04 ④ 05 ④ 06 ④ 07 ②

CHAPTER 04 자기의 성질과 전류에 의한 자기장

TOPIC 01 자석의 자기작용

1 자기현상과 자기유도

1. 자기현상

① 자기(Magnetism) : 자석이 쇠를 끌어당기는 성질의 근원
② 자하(Magnetic Charge) : 자석이 가지는 자기량, 기호는 m, 단위는 웨버(Weber, [Wb])

2. 자기유도

① 자화(Magnetization) : 자석에 쇳조각을 가까이 하면 쇳조각이 자석이 되는 현상
② 자기유도(Magnetic Induction) : 쇳조각이 자석에 의하여 자화되는 현상
③ 자성체의 종류
㉠ 강자성체(Ferromagnetic Substance) : 철(Fe), 니켈(Ni), 코발트(Co), 망간(Mn)
- 자기 유도에 의해 강하게 자화되어 쉽게 자석이 되는 물질

㉡ 약자성체(비자성체)
- 반자성체(Diamagnetic Substance) : 구리(Cu), 아연(Zn), 비스무트(Bi), 납(Pb)
  - 강자성체와는 반대로 자화되는 물질
- 상자성체(Paramagnetic Substance) : 알루미늄(Al), 산소(O), 백금(Pt)
  - 강자성체와 같은 방향으로 자화되는 물질

2 자석 사이에 작용하는 힘

1. 쿨롱의 법칙(Coulomb's Law)

① 두 자극 사이에 작용하는 힘은 두 자극의 세기의 곱에 비례하고, 두 자극 사이의 거리의 제곱에 반비례한다.
② 두 자극 m_1[Wb], m_2[Wb]를 r[m] 거리에 두었을 때, 두 사이에 작용하는 힘 F는

$$F = \frac{1}{4\pi\mu} \times \frac{m_1 m_2}{r^2} \text{[N]}$$

2. 투자율(Permeability)

① 진공 중의 투자율(μ_0)
$\mu_0 = 4\pi \times 10^{-7}$[H/m]
② 비투자율(μ_s)
진공 중의 투자율에 대한 매질 투자율의 비를 나타낸다.
③ 투자율(μ) : 자속이 통하기 쉬운 정도
$\mu = \mu_0 \cdot \mu_s = 4\pi \times 10^{-7} \cdot \mu_s$[H/m]

3 자기장

1. 자기장의 세기(Intensity of Magnetic Field)

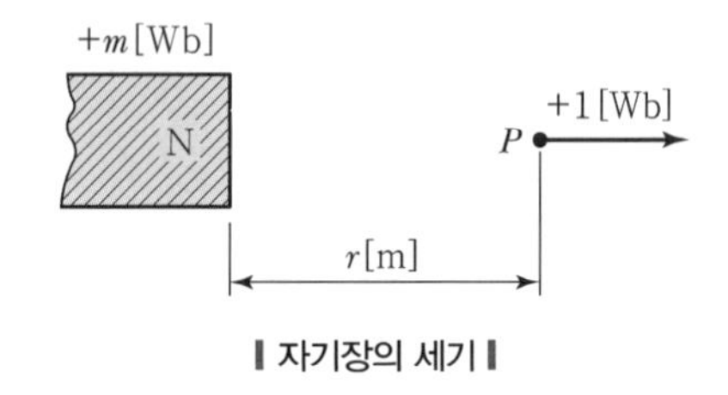

▌자기장의 세기▐

① 자기장(Magnetic Field) : 자력이 미치는 공간(자계, 정자장, 자장이라고 한다.)
② 자기장의 세기 : 자기장 내에 이 자기장의 크기에 영향을 미치지 않을 정도의 미소 자하를 놓았을 때 이 자하에 작용하는 힘의 방향을 자기장의 방향으로 하고, 작용하는 힘의 크기를 단위 자하+1[Wb]에 대한 힘의 크기로 환산한 것을 자기장의 세기로 정한다.
③ 자기장의 세기의 단위 : [AT/m], [N/Wb]

④ 진공 중에 있는 m[Wb]의 자극에서 r[m] 떨어진 점 P점에서의 자기장의 세기 H는

$$H=\frac{1}{4\pi\mu_0}\cdot\frac{m}{r^2}[\mathrm{AT/m}]$$

⑤ 자기장의 세기 H[AT/m]가 되는 자기장 안에 m[Wb]의 자극을 두었을 때 이것에 작용하는 힘 F[N]

$$F=mH[\mathrm{N}]$$

2. 자기력선(Line of Magnetic Force) 또는 자력선

자기장의 세기와 방향을 선으로 나타낸 것

> **참고** 자기력선의 성질
> - 자력선은 N극에서 나와 S극에서 끝난다.
> - 자력선 그 자신은 수축하려고 하며 같은 방향과의 자력선끼리는 서로 반발하려고 한다.
> - 임의의 한 점을 지나는 자력선의 접선방향이 그 점에서의 자기장의 방향이다.
> - 자기장 내의 임의의 한 점에서의 자력선 밀도는 그 점의 자기장의 세기를 나타낸다.
> - 자력선은 서로 만나거나 교차하지 않는다.

3. 가우스의 정리(Gauss Theorem)

임의의 폐곡면 내의 전체 자하량 m[Wb]가 있을 때 이 폐곡면을 통해서 나오는 자기력선의 총수는 $\frac{m}{\mu}$개이다.

4 자속과 자속밀도

1. 자속(Magnetic Flux)

① 자성체 내에서 주위 매질의 종류(투자율 μ)에 관계없이 m[Wb]의 자하에서 m개의 역선이 나온다고 가정하여 이것을 자속이라 한다.

② 자속의 기호 : ϕ(Phi)

③ 자속의 단위 : 웨버(Weber, [Wb])

2. 자속 밀도(Magnetic Flux Density)

① 자속의 방향에 수직인 단위면적 1[m²]을 통과하는 자속

② 자속밀도의 기호 : B

③ 자속밀도의 단위 : [Wb/m²], 테슬라(Tesla, 기호 [T])

④ 단면적 A[m²]를 자속 ϕ[Wb]가 통과하는 경우의 자속밀도 B

$$B=\frac{\phi}{A}=\frac{\phi}{4\pi r^2}[\mathrm{Wb/m^2}]$$

5 자기 모멘트

1. 자기 모멘트(Magnetic Moment) : M

자극의 세기가 m[Wb]이고 길이가 ℓ[m]인 자석에서 자극의 세기와 자석의 길이의 곱은

$$M=m\ell[\mathrm{Wb\cdot m}]$$

▼ 전기와 자기의 비교

전기	자기
전하 Q[C]	자하 m[Wb]
+, −분리 가능	N, S 분리 불가
쿨롱의 법칙 $F=\frac{1}{4\pi\varepsilon}\frac{Q_1Q_2}{r^2}$[N]	쿨롱의 법칙 $F=\frac{1}{4\pi\mu}\frac{m_1m_2}{r^2}$[N]
유전율 $\varepsilon=\varepsilon_0\cdot\varepsilon_s$ [F/m]	투자율 $\mu=\mu_0\cdot\mu_s$[H/m]
전기장(전장, 전계)	자기장(자장, 자계)
전기장의 세기 $E=\frac{1}{4\pi\varepsilon}\frac{Q}{r^2}$[V/m]	자기장의 세기 $H=\frac{1}{4\pi\mu}\frac{m}{r^2}$[AT/m]
$F=QE$[N]	$F=mH$[N]
전기력선	자기력선
가우스의 정리(전기력선의 수) $N=\frac{Q}{\varepsilon}$개	가우스의 정리(자기력선의 수) $N=\frac{m}{\mu}$개
전속 ψ(=전하)[C]	자속 ϕ(=자하)[Wb]
전속밀도 $D=\frac{Q}{A}=\frac{Q}{4\pi r^2}$[C/m²]	자속밀도 $B=\frac{\phi}{A}=\frac{\phi}{4\pi r^2}$[Wb/m²]
전속밀도와 전기장의 세기의 관계 $D=\varepsilon E=\varepsilon_0\varepsilon_s E$[C/m²]	자속밀도와 자기장의 세기의 관계 $B=\mu H=\mu_0\mu_s H$[Wb/m²]

기출 및 예상문제

01 **자석의 성질로 옳은 것은?**
2013
① 자석은 고온이 되면 자력선이 증가한다.
② 자기력선에는 고무줄과 같은 장력이 존재한다.
③ 자력선은 자석 내부에서도 N극에서 S극으로 이동한다.
④ 자력선은 자성체는 투과하고, 비자성체는 투과하지 못한다.

해설
- 자석은 고온이 되면 자력이 감소된다.
- 자기력선은 고무줄과 같이 그 자신이 수축하려고 하는 성질이 있다.
- 자력선은 자석 내부에서는 S극에서 N극으로 이동한다.
- 자력선은 자성체와 비자성체를 모두 투과한다.

02 **물질에 따라 자석에 반발하는 물체를 무엇이라 하는가?**
2009 2015
① 비자성체 ② 상자성체
③ 반자성체 ④ 가역성체

해설 ㉠ 강자성체 : 자석에 자화되어 끌리는 물체
㉡ 약자성체(비자성체)
- 반자성체 : 자석에 반발하는 물질
- 상자성체 : 자석에 자화되어 끌리는 물체

03 **다음 물질 중 강자성체로만 짝지어진 것은?**
2014
① 철, 니켈, 아연, 망간
② 구리, 비스무트, 코발트, 망간
③ 철, 구리, 니켈, 아연
④ 철, 니켈, 코발트

해설 강자성체는 자화가 잘 되는 물질을 말하며, 즉 자석에 잘 붙는 물질로 철, 니켈, 코발트 등이 있다.

04 **$m_1 = 4\times10^{-5}$[Wb], $m_2 = 6\times10^{-3}$[Wb], $r = 10$[cm]이면, 두 자극 m_1, m_2 사이에 작용하는 힘은 약 몇 [N]인가?**
2015
① 1.52 ② 2.4
③ 24 ④ 152

해설 쿨롱의 법칙

$$F=\frac{1}{4\pi\mu}\frac{m_1 m_2}{r^2}=\frac{1}{4\pi\times4\pi\times10^{-7}\times1}\frac{4\times10^{-5}\times6\times10^{-3}}{(10\times10^{-2})^2}$$
$$=1.52[\text{N}]$$

05 **공기 중 자장의 세기가 20[AT/m]인 곳에 8×10^{-3}[Wb]의 자극을 놓으면 작용하는 힘(N)은?**
2015
① 0.16 ② 0.32
③ 0.43 ④ 0.56

해설 $F=mH=8\times10^{-3}\times20=160\times10^{-3}=0.16[\text{N}]$

06 **자기력선에 대한 설명으로 옳지 않은 것은?**
2014
① 자기장의 모양을 나타낸 선이다.
② 자기력선이 조밀할수록 자기력이 세다.
③ 자석의 N극에서 나와 S극으로 들어간다.
④ 자기력선이 교차된 곳에서 자기력이 세다.

해설 자력선의 성질
- 자력선은 N극에서 나와 S극에서 끝난다.
- 자력선 그 자신은 수축하려고 하며 같은 방향과의 자력선끼리는 서로 반발하려고 한다.
- 임의의 한 점을 지나는 자력선의 접선 방향이 그 점에서의 자기장의 방향이다.
- 자기장 내의 임의의 한 점에서의 자력선 밀도는 그 점의 자기장의 세기를 나타낸다.
- 자력선은 서로 만나거나 교차하지 않는다.

07 **공기 중에서 $+m$[Wb]의 자극으로부터 나오는 자력선의 총 수를 나타낸 것은?**
2014
① m ② $\frac{\mu_0}{m}$
③ $\frac{m}{\mu_0}$ ④ $\mu_0 m$

해설 가우스의 정리(Gauss Theorem)
임의의 폐곡면 내의 전체 자하량 m[Wb]가 있을 때 이 폐곡면을 통해서 나오는 자기력선의 총수는 $\frac{m}{\mu}$개이다. 공기 중이므로 $\mu_s = 1$, 즉 자력선의 총수는 $\frac{m}{\mu_0}$개다.

정답 01 ② 02 ③ 03 ④ 04 ① 05 ① 06 ④ 07 ③

TOPIC 02 전류에 의한 자기현상과 자기회로

1 전류에 의한 자기현상

1. 앙페르의 오른 나사의 법칙(Ampere's Right-handed Screw Rule)

① 전류에 의하여 생기는 자기장의 자력선의 방향을 결정

② 직선 전류에 의한 자기장의 방향 : 전류가 흐르는 방향으로 오른 나사를 진행시키면 나사가 회전하는 방향으로 자력선이 생긴다.

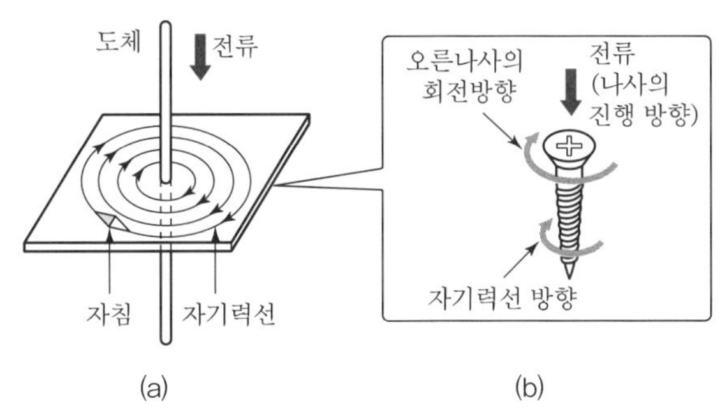

▌직선 전류에 의한 자력선의 방향▐

③ 코일에 의한 자기장의 방향 : 오른 나사를 전류의 방향으로 회전시키면 나사가 진행하는 방향이 자력선의 방향이 되고, 오른손 네 손가락을 전류의 방향으로 하면 엄지손가락의 방향이 자력선의 방향이 된다.

2. 비오-사바르의 법칙(Biot-Savart's Law)

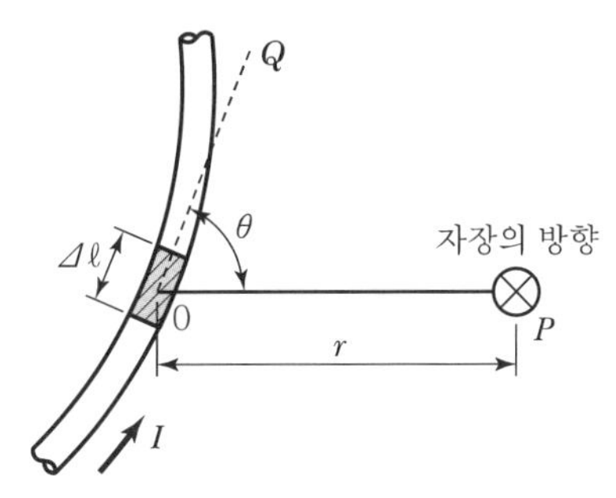

▌비오-사바르 법칙▐

① 도체의 미소 부분 전류에 의해 발생되는 자기장의 세기를 알아내는 법칙이다.

② 도선에 I[A]의 전류를 흘릴 때 도선의 미소부분 $\Delta\ell$에서 r[m] 떨어지고 $\Delta\ell$과 이루는 각도가 θ인 점 P에서 $\Delta\ell$에 의한 자장의 세기 ΔH[AT/m]는

$$\Delta H = \frac{I\Delta\ell}{4\pi r^2}\sin\theta\,[\mathrm{AT/m}]$$

3. 앙페르의 주회 적분의 법칙(Ampere's Circuital Integrating Law)

① 대칭적인 전류 분포에 대한 자기장의 세기를 매우 편리하게 구할 수 있으며, 비오-사바르의 법칙을 이용하여 유도된다.

② 자기장 내의 임의의 폐곡선 C를 취할 때, 이 곡선을 한 바퀴 돌면서 이 곡선 $\Delta\ell$과 그 부분의 자기장의 세기 H의 곱, 즉 $H\Delta\ell$의 대수합은 이 폐곡선을 관통하는 전류의 대수합과 같다는 것이다.

$$\sum H\Delta\ell = \Delta I$$

4. 무한장 직선 전류에 의한 자기장

무한 직선 도체에 I[A]의 전류가 흐를 때 전선에서 r[m] 떨어진 점의 자기장의 세기 H[AT/m]는

$$H = \frac{I}{2\pi r}\,[\mathrm{AT/m}]$$

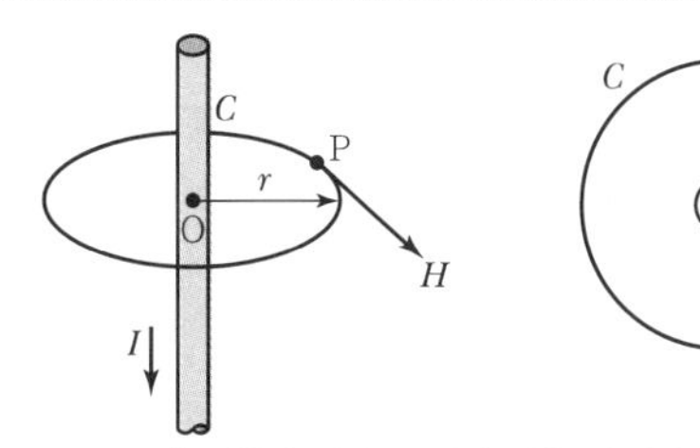

▌무한장 직선 도체에 의한 자기장의 세기▐

5. 원형 코일 중심의 자기장

반지름이 r[m]이고 감은 횟수가 N회인 원형 코일에 I[A]의 전류를 흘릴 때 코일 중심 O에 생기는 자기장의 세기 H[AT/m]는

$$H = \frac{NI}{2r}\,[\mathrm{AT/m}]$$

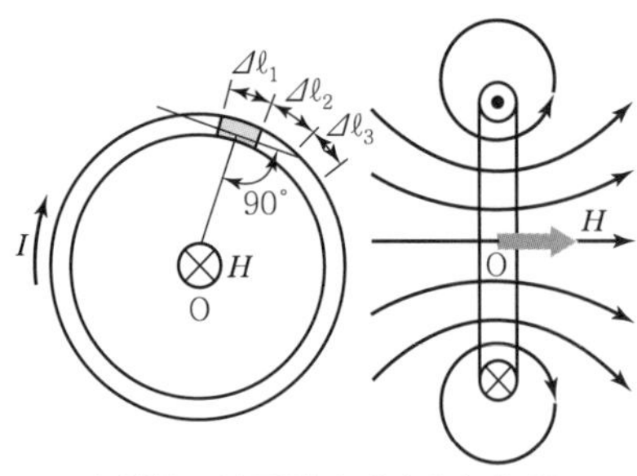

❙ 원형 코일 중심의 자기장의 세기 ❙

6. 환상 솔레노이드에 의한 자장

감은 권수가 N, 반지름이 r[m]인 환상 솔레노이드에 I[A]의 전류를 흘릴 때 솔레노이드 내부에 생기는 자장의 세기 H[AT/m]는

$$H = \frac{NI}{\ell} = \frac{NI}{2\pi r}\,[\mathrm{AT/m}]$$

(단, ℓ는 자로의 평균 길이[m])

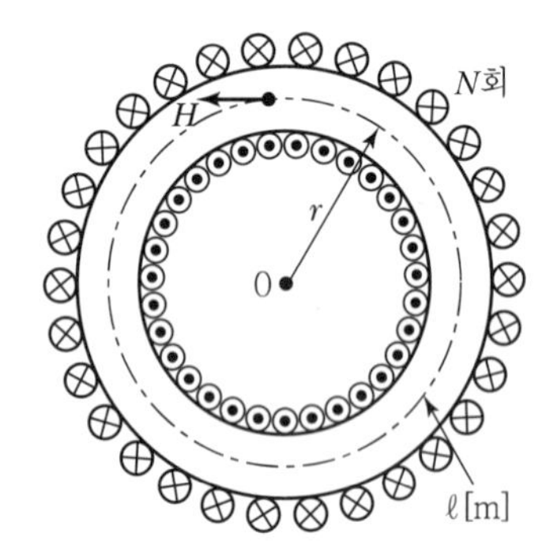

❙ 환상 솔레노이드에 의한 자기장의 세기 ❙

2 자기회로

1. 자기회로(Magnetic Circuit)

자속이 통과하는 폐회로

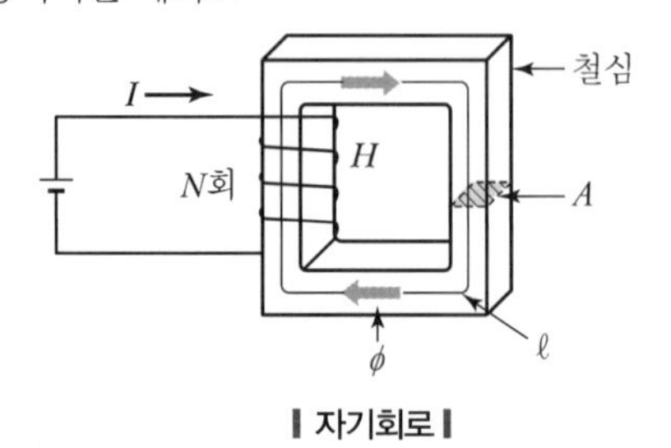

❙ 자기회로 ❙

2. 기자력(Magnetic Motive Force)

자속을 만드는 원동력

$$F = NI\,[\mathrm{AT}]$$

여기서, N : 코일의 감은 횟수[T]
I : 코일에 흐르는 전류[A]

3. 자기저항(Reluctance)

자속의 발생을 방해하는 성질의 정도로, 자로의 길이 ℓ[m]에 비례하고 단면적 A[m^2]에 반비례한다.

$$R = \frac{\ell}{\mu A}\,[\mathrm{AT/Wb}]$$

▼ 전기회로와 자기회로 비교

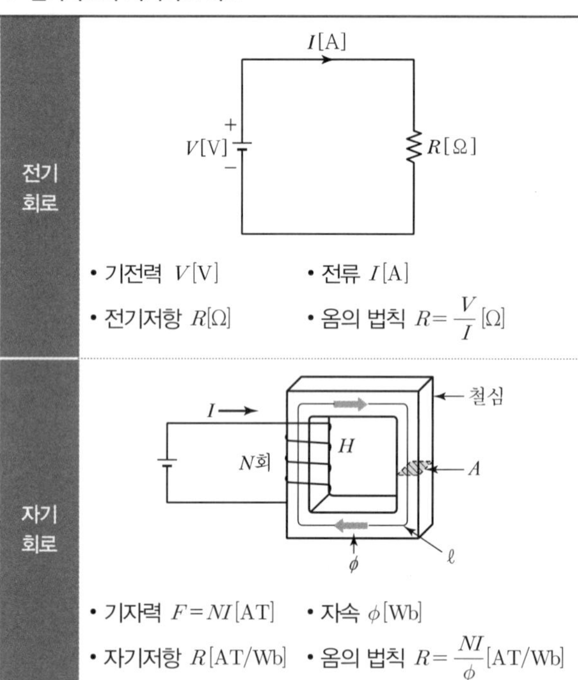

전기회로	• 기전력 V[V] • 전류 I[A] • 전기저항 R[Ω] • 옴의 법칙 $R = \frac{V}{I}$[Ω]
자기회로	• 기자력 $F = NI$[AT] • 자속 ϕ[Wb] • 자기저항 R[AT/Wb] • 옴의 법칙 $R = \frac{NI}{\phi}$[AT/Wb]

기출 및 예상문제

01 전류에 의해 발생되는 자기장에서 자력선의 방향을 간단하게 알아내는 법칙은?

2009 2012 2013 2015

① 오른나사의 법칙
② 플레밍의 왼손법칙
③ 주회적분의 법칙
④ 줄의 법칙

① 앙페르의 오른나사 법칙 : 전류에 의하여 발생하는 자기장의 방향을 결정
② 플레밍의 왼손법칙 : 전자력의 방향을 결정
③ 앙페르의 주회적분 법칙 : 전류에 의하여 발생하는 자기장의 세기를 결정
④ 줄의 법칙 : 전류가 부하에 흘러서 발생되는 열량을 결정

02 비오-사바르(Biot-Savart)의 법칙과 가장 관계가 깊은 것은?

2009 2013

① 전류가 만드는 자장의 세기
② 전류와 전압의 관계
③ 기전력과 자계의 세기
④ 기전력과 자속의 변화

비오-사바르 법칙
전류의 방향에 따른 자기장의 세기 정의

$$\Delta H = \frac{I\Delta \ell}{4\pi r^2}\sin\theta \,[\mathrm{AT/m}]$$

03 전류에 의한 자기장의 세기를 구하는 비오-사바르의 법칙을 옳게 나타낸 것은?

2014

① $\Delta H = \dfrac{I\Delta \ell \sin\theta}{4\pi r^2}[\mathrm{AT/m}]$

② $\Delta H = \dfrac{I\Delta \ell \sin\theta}{4\pi r}[\mathrm{AT/m}]$

③ $\Delta H = \dfrac{I\Delta \ell \cos\theta}{4\pi r}[\mathrm{AT/m}]$

④ $\Delta H = \dfrac{I\Delta \ell \cos\theta}{4\pi r^2}[\mathrm{AT/m}]$

해설 비오-사바르 법칙
도선에 I[A]의 전류를 흘릴 때 도선의 미소부분 $\Delta\ell$에서 r[m] 떨어지고 $\Delta\ell$과 이루는 각도가 θ인 점 P에서 $\Delta\ell$에 의한 자장의 세기 ΔH[AT/m]는

$$\Delta H = \frac{I\Delta \ell \sin\theta}{4\pi r^2}[\mathrm{AT/m}]$$

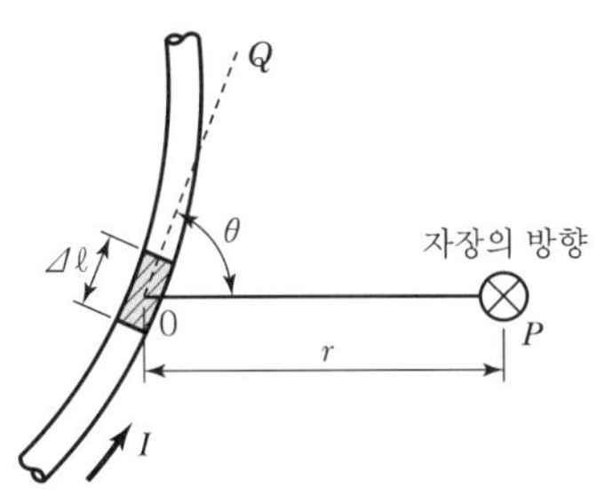

04 평균 반지름이 10[cm]이고 감은 횟수 10회의 원형코일에 20[A]의 전류를 흐르게 하면 코일 중심의 자기장의 세기는?

2011

① 10[AT/m] ② 20[AT/m]
③ 1,000[AT/m] ④ 2,000[AT/m]

해설 원형코일의 자기장

$$H = \frac{NI}{2r} = \frac{10\times 20}{2\times 10\times 10^{-2}} = 1{,}000[\mathrm{AT/m}]$$

05 반지름 r[m], 권수 N회의 환상 솔레노이드에 I[A]의 전류가 흐를 때, 그 내부의 자장의 세기 H[AT/m]는 얼마인가?

2014 2015

① $\dfrac{NI}{r^2}$ ② $\dfrac{NI}{2\pi}$

③ $\dfrac{NI}{4\pi r^2}$ ④ $\dfrac{NI}{2\pi r}$

해설 환상 솔레노이드에 의한 자기장의 세기는 $\dfrac{NI}{2\pi r}$이다.

정답 01 ① 02 ① 03 ① 04 ③ 05 ④

06 2013 **단위 길이당 권수 100회인 무한장 솔레노이드에 10[A]의 전류가 흐를 때 솔레노이드 내부의 자장[AT/m]은?**

① 10 ② 100
③ 1,000 ④ 10,000

해설 무한장 솔레노이드의 내부 자장의 세기 $H=nI$[AT/m]
(단, n은 1[m]당 권수)
$H=10\times100=1,000$[AT/m]

07 2012 2015 **1[cm]당 권선수가 10인 무한 길이 솔레노이드에 1[A]의 전류가 흐르고 있을 때 솔레노이드 외부 자계의 세기[AT/m]는?**

① 0 ② 10
③ 100 ④ 1,000

해설 솔레노이드의 내부에서는 자기력선이 집중되어 자계의 세기가 높은 반면에 외부에서는 N극에서 S극 방향으로 넓게 분포되기 때문에 그 세력은 아주 작은 값이 된다. 또한, 무한 길이의 솔레노이드의 경우에는 매우 작아져서 무시할 정도가 된다.

08 2011 **전류와 자속에 관한 설명 중 옳은 것은?**

① 전류와 자속은 항상 폐회로를 이룬다.
② 전류와 자속은 항상 폐회로를 이루지 않는다.
③ 전류는 폐회로이나 자속은 아니다.
④ 자속은 폐회로이나 전류는 아니다.

해설 전류는 +에서 −로 흐르고, 자속은 N극에서 S극으로 흐르면서 폐회로를 이룬다.

09 2010 2011 2013 **자기저항의 단위는?**

① [AT/m] ② [Wb/AT]
③ [AT/Wb] ④ [Ω/AT]

해설 자기저항(Reluctance) : R
$R=\dfrac{\ell}{\mu A}=\dfrac{NI}{\phi}$[AT/Wb]

10 2014 **다음 중 자기작용에 관한 설명으로 틀린 것은?**

① 기자력의 단위는 [AT]를 사용한다.
② 자기회로의 자기저항이 작은 경우는 누설 자속이 거의 발생되지 않는다.
③ 자기장 내에 있는 도체에 전류를 흘리면 힘이 작용하는데, 이 힘을 기전력이라 한다.
④ 평행한 두 도체 사이에 전류가 동일한 방향으로 흐르면 흡인력이 작용한다.

11 2012 **자기회로의 길이 ℓ[m], 단면적 A[m²], 투자율 μ[H/m]일 때 자기저항 R[AT/Wb]을 나타낸 것은?**

① $R=\dfrac{\mu\ell}{A}$[AT/Wb]
② $R=\dfrac{A}{\mu\ell}$[AT/Wb]
③ $R=\dfrac{\mu A}{\ell}$[AT/Wb]
④ $R=\dfrac{\ell}{\mu A}$[AT/Wb]

12 2015 **자기회로에 강자성체를 사용하는 이유는?**

① 자기저항을 감소시키기 위하여
② 자기저항을 증가시키기 위하여
③ 공극을 크게 하기 위하여
④ 주자속을 감소시키기 위하여

해설 자기저항 $R=\dfrac{\ell}{\mu A}$[AT/Wb]이고, 강자성체의 투자율 μ는 대단히 크므로, 자기회로 강자성체를 사용하면 자기저항을 감소시킬 수 있다.

정답 06 ③ 07 ① 08 ① 09 ③ 10 ③ 11 ④ 12 ①

CHAPTER 05 전자력과 전자유도

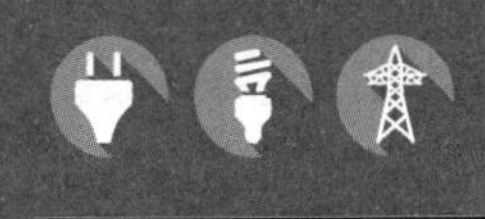

TOPIC 01 전자력

1 전자력의 방향과 크기

1. 전자력의 방향

플레밍의 왼손법칙(Fleming's Left－hand Rule)

① 전동기의 회전방향을 결정

② 엄지손가락 : 힘의 방향(F)

③ 검지(집게)손가락 : 자장의 방향(B)

④ 중지(가운데)손가락 : 전류의 방향(I)

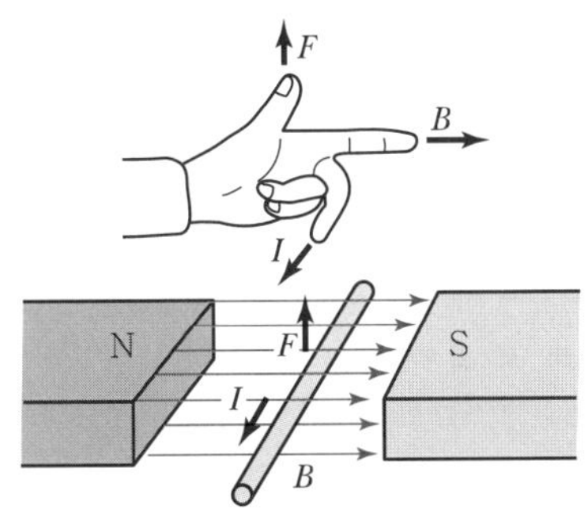

▌플레밍의 왼손법칙▐

2. 전자력의 크기

자속밀도 B[Wb/m^2]의 평등 자장 내에 자장과 직각방향으로 ℓ[m]의 도체를 놓고 I[A]의 전류를 흘리면 도체가 받는 힘 F[N]은

$$F = BI\ell\sin\theta[\text{N}]$$

2 평행 도체 사이에 작용하는 힘

1. 힘의 방향

① 각각의 도체에는 전류의 방향에 의하여 왼손법칙에 따른 힘이 작용한다.

② 반대방향일 때 : 반발력

③ 동일방향일 때 : 흡인력

2. 힘의 크기

평행한 두 도체가 r[m]만큼 떨어져 있고 각 도체에 흐르는 전류가 I_1[A], I_2[A]라 할 때 두 도체 사이에 작용하는 힘 F는

$$F = \frac{2I_1I_2}{r} \times 10^{-7}[\text{N/m}]$$

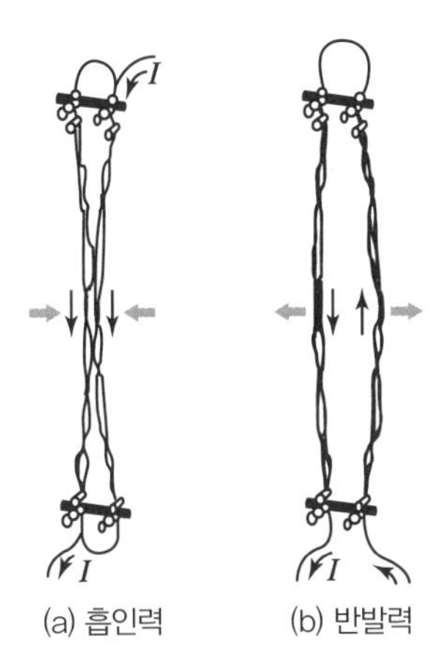

▌힘의 방향과 자력선의 분포▐

기출 및 예상문제

01 다음 중 전동기의 원리에 적용되는 법칙은?
2012 2015

① 렌쯔의 법칙
② 플레밍의 오른손법칙
③ 플레밍의 왼손법칙
④ 옴의 법칙

해설 플레밍의 왼손법칙은 자기장 내에 있는 도체에 전류를 흘리면 힘이 작용하는 법칙으로 전동기의 원리가 된다.

02 플레밍의 왼손법칙에서 전류의 방향을 나타내는 손가락은?
2010 2012

① 약지 ② 중지
③ 검지 ④ 엄지

해설 전자력의 방향 : 플레밍의 왼손법칙(Fleming's Left-hand Rule)
- 전동기의 회전 방향을 결정
- 엄지손가락 : 힘의 방향(F)
- 검지손가락 : 자장의 방향(B)
- 중지손가락 : 전류의 방향(I)

03 그림과 같이 자극 사이에 있는 도체에 전류(I)가 흐를 때 힘은 어느 방향으로 작용하는가?
2014

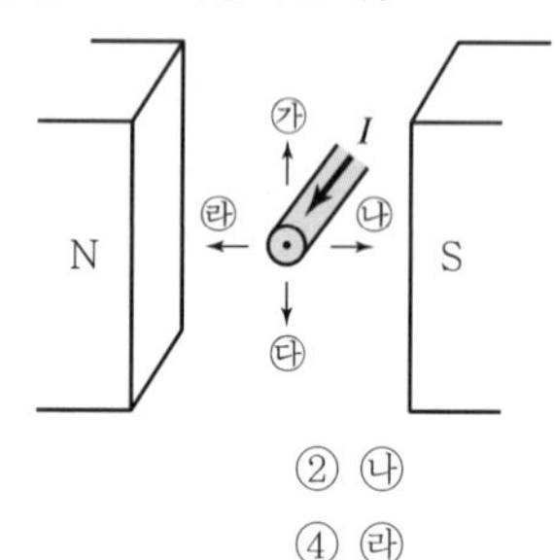

① ㉮ ② ㉯
③ ㉰ ④ ㉱

해설 플레밍의 왼손법칙에 따라 중지-전류, 검지-자장, 엄지-힘의 방향이 된다.

04 공기 중에서 자속밀도 3[Wb/m²]의 평등 자장 속에 길이 10[cm]의 직선 도선을 자장의 방향과 직각으로 놓고 여기에 4[A]의 전류를 흐르게 하면 이 도선이 받는 힘은 몇 [N]인가?
2015

① 0.5 ② 1.2
③ 2.8 ④ 4.2

해설 플레밍의 왼손법칙에 의한 전자력
$F = BI\ell\sin\theta = 3\times4\times10\times10^{-2}\times\sin90° = 1.2$[N]

05 자속밀도 0.5[Wb/m²]의 자장 안에 자장과 직각으로 20[cm]의 도체를 놓고 이것에 10[A]의 전류를 흘릴 때 도체가 50[cm] 운동한 경우의 한 일은 몇 [J]인가?
2014

① 0.5 ② 1
③ 1.5 ④ 5

해설 도체에 작용하는 힘
$F = B\ell I\sin\theta = 0.5\times20\times10^{-2}\times10\times\sin90° = 1$[N]
도체가 한 일 $W = F\cdot r = 1\times50\times10^{-2} = 0.5$[J]

06 서로 가까이 나란히 있는 두 도체에 전류가 반대방향으로 흐를 때 각 도체 간에 작용하는 힘은?
2011

① 흡인한다.
② 반발한다.
③ 흡인과 반발을 되풀이한다.
④ 처음에는 흡인하다가 나중에는 반발한다.

해설 평행 도체 사이에 작용하는 힘의 방향
- 각각의 도체에는 전류의 방향에 의하여 왼손법칙에 따른 힘이 작용한다.
- 반대 방향일 때 : 반발력
- 동일 방향일 때 : 흡인력

07 평행한 왕복 도체에 흐르는 전류에 대한 작용력은?
2015

① 흡인력 ② 반발력
③ 회전력 ④ 작용력이 없다.

해설 평행 도체 사이에 작용하는 힘의 방향은 반대방향일 때 반발력, 동일 방향일 때 흡인력이 작용하므로 왕복도체인 경우 반대방향으로 반발력이 작용한다.

정답 01 ③ 02 ② 03 ① 04 ② 05 ① 06 ② 07 ②

TOPIC 02 전자유도

1 자속 변화에 의한 유도 기전력

1. 유도 기전력의 방향 : 렌쯔의 법칙(Lenz's Law)

전자유도에 의하여 발생한 기전력의 방향은 그 유도전류가 만든 자속이 항상 원래의 자속의 증가 또는 감소를 방해하려는 방향이다.

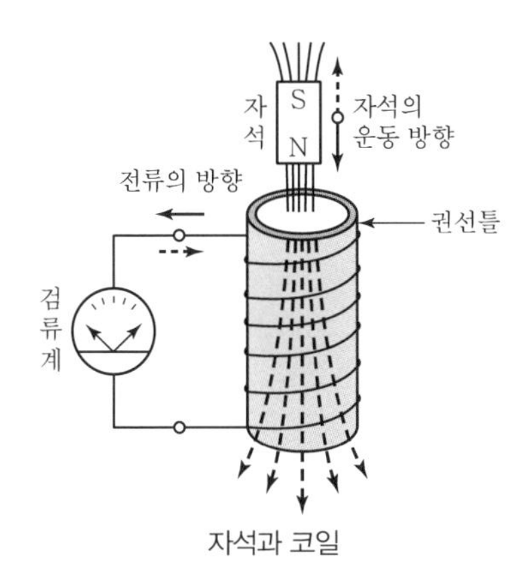

| 유도 기전력의 방향 |

2. 유도 기전력의 크기 : 패러데이 법칙(Faraday's Law)

유도 기전력의 크기는 단위시간 1[sec] 동안에 코일을 쇄교하는 자속의 변화량과 코일의 권수에 곱에 비례한다.

$$e = -N\frac{\Delta\phi}{\Delta t}\,[\mathrm{V}]$$

여기서, 음(−)의 부호 : 유도 기전력의 방향을 나타냄
$\Delta\phi$: 자속의 변화율

2 도체운동에 의한 유도 기전력

1. 유도 기전력 방향 : 플레밍의 오른손법칙(Fleming's Right－hand Rule)

- 발전기의 유도 기전력의 방향을 결정
- 엄지손가락 : 도체의 운동방향(u)
- 검지(집게)손가락 : 자속의 방향(B)
- 중지(가운데)손가락 : 유도 기전력의 방향(e)

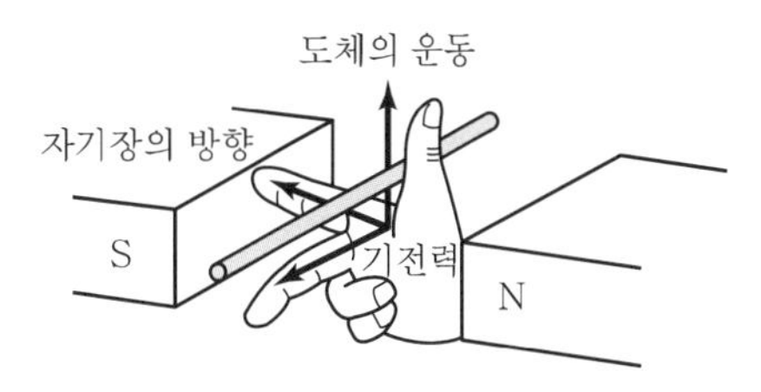

| 플레밍의 오른손법칙 |

2. 직선도체에 발생하는 기전력

자속 밀도 B[Wb/m²]의 평등 자장 내에서 길이 ℓ[m]인 도체를 자장과 직각 방향으로 u[m/sec] 일정한 속도로 운동하는 경우 도체에 유기된 기전력 e[V]는

$$e = B\ell u\sin\theta\,[\mathrm{V}]$$

기출 및 예상문제

01 자속의 변화에 의한 유도 기전력의 방향 결정은?
2011
① 렌쯔의 법칙 ② 패러데이의 법칙
③ 앙페르의 법칙 ④ 줄의 법칙

해설 유도 기전력의 방향 : 렌쯔의 법칙(Lenz's Law)
전자 유도에 의하여 발생한 기전력의 방향은 그 유도 전류가 만든 자속이 항상 원래의 자속의 증가 또는 감소를 방해하려는 방향이다.

02 권수가 150인 코일에서 2초간에 1[Wb]의 자속이 변화한다면, 코일에 발생되는 유도 기전력의 크기는 몇 [V]인가?
2015
① 50 ② 75
③ 10 ④ 150

해설 유도 기전력 $e = -N\dfrac{\Delta\phi}{\Delta t} = -150\times\dfrac{1}{2} = -75$[V]

03 도체가 운동하여 자속을 끊었을 때 기전력의 방향을 알아내는 데 편리한 법칙은?
2014
① 렌쯔의 법칙 ② 패러데이의 법칙
③ 플레밍의 왼손법칙 ④ 플레밍의 오른손법칙

해설 자기장 내에서 도체가 움직일 때 유도 기전력이 발생하는 현상은 플레밍의 오른손법칙이다. 참고로, 자속이 변화할 때 도체에 유도 기전력이 발생하는 현상은 렌쯔의 법칙이다.

04 발전기의 유도 전압의 방향을 나타내는 법칙은?
2009
2013
① 패러데이의 법칙 ② 렌쯔의 법칙
③ 오른나사의 법칙 ④ 플레밍의 오른손법칙

해설 ① 패러데이의 법칙 : 전자유도작용에 의한 유도 기전력의 크기
② 렌쯔의 법칙 : 전자유도작용에 의한 유도 기전력의 방향
③ 오른나사의 법칙 : 전류에 의한 자기장의 방향

05 플레밍의 오른손법칙에서 셋째 손가락의 방향은?
2012
① 운동 방향 ② 자속밀도의 방향
③ 유도 기전력의 방향 ④ 자력선의 방향

해설
- 첫째(엄지) 손가락 : 운동(힘)의 방향
- 둘째(검지) 손가락 : 자기장(자력선)의 방향
- 셋째(중지) 손가락 : 유도 기전력(유도전류)의 방향

06 자속밀도 B [Wb/m²] 되는 균등한 자계 내에 길이 ℓ [m]의 도선을 자계에 수직인 방향으로 운동시킬 때 도선에 e [V]의 기전력이 발생한다면 이 도선의 속도[m/s]는?
2013
① $B\ell e\sin\theta$ ② $B\ell e\cos\theta$
③ $\dfrac{B\ell\sin\theta}{e}$ ④ $\dfrac{e}{B\ell\sin\theta}$

해설 플레밍의 오른손법칙에 의한 유도 기전력
$e = B\ell u\sin\theta$[V]에서
속도 $u = \dfrac{e}{B\ell\sin\theta}$[m/s]이다.

정답 01 ① 02 ② 03 ④ 04 ④ 05 ③ 06 ④

TOPIC 03 인덕턴스와 전자에너지

1 인덕턴스

1. 자체 인덕턴스

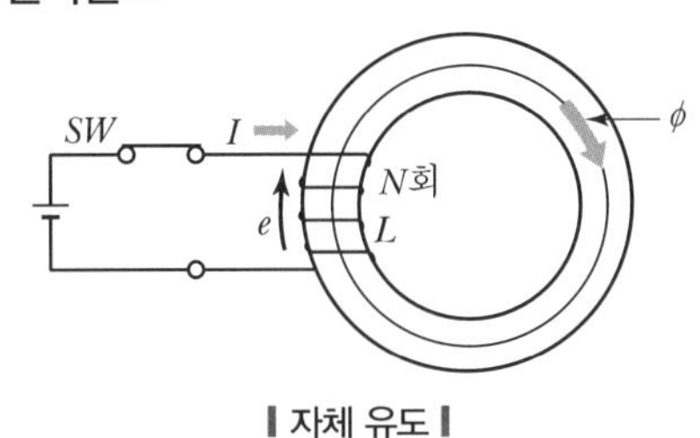

❙ 자체 유도 ❙

① 코일의 자체 유도능력 정도를 나타내는 값으로 단위는 헨리(Henry, 기호[H])이다.

② 자체 인덕턴스(Self-inductance) : 감은 횟수 N회의 코일에 흐르는 전류 I가 Δt[sec] 동안에 ΔI[A]만큼 변화하여 코일과 쇄교하는 자속 ϕ가 $\Delta\phi$[Wb]만큼 변화하였다면 자체 유도 기전력은 다음과 같이 된다.

$$e = -N\frac{\Delta\phi}{\Delta t}[\mathrm{V}] = -L\frac{\Delta I}{\Delta t}[\mathrm{V}]$$

여기서, L : 비례상수로 자체 인덕턴스

③ 환상 솔레노이드의 자체 인덕턴스
환상 코일의 자체 인덕턴스 L은

$$L = \frac{N\phi}{I} = \frac{\mu A N^2}{\ell} = \frac{\mu_0 \mu_s A N^2}{\ell}[\mathrm{H}]$$

2. 상호 인덕턴스(Mutual Inductance)

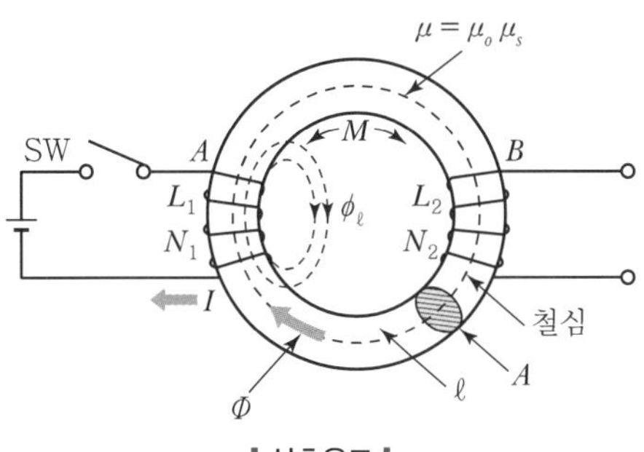

❙ 상호유도 ❙

- 상호 유도(Mutual Induction) : 하나의 자기회로에 1차 코일과 2차 코일을 감고 1차 코일에 전류를 변화시키면 2차 코일에도 전압이 발생하는 현상(A코일 : 1차 코일, B : 2차 코일)

3. 자체 인덕턴스와 상호 인덕턴스와의 관계

① $L_1 = \dfrac{\mu A {N_1}^2}{\ell}[\mathrm{H}]$

$L_2 = \dfrac{\mu A {N_2}^2}{\ell}[\mathrm{H}]$

$M = \dfrac{\mu A N_1 N_2}{\ell}[\mathrm{H}]$

$$M = k\sqrt{L_1 L_2}[\mathrm{H}]$$

② 결합계수 $k = \dfrac{M}{\sqrt{L_1 L_2}}$

여기서, k : 1차 코일과 2차 코일의 자속에 의한 결합의 정도 $(0 < k \leq 1)$

2 인덕턴스의 접속

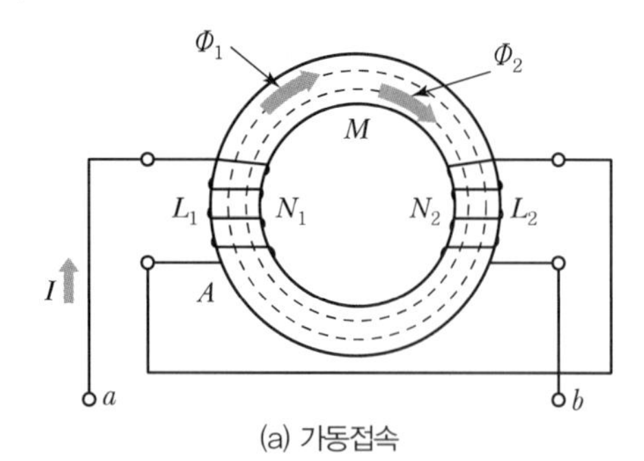

(a) 가동접속

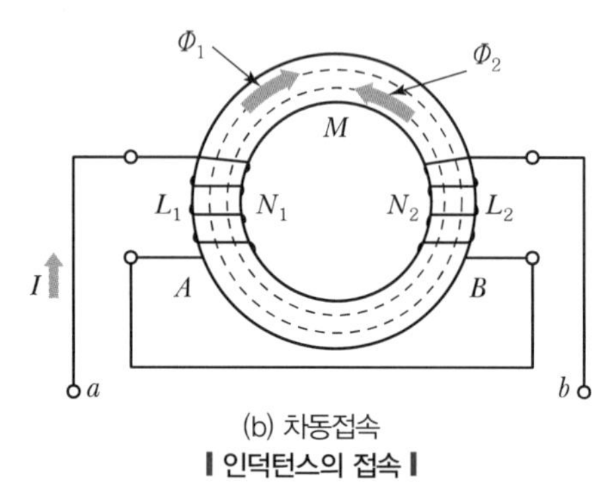

(b) 차동접속

❙ 인덕턴스의 접속 ❙

1. 가동접속

$$L_{ab} = L_1 + L_2 + 2M[\text{H}]$$

2. 차동접속

$$L_{ab} = L_1 + L_2 - 2M[\text{H}]$$

3 전자에너지

1. 코일에 축적되는 전자에너지

자체 인덕턴스 L에 전류 i를 t[sec] 동안 0에서 1[A]까지 일정한 비율로 증가시켰을 때 코일 L에 공급되는 에너지 W는

$$W = \frac{Pt}{2} = \frac{VIt}{2} = \frac{1}{2}L\frac{I}{t}It = \frac{1}{2}LI^2[\text{J}]$$

4 히스테리시스 곡선과 손실

1. 히스테리시스 곡선

철심 코일에서 전류를 증가시키면 자장의 세기 H는 전류에 비례하여 증가하지만 밀도 B는 자장에 비례하지 않고 그림의 $B-H$곡선과 같이 포화현상과 자기이력현상(이전의 자화 상태가 이후의 자화 상태에 영향을 주는 현상) 등이 일어나는데 이와 같은 특성을 히스테리시스 곡선이라 한다.

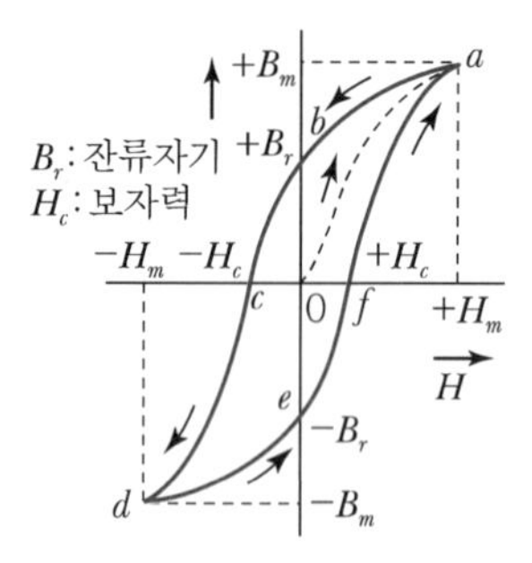

❙ 히스테리시스 곡선 ❙

2. 히스테리시스 손실

① 코일의 흡수 에너지가 히스테리시스 곡선 내의 넓이만큼의 에너지가 철심 내에서 열에너지로 잃어버리는 손실

② 히스테리시스 손실(Hysteresis Loss) : P_h

$$P_h = \eta_h f B_m^{\ 1.6}[\text{W/m}^3]$$

여기서, η_h : 히스테리시스 상수
f : 주파수[Hz]
B_m : 최대 자속 밀도[Wb/m²]

기출 및 예상문제

01 자체 인덕턴스가 100[H]가 되는 코일에 전류를 1초 동안 0.1[A]만큼 변화시켰다면 유도 기전력[V]은?
2014

① 1[V] ② 10[V]
③ 100[V] ④ 1,000[V]

해설 유도 기전력 $e=-L\frac{\Delta I}{\Delta t}=-100\times\frac{0.1}{1}=-10$[V]

02 단면적 A[m²], 자로의 길이 ℓ[m], 투자율(μ), 권수 N회인 환상 철심의 자체 인덕턴스[H]는?
2015

① $\frac{\mu AN^2}{\ell}$ ② $\frac{A\ell N^2}{4\pi\mu}$
③ $\frac{4\pi AN^2}{\ell}$ ④ $\frac{\mu\ell N^2}{A}$

해설 자체 인덕턴스 $L=\frac{\mu AN^2}{\ell}$[H]

03 2개의 코일을 서로 근접시켰을 때 한쪽 코일의 전류가 변화하면 다른 쪽 코일에 유도 기전력이 발생하는 현상을 무엇이라고 하는가?
2012

① 상호 결합 ② 자체 유도
③ 상호 유도 ④ 자체 결합

해설 상호 유도(Mutual Induction)
하나의 자기 회로에 1차 코일과 2차 코일을 감고 1차 코일에 전류를 변화시키면 2차 코일에도 전압이 발생하는 현상(A : 1차 코일, B : 2차 코일)

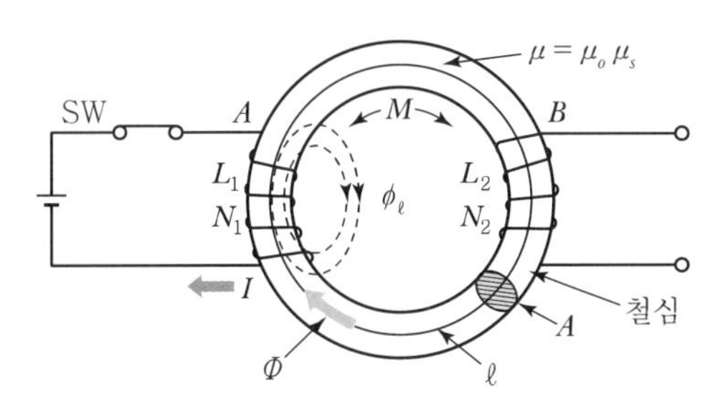

04 코일이 접속되어 있을 때, 누설 자속이 없는 이상적인 코일 간의 상호 인덕턴스는?
2013
2015

① $M=\sqrt{L_1+L_2}$ ② $M=\sqrt{L_1-L_2}$
③ $M=\sqrt{L_1L_2}$ ④ $M=\sqrt{\frac{L_1}{L_2}}$

해설 누설 자속이 없으므로 결합계수 $k=1$
따라서, $M=k\sqrt{L_1L_2}=\sqrt{L_1L_2}$

05 자체 인덕턴스가 각각 L_1, L_2[H]의 두 원통 코일이 서로 직교하고 있다. 두 코일 사이의 상호 인덕턴스[H]는?
2012

① L_1+L_2 ② L_1L_2
③ 0 ④ $\sqrt{L_1L_2}$

해설 코일이 서로 직교하면 쇄교자속이 없으므로 결합계수 $k=0$이다.
즉, 상호 인덕턴스 $M=k\sqrt{L_1L_2}$이므로, $M=0$이다.

06 자체 인덕턴스가 각각 160[mH], 250[mH]의 두 코일이 있다. 두 코일 사이의 상호 인덕턴스가 150[mH]이면 결합계수는?
2015

① 0.5 ② 0.62
③ 0.75 ④ 0.86

해설 결합계수 $k=\frac{M}{\sqrt{L_1L_2}}=\frac{150}{\sqrt{160\times250}}=0.75$

07 자체 인덕턴스 L_1, L_2, 상호 인덕턴스 M인 두 코일을 같은 방향으로 직렬 연결한 경우 합성 인덕턴스는?
2009
2013

① L_1+L_2+M ② L_1+L_2-M
③ L_1+L_2+2M ④ L_1+L_2-2M

해설
- 가동 접속 시(같은 방향연결) 합성 인덕턴스 L_1+L_2+2M
- 차동 접속 시(반대 방향연결) 합성 인덕턴스 L_1+L_2-2M

정답 01 ② 02 ① 03 ③ 04 ③ 05 ③ 06 ③ 07 ③

08 두 코일의 자체 인덕턴스를 L_1[H], L_2[H]라 하고 상호 인덕턴스를 M이라 할 때, 두 코일을 자속이 동일한 방향과 역방향이 되도록 하여 직렬로 각각 연결하였을 경우, 합성 인덕턴스의 큰 쪽과 작은 쪽의 차는?
2014

① M　② $2M$
③ $4M$　④ $8M$

해설 가동 접속 시(같은 방향연결) 합성 인덕턴스
$L_1 + L_2 + 2M$,
차동 접속 시(반대 방향연결) 합성 인덕턴스
$L_1 + L_2 - 2M$이므로
따라서, $(L_1 + L_2 + 2M) - (L_1 + L_2 - 2M) = 4M$이다.

09 자체 인덕턴스 40[mH]의 코일에 10[A]의 전류가 흐를 때 저장되는 에너지는 몇 [J]인가?
2015

① 2　② 3
③ 4　④ 8

해설 전자에너지 $W = \frac{1}{2}LI^2 = \frac{1}{2} \times 40 \times 10^{-3} \times 10^2 = 2$[J]

10 자기 인덕턴스에 축적되는 에너지에 대한 설명으로 가장 옳은 것은?
2011

① 자기 인덕턴스 및 전류에 비례한다.
② 자기 인덕턴스 및 전류에 반비례한다.
③ 자기 인덕턴스에 비례하고 전류의 제곱에 비례한다.
④ 자기 인덕턴스에 반비례하고 전류의 제곱에 반비례한다.

해설 전자에너지 $W = \frac{1}{2}LI^2$[J]의 관계가 있다.

11 자체 인덕턴스 2[H]의 코일에 25[J]의 에너지가 저장되어 있다면 코일에 흐르는 전류는?
2012

① 2[A]　② 3[A]
③ 4[A]　④ 5[A]

해설 전자에너지 $W = \frac{1}{2}LI^2$[J]이므로,

$I = \sqrt{\frac{2W}{L}} = \sqrt{\frac{2 \times 25}{2}} = 5$[A]

12 히스테리시스 곡선에서 가로축과 만나는 점과 관계있는 것은?
2013

① 보자력　② 잔류자기
③ 자속밀도　④ 기자력

해설 히스테리시스 곡선(Hysteresis Loop)

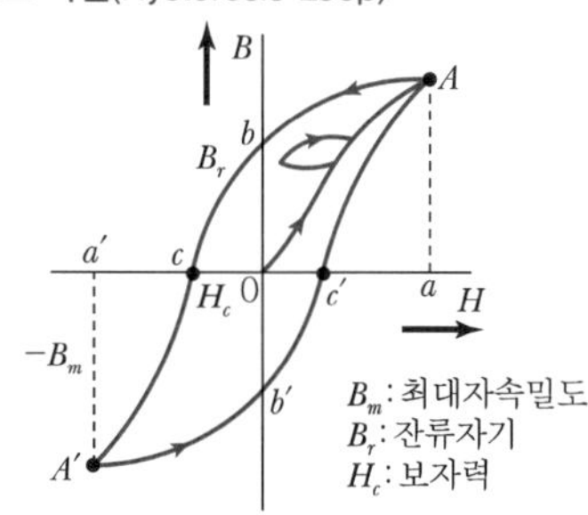

13 히스테리시스손은 최대 자속밀도 및 주파수의 각각 몇 승에 비례하는가?
2015

① 최대자속밀도 : 1.6, 주파수 : 1.0
② 최대자속밀도 : 1.0, 주파수 : 1.6
③ 최대자속밀도 : 1.0, 주파수 : 1.0
④ 최대자속밀도 : 1.6, 주파수 : 1.6

해설 히스테리시스손 $P_h \propto f \cdot B_m^{1.6}$

정답 08 ③ 09 ① 10 ③ 11 ④ 12 ① 13 ①

CHAPTER 06 교류회로

TOPIC 01 교류회로의 기초

1 정현파 교류

1. 정현파 교류의 발생

자기장 내에서 도체가 회전운동을 하면 플레밍의 오른손법칙에 의해 유도 기전력이 도체의 각도에 따라서 정형파(사인파)로 발생한다. 길이 ℓ[m], 반지름 r[m]인 4각형 도체를 자속밀도 B[Wb/m^2]인 평등 자기장 속에서 u[m/sec]로 회전시킬 때 도체에 발생하는 기전력 v[V]는

$v = 2B\ell u\sin\theta = V_m\sin\theta$[V]

($\because$ $V_m = 2B\ell u$)

(단, θ는 자장에 직각인 방향측과 코일의 방향이 이루는 각)

2. 각도의 표시

전기회로를 다룰 때에는 1회전한 각도를 2π라디안(Radian, 단위[rad]로 표기)으로 하는 호도법을 사용한다.

▼ 각도와 라디안 표시

도수법°	0°	1°	30°	45°	60°	90°	180°	270°	360°
호도법[rad]	0	$\frac{\pi}{180}$	$\frac{\pi}{6}$	$\frac{\pi}{4}$	$\frac{\pi}{3}$	$\frac{\pi}{2}$	π	$\frac{3\pi}{2}$	2π

3. 각속도(Angular Velocity)

① 각속도의 기호 : ω

② 각속도의 단위 : 라디안 퍼 세크[rad/sec]

③ 회전체가 1초 동안에 회전한 각도

$$\omega = \frac{\theta}{t}\text{[rad/sec]}$$

2 주파수와 위상

1. 주기와 주파수

① 주파수(Frequency) : f

- 1[sec] 동안에 반복되는 사이클(Cycle)의 수
- 단위 : 헤르츠(Hertz, 기호[Hz])

$$f = \frac{1}{T}\text{[Hz]}$$

② 주기(Period) : T

- 교류의 파형이 1사이클의 변화에 필요한 시간
- 단위 : 초[sec]

$$T = \frac{1}{f}\text{[sec]}$$

2. 사인파 교류의 각주파수 : ω

1[sec] 동안에 n회전을 하면 n사이클의 교류가 발생

$$\omega = 2\pi n = 2\pi f = \frac{2\pi}{T}\text{[rad/sec]}$$

3. 정현파 교류전압 및 전류

$$v = V_m\sin\theta = V_m\sin\omega t = V_m\sin 2\pi ft = V_m\sin\frac{2\pi}{T}t\text{[V]}$$

$$i = I_m\sin\theta = I_m\sin\omega t = I_m\sin 2\pi ft = I_m\sin\frac{2\pi}{T}t\text{[A]}$$

4. 위상차(Phase Difference)

주파수가 동일한 2개 이상의 교류 사이의 시간적인 차이

$$v_a = V_m \sin\omega t[\text{V}]$$
$$v_b = V_m \sin(\omega t - \theta)[\text{V}]$$

① v_a는 v_b보다 θ만큼 앞선다.(Lead)

② v_b는 v_a보다 θ만큼 뒤진다.(Lag)

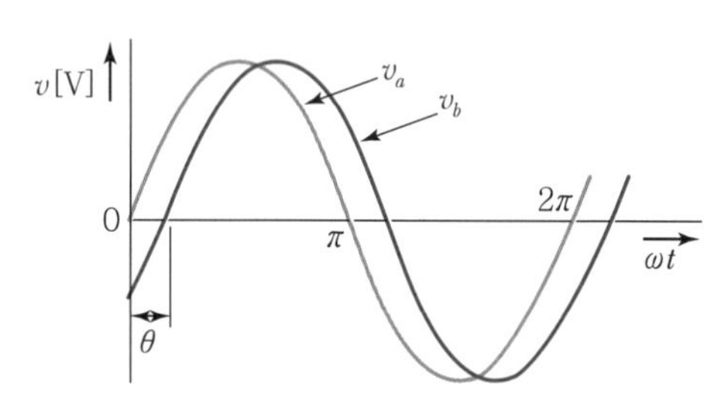

▌교류전압의 위상차(v_a 기준)▐

3 정현파 교류의 표시

1. 순시값과 최댓값

① 순시값(Instantaneous Value) : 교류는 시간에 따라 변하고 있으므로 임의의 순간에서 전압 또는 전류의 크기(v, i)

$v = V_m \sin\omega t[\text{V}]$

$i = I_m \sin\omega t[\text{A}]$

② 최댓값(Maximum Value) : 교류의 순시값 중에서 가장 큰 값(V_m, I_m)

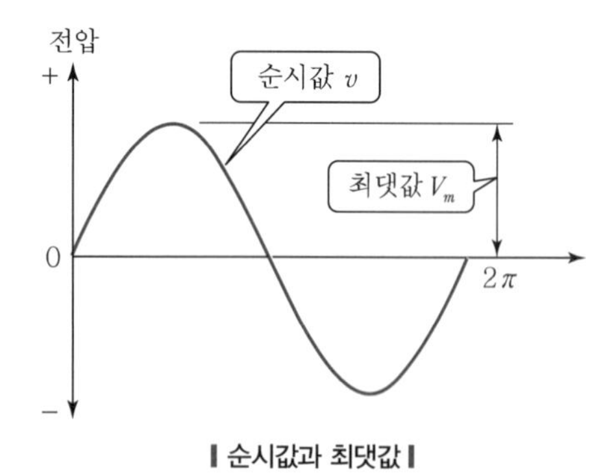

▌순시값과 최댓값▐

2. 평균값(Average Value) : V_a, I_a

정현파 교류의 1주기를 평균하면 0이 되므로, 반주기를 평균한 값

$$V_a = \frac{2}{\pi} V_m \fallingdotseq 0.637 V_m[\text{V}]$$
$$I_a = \frac{2}{\pi} I_m \fallingdotseq 0.637 I_m[\text{A}]$$

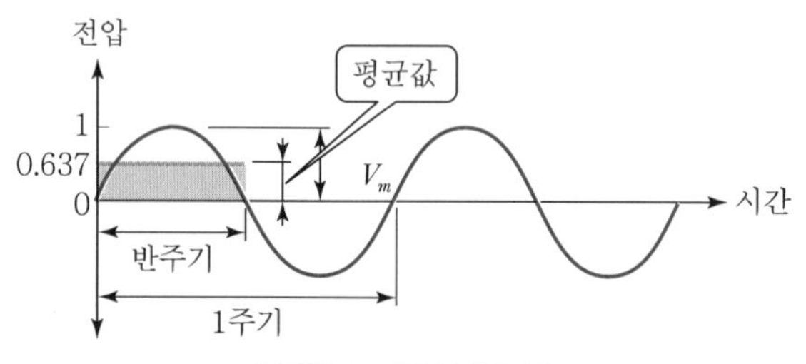

▌정현파 교류의 평균값▐

3. 실효값(Effective Value) : V, I

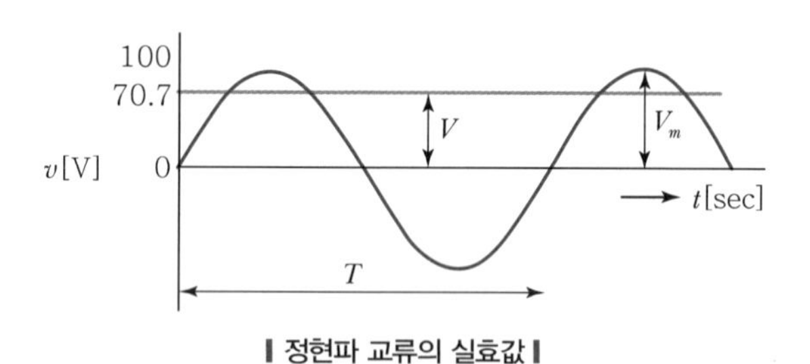

▌정현파 교류의 실효값▐

① 교류의 크기를 직류와 동일한 일을 하는 교류의 크기로 바꿔 나타냈을 때의 값

② 교류의 실효값 : 순시값의 제곱 평균의 제곱근 값(RMS ; Root Mean Square Value)

$V = \sqrt{v^2\text{의 평균}}$

③ 교류의 실효값 V[V]와 최댓값 V_m[V] 사이의 관계

$$V = \frac{1}{\sqrt{2}} V_m \fallingdotseq 0.707 V_m[\text{V}]$$
$$I = \frac{1}{\sqrt{2}} I_m \fallingdotseq 0.707 I_m[\text{A}]$$

기출 및 예상문제

01 $\frac{\pi}{6}$[rad]는 몇 도인가?
2014

① 30[°] ② 45[°]
③ 60[°] ④ 90[°]

해설 호도법에서 π는 180[°]이므로, $\frac{\pi}{6}=30$[°]이다.

02 각속도 $\omega=300$[rad/sec]인 사인파 교류의 주파수[Hz]는 얼마인가?
2012

① $\frac{70}{\pi}$ ② $\frac{150}{\pi}$
③ $\frac{180}{\pi}$ ④ $\frac{360}{\pi}$

해설 각속도 $\omega=2\pi f$[rad/s]이므로,
$f=\frac{\omega}{2\pi}=\frac{300}{2\pi}=\frac{150}{\pi}$[Hz]

03 $e=100\sin\left(314t-\frac{\pi}{6}\right)$[V]인 파형의 주파수는 약 몇 [Hz]인가?
2015

① 40 ② 50
③ 60 ④ 80

해설 교류순시값의 표시방법에서 $e=V_m\sin\omega t$이고 $\omega=2\pi f$이므로,
주파수 $f=\frac{314}{2\pi}=50$[Hz]

04 다음 전압과 전류의 위상차는 어떻게 되는가?
2012

$$v=\sqrt{2}\,V\sin\left(wt-\frac{\pi}{3}\right)[V]$$
$$i=\sqrt{2}\,I\sin\left(\omega t-\frac{\pi}{6}\right)[A]$$

① 전류가 $\frac{\pi}{3}$만큼 앞선다. ② 전압이 $\frac{\pi}{3}$만큼 앞선다.
③ 전압이 $\frac{\pi}{6}$만큼 앞선다. ④ 전류가 $\frac{\pi}{6}$만큼 앞선다.

해설 전압의 위상은 $\frac{\pi}{3}$[rad]이고, 전류의 위상은 $\frac{\pi}{6}$[rad]이므로, 전류는 전압보다 $\frac{\pi}{6}$[rad] 앞선다.

05 최댓값이 110[V]인 사인파 교류전압이 있다. 평균값은 약 몇 [V]인가?
2013

① 30[V] ② 70[V]
③ 100[V] ④ 110[V]

해설 평균값 $V_a=\frac{2}{\pi}V_m$이므로
$V_a=\frac{2}{\pi}\times110=70.03$[V]

06 가정용 전등 전압이 200[V]이다. 이 교류의 최댓값은 몇 [V]인가?
2015

① 70.7 ② 86.7
③ 141.4 ④ 282.8

해설 실효값 $V=200$[V]이므로,
최댓값 $V_m=\sqrt{2}\cdot V=\sqrt{2}\times200=282.8$[V]

07 어느 교류전압의 순시값이 $v=311\sin(120\pi t)$[V]라고 하면 이 전압의 실효값은 약 몇 [V]인가?
2009

① 180[V] ② 220[V]
③ 440[V] ④ 622[V]

해설 $V_m=311$[V], $V=\frac{1}{\sqrt{2}}V_m=\frac{1}{\sqrt{2}}\times311=220$[V]

08 일반적으로 교류전압계의 지시값은?
2011

① 최댓값 ② 순시값
③ 평균값 ④ 실효값

정답 01 ① 02 ② 03 ② 04 ④ 05 ② 06 ④ 07 ② 08 ④

TOPIC 02 교류전류에 대한 RLC의 작용

1 저항(R)만의 회로

$R[\Omega]$만의 회로에 교류전압 $v = V_m \sin\omega t[V]$를 인가했을 경우

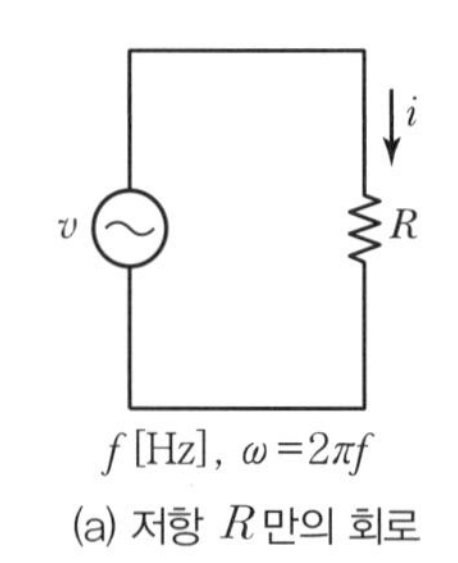

f[Hz], $\omega = 2\pi f$

(a) 저항 R만의 회로

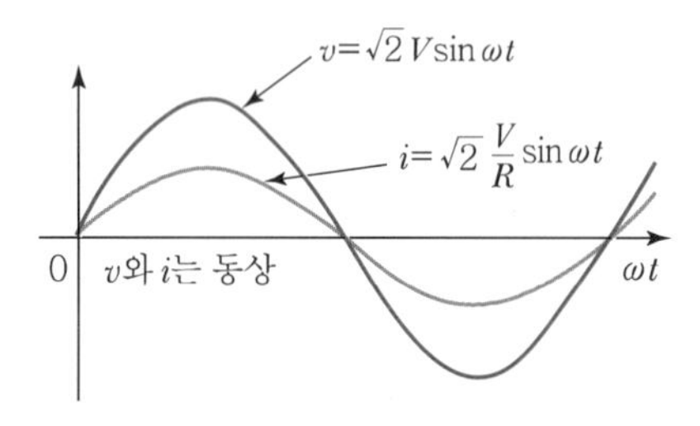

(b) 전압과 전류의 파형

| 저항만의 회로 |

1. 순시전류(i)

$$i = \frac{v}{R} = \frac{V_m}{R}\sin\omega t = \sqrt{2}\frac{V}{R}\sin\omega t$$
$$= \sqrt{2}I\sin\omega t = I_m \sin\omega t[A]$$

2. 전압, 전류의 실효값

$$I = \frac{V}{R}[A]$$

3. 전압과 전류의 위상

전압과 전류는 동상이다.

2 인덕턴스(L)만의 회로

L[H]만의 회로에 교류 전류 $i = I_m \sin\omega t[A]$를 인가했을 경우

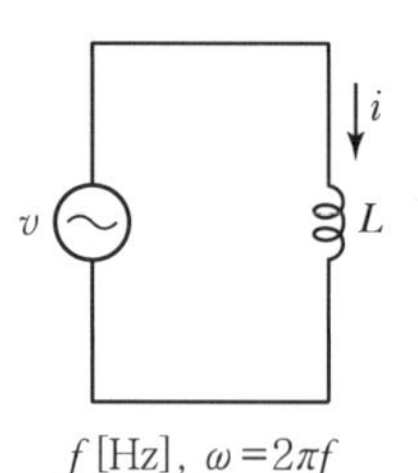

f[Hz], $\omega = 2\pi f$

(a) 인덕턴스 L만의 회로

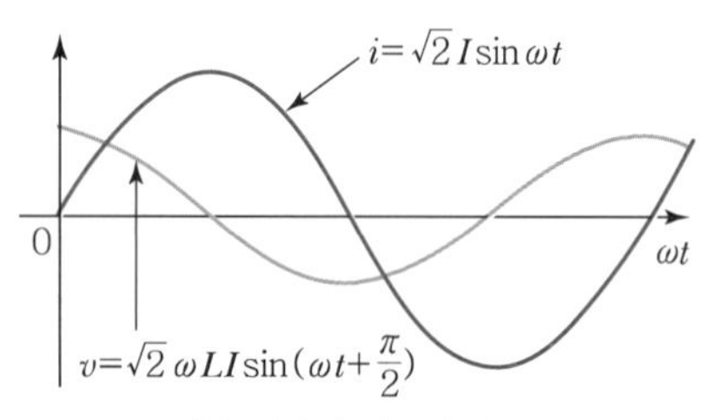

(b) 전압과 전류의 파형

| L만의 회로 |

1. 유도 리액턴스(Inductive Reactance) : X_L

코일에 전류가 흐르는 것을 방해하는 요소이며 주파수에 비례한다.

$$X_L = \omega L = 2\pi f L[\Omega]$$

2. 전압, 전류의 실효값

$$I = \frac{V}{X_L} = \frac{V}{\omega L}[A]$$

3. 전압과 전류의 위상

① 전압은 전류보다 위상이 $\frac{\pi}{2}(=90°)$ 앞선다.

② 전류는 전압보다 위상이 $\frac{\pi}{2}(=90°)$ 뒤진다.

❸ 정전용량(C)만의 회로

C[F]만의 회로에 교류전압 $v = V_m \sin\omega t$[V]를 인가했을 경우

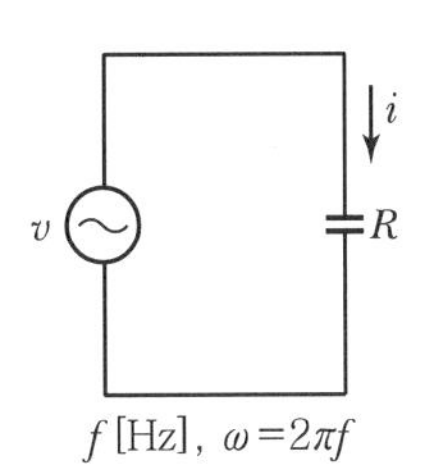

(a) 콘덴서 C만의 회로

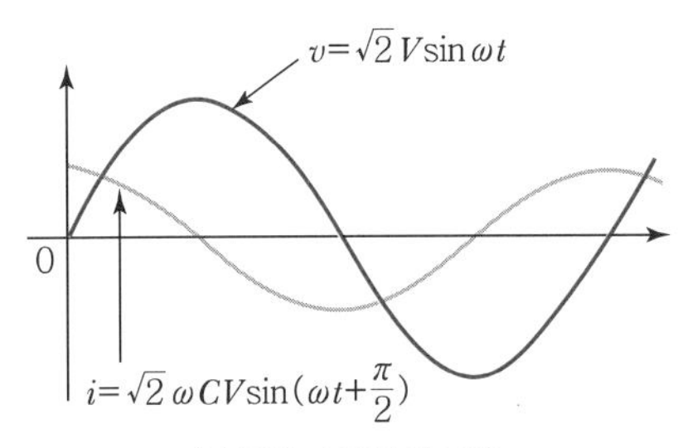

(b) 전압과 전류의 파형

❙ C만의 회로 ❙

1. 용량성 리액턴스(Capactive Reactance) : X_C

저항과 같이 전류를 제어하며 주파수에 반비례한다.

$$X_C = \frac{1}{\omega C} = \frac{1}{2\pi f C}[\Omega]$$

2. 전압, 전류의 실효값

$$I = \frac{V}{X_C} = \frac{V}{(1/\omega C)} = \omega CV[\text{A}]$$

3. 전압과 전류의 위상

① 전류는 전압보다 위상이 $\frac{\pi}{2}$(=90°) 앞선다.

② 전압는 전류보다 위상이 $\frac{\pi}{2}$(=90°) 뒤진다.

▼ 기본 회로 요약 정리

구분	기본 회로			
	임피던스	위상각	역률	위상
R	R	0	1	전압과 전류는 동상이다.
L	$X_L = \omega L$ $= 2\pi f L$	90°	0	전류는 전압보다 위상이 $\frac{\pi}{2}$(=90°) 뒤진다.
C	$X_C = \frac{1}{\omega C}$ $= \frac{1}{2\pi f C}$	90°	0	전류는 전압보다 위상이 $\frac{\pi}{2}$(=90°) 앞선다.

기출 및 예상문제

01 2015 **저항 50[Ω]인 전구에 $e=100\sqrt{2}\sin\omega t$[V]의 전압을 가할 때 순시전류[A] 값은?**

① $\sqrt{2}\sin\omega t$ ② $2\sqrt{2}\sin\omega t$
③ $5\sqrt{2}\sin\omega t$ ④ $10\sqrt{2}\sin\omega t$

해설 순시전류 $i=\frac{e}{R}=\frac{100\sqrt{2}\sin\omega t}{50}=2\sqrt{2}\sin\omega t$[A]

02 2011 **자체 인덕턴스가 0.01[H]인 코일에 100[V], 60[Hz]의 사인파전압을 가할 때 유도 리액턴스는 약 몇 [Ω]인가?**

① 3.77 ② 6.28
③ 12.28 ④ 37.68

해설 $X_L=2\pi fL=2\pi\times 60\times 0.01=3.77$[Ω]

03 2014 **인덕턴스 0.5[H]에 주파수가 60[Hz]이고 전압이 220[V]인 교류전압이 가해질 때 흐르는 전류는 약 몇 [A]인가?**

① 0.59 ② 0.87
③ 0.97 ④ 1.17

해설 전류 $I=\frac{V}{X_L}=\frac{V}{2\pi fL}=\frac{220}{2\pi\times 60\times 0.5}=1.17$[A]

04 2014 **어떤 회로의 소자에 일정한 크기의 전압으로 주파수를 2배로 증가시켰더니 흐르는 전류의 크기가 1/2로 되었다. 이 소자의 종류는?**

① 저항 ② 코일
③ 콘덴서 ④ 다이오드

해설 ①의 저항성분은 $R=\rho\frac{\ell}{A}$ [Ω]

②의 저항성분은 $X_L=2\pi fL$ [Ω]

③의 저항성분은 $X_C=\frac{1}{2\pi fC}$ [Ω]이므로,

주파수를 2배 증가시키면, $X_L=2\pi fL$ [Ω] 값도 2배 증가하여 전류가 $\frac{1}{2}$로 감소한다.

05 2011 **교류회로에서 코일과 콘덴서를 병렬로 연결한 상태에서 주파수가 증가하면 어느 쪽이 전류가 잘 흐르는가?**

① 코일
② 콘덴서
③ 코일과 콘덴서에 같이 흐른다.
④ 모두 흐르지 않는다.

해설 유도성 리액턴스(코일)
$X_L=uL=2\pi fL\rightarrow X_L\propto f$

용량성 리액턴스(콘덴서)
$X_c=\frac{1}{wC}=\frac{1}{2\pi fC}\rightarrow X_c\propto\frac{1}{f}$

주파수가 증가하면 유도성 리액턴스는 증가하고 용량성 리액턴스는 감소하므로 전류는 리액턴스가 작은 용량성 리액턴스 쪽으로 잘 흐른다.

정답 01 ② 02 ① 03 ④ 04 ② 05 ②

TOPIC 03 RLC 직렬회로

1 RL 직렬회로

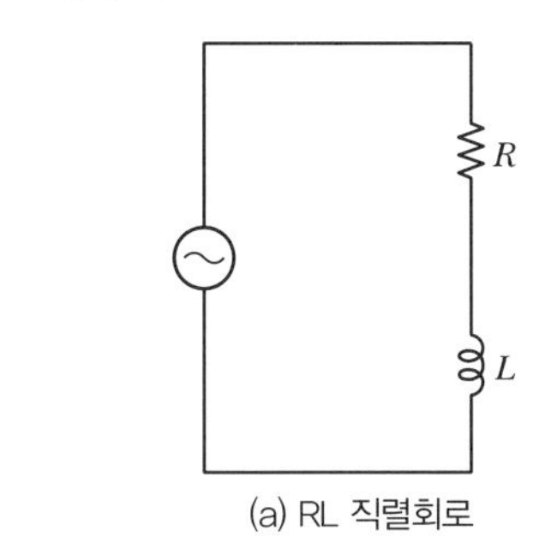

(a) RL 직렬회로

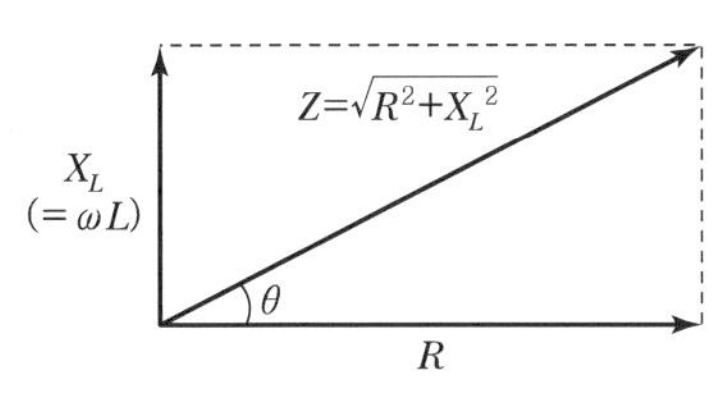

(b) 임피던스 평면

▎R-L 직렬회로▎

1. 임피던스(Z)

$\dot{Z}=R+jX_L=R+j\omega L[\Omega]$

$$|\dot{Z}|=\sqrt{R^2+X_L^2}=\sqrt{R^2+(\omega L)^2}\,[\Omega]$$

2. 전전류 I의 크기

$$I=\frac{V}{\sqrt{R^2+X_L^2}}=\frac{V}{\sqrt{R^2+(\omega L)^2}}\,[\mathrm{A}]$$

3. 전압과 전류의 위상차

$$\theta=\tan^{-1}\frac{X_L}{R}=\tan^{-1}\frac{\omega L}{R}\,(V\text{가 }I\text{보다 }\theta\text{만큼 앞선다.})$$

4. 역률

$$\cos\theta=\frac{R}{Z}=\frac{R}{\sqrt{R^2+(X_L)^2}}=\frac{R}{\sqrt{R^2+(\omega L)^2}}$$

2 RC 직렬회로

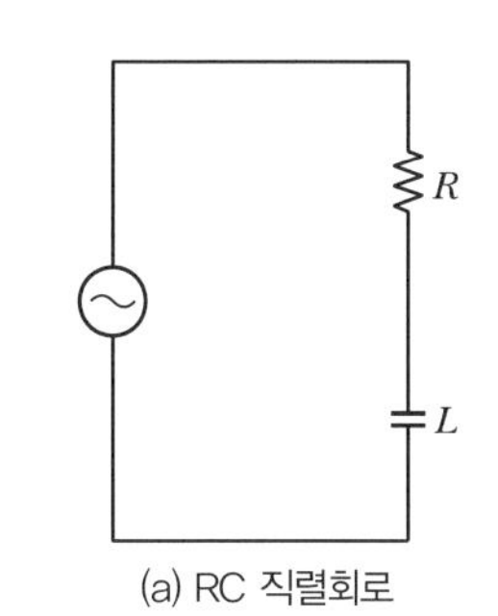

(a) RC 직렬회로

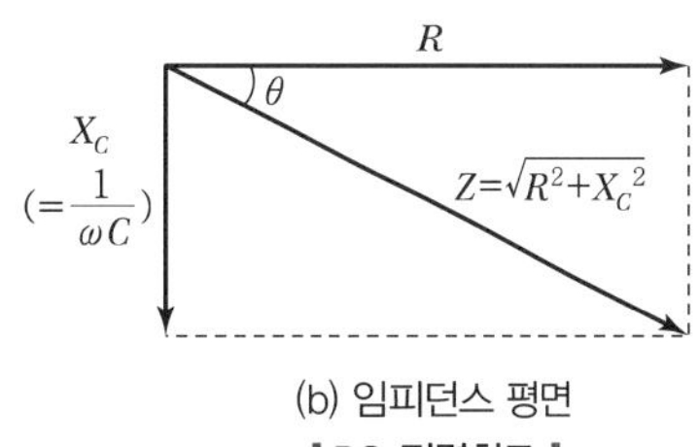

(b) 임피던스 평면

▎RC 직렬회로▎

1. 임피던스(Z)

$\dot{Z}=R-jX_C=R-j\frac{1}{\omega C}[\Omega]$

$$|\dot{Z}|=\sqrt{R^2+X_C^2}=\sqrt{R^2+\left(\frac{1}{\omega C}\right)^2}\,[\Omega]$$

2. 전전류 I의 크기

$$I=\frac{V}{\sqrt{R^2+X_C^2}}=\frac{V}{\sqrt{R^2+\left(\frac{1}{\omega C}\right)^2}}\,[\mathrm{A}]$$

3. 전압과 전류의 위상차

$$\theta=\tan^{-1}\frac{X_C}{R}=\tan^{-1}\frac{1}{\omega CR}\,(V\text{가 }I\text{보다 }\theta\text{만큼 뒤진다.})$$

4. 역률

$$\cos\theta=\frac{R}{Z}=\frac{R}{\sqrt{R^2+X_C^2}}=\frac{R}{\sqrt{R^2+\left(\frac{1}{\omega C}\right)^2}}$$

3 RLC 직렬회로

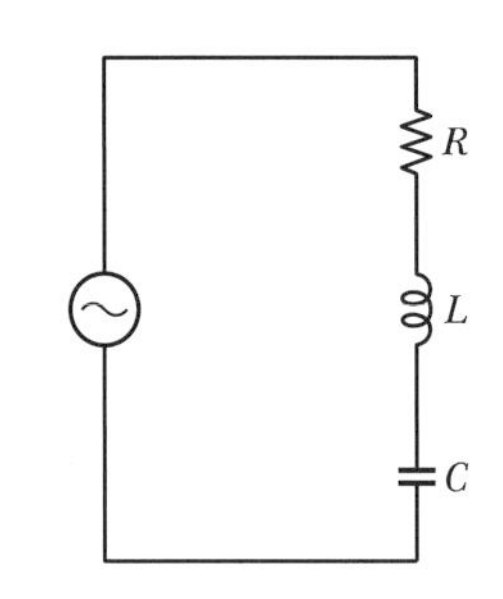

(a) RLC 직렬회로

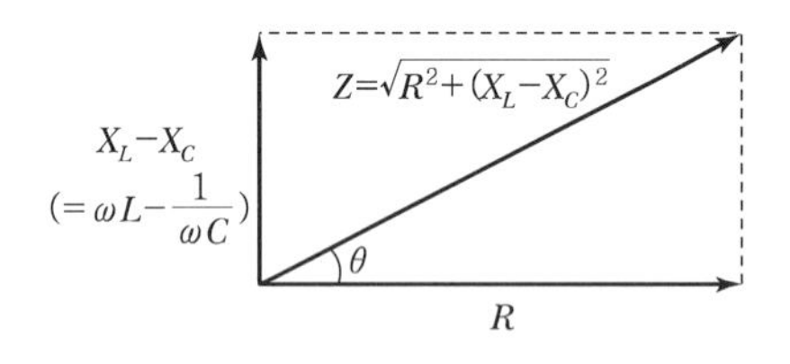

(b) 임피던스 평면

❙ RLC 직렬회로 ❙

1. 임피던스

$$\dot{Z}=R+j(X_L-X_C)=R+j\left(\omega L-\frac{1}{\omega C}\right)[\Omega]$$

$$|\dot{Z}|=\sqrt{R^2+(X_L{}^2-X_C{}^2)}=\sqrt{R^2+\left(\omega L-\frac{1}{\omega C}\right)^2}[\Omega]$$

2. 전전류 I의 크기

$$I=\frac{V}{\sqrt{R^2+(X_L-X_C)^2}}=\frac{V}{\sqrt{R^2+\left(\omega L-\frac{1}{\omega C}\right)^2}}[\mathrm{A}]$$

3. 전압과 전류의 위상차

$$\theta=\tan^{-1}\frac{X}{R}=\tan^{-1}\frac{\omega L-\frac{1}{\omega C}}{R}$$

① $\omega L>\frac{1}{\omega C}$: 유도성 회로

② $\omega L<\frac{1}{\omega C}$: 용량성 회로

③ $\omega L=\frac{1}{\omega C}$: 무유도성 회로(전압과 전류의 위상이 동상이다.)

4. 역률

$$\cos\theta=\frac{R}{Z}=\frac{R}{\sqrt{R^2+\left(\omega L-\frac{1}{\omega C}\right)^2}}$$

▼ RLC 직렬회로 요약정리

구분	$R-L$	$R-C$	$R-L-C$
임피던스	$\sqrt{R^2+(\omega L)^2}$	$\sqrt{R^2+\left(\frac{1}{\omega C}\right)^2}$	$\sqrt{R^2+\left(\omega L-\frac{1}{\omega C}\right)^2}$
위상각	$\tan^{-1}\frac{\omega L}{R}$	$\tan^{-1}\frac{1}{\omega CR}$	$\tan^{-1}\frac{\omega L-\frac{1}{\omega C}}{R}$
역률	$\frac{R}{\sqrt{R^2+(\omega L)^2}}$	$\frac{R}{\sqrt{R^2+\left(\frac{1}{\omega C}\right)^2}}$	$\frac{R}{\sqrt{R^2+\left(\omega L-\frac{1}{\omega C}\right)^2}}$
위상	전류가 뒤진다.	전류가 앞선다.	L이 크면 전류는 뒤진다. C가 크면 전류는 앞선다.

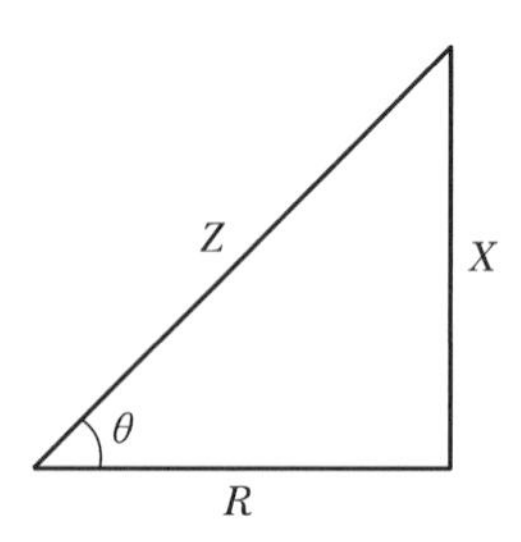

❙ RLC 직렬회로 암기내용 ❙

기출 및 예상문제

01 RL 직렬회로에서 임피던스(Z)의 크기를 나타내는 식은?

2014

① $R^2+X_L^{\ 2}$ ② $R^2-X_L^{\ 2}$

③ $\sqrt{R^2+X_L^{\ 2}}$ ④ $\sqrt{R^2-X_L^{\ 2}}$

해설 아래 그림과 같이 복소평면을 이용한 임피던스 삼각형에서 임피던스 $Z=\sqrt{R^2+X_L^{\ 2}}$ [Ω]이다.

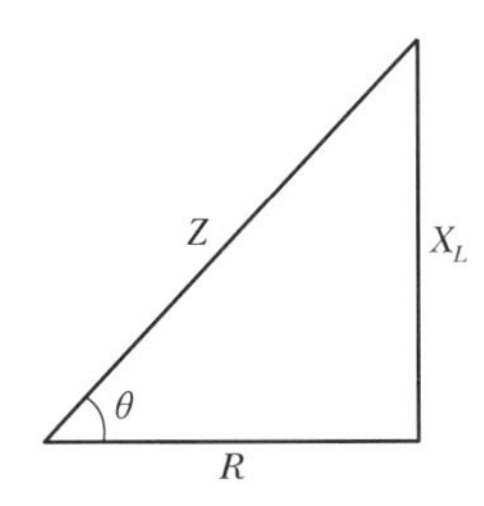

02 R = 5[Ω], L = 30[mH]의 RL 직렬회로에 V = 200[V], f = 60[Hz]의 교류전압을 가할 때 전류의 크기는 약 몇 [A]인가?

2015

① 8.67 ② 11.42

③ 16.17 ④ 21.25

해설
- 유도리액턴스
  $X_L=\omega L=2\pi fL=2\pi\times60\times30\times10^{-3}=11.3[\Omega]$
- 임피던스 $Z=\sqrt{R^2+X_L^{\ 2}}=\sqrt{5^2+11.3^2}=12.36[\Omega]$
- 전류 $I=\dfrac{V}{Z}=\dfrac{200}{12.36}=16.17[\text{A}]$

03 R = 4[Ω], X = 3[Ω]인 R-L-C 직렬회로에 5[A]의 전류가 흘렀다면 이때의 전압은?

2010

① 15[V] ② 20[V]

③ 25[V] ④ 125[V]

해설

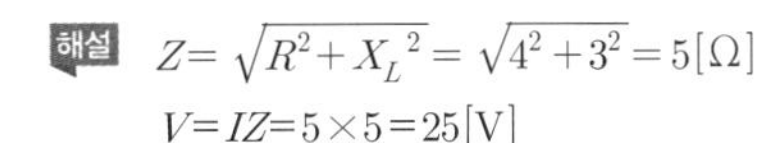

$Z=\sqrt{R^2+X_L^{\ 2}}=\sqrt{4^2+3^2}=5[\Omega]$

$V=IZ=5\times5=25[\text{V}]$

04 RL 직렬회로에 교류전압 $v=V_m\sin\theta$ [V]를 가했을 때 회로의 위상각 θ를 나타낸 것은?

2009
2015

① $\theta=\tan^{-1}\dfrac{R}{\omega L}$

② $\theta=\tan^{-1}\dfrac{\omega L}{R}$

③ $\theta=\tan^{-1}\dfrac{1}{R\omega L}$

④ $\theta=\tan^{-1}\dfrac{R}{\sqrt{R^2+(\omega L)^2}}$

해설 RL 직렬회로는 아래 벡터도와 같으므로,
위상각 $\theta=\tan^{-1}\dfrac{\omega L}{R}$이다.

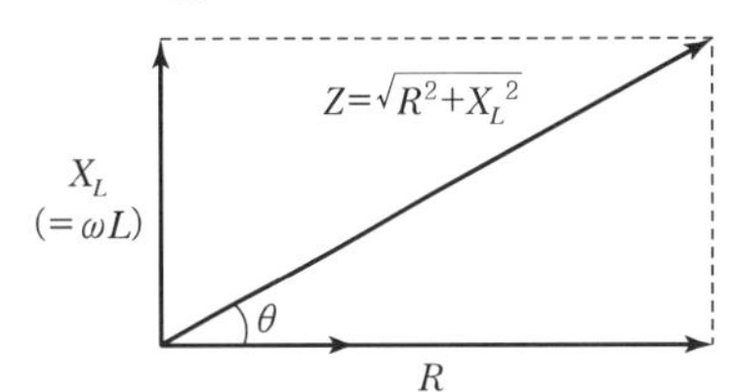

05 저항 8[Ω]과 유도 리액턴스 6[Ω]이 직렬로 접속된 회로에 200[V]의 교류전압을 인가하는 경우 흐르는 전류[A]와 역률[%]은 각각 얼마인가?

2009

① 20[A], 80[%] ② 10[A], 60[%]

③ 20[A], 60[%] ④ 10[A], 80[%]

해설
- $\dot{Z}=R+jX_L$, $|Z|=\sqrt{R^2+X_L^{\ 2}}=\sqrt{8^2+6^2}=10[\Omega]$
- $I=\dfrac{V}{Z}=\dfrac{200}{10}=20[\text{A}]$
- $\cos\theta=\dfrac{R}{|\dot{Z}|}=\dfrac{8}{10}=0.8(=80[\%])$

06 저항 8[Ω]과 코일이 직렬로 접속된 회로에 200[V]의 교류전압을 가하면, 20[A]의 전류가 흐른다. 코일의 리액턴스는 몇 [Ω]인가?

2015

① 2 ② 4

③ 6 ④ 8

정답 01 ③ 02 ③ 03 ③ 04 ② 05 ① 06 ③

해설 아래 회로도와 같이 RL 직렬회로로 계산하면,

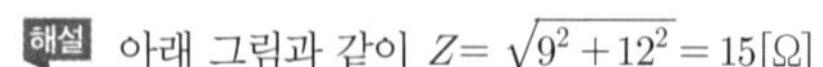

임피던스 $Z=\frac{V}{I}=\frac{200}{20}=10[\Omega]$

임피던스 $Z=\sqrt{R^2+X_L{}^2}$ 이므로,

$10=\sqrt{8^2+X_L{}^2}$ 에서 X_L를 계산하면, $X_L=6[\Omega]$이다.

07 저항이 9[Ω]이고, 용량 리액턴스가 12[Ω]인 직렬회로의 임피던스[Ω]는?
2009 2013

① 3[Ω] ② 15[Ω]
③ 21[Ω] ④ 108[Ω]

해설 아래 그림과 같이 $Z=\sqrt{9^2+12^2}=15[\Omega]$

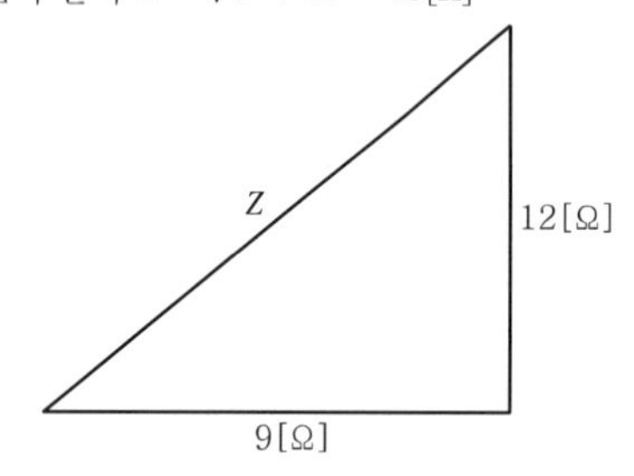

08 $R=15[\Omega]$인 RC 직렬회로에 60[Hz], 100[V]의 전압을 가하니 4[A]의 전류가 흘렀다면 용량 리액턴스[Ω]는?
2013

① 10 ② 15
③ 20 ④ 25

해설 아래 그림과 같은 회로이므로,

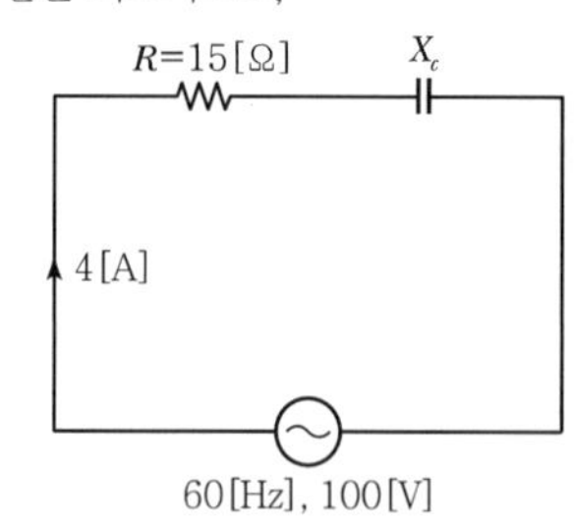

- $Z=\frac{V}{I}=\frac{100}{4}=25[\Omega]$
- $Z=\sqrt{R^2+X_c{}^2}=\sqrt{15^2+X_c{}^2}=25$에서 $X_C=20[\Omega]$

09 $R=6[\Omega]$, $X_c=8[\Omega]$이 직렬로 접속된 회로에 $I=10[A]$ 전류가 흐른다면 전압[V]은?
2012

① $60+j80$ ② $60-j80$
③ $100+j150$ ④ $100-j150$

해설 RC 직렬회로의 임피던스 $Z=R-jX_c[\Omega]$이므로,
$Z=6-j8[\Omega]$이고,
전압 $V=I\cdot Z=10\cdot(6-j8)=60-j80[V]$이다.

10 $\omega L=5[\Omega]$, $\frac{1}{\omega C}=25\ [\Omega]$의 LC 직렬회로에 100[V]의 교류를 가할 때 전류[A]는?
2014

① 3.3[A], 유도성 ② 5[A], 유도성
③ 3.3[A], 용량성 ④ 5[A], 용량성

해설
- $\dot{Z}=j(5-25)=-j20$
  $|\dot{Z}|=\sqrt{20^2}=20$
  $I=\frac{V}{|\dot{Z}|}=\frac{100}{20}=5[A]$
- $\omega L<\frac{1}{\omega C}$이므로 용량성이다.

11 $R=10[\Omega]$, $X_L=15[\Omega]$, $X_C=15[\Omega]$의 직렬회로에 100[V]의 교류전압을 인가할 때 흐르는 전류[A]는?
2011

① 6 ② 8
③ 10 ④ 12

해설 $Z=\sqrt{R_2+(X_L-X_C)^2}=\sqrt{10^2+(15-15)^2}=10$
$I=\frac{V}{Z}=\frac{100}{10}=10[A]$

정답 07 ② 08 ③ 09 ② 10 ④ 11 ③

TOPIC 04 RLC 병렬회로

1 어드미턴스(Admittance)

1. 어드미턴스

임피던스의 역수로 기호는 Y, 단위는 [℧]을 사용한다.

① RLC 직렬회로
각 회로 소자에 흐르는 전류가 동일하기 때문에 임피던스를 이용하여 연산하는 것이 편리

② RLC 병렬회로
각 회로 소자에 걸리는 전압이 동일하기 때문에 어드미턴스를 이용하여 연산하는 것이 편리

2. 임피던스의 어드미턴스 변환

$\dot{Z}=R\pm jX[\Omega]$이라면, 어드미턴스 $\dot{Y}$는

$$\dot{Y}=\frac{1}{\dot{Z}}=\frac{1}{R\pm jX}=\frac{R}{R^2+X^2}\mp j\frac{X}{R^2+X^2}$$
$$=G\mp jB\,[℧]$$

① 실수부 : 컨덕턴스(Conductance)

$$G=\frac{R}{R^2+X^2}[℧]$$

② 허수부 : 서셉턴스(Susceptance)

$$B=\frac{X}{R^2+X^2}[℧]$$

2 RL 병렬회로

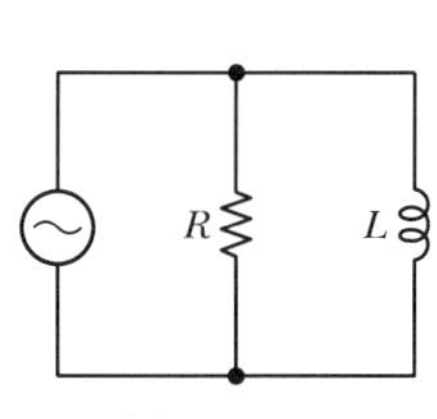

(a) RL 병렬회로

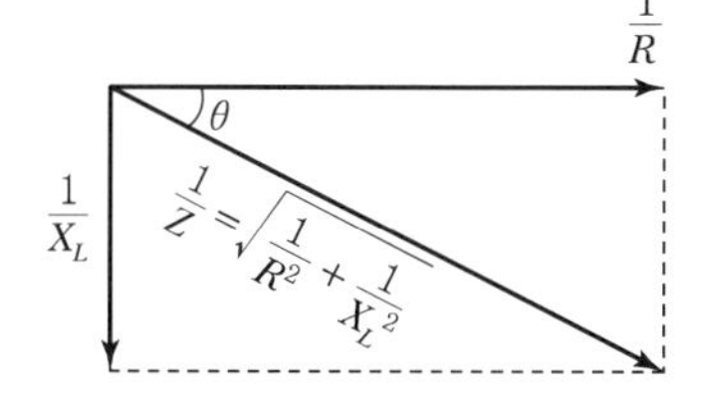

(b) 어드미턴스 평면

| RL 병렬회로 |

1. 어드미턴스(Y)

$$\dot{Y}=\frac{1}{R}-j\frac{1}{\omega L}[℧]$$

$$|\dot{Y}|=\sqrt{\left(\frac{1}{R}\right)^2+\left(\frac{1}{\omega L}\right)^2}[℧]$$

2. 전전류 I의 크기

$$I=\frac{V}{\sqrt{\left(\frac{1}{R}\right)^2+\left(\frac{1}{X_L}\right)^2}}=\frac{V}{\sqrt{\left(\frac{1}{R}\right)^2+\left(\frac{1}{\omega L}\right)^2}}[A]$$

3. 전압과 전류의 위상차

$$\theta=\tan^{-1}\frac{R}{\omega L}\;(I\text{가 }V\text{보다 }\theta\text{만큼 뒤진다.})$$

4. 역률

$$\cos\theta=\frac{G}{Y}=\frac{X_L}{\sqrt{R^2+X_L^{\,2}}}=\frac{\omega L}{\sqrt{R^2+(\omega L)^2}}$$
$$=\frac{1}{\sqrt{1+\left(\frac{R}{\omega L}\right)^2}}$$

3 RC 병렬회로

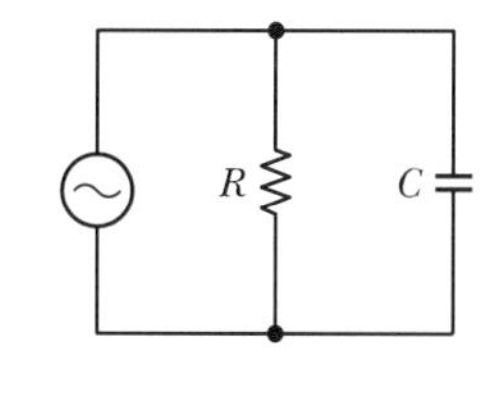

(a) RC 병렬회로

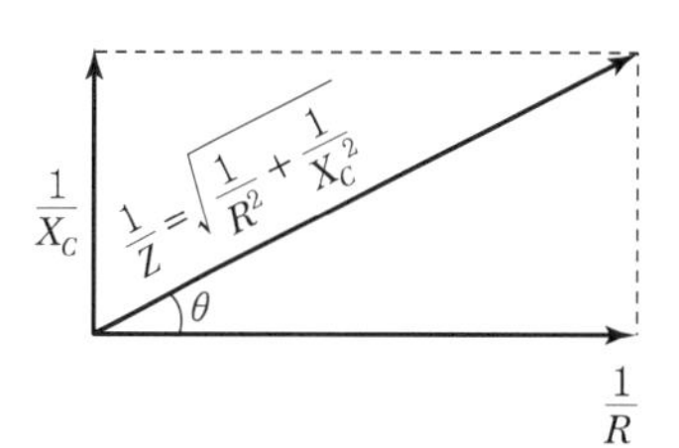

(b) 어드미턴스 평면

| RC 병렬회로 |

1. 어드미턴스(Y)

$$\dot{Y}=\frac{1}{R}+j\frac{1}{X_c}=\frac{1}{R}+j\omega C\,[℧]$$

$$|\dot{Y}|=\sqrt{\left(\frac{1}{R}\right)^2+(\omega C)^2}\,[℧]$$

2. 전전류 I의 크기

$$I=\frac{V}{\sqrt{\left(\frac{1}{R}\right)^2+\left(\frac{1}{X_C}\right)^2}}=\frac{V}{\sqrt{\left(\frac{1}{R}\right)^2+(\omega C)^2}}[\mathrm{A}]$$

3. 전압과 전류의 위상차

$\theta=\tan^{-1}\omega CR$($I$가 V보다 θ만큼 앞선다.)

4. 역률

$$\cos\theta=\frac{G}{Y}=\frac{X_C}{\sqrt{R^2+X_C{}^2}}=\frac{\frac{1}{\omega C}}{\sqrt{R^2+\left(\frac{1}{\omega C}\right)^2}}$$

$$=\frac{1}{\sqrt{1+(\omega CR)^2}}$$

4 RLC 병렬회로

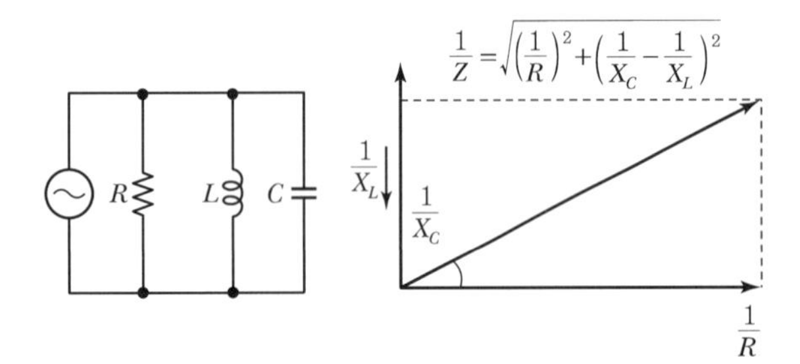

(a) RC 병렬회로 (b) 어드미턴스 평면

❙ RLC 병렬회로 ❙

1. 어드미턴스(Y)

$$\dot{Y}=\frac{1}{R}+j\left(\frac{1}{X_C}-\frac{1}{X_L}\right)=\frac{1}{R}+j\left(\omega C-\frac{1}{\omega L}\right)[\mho]$$

$$|\dot{Y}|=\sqrt{\left(\frac{1}{R}\right)^2+\left(\omega C-\frac{1}{\omega L}\right)^2}[\mho]$$

2. 전전류 I의 크기

$$I=\frac{V}{\sqrt{\left(\frac{1}{R}\right)^2+\left(\frac{1}{X_C}-\frac{1}{X_L}\right)^2}}$$

$$=\frac{V}{\sqrt{\left(\frac{1}{R}\right)^2+\left(\omega C-\frac{1}{\omega L}\right)^2}}[\mathrm{A}]$$

3. 전압과 전류의 위상차

$$\theta=\tan^{-1}R\cdot\left(\omega C-\frac{1}{\omega L}\right)$$

4. 역률

$$\cos\theta=\frac{G}{Y}=\frac{\frac{1}{R}}{\sqrt{\left(\frac{1}{R}\right)^2+\left(\omega C-\frac{1}{\omega L}\right)^2}}$$

$$=\frac{1}{\sqrt{1+\left(\omega CR-\frac{R}{\omega L}\right)^2}}$$

▼ RLC 병렬회로 요약 정리

구분	$R-L$	$R-C$	$R-L-C$
어드미턴스	$\sqrt{\left(\frac{1}{R}\right)^2+\left(\frac{1}{\omega L}\right)^2}$	$\sqrt{\left(\frac{1}{R}\right)^2+(\omega C)^2}$	$\sqrt{\left(\frac{1}{R}\right)^2+\left(\frac{1}{\omega L}-\omega C\right)^2}$
위상각	$\tan^{-1}\frac{R}{\omega L}$	$\tan^{-1}\omega CR$	$\tan^{-1}\frac{\frac{1}{\omega L}-\omega C}{\frac{1}{R}}$
역률	$\frac{\omega L}{\sqrt{R^2+(\omega L)^2}}$	$\frac{\frac{1}{\omega C}}{\sqrt{R^2+\left(\frac{1}{\omega C}\right)^2}}$	$\frac{1}{\sqrt{1+\left(\omega CR-\frac{R}{\omega L}\right)^2}}$
위상	전류가 뒤진다.	전류가 앞선다.	L이 크면 전류는 뒤진다. C가 크면 전류는 앞선다.

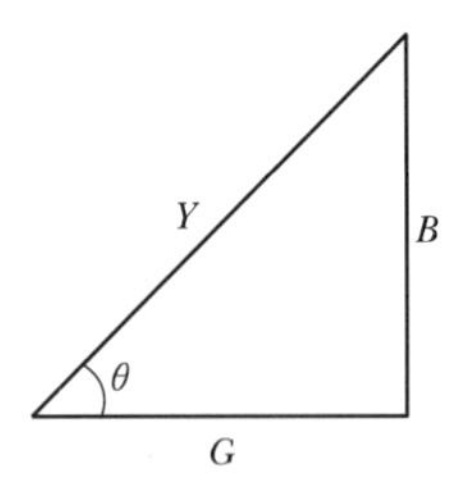

❙ RLC 병렬회로 암기내용 ❙

기출 및 예상문제

01 임피던스 $\dot{Z} = 6 + j8[\Omega]$에서 컨덕턴스는?
2010

① 0.06[℧] ② 0.08[℧]
③ 0.1[℧] ④ 1.0[℧]

$\dot{Y} = G + jB$ [℧]이므로

$$\dot{Y} = \frac{1}{\dot{Z}} = \frac{1}{6+j8} = \frac{(6-j8)}{(6+j8)(6-j8)}$$
$$= \frac{(6-j8)}{100} = \frac{6}{100} - j\frac{8}{100}$$
$$= 0.06 - j0.08[℧]$$

02 6[Ω]의 저항과, 8[Ω]의 용량성 리액턴스의 병렬회로가 있다. 이 병렬회로의 임피던스는 몇 [Ω]인가?
2015

① 1.5 ② 2.6
③ 3.8 ④ 4.8

병렬회로의 임피던스 $\frac{1}{Z} = \sqrt{\frac{1}{R^2} + \frac{1}{X_c^2}}$ 이므로,

$$\frac{1}{Z} = \sqrt{\frac{1}{6^2} + \frac{1}{8^2}} = \frac{5}{24}$$

따라서 임피던스 $Z = 4.8[\Omega]$이다.

03 $R = 10[\Omega]$, $C = 220[\mu F]$의 병렬회로에 $f = 60[Hz]$, $V = 100[V]$의 사인파 전압을 가할 때 저항 R에 흐르는 전류[A]는?
2010

① 0.45[A] ② 6[A]
③ 10[A] ④ 22[A]

해설 RL 병렬회로이므로 R에 걸리는 전압은 100[V]이다.

즉, $I = \frac{V}{R} = \frac{100}{10} = 10[A]$

04 그림과 같이 RL 병렬회로에서 $R = 25[\Omega]$, $\omega L = \frac{100}{3}[\Omega]$일 때, 200[V]의 전압을 가하면 코일에 흐르는 전류 I_L[A]은?
2015

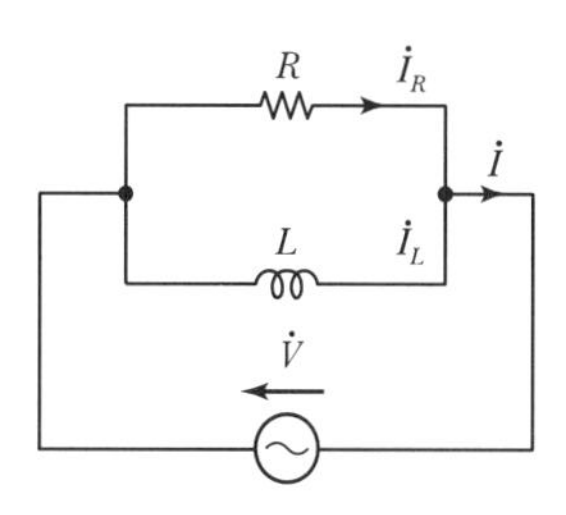

① 3.0 ② 4.8
③ 6.0 ④ 8.2

해설 RL 병렬회로에서 R과 L에 동일한 전압이 인가되므로, 각각의 전류의 크기는 서로 영향을 주지 않는다.
따라서, L에 흐르는 전류

$$I_L = \frac{V}{X_L} = \frac{V}{\omega L} = \frac{200}{\frac{100}{3}} = 6[A]\text{이다.}$$

정답 01 ① 02 ④ 03 ③ 04 ③

TOPIC 05 공진회로

1 직렬공진

1. 직렬공진의 조건

$\dot{Z} = R + j\left(\omega L - \dfrac{1}{\omega C}\right)[\Omega]$에서

$\omega L - \dfrac{1}{\omega C} = 0$; $\omega L = \dfrac{1}{\omega C}$ …… (공진 조건)

① 공진 시 임피던스(Z)

$Z = R[\Omega]$; (최소)

② 공진 전류(I_o)

$I_o = \dfrac{V}{Z} = \dfrac{V}{R}[\mathrm{A}]$; (최대)

2. 공진 주파수(Resonance Frequency)

• 공진 주파수(f_o)

$$f_o = \frac{1}{2\pi\sqrt{LC}}[\mathrm{Hz}]$$

$(\because \omega_o = 2\pi f_0)$

2 병렬공진

1. 병렬공진의 조건

$\dot{Y} = \dfrac{1}{R} + j\left(\omega C - \dfrac{1}{\omega L}\right)[℧]$에서

$\omega C - \dfrac{1}{\omega L} = 0$; $\omega C = \dfrac{1}{\omega L}$ ……(공진 조건)

① 공진 시 어드미턴스(Y)

$Y = \dfrac{1}{R}[℧]$; (최소) → 임피던스 $Z = \dfrac{1}{Y}[\Omega]$이므로 최대

② 공진 전류(I_o)

$I_o = VY = \dfrac{V}{R}[\mathrm{A}]$; (최소)

2. 공진 주파수(Resonance Frequency)

• 공진 주파수(f_o)

$$f_o = \frac{1}{2\pi\sqrt{LC}}[\mathrm{Hz}]$$

$(\because \omega_o = 2\pi f_0)$

▼ 공진회로 요약정리

구분	직렬공진	병렬공진
조건	$\omega L = \dfrac{1}{\omega C}$	$\omega C = \dfrac{1}{\omega L}$
공진의 의미	• 허수부가 0이다. • 전압과 전류가 동상이다. • 역률이 1이다. • 임피던스가 최소이다. • 흐르는 전류가 최대이다.	• 허수부가 0이다. • 전압과 전류가 동상이다. • 역률이 1이다. • 어드미턴스가 최소이다. • 흐르는 전류가 최소이다.
전류	$I = \dfrac{V}{R}$	$I = GV$
공진 주파수	$f_0 = \dfrac{1}{2\pi\sqrt{LC}}$	$f_0 = \dfrac{1}{2\pi\sqrt{LC}}$

기출 및 예상문제

01 $R-L-C$ 직렬공진 회로에서 최소가 되는 것은?
2011

① 저항 값 ② 임피던스 값
③ 전류 값 ④ 전압 값

해설 직렬공진 시 임피던스 $Z=\sqrt{R^2+\left(\omega L-\frac{1}{\omega C}\right)^2}$ 에서

$\omega L=\frac{1}{\omega C}$ 이므로 $Z=R[\Omega]$으로 최소가 된다. 전류 $I=\frac{V}{Z}$이므로 전류는 최대가 된다.

02 저항 $R=15[\Omega]$, 자체 인덕턴스 $L=35[\text{mH}]$, 정전용량 $C=300[\mu\text{F}]$의 직렬회로에서 공진 주파수 f_r는 약 몇 [Hz]인가?
2011

① 40 ② 50
③ 60 ④ 70

해설 공진 조건 $\omega L=\frac{1}{\omega C}$, $\omega=2\pi f$이므로 공진 주파수는

$$f_r=\frac{1}{2\pi\sqrt{LC}}=\frac{1}{2\pi\sqrt{35\times10^{-3}\times300\times10^{-6}}}$$
$$\fallingdotseq 50[\text{Hz}]$$

03 RLC 직렬 회로에서 전압과 전류가 동상이 되기 위한 조건은?
2013

① $L=C$ ② $\omega LC=1$
③ $\omega^2LC=1$ ④ $(\omega LC)^2=1$

해설 직렬공진 시 임피던스 $Z=\sqrt{R^2+\left(\omega L-\frac{1}{\omega C}\right)^2}$ 에서

$\omega L=\frac{1}{\omega C}$ 이므로 $Z=R[\Omega]$으로 전압과 전류의 위상이 동상이 된다. 따라서, 공진 조건은 $\omega^2LC=1$이다.

04 RLC 병렬공진회로에서 공진 주파수는?
2015

① $\frac{1}{\pi\sqrt{LC}}$ ② $\frac{1}{\sqrt{LC}}$
③ $\frac{2\pi}{\sqrt{LC}}$ ④ $\frac{1}{2\pi\sqrt{LC}}$

해설
- 공진 조건 $\frac{1}{X_c}=\frac{1}{X_L}$, $\omega C=\frac{1}{\omega L}$이므로
- 공진 주파수 $f_o=\frac{1}{2\pi\sqrt{LC}}$이다.

05 그림의 병렬 공진 회로에서 공진 주파수 $f_0[\text{Hz}]$는?
2015

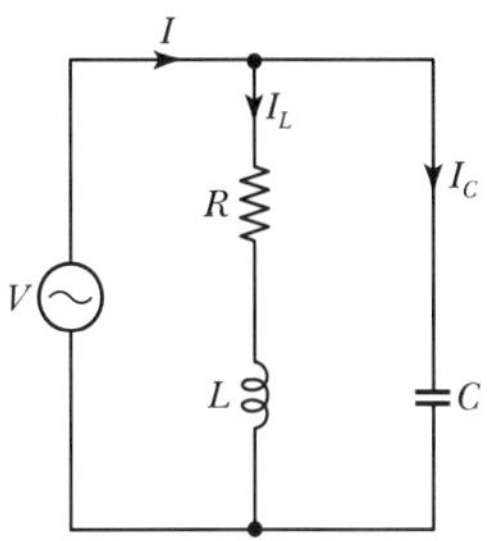

① $f_0=\frac{1}{2\pi}\sqrt{\frac{R}{L}-\frac{1}{LC}}$ ② $f_0=\frac{1}{2\pi}\sqrt{\frac{L^2}{R^2}-\frac{1}{LC}}$
③ $f_0=\frac{1}{2\pi}\sqrt{\frac{1}{LC}-\frac{L}{R}}$ ④ $f_0=\frac{1}{2\pi}\sqrt{\frac{1}{LC}-\frac{R^2}{L^2}}$

해설
- $\dot{I}_L=\frac{\dot{V}}{R+j\omega L}=\left(\frac{R}{R^2+\omega^2L^2}-j\frac{\omega L}{R^2+\omega^2L^2}\right)\dot{V}[\text{A}]$
- $\dot{I}_C=j\omega C\dot{V}[\text{A}]$
- $m\dot{I}=\dot{I}_L+\dot{I}_C=\frac{R}{R^2+\omega^2L^2}+j\left(\omega C-\frac{\omega L}{R^2+\omega^2L^2}\right)\dot{V}[\text{A}]$
- 병렬 공진시 허수 항은 0이 되므로 $\omega C=\frac{\omega L}{R^2+\omega^2L^2}$
- ω로 정리하면 $\omega=\sqrt{\frac{1}{LC}-\frac{R^2}{L^2}}$
- 공진 주파수 $f_0=\frac{1}{2\pi}\sqrt{\frac{1}{LC}-\frac{R^2}{L^2}}$

정답 01 ② 02 ② 03 ③ 04 ④ 05 ④

TOPIC 06 교류전력

- 순시전력 : 교류회로에서는 전압과 전류의 크기가 시간에 따라 변화하므로 전압과 전류의 곱도 시간에 따라 변화하는데, 이 값을 순시전력이라 한다.
- 유효전력 : 교류회로에서 순시전력을 1주기 평균한 값으로 전력, 평균전력이라고도 한다.

1 교류전력

1. 저항 부하의 전력

① 저항 R만인 부하회로에서의 교류전력 P는 순시전력을 평균한 값이다.

$P = V \cdot I\,[\mathrm{W}]$

② 저항 $R\,[\Omega]$ 부하의 전력은 전압의 실효값과 전류의 실효값을 곱한 것과 같다.

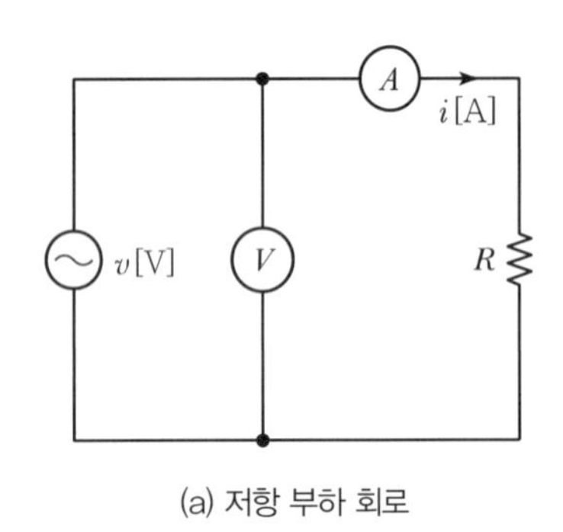

(a) 저항 부하 회로

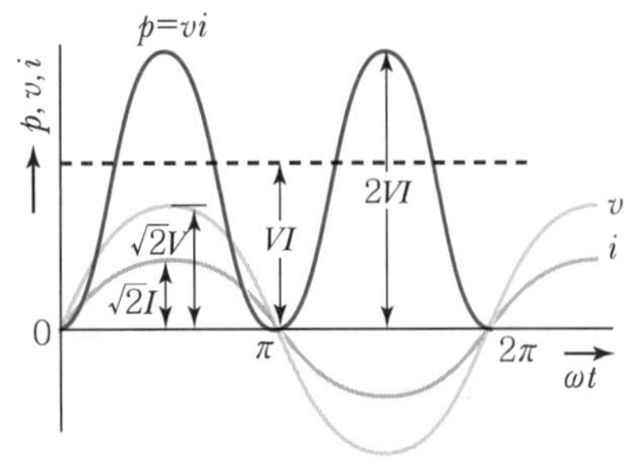

(b) 전압, 전류, 전력의 파형

▎저항 부하의 전력▎

2. 정전용량(C) 부하의 전력

① 그림 (b)의 순시 전력 곡선에서 +반주기 동안에는 전원에너지가 정전용량 C로 이동하여 충전되고, −반주기 동안에는 정전용량 C에 저장된 에너지가 전원 쪽으로 이동하면서 방전된다.

② 정전용량 C에서는 에너지의 충전과 방전만을 되풀이하며 전력소비는 없다.

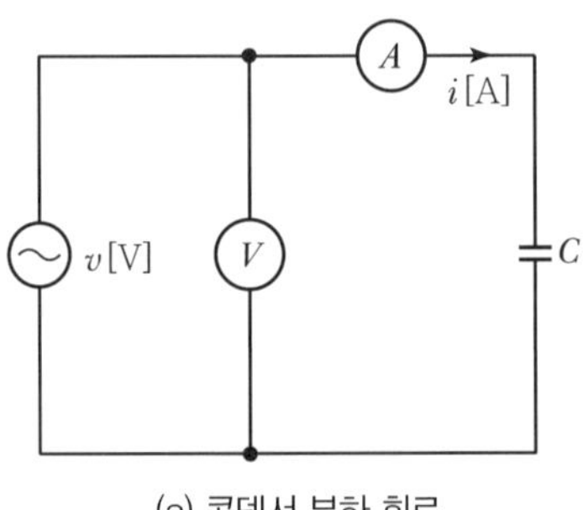

(a) 콘덴서 부하 회로

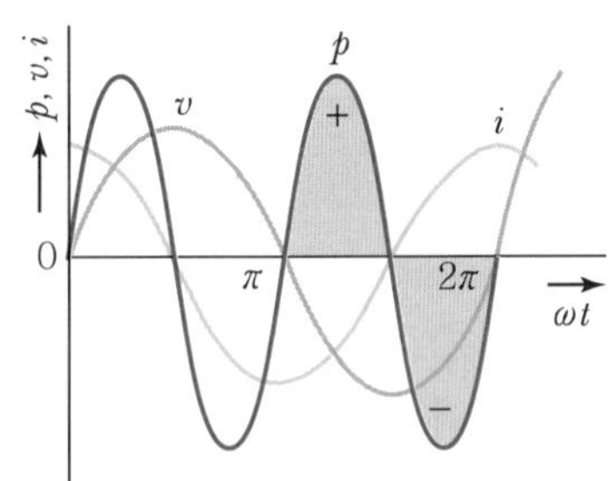

(b) 전압, 전류, 전력의 파형

▎정전용량 부하의 전력▎

3. 인덕턴스(L) 부하의 전력

① 다음 그림 (b)의 순시전력 곡선에서 +반주기 동안에는 전원에너지가 인덕턴스 L로 이동하여 충전되고, −반주기 동안에는 인덕턴스 L에 저장된 에너지가 전원 쪽으로 이동하면서 방전된다.

② 인덕턴스 L에서는 에너지의 충전과 방전만을 되풀이하며 전력소비는 없다.

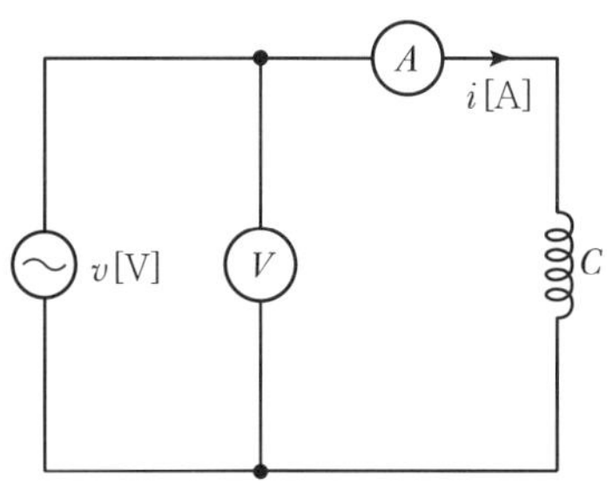

(a) 코일 부하 회로

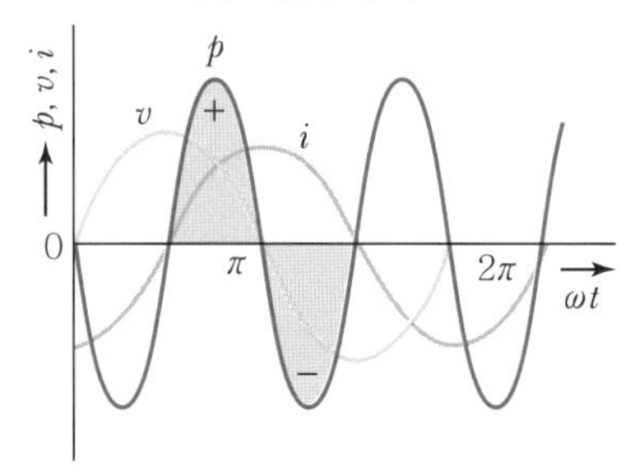

(b) 전압, 전류, 전력의 파형

▌인덕턴스 부하의 전력▐

4. 임피던스 부하의 전력

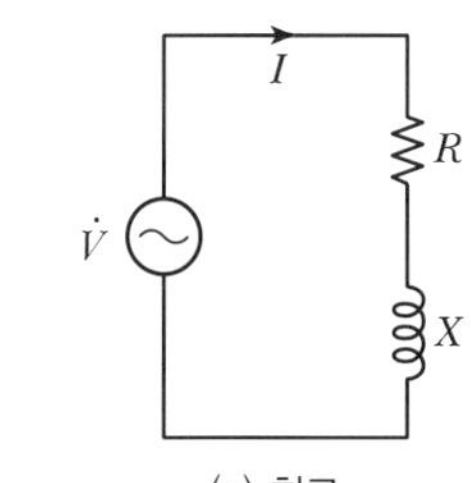

(a) 회로

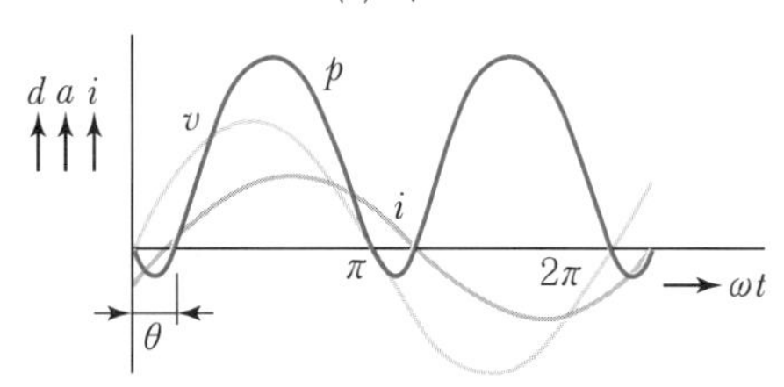

(b) 전압, 전류, 전력의 파형

▌RL 직렬회로의 전력▐

$v=\sqrt{2}\,V\sin\omega t$[V], $i=\sqrt{2}\,I\sin(\omega t-\theta)$[A]가 흐르면 순시 전력 P는

$$P=vi=\sqrt{2}\,V\sin\omega t\cdot\sqrt{2}\,I\sin(\omega t-\theta)$$
$$=2VI\sin\omega t\cdot\sin(\omega t-\theta)$$
$$=VI\cos\theta-VI\cos(2\omega t-\theta)[\mathrm{W}]$$

($\because$ $VI\cos\theta(2\omega t-\theta)$의 평균값은 0)

$\therefore\ P=VI\cos\theta[\mathrm{W}]$

① 유효전력(Active Power)

- 시간에 관계없이 일정하며 회로에서 소모되는 전력
- 소비전력, 평균전력이라고도 한다.

$P=VI\cos\theta[\mathrm{W}]$[와트]

② 무효전력(Reactive Power)

$P_r=VI\sin\theta[\mathrm{Var}]$[바]

③ 피상전력(Apparent Power)

- 회로에 가해지는 전압과 전류의 곱으로 표시
- 겉보기 전력이라고도 한다.

$P_a=VI[\mathrm{VA}]$[볼트 암페어]

2 역률

1. 역률(Power Factor)

피상전력과 유효전력과의 비

$$역률(p.f)=\cos\theta=\frac{유효전력}{피상전력}=\frac{P}{P_a}$$

(단, θ는 전압과 전류의 위상차)

2. 무효율(Reactive Factor)

피상전력과 무효전력과의 비

$$무효율=\sin\theta=\frac{무효전력}{피상전력}=\frac{P_r}{P_a}=\sqrt{1-\cos^2\theta}$$

기출 및 예상문제

01 리액턴스가 10[Ω]인 코일에 직류전압 100[V]를 가하였더니 전력 500[W]를 소비하였다. 이 코일의 저항은 얼마인가?
2013

① 5[Ω] ② 10[Ω]
③ 20[Ω] ④ 25[Ω]

해설 직류전압에서 인덕턴스는 작용하지 않으므로 리액턴스는 0[Ω]이다.
따라서 저항만을 고려하면, 전력 $P=\frac{V^2}{R}$[W]에서
$R=\frac{V^2}{P}=\frac{100^2}{500}=20[\Omega]$

02 단상 100[V], 800[W], 역률 80[%]인 회로의 리액턴스는 몇 [Ω]인가?
2014

① 10 ② 8
③ 6 ④ 2

해설 전력 $P=VI\cos\theta$[W]에서
전류 $I=\frac{P}{V\cos\theta}=\frac{800}{100\times0.8}=10[A]$
회로의 임피던스 $Z=\frac{V}{I}=\frac{100}{10}=10[\Omega]$
역률 $\cos\theta=\frac{R}{Z}$에서
저항 $R=Z\cos\theta=10\times0.8=8[\Omega]$
임피던스 $|Z|=\sqrt{R^2+X^2}$ [Ω]에서
리액턴스 $X=6[\Omega]$이 된다.

03 유효전력의 식으로 옳은 것은?(단, E는 전압, I는 전류, θ는 위상각이다.)
2015

① $EI\cos\theta$ ② $EI\sin\theta$
③ $EI\tan\theta$ ④ EI

해설 ② : 무효전력
④ : 피상전력

04 그림의 회로에서 전압 100[V]의 교류전압을 가했을 때 전력은?
2013

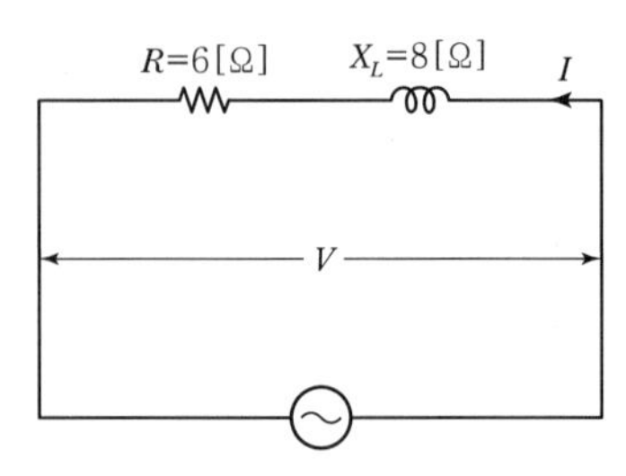

① 10[W] ② 60[W]
③ 100[W] ④ 600[W]

해설 교류전력 $P=VI\cos\theta$[W]이므로,
전류 $I=\frac{V}{Z}=\frac{V}{\sqrt{R^2+{X_L}^2}}=\frac{100}{\sqrt{6^2+8^2}}=10[A]$
역률 $\cos\theta=\frac{R}{Z}=\frac{6}{10}=0.6$
따라서, $P=100\times10\times0.6=600$[W]이다.

05 [VA]는 무엇의 단위인가?
2013

① 피상전력 ② 무효전력
③ 유효전력 ④ 역률

해설 ② 무효전력 : [Var], ③ 유효전력 : [W], ④ 역률 : 단위 없음

06 교류회로에서 무효전력의 단위는?
2014

① [W] ② [VA]
③ [Var] ④ [V/m]

해설 ① 유효전력, ② 피상전력, ③ 무효전력

07 200[V]의 교류전원에 선풍기를 접속하고 전력과 전류를 측정하였더니 600[W], 5[A]였다. 이 선풍기의 역률은?
2014

① 0.5 ② 0.6
③ 0.7 ④ 0.8

해설 $P=VI\cos\theta$[W]이므로, $\cos\theta=\frac{P}{VI}$
따라서, $\cos\theta=\frac{600}{200\times5}=0.6$이다.

정답 01 ③ 02 ③ 03 ① 04 ④ 05 ① 06 ③ 07 ②

CHAPTER 07 3상 교류회로

도미노 전기기능사 필기

TOPIC 01 3상 교류

1 3상 교류의 발생

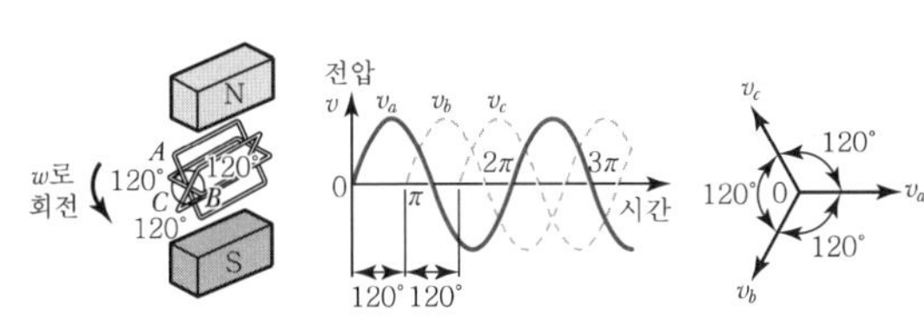

❙3상 교류의 발생❙

① 3상 교류는 크기와 주파수가 같고 위상만 120°씩 서로 다른 단상교류로 구성된다.

② 상 회전순(Phase Rotation)

- $v_a \rightarrow v_b \rightarrow v_c$
- v_a(a상, 제1상)

  v_b(b상, 제2상)

  v_c(c상, 제3상)

③ 대칭 3상 교류와 비대칭 3상 교류로 구분된다.

2 대칭 3상 교류(Symmetrical Three Phase AC)

① 각 기전력의 크기가 같고, 서로 $\frac{2}{3}\pi$[rad]만큼씩의 위상차가 있는 교류를 대칭 3상 교류라 한다.

② 대칭 3상 교류의 조건

- 기전력의 크기가 같을 것
- 주파수가 같을 것
- 파형이 같을 것
- 위상차가 각각 $\frac{2}{3}\pi$[rad]일 것

TOPIC 02 3상 회로의 결선

1 Y결선(Y－connection) : 성형 결선

1. 상전압(V_p)과 선간전압(V_ℓ)의 관계

$V_{ab} = 2V_a \cos\frac{\pi}{6} = \sqrt{3}\,V_a$[V]

$$V_\ell = \sqrt{3}\,V_p \angle \frac{\pi}{6}\text{[V]}$$

위상은 $\frac{\pi}{6}$[rad](=30°)만큼 앞선다.

2. 상전류(I_p)와 선전류(I_ℓ)의 관계

$$I_\ell = I_p\text{[A]}$$

3. 평형 3상 회로의 중성선(Neutral Line)

전류가 흐르지 않는다.

$\dot{I}_a + \dot{I}_b + \dot{I}_c = 0$[A]

2 Δ결선(Δ－connection) : 3각 결선

1. 상전압(V_p)과 선간전압(V_ℓ)의 관계

$\dot{V}_{ab} = \dot{V}_a$[V], $\dot{V}_{bc} = \dot{V}_b$[V], $\dot{V}_{ca} = \dot{V}_c$[V]

$$V_\ell = V_p$$

2. 상전류(I_p)와 선전류(I_ℓ)의 관계

$I_a = 2I_{ab}\cos\frac{\pi}{6} = \sqrt{3}\,I_{ab}$[A]

$$I_\ell = \sqrt{3}\,I_p \angle -\frac{\pi}{6}\text{[A]}$$

위상은 $\frac{\pi}{6}$[rad]만큼 뒤진다.

3 부하 Y ↔ Δ 변환(평형부하인 경우)

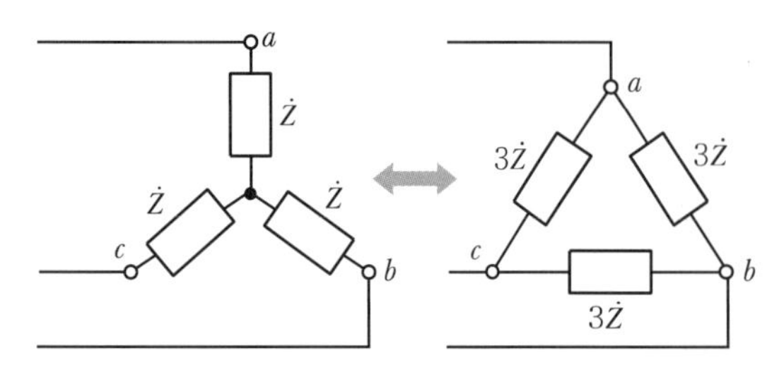

❙ 평형부하의 Δ ↔ Y 및 Y ↔ Δ 등가변환 ❙

1. Y → Δ 변환

$$Z_\Delta = 3Z_Y$$

2. Δ → Y 변환

$$Z_Y = \frac{1}{3}Z_\Delta$$

4 V결선

1. 출력

$$P = \sqrt{3}\,VI\cos\theta\,[\mathrm{W}]$$

2. 변압기의 이용률

$$U = \frac{V\text{결선시 용량}}{\text{변압기 2대의 용량}} = \frac{\sqrt{3}\,VI}{2VI} \fallingdotseq 0.867$$

3. 출력비

$$\text{출력비} = \frac{P_V(V\text{결선시 출력})}{P_\Delta(\Delta\text{결선시 출력})} = \frac{\sqrt{3}\,VI}{3VI} \fallingdotseq 0.577$$

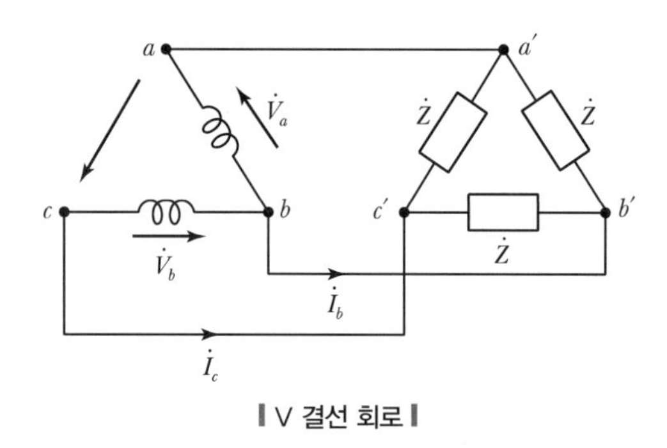

❙ V 결선 회로 ❙

TOPIC 03 3상 교류전력

1 3상 전력

1. 유효전력

$$P = 3V_P I_P\cos\theta = \sqrt{3}\,V_\ell I_\ell\cos\theta\,[\mathrm{W}]$$

2. 무효전력

$$P_r = 3V_P I_P\sin\theta = \sqrt{3}\,V_\ell I_\ell\sin\theta\,[\mathrm{Var}]$$

3. 피상전력

$$P_a = 3V_P I_P = \sqrt{3}\,V_\ell I_\ell\,[\mathrm{VA}]$$

2 3상 전력의 측정

1. 2전력계법

- 단상전력계 2대를 접속하여 3상 전력을 측정하는 방법
- 두 개의 전력계 W_1과 W_2를 결선하고 각각의 지시값을 P_1, P_2라 하면

$$P = P_1 + P_2\,[\mathrm{W}]$$

2. 3전력계법

단상전력계 3대를 접속하여 3상 전력을 측정하는 방법

$$P = P_a + P_b + P_c\,[\mathrm{W}]$$

기출 및 예상문제

01 Y결선의 전원에서 각 상전압이 100[V]일 때 선간전압은 약 몇 [V]인가?
2015

① 100　② 150
③ 173　④ 195

해설

Y결선 : 성형 결선	Δ결선 : 삼각 결선
$V_\ell = \sqrt{3}\,V_P$ $\left(\frac{\pi}{6}\text{ 위상이 앞섬}\right)$	$V_\ell = V_P$
$I_\ell = I_P$	$I_\ell = \sqrt{3}\,I_P$ $\left(\frac{\pi}{6}\text{ 위상이 뒤짐}\right)$

02 평형 3상 Y결선에서 상전류 I_p와 선전류 I_ℓ과의 관계는?
2012

① $I_\ell = 3I_p$　② $I_\ell = \sqrt{3}\,I_p$
③ $I_\ell = I_p$　④ $I_\ell = \frac{1}{3}I_p$

해설 평형 3상 Y결선 : $V_\ell = \sqrt{3}\,V_p$, $I_\ell = I_P$

03 Δ결선에서 선전류가 $10\sqrt{3}$이면 상전류는?
2014

① 5[A]　② 10[A]
③ $10\sqrt{3}$[A]　④ 30[A]

해설

Y결선 : 성형 결선	Δ결선 : 삼각 결선
$V_\ell = \sqrt{3}\,V_P$ $\left(\frac{\pi}{6}\text{ 위상이 앞섬}\right)$	$V_\ell = V_P$
$I_\ell = I_P$	$I_\ell = \sqrt{3}\,I_P$ $\left(\frac{\pi}{6}\text{ 위상이 뒤짐}\right)$

따라서, 상전류 $I_P = \frac{I_\ell}{\sqrt{3}} = \frac{10\sqrt{3}}{\sqrt{3}} = 10$[A]이다.

04 Δ결선 시 V_ℓ(선간전압), V_P(상전압), I_ℓ(선전류), I_P(상전류)의 관계식으로 옳은 것은?
2013

① $V_\ell = \sqrt{3}\,V_P$, $I_\ell = I_P$
② $V_\ell = V_P$, $I_\ell = \sqrt{3}\,I_P$
③ $V_\ell = \frac{1}{\sqrt{3}}V_P$, $I_\ell = I_P$
④ $V_\ell = V_P$, $I_\ell = \frac{1}{\sqrt{3}}I_P$

해설
- Δ결선 : $V_\ell = V_P$, $I_\ell = \sqrt{3}\,I_P$
- Y결선 : $V_\ell = \sqrt{3}\,V_P$, $I_\ell = I_P$

05 대칭 3상 Δ결선에서 선전류와 상전류와의 위상 관계는?
2011
2015

① 상전류가 $\frac{\pi}{6}$[rad] 앞선다.
② 상전류가 $\frac{\pi}{6}$[rad] 뒤진다.
③ 상전류가 $\frac{\pi}{3}$[rad] 앞선다.
④ 상전류가 $\frac{\pi}{3}$[rad] 뒤진다.

해설 평형 3상 Δ결선 : $I_\ell = \sqrt{3}\,I_p\angle -\frac{\pi}{6}$[A]

06 부하의 결선방식에서 Y결선에서 Δ결선으로 변환하였을 때의 임피던스는?
2011

① $Z_\Delta = \sqrt{3}\,Z_Y$　② $Z_\Delta = \frac{1}{\sqrt{3}}Z_Y$
③ $Z_\Delta = 3Z_Y$　④ $Z_\Delta = \frac{1}{3}Z_Y$

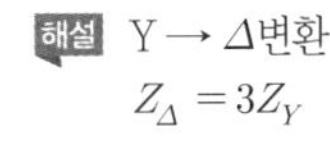
해설 Y → Δ변환
$Z_\Delta = 3Z_Y$

정답 01 ③　02 ③　03 ②　04 ②　05 ①　06 ③

07 2015 평형 3상 교류회로에서 Δ부하의 한 상의 임피던스가 Z_Δ일 때, 등가 변환한 Y부하의 한 상의 임피던스가 Z_Y는 얼마인가?

① $Z_Y = \sqrt{3} Z_\Delta$ ② $Z_Y = 3Z_\Delta$
③ $Z_Y = \frac{1}{\sqrt{3}} Z_\Delta$ ④ $Z_Y = \frac{1}{3} Z_\Delta$

해설
- $Y \to \Delta$ 변환 $Z_\Delta = 3Z_Y$
- $\Delta \to Y$ 변환 $Z_Y = \frac{1}{3} Z_\Delta$

08 2009 3상 전원에서 한 상에 고장이 발생하였다. 이때 3상 부하에 3상 전력을 공급할 수 있는 결선방법은?

① Y결선 ② Δ결선
③ 단상결선 ④ V결선

09 2009 2014 출력 P[kVA]의 단상변압기 전원 2대를 V결선할 때의 3상 출력[kVA]은?

① P ② $\sqrt{3} P$
③ $2P$ ④ $3P$

해설 $P_v = \sqrt{3} P$

10 2011 평형 3상 회로에서 1상의 소비전력이 P라면 3상 회로의 전체 소비전력은?

① P ② $2P$
③ $3P$ ④ $\sqrt{3} P$

해설 $P_3 = \sqrt{3}\, V_\ell I_\ell \cos\theta = 3V_p I_p \cos\theta = 3P$
여기서, 1상의 소비전력 $P = V_p I_p \cos\theta$

11 2014 Δ결선으로 된 부하에 각 상의 전류가 10[A]이고 각 상의 저항이 4[Ω], 리액턴스가 3[Ω]이라 하면 전체 소비전력은 몇 [W]인가?

① 2,000 ② 1,800
③ 1,500 ④ 1,200

해설 3상의 소비전력은 단상 소비전력의 3배이고, 소비전력[W]은 저항에서만 발생하므로,
단상의 소비전력 $P_1\phi = I_p^2 R = 10^2 \times 4 = 400$[W]이다. 따라서, 3상의 소비전력은 1,200[W]이다.

12 2011 전압 220[V], 전류 10[A], 역률 0.8인 3상 전동기 사용 시 소비전력은?

① 약 1.5[kW] ② 약 3.0[kW]
③ 약 5.2[kW] ④ 약 7.1[kW]

해설 3상 유효전력
$P = \sqrt{3}\, V_\ell I_\ell \cos\theta = \sqrt{3} \times 220 \times 10 \times 0.8 = 3{,}048$[W]
$\fallingdotseq$ 3[kW]

13 2011 어떤 3상 회로에서 선간전압이 200[V], 선전류 25[A], 3상 전력이 7[kW]였다. 이때의 역률은?

① 약 60[%] ② 약 70[%]
③ 약 80[%] ④ 약 90[%]

해설 3상 유효전력 $P = \sqrt{3}\, V_\ell I_\ell \cos\theta$

역률 $\cos\theta = \frac{P}{\sqrt{3}\, V_\ell I_\ell} = \frac{7 \times 10^3}{\sqrt{3} \times 200 \times 25} = 0.8 = 80$[%]

14 2015 2전력계법으로 3상 전력을 측정할 때 지시값이 $P_1 = 200$[W], $P_2 = 200$[W]일 때 부하전력[W]은?

① 200 ② 400
③ 600 ④ 800

해설
- 유효전력 $P = P_1 + P_2$[W]
- 무효전력 $P_r = \sqrt{3}(P_1 - P_2)$[Var]
- 피상전력 $P_a = \sqrt{P^2 + P_r^2}$[VA]

∴ 부하전력 = 유효전력 = 200 + 200 = 400[W]

정답 07 ④ 08 ④ 09 ② 10 ③ 11 ④ 12 ② 13 ③ 14 ②

CHAPTER 08 비정현파와 과도현상

도미노 전기기능사 필기

TOPIC 01 비정현파 교류

1 비정현파

정현파 외에 다른 모양의 주기를 가지는 모든 주기파를 비정현파라 한다. 예를 들면, 제어회로에서 많이 사용되는 펄스파나 삼각파, 사각파 등이 일정 주기를 가지는 파형일 때 이들을 비정현파라 한다.

2 비정현파 교류의 해석

푸리에 급수의 전개

$$v = V_0 + \sqrt{2}\,V_{m1}\sin(\omega t+\theta_1) + \sqrt{2}\,V_{m2}\sin(2\omega t+\theta_2) + \cdots + \sqrt{2}\,V_{mn}\sin(n\omega t+\theta_n)$$

$$= V_0 + \sum_{n=1}^{\infty}\sqrt{2}\,V_{mn}\sin(n\omega t+\theta_n)$$

= 직류분 + 기본파 + 고조파

여기서, 제1항(V_0) : 시간에 관계없이 일정한 값으로 직류분
제2항($\sqrt{2}\,V_{m1}\sin(\omega t+\theta_1)$) : 비정현파 교류 v와 같은 주기를 가지므로 기본파
제3항 이후의 항 : 주파수가 기본 주파수의 정수배의 정현파 교류로 고조파

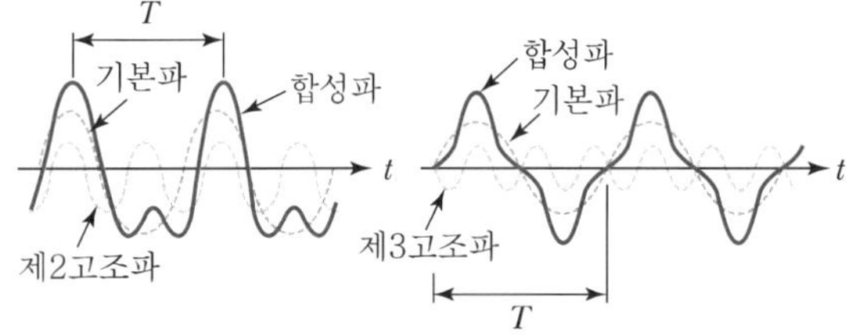

(a) 기본파와 제2고조파의 합 (b) 기본파와 제3고조파의 합

3 비정현파의 실효값

$$V_{rms} = \sqrt{\text{각 파의 실효값의 제곱의 합}}$$

$$= \sqrt{V_0^{\,2} + V_1^{\,2} + V_2^{\,2} + \cdots\cdots + V_n^{\,2}}$$

4 일그러짐률(Distortion Factor)

비정현파에서 기본파에 대하여 고조파 성분이 어느 정도 포함되어 있는가를 나타내는 정도(=왜형률)

$$\varepsilon = \frac{\text{각 고조파의 실효값}}{\text{기본파의 실효값}}$$

$$= \frac{\sqrt{V_2^{\,2} + V_3^{\,2} + \cdots\cdots}}{V_1}$$

5 정현파의 파형률 및 파고율

① $\text{파형률} = \dfrac{\text{실효값}}{\text{평균값}} = \dfrac{\pi}{2\sqrt{2}} = 1.111$

② $\text{파고율} = \dfrac{\text{최댓값}}{\text{실효값}} = \sqrt{2} = 1.414$

TOPIC 02 과도현상

1 과도현상

L과 C를 포함한 전기회로에서 순간적인 스위치 작용에 의하여 L, C성질에 의한 에너지 축적으로 정상상태에 이르는 동안 변화하는 현상. 즉 정상상태로부터 다른 정상상태로 변화하는 과정

▼ 과도현상 기본정리

회로	RL직렬회로	RC직렬회로
시정수	$\tau = \dfrac{L}{R}$	$\tau = RC$

기출 및 예상문제

01 비정현파를 여러 개의 정현파의 합으로 표시하는 방법은?
2009
① 중첩의 원리 ② 노튼의 정리
③ 푸리에 분석 ④ 테일러의 분석

해설 비정현파 교류의 해석 : 푸리에 급수의 전개
$v = V_0 + \Sigma =$ 직류분 + 기본파 + 고조파

02 비사인파의 일반적인 구성이 아닌 것은?
2009 2010 2011 2014
① 삼각파 ② 고조파
③ 기본파 ④ 직류분

해설 비사인파 = 직류분 + 기본파 + 고조파

03 비정현파의 실효값을 나타낸 것은?
2012 2015
① 최대파의 실효값
② 각 고조파의 실효값의 합
③ 각 고조파의 실효값의 합의 제곱근
④ 각 고조파의 실효값의 제곱의 합의 제곱근

해설 비정현파 교류의 실효값은 직류분(V_0)과 기본파(V_1) 및 고조파(V_2, V_3, $\cdots V_n$)의 실효값의 제곱의 합을 제곱근한 것이다.

$$V = \sqrt{{V_0}^2 + {V_1}^2 + {V_2}^2 + \cdots + {V_n}^2}\ [\text{V}]$$

04 어느 회로의 전류가 다음과 같을 때, 이 회로에 대한 전류의 실효값은?
2013

$$i = 3 + 10\sqrt{2}\sin\left(\omega t - \frac{\pi}{6}\right) - 5\sqrt{2}\sin\left(3\omega t - \frac{\pi}{3}\right)[\text{A}]$$

① 11.6[A] ② 23.2[A]
③ 32.2[A] ④ 48.3[A]

해설 비정현파 교류의 실효값은 직류분(I_0)과 기본파(I_1) 및 고조파(I_2, I_3, $\cdots I_n$)의 실효값의 제곱의 합을 제곱근한 것이다.
$I = \sqrt{{I_0}^2 + {I_1}^2 + {I_3}^2} = \sqrt{3^2 + 10^2 + 5^2} = 11.58[\text{A}]$

05 다음 중 파형률을 나타낸 것은?
2009 2012 2013
① $\frac{\text{실효값}}{\text{평균값}}$ ② $\frac{\text{최댓값}}{\text{실효값}}$
③ $\frac{\text{평균값}}{\text{실효값}}$ ④ $\frac{\text{실효값}}{\text{최댓값}}$

해설 파형률 $= \frac{\text{실효값}}{\text{평균값}}$, 파고율 $= \frac{\text{최댓값}}{\text{실효값}}$

06 R − L 직렬회로의 시정수 τ[s]는?
2010
① $\frac{R}{L}$[s] ② $\frac{L}{R}$[s]
③ RL[s] ④ $\frac{1}{RL}$[s]

해설 시정수(시상수)
전류가 흐르기 시작해서 정상전류의 63.2[%]에 도달하기까지의 시간
$\therefore\ \tau = \frac{L}{R}$[s]

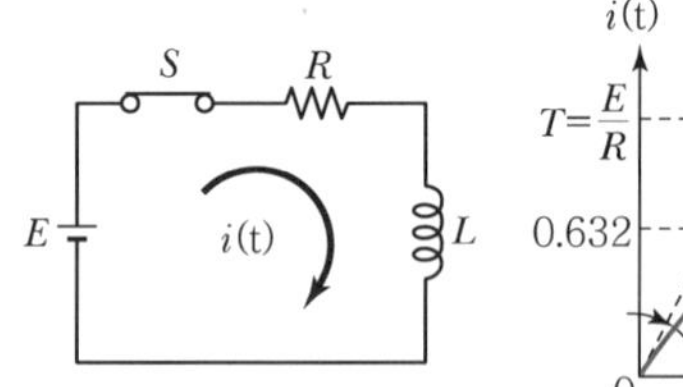

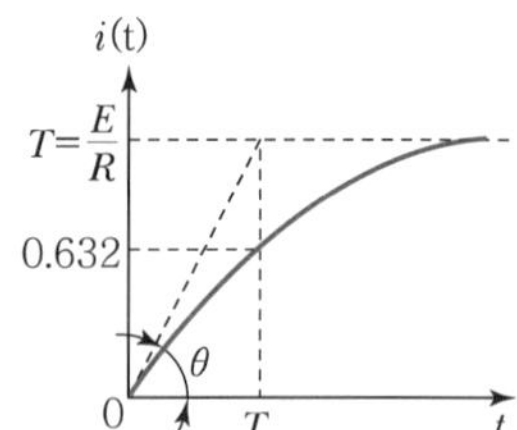

정답 01 ③ 02 ① 03 ④ 04 ① 05 ① 06 ②

MEMO

Do! mino

전기기능사 필기

CRAFTSMAN ELECTRICITY

학습 전에 알아두어야 할 사항

각종 전기기기의 전기적 · 기계적 특성을 이해하기 위해서 원리, 구조, 이론, 특성, 운용의 순서로 각 기기의 주요 골자를 중심으로 공부하기를 바라며, 그 다음에 기타 사항에 대하여 공부를 하는 것이 효과적인 방법이라 생각된다.

PART

02

전기기기

CHAPTER 01 직류기

TOPIC 01 직류 발전기의 원리

1 원리

자극 N, S 사이의 자기장 내에서 도체를 수직방향으로 움직이면 기전력이 발생하는 플레밍의 오른손법칙의 원리로 만들어진다.

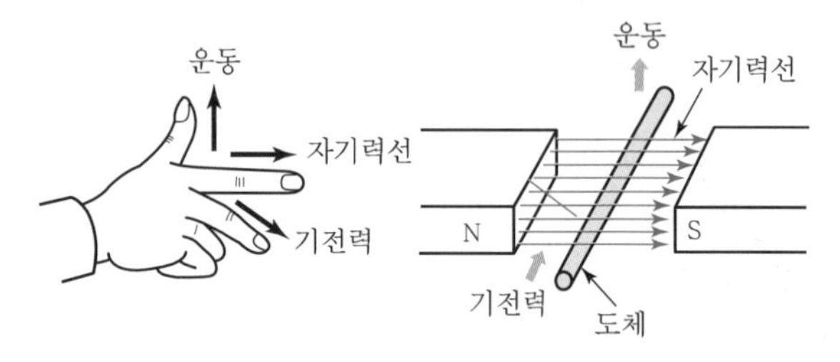

2 교류발전기의 원리

① 발전기 코일 내에서 발생된 전압은 교류전압이다. 이 전압을 슬립링 S_1, S_2와 브러시 B_1, B_2를 통해 외부회로와 접속하면 교류발전기가 된다. 직류 발전기는 교류전압을 정류과정을 거쳐 직류전압으로 발생시키는 것이다.

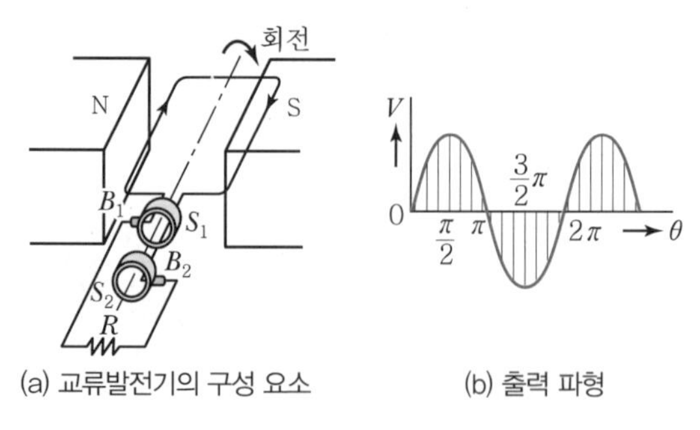

(a) 교류발전기의 구성 요소 (b) 출력 파형

▎교류발전기의 원리 ▎

② 자기장 내에서 도체를 회전운동을 시키면 플레밍의 오른손법칙에 따라 기전력이 유도되는데, 반 바퀴를 회전할 때마다 전압의 방향이 바뀌게 된다.

3 직류 발전기의 원리

① 코일의 왼쪽과 오른쪽 도체에 브러시 B_1, B_2를 접속시키면, 오른쪽은 양(+)극성, 왼쪽은 음(−)극성으로 직류전압이 발생한다. 이 2개의 금속편 C_1, C_2을 정류자편이라 하고, 그 원통모양을 정류자라고 한다.

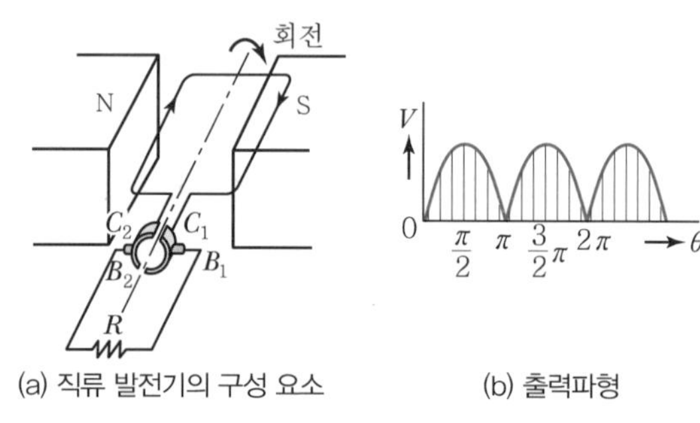

(a) 직류 발전기의 구성 요소 (b) 출력파형

▎직류 발전기의 원리 ▎

② 직류 발전기를 실용화하여 사용하기 위해서는 코일의 도체수와 정류자 편수를 늘리면, 맥동률이 작아지고, 평균전압이 높아지며, 좋은 품질의 직류전압을 얻을 수 있게 된다.

TOPIC 02 직류 발전기의 구조

직류 발전기의 주요부분은 계자, 전기자, 정류자로 구성된다.

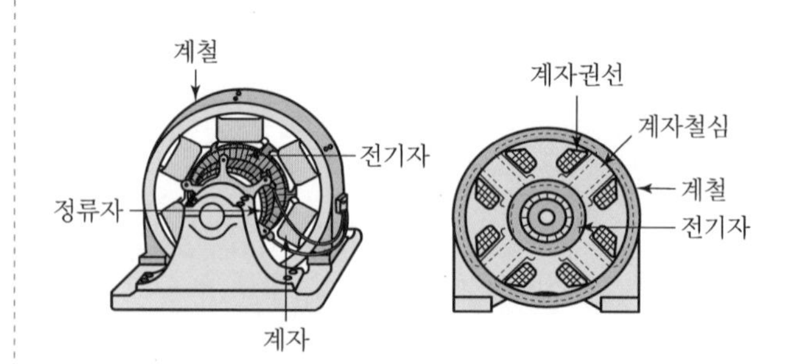

1 계자(Field Magnet)

자속을 만들어 주는 부분

① 계자 권선, 계자 철심, 자극 및 계철로 구성

② **계자 철심** : 히스테리시스손과 와류손을 적게 하기 위해 규소강판을 성층해서 만든다.

2 전기자(Armature)

계자에서 만든 자속으로부터 기전력을 유도하는 부분

① 전기자 철심, 전기자 권선, 정류자 및 축으로 구성

② **전기자 철심** : 규소강판을 성층하여 만든다.

3 정류자(Commutator)

교류를 직류로 변환하는 부분

4 공극(Air Gab)

계자 철심의 자극편과 전기자 철심 표면 사이 부분

① 공극이 크면 자기저항이 커져서 효율이 떨어진다.

② 공극이 작으면 기계적 안정성이 나빠진다.

5 브러시

정류자면에 접촉하여 전기자 권선과 외부회로를 연결하는 것

① 접속저항이 적당하고, 마멸성이 적으며, 기계적으로 튼튼할 것

② 종류

- 탄소질 브러시 : 소형기, 저속기
- 흑연질 브러시 : 대전류, 고속기
- 전기 흑연질 브러시 : 접촉저항이 크고, 가장 우수(각종 기계 사용)
- 금속 흑연질 브러시 : 저전압, 대전류

6 전기자 권선법

기전력이 유도되는 전기자 도체를 결선하는 방식에 따라서 출력전압, 전류의 크기를 변화시킬 수 있다.

1. 중권

극수와 같은 병렬회로수로 하면($a=P$), 전지의 병렬접속과 같이 되므로 저전압, 대전류가 얻어진다.

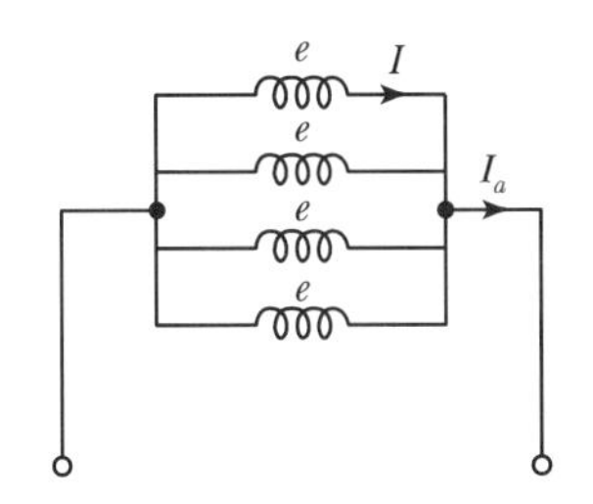

2. 파권

극수와 관계없이 병렬회로수를 항상 2개($a=2$)로 하면, 전지의 직렬접속과 같이 되므로 대전압, 저전류가 얻어진다.

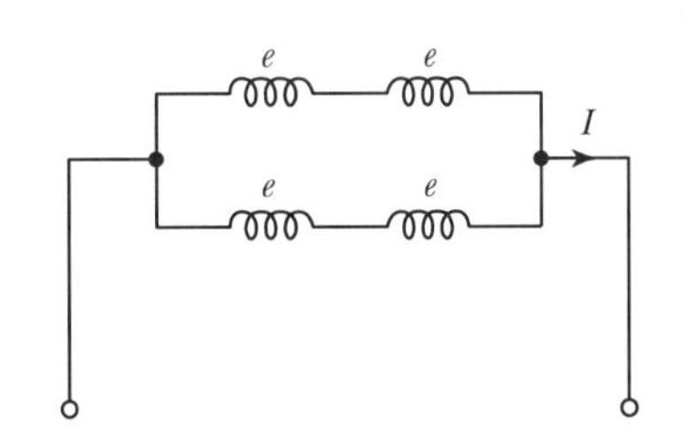

기출 및 예상문제

01 직류기의 3대 요소가 아닌 것은?
2009
① 전기자 ② 정류자
③ 계자 ④ 보극

해설 직류기의 3대 요소
전기자, 계자, 정류자

02 직류 발전기에서 계자의 주된 역할은?
2014
① 기전력을 유도한다. ② 자속을 만든다.
③ 정류작용을 한다. ④ 정류자면에 접촉한다.

해설 직류 발전기의 주요부분
- 계자(Field Magnet) : 자속을 만들어 주는 부분
- 전기자(Armatuer) : 계자에서 만든 자속으로부터 기전력을 유도하는 부분
- 정류자(Commutator) : 교류를 직류로 변환하는 부분

03 직류 발전기를 구성하는 부분 중 정류자란?
2012
① 전기자와 쇄교하는 자속을 만들어 주는 부분
② 자속을 끊어서 기전력을 유기하는 부분
③ 전기자 권선에서 생긴 교류를 직류로 바꾸어 주는 부분
④ 계자 권선과 외부회로를 연결시켜 주는 부분

해설 ① 계자 ② 전기자
③ 정류자 ④ 브러시

04 직류기의 전기자 철심을 규소강판으로 성층하여 만드는 이유는?
2012
2014
① 가공하기 쉽다.
② 가격이 염가이다.
③ 철손을 줄일 수 있다.
④ 기계손을 줄일 수 있다.

해설
- 규소강판 사용 : 히스테리시스손 감소
- 성층철심 사용 : 와류손(맴돌이 전류손) 감소
- 철손＝히스테리시스손 감소＋와류손(맴돌이 전류손)

05 전기기계에 있어 와전류손(Eddy Current Loss)을 감소하기 위한 적합한 방법은?
2014
① 규소강판에 성층철심을 사용한다.
② 보상권선을 설치한다.
③ 교류전원을 사용한다.
④ 냉각 압연한다.

해설
- 규소강판 사용 : 히스테리시스손 감소
- 성층철심 사용 : 와전류손(맴돌이 전류손) 감소

06 직류 발전기 전기자의 주된 역할은?
2013
① 기전력을 유도한다.
② 자속을 만든다.
③ 정류작용을 한다.
④ 회전자와 외부회로를 접속한다.

해설 전기자(Armature)
계자에서 만든 자속으로부터 기전력을 유도하는 부분

07 정류자와 접촉하여 전기자 권선과 외부회로를 연결시켜 주는 것은?
2009
2015
① 전기자 ② 계자
③ 브러시 ④ 공극

정답 01 ④ 02 ② 03 ③ 04 ③ 05 ① 06 ① 07 ③

TOPIC 03 직류 발전기의 이론

1 유도 기전력

$$E = \frac{P}{a} Z\phi \frac{N}{60} [V]$$

여기서, P : 극수
Z : 전기자 도체수
a : 병렬 회로수
N[rpm] : 회전수
ϕ[wb] : 계자자속

2 전기자 반작용

① 직류 발전기에 부하를 접속하면 전기자 전류의 기자력이 주자속에 영향을 미치는 작용을 말한다.

② 전기자 반작용으로 생기는 현상
- 브러시에 불꽃 발생
- 중성축 이동(편자작용)
- 감자작용으로 유도 기전력 감소

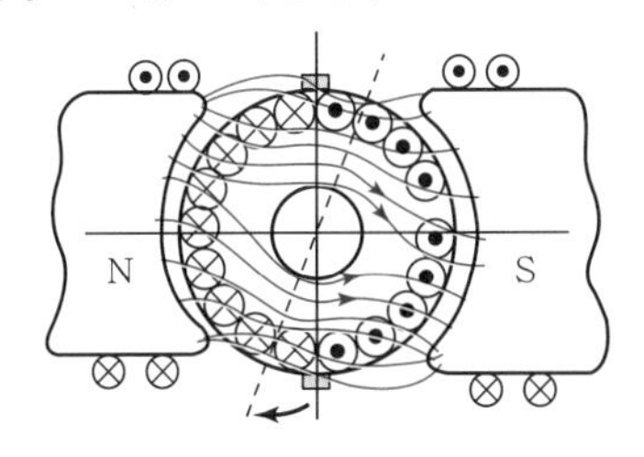

③ 전기자 반작용 없애는 방법
- 브러시 위치를 전기적 중성점인 회전방향으로 이동
- 보극 : 경감법으로 중성축에 설치
- 보상권선 : 가장 확실한 방법으로 주자극 표면에 설치

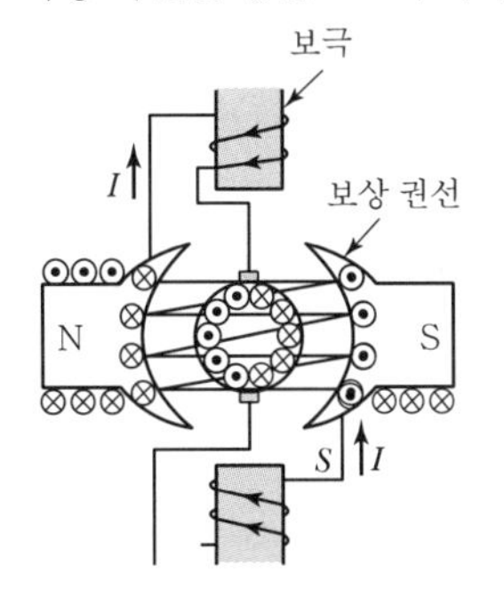

3 정류

① 정류자와 브러시의 작용으로 교류를 직류로 변환하는 작용

② 리액턴스 전압

전기자 코일에 자기 인덕턴스에 의한 역기전력을 말하며, 코일 안의 전류의 변화를 방해하는 작용

③ 정류를 좋게 하는 방법(리액턴스 전압에 의한 영향을 적게 하는 방법)
- 저항정류 : 접촉저항이 큰 브러시 사용
- 전압정류 : 보극 설치

기출 및 예상문제

01 2009 2011 **6극 전기자 도체수 400, 매극 자속수 0.01[Wb], 회전수 600[rpm]인 파권 직류기의 유기 기전력은 몇 [V]인가?**

① 120 ② 140
③ 160 ④ 180

해설 $E=\frac{P}{a}Z\phi\frac{N}{60}$[V]에서 파권($a=2$)이므로,
$E=\frac{6}{2}\times 400\times 0.01\times\frac{600}{60}=120$[V]이다.

02 2010 **직류 발전기에 있어서 전기자 반작용이 생기는 요인이 되는 전류는?**

① 동손에 의한 전류
② 전기자 권선에 의한 전류
③ 계자 권선의 전류
④ 규소 강판에 의한 전류

해설 전기자 반작용
부하를 접속하면 전기자 권선에 흐르는 전류의 기자력이 주자속에 영향을 미치는 작용이다.

03 2010 **직류 발전기의 전기자 반작용의 영향이 아닌 것은?**

① 절연 내력의 저하
② 유도 기전력의 저하
③ 중성축의 이동
④ 자속의 감소

해설 ㉠ 전기자 반작용 : 직류 발전기에 부하를 접속하면 전기자 권선에 흐르는 전류의 기자력이 주자속에 영향을 미치는 작용
㉡ 전기자 반작용으로 생기는 현상
- 브러시에 불꽃 발생
- 중성축 이동(편자작용)
- 감자작용으로 유도 기전력 감소

04 2014 **직류 발전기에서 전기자 반작용을 없애는 방법으로 옳은 것은?**

① 브러시 위치를 전기적 중성점이 아닌 곳으로 이동시킨다.
② 보극과 보상 권선을 설치한다.
③ 브러시의 압력을 조정한다.
④ 보극은 설치하되 보상 권선은 설치하지 않는다.

해설 전기자 반작용을 없애는 방법
- 브러시 : 위치를 전기적 중성점인 회전방향으로 이동
- 보극 : 경감법으로 중성축에 설치
- 보상권선 : 가장 확실한 방법으로 주자극 표면에 설치

05 2011 2014 **보극이 없는 직류기의 운전 중 중성점의 위치가 변하지 않는 경우는?**

① 무부하일 때 ② 전부하일 때
③ 중부하일 때 ④ 과부하일 때

해설 전기자 반작용으로 중성축이 이동하고 불꽃이 생기게 된다. 즉, 전기자 반작용은 부하를 연결했을 때 전기자 전류(부하전류)에 의한 기자력이 주자속에 영향을 주는 것이므로, 무부하시에는 전기자 전류가 없으므로 중성점의 위치가 변하지 않는다.

06 2009 **직류기에서 보극을 두는 가장 주된 목적은?**

① 기동 특성을 좋게 한다.
② 전기자 반작용을 크게 한다.
③ 정류작용을 돕고 전기자 반작용을 약화시킨다.
④ 전기자 자속을 증가시킨다.

해설 보극의 역할
- 전기자 반작용을 경감시킨다.
- 전압정류작용으로 정류를 좋게 한다.

07 2013 2014 **직류 발전기에서 전압 정류의 역할을 하는 것은?**

① 보극 ② 탄소 브러시
③ 전기자 ④ 리액턴스 코일

해설 정류를 좋게 하는 방법
- 저항 정류 : 접촉저항이 큰 브러시 사용
- 전압 정류 : 보극 설치

정답 01 ① 02 ② 03 ① 04 ② 05 ① 06 ③ 07 ①

TOPIC 04 직류 발전기의 종류

1 여자방식에 따른 분류

① 자석 발전기

계자를 영구자석으로 사용하는 방법

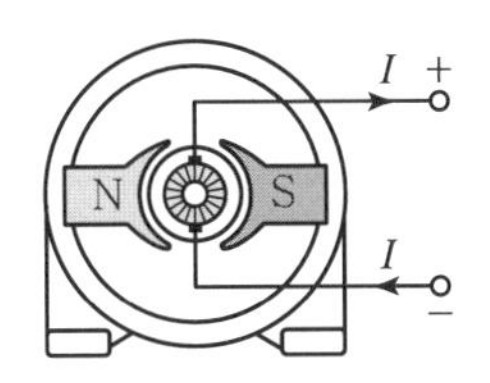

② 타여자 발전기

여자 전류를 다른 전원으로 사용하는 방법

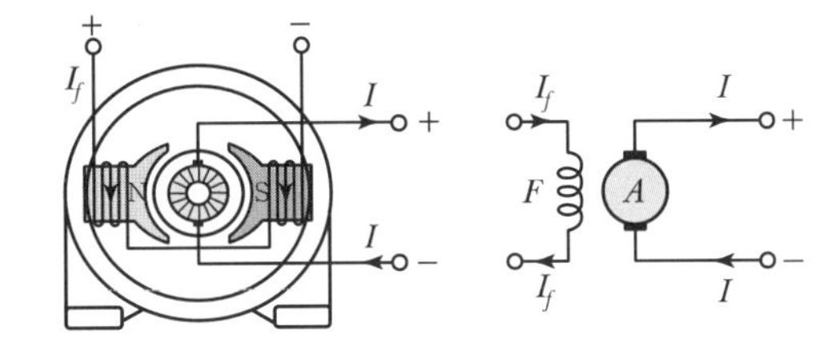

③ 자여자 발전기

- 발전기에서 발생한 기전력에 의하여 계자전류를 공급하는 방법
- 전기자 권선과 계자 권선의 연결방식에 따라 분권, 직권, 복권 발전기가 있다.

2 계자 권선의 접속방법에 따른 분류

① 직권 발전기

계자 권선과 전기자를 직렬로 연결한 것

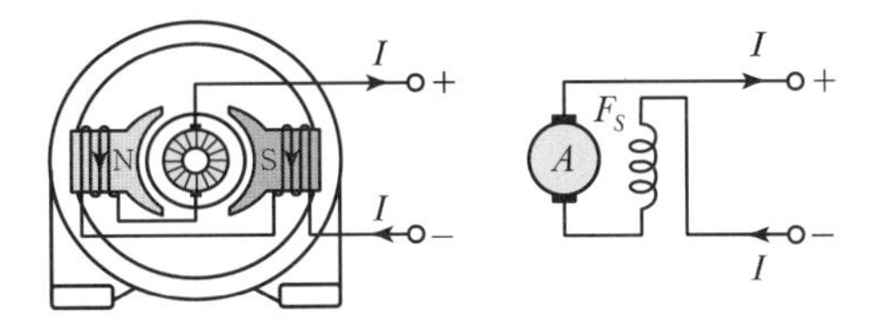

② 분권 발전기

계자 권선과 전기자를 병렬로 연결한 것

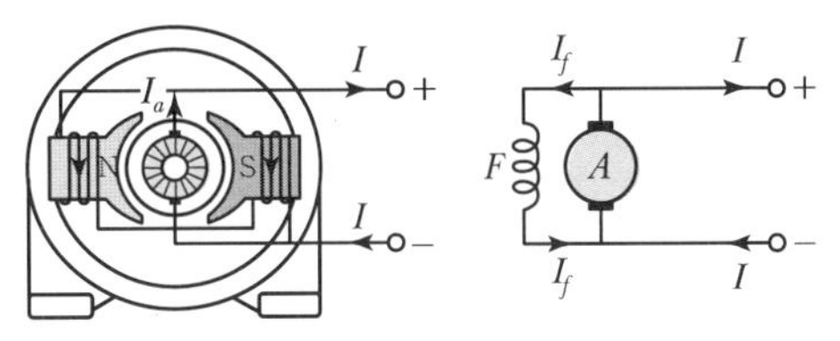

③ 복권 발전기 : 분권 계자 권선과 직권 계자 권선 두 가지를 가지고 있는 것

- 위치상 분류 : 내분권, 외분권
- 자속방향의 분류 : 가동복권(분권과 직권이 같은 방향), 차동복권(다른 방향)

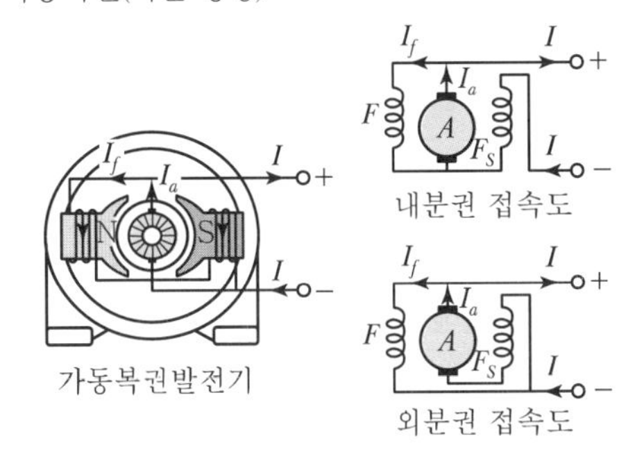

내분권 접속도

가동복권발전기

외분권 접속도

TOPIC 05 직류 발전기의 특성

1 특성곡선

발전기 특성을 보기 쉽도록 곡선으로 나타낸 것

① 무부하 특성곡선

- 무부하 시에 계자전류(I_f)와 유도 기전력(E)과의 관계 곡선
- 전압이 낮은 부분에서는 유도 기전력이 계자전류에 정비례하여 증가하지만, 전압이 높아짐에 따라 철심의 자기 포화 때문에 전압의 상승 비율은 매우 완만해진다.

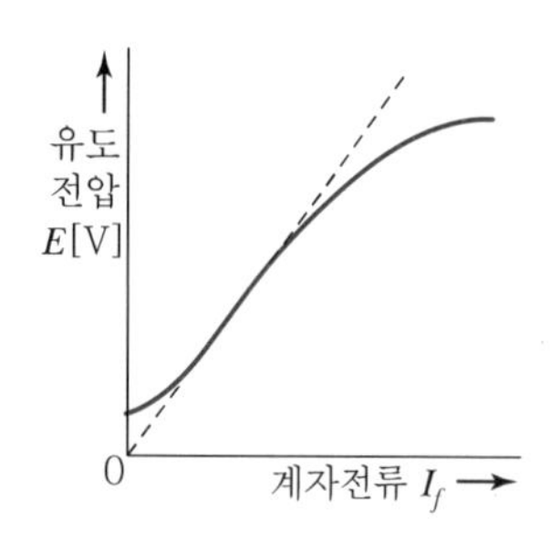

② 부하특성곡선

- 정격부하 시에 계자전류(I_f)와 단자전압(V)과의 관계곡선
- 부하가 증가함에 따라 곡선은 점차 아래쪽으로 이동한다.

③ 외부특성곡선

정격부하 시에 부하전류(I)와 단자전압(V)과의 관계곡선으로 발전기의 특성을 이해하는 데 가장 좋다.

2 발전기별 특성

① 타여자 발전기

부하전류의 증감에도 별도의 여자전원을 사용하므로, 자속의 변화가 없어서 전압강하가 적고, 전압을 광범위하게 조정하는 용도에 적합하다.

② 분권 발전기

- 전압의 확립 : 자기여자에 의한 발전으로 약간의 잔류자기로 단자전압이 점차 상승하는 현상으로 잔류자기가 없으면 발전이 불가능하다.
- 역회전 운전금지 : 잔류자기가 소멸되어 발전이 불가능해진다.
- 운전 중 무부하 상태가 되면($I=0$), 계자 권선에 큰 전류가 흘러서($I_a = I_f$) 계자 권선에 고전압 유기되어 권선소손의 우려가 있다.($I_a = I_f + I$)
- 타여자 발전기와 같이 전압의 변화가 적으므로 정전압 발전기라고 한다.

③ 직권 발전기

- 무부하상태에서는($I=0$) 전압의 확립이 일어나지 않으므로 발전불가능하다.
  ($I = I_a = I_f = 0$)
- 부하전류 증가에 따라 계자전류도 같이 상승하고, 부하증가에 따라 단자전압이 비례하여 상승하므로 일반적인 용도로는 사용할 수 없다.

④ 복권 발전기

- 가동복권 : 직권과 분권계자권선의 기자력이 서로 합쳐지도록 한 것으로, 부하증가에 따른 전압감소를 보충하는 특성이다.
  평복권과 과복권 발전기가 있으며, 과복권은 평복권 발전기보다 직권계자 기자력을 크게 만든 것이다.
- 차동복권 : 직권과 분권계자권선의 기자력이 서로 상쇄되게 한 것으로, 부하증가에 따라 전압이 현저하게 감소하는 수하특성을 가진다. 이러한 특성은 용접기용 전원으로 적합하다.

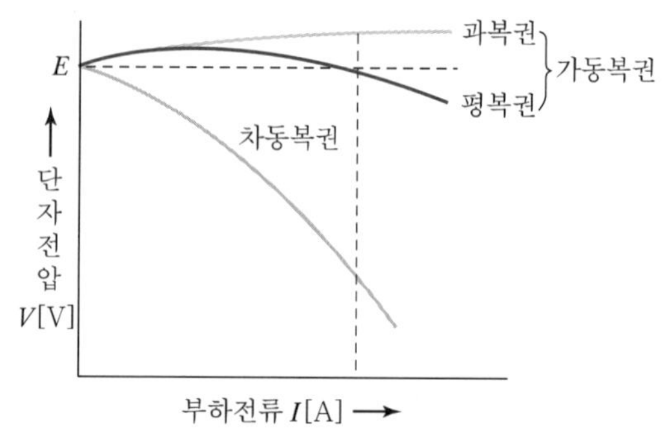

| 외부특성곡선 |

기출 및 예상문제

01 2011 **직류 발전기에서 계자 철심에 잔류자기가 없어도 발전을 할 수 있는 발전기는?**

① 분권 발전기 ② 직권 발전기
③ 복권 발전기 ④ 타여자 발전기

해설 직류 발전기의 여자 방식에 따른 분류
- 타여자 발전기 : 여자 전류를 다른 전원을 사용하는 방법으로 계자 철심에 잔류자기가 없어도 발전할 수 있다.
- 자여자 발전기 : 발전기에서 발생한 기전력에 의하여 여자 전류를 공급하는 방법으로 계자 철심에 잔류자기가 있어야 발전이 가능하다.

02 2012 **직류 발전기의 무부하 특성곡선은?**

① 부하전류와 무부하 단자전압과의 관계이다.
② 계자전류와 부하전류와의 관계이다.
③ 계자전류와 무부하 단자전압과의 관계이다.
④ 계자전류와 회전력과의 관계이다.

해설 직류 발전기의 특성곡선
- 무부하 특성곡선 : 무부하시 계자전류와 단자전압(또는 유도기전력)과의 관계곡선
- 부하 포화곡선 : 정격 부하시 계자전류와 단자전압의 관계곡선
- 외부 특성곡선 : 정격 부하시 부하전류와 단자전압의 관계곡선

03 2009 **분권 발전기는 잔류 자속에 의해서 잔류전압을 만들고 이 때 여자 전류가 잔류 자속을 증가시키는 방향으로 흐르면, 여자 전류가 점차 증가하면서 단자 전압이 상승하게 된다. 이 현상을 무엇이라 하는가?**

① 자기 포화 ② 여자 조절
③ 보상 전압 ④ 전압 확립

해설 전압의 확립
자기여자에 의한 발전으로 약간의 잔류자기로 단자전압이 점차 상승하는 현상으로 잔류자기가 없으면 발전이 불가능하다.

04 2014 **직류 분권 발전기를 동일 극성의 전압을 단자에 인가하여 전동기로 사용하면?**

① 동일 방향으로 회전한다. ② 반대방향으로 회전한다.
③ 회전하지 않는다. ④ 소손된다.

해설 발전기에 전원을 인가하면 전동기로 사용이 가능하다. 계자전류방향은 변하지 않으므로 자속의 방향은 변하지 않으나, 전기자 전류가 반대방향으로 플레밍의 오른손법칙(발전기)과 왼손법칙(오른손)에서 전류의 방향이 반대방향이면 힘의 방향은 변하지 않는다.

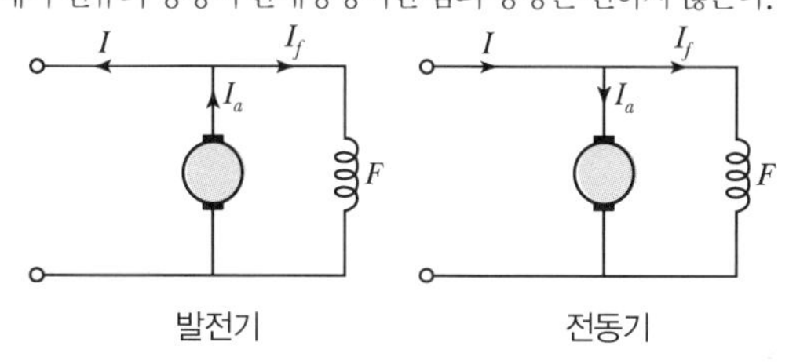

05 2009 2013 **타여자 발전기와 같이 전압 변동률이 적고 자여자이므로 다른 여자 전원이 필요 없으며, 계자저항기를 사용하여 전압 조정이 가능하므로 전기화학용 전원, 전지의 충전용, 동기기의 여자용으로 쓰이는 발전기는?**

① 분권 발전기 ② 직권 발전기
③ 과복권 발전기 ④ 차동복권 발전기

해설 타여자 발전기와 같이 부하에 따른 전압의 변화가 적으므로 정전압 발전기라고 한다.

06 2009 2012 **전기자 저항 0.1[Ω], 전기자 전류 104[A], 유도 기전력 110.4[V]인 직류 분권 발전기의 단자전압은 몇 [V]인가?**

① 98 ② 100
③ 102 ④ 105

해설 직류 분권 발전기는 다음 그림과 같으므로,
$V = E - R_a I_a = 110.4 - 0.1 \times 104 = 100$[V]

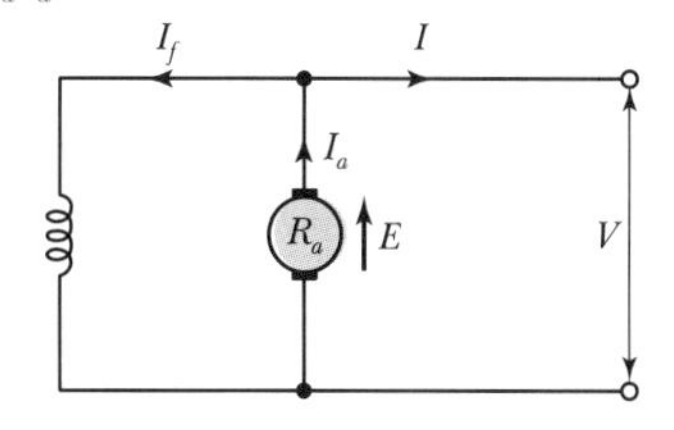

정답 01 ④ 02 ③ 03 ④ 04 ① 05 ① 06 ②

07 직권 발전기에 대한 설명 중 틀린 것은?

2014

① 계자 권선과 전기자 권선이 직렬로 접속되어 있다.
② 승압기로 사용되며 수전 전압을 일정하게 유지하고자 할 때
③ 단자전압을 V, 유기기전력을 E, 부하전류를 I, 전기자저항 및 직권 계자저항을 각각 r_a, r_s라 할 때 $V = E + I(r_a + r_s)$[V]이다.
④ 부하전류에 의해 여자되므로 무부하 시 자기여자에 의한 전압확립은 일어나지 않는다.

해설 직권 발전기의 단자전압은 $V = E - I(r_a + r_s)$[V]이다.

08 부하의 저항을 어느 정도 감소시켜도 전류는 일정하게 되는 수하특성을 이용하여 정전류를 만드는 곳이나 아크용접 등에 사용되는 직류 발전기는?

2015

① 직권 발전기 ② 분권 발전기
③ 가동복권 발전기 ④ 차동복권 발전기

해설 차동복권 발전기는 수하특성을 가지므로 용접기용 전원으로 적합하다.

09 무부하 전압과 전부하 전압이 같은 값을 가지는 특성의 발전기는?

2012
2013

① 직권 발전기 ② 차동복권 발전기
③ 평복권 발전기 ④ 과복권 발전기

해설 **평복권 발전기**

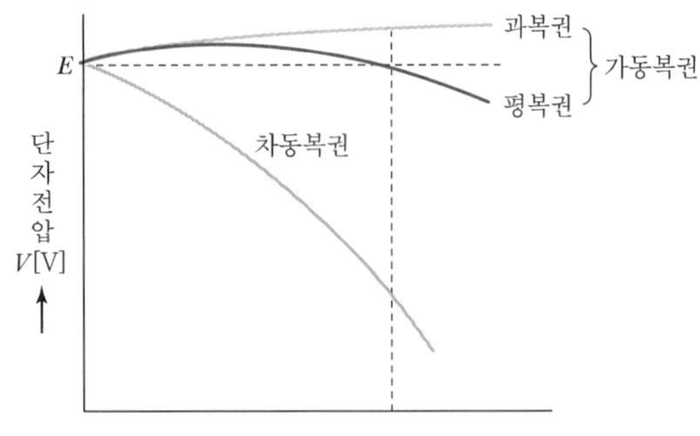

가동복권 발전기에서는 단자 전압을 부하의 증감에 관계없이 거의 일정하게 유지할 수 있다. 무부하 전압과 전부하 전압이 같은 특성을 가지는 것을 평복권 발전기라고 한다.

10 다음 그림은 직류 발전기의 분류 중 어느 것에 해당되는가?

2007
2015

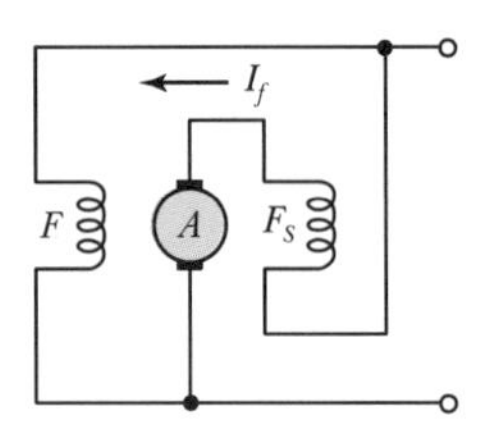

① 분권 발전기 ② 직권 발전기
③ 자석 발전기 ④ 복권 발전기

해설 직렬 계자 권선과 병렬 계자 권선이 있으므로 복권 발전기(외분권)이다.

11 직류 분권 발전기의 병렬운전의 조건에 해당되지 않는 것은?

2013

① 극성이 같을 것
② 단자전압이 같을 것
③ 외부특성곡선이 수하특성일 것
④ 균압모선을 접속할 것

해설 **직류 분권 발전기의 병렬운전의 조건**

- 극성이 같을 것
- 정격 전압이 일치할 것(=단자전압이 같을 것)
- 백분율 부하전류의 외부특성곡선이 일치할 것
- 외부특성곡선이 수하특성일 것

정답 07 ③ 08 ④ 09 ③ 10 ④ 11 ④

TOPIC 06 직류 전동기의 원리

자기장 중에 있는 코일에 정류자 C_1, C_2를 접속시키고, 브러시 B_1, B_2를 통해서 직류전압을 가해 주면 코일은 플레밍의 왼손법칙에 따라 시계방향으로 회전하게 된다.

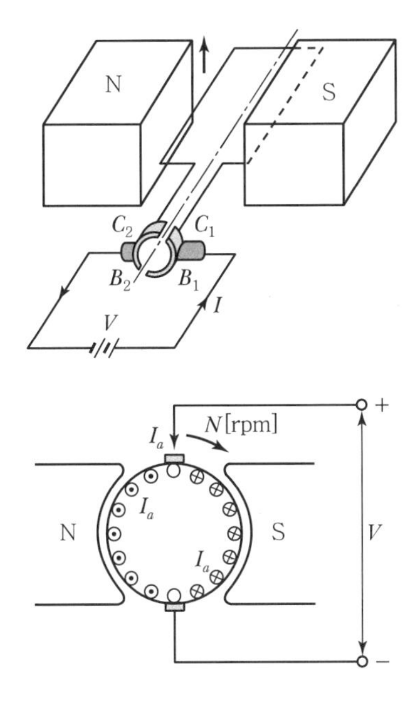

TOPIC 07 직류 전동기의 이론

1 회전수(N)

① 직류 전동기 역기전력과 전기자전류의 식을 정리하면 다음과 같다.

$$N = K_1 \frac{V - I_a R_a}{\phi} \text{ [rpm]}$$

여기서, K_1 : 전동기의 변하지 않는 상수

② 직류 전동기의 회전속도는 단자전압에 비례하고, 자속에 반비례한다.

2 토크(T)

① 플레밍의 왼손법칙으로부터 전동기의 축에 대한 토크(T)를 구하면 다음과 같다.

$$T = K_2 \phi I_a \text{ [N}\cdot\text{m]}$$

여기서, K_2 : 전동기의 변하지 않는 상수

② 토크는 전기자 전류(I_a)와 자속(ϕ)의 곱에 비례한다.

3 기계적 출력(P_o)

① 전동기는 전기에너지가 기계에너지로 변환되는 장치이므로, 기계적인 동력으로 변환되는 전력은 다음과 같다.

$$P_o = 2\pi \frac{N}{60} T \text{ [W]}$$

② 모든 전동기는 위의 식과 같이 출력(P_o)은 토크와 회전수의 곱에 비례한다.

기출 및 예상문제

01 2015 그림에서와 같이 ㉠, ㉡의 약 자극 사이에 정류자를 가진 코일을 두고 ㉢, ㉣에 직류를 공급하여 X, X'를 축으로 하여 코일을 시계방향으로 회전시키고자 한다. ㉠, ㉡의 자극극성과 ㉢, ㉣의 전원극성을 어떻게 해야 되는가?

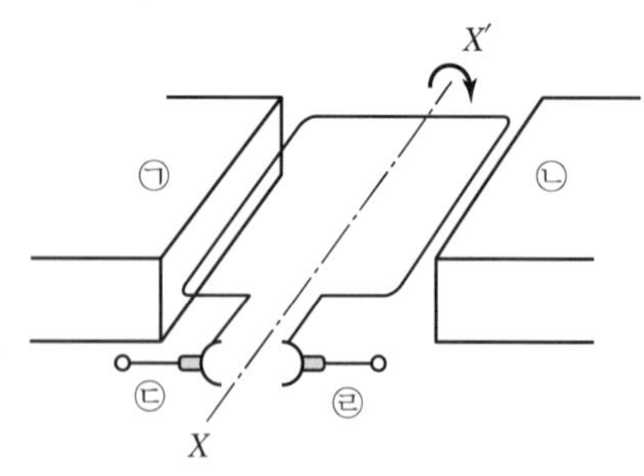

① ㉠ N, ㉡ S, ㉢ +, ㉣ −
② ㉠ N, ㉡ S, ㉢ −, ㉣ +
③ ㉠ S, ㉡ N, ㉢ +, ㉣ −
④ ㉠ S, ㉡ N, ㉢, ㉣ 극성에 무관

해설 플레밍의 왼손법칙을 적용하면 다음 그림과 같이 자극극성과, 전원극성이 이루어져야 시계방향으로 회전한다.

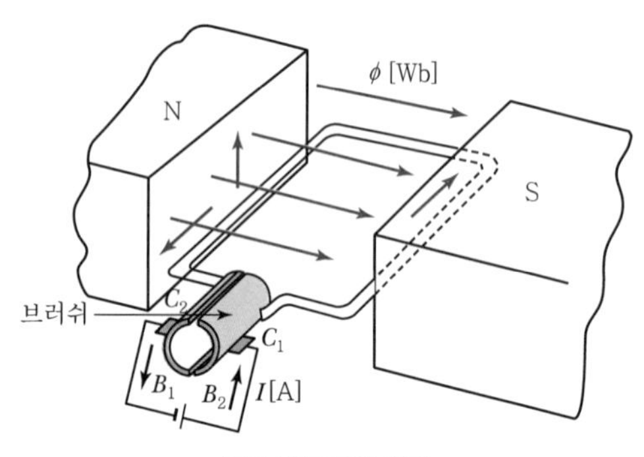

직류 전동기의 원리

02 2010 다음 중 토크(회전력)의 단위는?

① [rpm] ② [W]
③ [N · m] ④ [N]

해설 전동기의 토크(torque : 회전력)의 단위[N · m], [kg · m]
1[kg · m]=9.8[N · m]

03 2014 직류 전동기의 출력이 50[kW], 회전수가 1,800[rpm]일 때 토크는 약 몇 [kg · m]인가?

① 12 ② 23
③ 27 ④ 31

해설 $T = \frac{60}{2\pi}\frac{P_o}{N}$[N · m]이고,

$T = \frac{1}{9.8}\frac{60}{2\pi}\frac{P_o}{N}$[kg · m]이므로,

$T = \frac{1}{9.8}\frac{60}{2\pi}\frac{50\times10^3}{1,800} \simeq 27$[kg · m]이다.

04 2015 100[V], 10[A], 전기자저항 1[Ω], 회전수 1,800[rpm]인 전동기의 역기전력은 몇 [V]인가?

① 90 ② 100
③ 110 ④ 186

해설 역기전력 $E = V - I_a R_a = 100 - 10\times1 = 90$[V]

정답 01 ② 02 ③ 03 ③ 04 ①

TOPIC 08 직류 전동기의 종류 및 구조

1 구조

직류 발전기는 직류 전동기로 사용할 수 있기 때문에 구조와 종류는 발전기와 동일하다.

2 종류

여자방식에 따라 타여자와 자여자전동기로 분류되며, 계자 권선과 전기자 권선의 접속방법에 따라 분권, 직권, 복권 전동기로 분류된다.

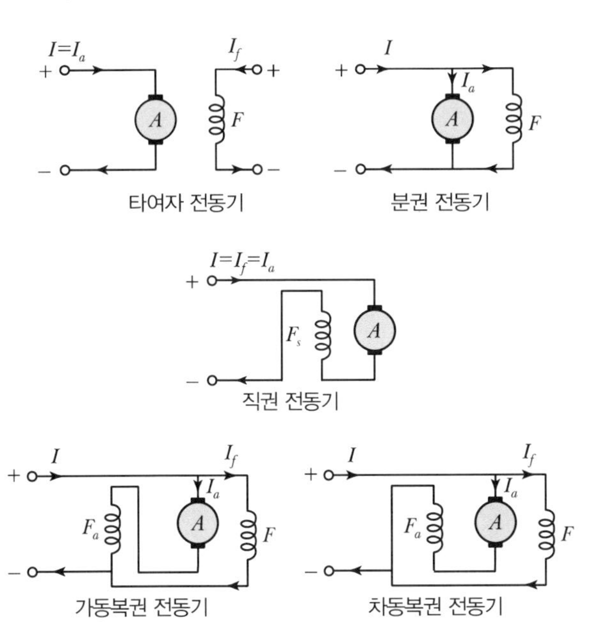

TOPIC 09 직류 전동기의 특성

1 타여자 전동기

① 속도특성

$$N = K\frac{V - I_a R_a}{\phi}[\text{rpm}]$$

- 자속이 일정하고, 전기자저항 R_a가 매우 작으므로 부하 변화에 전기자 전류 I_a가 변해도 정속도 특성을 가진다.
- 주의할 점은 계자전류가 0이 되면, 속도가 급격히 상승하여 위험하기 때문에 계자회로에 퓨즈를 넣어서는 안 된다.

② 토크특성

$$T = K_2\,\phi\,I_a[\text{N}\cdot\text{m}]$$

타여자이므로 부하 변동에 의한 자속의 변화가 없으며, 부하 증가에 따라 전기자 전류가 증가하므로 토크는 부하전류에 비례하게 된다.

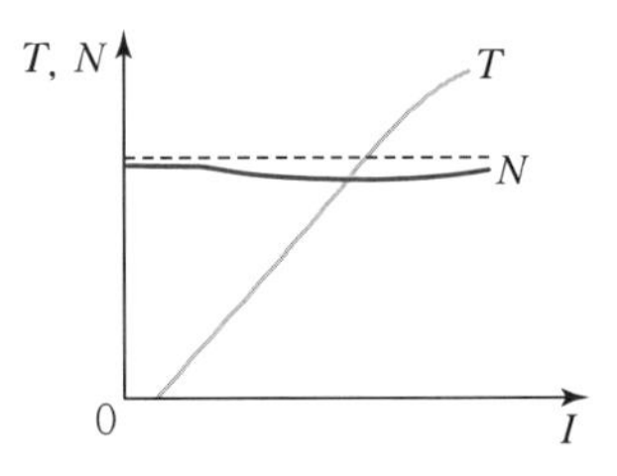

2 분권 전동기

① 속도 및 토크특성
전기자와 계자 권선이 병렬로 접속되어 있어서 단자전압이 일정하면, 부하전류에 관계없이 자속이 일정하므로 타여자 전동기와 거의 동일한 특성을 가진다.

② 타여자와 분권 전동기는 속도조정이 쉽고, 정속도의 특성이 좋으나, 거의 동일한 특성의 3상유도전동기가 있으므로 별로 사용하지 않는다.

3 직권 전동기

① 속도특성

$$N = K_1 \frac{V - I_a(R_a + R_s)}{\phi} [\text{rpm}]$$

- 부하에 따라 자속이 비례하므로, 부하의 변화에 따라 속도가 반비례하게 된다.
- 부하가 감소하여 무부하가 되면, 회전속도가 급격히 상승하여 위험하게 되므로 벨트운전이나 무부하운전을 피하는 것이 좋다.

② 토크특성

$$T = K_2 \phi I_a [\text{N} \cdot \text{m}]$$

전기자와 계자 권선이 직렬로 접속되어 있어서 자속이 전기자 전류에 비례하므로, $T \propto I_a^2$가 된다.

③ 부하 변동이 심하고, 큰 기동 토크가 요구되는 전동차, 크레인, 전기 철도에 적합하다.

4 복권 전동기

① **가동복권 전동기** : 분권 전동기와 직권 전동기의 중간 특성을 가지고 있어, 크레인, 공작기계, 공기 압축기에 사용된다.

② **차동복권 전동기** : 직권계자 자속과 분권계자 자속이 서로 상쇄되는 구조로 과부하의 경우에는 위험속도가 되고, 토크 특성도 좋지 않으므로 거의 사용하지 않는다.

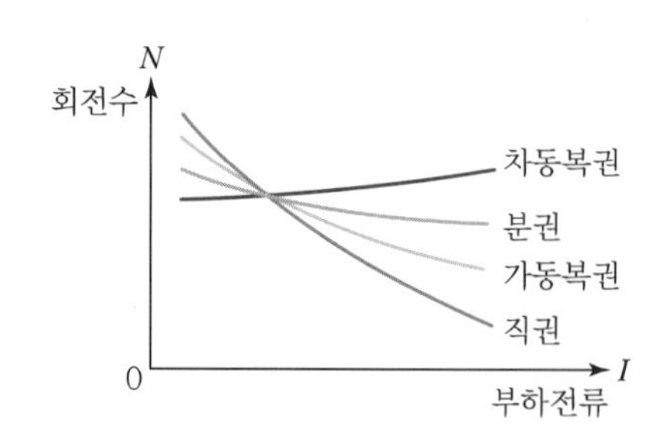

| 속도 특성 |

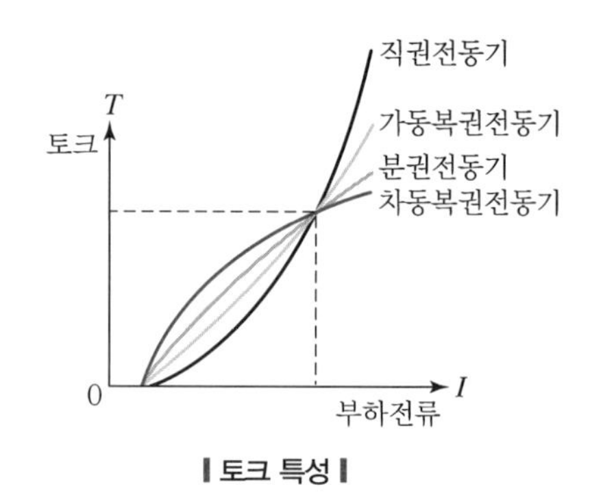

| 토크 특성 |

기출 및 예상문제

01 다음 그림의 전동기는 어떤 전동기인가?
2015

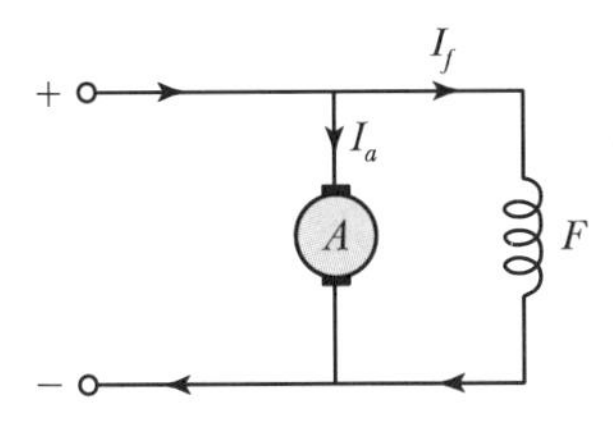

① 직권 전동기 ② 타여자 전동기
③ 분권 전동기 ④ 복권 전동기

02 정속도 전동기로 공작기계 등에 주로 사용되는 전동기는?
2011 2014

① 직류 분권 전동기
② 직류 직권 전동기
③ 직류 차동 복권 전동기
④ 단상 유도 전동기

해설 **직류 분권 전동기**
전기자와 계자 권선이 병렬로 접속되어 있어서 단자전압이 일정하면, 부하전류에 관계없이 자속이 일정하므로 정속도 특성을 가진다.

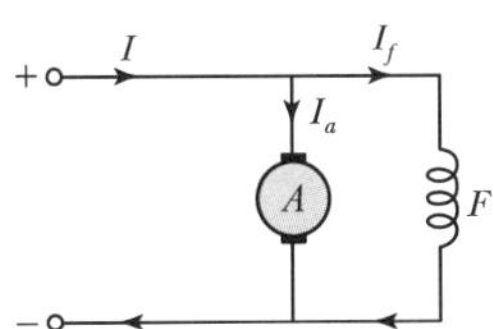

03 다음 직류 전동기에 대한 설명 중 옳은 것은?
2011

① 전기철도용 전동기는 차동 복권 전동기이다.
② 분권 전동기는 계자 저항기로 쉽게 회전속도를 조정할 수 있다.
③ 직권 전동기에서는 부하가 줄면 속도가 감소한다.
④ 분권 전동기는 부하에 따라 속도가 현저하게 변한다.

해설 ㉠ 전기철도용 전동기는 직권 전동기이다.
㉡ 분권 전동기의 속도 $N = \frac{V - I_a R_a}{\phi}$[rpm]
- 자속 ϕ는 계자 전류 I_f에 의해 변화하고 계자 전류 I_f는 계자 저항기로 쉽게 조정할 수 있으므로 속도 조정이 쉽다.
- 부하에 따라 전기자전류 I_a가 변화하는데 속도에는 크게 영향을 미치지 않는다.

㉢ 직권 전동기의 속도는 $N \propto \frac{1}{I}$이므로 부하가 줄면 속도가 증가한다.

04 직류 전동기의 속도특성 곡선을 나타낸 것이다. 직권 전동기의 속도특성을 나타낸 것은?
2011

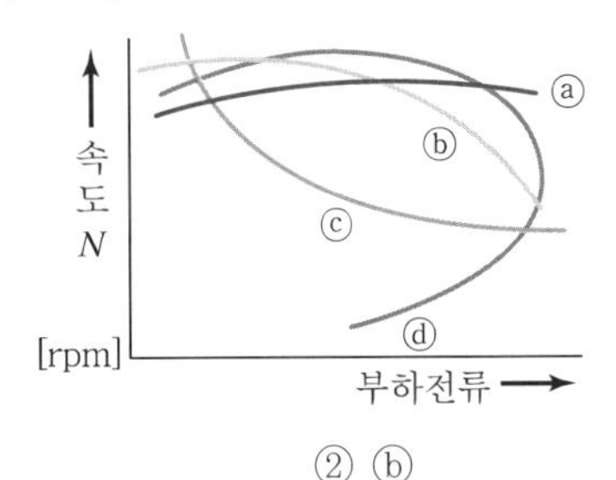

① ⓐ ② ⓑ
③ ⓒ ④ ⓓ

해설 직권 전동기의 속도는 $N \propto \frac{1}{I}$이므로 부하가 증가하면 속도가 감소한다.

05 직류 직권 전동기의 회전수(N)와 토크(τ)의 관계는?
2013

① $\tau \propto \frac{1}{N}$ ② $\tau \propto \frac{1}{N^2}$
③ $\tau \propto N$ ④ $\tau \propto N^{\frac{3}{2}}$

해설 $N \propto \frac{1}{I_a}$이고, $\tau \propto I_a^2$이므로 $\tau \propto \frac{1}{N^2}$이다.

06 직류 직권 전동기에서 벨트를 걸고 운전하면 안 되는 가장 큰 이유는?
2009 2011

① 벨트가 벗어지면 위험 속도로 도달하므로
② 손실이 많아지므로
③ 직결하지 않으면 속도 제어가 곤란하므로
④ 벨트의 마멸 보수가 곤란하므로

해설 $N = K_1 \frac{V - I_a R_a}{\phi}$[rpm]에서 직류 직권 전동기는 벨트가 벗어지면 무부하 상태가 되어, 여자 전류가 거의 0이 된다. 이때 자속이 최대가 되므로 위험 속도로 된다.

정답 01 ③ 02 ① 03 ② 04 ③ 05 ② 06 ①

07 2013 **직류 전동기에서 무부하가 되면 속도가 대단히 높아져서 위험하기 때문에 무부하운전이나 벨트를 연결한 운전을 해서는 안 되는 전동기는?**

① 직권 전동기 ② 복권 전동기
③ 타여자 전동기 ④ 분권 전동기

해설 직류 직권 전동기는 $N=K_1\dfrac{V-I_aR_a}{\phi}$[rpm]에서 벨트가 벗겨지면 무부하 상태가 되어, 여자 전류가 거의 0이 된다. 이때 자속이 최소가 되므로 위험 속도로 된다.

08 2014 **기중기, 전기 자동차, 전기 철도와 같은 곳에 가장 많이 사용되는 전동기는?**

① 가동 복권 전동기 ② 차동 복권 전동기
③ 분권 전동기 ④ 직권 전동기

해설 직권 전동기
부하 변동이 심하고, 큰 기동 토크가 요구되는 전동차, 크레인, 전기 철도에 적합하다.

09 2015 **직류 직권 전동기의 특징에 대한 설명으로 틀린 것은?**

① 부하전류가 증가하면 속도가 크게 감소된다.
② 기동 토크가 작다.
③ 무부하 운전이나 벨트를 연결한 운전은 위험하다.
④ 계자 권선과 전기자 권선이 직렬로 접속되어 있다.

해설 직류 직권 전동기는 전기자와 계자 권선이 직렬로 접속되어 있어서 자속이 전기자 전류에 비례하므로,
$T=K_2\phi I_a \propto I_a{}^2$가 된다. 따라서, 직류 직권 전동기는 기동 토크가 크다.

10 2012 **직류 직권 전동기의 공급전압의 극성을 반대로 하면 회전 방향은 어떻게 되는가?**

① 변하지 않는다. ② 반대로 된다.
③ 회전하지 않는다. ④ 발전기로 된다.

해설
- 직류 전동기는 전원의 극성을 바꾸게 되면, 계자 권선과 전기자 권선의 전류방향이 동시에 바뀌게 되므로 회전 방향이 바뀌지 않는다.
- 회전방향을 바꾸려면, 계자 권선이나 전기자 권선 중 어느 한쪽의 접속을 반대로 하면 되는데, 일반적으로 전기자 권선의 접속을 바꾸어 역회전시킨다.

11 2014 **직류 전동기의 특성에 대한 설명으로 틀린 것은?**

① 직권 전동기는 가변 속도 전동기이다.
② 분권 전동기에서는 계자회로에 퓨즈를 사용하지 않는다.
③ 분권 전동기는 정속도 전동기이다.
④ 가동 복권 전동기는 기동시 역회전할 염려가 있다.

해설 회전방향을 바꾸려면, 계자 권선이나 전기자 권선 중 어느 한쪽의 접속을 반대로 하면 되는데, 일반적으로 전기자 권선의 접속을 바꾸어 역회전시킨다. 즉, 가동 복권 전동기는 기동시 역회전할 염려가 없다.

정답 07 ① 08 ④ 09 ② 10 ① 11 ④

TOPIC 10 직류 전동기의 운전

1 기동

전기자에 직렬로 저항을 삽입하여 기동 시 직렬저항(기동저항)을 최대로 하여 정격전류의 2배 이내로 기동을 하며, 토크를 유지하기 위해 계자저항을 최소로 하여 기동한다.

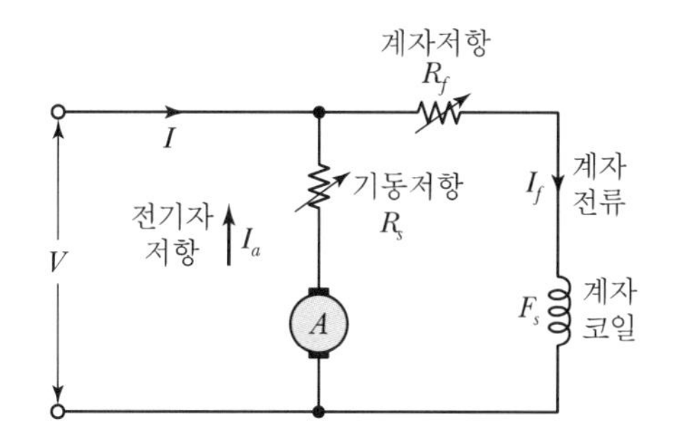

2 속도제어

① 계자제어(ϕ)

광범위하게 속도를 조정할 수 있고, 정출력 가변속도에 적합하다.

② 저항제어(R_a)

전력손실이 생기고 속도 조정의 폭이 좁아서 별로 사용하지 않는다.

③ 전압제어(V)

워드 레오너드 방식(M－G－M법), 일그너 방식이 있으나, 설치비용이 많이 든다.

3 직류 전동기의 제동

① 발전제동

제동 시에 전원을 개방하여 발전기로 이용하여 발전된 전력을 제동용 저항에 열로 소비시키는 방법이다.

② 회생제동

제동 시에 전원을 개방하지 않고 발전기로 이용하여 발전된 전력을 다시 전원으로 돌려보내는 방식이다.

③ 역상제동(플러깅)

제동 시에 전동기를 역회전으로 접속하여 제동하는 방법이다.

4 역회전

회전방향을 바꾸려면, 계자 권선이나 전기자 권선 중 어느 한 쪽의 접속을 반대로 하면 되는데, 일반적으로 전기자 권선의 접속을 바꾸어 역회전시킨다.

TOPIC 11 직류 전동기의 손실

1 동손(P_c)

부하전류(전기자 전류) 및 여자 전류에 의한 권선에서 생기는 줄열로 발생하는 손실을 말하며, 저항손이라고도 한다.

2 철손(P_i)

철심에서 생기는 히스테리시스손과 와류손을 말한다.

3 기타 손실

① **기계손** : 회전 시에 생기는 손실로 마찰손, 풍손

② **표류 부하손** : 철손, 기계손, 동손을 제외한 손실

TOPIC 12 직류기의 효율

1 효율

① 기계의 입력과 출력의 백분율의 비로서 나타낸다.

$$\eta = \frac{출력}{입력} \times 100[\%]$$

② **규약효율** : 발전기나 전동기는 규정된 방법에 의하여 각 손실을 측정 또는 산출하고 입력 또는 출력을 구하여 효율을 계산하는 방법

$$발전기\ 효율\ \eta_G = \frac{출력}{출력 + 손실} \times 100[\%]$$

$$전동기\ 효율\ \eta_M = \frac{입력 - 손실}{입력} \times 100[\%]$$

③ 최대 효율 조건

$$철손(P_i) = 동손(P_c)$$

2 전압변동률

발전기 정격부하일 때의 전압(V_n)과 무부하일 때의 전압(V_o)이 변동하는 비율

$$\varepsilon = \frac{V_o - V_n}{V_n} \times 100[\%]$$

3 속도변동률

전동기의 정격회전수(N_n)에서 무부하일 때의 회전속도(N_o)가 변동하는 비율

$$\varepsilon = \frac{N_o - N_n}{N_n} \times 100[\%]$$

기출 및 예상문제

01 직류 전동기의 속도제어 방법이 아닌 것은?

2012 2015

① 전압제어 ② 계자제어
③ 저항제어 ④ 플러깅제어

해설 직류 전동기의 속도제어법
- 계자제어 : 정출력 제어
- 저항제어 : 전력손실이 크며, 속도제어의 범위가 좁다.
- 전압제어 : 정토크 제어

02 직류 분권 전동기에서 운전 중 계자 권선의 저항이 증가하면 회전속도는 어떻게 되는가?

2010 2015

① 감소한다.
② 증가한다.
③ 일정하다.
④ 증가하다가 계자저항이 무한대가 되면 감소한다.

해설 $N=K_1\frac{V-I_aR_a}{\phi}$[rpm]이므로 계자저항을 증가시키면 계자전류가 감소하여 자속이 감소하므로, 회전수는 증가한다.

03 직류 전동기의 속도제어법 중 전압제어법으로서 제철소의 압연기, 고속 엘리베이터의 제어에 사용되는 방법은?

2011

① 워드 레오나드 방식 ② 정지 레오나드 방식
③ 일그너 방식 ④ 크래머 방식

해설 일그너 방식
타려 직류 전동기 운전방식의 하나로, 그 전원설비인 유도전동직류 발전기에 큰 플라이휠과 슬립 조정기를 붙이고 직류 전동기의 부하가 급변할 때에도 전원보다는 거의 일정한 전력을 공급하며 그 전력의 과부족은 플라이휠로 처리할 수 있게 한 방식을 말한다.

04 직류 전동기의 전기자에 가해지는 단자전압을 변화하여 속도를 조정하는 제어법이 아닌 것은?

2013

① 워드 레오나드 방식 ② 일그너 방식
③ 직 · 병렬 제어 ④ 계자 제어

해설 직류 전동기의 속도 제어
- 계자 제어법 : 계자 권선에 직렬로 저항을 삽입하여 자속을 조정하여 속도를 제어한다.
- 전압 제어법 : 직류전압을 조정하여 속도를 조정한다.(워드 레오나드 방식, 일그너 방식, 직 · 병렬 제어)
- 저항 제어법 : 전기자 권선에 직렬로 저항을 삽입하여 속도를 조정한다.

05 직류 전동기의 전기적 제동법이 아닌 것은?

2013

① 발전 제동 ② 회생 제동
③ 역전 제동 ④ 저항 제동

해설 전기적 제동법
발전 제동, 회생 제동, 역전 제동(역상 제동)

06 직류 전동기의 회전방향을 바꾸려면?

2012

① 전기자전류의 방향과 계자전류의 방향을 동시에 바꾼다.
② 발전기로 운전시킨다.
③ 계자 또는 전기자의 접속을 바꾼다.
④ 차동 복권을 가동 복권으로 바꾼다.

해설
- 직류 전동기는 전원의 극성을 바꾸게 되면, 계자 권선과 전기자 권선의 전류방향이 동시에 바뀌게 되므로 회전 방향이 바뀌지 않는다.
- 회전방향을 바꾸려면, 계자 권선이나 전기자 권선 중 어느 한 쪽의 접속을 반대로 하면 되는데, 일반적으로 전기자 권선의 접속을 바꾸어 역회전시킨다.

07 측정이나 계산으로 구할 수 없는 손실로 부하전류가 흐를 때 도체 또는 철심 내부에서 생기는 손실을 무엇이라 하는가?

2011

① 구리손 ② 히스테리시스손
③ 맴돌이 전류손 ④ 표류부하손

해설 표류부하손
측정이나 계산에 의하여 구할 수 있는 손실 이외에 부하 전류가 흐를 때 도체 또는 금속 내부에서 생기는 손실로 부하에 비례하여 증감한다.

정답 01 ④ 02 ② 03 ③ 04 ④ 05 ④ 06 ③ 07 ④

08 직류기의 손실 중 기계손에 속하는 것은?
2012

① 풍손 ② 와류손
③ 히스테리시스손 ④ 표류 부하손

해설 기계손 : 마찰손, 풍손

09 직류 전동기의 규약효율을 표시하는 식은?
2015

① $\frac{출력}{출력+손실} \times 100[\%]$

② $\frac{출력}{입력} \times 100[\%]$

③ $\frac{입력-손실}{입력} \times 100[\%]$

④ $\frac{출력}{출력+손실} \times 100[\%]$

해설
- 발전기 규약효율 $\eta_G = \frac{출력}{출력+손실} \times 100[\%]$
- 전동기 규약효율 $\eta_M = \frac{입력-손실}{입력} \times 100[\%]$

10 직류 발전기의 정격전압이 100[V], 무부하 전압이 109[V]이다. 이 발전기의 전압 변동률 ε[%]은?
2015

① 1 ② 3
③ 6 ④ 9

해설 $\varepsilon = \frac{V_o - V_n}{V_n} \times 100[\%]$이므로

$= \frac{109-100}{100} \times 100[\%] = 9[\%]$

11 정격 전압 230[V], 정격 전류 28[A]에서 직류 전동기의 속도가 1,680[rpm]이다. 무부하에서의 속도가 1,733[rpm]이라고 할 때 속도 변동률[%]은 약 얼마인가?
2010

① 6.1 ② 5.0
③ 4.6 ④ 3.2

해설 $\varepsilon = \frac{N_o - N_n}{N_n} \times 100[\%]$이므로,

$\varepsilon = \frac{1,733-1,680}{1,680} \times 100 = 3.2[\%]$이다.

12 무부하에서 119[V] 되는 분권 발전기의 전압 변동률이 6[%]이다. 정격 전부하 전압은 약 몇 [V]인가?
2012

① 110.2 ② 112.3
③ 122.5 ④ 125.3

해설 $\varepsilon = \frac{V_o - V_n}{V_n} \times 100[\%]$이므로

$6[\%] = \frac{119 - V_n}{V_n} \times 100[\%]$에서 V_n를 구하면,

$V_n \fallingdotseq 112.3[V]$이다.

정답 08 ① 09 ③ 10 ④ 11 ④ 12 ②

CHAPTER 02 동기기

TOPIC 01 동기 발전기의 원리

1 원리

자속과 도체가 서로 상쇄하여 기전력을 발생하는 플레밍의 오른손법칙은 같으나 정류자 대신 슬립링을 사용하여 교류 기전력을 그대로 출력한다.

2 회전전기자형

계자를 고정해 두고 전기자가 회전하는 형태로 소형기기에 채용된다.

3 회전계자형

전기자를 고정해 두고 계자를 회전시키는 형태로 중 · 대형기기에 일반적으로 채용된다.

4 회전자속도(동기속도)

회전자속도(동기속도) N_s, 주파수 f, 발전기 극수 P와의 관계는 아래 그림과 같이 2극 발전기가 1회전할 때, 교류파형은 1사이클이 나오므로 다음과 같다.

$$N_s = \frac{120f}{P}\,[\text{rpm}]$$

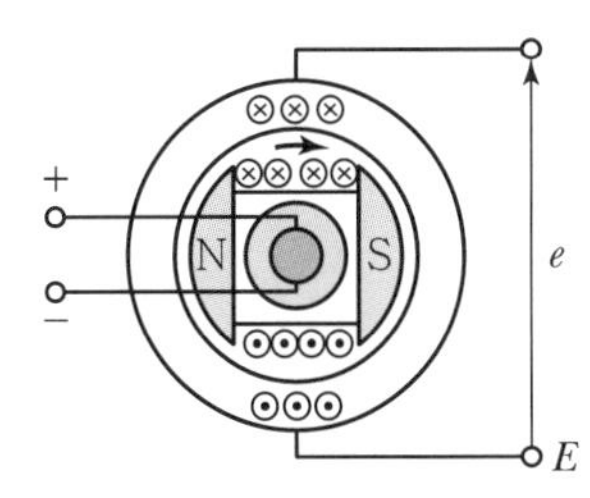

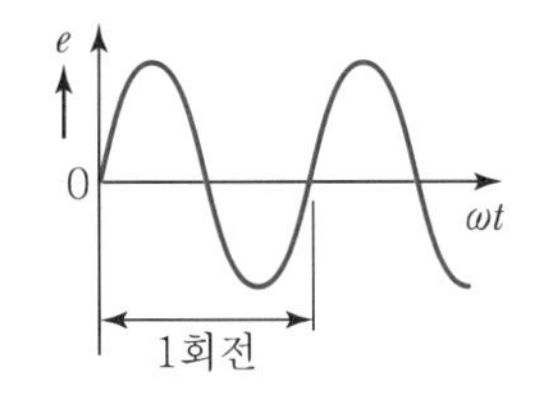

TOPIC 02 동기 발전기의 구조

1 동기 발전기의 형식

주로 회전계자형이므로 고정자가 전기자이고, 회전자가 계자이다.

① 전기자 및 계자 철심 : 규소강판을 성층하여 철손을 적게 한다.
② 전기자 및 계자도체 : 동선을 절연하여 권선으로 만든다.

2 전기자 권선법

① 집중권, 분포권
- 집중권 : 1극 1상당 슬롯 수가 한 개인 권선법
- 분포권 : 1극 1상당 슬롯 수가 2개 이상인 권선법으로 기전력의 파형이 좋아지고, 전기자 동손에 의한 열을 골고루 분포시켜 과열을 방지하는 장점이 있다.

② 전절권, 단절권
- 전절권 : 코일의 간격을 자극의 간격과 같게 하는 것
- 단절권 : 코일의 간격을 자극의 간격보다 작게 하는 것으로 고조파 제거로 파형이 좋아지고 코일 단부가 단축되어 동량이 적게 드는 장점이 있다.

③ 유도 기전력을 정현파에 근접하게 하기 위하여 실제로는 분포권과 단절권을 혼합하여 쓴다.

기출 및 예상문제

01 동기 발전기를 회전계자형으로 하는 이유가 아닌 것은?
2014

① 고전압에 견딜 수 있게 전기자 권선을 절연하기가 쉽다.
② 전기자 단자에 발생한 고전압을 슬립링 없이 간단하게 외부회로에 인가할 수 있다.
③ 기계적으로 튼튼하게 만드는 데 용이하다.
④ 전기자가 고정되어 있지 않아 제작비용이 저렴하다.

해설 회전계자형
전기자를 고정해 두고 계자를 회전시키는 형태로 중 · 대형기기에 일반적으로 채용된다.

02 극수가 10, 주파수가 50[Hz]인 동기기의 매분 회전수는 몇 [rpm]인가?
2010 2012

① 300 ② 400
③ 500 ④ 600

해설 동기속도 $N_s = \frac{120f}{P}$[rpm]이므로
$N_s = \frac{120 \times 50}{10} = 600$[rpm]이다.

03 동기속도 3,600[rpm], 주파수 60[Hz]의 동기 발전기의 극수는?
2009 2013

① 8 ② 6
③ 4 ④ 2

해설 $N_s = \frac{120f}{P}$[rpm]에서 $P = \frac{120f}{N_s}$이므로
$P = \frac{120 \times 60}{3,600} = 2$극이다.

04 60[Hz], 20,000[kVA]의 발전기의 회전수가 900[rpm]이라면 이 발전기의 극수는 얼마인가?
2011 2015

① 8극 ② 12극
③ 14극 ④ 16극

해설 $N_s = \frac{120f}{P}$[rpm]이므로
$P = \frac{120 \times 60}{900} = 8$극이다.

05 동기기의 전기자 권선법이 아닌 것은?
2014

① 2층 분포권 ② 단절권
③ 중권 ④ 전절권

해설 동기기는 주로 분포권, 단절권, 2층권, 중권이 쓰이고 결선은 Y 결선으로 한다.

정답 01 ④ 02 ④ 03 ④ 04 ① 05 ④

TOPIC 03 동기 발전기의 이론

1 유도 기전력

패러데이의 전자유도법칙에 의한 실효값으로 다음과 같다.

$$E = 4.44 f N\phi \text{[V]}$$

여기서, N : 1상의 권선수

2 전기자 반작용

발전기에 부하전류에 의한 기자력이 주자속에 영향을 주는 작용

① **교차자화작용** : 동기 발전기에 저항 부하를 연결하면, 기전력과 전류가 동위상이 된다. 이때 전기자전류에 의한 기자력과 주자속이 직각이 되는 현상

② **감자작용** : 동기 발전기에 리액터 부하를 연결하면, 전류가 기전력보다 90° 늦은 위상이 된다. 전기자 전류에 의한 자속이 주자속을 감소시키는 방향으로 작용하여 유도 기전력이 작아지는 현상

③ **증자작용** : 동기 발전기에 콘덴서 부하를 연결하면, 전류가 기전력보다 90° 앞선 위상이 된다. 전기자 전류에 의한 자속이 주자속을 증가시키는 방향으로 작용한다. 유도 기전력이 증가하게 되는데, 이런 현상을 동기 발전기의 자기여자작용이라고도 한다.

3 동기 발전기의 출력(P_s)

① 동기 발전기 1상분의 출력 P_s는 다음과 같이 구해진다.

$$P_s = \frac{VE}{x_s}\sin\delta \text{[W]}$$

여기서, X_s : 동기리액턴스

② 동기 발전기는 내부임피던스에 의해 유도 기전력(E)과 단자전압(V)의 위상차가 생기게 되는데, 이 위상각 δ를 부하각이라 한다.

TOPIC 04 동기 발전기의 특성

1 무부하 포화곡선

① 무부하 시에 유도 기전력(E)과 계자전류(I_f)의 관계곡선

② 전압이 낮은 부분에서는 유도 기전력이 계자전류에 정비례하여 증가하지만, 전압이 높아짐에 따라 철심의 자기포화 때문에 전압의 상승비율은 매우 완만해진다.

2 3상 단락곡선

① 동기 발전기의 모든 단자를 단락시키고 정격속도로 운전할 때 계자전류와 단락전류와의 관계곡선

② 거의 직선으로 상승한다.

3 단락비

단락비의 크기는 기계의 특성을 나타내는 표준

① 무부하 포화곡선과 3상 단락곡선에서 단락비 K_s는 다음과 같이 표시된다.

$$K_s = \frac{\text{무부하에서 정격전압을 유지하는 데 필요한 계자전류}(I_{fs})}{\text{정격전류와 같은 단락전류를 흘려주는 데 필요한 계자전류}(I_{fn})} = \frac{100}{\%Z_s}$$

여기서, % : 동기임피던스($\%Z_s$)

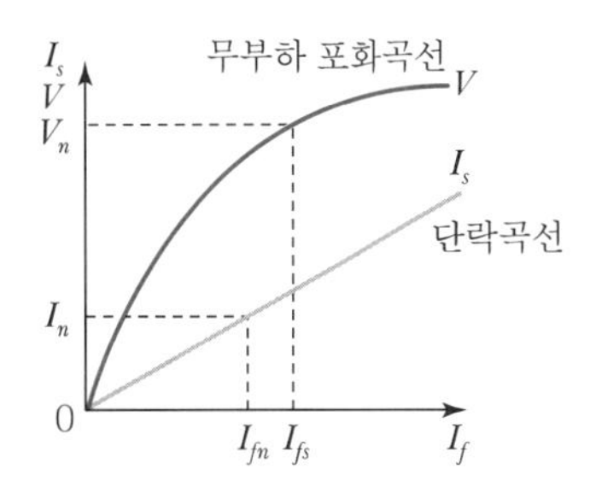

② 단락비에 따른 발전기의 특징

단락비가 큰 동기기(철기계)	단락비가 작은 동기기(동기계)
전기자 반작용이 작고, 전압변동률이 작다.	전기자 반작용이 크고, 전압변동률이 크다.
공극이 크고 과부하 내량이 크다.	공극이 좁고 안정도가 낮다.
기계의 중량이 무겁고 효율이 낮다.	기계의 중량이 가볍고 효율이 좋다.

4 전압변동률

발전기 정격부하일 때의 전압(V_n)과 무부하일 때의 전압(V_o)이 변동하는 비율

$$\varepsilon = \frac{V_o - V_n}{V_n} \times 100[\%]$$

TOPIC 05 동기 발전기의 운전

1 병렬운전 조건

① 기전력의 크기가 같을 것 → 다르면, 무효 순환 전류(무효 횡류)가 흐른다.
② 기전력의 위상이 같을 것 → 다르면, 순환 전류(유효 횡류)가 흐른다.
③ 기전력의 주파수가 같을 것
④ 기전력의 파형이 같을 것 → 다르면, 고조파 순환 전류가 흐른다.

2 난조의 발생과 대책

① 난조

부하가 갑자기 변하면 속도 재조정을 위한 진동이 발생하게 된다. 일반적으로는 그 진폭이 점점 적어지나, 진동주기가 동기기의 고유진동에 가까워지면 공진작용으로 진동이 계속 증대하는 현상. 이런 현상의 정도가 심해지면 동기운전을 이탈하게 되는데, 이것을 동기이탈이라 한다.

② 발생하는 원인

- 조속기의 감도가 지나치게 예민한 경우
- 원동기에 고조파 토크가 포함된 경우
- 전기자 저항이 큰 경우

③ 난조방지법

- 발전기에 제동권선을 설치한다.(가장 좋은 방법)
- 원동기의 조속기가 너무 예민하지 않도록 한다.
- 송전계통을 연계하여 부하의 급변을 피한다.
- 회전자에 플라이 휠 효과를 준다.

기출 및 예상문제

01 동기 발전기의 전기자 반작용에 대한 설명으로 틀린 사항은?

2011

① 전기자 반작용은 부하 역률에 따라 크게 변화된다.
② 전기자 전류에 의한 자속의 영향으로 감자 및 자화현상과 편자현상이 발생된다.
③ 전기자 반작용의 결과 감자현상이 발생될 때 반작용 리액턴스의 값은 감소된다.
④ 계자 자극의 중심축과 전기자전류에 의한 자속이 전기적으로 90[°]를 이룰 때 편자현상이 발생된다.

해설 전기자 반작용 리액턴스는 감자현상에 의해 발생된다.

02 동기 발전기에서 전기자 전류가 무부하 유도 기전력보다 $\pi/2$[rad] 앞서있는 경우에 나타나는 전기반작용은?

2011 2013 2014

① 증자 작용　② 감자 작용
③ 교차 자화 작용　④ 직축 반작용

해설 동기 발전기의 전기자 반작용
- 뒤진 전기자 전류 : 감자 작용
- 앞선 전기자 전류 : 증자 작용

03 동기 발전기의 무부하 포화곡선에 대한 설명으로 옳은 것은?

2009

① 정격전류와 단자전압의 관계이다.
② 정격전류와 정격전압의 관계이다.
③ 계자전류와 정격전압의 관계이다.
④ 계자전류와 단자전압의 관계이다.

해설 동기 발전기의 특성 곡선
- 3상단락곡선 : 계자전류와 단락전류
- 무부하 포화곡선 : 계자전류와 단자전압
- 부하 포화곡선 : 계자전류와 단자전압
- 외부특성곡선 : 부하전류와 단자전압

04 동기 발전기의 공극이 넓을 때의 설명으로 잘못된 것은?

2013

① 안정도 증대　② 단락비가 크다.
③ 여자 전류가 크다.　④ 전압변동이 크다.

해설 공극이 넓은 동기 발전기는 철기계로 전압변동이 작다.

단락비가 큰 동기기(철기계) 특징
- 전기자 반작용이 작고, 전압 변동률이 작다.
- 공극이 크고 과부하 내량이 크다.
- 기계의 중량이 무겁고 효율이 낮다.
- 안정도가 높다.

05 단락비가 큰 동기기는?

2012

① 안정도가 높다.　② 기계가 소형이다.
③ 전압 변동률이 크다.　④ 전기자 반작용이 크다.

해설 4번 문제 해설 참고

06 정격이 1,000[V], 500[A], 역률 90[%]의 3상 동기 발전기의 단락전류 I_s[A]는?(단, 단락비는 1.3으로 하고, 전기자저항은 무시한다.)

2015

① 450　② 550
③ 650　④ 750

해설
- 단락비 $K_s = \dfrac{I_s}{I_n}$이고, 정격전류 $I_n = 500$[A], 단락비 $K_s = 1.3$이므로
- 단락전류 $I_s = I_n \times K_s = 500 \times 1.3 = 650$[A]

07 3상 동기 발전기를 병렬운전시키는 경우 고려하지 않아도 되는 조건은?

2010 2012 2014

① 주파수가 같은 것　② 회전수가 같은 것
③ 위상이 같은 것　④ 전압 파형이 같을 것

해설 병렬운전조건
- 기전력의 크기가 같을 것
- 기전력의 위상이 같을 것
- 기전력의 주파수가 같을 것
- 기전력의 파형이 같을 것

정답 01 ③ 02 ① 03 ④ 04 ④ 05 ① 06 ③ 07 ②

08 **동기 발전기의 병렬운전에 필요한 조건이 아닌 것은?**
2010 2012
① 기전력의 주파수가 같을 것
② 기전력의 크기가 같을 것
③ 기전력의 용량이 같을 것
④ 기전력의 위상이 같을 것

해설 7번 문제 해설 참고

09 **동기 발전기의 병렬운전 중에 기전력의 위상차가 생기면?**
2011 2013 2015
① 위상이 일치하는 경우보다 출력이 감소한다.
② 부하 분담이 변한다.
③ 무효 순환 전류가 흘러 전기자 권선이 과열된다.
④ 동기화력이 생겨 두 기전력의 위상이 동상이 되도록 작용한다.

해설 병렬운전조건 중 기전력의 위상이 서로 다르면 순환 전류(유효 횡류)가 흐르며, 위상이 앞선 발전기는 부하의 증가를 가져와서 회전속도가 감소하게 되고, 위상이 뒤진 발전기는 부하의 감소를 가져와서 발전기의 속도가 상승하게 된다.

10 **동기 발전기의 병렬 운전 중 주파수가 틀리면 어떤 현상이 나타나는가?**
2015
① 무효 전력이 생긴다.
② 무효 순환 전류가 흐른다.
③ 유효 순환 전류가 흐른다.
④ 출력이 요동치고 권선이 가열된다.

해설 기전력의 주파수가 조금이라도 다르면, 기전력의 위상이 일지하지 않은 시간이 생기고 동기화 전류가 두 발전기 사이에 서로 주기적으로 흐르게 된다. 이와 같은 동기화 전류의 교환이 심하게 되면 만족한 병렬 운전이 되지 않고, 난조의 원인이 된다.

11 **동기 검정기로 알 수 있는 것은?**
2014
① 전압의 크기 ② 전압의 위상
③ 전류의 크기 ④ 주파수

해설 동기 검정기
두 계통의 전압의 위상을 측정 또는 표시하는 계기

12 **동기임피던스 5[Ω]인 2대의 3상 동기 발전기의 유도 기전력에 100[V]의 전압 차이가 있다면 무효 순환 전류는?**
2010 2013 2014
① 10[A] ② 15[A]
③ 20[A] ④ 25[A]

해설 병렬운전조건 중 기전력의 크기가 다르면, 무효 순환 전류(무효 횡류)가 흐르므로,

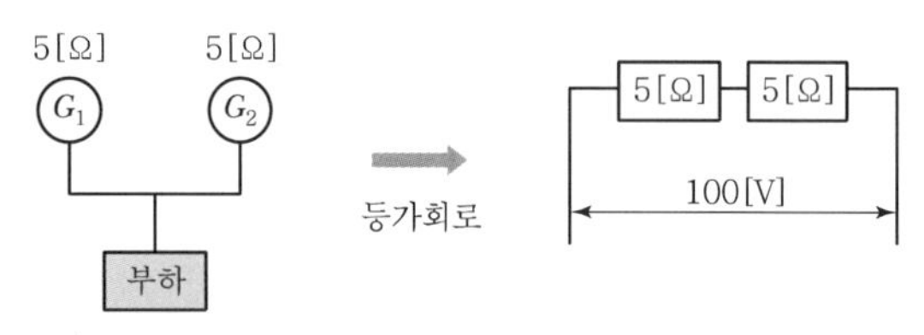

등가회로로 변환하여 무효 순환 전류를 계산하면,

$I_r = \dfrac{100}{5+5} = 10[A]$이다.

13 **2극 3,600[rpm]인 동기 발전기와 병렬 운전하려는 12극 발전기의 회전수는 몇 [rpm]인가?**
2010
① 600 ② 1,200
③ 1,800 ④ 3,600

해설 병렬운전 조건 중 주파수가 같아야 하는 조건이 있으므로,
- $N_s = \dfrac{120f}{P}$에서 2극의 발전기의 주파수는

  $f = \dfrac{2\times 3,600}{120} = 60[Hz]$이고,
- 12극 발전기의 회전수는

  $N_s = \dfrac{120f}{P} = \dfrac{120\times 60}{12} = 600[rpm]$이다.

14 **2대의 동기 발전기 A, B가 병렬 운전하고 있을 때 A기의 여자 전류를 증가시키면 어떻게 되는가?**
2008 2015
① A기의 역률은 낮아지고 B기의 역률은 높아진다.
② A기의 역률은 높아지고 B기의 역률은 낮아진다.
③ A, B 양 발전기의 역률이 높아진다.
④ A, B 양 발전기의 역률이 낮아진다.

해설 여자 전류가 증가된 발전기는 기전력이 커지므로 무효 순환 전류가 발생하여 무효분의 값이 증가된다. 따라서 A기의 역률은 낮아지고 B기의 역률은 높아진다.

정답 08 ③ 09 ④ 10 ④ 11 ② 12 ① 13 ① 14 ①

15 동기 발전기의 병렬운전 시 원동기에 필요한 조건으로 구성된 것은?
2013

① 균일한 각속도와 기전력의 파형이 같을 것
② 균일한 각속도와 적당한 속도 조정률을 가질 것
③ 균일한 주파수와 적당한 속도 조정률을 가질 것
④ 균일한 주파수와 적당한 파형이 같을 것

해설 동기 발전기의 병렬운전 시 원동기에 필요한 조건
- 균일한 각속도를 가질 것
- 적당한 속도 조정률을 가질 것

16 동기기를 병렬운전할 때 순환 전류가 흐르는 원인은?
2012

① 기전력의 저항이 다른 경우
② 기전력의 위상이 다른 경우
③ 기전력의 전류가 다른 경우
④ 기전력의 역률이 다른 경우

해설 병렬운전조건 중 기전력의 위상이 서로 다르면 순환 전류(유효횡류)가 흐르며, 위상이 앞선 발전기는 부하의 증가를 가져와서 회전속도가 감소하게 되고, 위상이 뒤진 발전기는 부하의 감소를 가져와서 발전기의 속도가 상승하게 된다.

17 동기기에서 난조(Hunting)를 방지하기 위한 것은?
2014

① 계자 권선
② 제동권선
③ 전기자 권선
④ 난조권선

해설 제동권선
- 동기기 자극면에 홈을 파고 농형권선을 설치한 것이다.
- 동기속도 전후로 진동하는 것이 난조이므로, 속도가 변화할 때 제동권선이 자속을 끊어 제동력을 발생시켜 난조를 방지한다.
- 동기 전동기에는 기동 토크를 발생, 기동권선의 역할을 한다.

18 난조 방지와 관계가 없는 것은?
2009

① 제동 권선을 설치한다.
② 전기자 권선의 저항을 작게 한다.
③ 축세륜을 붙인다.
④ 조속기의 감도를 예민하게 한다.

해설 난조의 발생원인 및 방지법
- 부하가 급속히 변하는 경우 → 제동권선설치
- 조속기 감도가 지나치게 예민한 경우 → 조속기 감도 조정
- 전기자 저항이 큰 경우 → 전기자 저항을 작게 한다.
- 원동기의 고조파 토크를 포함하는 경우 → 플라이휠(축세륜) 효과를 이용

19 동기 발전기의 돌발 단락 전류를 주로 제한하는 것은?
2009
2011

① 권선 저항
② 동기 리액턴스
③ 누설 리액턴스
④ 역상 리액턴스

해설 동기 발전기의 지속 단락 전류와 돌발 단락 전류의 제한
- 지속 단락 전류 : 동기 리액턴스 X_s로 제한되며 정격전류의 1~2배 정도이다.
- 돌발 단락 전류 : 누설 리액턴스 X_ℓ로 제한되며, 대단히 큰 전류이지만 수 Hz 후에 전기자 반작용이 나타나므로 지속 단락 전류로 된다.

정답 15 ② 16 ② 17 ② 18 ④ 19 ③

TOPIC 06 동기 전동기의 원리

1 원리

① 3상 교류가 만드는 회전자기장의 자극과 계자의 자극이 자력으로 결합되어 회전하는 현상

② **회전자기장** : 고정자 철심에 감겨 있는 3개조의 권선에 3상 교류를 가해 줌으로써 전기적으로 회전하는 회전자기장을 만들 수 있다.

2 회전속도 N

동기 발전기의 교류주파수에 의해 만들어진 회전자기장 속도 N_s와 같은 속도로 회전하게 된다.

$$N = N_s\left(= \frac{120f}{P}\right)[\text{rpm}]$$

TOPIC 07 동기 전동기의 이론

1 위상특성곡선

① **여자가 약할 때(부족여자)** : I가 V보다 지상(뒤짐)

② **여자가 강할 때(과여자)** : I가 V보다 진상(앞섬)

③ **여자가 적합할 때** : I와 V가 동위상이 되어 역률이 100%

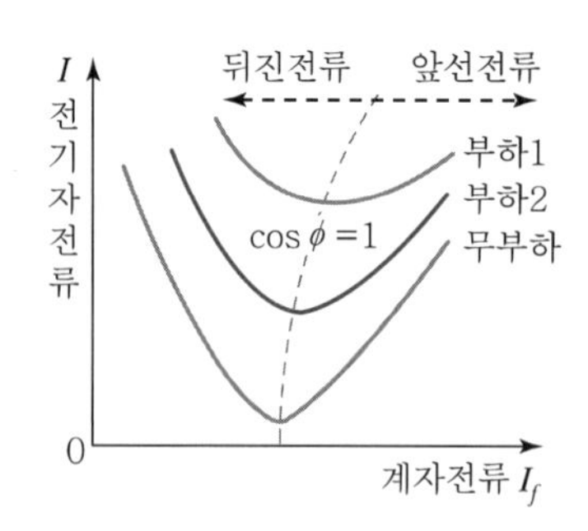

2 동기 조상기

전력계통의 전압조정과 역률 개선을 하기 위해 계통에 접속한 무부하의 동기 전동기를 말한다.

① **부족여자로 운전** : 지상 무효 전류가 증가하여 리액터의 역할로 자기여자에 의한 전압상승을 방지

② **과여자로 운전** : 진상 무효 전류가 증가하여 콘덴서 역할로 역률을 개선하고 전압강하를 감소

기출 및 예상문제

01 동기 전동기를 송전선의 전압 조정 및 역률 개선에 사용한 것을 무엇이라 하는가?
2013

① 동기 이탈 ② 동기 조상기
③ 댐퍼 ④ 제동권선

해설 동기 조상기
전력계통의 전압조정과 역률 개선을 하기 위해 계통에 접속한 무부하의 동기 전동기를 말한다.

02 동기 조상기를 부족여자로 운전하면 어떻게 되는가?
2009 2010

① 콘덴서로 작용한다.
② 리액터로 작용한다.
③ 여자 전압의 이상 상승이 발생한다.
④ 일부 부하에 대하여 뒤진 역률을 보상한다.

해설 동기 조상기는 조상설비로 사용할 수 있다.
- 여자가 약할 때(부족여자) : I가 V보다 지상(뒤짐)
  : 리액터 역할
- 여자가 강할 때(과여자) : I가 V보다 진상(앞섬)
  : 콘덴서 역할

03 동기 조상기를 과여자로 사용하면?
2014

① 리액터로 작용
② 저항손의 보상
③ 일반부하의 뒤진 전류 보상
④ 콘덴서로 작용

해설 2번 문제 해설 참고

04 동기 전동기의 전기자 반작용에 대한 설명이다. 공급전압에 대한 앞선 전류의 전기자 반작용은?
2010 2014

① 감자작용 ② 증자작용
③ 교차자화작용 ④ 편자작용

해설 동기 전동기도 전기자 권선에 전류가 흐르면 동기 발전기와 같이 전기자 반작용이 발생한다.
다만, 발전기와 전동기는 전류방향이 반대이므로, 가해 준 전압에 앞선전류는 감자작용, 뒤진전류는 증자작용, 위상이 같은 경우에는 교차자화작용을 한다.

05 그림은 동기기의 위상 특성 곡선을 나타낸 것이다. 전기자 전류가 가장 작게 흐를 때의 역률은?
2010 2012

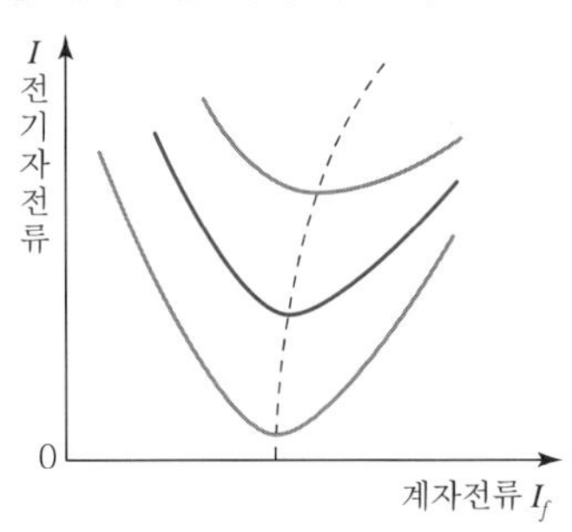

① 1 ② 0.9[진상]
③ 0.9[지상] ④ 0

해설 위상특성곡선(V곡선)에서 전기자 전류가 최소일 때 역률이 100[%]이다.

06 동기 조상기가 전력용 콘덴서보다 우수한 점은?
2010

① 손실이 적다.
② 보수가 쉽다.
③ 지상 역률을 얻는다.
④ 가격이 싸다.

해설
- 동기 조상기 : 진상, 지상 역률을 얻을 수 있다.
- 전력용 콘덴서 : 진상 역률만을 얻을 수 있다.

07 동기기 운전 시 안정도 증진법이 아닌 것은?
2014

① 단락비를 크게 한다.
② 회전부의 관성을 크게 한다.
③ 속응여자방식을 채용한다.
④ 역상 및 영상임피던스를 작게 한다.

해설 안정도 증진법
- 정상 과도 리액턴스를 작게 하고, 단락비를 크게 한다.
- 영상 임피던스와 역상 임피던스를 크게 한다.
- 회전자의 관성을 크게 한다.
- 속응여자방식을 채용한다.(AVR의 속응도를 크게 한다.)

정답 01 ② 02 ② 03 ④ 04 ① 05 ① 06 ③ 07 ④

TOPIC 08 동기 전동기의 운전

1 기동특성

① **자기 기동법** : 회전자 자극표면에 권선을 감아 만든 기동용 권선을 이용하여 기동하는 것. 유도전동기의 원리를 이용한 것이다.
② **타 기동법** : 유도전동기나 직류 전동기로 동기 속도까지 회전시켜 주전원에 투입하는 방식으로 유도전동기를 사용할 경우 극수가 2극 적은 것을 사용한다.
③ **저주파 기동법** : 낮은 주파수에서 시동하여 서서히 높여가면서 동기속도가 되면, 주전원에 동기 투입하는 방식

2 동기 전동기의 난조

① 전동기의 부하가 급격하게 변동하면, 동기속도로 주변에서 회전자가 진동하는 현상이다. 난조가 심하면 전원과의 동기를 벗어나 정지하기도 한다.
② **방지책** : 회전자 자극표면에 홈을 파고 도체를 넣어 도체 양 끝에 2개의 단락고리로 접속한 제동권선을 설치한다. 제동권선은 기동용 권선으로 이용되기도 한다.

TOPIC 09 동기 전동기의 특징

1 동기 전동기의 장점

① 부하의 변화에 속도가 불변이다.
② 역률을 임의적으로 조정할 수 있다.
③ 공극이 넓으므로 기계적으로 견고하다.
④ 공급전압의 변화에 대한 토크 변화가 작다.
⑤ 전부하 시에 효율이 양호하다.

2 동기 전동기의 단점

① 여자를 필요로 하므로 직류전원장치가 필요하고, 가격이 비싸다.
② 취급이 복잡하다.(기동 시)
③ 난조가 발생하기 쉽다.

기출 및 예상문제

01 동기 전동기를 자체 기동법으로 기동시킬 때 계자 회로는 어떻게 하여야 하는가?
2009 2012

① 단락시킨다. ② 개방시킨다.
③ 직류를 공급하다. ④ 단상교류를 공급한다.

해설 동기 전동기의 기동법
- 자기(자체) 기동법 : 회전 자극 표면에 기동권선을 설치하여 기동 시에는 농형 유도 전동기로 동작시켜 기동시키는 방법으로, 계자 권선을 열어 둔 채로 전기자에 전원을 가하면 권선수가 많은 계자회로가 전기자 회전 자계를 끊고 높은 전압을 유기하여 계자회로가 소손될 염려가 있으므로 반드시 계자회로는 저항을 통해 단락시켜 놓고 기동시켜야 한다.
- 타 기동법 : 기동용 전동기를 연결하여 기동시키는 방법

02 다음 중 제동권선에 의한 기동토크를 이용하여 동기 전동기를 기동시키는 방법은?
2013

① 저주파 기동법 ② 고주파 기동법
③ 기동 전동기법 ④ 자기 기동법

해설 동기 전동기의 자기(자체) 기동법
- 회전자 자극 표면에 제동(기동)권선을 설치하여 기동 시에 농형 유도전동기로 동작시켜 기동시키는 방법
- 계자 권선을 개방하고 전기자에 전원을 가하면 전기자 회전자장에 의해 높은 전압이 유기되어 계자회로가 소손될 염려가 있으므로 저항을 통해 단락시켜 놓고 기동한다.
- 전기자에 처음부터 전 전압을 가하면 큰 기동전류가 흘러 전기자를 과열시키거나 전압강하가 심하게 발생하므로 전 전압의 30~50[%]로 기동한다.
- 기동 토크가 적기 때문에 무부하 또는 경부하로 기동시켜야 하는 단점이 있다.

03 동기 전동기의 자기 기동에서 계자 권선을 단락하는 이유는?
2010 2011 2014

① 기동이 쉽다.
② 기동 권선으로 이용한다.
③ 고전압이 유도된다.
④ 전기자 반작용을 방지한다.

해설 1번 문제 해설 참고

04 다음 중 동기 전동기의 공급 전압과 부하가 일정할 때 여자 전류를 변화시켜도 변하지 않는 것은?
2011 2014

① 전기자 전류 ② 역률
③ 전동기 속도 ④ 역기전력

해설 동기 전동기
동기 속도로 회전하는 정속도 전동기이다.

05 동기 전동기의 용도가 아닌 것은?
2009 2010

① 분쇄기 ② 압축기
③ 송풍기 ④ 크레인

해설 동기 전동기는 비교적 저속도, 중 · 대용량인 시멘트공장 분쇄기, 압축기, 송풍기 등에 이용된다. 크레인과 같이 부하 변화가 심하거나 잦은 기동을 하는 부하는 직류 직권 전동기가 적합하다.

06 동기 전동기에 대한 설명으로 틀린 것은?
2011 2013 2015

① 정속도 전동기이고, 저속도에서 특히 효율이 좋다.
② 역률을 조정할 수 있다.
③ 난조가 일어나기 쉽다.
④ 직류 여자기가 필요하지 않다.

해설 동기 전동기의 장점
- 부하의 변화에 속도가 불변이다.
- 역률을 임의적으로 조정할 수 있다.
- 공극이 넓으므로 기계적으로 견고하다.
- 공급전압의 변화에 대한 토크 변화가 작다.
- 전부하 시에 효율이 양호하다.

동기 전동기의 단점
- 여자를 필요로 하므로 직류 전원 장치가 필요하고, 가격이 비싸다.
- 취급이 복잡하다.(기동 시)
- 난조가 발생하기 쉽다.

정답 01 ① 02 ④ 03 ③ 04 ③ 05 ④ 06 ④

CHAPTER 03 변압기

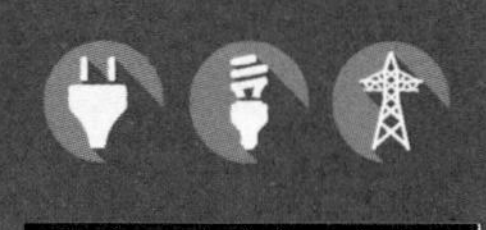

TOPIC 01 변압기의 원리

1 전자유도작용

1차 권선에 교류전압을 공급하면 자속이 발생하여 철심을 지나 2차 권선과 쇄교하면서 기전력을 유도하는 작용

철심 교번 자기력선속 ϕ
교류 전원
V_2
1차 권선 N_1
2차 권선 N_2

TOPIC 02 변압기의 구조

변압기는 자기회로인 규소강판을 성층한 철심에 전기회로인 2개의 권선이 서로 쇄교되는 구조로 되어 있다.

1 변압기의 형식

① **내철형** : 철심이 안쪽에 있고, 권선은 양쪽의 철심각에 감겨져 있는 구조

② **외철형** : 권선이 철심의 안쪽에 감겨져 있고, 권선은 철심이 둘러싸고 있는 구조

③ **권철심형** : 규소강판을 성층하지 않고, 권선 주위에 방향성 규소강대를 나선형으로 감아서 만드는 구조(주상변압기에 사용)

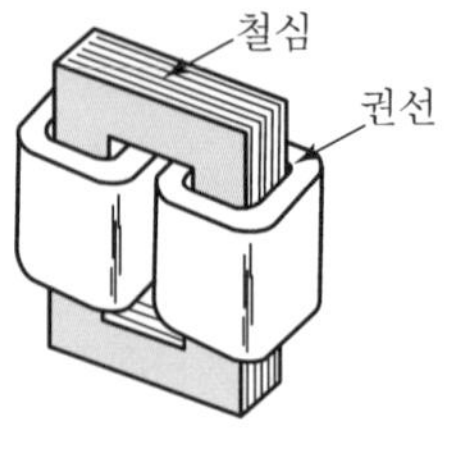

내철형

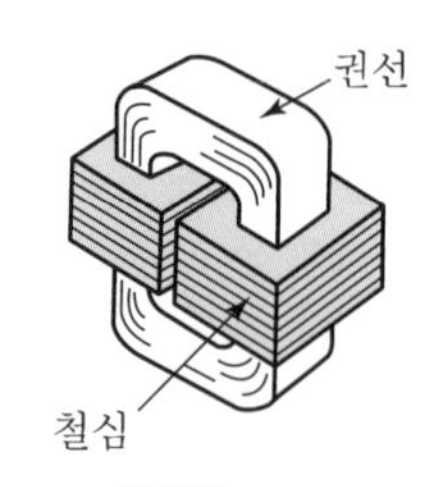

외철형

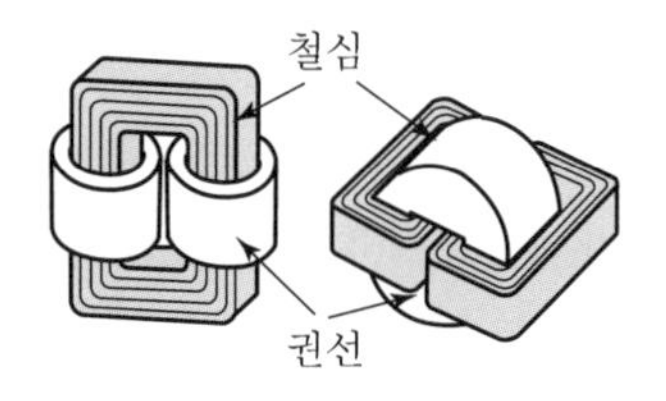

권철심형

2 변압기의 재료

① **철심** : 철손을 적게 하기 위해 규소강판(규소함량 3~4[%], 0.35[mm])을 성층하여 사용

② **도체** : 권선의 도체는 동선에 면사, 종이테이프, 유리섬유 등으로 피복한 것을 사용

③ **절연**
- 변압기의 절연은 철심과 권선 사이의 절연, 권선 상호 간의 절연, 권선의 층간 절연으로 구분된다.
- 절연체는 절연물의 최고사용온도로 분류된다.

TOPIC 03 변압기유

1 변압기유의 사용목적

① **온도상승** : 변압기에 부하전류가 흐르면 변압기 내부에는 철손과 동손에 의해 변압기의 온도가 상승하여 내부에 절연물을 변질시킬 우려가 있다.

② **목적** : 변압기권선의 절연과 냉각작용을 위해 사용한다.

2 변압기유의 구비조건

① 절연 내력이 클 것
② 비열이 커서 냉각효과가 클 것
③ 인화점이 높고, 응고점이 낮을 것
④ 고온에서도 산화하지 않을 것
⑤ 절연재료와 화학작용을 일으키지 않을 것

3 변압기유의 열화방지대책

① **브리더** : 변압기의 호흡작용이 브리더를 통해서 이루어지도록 하여 공기 중의 습기를 흡수한다.
② **콘서베이터** : 공기가 변압기 외함 속으로 들어갈 수 없게 하여 기름의 열화를 방지한다. 특히 콘서베이터 유면 위에 공기와의 접촉을 막기 위해 질소로 봉입한다.

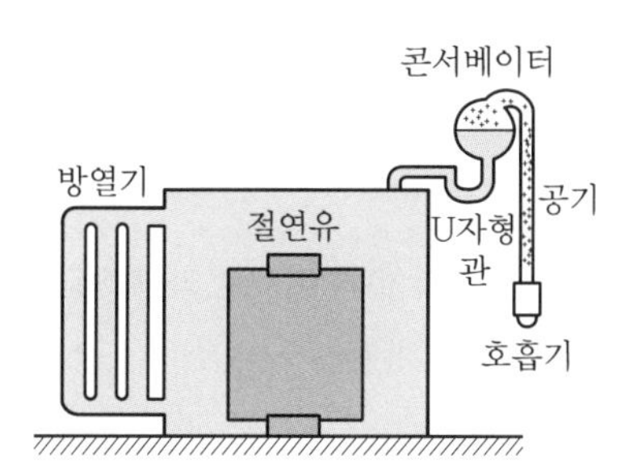

③ **부흐홀츠 계전기** : 변압기 내부 고장으로 인한 절연유의 온도상승 시 발생하는 유증기를 검출하여 경보 및 차단하기 위한 계전기로 변압기 탱크와 콘서베이터 사이에 설치한다.

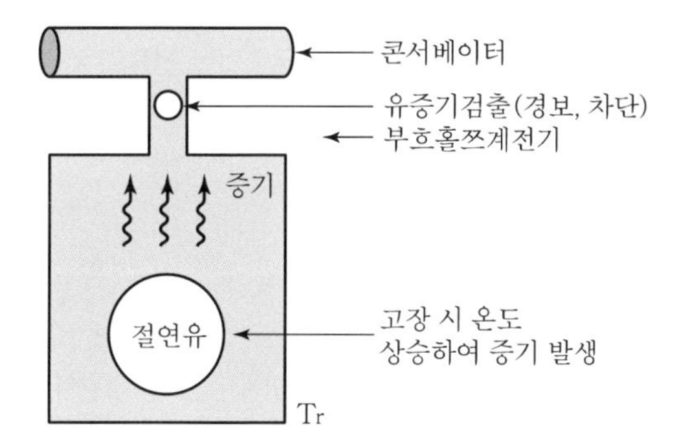

④ **차동 계전기** : 변압기 내부 고장발생 시 1 · 2차 측에 설치한 CT 2차 전류의 차에 의하여 계전기를 동작시키는 방식

⑤ 비율차동 계전기
- 변압기 내부 고장발생 시 1 · 2차 측에 설치한 CT 2차 측의 억제 코일에 흐르는 전류차가 일정비율 이상이 되었을 때 계전기가 동작하는 방식
- 주로 변압기 단락보호용으로 사용된다.

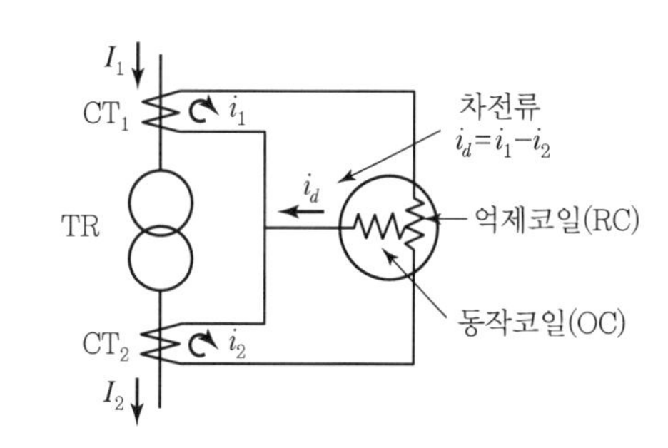

기출 및 예상문제

01 다음 중 변압기의 원리와 관계있는 것은?
2014
① 전기자 반작용
② 전자 유도 작용
③ 플레밍의 오른손법칙
④ 플레밍의 왼손법칙

해설 전자유도 작용
변압기 1차 권선에 교류전압에 의한 자속이 철심을 지나 2차 권선과 쇄교하면서 기전력을 유도하는 작용

02 변압기의 용도가 아닌 것은?
2015
① 교류전압의 변환
② 주파수의 변환
③ 임피던스의 변환
④ 교류전류의 변환

해설 변압기의 1차측과 2차측 주파수는 동일하다.

03 변압기에서 2차 측이란?
2015
① 부하 측 ② 고압 측
③ 전원 측 ④ 저압 측

해설 변압기 1차 측을 전원 측, 2차 측을 부하 측이라 한다.

04 변압기유가 구비해야 할 조건 중 맞는 것은?
2015
① 절연내력이 작고 산화하지 않을 것
② 비열이 작아서 냉각효과가 클 것
③ 인화점이 높고 응고점이 낮을 것
④ 절연재료나 금속에 접촉할 때 화학작용을 일으킬 것

해설 변압기유의 구비조건
- 절연내력이 클 것
- 비열이 커서 냉각효과가 클 것
- 인화점이 높고, 응고점이 낮을 것
- 고온에서도 산화하지 않을 것
- 절연재료와 화학작용을 일으키지 않을 것
- 점성도가 작고 유동성이 풍부할 것

05 변압기의 콘서베이터의 사용 목적은?
2010
① 일정한 유압의 유지
② 과부하로부터의 변압기 보호
③ 냉각 장치의 효과를 높임
④ 변압 기름의 열화 방지

해설 콘서베이터
공기가 변압기 외함 속으로 들어갈 수 없게 하여 기름의 열화를 방지한다.

06 부흐홀츠 계전기로 보호되는 기기는?
2013
2015
① 변압기 ② 유도전동기
③ 직류 발전기 ④ 교류 발전기

해설 부흐홀츠 계전기
변압기 내부 고장으로 인한 절연유의 온도 상승 시 발생하는 가스(기포) 또는 기름의 흐름에 의해 동작하는 계전기

07 부흐홀츠 계전기의 설치 위치로 가장 적당한 곳은?
2012
2014
2015
① 변압기 주탱크 내부
② 콘서베이터 내부
③ 변압기 고압 측 부싱
④ 변압기 주탱크와 콘서베이터 사이

해설 변압기의 탱크와 콘서베이터의 연결관 도중에 설치한다.

08 보호구간에 유입하는 전류와 유출하는 전류의 차에 의해 동작하는 계전기는?
2013
① 비율차동 계전기
② 거리 계전기
③ 방향 계전기
④ 부족전압 계전기

해설 비율차동 계전기는 보호구간에 유입하는 전류와 유출하는 전류의 벡터 차와 출입하는 전류의 관계비로 동작하는 것으로 발전기, 변압기 보호에 사용한다.

정답 01 ② 02 ② 03 ① 04 ③ 05 ④ 06 ① 07 ④ 08 ①

09 2010 2011 2015 **변압기 내부 고장 보호에 쓰이는 계전기로서 가장 적당한 것은?**

① 차동계전기 ② 접지계전기
③ 과전류계전기 ④ 역상계전기

해설 차동계전기
변압기 내부 고장발생 시 고 · 저압 측에 설치한 CT 2차 전류의 차에 의하여 계전기를 동작시키는 방식으로 현재 가장 많이 쓰인다.

10 2010 **고장에 의하여 생긴 불평형의 전류차가 평형 전류의 어떤 비율 이상으로 되었을 때 동작하는 것으로, 변압기 내부 고장의 보호용으로 사용되는 계전기는?**

① 과전류계전기 ② 방향계전기
③ 비율차동계전기 ④ 역상계전기

해설 비율차동계전기
- 변압기 내부고장 발생시 1 · 2차측에 설치한 CT 2차측의 억제코일에 흐르는 전류차가 일정비율 이상이 되었을 때 계전기가 동작하는 방식
- 주로 변압기 단락 보호용으로 사용된다.

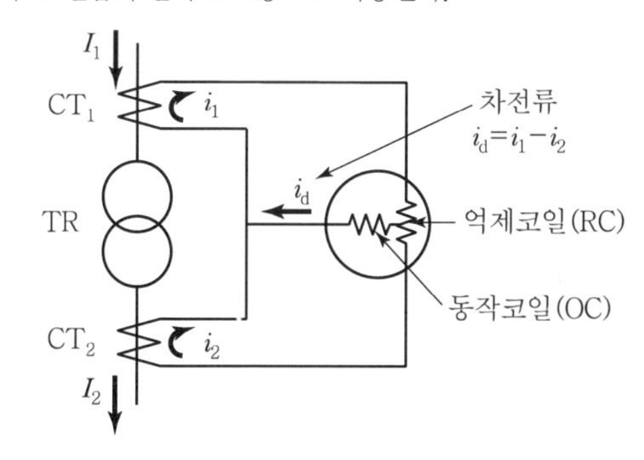

11 2012 **보호 계전기의 배선 시험으로 옳지 않은 것은?**

① 극성이 바르게 결선되었는가를 확인한다.
② 내부 단자와 각부 나사 조임 상태를 점검한다.
③ 회로의 배선이 정확하게 결선되었는지 확인한다.
④ 입력 배선 검사는 직류 전압으로 시험한다.

12 2012 **보호계전기의 기능상 분류로 틀린 것은?**

① 차동계전기 ② 거리계전기
③ 저항계전기 ④ 주파수계전기

해설 보호계전기의 기능상의 분류
과전류계전기, 과전압계전기, 부족전압계전기, 거리계전기, 전력계전기, 차동계전기, 선택계전기, 비율차동계전기, 방향계전기, 탈조보호계전기, 주파수계전기, 온도계전기, 역상계전기, 한시계전기

13 2012 **용량이 작은 변압기의 단락 보호용으로 주 보호방식으로 사용되는 계전기는?**

① 차동전류 계전 방식
② 과전류 계전 방식
③ 비율차동 계전 방식
④ 기계적 계전 방식

해설 변압기의 과전류 및 과부하 계전방식
- 대형 변압기는 비율차동 계전방식이 채용된다.
- 소용량의 변압기, 또는 비율차동 계전기를 설치한 변압기에서도 후비보호용으로 쓰이기 위해 과전류 계전기가 사용된다.

14 2013 **전기기기의 냉각 매체로 활용하지 않는 것은?**

① 물 ② 수소
③ 공기 ④ 탄소

정답 09 ① 10 ③ 11 ② 12 ③ 13 ② 14 ④

TOPIC 04 변압기의 이론

1 권수비

1차 측의 전압(V_1)과 전류(I_1), 2차 측의 전압(V_2)과 전류(I_2)는 1차권선수(N_1)와 2차권선수(N_2)의 비(권수비 a)에 의해 다음과 같이 구해진다.

$$a = \frac{N_1}{N_2} = \frac{V_1}{V_2} = \frac{I_2}{I_1}$$

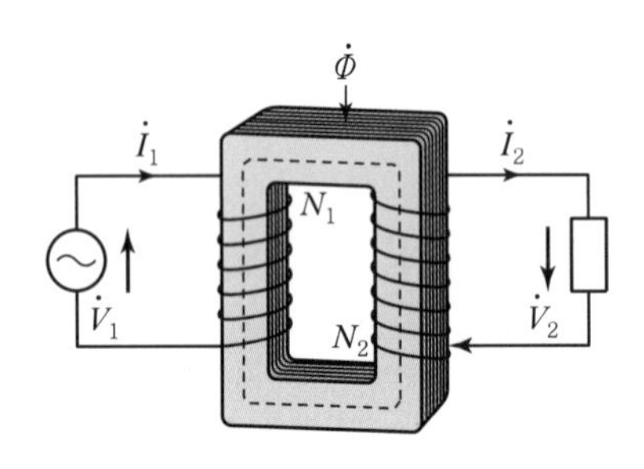

2 등가회로

실제 변압기의 회로는 독립된 2개의 전기회로가 하나의 자기회로로 결합되어 있지만, 전자유도 작용에 의하여 1차 쪽의 전력이 2차 쪽으로 전달되므로 변압기 회로를 하나의 전기회로로 변환시키면 회로가 간단해지며 전기적 특성을 알아보는 데 편리하다.

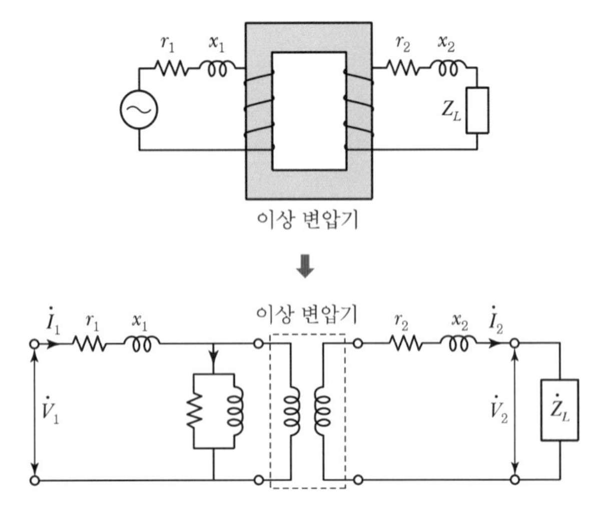

① 1차 측에서 본 등가회로

2차 측의 전압, 전류 및 임피던스를 1차 측으로 환산하여 등가회로를 만들 수 있다.

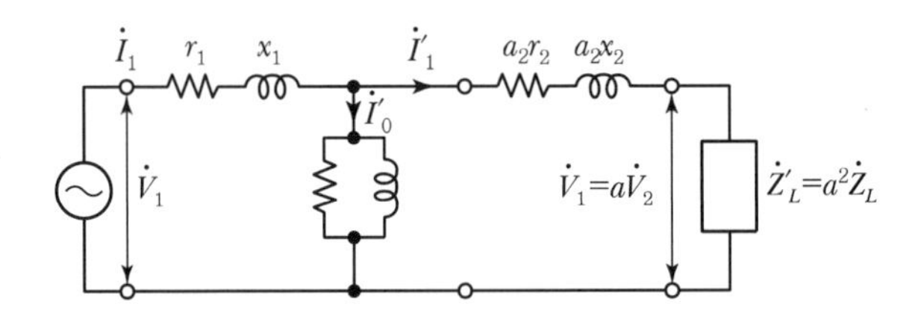

② 1, 2차 전압, 전류, 임피던스 환산

구분	2차를 1차로 환산	1차를 2차로 환산
전압	$V_1 = aV_2$	$V_2 = \frac{V_1}{a}$
전류	$I_1 = \frac{I_2}{a}$	$I_2 = aI_1$
저항	$r'_2 = a^2 r_2$	$r'_1 = \frac{r_1}{a^2}$
리액턴스	$x'_2 = a^2 x_2$	$x'_1 = \frac{x_1}{a^2}$
임피던스	$Z'_2 = a^2 Z_2$	$Z'_1 = \frac{Z_1}{a^2}$

3 여자 전류

변압기 철심에는 자기포화현상과 히스테리시스 현상으로 인해 자속 ϕ를 만드는 여자 전류 i_o는 정현파가 될 수 없으며 그림과 같이 제3고조파를 포함하는 비정현파가 된다.

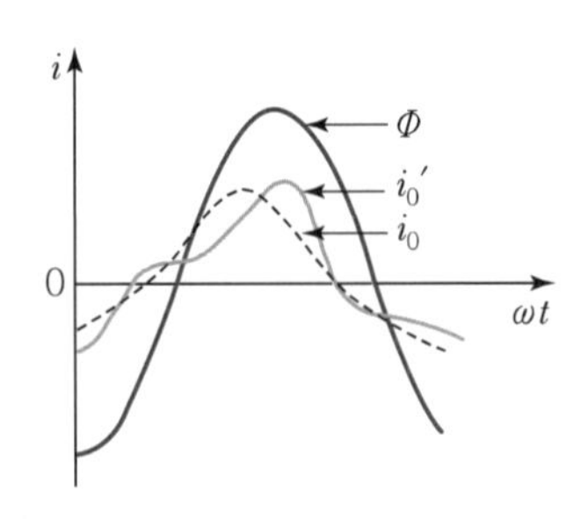

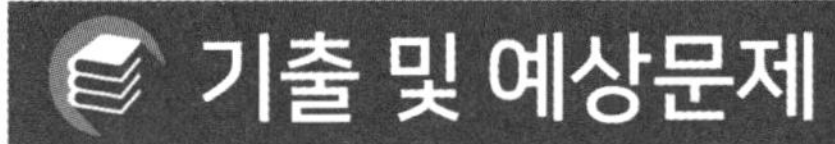

기출 및 예상문제

01 권수비 100의 변압기에 있어 2차 쪽의 전류가 10^3[A]일 때, 이것을 1차 쪽으로 환산하면 얼마인가?
2010

① 16[A] ② 10[A]
③ 9[A] ④ 6[A]

해설 $I_1 = \frac{I_2}{a} = \frac{10^3}{100} = 10$[A]

02 1차 전압 13,200[V], 2차 전압 220[V]인 단상 변압기의 1차에 6,000[V]의 전압을 가하면 2차 전압은 몇 [V]인가?
2014

① 100 ② 200
③ 50 ④ 250

해설 권수비 $a = \frac{V_1}{V_2} = \frac{13,200}{220} = 60$이므로,

따라서, $V_2' = \frac{V_1'}{a} = \frac{6,000}{60} = 100$[V]이다.

03 복잡한 전기회로를 등가 임피던스를 사용하여 간단히 변화시킨 회로는?
2014

① 유도회로 ② 전개회로
③ 등가회로 ④ 단순회로

해설 등가회로
특수한 전기소자나 기계적 출력을 갖는 회로소자 등을 근사적으로 등가한 저항, 용량, 임피던스 등의 조합으로 치환한 회로망을 말한다.

04 권수비 2, 2차 전압 100[V], 2차 전류 5[A], 2차 임피던스 20[Ω]인 변압기의 ㉠ 1차 환산 전압 및 ㉡ 1차 환산 임피던스는?
2011

① ㉠ 200[V] ㉡ 80[Ω]
② ㉠ 200[V] ㉡ 40[Ω]
③ ㉠ 50[V] ㉡ 10[Ω]
④ ㉠ 50[V] ㉡ 5[Ω]

해설 변압기의 1, 2차 전압, 전류, 임피던스 환산

구분	2차를 1차로 환산	1차를 2차로 환산
전압	$V_1 = aV_2$	$V_2 = \frac{V_1}{a}$
전류	$I_1 = \frac{I_2}{a}$	$I_2 = aI_1$
임피던스	$Z'_2 = a^2 Z_2$	$Z'_1 = \frac{Z_1}{a^2}$

• $V_1 = aV_2$에서 $V_1 = 2 \times 100 = 200$[V]
• $Z'_2 = a^2 Z_2$에서 $Z'_2 = 2^2 \times 20 = 80$[Ω]

05 변압기의 2차측을 개방하였을 경우 1차 측에 흐르는 전류는 무엇에 의하여 결정되는가?
2015

① 저항 ② 임피던스
③ 누설 리액턴스 ④ 여자 어드미턴스

해설 변압기의 2차측을 개방하였을 경우 다음 그림과 같이 1차 측에는 여자 어드미턴스(Y_o)에 의하여 여자 전류(I_o)만이 흐른다고 생각할 수 있다.

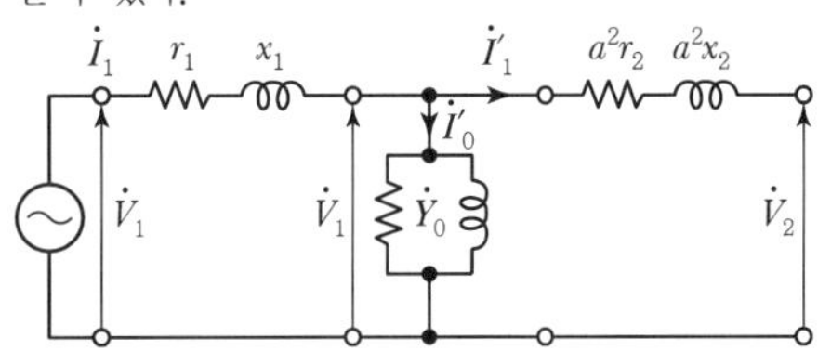

06 다음 중 변압기에서 자속과 비례하는 것은?
2011

① 권수 ② 주파수
③ 전압 ④ 전류

해설 자속에 의해 발생하는 변압기 권선의 유도 기전력은 $E = 4.44 f N\phi$[V]이므로 자속에 비례하는 것은 전압이다.

07 변압기의 여자 전류가 일그러지는 이유는 무엇 때문인가?
2009

① 와류(맴돌이 전류) 때문에
② 자기포화와 히스테리시스 현상 때문에
③ 누설 리액턴스 때문에
④ 선간의 정전용량 때문에

해설 변압기의 여자 전류 파형이 고조파를 포함한 첨두파형이 되는 이유
• 철심의 자기포화 현상
• 철심의 히스테리시스 현상

정답 01 ② 02 ① 03 ③ 04 ① 05 ④ 06 ③ 07 ②

TOPIC 05 변압기의 특성

1 전압 변동률

$$\varepsilon = \frac{V_{2O} - V_{2n}}{V_{2n}} \times 100[\%]$$

여기서, V_{2O} : 무부하 2차 전압
V_{2n} : 정격 2차 전압

2 전압 변동률 계산

$$\varepsilon = p\cos\theta + q\sin\theta[\%]$$

① %저항강하(p) : 정격전류가 흐를 때 권선저항에 의한 전압강하의 비율을 퍼센트로 나타낸 것

② %리액턴스강하(q) : 정격전류가 흐를 때 리액턴스에 의한 전압강하의 비율을 퍼센트로 나타낸 것

③ %임피던스 강하$\%Z$(=전압변동률의 최댓값 $\varepsilon_{\max}$)

$$\%Z = \varepsilon_{\max} = \sqrt{p^2 + q^2}$$

④ 단락전류

$$I_s = \frac{100}{\%Z} I_n$$

여기서, I_n : 정격전류

3 임피던스 전압, 임피던스 와트

① 임피던스 전압(V_s) : 변압기 2차측을 단락한 상태에서 1차측에 정격전류(I_{1n})가 흐르도록 1차측에 인가하는 전압 → 변압기 내의 임피던스 강하측정

② 임피던스 와트(P_s) : 임피던스 전압을 인가한 상태에서 발생하는 와트(동손) → 변압기 내의 부하손 측정

4 변압기의 손실

① 무부하손 : 거의 철손으로 되어 있다.
($P_i = P_h + P_e$) → 무부하시험으로 측정

② 부하손 : 거의 대부분이 동손(P_c)으로 되어 있다.
→ 단락시험으로 측정

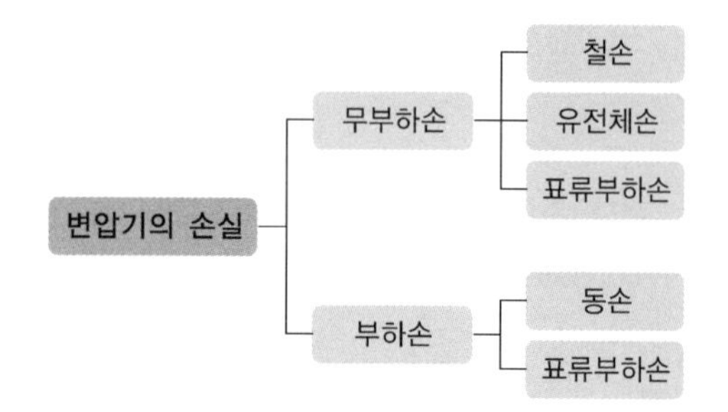

5 효율

① 규약효율

$$\eta = \frac{\text{출력}[\text{kW}]}{\text{출력}[\text{kW}] + \text{손실}[\text{kW}]} \times 100[\%]$$

② 전부하 효율

$$\eta = \frac{V_{2n} I_{2n} \cos\theta}{V_{2n} I_{2n} \cos\theta + P_i + P_c} \times 100[\%]$$

③ 최대 효율 조건

- 전부하 시

$$\text{철손}(P_i) = \text{동손}(P_c)$$

- $\frac{1}{m}$부하 시

$$\frac{1}{m} = \sqrt{\frac{P_i}{P_c}}$$

기출 및 예상문제

01 2013 2014 **변압기의 퍼센트 저항강하 2[%], 리액턴스 강하 3[%], 부하역률 80[%], 늦음일 때 전압변동률은 몇 %인가?**

① 1.6 ② 2.0
③ 3.4 ④ 4.6

해설 $\varepsilon = p\cos\theta + q\sin\theta = 2\times0.8 + 3\times0.6 = 3.4[\%]$
여기서, $\sin\theta = \sin(\cos^{-1}0.8) = 0.6$

02 2014 **어떤 변압기에서 임피던스 강하가 5[%]인 변압기가 운전 중 단락되었을 때 그 단락전류는 정격전류의 몇 배인가?**

① 5 ② 20
③ 50 ④ 200

해설 단락비 $k_s = \frac{I_s}{I_n} = \frac{100}{[\%]Z} = \frac{100}{5} = 20$이다.
즉, 단락전류는 $I_s = 20I_n$으로 정격전류의 20배가 된다.

03 2011 2015 **변압기의 임피던스 전압에 대한 설명으로 옳은 것은?**

① 여자 전류가 흐를 때의 2차측 단자 전압이다.
② 정격 전류가 흐를 때의 2차측 단자 전압이다.
③ 정격 전류에 의한 변압기 내부 전압 강하이다.
④ 2차 단락 전류가 흐를 때의 변압기 내의 전압 강하이다.

해설 변압기 2차측을 단락한 상태에서 1차측에 정격전류가 흐르도록 1차측에 인가하는 전압

04 2015 **변압기에 대한 설명 중 틀린 것은?**

① 전압을 변성한다.
② 전력을 발생하지 않는다.
③ 정격출력은 1차측 단자를 기준으로 한다.
④ 변압기의 정격용량은 피상전력으로 표시한다.

해설 정격출력은 2차측 단자를 기준으로 한다.

05 2009 **다음 중 변압기의 무부하손으로 대부분을 차지하는 것은?**

① 유전체손 ② 동손
③ 철손 ④ 표유 부하손

해설 무부하손 = 철손 + 유전체손 + 표유부하손에서 유전체손과 표유부하손은 대단히 작으므로 보통 무시한다.

06 2009 2011 **일정 전압 및 일정 파형에서 주파수가 상승하면 변압기 철손은 어떻게 변하는가?**

① 증가한다.
② 감소한다.
③ 불변이다.
④ 어떤 기간 동안 증가한다.

해설
- 철손 = 히스테리시스손 + 와류손 $\propto f \cdot B_m^{1.6} + (t \cdot f \cdot B_m)^2$ 이다.
- 유도 기전력 $E = 4.44 \cdot f \cdot N \cdot \psi_m = 4.44 \cdot f \cdot N \cdot A \cdot B_m$ 에서, 일정전압이므로 $f \propto \frac{1}{B_m}$ 이다.
- 따라서, 주파수가 상승하면 와류손은 변하지 않으나, 히스테리시스손은 감소하므로 철손은 감소한다.

07 2011 **변압기의 손실에 해당되지 않는 것은?**

① 동손
② 와전류손
③ 히스테리시스손
④ 기계손

해설 기계손은 베어링 마찰손, 브러시 마찰손, 풍손 등으로 회전기에서만 발생한다.

정답 01 ③ 02 ② 03 ③ 04 ③ 05 ③ 06 ② 07 ④

08 변압기의 규약효율을 나타내는 식은?

2012 2014

① $\dfrac{\text{입력[kW]}}{\text{입력[kW]} - \text{전체 손실[kW]}} \times 100[\%]$

② $\dfrac{\text{출력[kW]}}{\text{출력[kW]} + \text{전체 손실[kW]}} \times 100[\%]$

③ $\dfrac{\text{출력[kW]}}{\text{입력[kW]} - \text{철손[kW]} - \text{동손[kW]}} \times 100[\%]$

④ $\dfrac{\text{입력[kW]} - \text{철손[kW]} - \text{동손[kW]}}{\text{입력[kW]}} \times 100[\%]$

해설 변압기의 규약효율

$\eta = \dfrac{\text{출력[kW]}}{\text{출력[kW]} + \text{손실[kW]}} \times 100[\%]$

09 출력에 대한 전부하 동손이 2[%], 철손이 1[%]인 변압기의 전부하 효율[%]은?

2011

① 95 ② 96
③ 97 ④ 98

해설 효율 $\eta = \dfrac{\text{출력}}{\text{출력} + \text{손실}} \times 100[\%]$에서

손실 = 동손 + 철손이므로

$\eta = \dfrac{\text{출력}}{\text{출력} + \text{동손} + \text{철손}} \times 100[\%]$

$= \dfrac{\text{출력}}{\text{출력} + 0.02\text{출력} + 0.01\text{출력}} \times 100[\%]$

$= \dfrac{\text{출력}}{1.03\text{출력}} \times 100[\%] \fallingdotseq 97[\%]$이다.

10 변압기의 효율이 가장 좋을 때의 조건은?

2015

① 철손 = 동손 ② 철손 = 1/2동손
③ 동손 = 1/2철손 ④ 동손 = 2철손

해설 변압기는 철손과 동손이 같을 때 최대효율이 된다.

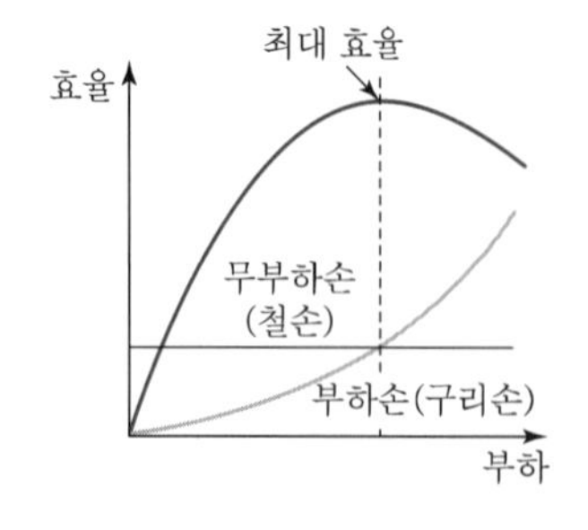

11 변압기 명판에 나타내는 정격에 대한 설명이다. 틀린 것은?

2014

① 변압기의 정격출력 단위는 [kW]이다.
② 변압기 정격은 2차측을 기준으로 한다.
③ 변압기의 정격은 용량, 전류, 전압, 주파수 등으로 결정된다.
④ 정격이란 정해진 규정에 적합한 범위 내에서 사용할 수 있는 한도이다.

해설 변압기와 발전기는 피상전력[VA]으로 정격출력을 표시한다.

정답 08 ② 09 ③ 10 ① 11 ①

TOPIC 06 변압기의 결선

1 변압기의 극성

변압기의 극성에는 2차 권선을 감는 방향에 따라 감극성과 가극성의 두 가지가 있으며, 우리나라에서는 감극성을 표준으로 하고 있다.

① 감극성인 경우

$V = V_1 - V_2$

② 가극성인 경우

$V = V_1 + V_2$

2 단상변압기로 3상 결선방식

1. $\Delta - \Delta$ 결선

- 변압기 외부에 제3고조파가 발생하지 않아 통신장애가 없다.
- 변압기 3대 중 1대가 고장이 나도 나머지 2대로 V결선이 가능하다.
- 중성점을 접지할 수 없어 지락사고 시 보호가 곤란하다.
- 선로전압과 권선전압이 같으므로 60[kV] 이하의 배전용 변압기에 사용된다.

2. Y－Y결선

- 중성점을 접지할 수 있어서 보호계전방식의 채용이 가능하다.
- 권선전압이 선간전압의 $\frac{1}{\sqrt{3}}$ 이므로 절연이 용이하다.
- 선로에 제3고조파를 포함한 전류가 흘러 통신장애를 일으킨다.
- 이 결선법은 3권선 변압기에서 $Y - Y - \Delta$의 송전 전용으로 주로 사용한다.

3. Δ－Y결선

- 2차측 선간전압이 변압기 권선 전압의 $\sqrt{3}$ 배가 된다.
- 발전소용 변압기와 같이 승압용 변압기에 주로 사용한다.

4. Y－Δ 결선

- 변압기 1차 권선에 선간전압의 $\frac{1}{\sqrt{3}}$ 배의 전압이 유도되고, 2차권선에는 1차 전압에 $\frac{1}{a}$ 배의 전압이 유도된다.
- 수전단 변전소의 변압기와 같이 강압용 변압기에 주로 사용한다.

5. V－V결선

- $\Delta - \Delta$결선으로 3상 변압을 하는 경우, 1대의 변압기가 고장이 나면 제거하고 남은 2대의 변압기를 이용하여 3상 변압을 계속하는 방식
- V결선의 3상 출력

$$P_V = \sqrt{3}\,P$$

여기서, P : 단상 변압기 1대의 출력[kVA]

- Δ결선과 V결선의 출력비

$$\frac{P_V}{P_\Delta} = \frac{\sqrt{3}\,P}{3P} = 0.577 = 57.7[\%]$$

- V결선한 변압기의 이용률

$$\text{이용률} = \frac{\sqrt{3}\,P}{2P} = 0.866 = 86.6[\%]$$

3 3상 변압기

① 단상 변압기 3대를 철심으로 조합시켜서 하나의 철심에 1차 권선과 2차 권선을 감은 변압기

② 3상 변압기의 장점
- 철심재료가 적게 들고, 변압기 유량도 적게 들어 경제적이고 효율이 높다.
- 발전기와 변압기를 조합하는 단위방식에서 결선이 쉽다.
- 전압 조정을 위한 탭 변환장치 채용에 유리하다.

③ 3상 변압기의 단점
- V결선으로 운전할 수 없다.
- 예비기가 필요할 때 단상변압기는 1대만 있으면 되지만, 3상 변압기는 1세트가 있어야 하므로 비경제적이다.

기출 및 예상문제

01 (2015) **다음 변압기 극성에 관한 설명에서 틀린 것은?**

① 우리나라는 감극성이 표준이다.
② 1차와 2차 권선에 유기되는 전압의 극성이 서로 반대이면 감극성이다.
③ 3상 결선 시 극성을 고려해야 한다.
④ 병렬운전 시 극성을 고려해야 한다.

해설 그림과 같이 1차(E_1)와 2차(E_2) 권선에 유기되는 전압의 극성이 서로 반대이면 가극성이다.

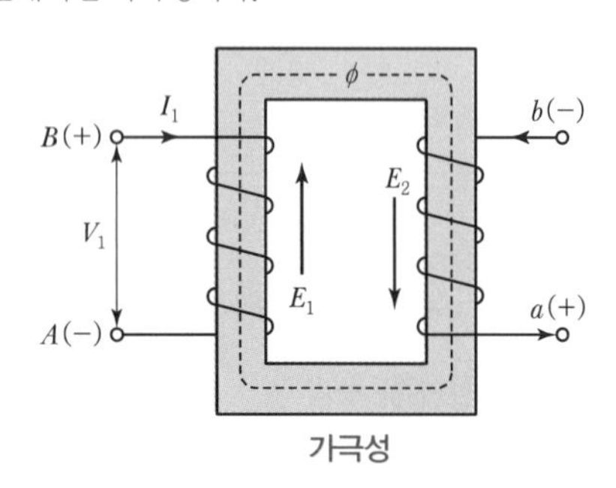

가극성

02 (2014) **권수비 30인 변압기의 저압측 전압이 8[V]인 경우 극성 시험에서 합성 전압의 읽음의 차이는 감극성의 경우 가극성의 경우보다 몇 [V] 적은가?**

① 4　② 8
③ 16　④ 20

해설 가극성 $V = V_1 + V_2$, 감극성 $V' = V_1 - V_2$

$\therefore V = V - V' = V_1 + V_2 - (V_1 - V_2)$
$= 2V_2 = 2 \times 8 = 16[V]$

03 (2014) **송배전 계통에 거의 사용되지 않는 변압기 3상 결선방식은?**

① Y－Δ　② Y－Y
③ Δ－Y　④ Δ－Δ

해설 Y－Y 결선은 선로에 제3고조파를 포함한 전류가 흘러 통신장애를 일으켜, 거의 사용되지 않으나 Y－Y－Δ의 송전 전용으로 사용한다.

04 (2013) **수전단 발전소용 변압기 결선에 주로 사용하고 있으며 한 쪽은 중성점을 접지할 수 있고 다른 한쪽은 제3고조파에 의한 영향을 없애주는 장점을 가지고 있는 3상 결선방식은?**

① Y－Y　② Δ－Δ
③ Y－Δ　④ V

해설 Y－Δ결선

- 변압기 1차 권선에 선간전압의 $\frac{1}{\sqrt{3}}$ 배의 전압이 유도되고, 2차 권선에는 1차 전압에 $\frac{1}{a}$ 배의 전압이 유도된다.
- 수전단 변전소의 변압기와 같이 강압용 변압기에 주로 사용한다.
- 1차 측 Y결선은 중성점접지가 가능하고, 2차 측 Δ결선은 제3고조파를 제거한다.

05 (2009) **변압기를 Δ－Y결선(Delta－star Connection)한 경우에 대한 설명으로 옳지 않은 것은?**

① 1차 선간전압 및 2차 선간전압의 위상차는 60°이다.
② 제3고조파에 의한 장해가 적다.
③ 1차변전소의 승압용으로 사용된다.
④ Y결선의 중성점을 접지할 수 있다.

해설 Δ－Y결선 특징

- 2차측 선간전압이 변압기 권선의 전압에 30° 앞서고, $\sqrt{3}$ 배가 된다.
- 발전소용 변압기와 같이 승압용 변압기에 주로 사용한다.

06 (2015) **낮은 전압을 높은 전압으로 승압할 때 일반적으로 사용되는 변압기의 3상 결선방식은?**

① Δ－Δ　② Δ－Y
③ Y－Y　④ Y－Δ

해설
- Δ－Y : 승압용 변압기
- Y－Δ : 강압용 변압기

정답 01 ② 02 ③ 03 ② 04 ③ 05 ① 06 ②

TOPIC 07 변압기 병렬운전

1 병렬운전조건

① 각 변압기의 극성이 같을 것(같지 않으면 2차 권선에 매우 큰 순환 전류가 흘러서 변압기 권선이 소손된다.)
② 각 변압기의 권수비가 같고, 1차 및 2차의 정격전압이 같을 것(같지 않으면 2차 권선에 큰 순환 전류가 흘러서 권선이 과열된다.)
③ 각 변압기의 %임피던스 강하가 같을 것, 즉 각 변압기의 임피던스가 정격용량에 반비례할 것(같지 않으면 부하부담이 부적당하게 된다.)
④ 각 변압기의 $\frac{r}{x}$ 비가 같을 것(같지 않으면 위상차가 발생하여 동손이 증가한다.)

2 3상 변압기군의 병렬운전

3상 변압기군을 병렬로 결선하여 송전하는 경우에는 각 군(群)의 3상 결선방식에 따라서 가능한 것과 불가능한 것이 있는데, 그 이유는 결선방식에 따라서 2차 전압의 위상이 달라지기 때문이다.

▼ 3상 변압기군의 병렬운전의 결선 조합

병렬운전 가능		병렬운전 불가능
Δ－Δ와 Δ－Δ Y－Y와 Y－Y Y－Δ와 Y－Δ	Δ－Y와 Δ－Y Δ－Δ와 Y－Y Δ－Y와 Y－Δ	Δ－Δ와 Δ－Y Y－Y와 Δ－Y

TOPIC 08 특수 변압기

1 단권 변압기

① 권선 하나의 도중에 탭(Tab)을 만들어 사용한 것으로, 경제적이고 특성도 좋다.
② 보통변압기와 단권변압기의 비교
- 권선이 가늘어도 되며, 자로가 단축되어 재료를 절약할 수 있다.
- 동손이 감소되어 효율이 좋다.
- 공통선로를 사용하므로 누설 자속이 없어 전압변동률이 작다.
- 고압 측 전압이 높아지면 저압 측에서도 고전압을 받게 되므로 위험이 따른다.

2 3권선 변압기

① 1개의 철심에 3개의 권선이 감겨 있는 변압기
② 용도
- 3차 권선에 콘덴서를 접속하여 1차측 역률을 개선하는 선로조상기로 사용할 수 있다.
- 3차 권선으로부터 발전소나 변전소의 구내전력을 공급할 수 있다.
- 두 개의 권선을 1차로 하여 서로 다른 계통의 전력을 받아 나머지 권선을 2차로 하여 전력을 공급할 수도 있다.

3 계기용 변성기

① 계기용 변압기(PT)
전압을 측정하기 위한 변압기로 2차측 정격전압은 110[V]가 표준이다. 변성기 용량은 2차 회로의 부하를 말하며 2차 부담이라고 한다.

② 계기용 변류기(CT)
전류를 측정하기 위한 변압기로 2차 전류는 5[A]가 표준이다. 계기용 변류기는 2차 전류를 낮게 하게 위하여 권수비가 매우 작으므로 2차측이 개방되면, 2차측에 매우 높은 기전력이 유기되어 위험하므로 2차측을 절대로 개방해서는 안 된다.

4 부하 시 전압조정 변압기

부하 변동에 따른 선로의 전압강하나 1차 전압이 변동해도 2차 전압을 일정하게 유지하고자 하는 경우에 전원을 차단하지 않고 부하를 연결한 상태에서 1차측 탭을 설치하여 전압을 조정하는 변압기이다.

5 누설변압기

네온관 점등용 변압기나 아크 용접용 변압기에 이용되며 누설 자속을 크게 한 변압기로 정전류 변압기라고도 한다.

기출 및 예상문제

01 3상 변압기의 병렬운전시 병렬운전이 불가능한 결선 조합은?
2013

① $\Delta-\Delta$와 Y−Y　　② $\Delta-\Delta$와 $\Delta-$Y
③ $\Delta-$Y와 $\Delta-$Y　　④ $\Delta-\Delta$와 $\Delta-\Delta$

해설 변압기군의 병렬운전 조합

병렬운전 가능		병렬운전 불가능
$\Delta-\Delta$와 $\Delta-\Delta$ $Y-Y$와 $Y-Y$ $Y-\Delta$와 $Y-\Delta$	$\Delta-Y$와 $\Delta-Y$ $\Delta-\Delta$와 $Y-Y$ $\Delta-Y$와 $Y-\Delta$	$\Delta-\Delta$와 $\Delta-Y$ $Y-Y$와 $\Delta-Y$

02 3권선 변압기에 대한 설명으로 옳은 것은?
2014

① 한 개의 전기회로에 3개의 자기회로로 구성되어 있다.
② 3차 권선에 조상기를 접속하여 송전선의 전압 조정과 역률개선에 사용된다.
③ 3차 권선에 단권변압기를 접속하여 송전선의 전압 조정에 사용된다.
④ 고압배전선의 전압을 10[%] 정도 올리는 승압용이다.

해설 3권선 변압기
㉠ 1개의 철심에 3개의 권선이 감겨 있는 변압기
㉡ 용도
- 3차 권선에 콘덴서(조상기)를 접속하여 1차 측 역률을 개선하는 선로조상기로 사용할 수 있다.
- 3차 권선으로부터 발전소나 변전소에 구내전력을 공급할 수 있다.
- 두 개의 권선을 1차로 하여 서로 다른 계통의 전력을 받아 나머지 권선을 2차로 하여 전력을 공급할 수도 있다.

03 다음 설명 중 틀린 것은?
2011 2014

① 3상 유도 전압조정기의 회전자 권선은 분로 권선이고, Y결선으로 되어 있다.
② 디프 슬롯형 전동기는 냉각효과가 좋아 기동정지가 빈번한 중 · 대형 저속기에 적당하다.
③ 누설 변압기가 네온사인이나 용접기의 전원으로 알맞은 이유는 수하특성 때문이다.
④ 계기용 변압기의 2차 표준은 110/220[V]로 되어 있다.

해설 계기용 변압기의 2차 표준은 110[V]가 되도록 설계한다.

04 변류기 개방시 2차측을 단락하는 이유는?
2010

① 2차측 절연보호
② 2차측 과전류보호
③ 측정오차 방지
④ 1차측 과전류방지

해설 계기용 변류기는 2차 전류를 낮게 하게 위하여 권수비가 매우 작으므로 2차측을 개방하면, 2차측에 매우 높은 기전력이 유기되어 위험하다.

05 변압기 절연내력 시험과 관계없는 것은?
2011 2015

① 가압시험　　② 유도시험
③ 충격시험　　④ 극성시험

해설 변압기 절연내력시험은 가압시험, 유도시험, 충격전압시험이 있다.

정답 01 ② 02 ② 03 ④ 04 ① 05 ④

CHAPTER 04 유도전동기

TOPIC 01 유도전동기의 원리

1 기본원리

아라고의 원판 : 알루미늄 원판의 중심축으로 회전할 수 있도록 만든 원판에 주변을 따라 자석을 회전시키면 원판이 전자유도작용에 의하여 같은 방향으로 회전하는 원리

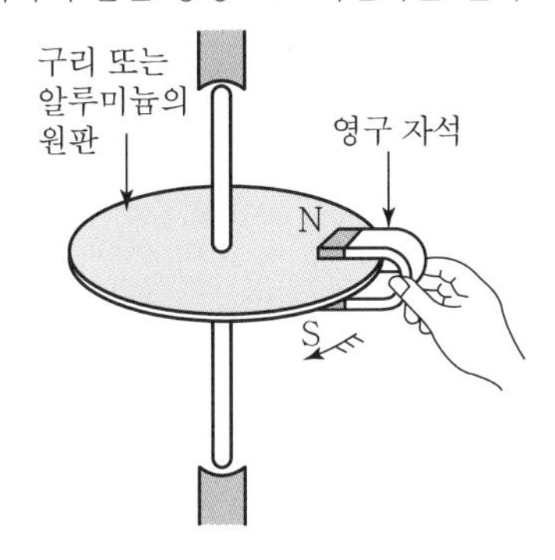

2 회전 자기장

자석을 기계적으로 회전하는 대신 고정자 철심에 감겨 있는 3개조의 권선에 3상 교류를 가해 줌으로써 전기적으로 회전하는 회전 자기장을 만들 수 있다.

3 동기 속도

회전 자기장이 회전하는 속도는 극수 P와 전원의 주파수 f에 의해 정해지고 이를 동기속도 N_s라 한다.

$$N_s = \frac{120f}{P}[\text{rpm}]$$

TOPIC 02 유도전동기의 구조

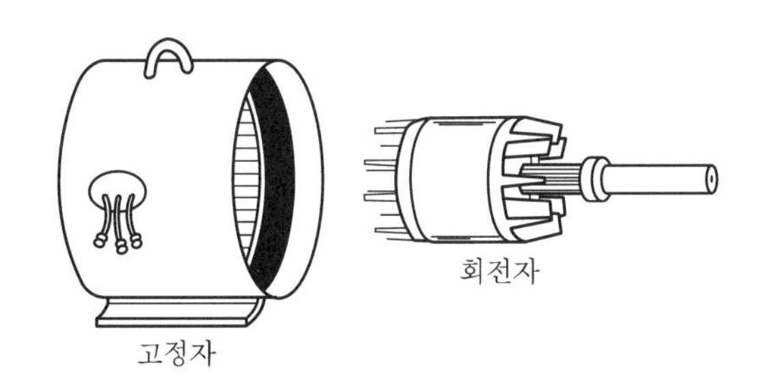

1 고정자

① **고정자 프레임** : 전동기 전체를 지탱하는 것으로, 내부에 고정자 철심을 부착한다.

② **고정자 철심** : 두께 0.35~0.5[mm]의 규소강판을 성층하여 만든다.

③ **고정자 권선** : 대부분이 2층권으로 되어 있고, 1극 1상 슬롯 수는 거의 2~3개이다.

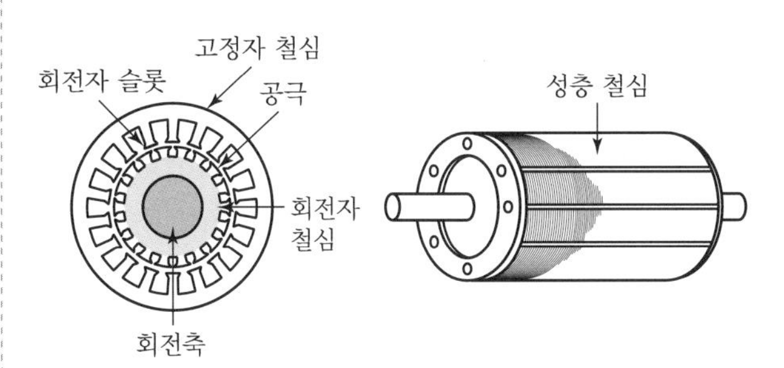

2 회전자

규소강판을 성층하여 둘레에 홈을 파고 코일을 넣어서 만든다. 홈 안에 끼워진 코일의 종류에 따라 농형 회전자와 권선형 회전자로 구분된다.

① 농형 회전자
- 회전자 둘레의 홈에 원형이나, 다른 모양의 구리 막대를 넣어서 양 끝을 구리로 단락고리(End Ring)에 붙여 전기적으로 접속하여 만든 것이다.
- 회전자 구조가 간단하고 튼튼하여 운전 성능은 좋으나, 기동 시에 큰 기동 전류가 흐를 수 있다.
- 회전자 둘레의 홈은 축방향에 평행하지 않고 비뚤어져 있는데, 이것은 소음발생을 억제하는 효과가 있다.

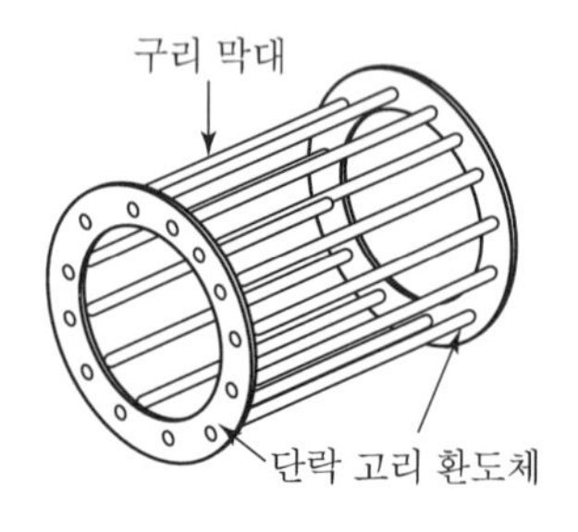

② 권선형 회전자
- 회전자 둘레의 홈에 3상 권선을 넣어서 결선한 것이다.
- 회전자 내부 권선의 결선은 슬립 링(Slip Ring)에 접속하고, 브러시를 통해 바깥에 있는 기동저항기와 연결한다.
- 회전자의 구조가 복잡하고 농형에 비해 운전이 어려우나 기동저항기를 이용하여 기동전류를 감소시킬 수 있고, 속도 조정도 자유로이 할 수 있다.

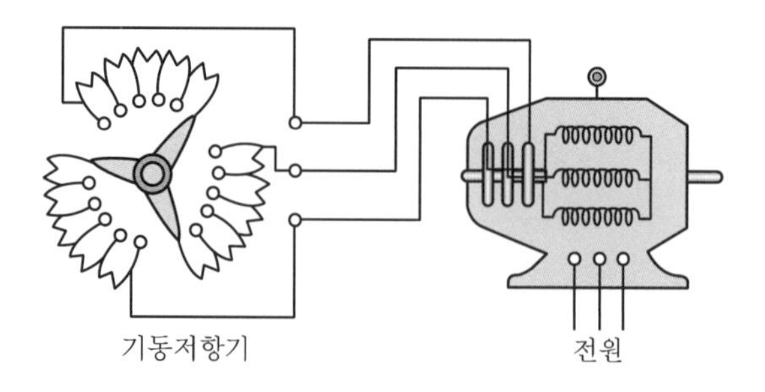

3 공극

① **공극이 넓으면** : 기계적으로 안전하지만, 전기적으로는 자기저항이 커지므로 여자 전류가 커지고 전동기의 역률이 떨어진다.

② **공극이 적으면** : 기계적으로 약간의 불평형이 생겨도 진동과 소음의 원인이 되고, 전기적으로는 누설 리액턴스가 증가하여 전동기의 순간 최대 출력이 감소하고 철손이 증가한다.

기출 및 예상문제

01 3상 유도전동기의 회전원리를 설명한 것 중 틀린 것은?
2014
① 회전자의 회전속도가 증가할수록 도체를 관통하는 자속수가 감소한다.
② 회전자의 회전속도가 증가할수록 슬립은 증가한다.
③ 부하를 회전시키기 위해서는 회전자의 속도는 동기속도 이하로 운전되어야 한다.
④ 3상 교류전압을 고정자에 공급하면 고정자 내부에서 회전 자기장이 발생된다.

해설 슬립
회전자의 회전속도와 회전자기장의 속도차이를 비율로 표시한 것으로 회전자 회전속도가 증가할수록 슬립은 감소한다.

02 유도전동기가 많이 사용되는 이유가 아닌 것은?
2015
① 값이 저렴
② 취급이 어려움
③ 전원을 쉽게 얻음
④ 구조가 간단하고 튼튼함

해설 유도전동기는 구조가 튼튼하고, 가격이 싸며, 취급과 운전이 쉬워 다른 전동기에 비해 매우 편리하게 사용할 수 있다.

03 50[Hz], 500[rpm]의 동기 전동기에 직결하여 이것을 기동하기 위한 유도전동기의 적당한 극수는?
2010
① 4극 ② 8극
③ 10극 ④ 12극

해설 유도전동기로 기동시킬 경우에는 동기 전동기보다 2극 적게 하여야 하므로,
$N_s = \frac{120f}{P}$ 에서
동기 전동기의 극수 $P = \frac{120 \times 50}{500} = 12$극
따라서, 유도전동기의 극수는 10극이다.

04 농형 회전자에 비뚤어진 홈을 쓰는 이유는?
2012
① 출력을 높인다.
② 회전수를 증가시킨다.
③ 소음을 줄인다.
④ 미관상 좋다.

해설 비뚤어진 홈
- 기동 특성을 개선한다.
- 소음을 경감시킨다.
- 파형을 좋게 한다.

05 유도 전동기 권선법 중 맞지 않는 것은?
2011
① 고정자 권선은 단층 파권이다.
② 고정자 권선은 3상 권선이 쓰인다.
③ 소형 전동기는 보통 4극이다.
④ 홈 수는 24개 또는 36개이다.

해설 유도 전동기의 고정자 권선은 2층권으로 감은 3상 권선이며, 소형 전동기의 경우 보통 4극이고, 홈 수는 24개 또는 36개이다.

정답 01 ② 02 ② 03 ③ 04 ③ 05 ①

TOPIC 03 유도전동기의 이론

1 회전수와 슬립

① 슬립(Slip) : 회전자가 토크를 발생하기 위해서는 회전자기장의 회전속도(동기속도 N_s)와 회전자속도 N의 차이로 회전자에 기전력이 발생하여 회전하게 되는데, 동기속도 N_s와 회전자속도 N의 차에 대한 비를 슬립이라 한다.

$$\text{슬립 } S = \frac{\text{동기속도} - \text{회전자속도}}{\text{동기속도}} = \frac{N_s - N}{N_s} = 1 - \frac{N}{N_s}$$

② 회전자가 정지상태이면 슬립 $S=1$이고, 동기속도로 회전한다면 슬립 $S=0$이 된다.

2 전력의 변환

① 전력의 흐름 : 유도전동기에서 공급되는 1차 입력(P_1)의 대부분은 2차 입력(P_2)이 되고, 2차입력(P_2)에서 주로 회전자동손(P_{2C})을 뺀 나머지는 기계적 출력(P_o)으로 된다.

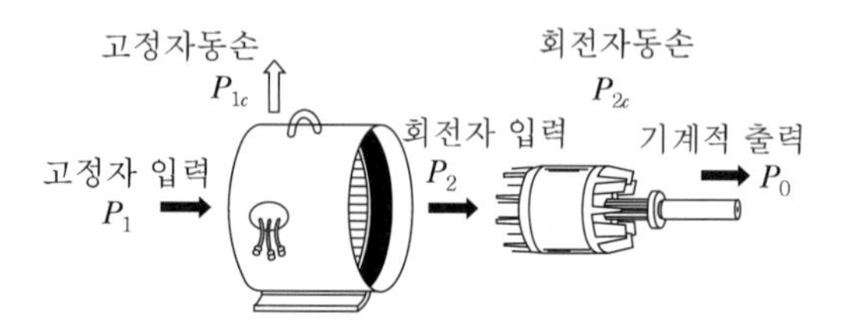

② 유도전동기와 변압기의 관계
유도전동기는 변압기와 같이 1차 권선과 2차 권선이 있고, 전자유도작용으로 전력을 2차 권선에 공급하는 회전기계이다. 유도전동기의 2차 권선은 전자유도적으로 전력을 공급받아 토크를 발생하여 전기적 에너지를 기계적 에너지로 변환한다.

③ 기계적 출력 P_o
기계적 출력(P_o)=2차 입력(P_2)−2차 동손(P_{2C})이므로 슬립의 관계식으로 표시하면 다음과 같다.

$$P_2 : P_{2c} : P_o = 1 : S : (1-S)$$

④ 전체 효율 및 2차 효율

$$\eta = \frac{P_o}{P_1} \qquad \eta_2 = \frac{P_o}{P_2} = (1-S)$$

3 토크

토크는 기계적 출력으로부터 구할 수 있다.

$$P_o = \omega T = 2\pi \cdot \frac{N}{60} T \,[\mathrm{W}]$$

4 동기와트

2차 입력으로서 토크를 표시하는 것을 말한다.

기출 및 예상문제

01 유도전동기의 동기속도가 1,200[rpm]이고, 회전수가 1,176[rpm]일 때 슬립은?

2009 2010 2014

① 0.06 ② 0.04
③ 0.02 ④ 0.01

해설 슬립 $s=\dfrac{N_s-N}{N_s}$이므로,

$s=\dfrac{1,200-1,176}{1,200}=0.02$이다.

02 50[Hz], 6극인 3상 유도전동기의 전 부하에서 회전수가 955[rpm]일 때 슬립[%]은?

2014

① 4 ② 4.5
③ 5 ④ 5.5

해설
- 동기속도 $N_s=\dfrac{120f}{P}=\dfrac{120\times50}{6}=1,000$[rpm]
- 슬립 $s=\dfrac{N_s-N}{N_s}\times100=\dfrac{1,000-955}{1,000}\times100=4.5$[%]

03 전부하에서의 용량 10[kW] 이하의 소형 3상 유도전동기의 슬립은?

2011 2015

① 0.1~0.5[%] ② 0.5~5[%]
③ 5~10[%] ④ 25~50[%]

해설 소형 전동기 5~10[%], 중 · 대형 전동기 2.5~5[%]

04 유도전동기의 무부하시 슬립은?

2015

① 4 ② 3
③ 1 ④ 0

해설 무부하 시 회전자속도와 동기속도는 거의 같으므로 $s=\dfrac{N_s-N}{N_s}\fallingdotseq 0$이 된다.

05 유도 전동기에서 슬립이 가장 큰 상태는?

2014

① 무부하 운전시
② 경부하 운전시
③ 정격 부하 운전시
④ 기동시

해설 $s=\dfrac{N_s-N}{N_s}$에서
- 무부하시($N=N_s$) : $s=0$
- 기동시($N=0$) : $s=1$
- 부하 운전시($0<N<N_s$) : $0<s<1$

06 3상 유도전동기 슬립의 범위는?

2012

① $0<s<1$ ② $-1<s<0$
③ $1<s<2$ ④ $0<s<2$

07 슬립 4[%]인 유도전동기에서 동기속도가 1,200[rpm]일 때 전동기의 회전속도[rpm]는?

2015

① 697 ② 1,051
③ 1,152 ④ 1,321

해설 $s=\dfrac{N_s-N}{N_s}$이므로 $0.04=\dfrac{1,200-N}{1,200}$에서 $N=1,152$[rpm]이다.

08 단상 유도 전동기의 정회전 슬립이 s이면 역회전 슬립은?

2010

① $1-s$ ② $1+s$
③ $2-s$ ④ $2+s$

해설 정회전 시 회전속도를 N이라 하면, 역회전 시 회전속도는 $-N$이라 할 수 있다.

정회전 시 $s=\dfrac{N_s-N}{N_s}$, $N=(1-s)N_s$

역회전 시 $s'=\dfrac{N_s-(-N)}{N_s}=\dfrac{N_s+N}{N_s}$

$=\dfrac{N_s+(1-s)N_s}{N_s}=2-s$

정답 01 ③ 02 ② 03 ③ 04 ④ 05 ④ 06 ① 07 ③ 08 ③

09 2014 슬립이 0.05이고 전원 주파수가 60[Hz]인 유도전동기의 회전자 회로의 주파수[Hz]는?

① 1　　② 2
③ 3　　④ 4

해설 회전자 회로의 주파수는 $f_2 = sf_1 = 0.05 \times 60 = 3$[Hz]이다.

10 2015 슬립 $S = 5$[%], 2차 저항 $r_2 = 0.1$[Ω]인 유도 전동기의 등가저항 R[Ω]은 얼마인가?

① 0.4　　② 0.5
③ 1.9　　④ 2.0

해설 $R = r_2\left(\frac{1-s}{s}\right) = 0.1 \times \left(\frac{1-0.05}{0.05}\right) = 1.9[\Omega]$

11 2009 2013 2014 3상 유도 전동기의 1차 입력 60[kW], 1차 손실 1[kW], 슬립 3[%]일 때 기계적 출력[kW]은?

① 57　　② 75
③ 95　　④ 100

해설 $P_2 : P_{2c} : P_o = 1 : S : (1-S)$이므로
$P_2 = $1차 입력$-$1차 손실$= 60 - 1 = 59$[kW]
$P_o = (1-S)P_2 = (1-0.03) \times 59 \fallingdotseq 57$[kW]

12 2009 2013 전부하 슬립 5[%], 2차 저항손 5.26[kW]인 3상 유도전동기의 2차 입력은 몇 [kW]인가?

① 2.63　　② 5.26
③ 105.2　　④ 226.5

해설 $P_2 : P_{2c} : P_o = 1 : S : (1-S)$이므로
$P_2 : P_{2c} = 1 : S$에서 P_2로 정리하면,
$P_2 = \frac{P_{2c}}{S} = \frac{5.26}{0.05} = 105.2$[kW]이다.

13 2009 회전자 입력 10[kW], 슬립 4[%]인 3상 유도전동기의 2차 동손은 몇 [kW]인가?

① 9.6　　② 4
③ 0.4　　④ 0.2

해설 $P_2 : P_{2c} : P_o = 1 : S : (1-S)$이므로
$P_2 : P_{2c} = 1 : S$에서 P_{2c}로 정리하면,
$P_{2c} = S \cdot P_2 = 0.04 \times 10 = 0.4$[kW]이 된다.

14 2013 2015 출력 10[kW], 슬립 4[%]로 운전되고 있는 3상유도 전동기의 2차 동손[W]은?

① 약 250　　② 약 315
③ 약 417　　④ 약 620

해설 $P_2 : P_{2c} : P_o = 1 : S : (1-S)$이므로
$P_{2c} : P_o = S : 1-S$에서 P_{2c}로 정리하면,
$P_{2c} = \frac{S \cdot P_o}{1-S} = \frac{0.04 \times 10 \times 10^3}{1-0.04} \fallingdotseq 417$[W]이 된다.

15 2009 3[kW], 1,500[rpm] 유도 전동기의 토크[N · m]는 약 얼마인가?

① 1.91[N · m]　　② 19.1[N · m]
③ 29.1[N · m]　　④ 114.6[N · m]

해설 $T = \frac{60}{2\pi}\frac{P_o}{N}$[N · m]이므로,
$T = \frac{60}{2\pi}\frac{3 \times 10^3}{1,500} \simeq 19.1$[N · m]이다.

16 2009 무부하시 유도전동기는 역률이 낮지만 부하가 증가하면 역률이 높아지는 이유로 가장 알맞은 것은?

① 전압이 떨어지므로
② 효율이 좋아지므로
③ 전류가 증가하므로
④ 2차측의 저항이 증가하므로

해설 유도전동기는 무부하시 무효전류인 무부하 전류가 많이 흐르므로 역률이 낮다. 부하가 증가하여 부하전류가 증가하면, 무부하 전류보다 부하전류가 커지므로 역률이 높아진다.

정답 09 ③ 10 ③ 11 ① 12 ③ 13 ③ 14 ③ 15 ② 16 ③

TOPIC 04 유도전동기의 특성

1 슬립과 토크의 관계

① 슬립 S에 의한 토크 특성은 변압기와 같은 방법으로 유도전동기를 등가회로로 구성하여 관계식을 구하면 다음과 같다.

$$T = \frac{PV_1^{\,2}}{4\pi f} \cdot \frac{\frac{r'_2}{S}}{\left(r_1 + \frac{r'_2}{S}\right)^2 + (x_1 + x'_2)^2} \ [\mathrm{N \cdot m}]$$

따라서, 슬립 S가 일정하면, 토크는 공급전압 V_1의 제곱에 비례한다.

② 위의 식에서 슬립에 대한 토크 변화를 곡선으로 표현한 것이 아래 속도특성 곡선이다.

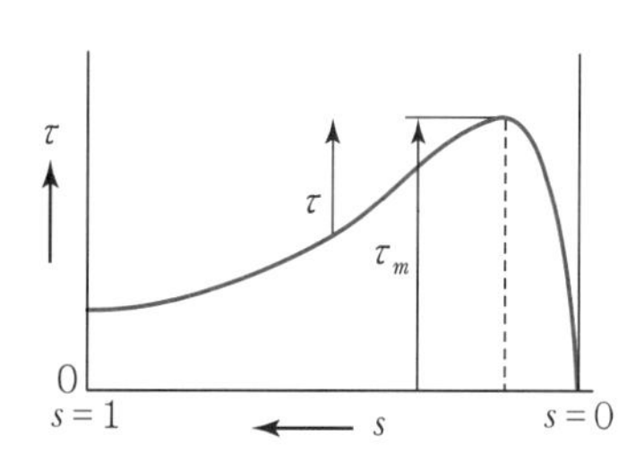

2 비례추이

① **비례추이** : 토크는 위의 식에서 $\frac{r'_2}{S}$의 함수가 되어 r'_2를 m배 하면 슬립 S도 m배로 변화하여 토크는 일정하게 유지된다. 이와 같이 슬립은 2차 저항을 바꿈에 따라 여기에 비례해서 변화하는 것을 말한다.

② 2차 회로의 저항을 변화시킬 수 있는 권선형 유도전동기의 경우에는 이러한 성질을 속도 제어에 이용할 수 있다. r'_2에 외부저항 R를 연결하여, 2차 저항값을 변화시켜 속도를 제어할 수 있게 된다.

$$\frac{r_2 + R}{S'} = \frac{mr_2}{mS} = \frac{r'_2}{S}$$

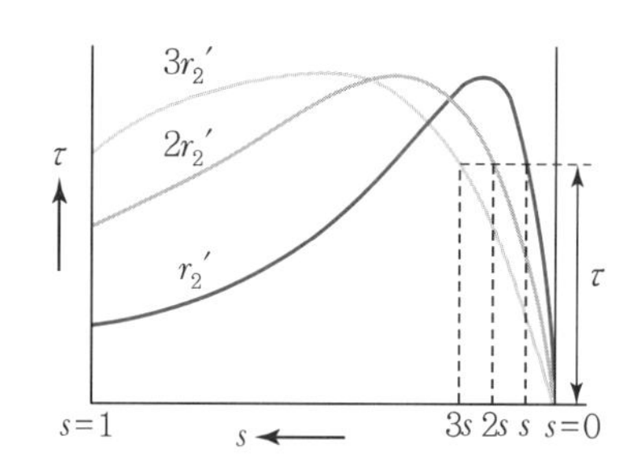

③ 비례추이를 이용하여 기동토크를 크게 할 수 있으며, 1차 전류, 역률, 1차 입력도 비례추이 성질을 가지지만, 2차 동손, 전체출력, 전체효율, 2차 효율은 비례추이의 성질이 없다.

TOPIC 05 유도전동기의 운전

1 기동법

기동전류가 정격전류의 5배 이상의 큰 전류가 흘러 권선을 가열시킬 뿐 아니라 전원 전압을 강하시켜 전원계통에 나쁜 영향을 주기 때문에 기동전류를 낮추기 위한 방법이 필요하다.

① 농형 유도전동기의 기동법

- 전전압 기동 : 6[kW] 이하의 소용량에 쓰이며, 기동전류는 정격정류의 600[%] 정도가 흐르게 되어 큰 전원설비가 필요하다.
- 리액터 기동법 : 전동기의 전원 측에 직렬 리액터(일종의 교류 저항)를 연결하여 기동하는 방법이다. 중 · 대용량의 전동기에 채용할 수 있으며, 다른 기동법이 곤란한 경우나 기동 시 충격을 방지할 필요가 있을 때 적합하다.
- Y－Δ기동법 : 10~15[kW] 이하의 중용량 전동기에 쓰이며, 이 방법은 고정자권선을 Y로 하여 상전압을 줄여 기동전류를 줄이고 나중에 Δ로 하여 운전하는 방식이다. 기동전류는 정격전류의 1/3로 줄어들지만, 기동토크도 1/3로 감소한다.
- 기동보상기법 : 15[kW] 이상의 전동기나 고압전동기에 사용되며, 단권변압기를 써서 공급전압을 낮추어 기동시키는 방법으로 기동전류를 1배 이하로 낮출 수가 있다.

② 권선형 유도전동기의 기동법(2차 저항법)
2차 회로에 가변 저항기를 접속하고 비례추이의 원리에 의하여 큰 기동 토크를 얻고 기동전류도 억제할 수 있다.

2 속도 제어

① 주파수 제어법
- 공급전원에 주파수를 변화시켜 동기 속도를 바꾸는 방법이다.
- VVVF 제어 : 주파수를 가변하면 $\phi \propto \frac{V}{f}$와 같이 자속이 변하기 때문에 자속을 일정하게 유지하기 위해 전압과 주파수를 비례하게 가변시키는 제어법을 말한다.

② **1차 전압제어** : 전압의 2승에 비례하여 토크는 변화하므로 이것을 이용해서 속도를 바꾸는 제어법으로 전력전자소자를 이용하는 방법이 최근에 널리 이용되고 있다.
③ **극수 변환에 의한 속도 제어** : 고정자권선의 접속을 바꾸어 극수를 바꾸면 단계적이지만 속도를 바꿀 수 있다.
④ **2차 저항제어** : 권선형 유도전동기에 사용되는 방법으로 비례추이를 이용하여 외부저항을 삽입하여 속도를 제어한다.
⑤ **2차 여자제어** : 2차 저항제어를 발전시킨 형태로 저항에 의한 전압강하 대신에 반대의 전압을 가하여 전압강하가 일어나도록 한 것으로 효율이 좋아진다.

3 제동법

① **발전제동** : 제동시 전원으로 분리한 후 직류전원을 연결하면 계자에 고정자속이 생기고 회전자에 교류기전력이 발생하여 제동력이 생긴다. 직류제동이라고도 한다.
② **역상제동(플러깅)** : 운전 중인 유도전동기에 회전방향과 반대방향의 토크를 발생시켜서 급속하게 정지시키는 방법이다.
③ **회생제동** : 제동 시 전원에 연결시킨 상태로 외력에 의해서 동기속도 이상으로 회전시키면 유도발전기가 되어 발생된 전력을 전원으로 반환하면서 제동하는 방법이다.
④ **단상제동** : 권선형 유도전동기에서 2차 저항이 클 때 전원에 단상전원을 연결하면 제동 토크가 발생한다.

기출 및 예상문제

01 **3상 유도전동기의 토크는?**
2014

① 2차 유도 기전력의 2승에 비례한다.
② 2차 유도 기전력에 비례한다.
③ 2차 유도 기전력과 무관하다.
④ 2차 유도 기전력의 0.5승에 비례한다.

해설 3상 유도전동기의 토크는 2차 유도 기전력의 2승에 비례한다.

02 **유도전동기의 공급 전압이 $\frac{1}{2}$로 감소하면 토크는 처음의 몇 배가 되는가?**
2015

① $\frac{1}{2}$ ② $\frac{1}{4}$
③ $\frac{1}{8}$ ④ $\frac{1}{\sqrt{2}}$

해설 $T \propto {V_1}^2$이므로, 토크는 $\frac{1}{4}$배가 된다.

03 **권선형에서 비례추이를 이용한 기동법은?**
2015

① 리액터 기동법
② 기동 보상기법
③ 2차 저항기동법
④ Y－Δ 기동법

해설 권선형 유도전동기의 기동법(2차 저항법)
비례추이의 원리에 의하여 큰 기동토크를 얻고 기동전류도 억제하여 기동한다.

04 **다음 중 유도전동기에서 비례추이를 할 수 있는 것은?**
2014

① 출력 ② 2차 동손
③ 효율 ④ 역률

해설 비례추이 가능한 것
토크, 1차 전류, 역률, 1차 입력

05 **유도 전동기의 Y－Δ 기동시 기동 토크와 기동 전류는 전 전압 기동시의 몇 배가 되는가?**
2015

① $1/\sqrt{3}$ ② $\sqrt{3}$
③ 1/3 ④ 3

해설 Y－Δ기동법
기동 전류와 기동토크가 전부하의 1/3로 줄어든다.

06 **50[kW]의 농형 유도전동기를 가동하려고 할 때, 다음 중 가장 적당한 기동 방법은?**
2014

① 분상 기동법 ② 기동 보상기법
③ 권선형 기동법 ④ 슬립 부하기동법

해설 농형 유도전동기의 기동법
- 전전압 기동법 : 보통 6[kW] 이하
- 리액터 기동법 : 보통 6[kW] 이하
- Y－Δ 기동법 : 보통 10~15[kW] 이하
- 기동 보상기법 : 보통 15[kW] 이상

07 **농형 유도전동기의 기동법이 아닌 것은?**
2009 2010 2012 2014 2015

① 기동보상기에 의한 기동법
② 2차 저항기법
③ 리액터 기동법
④ Y－Δ 기동법

해설 2차 저항법은 권선형 유도전동기의 기동법에 속한다.

08 **3상 권선형 유도전동기의 기동 시 2차측에 저항을 접속하는 이유는?**
2011 2013

① 기동토크를 크게 하기 위해
② 회전수를 감소시키기 위해
③ 기동전류를 크게 하기 위해
④ 역률을 개선하기 위해

해설 권선형 유도전동기의 기동법 중 2차측에 저항을 접속하는 2차 저항법은 비례추이의 원리에 의하여 큰 기동토크를 얻고 기동전류도 억제하여 기동시키는 방법이다.

정답 01 ① 02 ② 03 ③ 04 ④ 05 ③ 06 ② 07 ② 08 ①

09 다음 중 유도 전동기의 속도제어에 사용되는 인버터 장치의 약호는?
2009 2012

① CVCF ② VVVF
③ CVVF ④ VVCF

해설
- CVCF(Constant Voltage Constant Frequency) : 일정 전압, 일정 주파수가 발생하는 교류전원 장치
- VVVF(Variable Voltage Variable Frequency) : 가변전압, 가변주파수가 발생하는 교류전원 장치로서 주파수 제어에 의한 유도전동기 속도제어에 많이 사용된다.

10 유도전동기의 회전자에 슬립 주파수의 전압을 공급하여 속도제어를 하는 방법은?
2010 2012

① 주파수 변환법 ② 2차 여자법
③ 극수변환법 ④ 2차 저항법

해설 2차 여자법
권선형 유도전동기에 사용되는 방법으로 2차 회로에 적당한 크기의 전압을 외부에서 가하여 속도제어하는 방법이다.

11 다음 제동방법 중 급정지하는 데 가장 좋은 제동방법은?
2015

① 발전제동 ② 회생제동
③ 역상제동 ④ 단상제동

해설 역상제동(역전제동, 플러깅)
전동기를 급정지시키기 위해 제동 시 전동기를 역회전으로 접속하여 제동하는 방법이다.

12 3상 유도전동기의 회전방향을 바꾸기 위한 방법으로 가장 옳은 것은?
2011 2013

① Δ-Y 결선
② 전원의 주파수를 바꾼다.
③ 전동기에 가해지는 3개의 단자 중 어느 2개의 단자를 서로 바꾸어 준다.
④ 기동보상기를 사용한다.

해설 ①, ④ 기동법, ② 속도제어법

13 전동기의 제동에서 전동기가 가지는 운동에너지를 전기에너지로 변화시키고 이것을 전원에 변환하여 전력을 회생시킴과 동시에 제동하는 방법은?
2010 2014

① 발전제동(Dynamic Braking)
② 역전제동(Plugging Braking)
③ 맴돌이전류제동(Eddy Current Braking)
④ 회생제동(Regenerative Braking)

해설 회생제동
전동기의 유도 기전력을 전원 전압보다 높게 하여 전동기가 갖는 운동에너지를 전기에너지로 변화시켜 전원으로 반환하는 방식

정답 09 ② 10 ② 11 ③ 12 ③ 13 ④

TOPIC 06 단상 유도전동기

1 단상 유도전동기의 특징

① 고정자 권선에 단상교류가 흐르면 축방향으로 크기가 변화하는 교번자계가 생길 뿐이라서 기동토크가 발생하지 않아 기동할 수 없다. 따라서 별도의 기동용 장치를 설치하여야 한다.

② 동일한 정격의 3상 유도전동기에 비해 역률과 효율이 매우 나쁘고, 중량이 무거워서 1마력 이하의 가정용과 소동력용으로 많이 사용되고 있다.

2 기동장치에 의한 분류

① 분상 기동형

기동권선은 운전권선보다 가는 코일을 사용하며 권수를 적게 감아서 권선저항을 크게 만들어 주권선과의 전류 위상차를 생기게 하여 기동하게 된다.

② 콘덴서 기동형

기동권선에 직렬로 콘덴서를 넣고, 권선에 흐르는 기동전류를 앞선 전류로 하고 운전권선에 흐르는 전류와 위상차를 갖도록 한 것이다. 기동 시 위상차가 2상식에 가까우므로 기동특성을 좋게 할 수 있고, 시동전류가 적고, 시동 토크가 큰 특징을 갖고 있다.

③ 영구 콘덴서형

- 콘덴서 기동형은 기동 시에만 콘덴서를 연결하지만, 영구 콘덴서형 전동기는 기동에서 운전까지 콘덴서를 삽입한 채 운전한다.
- 원심력 스위치가 없어서 가격도 싸므로 큰 기동토크를 요구하지 않는 선풍기, 냉장고, 세탁기 등에 널리 사용된다.

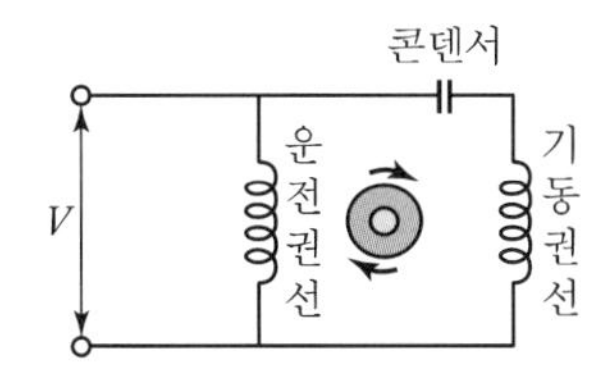

④ 셰이딩 코일형

- 고정자에 돌극을 만들고 여기에 셰이딩 코일이라는 동대로 만든 단락 코일을 끼워 넣는다. 이 코일이 이동자계를 만들어 그 방향으로 회전한다.
- 슬립이나 속도 변동이 크고 효율이 낮아, 극히 소형 전동기에 한해 사용되고 있다.

⑤ 반발 기동형

회전자에 직류 전동기 같이 전기자 권선과 정류자를 갖고 있고 브러시를 단락하면 기동 시에 큰 기동 토크를 얻을 수 있는 전동기이다.

기출 및 예상문제

01 단상 유도전동기에 보조 권선을 사용하는 주된 이유는?
2013

① 역률개선을 한다.
② 회전자장을 얻는다.
③ 속도제어를 한다.
④ 기동 전류를 줄인다.

해설 단상 유도전동기는 주 권선(운전권선)과 보조 권선(기동권선)으로 구성되어 있으며, 보조 권선은 기동 시 회전자장을 발생시킨다.

02 선풍기, 가정용 펌프, 헤어 드라이기 등에 주로 사용되는 전동기는?
2015

① 단상 유도전동기
② 권선형 유도전동기
③ 동기 전동기
④ 직류 직권전동기

해설 단상 유도전동기는 전부하전류에 대한 무부하전류의 비율이 대단히 크고, 역률과 효율 등이 동일한 정격의 3상 유도전동기에 비해 대단히 나쁘며, 중량이 무겁고 가격도 비싸다.
그러나 단상전원으로 간단하게 사용될 수 있는 편리한 점이 있어 가정용, 소공업용, 농사용 등 주로 0.75[kW] 이하의 소출력용으로 많이 사용된다.

03 단상 유도전동기 기동장치에 의한 분류가 아닌 것은?
2013

① 분상 기동형
② 콘덴서 기동형
③ 셰이딩 코일형
④ 회전계자형

해설 단상 유도전동기 기동장치에 의한 분류
분상 기동형, 콘덴서 기동형, 셰이딩 코일형, 반발 기동형, 반발 유도 전동기, 모노사이클릭형 전동기

04 그림과 같은 분상 기동형 단상 유도 전동기를 역회전시키기 위한 방법이 아닌 것은?
2015

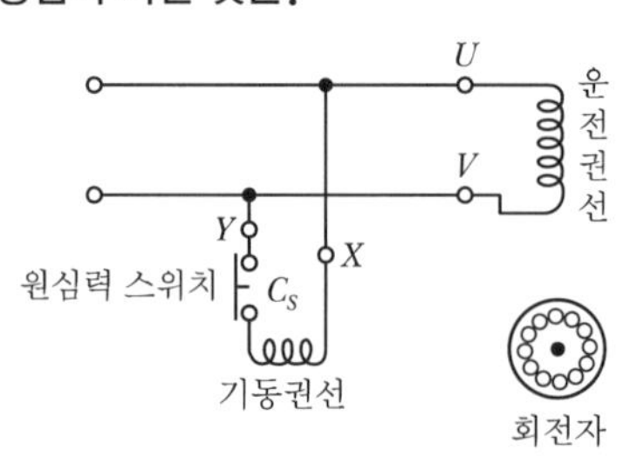

① 원심력 스위치를 개로 또는 폐로한다.
② 기동권선이나 운전권선의 어느 한 권선의 단자접속을 반대로 한다.
③ 기동권선의 단자접속을 반대로 한다.
④ 운전권선의 단자접속을 반대로 한다.

해설 단상유도전동기를 역회전시키기 위해서는 기동권선이나 운전권선 중 어느 한 권선의 단자접속을 반대로 한다.

05 역률과 효율이 좋아서 가정용 선풍기, 전기세탁기, 냉장고 등에 주로 사용되는 것은?
2013
2014

① 분상 기동형 전동기
② 콘덴서 기동형 전동기
③ 반발 기동형 전동기
④ 셰이딩 코일형 전동기

해설 콘덴서 기동형
다른 단상 유도전동기에 비해 역률과 효율이 좋다.

06 단상 유도전동기의 반발 기동형(A), 콘덴서 기동형(B), 분상 기동형(C), 셰이딩 코일형(D)일 때 기동 토크가 큰 순서는?
2010
2011
2015

① A－B－C－D ② A－D－B－C
③ A－C－D－B ④ A－B－D－C

해설 기동 토크가 큰 순서
반발 기동형 → 콘덴서 기동형 → 분상 기동형 → 셰이딩 코일형

정답 01 ② 02 ① 03 ④ 04 ① 05 ② 06 ①

CHAPTER 05 정류기 및 제어기기

TOPIC 01 정류용 반도체 소자

1 반도체

고유 저항값 $10^{-4} \sim 10^{6}$[Ωm]을 가지는 물질로서, 실리콘(Si), 게르마늄(Ge), 셀렌(Se), 산화동(Cu_2O) 등이 있다.

2 진성 반도체

실리콘(Si)이나 게르마늄(Ge) 등과 같이 불순물이 섞이지 않은 순수한 반도체

3 불순물 반도체

진성 반도체에 3가 또는 5가 원자를 소량으로 혼입한 반도체로 하면 진성 반도체와 다른 전기적 성질이 나타낸다. 불순물 반도체에는 N형과 P형 반도체가 있다.

구분	첨가 불순물	명칭	반송자
N형 반도체	5가 원자 (인 P, 비소 As, 안티몬 Sb)	도너 (Donor)	과잉 전자
P형 반도체	3가 원자 (붕소 B, 인디움 In, 알루미늄 Al)	억셉터 (Acceptor)	정공

4 PN 접합 반도체의 정류작용

1. 정류작용

전압의 방향에 따라 전류를 흐르게 하거나 흐르지 못하게 하는 정류특성을 가진다.

2. 정류곡선

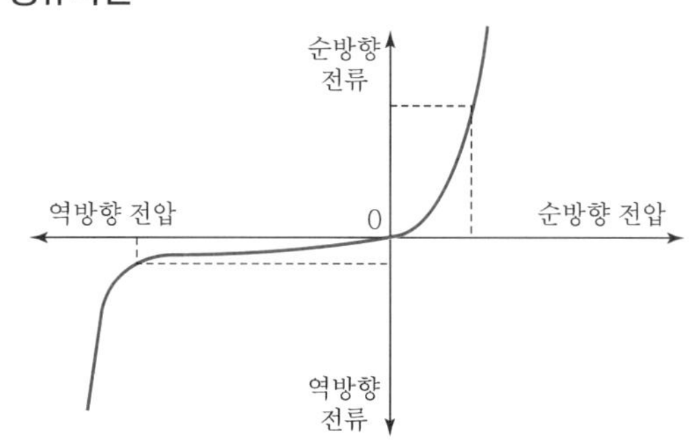

TOPIC 02 각종 정류회로 및 특성

1 다이오드

① 교류를 직류로 변환하는 대표적인 정류소자

② 다이오드의 극성과 기호

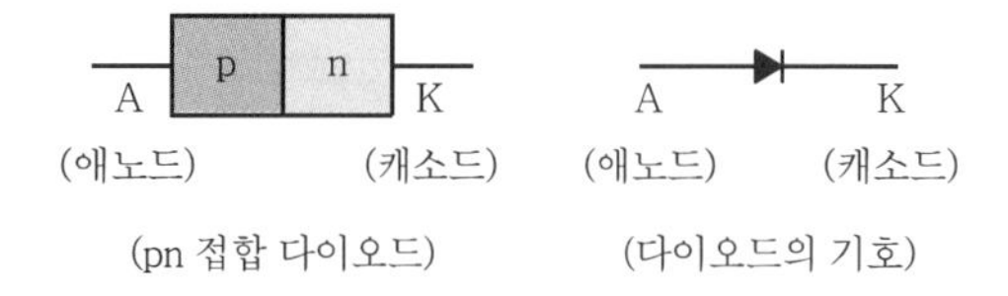

2 단상 정류회로

1. 단상반파 정류회로

① 입력 전압의 (+) 반주기만 통전하여(순방향 전압) 반파만 출력된다.

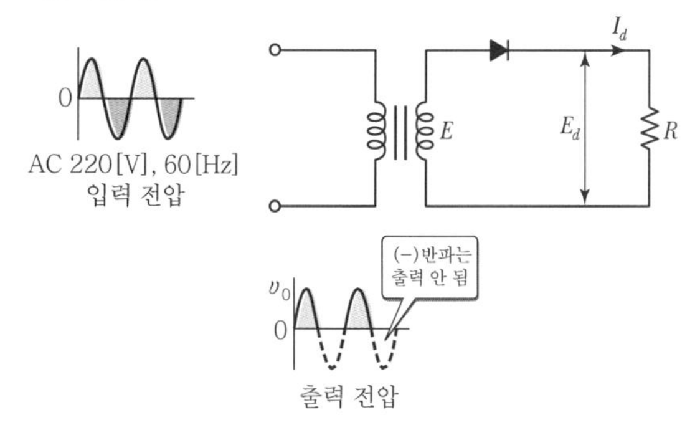

② 출력전압은 사인파 교류 평균값의 반이 된다.

$$E_d = \frac{1}{2\pi}\int_0^{\pi}\sqrt{2}\,E\sin\theta d\theta = \frac{\sqrt{2}}{\pi}E$$

$$= 0.45E \rightarrow I_d = \frac{E_d}{R}$$

2. 단상전파 정류회로

① 입력 전압의 (+) 반주기 동안에는 D_1, D_4 통전하고, (−) 반주기 동안에는 D_2, D_3 통전하여 전파 출력된다.

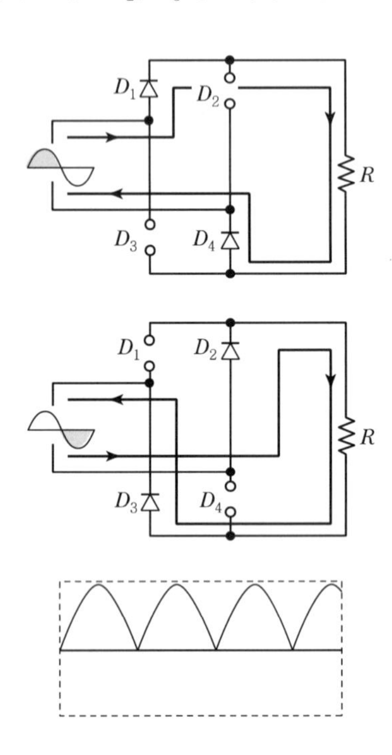

② 출력전압은 사인파 교류 평균값이 된다.

$$E_d = 2\times\frac{1}{2\pi}\int_0^{\pi}\sqrt{2}\,E\sin\theta d\theta = \frac{2\sqrt{2}}{\pi}E$$

$$= 0.9E \rightarrow I_d = \frac{E_d}{R}$$

③ 다이오드 2개를 사용한 전파 정류회로는 아래와 같고, 출력 전압은 위의 경우와 동일하다.

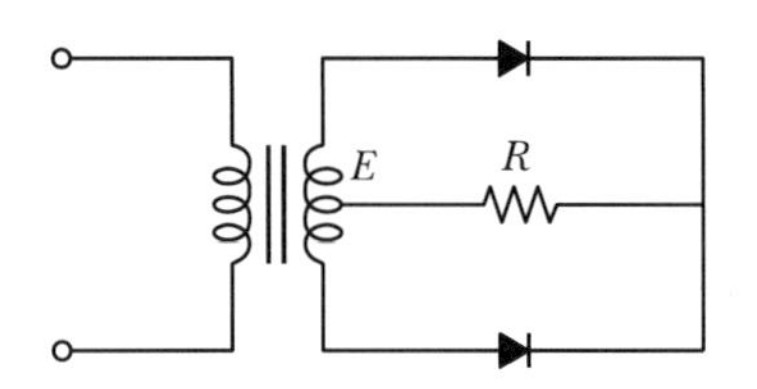

3 3상 정류회로

1. 3상 반파 정류회로

① 직류 전압의 평균값

$$E_d = 1.17E$$

② 직류 전류의 평균값

$$I_d = 1.17\frac{E}{R}$$

2. 3상 전파 정류 회로

① 직류 전압의 평균값

$$E_d = 1.35E$$

② 직류 전류의 평균값

$$I_d = 1.35\frac{E}{R}$$

4 맥동률

① 정류된 직류에 포함되는 교류성분의 정도로서, 맥동률이 작을수록 직류의 품질이 좋아진다.

② 정류회로 중 3상 전파정류회로가 맥동률이 가장 작다.

TOPIC 03 제어 정류기

1 사이리스터(SCR)

1. 특성

① PNPN의 4층 구조로 된 사이리스터의 대표적인 소자로서 양극(Anode), 음극(Cathode) 및 게이트(Gate)의 3개의 단자를 가지고 있다. 게이트에 흐르는 작은 전류로 큰 전력을 제어할 수 있다.

② 용도 : 교류의 위상 제어를 필요로 하는 조광 장치, 전동기의 속도 제어에 사용된다.

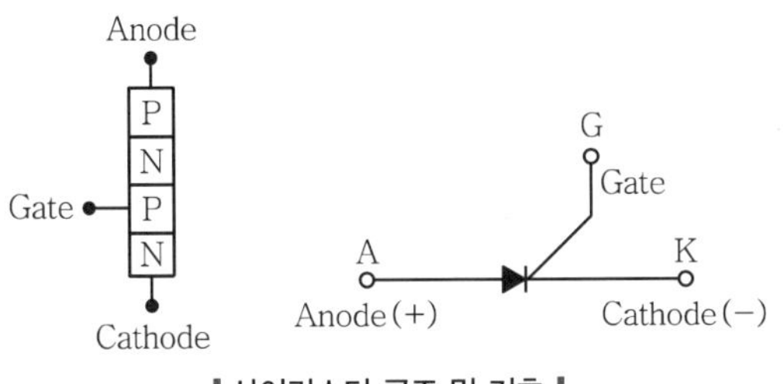

❙ 사이리스터 구조 및 기호 ❙

2. 동작원리

① 위상각 $\theta=\alpha$ 되는 점에서 SCR의 게이트에 트리거 펄스를 가해 주면 그때부터 SCR은 통전 상태가 되고, 직류 전류 i_d가 흐르기 시작한다.

$\theta=\pi$에서 전압이 음(−)으로 되면, SCR에는 역으로 전류가 흐를 수 없어서 이때부터 SCR은 소호된다. 다음 주기의 전압이 양(+)으로 되고, 게이트에 신호가 가해지기 전까지는 직류측 전압은 나타나지 않는다.

② 제어 정류 작용

게이트에 의하여 점호 시간을 조정할 수 있으므로 단순히 교류를 직류로 변환할 뿐만 아니라, 점호 시간을 변화함으로써 출력전압을 제어할 수 있다.

▼ 전력용 반도체 소자의 기호와 특성 및 용도

명칭	SCR (역저지 3단자 사이리스터)	TRIAC (쌍방향성 3단자 사이리스터)	GTO (게이트 턴 오프 스위치)	DIAC (대칭형 3층 다이오드)	IGBT
기호	G	G	G		C, G, E
특성 곡선	ON 상태, OFF 상태, 역저지 상태	OFF 상태, ON 상태, OFF 상태, ON 상태	역저지 형도 있다, ON 상태, OFF 상태, 역도전형이 일반적		
동작 특성	순방향으로 전류가 흐를 때 게이트 신호에 의해 스위칭하며, 역방향은 흐르지 못한다.	사이리스터 2개를 역병렬로 접속한 것과 등가, 양방향으로 전류가 흐르기 때문에 교류 스위치로 사용	게이트에 역방향으로 전류를 흘리면 자기소호하는 사이리스터	다이오드 2개를 역병렬로 접속한 것과 등가로 게이트 트리거 펄스용으로 사용	게이트에 전압을 인가했을 때만 컬렉터 전류가 흐른다.
용도	직류 및 교류 제어용 소자	교류 제어용	직류 및 교류 제어용 소자	트리거 펄스 발생 소자	고속 인버터, 고속 초퍼 제어소자

TOPIC 04 사이리스터의 응용회로

1 단상 반파 정류 회로

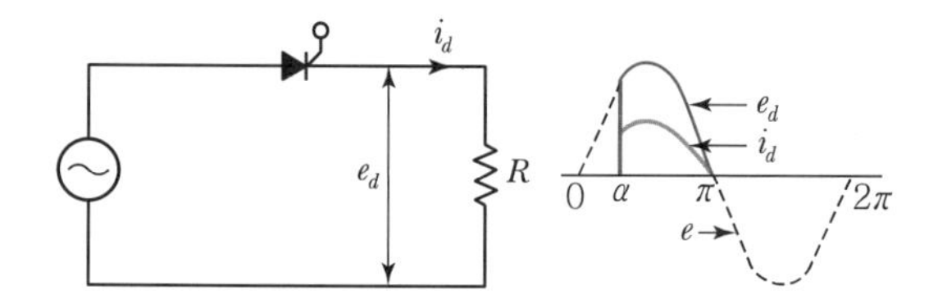

$$E_d = \frac{1}{2\pi}\int_{\alpha}^{\pi} \sqrt{2}\,E\sin\omega t\, d(\omega t)$$

$$= \frac{\sqrt{2}\,E}{2\pi}[-\cos\omega t]_{\alpha}^{\pi}$$

$$= \frac{\sqrt{2}}{\pi}E\left(\frac{1+\cos\alpha}{2}\right) = 0.45E\left(\frac{1+\cos\alpha}{2}\right)$$

2 단상 전파 정류 회로

① 저항만의 부하

$$E_d = \frac{1}{\pi}\int_{\alpha}^{\pi} \sqrt{2}\,E\sin\omega t\, d(\omega t)$$

$$= \frac{\sqrt{2}\,E}{\pi}[-\cos\omega t]_{\alpha}^{\pi}$$

$$= \frac{\sqrt{2}}{\pi}E(1+\cos\alpha) = 0.45E(1+\cos\alpha)$$

② 유도성 부하

$$E_d = \frac{2\sqrt{2}}{\pi}E\cos\alpha = 0.9E\cos\alpha$$

3 3상 반파 정류 회로

$$E_d = \frac{3\sqrt{6}}{2\pi}E\cos\alpha = 1.17E\cos\alpha\,(\text{유도성 부하})$$

4 3상 전파 정류 회로

$$E_d = \frac{3\sqrt{2}}{\pi}E\cos\alpha = 1.35E\cos\alpha\,(\text{유도성 부하})$$

TOPIC 05 제어기 및 제어장치

1 컨버터 회로(AC – AC Converter ; 교류변환)

1. 교류 전력 제어장치

① 주파수의 변화는 없고, 전압의 크기만을 바꾸어 주는 교류 – 교류 전력 제어장치이다.

② 사이리스터의 제어각 α를 변화시킴으로써 부하에 걸리는 전압의 크기를 제어한다.

③ 전동기의 속도제어, 전등의 조광용으로 쓰이는 디머(Dimmer), 전기담요, 전기밥솥 등의 온도 조절 장치로 많이 이용되고 있다.

2. 사이클로 컨버터(Cyclo Converter)

① 주파수 및 전압의 크기까지 바꾸는 교류 – 교류 전력제어 장치이다.

② 주파수 변환 방식에 따라 직접식과 간접식이 있다.

- 간접식 : 정류기와 인버터를 결합시켜서 변환하는 방식
- 직접식 : 교류에서 직접 교류로 변환시키는 방식으로 사이클로 컨버터라고 한다.

2 초퍼 회로(DC – DC Converter ; 직류변환)

① 초퍼(Chopper)는 직류를 다른 크기의 직류로 변환하는 장치이다.

② 전압을 낮추는 강압형 초퍼와 전압을 높이는 승압형 초퍼가 있다.

3 인버터 회로(DC – AC Converter ; 역변환)

1. 인버터의 원리

직류를 교류로 변환하는 장치를 인버터(Inverter) 또는 역변환 장치라고 한다.

2. 종류

① 단상 인버터

② 3상 인버터 : 전압형 인버터, 전류형 인버터

기출 및 예상문제

01 P형 반도체의 전기 전도의 주된 역할을 하는 반송자는?
2013

① 전자 ② 정공
③ 가전자 ④ 5가 불순물

해설 불순물 반도체

구분	첨가 불순물	명칭	반송자
N형 반도체	5가 원자 (인 P, 비소 As, 안티몬 Sb)	도너 (Donor)	과잉 전자
P형 반도체	3가 원자 (붕소 B, 인디움 In, 알루미늄 Al)	억셉터 (Acceptor)	정공

02 반도체 정류 소자로 사용할 수 없는 것은?
2012

① 게르마늄 ② 비스무트
③ 실리콘 ④ 산화구리

해설 반도체의 대표적인 것에는 실리콘, 게르마늄, 셀렌, 산화동 등이 있다.

03 권선 저항과 온도와의 관계는?
2013

① 온도와는 무관하다.
② 온도가 상승함에 따라 권선 저항은 감소한다.
③ 온도가 상승함에 따라 권선 저항은 증가한다.
④ 온도가 상승함에 따라 권선 저항은 증가와 감소를 반복한다.

해설 일반적인 금속도체는 온도 증가에 따라 저항이 증가한다.

04 PN 접합 정류소자의 설명 중 틀린 것은?(단, 실리콘 정류소자인 경우이다.)
2015

① 온도가 높아지면 순방향 및 역방향 전류가 모두 감소한다.
② 순방향 전압은 P형에(+), N형에 (−) 전압을 가함을 말한다.
③ 정류비가 클수록 정류특성이 좋다.
④ 역방향 전압에서는 극히 작은 전류만이 흐른다.

해설 소자의 온도를 높이면 순방향의 전류와 역방향의 전류가 모두 증가하게 된다.

05 단상반파 정류회로의 전원전압 200[V], 부하저항이 10[Ω]이면 부하전류는 약 몇 [A]인가?
2011
2012

① 4 ② 9
③ 13 ④ 18

해설 단상반파 출력전압 평균값 $E_d = 0.45V$[V]이므로, 전류 평균값 $I_d = \frac{E_d}{R} = 0.45\frac{V}{R} = 0.45 \times \frac{200}{10} \fallingdotseq 9$[A]이다.

06 단상 전파 정류 회로에서 직류 전압의 평균값으로 가장 적당한 것은?(단, E는 교류전압의 실효값)
2012

① $1.35E$[V] ② $1.17E$[V]
③ $0.9E$[V] ④ $0.45E$[V]

해설 ① 3상 전파 정류회로 ② 3상 반파 정류회로
③ 단상 전파 정류회로 ④ 단상 반파 정류회로

07 단상 전파정류 회로에서 교류 입력이 100[V]이면 직류 출력은 약 몇 [V]인가?
2012

① 45 ② 67.5
③ 90 ④ 135

해설 단상 전파 정류회로의 출력 평균전압
$V_a = 0.9V = 0.9 \times 100 = 90$[V]

08 다음 그림에 대한 설명으로 틀린 것은?
2010
2014

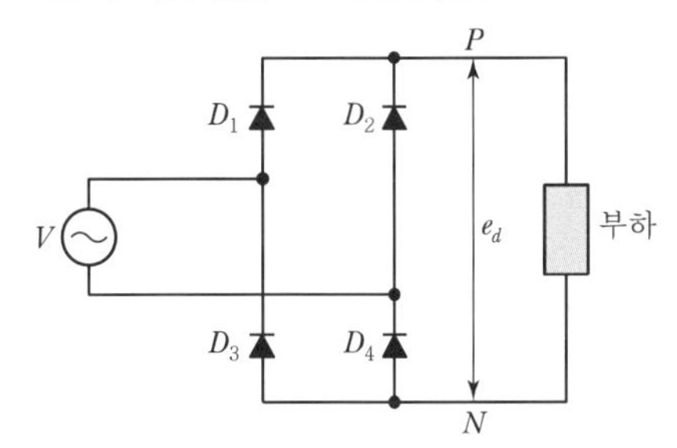

① 브리지(Bridge) 회로라고도 한다.
② 실제의 정류기로 널리 사용된다.
③ 전체 한 주기파형 중 절반만 사용한다.
④ 전파 정류회로라고도 한다.

정답 01 ② 02 ② 03 ③ 04 ① 05 ② 06 ③ 07 ③ 08 ③

해설 그림의 회로는 입력 전압의 (+) 반주기 동안에는 D_1, D_4 통전하고, (−) 반주기 동안에는 D_2, D_3 통전하여 전파 출력된다.

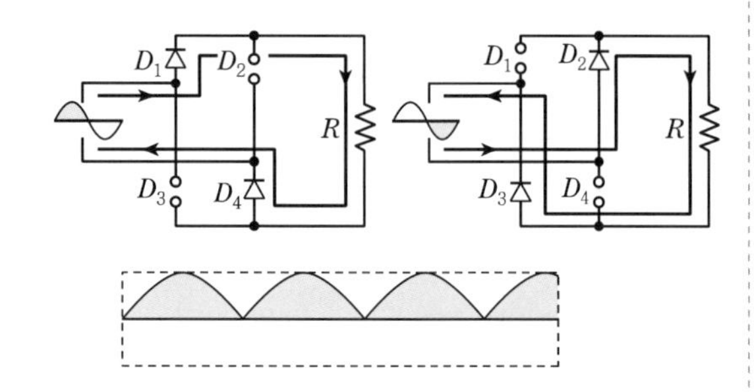

09 상전압 300[V]의 3상 반파 정류 회로의 직류 전압[V]은?

2010 2013

① 350 ② 283
③ 200 ④ 171

해설 $E_d = 1.17V = 1.17 \times 300 ≒ 350$[V]

10 3상 전파 정류회로에서 전원이 250[V]라면 부하에 나타나는 전압의 최대값은?

2010 2015

① 약 177[V] ② 약 292[V]
③ 약 354[V] ④ 약 433[V]

해설 최대값 $V_m = \sqrt{2}\,V = 250 \times \sqrt{2} = 354$[V]

11 3상 전파 정류회로에서 출력전압의 평균전압값은?(단, V는 선간전압의 실효값)

2011

① $0.45V$[V] ② $0.9V$[V]
③ $1.17V$[V] ④ $1.35V$[V]

해설 3상 반파 정류회로 $V_d = 1.17V$
3상 전파 정류회로 $V_d = 1.35V$

12 60[Hz] 3상 반파정류 회로의 맥동 주파수[Hz]는?

2010 2012

① 360 ② 180
③ 120 ④ 60

해설 정류방식에 따른 특성 비교

정류방식	단상반파	단상전파	3상 반파	3상 전파
맥동률(%)	121	48	17	4
맥동주파수	f	2f	3f	6f

따라서, 맥동주파수 $= 3 \times 60 = 180$[Hz]

13 주로 정전압 다이오드로 사용되는 것은?

2010 2013

① 터널 다이오드
② 제너 다이오드
③ 쇼트키베리어 다이오드
④ 바렉터 다이오드

해설 제너 다이오드

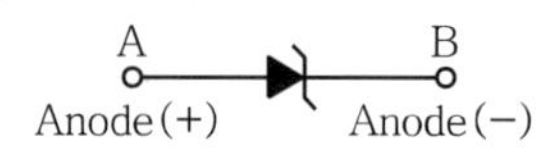

- 역방향으로 특정전압(항복전압)을 인가 시에 전류가 급격하게 증가하는 현상을 이용하여 만든 PN접합다이오드이다.
- 정류회로의 정전압(전압 안정회로)에 많이 이용한다.

14 다음 중 2단자 사이리스터가 아닌 것은?

2013

① SCR ② DIAC
③ SSS ④ Diode

해설 SCR
순방향으로 전류가 흐를 때 게이트 신호에 의해 스위칭하며, 역방향은 흐르지 못하도록 하는 역저지 3단자 소자이다.

15 다음 사이리스터 중 3단자 형식이 아닌 것은?

2013 2014 2015

① SCR ② GTO
③ DIAC ④ TRIAC

해설
- 3단자 소자 : SCR, GTO, TRIAC 등
- 2단자 소자 : DIAC, SSS, Diode 등

정답 09 ① 10 ③ 11 ④ 12 ② 13 ② 14 ① 15 ③

16 다음 중 SCR 기호는?
2010 2012

① 　② 

③ 　④ 

해설 ① 다이액(DIAC)
③ 다이오드
④ 제너(정전압) 다이오드

17 실리콘 제어 정류기(SCR)에 대한 설명으로 적합하지 않은 것은?
2012

① 정류 작용을 할 수 있다.
② P－N－P－N 구조로 되어 있다.
③ 정방향 및 역방향의 제어 특성이 있다.
④ 인버터 회로에 이용될 수 있다.

해설 SCR
순방향으로 전류가 흐를 때 게이트 신호에 의해 스위칭하며, 역방향은 흐르지 못하도록 하는 역저지 3단자 소자이다.

18 SCR의 애노드 전류가 20[A]로 흐르고 있었을 때 게이트 전류를 반으로 줄이면 애노드 전류는?
2010

① 5[A]　② 10[A]
③ 20[A]　④ 40[A]

해설 게이트 전류를 반으로 줄여도 SCR의 도통상태는 변화하지 않는다. 결과적으로 20[A]의 전류는 그대로 흐르게 된다. SCR은 점호(도통)능력은 있으나 소호(차단)능력이 없다. 소호시키려면 SCR의 주전류를 유지전류 이하로 한다. 또는, SCR의 애노드, 캐소드 간에 역전압을 인가한다.

19 통전 중인 사이리스터를 턴 오프(Turn Off)하려면?
2014

① 순방향 Anode 전류를 유지전류 이하로 한다.
② 순방향 Anode 전류를 증가시킨다.
③ 게이트 전압을 0으로 또는 －로 한다.
④ 역방향 Anode 전류를 통전한다.

해설 사이리스터를 턴 오프하는 방법
- 온(ON) 상태에 있는 사이리스터는 순방향 전류를 유지전류 미만으로 감소시켜 턴 오프시킬 수 있다.
- 역전압을 Anode와 Cathod 양단에 인가한다.

20 트라이액(Triac) 기호는?
2011

① 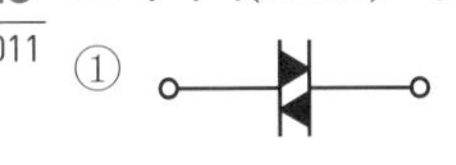　② 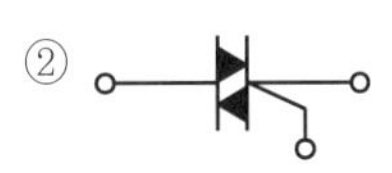

③ 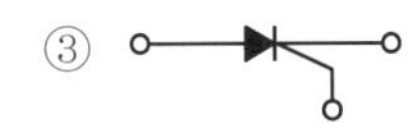　④ 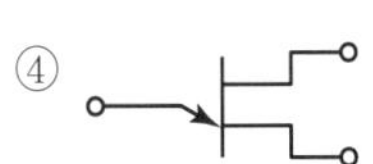

해설 ① DIAC, ③ SCR, ④ UJT

21 교류회로에서 양방향 점호(ON) 및 소호(OFF)를 이용하며, 위상제어를 할 수 있는 소자는?
2010 2011

① TRIAC　② SCR
③ GTO　④ IGBT

해설

명칭	기호	동작특성	용도
SCR (역저지 3단자 사이리스터)		순방향으로 전류가 흐를 때 게이트 신호에 의해 스위칭하며, 역방향은 흐르지 못한다.	직류 및 교류 제어용 소자
TRIAC (쌍방향성 3단자 사이리스터)		사이리스터 2개를 역병렬로 접속한 것과 등가, 양방향으로 전류가 흐르기 때문에 교류 스위치로 사용	교류 제어용
GTO (게이트 턴 오프 스위치)		게이트에 역방향으로 전류를 흘리면 자기소호하는 사이리스터	직류 및 교류 제어용 소자
IGBT		게이트에 전압을 인가했을 때만 컬렉터 전류가 흐른다.	고속 인버터, 고속 초퍼 제어소자

22 다음 중 턴오프(소호)가 가능한 소자는?
2014

① GTO　② TRIAC
③ SCR　④ LASCR

해설 GTO
게이트 신호가 양(＋)이면 도통되고, 음(－)이면 자기소호하는 사이리스터이다.

정답 16 ② 17 ③ 18 ③ 19 ① 20 ② 21 ① 22 ①

23 그림의 기호는?
2010

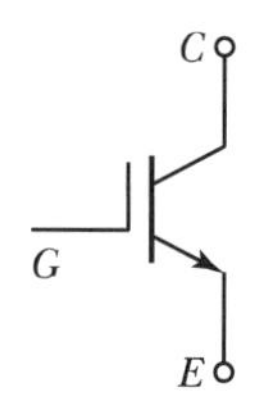

① SCR ② TRIAC
③ IGBT ④ GTO

24 그림은 유도전동기 속도제어 회로 및 트랜지스터의 컬렉터 전류 그래프이다. ⓐ와 ⓑ에 해당하는 트랜지스터는?
2011

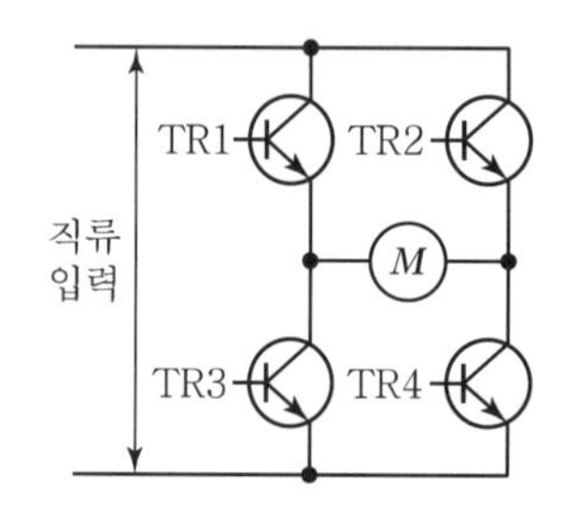

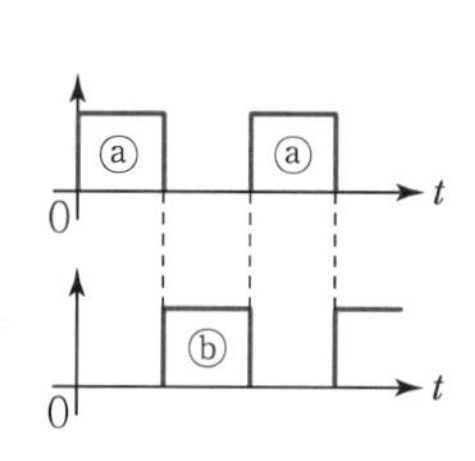

① ⓐ는 TR1과 TR2, ⓑ는 TR3과 TR4
② ⓐ는 TR1과 TR3, ⓑ는 TR2과 TR4
③ ⓐ는 TR2과 TR4, ⓑ는 TR1과 TR3
④ ⓐ는 TR1과 TR4, ⓑ는 TR2과 TR3

해설 직류를 교류로 바꾸는 일종의 인버터 회로로 구성하여야 하므로, 전동기(M)에 흐르는 전류를 주기적으로 방향을 변화 시키려면, ⓐ는 TR1과 TR4, ⓑ는 TR2과 TR3이어야 한다.

25 그림과 같은 전동기 제어회로에서 전동기 M의 전류 방향으로 올바른 것은?(단, 전동기의 역률은 100[%]이고, 사이리스터의 점호각은 0[°]라고 본다.)
2013

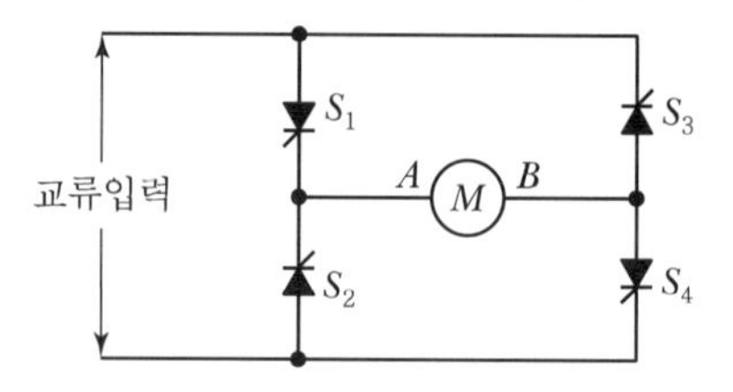

① 항상 "A"에서 "B"의 방향
② 항상 "B"에서 "A"의 방향
③ 입력의 반주기마다 "A"에서 "B"의 방향, "B"에서 "A"의 방향
④ S_1과 S_4, S_2와 S_3의 동작 상태에 따라 "A"에서 "B"의 방향, "B"에서 "A"의 방향

해설 교류입력(정현파)의 (+) 반주기에는 S_1과 S_4, (−) 반주기에는 S_2와 S_3가 동작하여 "A"에서 "B"의 방향으로 직류전류가 흐른다.

26 직류 전동기의 제어에 널리 응용되는 직류 – 직류 전압 제어장치는?
2013

① 인버터 ② 컨버터
③ 초퍼 ④ 전파정류

해설 초퍼
직류를 다른 크기의 직류로 변환하는 장치

27 반도체 사이리스터에 의한 전동기의 속도 제어 중 주파수 제어는?
2015

① 초퍼 제어
② 인버터 제어
③ 컨버터 제어
④ 브리지 정류 제어

해설 인버터
직류를 교류로 변환하는 장치로서 주파수를 변환시켜 전동기 속도제어와 형광등의 고주파 점등이 가능하다.

정답 23 ③ 24 ④ 25 ① 26 ③ 27 ②

MEMO

Do! mino

전기기능사 필기

CRAFTSMAN ELECTRICITY

학습 전에 알아두어야 할 사항

전기설비는 방대한 양의 전기관련 법령이나 기준의 내용 중에서 일부분이 출제되는 것이다.
우선 기출문제 위주로 학습하고, 암기하여야 할 내용은 합격 페이퍼를 여러 번 반복하면서 암기하는 것이 효과적인 방법이라 생각된다.

PART

03

전기설비

배선재료 및 공구

TOPIC 01 전선 및 케이블

1 전선

1. 전선의 구비조건

- 도전율이 크고, 기계적 강도가 클 것
- 신장률이 크고, 내구성이 있을 것
- 비중(밀도)이 작고, 가선이 용이할 것
- 가격이 저렴하고, 구입이 쉬울 것

2. 단선과 연선

① 단선 : 전선의 도체가 한 가닥으로 이루어진 전선

② 연선 : 여러 가닥의 소선을 꼬아 합쳐서 된 전선

- 총 소선수 : $N=3n(n+1)+1$
- 연선의 바깥지름 : $D=(2n+1)d$

여기서, n : 중심 소선을 뺀 층수
d : 소선의 지름

2 전선의 종류와 용도

1. 전선분류

절연전선, 코드, 케이블로 나눌 수가 있고, 사용되는 도체로는 구리(동), 알루미늄, 철(강) 등이 있으며, 절연체로는 합성수지, 고무, 섬유 등이 사용된다.

2. 절연전선의 종류 및 약호

명칭	약호
450/750[V] 일반용 단심 비닐절연전선	NR
450/750[V] 일반용 유연성 비닐절연전선	NF
300/500[V] 기기 배선용 단심 비닐절연전선(70[℃])	NRI(70)
300/500[V] 기기 배선용 유연성 단심 비닐절연전선(70[℃])	NFI(70)
300/500[V] 기기 배선용 단심 비닐절연전선(90[℃])	NRI(90)
300/500[V] 기기 배선용 유연성 단심 비닐절연전선(90[℃])	NFI(90)
750[V] 내열성 고무 절연전선(110[℃])	HR(0.75)
300/500[V] 내열 실리콘 고무 절연전선(180[℃])	HRS
옥외용 비닐절연전선	OW
인입용 비닐절연전선	DV
형광방전등용 비닐전선	FL
비닐절연 네온전선	NV
6/10[kV] 고압 인하용 가교 폴리에틸렌 절연전선	PDC
6/10[kV] 고압 인하용 가교 EP 고무절연전선	PDP

3. 코드

① 코드선 : 전기기구에 접속하여 사용하는 이동용 전선으로 아주 얇은 동선을 원형배치를 하여 절연 피복한 전선

② 특징 : 소선의 굵기가 아주 얇아서 전선 자체가 부드러우나, 기계적 강도가 약함

③ 용도 : 가요성이 좋아 주로 가전제품에 사용되며, 특히 전기면도기, 헤어드라이기, 전기다리미 등에 적합하나, 기계적 강도가 약하여 일반적인 옥내배선용으로는 사용하지 못한다.

4. 케이블

① 전력 케이블

- 전선을 1차 절연물로 절연하고, 2차로 외장한 전선
  - 예 가교폴리에틸렌 절연 비닐 시스 케이블은 1차로 가교폴리에틸렌으로 절연하고, 2차로 비닐로 외장을 한 케이블
- 특징 : 절연전선보다 절연성 및 안정성이 높아서, 높은 전압이나 전류가 많이 흐르는 배선에 사용한다.

▼ 케이블의 종류와 약호

명칭	약호
0.6/1[kV] 비닐절연 비닐시스 케이블	VV
0.6/1[kV] 가교 폴리에틸렌 절연 비닐 시스 케이블	CV1
0.6/1[kV] 가교 폴리에틸렌 절연 저독성 난연 폴리올레핀시스 전력케이블	HFCO
6/10[kV] 가교 폴리에틸렌 절연 비닐 시스 케이블	CV10
동심중성선 차수형 전력케이블	CN－CV
폴리에틸렌절연 비닐 시스 케이블	EV
콘크리트 직매용 폴리에틸렌절연 비닐 시스 케이블(환형)	CB－EV
미네랄 인슈레이션 케이블	MI
고무 시스 용접용 케이블	AWR

② 캡타이어 케이블

- 도체 위에 고무 또는 비닐로 절연하고, 천연고무혼합물(캡타이어)로 외장을 한 케이블
- 용도로 공장, 농사, 무대 등과 같은 장소에 이동용 전기기계에 사용

▼ 종류 및 분류

명칭	약호
0.6/1[kV] 비닐절연 비닐 캡타이어케이블	VCT
0.6/1[kV] EP 고무절연 클로로프렌 캡타이어케이블	PNCT

3 허용전류

1. 허용전류

전선에 흐르는 전류의 줄열로 절연체 절연이 약화되기 때문에 전선에 흐르는 한계전류를 말한다. 단, 주위 온도는 30[℃] 이하이다.

전선의 허용전류는 도체의 굵기, 절연체 종류, 시설조건에 따라서 결정되는 것이 일반적이다. 따라서, 배선공사방법과 절연물에 허용 온도, 주위 온도 등을 고려한 계산식으로 구할 수 있지만, 실제로 전선관에 넣어 사용할 경우에는 전류 감소 계수를 보정하여 산정한다.

2. 전류감소계수

절연전선을 합성수지몰드 · 합성수지관 · 금속몰드 · 금속관 또는 가요전선관에 넣어 사용하는 경우에는 전선의 허용전류는 전류감소계수를 곱한 것으로 한다.

동일관 내의 전선수	전류 감소계수
3 이하	0.70
4	0.63
5 또는 6	0.56
7 이상 15 이하	0.49
16 이상 40 이하	0.43
41 이상 60 이하	0.39
61 이상	0.34

기출 및 예상문제

01 전선의 재료로서 구비해야 할 조건이 아닌 것은?
2015
① 기계적 강도가 클 것
② 가요성이 풍부할 것
③ 고유저항이 클 것
④ 비중이 작을 것

해설 전선의 구비조건
- 도전율이 크고, 기계적 강도가 클 것
- 신장률이 크고, 내구성이 있을 것
- 비중(밀도)이 작고, 가선이 용이할 것
- 가격이 저렴하고, 구입이 쉬울 것

02 연선 결정에 있어서 중심 소선을 뺀 층수가 2층이다. 소선의 총수 N은 얼마인가?
2014
① 45 ② 39
③ 19 ④ 9

해설 총 소선수
$N=3n(n+1)+1=3\times2\times(2+1)+1=19$

03 나전선 등의 금속선에 속하지 않는 것은?
2014
① 경동선(지름 12[mm] 이하의 것)
② 연동선
③ 동합금선(단면적 35[mm^2] 이하의 것)
④ 경알루미늄선(단면적 35[mm^2] 이하의 것)

해설 나전선의 종류
- 경동선(지름 12[mm] 이하)
- 연동선
- 동합금선(단면적 25[mm^2] 이하)
- 경알루미늄선(단면적 35[mm^2] 이하)
- 알루미늄합금선(단면적 35[mm^2] 이하)
- 아연도강선
- 아연도철선(방청도금한 철선 포함)

04 옥외용 비닐절연전선의 약호(기호)는?
2012
2014
① VV ② DV
③ OW ④ NR

해설 ① 0.6/1[kV] 비닐 절연 비닐시스 케이블
② 인입용 비닐절연전선
④ 450/750[V] 일반용 단심 비닐절연전선

05 다음 중 300/500[V] 기기 배선용 유연성 단심 비닐절연전선을 나타내는 약호는?
2014
① NFR ② NFI
③ NR ④ NRC

해설 ① 저독성 난연 폴리올레핀 내열(내화) 케이블
③ 450/750[V] 일반용 단심 비닐절연전선
④ 고무절연 클로로프렌 시스 네온 전선

06 인입용 비닐절연전선을 나타내는 약호는?
2015
① OW ② EV
③ DV ④ NV

해설 ① 옥외용 비닐절연전선
② 폴리에틸렌 절연 비닐시스 케이블

07 전선 약호가 VV인 케이블의 종류로 옳은 것은?
2015
① 0.6/1[kV] 비닐절연 비닐시스 케이블
② 0.6/1[kV] EP 고무절연 클로로프렌시스 케이블
③ 0.6/1[kV] EP 고무절연 비닐시스 케이블
④ 0.6/1[kV] 비닐절연 비닐캡타이어 케이블

해설 VV : 0.6/1[kV] 비닐절연 비닐시스 케이블

08 전선의 공칭단면적에 대한 설명으로 옳지 않은 것은?
2013
① 소선 수와 소선의 지름으로 나타낸다.
② 단위는 [mm^2]로 표시한다.
③ 전선의 실제 단면적과 같다.
④ 연선의 굵기를 나타내는 것이다.

해설 전선의 실제단면적과 다르다.

정답 01 ③ 02 ③ 03 ③ 04 ③ 05 ② 06 ③ 07 ① 08 ③

TOPIC 02 배선재료 및 기구

배선기구란 전선을 연결하기 위한 전기기구라고 말할 수 있는데, 다음과 같이 크게 나눌 수 있다.

- 전선을 통해서 흘러가는 전류의 흐름을 제어하기 위한 스위치류
- 전기장치를 상호 연결해주는 콘센트와 플러그류와 소켓
- 전기를 안전하게 사용하게 해주는 장치류

1 개폐기

개폐기 설치장소

① 부하전류를 개폐할 필요가 있는 장소
② 인입구
③ 퓨즈의 전원 측(퓨즈 교체 시 감전을 방지)

2 점멸 스위치

전등이나 소형 전기 기구 등에 전류의 흐름을 개폐하는 옥내배선기구

3 콘센트와 플러그 및 소켓

1. 콘센트

① 전기기구의 플러그를 꽂아 사용하는 배선기구를 말한다.
② 형태에 따라 노출형과 매입형이 있으며, 용도에 따라 방수용, 방폭형 등이 있다.

2. 플러그

① 전기 기구의 코드 끝에 접속하여 콘센트에 꽂아 사용하는 배선기구를 말한다.
② 감전예방을 위한 접지극이 있는 접지 플러그와 접지극이 없는 플러그로 크게 나눌 수 있다.

명칭	용도
코드접속기	코드를 서로 접속할 때 사용한다.
멀티 탭	하나의 콘센트에 2~3가지의 기구를 사용할 때 쓴다.
테이블 탭	코드의 길이가 짧을 때 연장하여 사용한다.
아이언 플러그	전기다리미, 온탕기 등에 사용한다.

3. 소켓

① 전선의 끝에 접속하여 백열전구나 형광등 전구를 끼워 사용하는 기구를 말한다.
② 키소켓, 키리스소켓, 리셉터클, 방수소켓, 분기소켓 등이 있다.

4 과전류 차단기와 누전 차단기

1. 과전류 차단기

① 역할

전기회로에 큰 사고 전류가 흘렀을 때 자동적으로 회로를 차단하는 장치로 배선용 차단기와 퓨즈가 있다. 배선 및 접속기기의 파손을 막고 전기화재를 예방한다.

② 과전류 차단기의 시설 금지 장소

- 접지공사의 접지선
- 다선식 전로의 중성선
- 제2종 접지공사를 한 저압 가공 전로의 접지측 전선

③ 과전류 차단기의 정격용량

- 단상 : 정격차단용량＝정격차단전압×정격차단전류
- 3상 : 정격차단용량＝ $\sqrt{3}$ ×정격차단전압×정격차단전류

④ 과전류차단기로 저압전로에 사용하는 배선용 차단기의 동작특성

- 정격전류의 1배의 전류로 자동적으로 동작하지 않아야 한다. 과전류가 흐를 때 자동차단 시간은 다음과 같다.

정격전류의 구분	자동작동시간(용단시간)	
	정격전류의 1.25배의 전류가 흐를 때(분)	정격전류의 2배의 전류가 흐를 때(분)
30[A] 이하	60	2
30[A] 초과 50[A] 이하	60	4
50[A] 초과 100[A] 이하	120	6
100[A] 초과 225[A] 이하	120	8
225[A] 초과 400[A] 이하	120	10

- 분기회로용으로 사용하면 개폐기 및 자동차단기의 두 가지 역할을 겸하게 된다.

⑤ 과전류 차단기용 퓨즈

㉠ 과전류에 의해 발생되는 열(줄열)로 퓨즈가 녹아(용단) 전로를 끊어지게 하여 자동적으로 보호하는 장치이다.

㉡ 저압퓨즈 특성

정격전류의 1.1배의 전류에 견디고, 1.6배 및 2배의 과전류가 흐를 때 용단 시간은 다음과 같다.

정격전류의 구분	시간	
	정격전류의 1.6배의 전류가 흐를 때(분)	정격전류의 2배의 전류가 흐를 때(분)
30[A] 이하	60분	2분
30[A] 초과 60[A] 이하	60분	4분
60[A] 초과 100[A] 이하	120분	6분
100[A] 초과 200[A] 이하	120분	8분
200[A] 초과 400[A] 이하	180분	10분

㉢ 고압퓨즈 특성

- 비포장 퓨즈는 정격전류 1.25배에 견디고, 2배의 전류로는 2분 안에 용단되어야 한다.
- 포장 퓨즈는 정격전류 1.3배에 견디고, 2배의 전류로는 120분 안에 용단되어야 한다.

㉣ 퓨즈의 종류와 용도는 다음과 같다.

구분	명칭	용도
비포장 퓨즈	실퓨즈	납과 주석의 합금으로 만든 것으로 정격전류 5[A] 이하의 것이 많으며, 안전기, 단극 스위치 등에 사용
	훅퓨즈(판퓨즈)	실 퓨즈와 같은 재료의 판 모양 퓨즈양단에 단자 고리가 있어 나사 조임을 쉽게 할 수 있는 것으로 정격전류 10-600[A]까지 있으며 나이프 스위치에 사용
포장 퓨즈	통형휴즈(원통휴즈)	파이버 또는 베클라이트로 만든 원통 안에 실 퓨즈를 넣고 양단에 동 또는 황동으로 캡을 씌운 것으로 정격전류 60[A] 이하에 사용
	통형퓨즈(칼날단자)	통형 퓨즈와 같은 재료로 원통 내부에 판퓨즈를 넣고 칼날형의 단자를 양단에 접속한 것으로 정격전류 75-600[A]의 것에 사용
	플러그퓨즈	자기 또는 특수유리제의 나사식 통 안에 아연 재료로 된 퓨즈를 넣어 나사식으로 돌리어 고정하는 것으로 충전 중에도 바꿀 수 있다.
	텅스텐퓨즈	유리관 안에 텅스텐선을 넣고 연동선이 리드를 뺀 구조로, 정격 전류는 0.2[A]의 미소전류로 계기의 내부배선 보호용으로 사용
	유리관퓨즈	유리관 안에 실퓨즈를 넣고 양단에 캡을 씌운 것으로 정격전류는 0.1-10[A]까지 있으며 TV 등 가정용 전기기구의 전원 보호용으로 사용
	온도퓨즈(서모퓨즈)	주위온도에 의하여 용단되는 퓨즈로 100, 110, 120[℃]에서 동작하며 주로 난방기구(담요, 장판)의 보호용으로 사용
	전동기용 퓨즈	기동전류와 같이 단시간의 과전류에 동작하지 않고 사용 중 과전류에 의하여 회로를 차단하는 특성을 가진 퓨즈로 정격전류 2-16[A]까지 있으며 전동기의 과전류 보호용으로 사용

2. 누전 차단기(ELB)

① 역할 : 옥내배선회로에 누전이 발생했을 때 이를 감지하고, 자동적으로 회로를 차단하는 장치로서 감전사고 및 화재를 방지할 수 있는 장치이다.

② 설치

- 주택의 옥내에 시설하는 것으로 대지전압 150[V] 초과 300[V] 이하의 저압 전로 인입구
- 사람이 쉽게 접촉할 우려가 있는 장소에 시설하는 사용전압이 60[V]를 초과하는 저압의 금속제 외함을 가지는 기계 기구에 전기를 공급하는 전로
- 물기가 없는 장소에 시설하는 저압용 전로에 인체감전보호용 누전차단기(정격감도전류가 30[mA] 이하, 동작시간이 0.03초 이하의 전류동작형)를 시설하는 경우에는 접지공사를 생략할 수 있다.

기출 및 예상문제

01 한 개의 전등을 두 곳에서 점멸할 수 있는 배선으로 옳은 것은?

2010 2012 2013

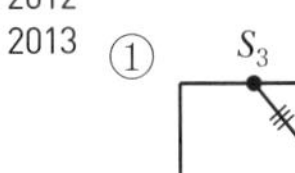
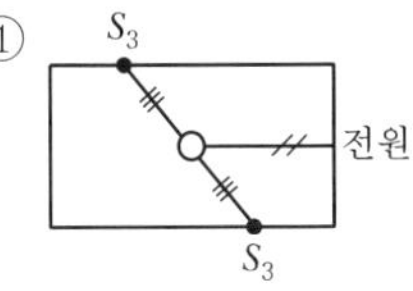

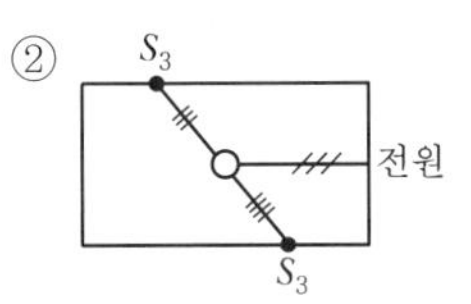

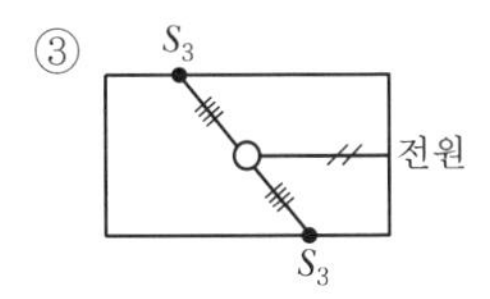

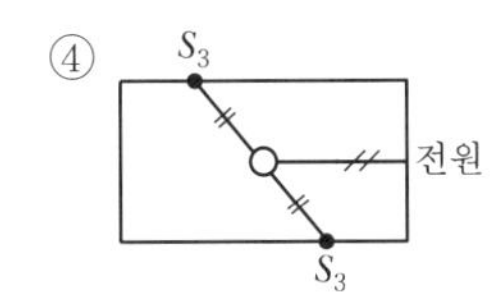

해설

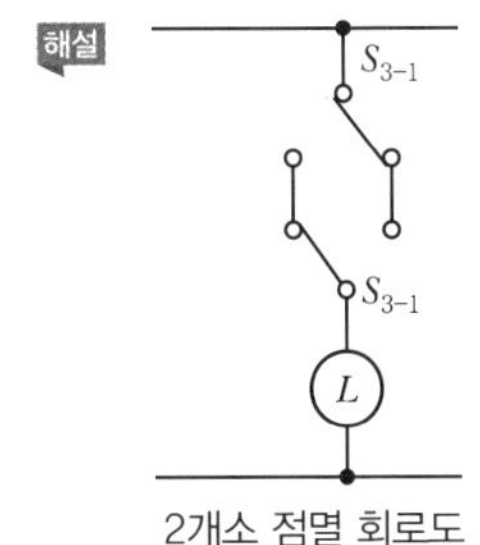

2개소 점멸 회로도

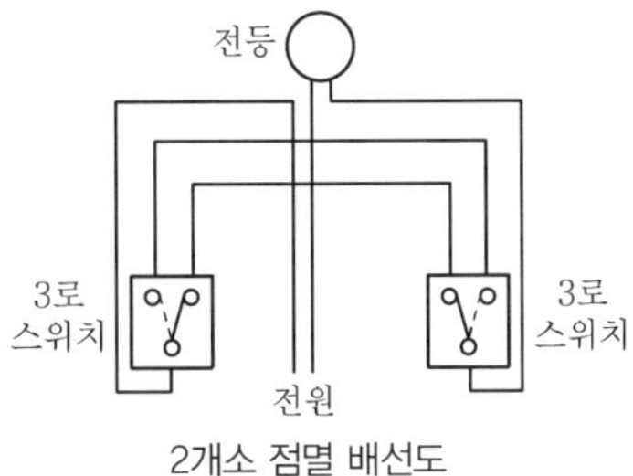

2개소 점멸 배선도

02 전기 배선용 도면을 작성할 때 사용하는 콘센트 도면기호는?

2014

① 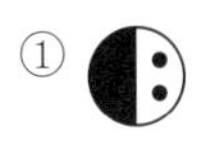
② 
③ 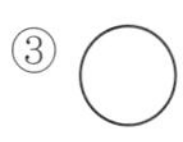
④ 

해설 ② : 비상조명등 ③ : 접지형 보안등
④ : 점검구

03 아래의 그림 기호가 나타내는 것은?

2014

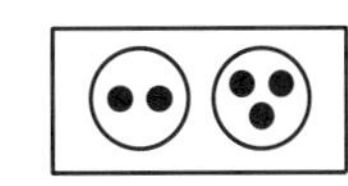

① 비상 콘센트
② 형광등
③ 점멸기
④ 접지저항 측정용 단자

04 하나의 콘센트에 두 개 이상의 플러그를 꽂아 사용할 수 있는 기구는?

2014 2015

① 코드 접속기 ② 멀티 탭
③ 테이블 탭 ④ 아이언 플러그

해설
- 멀티 탭 : 하나의 콘센트에 2~3가지의 기구를 사용할 때 쓴다.
- 테이블 탭 : 코드의 길이가 짧을 때 연장하여 사용한다.

05 일반적으로 과전류 차단기를 설치하여야 할 곳은?

2013

① 접지공사의 접지선
② 다선식 전로의 중성선
③ 송배전선의 보호용, 인입선 등 분기선을 보호하는 곳
④ 저압 가공 전로의 접지 측 전선

해설 과전류 차단기의 시설 금지 장소
- 접지공사의 접지선
- 다선식 전로의 중성선
- 제2종 접지공사를 한 저압 가공 전로의 접지 측 전선

06 정격전압 3상 24[kV], 정격차단전류 300[A]인 수전설비의 차단용량은 몇 [MVA]인가?

2015

① 17.26 ② 28.34
③ 12.47 ④ 24.94

해설 차단기 용량[MVA] = $\sqrt{3}$ × 정격전압[kV] × 정격차단전류[kV] 이므로
차단기 용량 = $\sqrt{3} \times 24 \times 0.3 = 12.47$[MVA]

07 과전류차단기로서 저압전로에 사용되는 배선용 차단기에 있어서 정격전류가 25[A]인 회로에 50[A]의 전류가 흘렀을 때 몇 분 이내에 자동적으로 동작하여야 하는가?

2009 2015

① 1분 ② 2분
③ 4분 ④ 8분

정답 01 ① 02 ① 03 ① 04 ② 05 ③ 06 ③ 07 ②

해설 과전류차단기에 과전류가 흐를 때 자동차단시간은 다음과 같다.

정격전류의 구분	자동작동시간(용단시간)	
	정격전류의 1.25배의 전류가 흐를 때(분)	정격전류의 2배의 전류가 흐를 때(분)
30[A] 이하	60	2
30[A] 초과 50[A] 이하	60	4
50[A] 초과 100[A] 이하	120	6
100[A] 초과 225[A] 이하	120	8
225[A] 초과 400[A] 이하	120	10

08 배선용 차단기의 심벌은?
2014

① B
② E
③ BE
④ S

해설 ① 배선용 차단기
② 누전차단기
③ 누전차단기(과전류 겸용)
④ 개폐기

09 과전류차단기로 저압전로에 사용하는 퓨즈를 수평으로 붙인 경우 퓨즈는 정격전류 몇 배의 전류에 견디어야 하는가?
2015

① 2.0
② 1.6
③ 1.25
④ 1.1

해설 저압용 전선로에 사용되는 퓨즈는 정격전류의 1.1배의 전류에는 견디어야 하며, 1.6배, 2배의 정격전류에는 규정시한 이내에 용단되어야 한다.

10 과전류차단기 A종 퓨즈는 정격전류의 몇 [%]에서 용단되지 않아야 하는가?
2014

① 110
② 120
③ 130
④ 140

해설 과전류차단기로 저압전로에 사용하는 퓨즈는 정격전류의 1.1배(110[%])의 전류에 견디어야 한다.

11 전로에 지락이 생겼을 경우에 부하 기기, 금속제 외함 등에 발생하는 고장전압 또는 지락전류를 검출하는 부분과 차단기 부분을 조합하여 자동적으로 전로를 차단하는 장치는?
2015

① 누전차단장치
② 과전류차단기
③ 누전경보장치
④ 배선용 차단기

해설 누전차단기
전로에 누전이 발생했을 때 이를 감지하고, 자동적으로 회로를 차단하는 장치로서 감전사고 및 화재를 방지할 수 있는 장치이다.

12 사람이 쉽게 접촉하는 장소에 설치하는 누전차단기의 사용전압 기준은 몇 [V] 초과인가?
2015

① 60
② 110
③ 150
④ 220

해설 누전 차단기(ELB)의 설치기준
- 주택의 옥내에 시설하는 것으로 대지전압 150[V] 초과 300[V] 이하의 저압 전로 인입구
- 사람이 쉽게 접촉할 우려가 있는 장소에 시설하는 사용 전압이 60[V]를 초과하는 저압의 금속제 외함을 가지는 기계 기구에 전기를 공급하는 전로

정답 08 ① 09 ④ 10 ① 11 ① 12 ①

TOPIC 03 전기공사용 공구

1 게이지

① 마이크로미터(Micrometer) : 전선의 굵기, 철판, 구리판 등의 두께를 측정하는 것이다.
② 와이어 게이지(Wire Guage) : 전선의 굵기를 측정하는 것으로, 측정할 전선을 홈에 끼워서 맞는 곳의 숫자로 전선의 굵기를 측정한다.
③ 버니어 캘리퍼스(Vernier Calipers) : 둥근 물건의 외경이나 파이프 등의 내경과 깊이를 측정하는 것이며, 부척에 의하여 1/10[mm] 또는 1/20[mm]까지 측정할 수 있다.

2 공구

① 펜치(Cutting Plier) : 전선의 절단, 전선의 접속, 전선 바인드 등에 사용하는 것으로 전기 공사에 절대적으로 필요한 것이다.
② 와이어 스트리퍼(Wire Striper) : 절연 전선의 피복 절연물을 벗기는 자동공구로서, 도체의 손상 없이 정확한 길이의 피복 절연물을 쉽게 처리할 수 있다.
③ 토치 램프(Torchlamp) : 전선 접속의 납땜과 합성수지관의 가공에 열을 가할 때 사용하는 것으로, 가솔린용과 가스용으로 나뉜다.
④ 파이어 포트(Fire Pot) : 납땜 인두를 가열하거나 납땜 냄비를 올려 놓아 납물을 만드는 데 사용되는 일종의 화로로서, 목탄용과 가솔린용이 있다.
⑤ 클리퍼(Cliper) : 보통 22[mm^2] 이상의 굵은 전선을 절단할 때 사용하는 가위로서 굵은 전선을 펜치로 절단하기 힘들 때 클리퍼나 쇠톱을 사용한다.
⑥ 펌프 플라이어(Pump Plier) : 금속관 공사의 로크너트를 죌 때 사용하고, 때로는 전선의 슬리브 접속에 있어서 펜치와 같이 사용한다.
⑦ 프레셔 툴(Pressure Tool) : 솔더리스(Solderless) 커넥터 또는 솔더리스 터미널을 압착하는 것이다.
⑧ 벤더(Bender) 및 히키(Hickey) : 금속관을 구부리는 공구로서 금속관의 크기에 따라 여러 가지 치수가 있다.
⑨ 파이프 바이스(Pipe Vise) : 금속관을 절단할 때에나 금속관에 나사를 죌 때 파이프를 고정시키는 것이다.
⑩ 파이프 커터(Pipe Cutter) : 금속관을 절단할 때 사용하는 것으로, 굵은 금속관을 파이프 커터로 70[%] 정도 끊고 나머지는 쇠톱으로 자르면 작업시간이 단축된다.
⑪ 오스터(Oster) : 금속관 끝에 나사를 내는 공구로서, 손잡이가 달린 래칫(Ratchet)과 나사살의 다이스(Dise)로 구성된다.
⑫ 녹아웃 펀치(Knock Out Punch) : 배전반, 분전반 등의 배관을 변경하거나, 이미 설치되어 있는 캐비닛에 구멍을 뚫을 때 필요한 공구이다.
⑬ 파이프 렌치(Pipe Wrench) : 금속관을 커플링으로 접속할 때 금속관과 커플링을 물고 죄는 공구이다.
⑭ 리머(Reamer) : 금속관을 쇠톱이나 커터로 끊은 다음, 관 안에 날카로운 것을 다듬는 공구이다.
⑮ 드라이브이트(Driveit) : 화약의 폭발력을 이용하여 철근 콘크리트 등의 단단한 조영물에 드라이브이트 핀을 박을 때 사용하는 것으로 취급자는 보안상 훈련을 받아야 한다.
⑯ 홀소(Hole Saw) : 녹아웃 펀치와 같은 용도로 배 · 분전반 등의 캐비닛에 구멍을 뚫을 때 사용된다.
⑰ 피시테이프(Fish Tape) : 전선관에 전선을 넣을 때 사용되는 평각 강철선이다.
⑱ 철망 그립(Pulling Grip) : 여러 가닥의 전선을 전선관에 넣을 때 사용하는 공구이다.

기출 및 예상문제

01 물체의 두께, 깊이, 안지름 및 바깥지름 등을 모두 측정할 수 있는 공구의 명칭은?
2010 2013

① 버니어 캘리퍼스 ② 마이크로미터
③ 다이얼 게이지 ④ 와이어 게이지

해설 버니어 캘리퍼스
둥근 물건의 외경이나 파이프 등의 내경과 깊이를 측정하는 것이며, 부척에 의하여 1/10[mm] 또는 1/20[mm]까지 측정할 수 있다.

02 전기공사 시공에 필요한 공구 사용법 설명 중 잘못된 것은?
2014

① 콘크리트의 구멍을 뚫기 위한 공구로 타격용 임팩트 전기드릴을 사용한다.
② 스위치박스에 전선관용 구멍을 뚫기 위해 녹아웃 펀치를 사용한다.
③ 합성수지 가요전선관의 굽힘 작업을 위해 토치램프를 사용한다.
④ 금속전선관의 굽힘 작업을 위해 파이프 밴더를 사용한다.

해설 토치램프는 합성수지관을 가공할 때 사용한다.

03 펜치로 절단하기 힘든 굵은 전선의 절단에 사용되는 공구는?
2012 2014 2015

① 파이프 렌치 ② 파이프 커터
③ 클리퍼 ④ 와이어 게이지

해설 클리퍼(Clipper) : 굵은 전선을 절단하는 데 사용하는 가위

04 금속관 배관공사를 할 때 금속관을 구부리는 데 사용하는 공구는?
2015

① 히키(Hickey)
② 파이프렌치(Pipe Wrench)
③ 오스터(Oster)
④ 파이프 커터(Pipe Cutter)

해설 ② 파이프렌치 : 금속관과 커플링을 물고 죄는 공구
③ 오스터 : 금속관에 나사를 내기 위한 공구
④ 파이프 커터 : 금속관을 절단할 때 사용되는 공구

05 금속관을 절단할 때 사용되는 공구는?
2015

① 오스터 ② 녹 아웃 펀치
③ 파이프 커터 ④ 파이프 렌치

해설 ① 금속관 끝에 나사를 내는 공구
② 배전반, 분전반 등의 캐비닛에 구멍을 뚫을 때 필요한 공구
④ 금속관과 커플링을 물고 죄는 공구

06 다음 중 금속관 공사에서 나사내기에 사용하는 공구는?
2009 2012 2014

① 토치램프 ② 벤더
③ 리머 ④ 오스터

07 배전반 및 분전반과 연결된 배관을 변경하거나 이미 설치되어 있는 캐비닛에 구멍을 뚫을 때 필요한 공구는?
2014

① 오스터 ② 클리퍼
③ 토치램프 ④ 녹아웃펀치

해설 녹아웃펀치
캐비닛에 구멍을 뚫을 때 필요한 공구

08 큰 건물의 공사에서 콘크리트에 구멍을 뚫어 드라이브 핀을 경제적으로 고정하는 공구는?
2015

① 스패너 ② 드라이브이트
③ 오스터 ④ 녹아웃 펀치

해설 ② 드라이브이트 : 화약의 폭발력을 이용하여 철근 콘크리트 등의 단단한 조영물에 드라이브이트 핀을 박을 때 사용하는 공구
③ 오스터 : 금속관 끝에 나사를 내는 공구
④ 녹아웃 펀치 : 배전반, 분전반 등의 배관을 변경하거나, 이미 설치되어 있는 캐비닛에 구멍을 뚫을 때 필요한 공구

정답 01 ① 02 ③ 03 ③ 04 ① 05 ③ 06 ④ 07 ④ 08 ②

TOPIC 04 전선접속

1 전선의 접속방법

참고 전선의 접속요건

- 접속 시 전기적 저항을 증가시키지 않는다.
- 접속부위의 기계적 강도를 20[%] 이상 감소시키지 않는다.
- 접속점의 절연이 약화되지 않도록 테이핑 또는 와이어 커넥터로 절연한다.
- 전선의 접속은 박스 안에서 하고, 접속점에 장력이 가해지지 않도록 한다.

1. 직선 접속

① 단선의 직선 접속

- 6[mm^2] 이하의 가는 단선은 그림과 같이 트위스트 접속(Twist Joint, Union Splice)
- 3.2[mm] 이상의 굵은 단선의 접속은 브리타니아 접속(Britania Joint)으로 한다.

② 연선의 직선 접속

- 권선 직선 접속 : 단선의 브리타니아 접속과 같은 방법으로 접속선을 사용하여 접속하는 방법이다.
- 단권 직선 접속 : 소손 자체를 감아서 접속하는 방법이다.
- 복권 직선 접속 : 소선 자체를 감아서 접속하는 방법으로, 단권 접속에 있어서 소선을 하나씩 감았던 것을 그림과 같이 소선 전부를 한꺼번에 감는다.

2. 분기 접속

① 단선의 분기 접속

- 트위스트 분기 접속 : 단선의 분기 접속에 있어서 굵기가 6[mm^2] 이하의 가는 전선은 그림과 같이 트위스트 접속으로 한다.
- 브리타니아 분기 접속 : 3.2[mm] 이상의 굵은 단선의 분기 접속은 그림과 같이 브리타니아 분기 접속으로 한다.

② 연선의 분기 접속

- 권선 분기 접속 : 첨선과 접속선을 사용하여 접속하는 방법이다.
- 단권 분기 접속 : 소선 자체를 이용하는 접속방법이다.
- 분할 권선 분기 접속 : 첨선과 접속선을 써서 분할 접속하는 방법이다.
- 분할 단권 분기 접속 : 소선 자체를 분할하여 접속하는 방법이다.
- 분할 복권 분기 접속 : 소선을 분할하여 여러 소선을 한꺼번에 감아서 접속하는 방법이다.

3. 쥐꼬리 접속

① 박스 안에 가는 전선을 접속할 때에는 쥐꼬리 접속으로 한다.

② 접속방법 : 같은 굵기 단선접속, 다른 굵기 단선접속, 연선 쥐꼬리 접속이 있다.

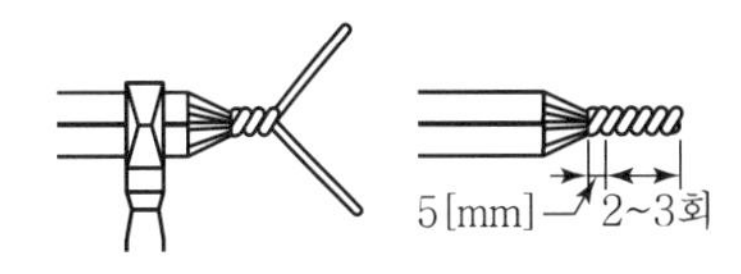

Ⅰ 단선접속 Ⅰ

2 납땜과 테이프

1. 납땜

① 슬리브나 커넥터를 쓰지 않고 전선을 접속했을 때에는 반드시 납땜을 하여야 한다.

② 땜납(Solcer)은 50[%] 납이라 하여 주석과 납이 각각 50[%]씩으로 된 것을 사용한다.

2. 테이프

① 면 테이프(Black Tape) : 건조한 목면 테이프, 즉 가제 테이프(Gaze Tape)에 검은색 점착성의 고무 혼합물을 양면에 함침시킨 것으로 접착성이 강하다.

② 고무 테이프(Rubbr Tape)

- 절연성 혼합물을 압연하여 이를 가황한 다음, 그 표면에 고무풀을 칠한 것으로, 서로 밀착되지 않도록 적당한 격리물을 사이에 넣어 같이 감은 것이다.

- 절연 전선 접속부의 도체 부분과 이에 접한 고무 절연 피복 위에 테이프를 2.5배로 늘려가면서 테이프 폭이 반 정도가 겹치도록 감아 나간다. 이때 고무 테이프의 두께는 고무 절연 피복의 두께 이상이 되도록 한다.

③ 비닐 테이프(Vinyl Tape)
- 염화비닐 콤파운드로 만든 것이다.
- 테이프를 감을 때는 테이프 폭의 반씩 겹치게 하고, 다시 반대방향으로 감아서 4겹 이상 감은 후 끝낸다.

④ 리노 테이프(Lino Tape) : 점착성은 없으나 절연성, 내온성 및 내유성이 있으므로 연피 케이블 접속에는 반드시 사용된다.

⑤ 자기 융착 테이프
- 약 2배 정도 늘이고 감으면 서로 융착되어 벗겨지는 일이 없다.
- 내오존성, 내수성, 내약품성, 내온성이 우수해서 오래도록 열화하지 않기 때문에 비닐 외장 케이블 및 클로로프렌 외장 케이블의 접속에 사용된다.

3 슬리브 및 커넥터 접속

1. 슬리브 접속

① 전선 접속용 슬리브(Sleeve)는 S자형과 관형이 있다.
② 납땜할 필요는 없으나 테이프를 완전히 감아야 한다.

2. 링 슬리브 접속

전선을 나란히 하여 링 슬리브의 압착 홈에 넣고 압착 펜치로 압착한다.

3. 와이어 커넥터 접속

① 박스 안에서 쥐꼬리 접속에 사용되며, 납땜과 테이프 감기가 필요 없다.
② 외피는 자기 소화성 난연 재질이고, 내부에 나선 스프링이 도체를 압착하도록 되어 있다.

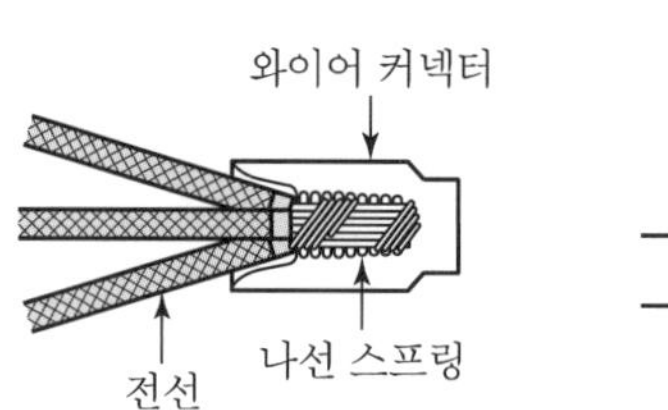

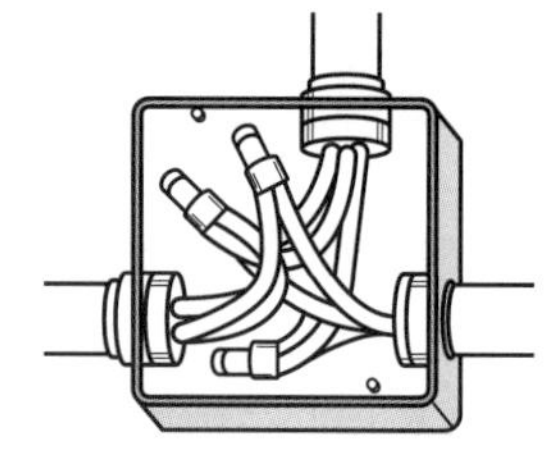

▌와이어 커넥터를 이용한 접속 ▌

4 전선과 단자의 접속

① 동관 단자 접속 : 홈에 납물과 전선을 동시에 넣어 냉각시키면 된다.
② 압착 단자 접속 : 동관 단자와 같이 시공에 시간과 노력이 많이 드는 결점을 보충하기 위해 납땜이 필요 없는 압착 단자를 사용한다.

기출 및 예상문제

01 **전선의 접속이 불완전하여 발생할 수 있는 사고로 볼 수 없는 것은?**
2014

① 감전　② 누전
③ 화재　④ 절전

해설 전선 접속부위 전기저항이 증가할 경우 화재발생, 절연처리가 불량할 경우 누전으로 인한 감전사고가 발생할 수 있다.

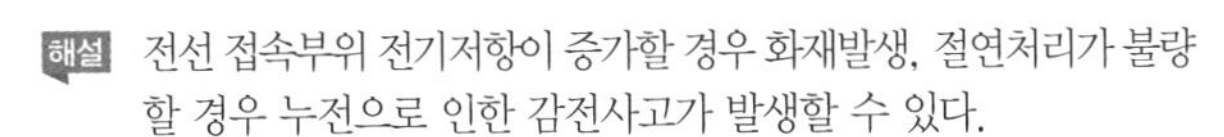

02 **전선의 접속에 대한 설명으로 틀린 것은?**
2009 2015

① 접속 부분의 전기저항을 20[%] 이상 증가되도록 한다.
② 접속 부분의 인장강도를 80[%] 이상 유지되도록 한다.
③ 접속 부분에 전선접속기구를 사용한다.
④ 알루미늄전선과 구리선의 접속 시 전기적인 부식이 생기지 않도록 한다.

해설 전선의 접속 조건
- 접속 시 전기적 저항을 증가시키지 않는다.
- 접속부위의 기계적 강도를 20[%] 이상 감소시키지 않는다.
- 접속점의 절연이 약화되지 않도록 테이핑 또는 와이어 커넥터로 절연한다.
- 전선의 접속은 박스 안에서 하고, 접속점에 장력이 가해지지 않도록 한다.

03 **동전선의 직선 접속(트위스트 조인트)은 몇 [mm^2] 이하의 전선이어야 하는가?**
2013 2014

① 2.5　② 6
③ 10　④ 16

해설 트위스트 접속은 단면적 6[mm^2] 이하의 가는 단선의 직선 접속에 적용된다.

04 **옥내배선의 접속함이나 박스 내에서 접속할 때 주로 사용하는 접속법은?**
2009 2015

① 슬리브 접속　② 쥐꼬리 접속
③ 트위스트 접속　④ 브리타니아 접속

해설
- 단선의 직선 접속 : 트위스트 접속, 브리타니아 접속, 슬리브 접속
- 단선의 종단 접속 : 쥐꼬리 접속, 링 슬리브 접속

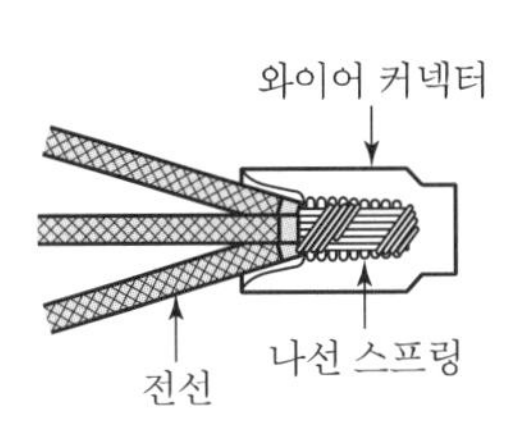

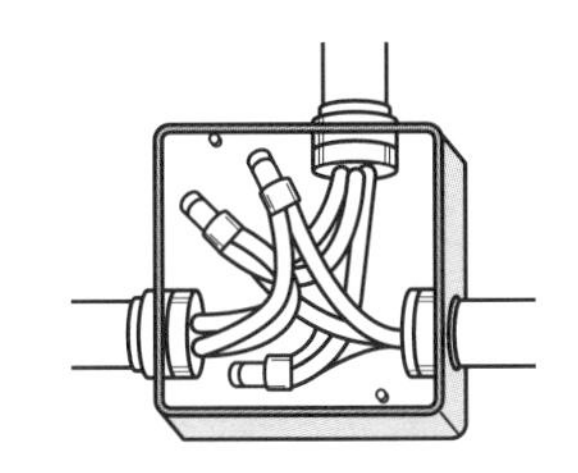

05 **정션 박스내에서 절연 전선을 쥐꼬리 접속한 후 접속과 절연을 위해 사용되는 재료는?**
2011 2012 2014 2015

① 링형 슬리브　② S형 슬리브
③ 와이어 커넥터　④ 터미널 러그

해설 와이어 커넥터
정션 박스 내에서 쥐꼬리 접속 후 사용되며, 납땜과 테이프 감기가 필요 없다.

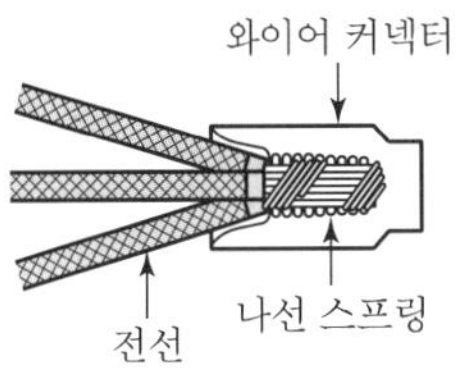

06 **접착력은 떨어지나 절연성, 내온성, 내유성이 좋아 연피케이블의 접속에 사용되는 테이프는?**
2009 2013

① 고무 테이프　② 리노 테이프
③ 비닐 테이프　④ 자기 융착 테이프

해설 리노 테이프
접착성은 없으나 절연성, 내온성, 내유성이 있어서 연피케이블 접속 시 사용한다.

07 **전선 접속 시 사용되는 슬리브(Sleeve)의 종류가 아닌 것은?**
2014

① D형　② S형
③ E형　④ P형

해설
- 직선 접속용 슬리브 : S형
- 종단 겹침용 슬리브 : E형, P형

정답 01 ④ 02 ① 03 ② 04 ② 05 ③ 06 ② 07 ①

08 S형 슬리브를 사용하여 전선을 접속하는 경우의 유의사항이 아닌 것은?
2014 2015

① 전선은 연선만 사용이 가능하다.
② 전선의 끝은 슬리브의 끝에서 조금 나오는 것이 좋다.
③ 슬리브는 전선의 굵기에 적합한 것을 사용한다.
④ 도체는 샌드페이퍼 등으로 닦아서 사용한다.

해설 S형 슬리브는 단선, 연선 어느 것에도 사용할 수 있다.

09 절연 전선을 서로 접속할 때 사용하는 방법이 아닌 것은?
2013

① 커플링에 의한 접속
② 와이어 커넥터에 의한 접속
③ 슬리브에 의한 접속
④ 압축 슬리브에 의한 접속

해설 커플링에 의한 접속은 전선관을 서로 접속할 때 사용한다.

10 동전선의 직선 접속에서 단선 및 연선에 적용되는 접속방법은?
2015

① 직선 맞대기용 슬리브에 의한 압착접속
② 가는 단선(2.6[mm] 이상)의 분기접속
③ S형 슬리브에 의한 분기접속
④ 터미널 러그에 의한 접속

해설 ② 동전선의 분기접속에서 단선에 적용
③ 동전선의 분기접속에서 단선 및 연선에 적용
④ 알루미늄전선의 종단접속에 적용

11 구리전선과 전기 기계기구 단자를 접속하는 경우에 진동 등으로 인하여 헐거워질 염려가 있는 곳에는 어떤 것을 사용하여 접속하여야 하는가?
2010 2012

① 평와셔 2개를 끼운다.
② 스프링 와셔를 끼운다.
③ 코드 패스너를 끼운다.
④ 정 슬리브를 끼운다.

해설 진동 등의 영향으로 헐거워질 우려가 있는 경우에는 스프링 와셔 또는 더블 너트를 사용하여야 한다.

12 나전선 상호 또는 나전선과 절연전선, 캡타이어 케이블 또는 케이블과 접속하는 경우 바르지 못한 방법은?
2009

① 전선의 세기를 20[%] 이상 감소시키지 않을 것
② 알루미늄 전선과 구리전선을 접속하는 경우에는 접속 부분에 전기적 부식이 생기지 않도록 할 것
③ 코드 상호, 캡타이어 케이블 상호, 케이블 상호, 또는 이들 상호를 접속하는 경우에는 코드 접속기 · 접속함 기타의 기구를 사용할 것
④ 알루미늄 전선을 옥외에 사용하는 경우에는 반드시 트위스트 접속을 할 것

해설 알루미늄 전선을 접속할 때에는 고시된 규격에 맞는 접속관 등의 접속 기구를 사용해야 한다.

정답 08 ① 09 ① 10 ① 11 ② 12 ④

CHAPTER 02 옥내배선공사

TOPIC 01 애자사용배선

1 애자사용배선의 특징

① 전선을 지지하여 전선이 조영재(벽면이나 천장면) 및 기타 접촉할 우려가 없도록 배선하는 것이다.
② 애자는 절연성, 난연성 및 내수성이 있는 재질을 사용한다.

2 애자사용배선 시공

① 전선은 절연전선을 사용해야 한다.
② 조영재의 아래 면이나 옆면에 시설하고 애자의 지지점 간의 거리는 2[m] 이하이다.
③ 시공 전선의 이격거리

구분	400[V] 미만	400[V] 이상
전선 상호간의 거리	6[cm] 이상	6[cm] 이상
전선과 조영재와의 거리	2.5[cm] 이상	4.5[cm] 이상(건조한 곳은 2.5[cm] 이상)

TOPIC 02 몰드 배선공사

1 몰드 배선의 종류

1. 합성수지 몰드 배선

① 합성수지 몰드 배선의 특징
매립 배선이 곤란한 경우에 노출 배선이며, 접착테이프와 나사못 등으로 고정시키고 절연전선 등을 넣어 배선하는 방법이다.

② 합성수지 몰드 배선 시공
- 옥내의 건조한 노출 장소와 점검할 수 있는 은폐장소에 한하여 시공할 수 있다.
- 사용 전압은 400[V] 미만이고, 전선은 절연전선을 사용하며 몰드 내에서는 접속점을 만들지 않는다.
- 홈의 폭과 깊이가 3.5[cm] 이하, 두께는 2[mm] 이상의 것이어야 한다. 단, 사람이 쉽게 접촉될 우려가 없도록 시설한 경우에는 폭 5[cm] 이하, 두께 1[mm] 이상인 것을 사용할 수 있다.
- 베이스를 조영재에 부착할 경우 40~50[cm] 간격마다 나사못 또는 접착제를 이용하여 견고하게 부착해야 한다.

2. 금속 몰드 배선

① 금속 몰드 배선의 특징 : 콘크리트 건물 등의 노출 공사용으로 쓰이며, 금속전선관 공사와 병용하여 점멸 스위치, 콘센트 등의 배선기구의 인하용으로 사용된다.

② 금속 몰드 배선의 시공
- 옥내의 외상을 받을 우려가 없는 건조한 노출장소와 점검할 수 있는 은폐장소에 한하여 시공할 수 있다.
- 사용 전압은 400[V] 미만이고, 전선은 절연전선을 사용하며 몰드 내에서는 접속점을 만들지 않는다.
- 몰드에 넣는 전선수는 10본 이하로 한다.
- 조영재에 부착할 경우 1.5[m] 이하마다 고정하고, 금속 몰드 및 기타 부속품에는 제3종 접지공사를 하여야 한다.

TOPIC 03 합성수지관 배선

1 합성수지관의 특징

① 염화비닐 수지로 만든 것으로, 금속관에 비하여 가격이 싸다.
② 절연성과 내부식성이 우수하고, 재료가 가볍기 때문에 시공이 편리하다.
③ 관자체가 비자성체이므로 접지할 필요가 없고, 피뢰기 · 피뢰침의 접지선 보호에 적당하다.
④ 열에 약할 뿐 아니라, 충격 강도가 떨어지는 결점이 있다.

2 합성수지관의 종류

1. 경질비닐 전선관

① 특징

- 기계적 충격이나 중량물에 의한 압력 등 외력에 견디도록 보완된 전선관
- 딱딱한 형태이므로 구부리거나 하는 가공방법은 토치램프로 가열하여 가공

② 호칭

- 관의 굵기를 안지름의 크기에 가까운 짝수로써 표시
- 지름 14~82[mm]로 9종
  (14, 16, 22, 28, 36, 42, 54, 70, 82[mm])
- 한 본의 길이는 4[m]로 제작

2. 폴리에틸렌 전선관(PF관)

① 특징

- 경질에 비해 연한 성질이 있어 배관작업에 토치램프로 가열할 필요가 없다.
- 경질에 비해 외부 압력에 견디는 성질이 약한 편이다.

② 호칭

- 관의 굵기를 안지름의 크기에 가까운 짝수로써 표시
  (14, 16, 22, 28, 36, 42[mm])
- 한 가닥 길이가 100~6[m]로서 롤(Roll) 형태로 제작

3. 합성수지제 가요전선관(CD관)

① 특징

- 무게가 가벼워 어려운 현장 여건에서도 운반 및 취급이 용이
- 금속관에 비해 결로현상이 적어 영하의 온도에서도 사용 가능
- PE 및 단연성 PVC로 되어 있기 때문에 내약품성이 우수하고 내후, 내식성도 우수
- 가요성이 뛰어나므로 굴곡된 배관작업에 공구가 불필요하며 배관작업이 용이
- 관의 내면이 파부형이므로 마찰계수가 적어 굴곡이 많은 배관 시에도 전선의 인입이 용이

② 호칭

- 관의 굵기를 안지름의 크기에 가까운 짝수로써 표시
  (14, 16, 22, 28, 36, 42[mm])
- 한 가닥 길이가 100~50[m]로서 롤(Roll) 형태 제작

3 합성수지관의 시공

① 합성수지관은 전개된 장소나 은폐된 장소 등 어느 곳에서나 시공할 수 있지만, 중량물의 압력 또는 심한 기계적 충격을 받는 장소에서 시설해서는 안 된다.(콘크리트 매입은 제외)

② 관의 지지점 간의 거리는 1.5[m] 이하로 하고, 관과 박스의 접속점 및 관 상호 간의 접속점 등에서는 가까운 곳(0.3[m] 이내)에 지지점을 시설하여야 한다.

③ 전선은 절연전선을 사용하며, 단선은 단면적 10[mm^2](알루미늄선은 16[mm^2]) 이하를 사용하며, 그 이상일 경우는 연선을 사용한다.

④ 관 안에서는 전선의 접속점이 없어야 한다.

⑤ 직각(L형)으로 구부릴 때 곡률 반지름은 관 안지름의 6배 이상으로 한다.

⑥ 관 상호 접속은 커플링을 이용하여 다음과 같다.

- 커플링에 들어가는 관의 길이는 관 바깥 지름의 1.2배 이상으로 한다. 단, 접착제를 사용할 때는 0.8배 이상으로 한다.
- 관 상호 접속점의 양쪽 관 가까운 곳(0.3[m] 이내)에 관을 고정해야 한다.

4 합성수지관의 굵기 선정

① 합성수지관의 배선에는 절연전선을 사용해야 한다.

② 합성수지관의 굵기 선정은 다음과 같다.

배선 구분	전선 단면적에 따른 전선관 굵기 선정 (전선 단면적은 절연피복 포함)
• 동일 굵기의 절연전선을 동일관 내에 넣을 경우 • 배관의 굴곡이 작아 전선을 쉽게 인입하고 교체할 수 있는 경우	전선관 내단면적의 48[%] 이하로 전선관 선정
• 굵기가 다른 절연 전선을 동일관 내에 넣는 경우	전선관 내단면적의 32[%] 이하로 전선관 선정

기출 및 예상문제

01 애자 사용 배선공사 시 사용할 수 없는 전선은?
2015

① 고무 절연전선
② 폴리에틸렌 절연전선
③ 플루오르 수지 절연전선
④ 인입용 비닐절연전선

해설 애자 사용 배선공사는 절연전선을 사용하여야 하나 인입용 비닐 절연전선은 제외한다.

02 애자사용 공사에서 전선의 지지점 간의 거리는 전선을 조영재의 윗면 또는 옆면에 따라 붙이는 경우에는 몇 [m] 이하인가?
2011 2014

① 1 ② 1.5
③ 2 ④ 3

해설 조영재의 아랫면이나 옆면에 시설하고 애자의 지지점 간의 거리는 2[m] 이하이다.

03 저압 옥내배선에서 애자사용 공사를 할 때의 내용으로 올바른 것은?
2014

① 전선 상호 간의 간격은 6[cm] 이상
② 400[V]를 초과하는 경우 전선과 조영재 사이의 이격거리는 2.5[cm] 미만
③ 전선의 지지점 간의 거리는 조영재의 윗면 또는 옆면에 따라 붙일 경우에는 3[m] 이상
④ 애자사용 공사에 사용되는 애자는 절연성 · 난연성 및 내수성과 무관

해설 전선의 이격거리

구분	400[V] 미만	400[V] 이상
전선 상호 간의 거리	6[cm] 이상	6[cm] 이상
전선과 조영재의 거리	2.5[cm] 이상	4.5[cm] 이상 (건조한 곳은 2.5[cm] 이상)

전선의 지지점 거리
조영재의 아래 면이나 옆면에 시설하고 2[m] 이하

04 합성수지 몰드 공사는 사용전압이 몇 [V] 미만의 배선에 사용되는가?
2011

① 200[V] ② 400[V]
③ 600[V] ④ 800[V]

해설 합성수지 · 금속 몰드 배선의 사용전압은 400[V] 미만이어야 한다.

05 다음 ( ) 안에 들어갈 내용으로 알맞은 것은?
2014

> 사람의 접촉 우려가 있는 합성수지제 몰드는 홈의 폭 및 깊이가 (㉠)[cm] 이하로 두께는 (㉡)[mm] 이상의 것이어야 한다.

① ㉠ 3.5, ㉡ 1 ② ㉠ 5, ㉡ 1
③ ㉠ 3.5, ㉡ 2 ④ ㉠ 5, ㉡ 2

해설 합성수지 몰드는 홈의 폭 및 깊이가 3.5[cm] 이하로 두께는 2[mm] 이상일 것. 다만, 사람이 쉽게 접촉할 우려가 없도록 시설하는 경우에는 폭이 5[cm] 이하, 두께 1[mm] 이상의 것을 사용할 수 있다.

06 합성수지 몰드 공사에서 틀린 것은?
2015

① 전선은 절연 전선일 것
② 합성수지 몰드 안에는 접속점이 없도록 할 것
③ 합성수지 몰드는 홈의 폭 및 깊이가 6.5[cm] 이하일 것
④ 합성수지 몰드와 박스, 기타의 부속품과는 전선이 노출되지 않도록 할 것

해설 합성수지 몰드는 홈의 폭 및 깊이가 3.5[cm] 이하의 것일 것. 단, 사람이 쉽게 접촉할 우려가 없도록 시설하는 경우에는 폭이 5[cm] 이하의 것을 사용할 수 있다. 두께는 1.2±0.2[cm]일 것

07 금속몰드 배선의 사용전압은 몇 [V] 미만이어야 하는가?
2012 2013

① 150 ② 220
③ 400 ④ 600

정답 01 ④ 02 ③ 03 ① 04 ② 05 ③ 06 ③ 07 ③

08 금속몰드의 지지점 간의 거리는 몇 [m] 이하로 하는 것이 가장 바람직한가?
2015

① 1 ② 1.5
③ 2 ④ 3

해설 금속몰드의 지지점 간의 거리
1.5[m] 이하

09 옥내의 건조하고 전개된 장소에서 사용전압이 400[V] 이상인 경우에는 시설할 수 없는 배선공사는?
2014

① 애자사용공사 ② 금속덕트공사
③ 버스덕트공사 ④ 금속몰드공사

해설 금속몰드공사는 사용전압 400[V] 미만인 경우에 시설하여야 한다.

10 합성수지관 공사의 특징 중 옳은 것은?
2013

① 내열성 ② 내한성
③ 내부식성 ④ 내충격성

해설
- 염화비닐 수지로 만든 것으로, 금속관에 비하여 가격이 싸다.
- 절연성과 내부식성이 우수하고, 재료가 가볍기 때문에 시공이 편리하다.
- 관자체가 비자성체이므로 접지할 필요가 없고, 피뢰기 · 피뢰침의 접지선 보호에 적당하다.
- 열에 약할 뿐 아니라, 충격 강도가 떨어지는 결점이 있다.

11 합성수지관 배선에서 경질비닐전선관의 굵기에 해당되지 않는 것은?(단, 관의 호칭을 말한다.)
2015

① 14 ② 16
③ 18 ④ 22

해설 경질비닐 전선관(Hi-Pipe)의 호칭
- 관의 굵기를 안지름의 크기에 가까운 짝수로써 표시
- 지름 14~100[mm]으로 10종
  (14, 16, 22, 28, 36, 42, 54, 70, 82, 100[mm])

12 경질비닐전선관 1본의 표준 길이는?
2009 2012 2014

① 3[m] ② 3.6[m]
③ 4[m] ④ 4.6[m]

해설
- 경질비닐전선관 1본은 4[m]
- 금속전선관 1본은 3.6[m]

13 합성수지제 가요전선관의 규격이 아닌 것은?
2013

① 14 ② 22
③ 36 ④ 52

해설 합성수지제 가요전선관(CD-Pipe) 호칭
14, 16, 22, 28, 36, 42[mm]

14 합성수지관 상호 및 관과 박스는 접속 시에 삽입하는 깊이를 관 바깥지름의 몇 배 이상으로 하여야 하는가?(단, 접착제를 사용하지 않은 경우이다.)
2012 2015

① 0.2 ② 0.5
③ 1 ④ 1.2

해설 합성수지관의 관 상호 접속방법
- 커플링에 들어가는 관의 길이는 관 바깥지름의 1.2배 이상으로 한다.
- 접착제를 사용하는 경우에는 0.8배 이상으로 한다.

정답 08 ② 09 ④ 10 ③ 11 ③ 12 ③ 13 ④ 14 ④

TOPIC 04 금속전선관 배선

1 금속전선관의 특징

① 노출된 장소, 은폐 장소, 습기, 물기 있는 곳, 먼지가 있는 곳 등 어느 장소에서나 시설할 수 있고, 가장 완전한 공사 방법으로 공장이나 빌딩에서 주로 사용된다.

② 다른 공사 방법에 비하여 다음과 같은 특징이 있으므로 가장 많이 이용된다.

참고

- 전선이 기계적으로 완전히 보호된다.
- 단락 사고, 접지 사고 등에 있어서 화재의 우려가 적다.
- 접지공사를 완전히 하면 감전의 우려가 없다.
- 방습 장치를 할 수 있으므로, 전선을 내수적으로 시설할 수 있다.
- 전선이 노후되었을 경우나 배선 방법을 변경할 경우에 전선의 교환이 쉽다.

2 금속전선관의 종류

① 후강 전선관 : 두께가 2.3[mm] 이상으로 두꺼운 금속관

② 박강 전선관 : 두께가 1.2[mm] 이상으로 얇은 금속관

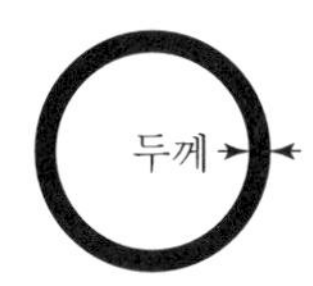

구분	후강 전선관	박강 전선관
관의 호칭	안지름의 크기에 가까운 짝수	바깥 지름의 크기에 가까운 홀수
관의 종류 [mm]	16, 22, 28, 36, 42, 54, 70, 82, 92, 104(10종류)	19, 25, 31, 39, 51, 63, 75(7종류)
관의 두께	2.3~3.5[mm]	1.6~2.0[mm]
한 본의 길이	3.66[m]	3.66[m]

③ 관의 두께와 공사

- 콘크리트에 매설하는 경우 : 1.2[mm] 이상
- 기타의 경우 : 1[mm] 이상

3 금속전선관의 시공

① 관의 절단과 나사 내기

- 금속관의 절단 : 파이프 바이스에 고정시키고 파이프 커터 또는 쇠톱으로 절단하고, 절단한 내면을 리머로 다듬어 전선의 피복이 손상되지 않도록 한다.
- 나사내기 : 오스터로 필요한 길이만큼 나사를 낸다.

② 금속전선관 가공

- 히키(벤더)를 사용하여 관이 심하게 변형되지 않도록 구부려야 하며, 구부러지는 관의 안쪽 반지름은 관 안지름의 6배 이상으로 구부려야 한다.
- 금속관의 굵기가 36[mm] 이상이 되면, 노멀 밴드와 커플링을 이용하여 시설한다.

③ 노출 배관 시 조영재에 따라 지지점 간의 거리는 2[m] 이하로 고정시킨다.

④ 관 상호 접속은 커플링을 이용하며, 금속전선관을 돌릴 수 없을 때에는 보내기 커플링 및 유니언 커플링을 사용하여 접속한다.

⑤ 전선관과 박스접속 : 전선관의 나사가 내어져 있는 끝을 구멍(녹아웃)에 끼우고, 부싱과 로크너트를 써서 전기적, 기계적으로 완전히 접속한다. 녹아웃 크기가 클 때는 링리듀서를 사용한다.

4 금속전선관 시공용 부품

① 로크 너트 : 전선관과 박스를 잘 죄기 위하여 사용

② 절연 부싱 : 전선의 절연 피복을 보호하기 위하여 금속관 끝에 취부하여 사용

③ 엔트러스 캡 : 저압 가공 인입선의 인입구에 사용

④ 터미널 캡 : 저압 가공 인입선에서 금속관 공사로 옮겨지는 곳 또는 금속관 공사로부터 전선을 뽑아 전동기 단자 부분에 접속할 때 사용

⑤ 플로어 박스 : 바닥 밑에 매입 배선을 할 때

⑥ 유니온 커플링 : 금속관 상호 접속용으로 관이 고정되어 있을 때 사용

⑦ 노멀 밴드 : 매입 배관의 직각 굴곡 부분에 사용

⑧ **유니버설 엘보** : 노출 배관 공사에서 관을 직각으로 굽히는 곳에 사용

⑨ **리머** : 절단한 전선관을 매끄럽게 하는 데 사용

⑩ **링리듀서** : 아웃렛 박스의 녹아웃 지름이 관 지름보다 클 때 관을 박스에 고정시키기 위하여 쓰는 재료

⑪ **새들** : 금속관을 노출 공사에 쓸 때에 관을 조영재에 부착하는 재료

⑫ **접지 클램프** : 금속관 접지공사 시 사용하는 재료

5 금속전선관의 굵기 선정

① 금속전선관의 배선에는 절연전선을 사용해야 한다.

② 절연전선은 단면적 6[mm^2](알루미늄선은 16[mm^2]) 이하의 단선을 사용하며, 그 이상일 경우는 연선을 사용하며, 전선에 접속점이 없도록 해야 한다.

③ 교류회로에서는 1회로의 전선 모두를 동일관 내에 넣는 것을 원칙으로 한다.

④ 교류회로에서 전선을 병렬로 여러 가닥 입선하는 경우에 관 내에 왕복전류의 합계가 "0"이 되도록 하여야 한다.

⑤ 금속전선관의 굵기 선정은 다음과 같다.

배선 구분	전선 단면적에 따른 전선관 굵기 선정 (전선 단면적은 절연피복 포함)
• 동일 굵기의 절연전선을 동일관 내에 넣을 경우 • 배관의 굴곡이 작아 전선을 쉽게 인입하고 교체할 수 있는 경우	전선관 내단면적의 48[%] 이하로 전선관 선정
• 굵기가 다른 절연 전선을 동일관 내에 넣는 경우	전선관 내단면적의 32[%] 이하로 전선관 선정

6 금속전선관의 접지

① 사용 전압이 400[V] 미만인 경우의 전선관은 누전에 의한 사고를 방지하기 위하여 제3종 접지공사 해야 한다.

② 사용 전압이 400[V] 이상의 저압인 경우에는 특별 제3종 접지공사를 하여야 하며, 사람이 접촉할 우려가 없는 경우에는 제3종 접지공사를 할 수 있다.

③ 강전류 회로의 전선과 약전류 회로의 전선을 전선관에 시공할 때는 특별 제3종 접지공사를 하여야 한다.

④ 사용전압이 400[V] 미만인 다음의 경우에는 접지공사를 생략할 수 있다.

- 건조한 장소 또는 사람이 쉽게 접촉할 우려가 없는 장소의 대지전압이 150[V] 이하, 8[m] 이하의 금속관을 시설하는 경우
- 대지전압이 150[V]를 초과할 때 4[m] 이하의 전선을 건조한 장소에 시설하는 경우

기출 및 예상문제

01 2015
후강 전선관의 관 호칭은 (㉠) 크기로 정하여 (㉡)로 표시하는데, ㉠과 ㉡에 들어갈 내용으로 옳은 것은?

① ㉠ 안지름 ㉡ 홀수
② ㉠ 안지름 ㉡ 짝수
③ ㉠ 바깥지름 ㉡ 홀수
④ ㉠ 바깥지름 ㉡ 짝수

해설
- 후강 전선관 : 안지름의 크기에 가까운 짝수
- 박강 전선관 : 바깥 지름의 크기에 가까운 홀수

02 2013 2014
금속전선관 공사에서 사용되는 후강 전선관의 규격이 아닌 것은?

① 16 ② 28
③ 36 ④ 50

해설

구분	후강 전선관
관의 호칭	안지름의 크기에 가까운 짝수
관의 종류[mm]	16, 22, 28, 36, 42, 54, 70, 82, 92, 104(10종류)
관의 두께	2.3~3.5[mm]

03 2010 2012 2015
금속전선관을 구부릴 때 금속관의 단면이 심하게 변형되지 않도록 구부려야 하며, 일반적으로 그 안측의 반지름은 관 안지름의 몇 배 이상이 되어야 하는가?

① 2배 ② 4배
③ 6배 ④ 8배

해설 금속전선관을 구부릴 때는 히키(벤더)를 사용하여 관이 심하게 변형되지 않도록 구부려야 하며, 구부러지는 관의 안쪽 반지름은 관 안지름의 6배 이상으로 구부려야 한다.

04 2010 2013
저압 가공 인입선의 인입구에 사용하며 금속관 공사에서 끝 부분의 빗물 침입을 방지하는 데 적당한 것은?

① 플로어 박스 ② 엔트런스 캡
③ 부싱 ④ 터미널 캡

해설

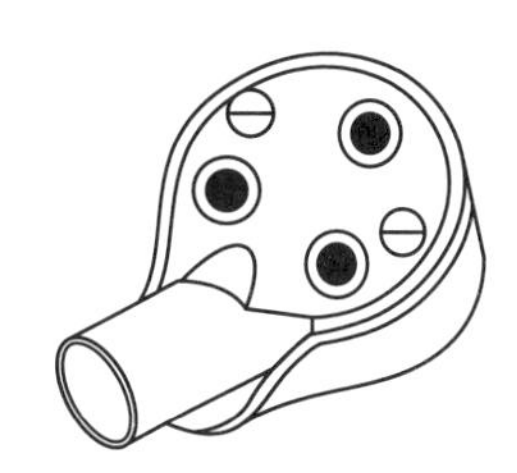

엔트런스 캡

05 2009 2011 2012 2015
금속전선관 공사에서 금속관과 접속함을 접속하는 경우 녹아웃 구멍이 금속관보다 클 때 사용하는 부품은?

① 록너트(로크너트) ② 부싱
③ 새들 ④ 링리듀서

06 2013
다음 중 금속전선관의 부속품이 아닌 것은?

① 록너트 ② 노멀 밴드
③ 커플링 ④ 앵글 커넥터

해설 ① 록너트 : 박스에 금속전선관을 고정할 때 사용
② 노멀 밴드 : 금속관 매입시 직각 굴곡 부분에 사용
③ 커플링 : 금속관 상호를 연결하기 위하여 사용
④ 앵글 박스 커넥터 : 가요전선관과 박스를 접속하기 위해 사용

07 2013
금속관 내의 같은 굵기의 전선을 넣을 때는 절연전선의 피복을 포함한 총 단면적이 금속관 내부 단면적의 몇 [%] 이하이어야 하는가?

① 16 ② 24
③ 32 ④ 48

해설 전선과 금속전선관의 단면적 관계

배선 구분	전선 단면적에 따른 전선관 굵기 선정 (전선 단면적은 절연피복 포함)
• 동일 굵기의 절연전선을 동일관내에 넣을 경우 • 배관의 굴곡이 작아 전선을 쉽게 인입하고 교체할 수 있는 경우	전선관 내단면적의 48[%] 이하로 전선관 선정
굵기가 다른 절연 전선을 동일관내에 넣는 경우	전선관 내단면적의 32[%] 이하로 전선관 선정

정답 01 ② 02 ④ 03 ③ 04 ② 05 ④ 06 ④ 07 ④

08 2013 **사용전압이 400[V] 이상인 경우 금속관 및 부속품 등은 사람이 접촉할 우려가 없는 경우 제 몇 종 접지공사를 하는가?**

① 제1종
② 제2종
③ 제3종
④ 특별 제3종

해설 금속전선관의 접지
㉠ 사용 전압이 400[V] 미만인 경우 제3종 접지공사
㉡ 사용 전압이 400[V] 이상의 저압인 경우 특별 제3종 접지공사 (단, 사람이 접촉할 우려가 없는 경우에는 제3종 접지공사)
㉢ 강전류 회로의 전선과 약전류 회로의 전선을 전선관에 시공할 때는 특별 제3종 접지공사

㉣ 사용전압이 400[V] 미만인 다음의 경우에는 접지공사를 생략
- 건조한 장소 또는 사람이 쉽게 접촉할 우려가 없는 장소의 대지전압이 150[V] 이하, 8[m] 이하의 금속관을 시설하는 경우
- 대지전압이 150[V]를 초과할 때 4[m] 이하의 전선을 건조한 장소에 시설하는 경우

09 2014 **금속관 공사에 의한 저압 옥내배선에서 잘못된 것은?**

① 전선은 절연 전선일 것
② 금속관 안에서는 전선의 접속점이 없도록 할 것
③ 알루미늄 전선은 단면적 16[mm^2] 초과 시 연선을 사용할 것
④ 옥외용 비닐절연전선을 사용할 것

해설 금속관 공사에 의한 저압 옥내배선은 다음과 같이 시설하여야 한다.
- 전선은 절연전선(옥외용 비닐절연전선 제외)을 사용할 것
- 전선은 금속관 안에서 접속점이 없도록 할 것
- 전선은 짧고 가는 금속관 넣을 경우 및 단면적 10[mm^2](알루미늄선은 단면적 16[mm^2]) 이하를 사용할 경우에는 단선을 사용하고 그 외에는 연선을 사용할 것

10 2015 **금속관 공사에 관하여 설명한 것으로 옳은 것은?**

① 저압 옥내배선의 사용전압이 400[V] 미만인 경우에는 제1종 접지를 사용한다.
② 저압 옥내배선의 사용전압이 400[V] 이상인 경우에는 제2종 접지를 사용한다.
③ 콘크리트에 매설하는 것은 전선관의 두께를 1.2[mm] 이상으로 한다.
④ 전선은 옥외용 비닐절연전선을 사용한다.

해설 ① 사용전압이 400[V] 미만인 경우에는 제3종 접지를 사용한다.
② 저압 옥내배선의 사용전압이 400[V] 이상인 경우에는 특별 제3종 접지를 사용한다.
④ 옥외용 비닐 절연 전선은 전선관에 사용하여서는 안 된다.

11 2011 **다음 중 금속관공사의 설명으로 잘못된 것은?**

① 교류회로는 1회로의 전선 전부를 동일관 내에 넣는 것을 원칙으로 한다.
② 교류회로에서 전선을 병렬로 사용하는 경우에는 관내에 전자적 불평형이 생기지 않도록 시설한다.
③ 금속관 내에서는 절대로 전선접속점을 만들지 않아야 한다.
④ 관의 두께는 콘크리트에 매입하는 경우 1[mm] 이상이어야 한다.

해설 관의 두께와 공사
- 콘크리트에 매설하는 경우 : 1.2[mm] 이상
- 기타의 경우 : 1[mm] 이상

정답 08 ③ 09 ④ 10 ③ 11 ④

TOPIC 05 가요전선관 배선

1 금속제 가요전선관의 특징

① 두께 0.8[mm] 이상의 연강대에 아연 도금을 하고, 이것을 약 반 폭씩 겹쳐서 나선 모양으로 만들어 가요성이 풍부하고, 길게 만들어져서 관 상호 접속하는 일이 적고 자유롭게 배선할 수 있는 전선관이다.

② 작은 증설 배선, 안전함과 전동기 사이의 배선, 엘리베이터, 기차나 전차 안의 배선 등의 시설에 적당하다.

2 금속제 가요전선관의 종류

① **제1종 금속제 가요전선관** : 플렉시블 콘딧(Flexible Conduit)이라고 하며, 전면을 아연 도금한 파상 연강대가 빈틈없이 나선형으로 감겨져 있으므로 유연성이 풍부하다. 방수형과 비방수형, 고장력형이 있다.

② **제2종 금속제 가요전선관** : 플리커 튜브(Flicker Tube)라고 하며, 아연도금한 강대와 강대 사이에 별개의 파이버를 조합하여 감아서 만든 것으로 내면과 외면이 매끈하고 기밀성, 내열성, 내습성, 내진성, 기계적 강도가 우수하며, 절단이 용이하다. 방수형과 비방수형이 있다.

③ **금속제 가요전선관의 호칭** : 전선관의 굵기는 안지름으로 정하는데 10, 12, 15, 17, 24, 30, 38, 50, 63, 76, 83, 101[mm]로 제작된다.

3 금속제 가요전선관의 시공

① 건조하고 전개된 장소와 점검할 수 있는 은폐장소에 한하여 시설할 수 있다. 다만, 무게의 압력 또는 심한 기계적 충격을 받을 우려가 있는 장소는 피해야 한다.

② 관의 지지점 간의 거리는 1[m] 이하마다 새들을 써서 고정시키고, 구부러지는 쪽의 안쪽 반지름은 가요전선관 안지름의 6배 이상으로 하여야 한다.

③ 금속제 가요전선관의 부속품은 다음과 같다.
- 가요전선관 상호의 접속 : 스플릿 커플링
- 가요전선관과 금속관의 접속 : 콤비네이션 커플링
- 가요전선관과 박스와의 접속 : 스트레이트 박스 커넥터, 앵글 박스 커넥터

④ 전선은 절연전선으로 단면적 10[mm^2](알루미늄선은 16[mm^2])를 초과하는 것은 연선을 사용해야 하며, 관내에서는 전선의 접속점을 만들어서는 안 된다.

4 금속제 가요전선관의 접지

① 금속제 가요전선관 및 부속품의 사용 전압이 400[V] 미만인 경우에 제3종 접지공사 해야 한다.(길이가 4[m] 이하인 경우는 생략)

② 사용 전압이 400[V] 이상의 저압인 경우에는 특별 제3종 접지공사를 하여야 하며, 사람이 접촉할 우려가 없는 경우에는 제3종 접지공사를 할 수 있다.

③ 강전류 회로의 전선과 약전류 회로의 전선을 전선관에 시공할 때는 특별 제3종 접지공사를 하여야 한다.

TOPIC 06 덕트 배선

1 덕트의 특징

강판제를 이용하여 사각 틀을 만들고, 그 안에 절연전선, 케이블, 동바 등을 넣어서 배선하는 것이다.

2 덕트의 종류

1. 금속 덕트 배선

① 강판제의 덕트 내에 다수의 전선을 정리하여 사용하는 것으로, 주로 공장, 빌딩 등에서 다수의 전선을 수용하는 부분에 사용되며, 다른 전선관 공사에 비해 경제적이고 외관도 좋으며 배선의 증설 및 변경 등이 용이하다.

② 금속 덕트는 폭 5[cm]를 넘고 두께 1.2[mm] 이상인 철판으로 견고하게 제작하고, 내면은 아연 도금 또는 에나멜 등으로 피복한다.

③ 금속 덕트 배선의 시공

- 옥내에서 건조한 노출 장소와 점검 가능한 은폐 장소에 시설할 수 있다.
- 지지점 간의 거리는 3[m] 이하로 견고하게 지지하고, 뚜껑이 쉽게 열리지 않도록 하며, 덕트의 끝 부분은 막는다.
- 절연 전선을 사용하고, 덕트 내에서는 전선이 접속점을 만들어서는 안 된다.
- 금속 덕트의 사용전압이 400[V] 미만인 경우에는 제3종 접지공사를 하여야 하고, 사용전압이 400[V] 이상인 경우에는 특별 제3종 접지공사를 하여야 한다. 다만, 사람이 접촉될 우려가 없도록 시설하는 경우에는 제3종 접지공사로 할 수 있다.

④ 전선과 전선관의 단면적 관계

- 금속 덕트에 수용하는 전선은 절연물을 포함하는 단면적의 총합이 금속 덕트 내 단면적의 20[%] 이하가 되도록 한다.
- 전광사인 장치, 출퇴 표시등, 기타 이와 유사한 장치 또는 제어회로 등의 배선에 사용하는 전선만을 넣는 경우에는 50[%] 이하로 할 수 있다.

2. 버스 덕트 배선

① 절연 모선을 금속제 함에 넣는 것으로 빌딩, 공장 등의 저압 대용량의 배선설비 또는 이동 부하에 전원을 공급하는 수단이며, 신뢰도가 높고, 배선이 간단하여 보수가 쉽고, 시공이 용이하다.

② 구리 또는 알루미늄으로 된 나도체를 난연성, 내열성, 내습성이 풍부한 절연물로 지지하고, 절연한 도체를 강판 또는 알루미늄으로 만든 덕트 내에 수용한 것이다.

3. 플로어 덕트 배선

① 마루 밑에 매입하는 배선용의 덕트로 마루 위로 전선인출을 목적으로 하는 것

② 사무용 빌딩에서 전화 및 전기배선 시설을 위해 사용하며, 사무기기의 위치가 변경될 때 쉽게 전기를 끌어 쓸 수 있는 융통성이 있으므로 사무실, 은행, 백화점 등의 실내 공간이 크고 조명, 콘센트, 전화 등의 배선이 분산된 장소에 적합하다.

TOPIC 07 케이블 배선

1 케이블 배선의 특징

① 절연전선보다는 안정성이 뛰어나므로 빌딩, 공장, 변전소, 주택 등 다방면으로 많이 사용되고 있다.

② 다른 배선 방식에 비하여 시공이 간단하여, 전력 수요가 증대되는 곳에서 주로 사용된다.

2 케이블 배선의 종류

저압 배선용으로 주로 폴리에틸렌 절연 비닐 시스 케이블(EV), 0.6/1[kV] 가교 폴리에틸렌 절연 비닐 시스 케이블(CV1), 0.6/1[kV] 비닐 절연 시스 케이블(VV), 0.6/1[kV] 비닐절연 비닐 캡타이어케이블(VCT) 등이 사용된다.

3 케이블 배선의 시공

① 케이블을 구부리는 경우 굴곡부의 곡률 반지름

- 연피가 없는 케이블 : 케이블의 바깥 지름의 6배(단심인 것은 8배) 이상으로 한다
- 연피가 있는 케이블 : 케이블의 바깥 지름의 12배(금속관 사용 시 15배) 이상으로 한다.

② 케이블 지지점 간의 거리

- 조영재의 수직방향으로 시설할 경우 : 2[m] 이하(단, 캡타이어 케이블은 1[m])
- 조영재의 수평방향으로 시설할 경우 : 1[m] 이하

기출 및 예상문제

01 **다음 중 가요전선관 공사로 적당하지 않은 것은?**
2013

① 옥내의 천장 은폐배선으로 8각 박스에서 형광등기구에 이르는 짧은 부분의 전선관 공사
② 프레스 공작기계 등의 굴곡개소가 많아 금속관 공사가 어려운 부분의 전선관 공사
③ 금속관에서 전동기부하에 이르는 짧은 부분의 전선관 공사
④ 수변전실에서 배전반에 이르는 부분의 전선관공사

해설 가요전선관 공사는 작은 증설 배선, 안전함과 전동기 사이의 배선, 엘리베이터, 기차나 전차 안의 배선 등의 시설에 적당하다.

02 **노출장소 또는 점검 가능한 은폐장소에서 제2종 가요전선관을 시설하고 제거하는 것이 부자유하거나 점검 불가능한 경우의 곡률 반지름은 안지름의 몇 배 이상으로 하여야 하는가?**
2015

① 2 ② 3
③ 5 ④ 6

해설 가요전선관 곡률 반지름
- 자유로운 경우 : 전선관 안지름의 3배 이상
- 부자유로운 경우 : 전선관 안지름의 6배 이상

03 **가요전선관의 상호 접속은 무엇을 사용하는가?**
2009 2011 2012

① 콤비네이션 커플링
② 스플릿 커플링
③ 더블 커넥터
④ 앵글 커넥터

해설
- 가요전선관 상호의 접속 : 스플릿 커플링
- 가요전선관과 금속관의 접속 : 콤비네이션 커플링
- 가요전선관과 박스와의 접속 : 스트레이트 박스 커넥터, 앵글 박스 커넥터

04 **가요전선관 공사에 다음의 전선을 사용하였다. 맞게 사용한 것은?**
2011

① 알루미늄 35[mm^2]의 단선
② 절연전선 16[mm^2]의 단선
③ 절연전선 10[mm^2]의 연선
④ 알루미늄 25[mm^2]의 단선

해설 전선은 절연전선으로 단면적 10[mm^2](알루미늄선은 16[mm^2])를 초과하는 것은 연선을 사용해야 하며, 관내에서는 전선의 접속점을 만들어서는 안 된다.

05 **금속덕트 배선에 사용하는 금속덕트의 철판 두께는 몇 [mm] 이상이어야 하는가?**
2013

① 0.8 ② 1.2
③ 1.5 ④ 1.8

해설 금속덕트
- 폭 5[cm]를 넘고 두께 1.2[mm] 이상인 철판으로 제작
- 지지점 간의 거리는 3[m] 이하
- 덕트의 끝부분은 막는다.
- 전선은 단면적의 총합이 금속덕트 내 단면적의 20[%] 이하(전광사인 장치, 출퇴 표시등, 기타 이와 유사한 장치 또는 제어회로 등의 배선에 사용하는 전선만을 넣는 경우에는 50[%] 이하)

06 **다음 중 금속덕트 공사의 시설방법으로 틀린 것은?**
2014

① 덕트 상호 간은 견고하고 또한 전기적으로 완전하게 접속할 것
② 덕트 지지점 간의 거리는 3[m] 이하로 할 것
③ 덕트의 끝부분은 열어 둘 것
④ 저압 옥내배선의 사용전압이 400[V] 미만인 경우에는 덕트에 제3종 접지공사를 할 것

해설 덕트의 말단은 막아야 한다.

정답 01 ④ 02 ④ 03 ② 04 ③ 05 ② 06 ③

07 금속덕트에 전광표시장치 · 출퇴 표시등 또는 제어회로 등의 배선에 사용하는 전선만을 넣을 경우 금속덕트의 크기는 전선의 피복절연물을 포함한 단면적의 총합계가 금속 덕트 내 단면적의 몇 [%] 이하가 되도록 선정하여야 하는가?

2009 2010 2012 2013

① 20[%] ② 30[%]
③ 40[%] ④ 50[%]

해설
- 금속 덕트에 수용하는 전선은 절연물을 포함하는 단면적의 총합이 금속 덕트 내 단면적의 20[%] 이하가 되도록 한다.
- 전광사인 장치, 출퇴 표시등, 기타 이와 유사한 장치 또는 제어 회로등의 배선에 사용하는 전선만을 넣는 경우에는 50[%] 이하로 할 수 있다.

08 다음 중 버스 덕트가 아닌 것은?

2015

① 플로어 버스 덕트
② 피더 버스 덕트
③ 트롤리 버스 덕트
④ 플러그인 버스 덕트

해설 버스 덕트의 종류

명칭	비고
피더 버스 덕트	도중에 부하를 접속하지 않는 것
플러그인 버스 덕트	도중에서 부하를 접속할 수 있도록 꽂음 구멍이 있는 것
트롤리 버스 덕트	도중에서 이동부하를 접속할 수 있도록 트롤리 접속식 구조로 한 것

09 버스덕트 공사에서 덕트를 조영재에 붙이는 경우에는 덕트의 지지점 간의 거리를 몇 [m] 이하로 하여야 하는가?

2011

① 3 ② 4.5
③ 6 ④ 9

해설 덕트는 3[m] 이하의 간격으로 견고하게 지지하고, 내부에 먼지가 들어가지 못하도록 한다.

10 플로어 덕트 공사의 설명 중 옳지 않은 것은?

2012

① 덕트 상호 간 접속은 견고하고 전기적으로 완전하게 접속하여야 한다.
② 덕트의 끝 부분은 막는다.
③ 덕트 및 박스 기타 부속품은 물이 고이는 부분이 없도록 시설하여야 한다.
④ 플로어 덕트는 특별 제3종 접지공사로 하여야 한다.

해설 플로어 덕트는 사용전압이 400[V] 미만으로 제3종 접지공사를 하여야 한다.

11 연피 없는 케이블을 배선할 때 직각 구부리기(L형)는 대략 굴곡 반지름을 케이블의 바깥지름의 몇 배 이상으로 하는가?

2015

① 3 ② 4
③ 6 ④ 10

해설
- 연피가 없는 케이블 : 곡률반지름은 케이블 바깥지름의 6배(단심은 8배) 이상
- 연피가 있는 케이블 : 곡률반지름은 케이블 바깥지름의 12배 이상

12 케이블 공사에 의한 저압 옥내배선에서 케이블을 조영재의 아랫면 또는 옆면에 따라 붙이는 경우에는 전선의 지지점 간 거리는 몇 [m] 이하이어야 하는가?

2011 2012 2014

① 0.5 ② 1
③ 1.5 ④ 2

해설 케이블 지지점 간의 거리
- 조영재의 수직방향으로 시설할 경우 : 2[m] 이하 (단, 캡타이어 케이블은 1[m])
- 조영재의 수평방향으로 시설할 경우 : 1[m] 이하

정답 07 ④ 08 ① 09 ① 10 ④ 11 ③ 12 ②

CHAPTER 03 전선 및 기계기구의 보안공사

TOPIC 01 전압

1 전압의 종류

① 저압 : 교류는 600[V] 이하, 직류는 750[V] 이하인 것
② 고압 : 교류는 600[V]를 넘고 7,000[V] 이하
직류는 750[V]를 넘고 7,000[V] 이하인 것
③ 특별 고압 : 7,000[V]를 넘는 것

2 옥내배선선로의 대지전압 제한

① 주택의 옥내전로

옥내전로의 대지전압은 300[V] 이하로 하며, 다음 각 호의 의하여 시설하여야 한다.(단, 대지전압 150[V] 이하인 경우 제외)

- 사용전압은 400[V] 미만일 것
- 사람이 쉽게 접촉할 우려가 없도록 할 것
- 주택의 전로 인입구에는 인체 보호용 누전차단기를 시설할 것
- 백열전등 및 형광등 안정기는 옥내배선과 직접 접속하여 시설할 것
- 전구소켓은 키나 점멸기구가 없는 것일 것
- 정격소비전력이 2[kW] 이상의 전기장치는 옥내배선과 직접 시설하고, 전용의 개폐기 및 과전류 차단기를 시설할 것
- 주택 이외의 장소에서는 은폐된 장소에 합성수지 전선관, 금속전선관, 케이블 공사로 시설할 것

② 주택 이외의 옥내전로

옥내전로의 대지전압은 300[V] 이하로 하며(단, 대지전압 150[V] 이하인 경우 제외), "①"항의 ㉠, ㉡, ㉤, ㉥항에 따라 시설하거나, 취급자 이외의 사람이 쉽게 접촉할 우려가 없도록 시설할 것

3 불평형 부하의 제한

① 설비 불평형률 : 중성선과 전압측 전선 간에 부하설비 용량의 차이와 총 부하설비용량의 평균값의 비를 나타낸 것

구분	설비불평형률
단상 3선식	$\dfrac{\text{중성선과 각 전압측 전선 간에 접속되는 부하설비 용량의 차}}{\text{총 부하설비 용량의 1/2}}$
3상 3선식 또는 3상 4선식	$\dfrac{\text{각 전선 간에 접속되는 단상부하 총설비용량의 최대와 최소의 차}}{\text{총 부하설비 용량의 1/3}}$

② 불평형 부하의 제한
- 단상 3선식 : 40[%] 이하
- 3상 3선식 또는 3상 4선식 : 30[%] 이하

4 전압강하의 제한

- 허용 전압강하 : 저압 배선 중에 전압강하는 표준전압의 2[%] 이하로 하는 것이 원칙이며, 사용 장소 내에 시설한 변압기에 의하여 공급되는 경우에는 3[%] 이하로 할 수 있다.

기출 및 예상문제

01 전압의 구분에서 고압에 대한 설명으로 가장 옳은 것은?
2011
① 직류는 750[V]를, 교류는 600[V] 이하인 것
② 직류는 750[V]를, 교류는 600[V] 이상인 것
③ 직류는 750[V]를, 교류는 600[V] 초과하고, 7[kV] 이하인 것
④ 7[kV]를 초과하는 것

해설 전압의 종류
- 저압 : 교류는 600[V] 이하, 직류는 750[V] 이하인 것
- 고압 : 교류는 600[V]를 넘고 7,000[V] 이하
  직류는 750[V]를 넘고 7,000[V] 이하인 것
- 특고압 : 7,000[V]를 넘는 것

02 다음 중 특별고압은?
2015
① 600[V] 이하
② 750[V] 이하
③ 600[V] 초과, 7,000[V] 이하
④ 7,000[V] 초과

해설 1번 문제 해설 참고

03 교류 단상 3선식 배전선로를 잘못 표현한 것은?
2009
① 두 종류의 전압을 얻을 수 있다.
② 중성선에는 퓨즈를 사용하지 않고 동선으로 연결한다.
③ 개폐기는 동시에 개폐하는 것으로 한다.
④ 변압기 부하 측 중성선은 제3종 접지공사로 한다.

해설 변압기 부하 측 중성선은 제2종 접지공사를 한다.

04 도면과 같은 단상 3선식의 옥외 배선에서 중성선과 양외선 간에 각각 20[A], 30[A]의 전등 부하가 걸렸을 때 인입 개폐기의 X점에서 단자가 빠졌을 경우 발생하는 현상은?
2011

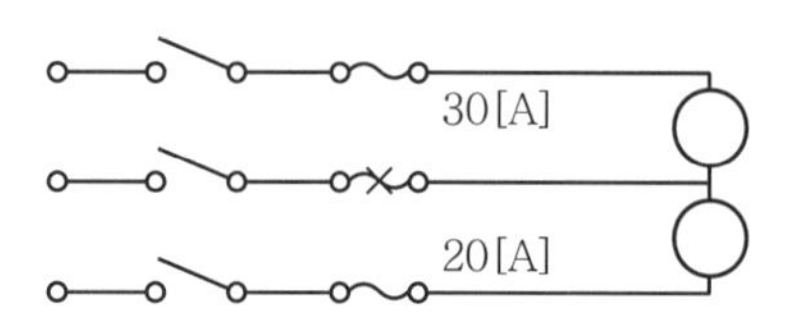

① 별 이상이 일어나지 않는다.
② 20[A] 부하의 단자전압이 상승
③ 30[A] 부하의 단자전압이 상승
④ 양쪽 부하에 전류가 흐르지 않는다.

해설 단상 3선식에서 중성선이 단선되면 각 부하가 직렬로 연결된 회로가 되어 내부임피던스가 큰 20[A] 전등에 전압강하가 더 크게 되어 단자전압이 상승하게 된다. 따라서, 단상 3선식의 중성선은 동선으로 직결한다.

05 다선식 옥내배선인 경우 중성선의 색별 표시는?
2010
① 적색 ② 흑색
③ 백색 ④ 황색

해설 A상(R상, 흑색), B상(S상, 적색), C상(T상, 청색), N상(백색 또는 회색), G상(녹색)

06 단상 2선식 옥내 배전반 회로에서 접지 측 전선의 색깔로 옳은 것은?
2013
① 흑색 ② 적색
③ 청색 ④ 백색

정답 01 ③ 02 ④ 03 ④ 04 ② 05 ③ 06 ④

TOPIC 02 간선

1 간선의 개요

- 간선 : 전선로에서 전등, 콘센트, 전동기 등의 설비에 전기를 보낼 때 구역을 정하여 큰 용량의 배선으로 배전하기 위한 전선

2 간선의 종류

1. 사용목적에 따른 분류

① 전등 간선
조명기구, 콘센트, 사무용 기기 등에 전력을 공급하는 간선

② 동력 간선
- 에어컨, 공기조화기, 급·배수 펌프, 엘리베이터 등의 동력설비에 전력을 공급하는 간선
- 승강기용 동력간선은 다른 용도의 부하와 접속시키지 않는다.

③ 특수용 간선 : 중요도가 높은 특수기기 및 장비에 전력을 공급하는 간선

2. 간선의 굵기 결정

① 전선도체의 굵기는 허용전류, 전압강하 및 기계적 강도를 고려하여 선정한다.

② 간선에 접속하는 전동기 부하의 간선의 굵기는 다음과 같이 선정한다.

전동기 정격전류	허용전류 계산
50[A] 이하	정격전류 합계의 1.25배
50[A] 초과	정격전류 합계의 1.1배

③ 전기사용 장치의 정격전류의 합계의 값에 수용률과 역률을 고려하여 수정된 부하 전류값 이상의 허용전류를 갖는 전선을 선정한다.

건물의 종류	간선의 수용률[%]	
	10[kVA] 이하	10[kVA] 초과
주택, 아파트, 기숙사, 여관, 호텔, 병원	100	50
사무실, 은행, 학교	100	70

3 간선의 보안

① 과전류 보호 장치
- 간선을 과전류로부터 보호하기 위해 과전류 차단기를 시설한다.
- 과전류 차단기의 정격전류는 간선으로 사용하는 전선의 허용전류보다는 작은 것을 사용해야 한다.
- 간선에 전동기와 일반부하가 접속되어 있다면, 전동기의 기동전류를 보상하기 위하여
  [전동기 정격전류 합계의 3배와 일반부하의 정격전류의 합]과 [간선의 허용전류의 2.5배 한 값] 중에서 작은 값으로 시설해야 한다.
- 간선은 끝으로 갈수록 보다 가는 전선을 사용할 경우 과전류 차단기를 설치한다.

② 지락 보호 장치 : 지락사고 시 자동적으로 전로를 차단하여 간선을 보호한다.

③ 단락 보호 장치 : 간선의 전선이나 전기부하에서 생기는 단락사고 시 단락 전류를 차단하여 간선을 보호한다.

TOPIC 03 분기회로

1 분기회로의 정의

① 간선으로부터 분기하여 과전류 차단기를 거쳐 각 부하에 전력을 공급하는 배선을 말한다. 즉 모든 부하는 분기회로에 의하여 전력을 공급받고 있는 것이다.

② 사용목적 : 고장 발생시 고장범위를 될 수 있는 한 줄여 신속한 복귀와 경제적 손실을 줄이기 위해 분기회로를 시설한다.

2 분기회로의 종류

분기회로의 과전류 차단기는 배선용 차단기 또는 퓨즈를 사용하는데, 전등, 콘센트 분기회로의 종류는 과전류 차단기의 정격전류에 의해 아래 표와 같이 분류된다.

분기회로의 종류	분기 과전류 차단기의 정격 전류
15[A] 분기회로	15[A]
20[A] 배선용 차단기 분기회로	20[A](배선용 차단기에 한한다.)
20[A] 분기회로	20[A](퓨즈에 한한다.)
30[A] 분기회로	30[A]
50[A] 분기회로	50[A]
50[A]를 초과하는 분기회로	배선의 허용전류 이하

3 부하의 상정

배선을 설계하기 위한 전등 및 소형 전기 기계기구의 부하용량 산정은 아래 표에 표시하는 건물의 종류 및 그 부분에 해당하는 표준부하에 바닥 면적을 곱한 값을 구하고 여기에 가산하여야 할 VA 수를 더한 값으로 계산한다.

부하설비용량
={표준부하밀도}×{바닥면적}+{부분부하밀도}×{바닥면적}+{가산부하}[VA]

부하 구분	건물종류 및 부분	표준부하밀도 [VA/m²]
표준 부하	공장, 공회장, 사원, 교회, 극장, 영화관	10
	기숙사, 여관, 호텔, 병원, 음식점, 다방	20
	주택, 아파트, 사무실, 은행, 백화점, 상점	30
부분 부하	계단, 복도, 세면장, 창고	5
	강당, 관람석	10
가산 부하	주택, 아파트	세대 당 500~1,000[VA]
	상점 진열장	길이 1[m]마다 300[VA]
	옥외광고등, 전광사인, 무대조명, 특수 전등 등	실[VA] 수

4 분기회로의 시공

① 전선의 굵기 선정 : 허용전류, 전압강하 등을 고려하여 선정한다.

② 개폐기 및 과전류 차단기 시설

원칙	간선과의 분기점에서 전선의 길이 3[m] 이하의 장소에 개폐기 및 과전류 차단기를 시설하여야 한다.
분기선의 길이가 3[m]를 초과할 경우	분기선의 길이를 8[m] 이하로 하려면, [분기선의 허용전류]가 [간선의 과전류 차단기 정격전류]에 35[%] 이상인 경우
	분기선의 길이를 임의의 거리로 하려면, [분기선의 허용전류]가 [간선의 과전류 차단기 정격전류]에 55[%] 이상인 경우

③ 다선식(단상3선식, 3상3선식, 3상4선식) 분기회로는 부하의 불평형을 고려한다.

5 분기회로 구성 시 주의사항

① 전등과 콘센트는 전용의 분기회로로 구분하는 것을 원칙으로 한다.

② 분기회로의 길이는 전압강하와 시공을 고려하여 약 30[m] 이하로 한다.

기출 및 예상문제

01 2013 **간선에서 분기하여 분기 과전류차단기를 거쳐서 부하에 이르는 사이의 배선을 무엇이라 하는가?**

① 간선 ② 인입선
③ 중성선 ④ 분기회로

해설 급전선 → 간선 → 분기회로 → 부하

02 2013 2015 **저압옥내간선으로부터 분기하는 곳에 설치해야 하는 것은?**

① 지락 차단기 ② 과전류 차단기
③ 누전 차단기 ④ 과전압 차단기

해설 분기회로의 개폐기 및 과전류 차단기를 저압옥내간선과의 분기점에서 전선의 길이가 3[m] 이하의 곳에 시설하여야 한다.

03 2014 **저압 옥내간선 시설 시 전동기의 정격전류가 20[A]이다. 전동기 전용 분기회로에 있어서 허용전류는 몇 [A] 이상으로 하여야 하는가?**

① 20 ② 25
③ 30 ④ 60

해설 전동기 부하 간선의 굵기 산정

전동기 정격전류	허용전류 계산
50[A] 이하	정격전류 합계의 1.25배
50[A] 초과	정격전류 합계의 1.1배

전선의 허용 전류
20A × 1.25배 = 25[A]

04 2015 **정격전류 20[A]인 전동기 1대와 정력전류 5[A]인 전열기 3대가 연결된 분기회로에 시설하는 과전류 차단기의 정격전류는?**

① 35 ② 50
③ 75 ④ 100

해설 전동기와 일반부하가 접속되어 있다면, 전동기의 기동전류를 보상하기 위하여 [전동기 정격전류 합계의 3배와 일반부하의 정격전류의 합]과 [간선의 허용전류의 2.5배를 한 값] 중에서 작은 값으로 시설해야 한다. 따라서, 과전류차단기의 정격전류는
3배 × 20[A] + 3대 × 15[A] = 75[A]

05 2014 **일반적으로 학교건물이나 은행건물 등 간선 수용률은 얼마인가?**

① 50[%] ② 60[%]
③ 70[%] ④ 80[%]

해설 간선의 수용률

건물의 종류	수용률	
	10[kVA] 이하	10[kVA] 초과
주택, 아파트, 기숙사, 여관, 호텔, 병원	100[%]	50[%]
사무실, 은행, 학교	100[%]	70[%]

06 2011 2013 **저압옥내 분기회로에 개폐기 및 과전류 차단기를 시설하는 경우 원칙적으로 분기점에서 몇 [m] 이하에 시설하여야 하는가?**

① 3 ② 5
③ 8 ④ 12

해설 분기회로의 개폐기 및 과전류차단기는 3[m] 이하로 설치하여야 한다.

정답 01 ④ 02 ② 03 ② 04 ③ 05 ③ 06 ①

TOPIC 04 변압기 용량 산정

1 부하 설비 용량 산정

모든 부하 설비가 전부 상시 사용되는 것이 아니며, 사용시각이 항상 일정하지 않다. 그러므로 각 부하마다 추산한 설비용량에 수용률, 부등률, 부하율 등을 고려해서 최대수용전력을 산정한다. 여기에 장래의 부하 증설계획과 여유분 등을 감안하여 변압기 용량을 결정하게 된다.

① **수용률** : 수용장소에 설비된 전 용량에 대하여 실제 사용하고 있는 부하의 최대 전력 비율을 말한다. 전력소비기기가 동시에 사용되는 정도를 나타내는 척도이며, 보통 1보다 작다.

$$\text{수용률} = \frac{\text{최대수용전력}}{\text{총 부하설비용량 합계}} \times 100[\%]$$

② **부등률** : 한 배전용 변압기에 접속된 수용가의 부하는 최대수용전력을 나타내는 시각이 서로 다른 것이 보통이다. 이 다른 정도를 부등률로 나타낸다. 보통 1보다 큰 값을 나타낸다.

$$\text{부등률} = \frac{\text{각 부하의 최대수용전력의 합계}}{\text{합성최대수용전력}}$$

③ **부하율** : 전기설비가 어느 정도 유효하게 사용되는가를 나타내며 부하율이 높을수록 설비가 효율적으로 사용되는 것이다.

$$\text{부하율} = \frac{\text{부하의 평균전력}}{\text{최대수용전력}} \times 100[\%]$$

2 변압기 용량 산정

① 각 부하별로 최대수용전력을 산출하고 이에 부하역률과 부하증가를 고려하여 변압기의 총용량을 결정한다.

$$\text{변압기 용량} = \frac{\text{총 부하설비용량} \times \text{수용률}}{\text{부등률}} \times \text{여유율}$$

② 여유율은 일반적으로 10[%] 정도의 여유를 둔다.

TOPIC 05 전로의 절연

1 전로의 절연의 필요성

① 누설전류로 인하여 화재 및 감전사고 등의 위험 방지
② 전력 손실 방지
③ 지락전류에 의한 통신선에 유도 장해 방지

2 저압 전선로의 절연

① 옥내 저압 전선로의 절연 저항값은 개폐기 또는 과전류 차단기로 구분할 수 있는 전로마다 아래 표와 같이 그 한계값을 정하고 있으며, 신규로 공사한 초기값은 1[MΩ] 이상으로 하는 것이 바람직하다.

전로의 사용 전압의 구분	절연 저항 값
대지전압이 150[V] 이하의 경우	0.1[MΩ]
대지전압이 150[V]를 넘고 300[V] 이하의 경우	0.2[MΩ]
사용전압이 300[V]를 넘고 400[V] 미만인 경우	0.3[MΩ]
사용전압이 400[V] 이상 저압인 경우	0.4[MΩ]

② 옥외 절연부분의 전선과 대지 사이의 절연저항은 사용전압에 대한 누설전류가 최대공급전류의 1/2,000(1가닥)을 초과하지 않도록 해야 한다.

$$\text{누설전류} \le \frac{\text{최대공급전류}}{2{,}000}$$

$$\text{옥외배선의 절연저항} \ge \frac{\text{사용전압}}{\text{누설전류}}[\Omega]$$

기출 및 예상문제

01 어느 수용가의 설비용량이 각각 1[kW], 2[kW], 3[kW], 4[kW]인 부하설비가 있다. 그 수용률이 60[%]인 경우 그 최대수용전력은 몇 [kW]인가?
2009

① 3 ② 6
③ 30 ④ 60

해설 수용률 $=\frac{\text{최대수용전력}}{\text{수용설비용량}}$이므로,
최대수용전력 $=(1+2+3+4)\times0.6=6$[kW]이다.

02 각 수용가의 최대수용전력이 각각 5[kW], 10[kW], 15[kW], 22[kW]이고, 합성최대수용전력이 50[kW]이다. 수용가 상호 간의 부등률은 얼마인가?
2011

① 1.04 ② 2.34
③ 4.25 ④ 6.94

해설 부등률 $=\frac{\text{각 부하의 최대수용전력의 합계}}{\text{합성최대수용전력}}$이므로,
$=\frac{5+10+15+22}{50}=1.04$

03 설비용량 600[kW], 부등률 1.2, 수용률 0.6일 때 합성최대전력[kW]은?
2012

① 240[kW]
② 300[kW]
③ 432[kW]
④ 833[kW]

해설 수용률 $=\frac{\text{최대 수용 전력}}{\text{설비 용량}}\times100[\%]$에서
$60[\%]=\frac{\text{최대수용전력}}{600}\times100[\%]$에서
최대수용전력 $=360$[kW]
부등률 $=\frac{\text{각 부하의 최대수용전력의 합계}}{\text{합성최대수용전력}}$이므로,
$1.2=\frac{360}{\text{합성최대수용전력}}$에서 합성최대(수용)전력 $=300$[kW]

04 교류 380[V]를 사용하는 공장의 전선과 대지 사이의 절연저항은 몇 [MΩ] 이상이어야 하는가?
2010

① 0.1[MΩ] ② 0.3[MΩ]
③ 10[MΩ] ④ 100[MΩ]

해설

전로의 사용 전압의 구분	절연 저항 값
대지전압이 150[V] 이하의 경우	0.1[MΩ]
대지전압이 150[V]를 넘고 300[V] 이하의 경우	0.2[MΩ]
사용전압이 300[V]를 넘고 400[V] 미만인 경우	0.3[MΩ]
사용전압이 400[V] 이상 저압인 경우	0.4[MΩ]

05 400[V] 이하 옥내배선의 절연저항 측정에 가장 알맞은 절연저항계는?
2012

① 250[V] 메거 ② 500[V] 메거
③ 1,000[V] 메거 ④ 1,500[V] 메거

해설 절연저항 측정 계기는 메거를 사용하며, 저압인 경우 500[V] 메거, 고압 및 특고압인 경우 1,000[V] 메거를 사용한다.

06 사용전압 415[V]의 3상 3선식 전선로의 1선과 대지 간에 필요한 절연저항값의 최소값은?(단, 최대공급전류는 500[A]이다.)
2013

① 2,560[Ω] ② 1,660[Ω]
③ 3,210[Ω] ④ 4,512[Ω]

해설 옥외 절연부분의 전선과 대지 사이의 절연저항은 사용전압에 대한 누설전류가 최대공급전류의 1/2,000(1가닥)을 초과하지 않도록 해야 하므로, 다음 식으로 절연저항을 구한다.
누설전류 $\leq\frac{\text{최대공급전류}}{2,000}=\frac{500}{2,000}=0.25$
옥외배선의 절연저항 $\geq\frac{\text{사용전압}}{\text{누설전류}}=\frac{415}{0.25}=1,660[\Omega]$

정답 01 ② 02 ① 03 ② 04 ② 05 ② 06 ②

TOPIC 06 접지공사

1 접지의 목적

① 전기 설비의 절연물의 열화 또는 손상되었을 때 흐르는 누설 전류로 인한 감전을 방지
② 높은 전압과 낮은 전압이 혼촉 사고가 발생했을 때 사람에게 위험을 주는 높은 전류를 대지로 흐르게 하기 위함
③ 뇌해로 인한 전기설비나 전기기기 등을 보호하기 위함
④ 전로에 지락 사고 발생시 보호계전기를 신속하고, 확실하게 작동하도록 하기 위함
⑤ 전기기기 및 전로에서 이상 전압이 발생하였을 때 대지전압을 억제하여 절연강도를 낮추기 위함

2 접지공사

1. 접지공사의 종류

① 접지공사는 아래 표와 같이 4가지 종류로 하며 적용사항은 다음과 같다.

접지종별	접지저항값	접지선의 굵기
제1종 접지공사	10[Ω] 이하	6[mm²] 이상의 연동선 10[mm²] 이상(이동용)
[적용기기] 피뢰기, 피뢰침, 특고압 계기용 변성기, 고압 이상 기계기구의 외함		
제2종 접지공사	$\dfrac{150}{1선지락전류}$[Ω] 이하[주1)]	특고압에서 저압변성 16[mm²] 이상 10[mm²] 이상(이동용)
		고압, 22.9[kV-Y][주2)]에서 저압변성 6mm² 이상 10[mm²] 이상(이동용)
[적용기기] 변압기 2차측 중성점 또는 1단자 (고저압 혼촉으로 인한 사고방지)		
제3종 접지공사	100[Ω] 이하	2.5[mm²] 이상 연동선 0.75[mm²](이동용)
[적용기기] 고압용 계기용 변성기, 400[V] 미만의 기기외함, 철대, 금속제 전선관(400[V] 미만)		
특별 제3종 접지공사	10[Ω] 이하	2.5[mm²] 이상 연동선 1.5[mm²](이동용)
[적용기기] 400[V] 이상 기기 외함, 철대수중용 조명등		

주1) 변압기의 혼촉 발생시 1초를 넘고 2초 이내에 자동으로 전로를 차단하는 장치를 설치할 때는 $\dfrac{300}{I_g}$, 1초 이내에 자동으로 차단하는 장치를 설치할 때는 $\dfrac{600}{I_g}$

주2) 22.9[kV-Y] : 22.9[kV] 중성점 다중접지식 전로

② 저압 전로에서 지기가 생겼을 경우에 0.5초 이내에 자동적으로 전로를 차단하는 장치를 시설하는 경우에는 제3종 접지공사와 특별 제3종 접지공사의 접지 저항치는 자동차단기의 정격감도 전류에 따라 다음 표에서 정한 값 이하로 할 수 있다.

정격감도 전류	접지저항치
30[mA]	500[Ω]
50[mA]	300[Ω]
100[mA]	150[Ω]
200[mA]	75[Ω]
300[mA]	50[Ω]
500[mA]	30[Ω]

2. 접지선의 시설기준

① 접지극은 지하 75[cm] 이상의 깊이로 매설할 것
② 접지선을 철주 기타의 금속체를 따라서 시설하는 경우에는 접지극을 철주의 밑면으로부터 30[cm] 이상의 깊이에 매설하는 경우 이외에는 접지극을 지중에서 그 금속체로부터 1[m] 이상 떼어 매설할 것
③ 접지선은 접지극에서 지표상 60[cm]까지의 부분에는 절연전선(옥외용 비닐절연전선을 제외), 캡타이어케이블 또는 케이블(통신용 케이블을 제외)을 사용할 것
④ 접지선의 지하 75[cm]로부터 지표상 2[m]까지의 부분을 두께 2[mm] 이상의 합성수지관 또는 이와 동등 이상의 절연효력 및 강도를 가지는 것으로 덮을 것

3. 접지 전극의 시설

① 접지극
- 동봉, 동복 강봉 : 지름 8[mm] 이상, 길이 0.9[m] 이상
- 동판 : 두께 0.7[mm] 이상, 면적 900[cm^2] 이상
- 강봉(철봉) : 지름 12[mm] 이상, 길이 0.9[m] 이상

② **금속제 수도관 접지극 사용** : 3[Ω] 이하의 접지저항을 가지고 있을 것

③ **건물의 철골 등 금속체를 접지극 사용** : 2[Ω] 이하의 접지저항을 가지고 있을 것

TOPIC 07 피뢰기 설치공사

1 피뢰기가 구비해야 할 성능

① 전기시설물에 이상전압이 침입할 때 그 파고값을 감소시키기 위해 방전특성을 가질 것

② 이상전압 방전완료 이후 속류를 차단하여 절연의 자동 회복능력을 가질 것

③ 방전개시 이후 이상전류 통전시의 단자전압을 일정전압 이하로 억제할 것

④ 반복 동작에 대하여 특성이 변화하지 않을 것

2 피뢰기의 정격

① **정격전압** : 전압을 선로단자와 접지단자에 인가한 상태에서 동작책무를 반복 수행할 수 있는 정격 주파수의 상용주파전압 최고한도(실효치)를 말한다.

② **공칭 방전전류** : 보통 수전설비에 사용하는 피뢰기의 방전전류는 154[kV]계통에서는 10[kA]로 22.9[kV]계통에서는 5[kA]나 10[kA]를 사용한다.

③ **제한전압** : 피뢰기 방전 시 단자간에 남게 되는 충격전압의 파고치로서 방전 중에 피뢰기 단자간에 걸리는 전압을 말한다.

3 피뢰기의 구비조건

① 충격방전개시 전압이 낮을 것

② 제한 전압이 낮을 것

③ 뇌전류 방전능력이 클 것

④ 속류차단을 확실하게 할 수 있을 것

⑤ 반복동작이 가능하고, 구조가 견고하며 특성이 변화하지 않을 것

4 피뢰기의 시설장소

① 발전소, 변전소 또는 이에 준하는 장소의 가공전선 인입구 및 인출구

② 가공전선로에 접속하는 특고압 배전용 변압기의 고압측 및 특별고압측

③ 고압 또는 특별고압 가공전선로로부터 공급을 받는 수용장소의 인입구

④ 가공전선로와 지중전선로가 접속되는 곳

기출 및 예상문제

01 저압 옥내용 기기에 제3종 접지공사를 하는 주된 목적은?
2014
① 이상 전류에 의한 기기의 손상 방지
② 과전류에 의한 감전 방지
③ 누전에 의한 감전 방지
④ 누전에 의한 기기의 손상 방지

해설 접지의 목적
- 누설 전류로 인한 감전을 방지
- 뇌해로 인한 전기설비를 보호
- 전로에 지락사고 발생시 보호계전기를 확실하게 작동
- 이상 전압이 발생하였을 때 대지전압을 억제하여 절연강도를 낮추기 위함

02 제1종 접지공사의 접지선의 굵기로 알맞은 것은?(단, 공칭단면적으로 나타내며, 연동선의 경우이다.)
2011
① 0.75[mm^2] 이상 ② 2.5[mm^2] 이상
③ 6[mm^2] 이상 ④ 16[mm^2] 이상

해설

접지종별	접지선의 굵기
제1종 접지공사	6[mm^2] 이상
제2종 접지공사	16[mm^2] 이상 (특고압에서 저압변성)
	6[mm^2] 이상 (고압, 22.9[kV-Y]에서 저압변성)
제3종 접지공사	2.5[mm^2] 이상 연동선
특별 제3종 접지공사	

03 일반적으로 특고압 전로에 시설하는 피뢰기의 접지공사는?
2012
① 제1종 접지공사 ② 제2종 접지공사
③ 제3종 접지공사 ④ 특별 제3종 접지공사

해설

접지종별	적용기기
제1종 접지공사	고압 이상 기계기구의 외함, 피뢰기
제2종 접지공사	변압기 2차 측 중성점 또는 1단자
제3종 접지공사	400[V] 미만의 기기외함, 철대
특별 제3종 접지공사	400[V] 이상 저압기계기구 외함, 철대

04 특고압 계기용 변성기 2차 측에는 어떤 접지공사를 하는가?
2015
① 제1종 ② 제2종
③ 제3종 ④ 특별 제3종

해설
- 고압용 계기용 변성기 : 제3종 접지공사
- 특고압용 계기용 변성기 : 제1종 접지공사

05 주상 변압기의 고 · 저압 혼촉 방지를 위해 실시하는 2차 측 접지공사는?
2013
① 제1종 ② 제2종
③ 제3종 ④ 특별 제3종

해설 제2종 접지공사
- 고압 또는 특별 고압 전로와 저압 전로를 결합하는 변압기의 저압 측을 접지하는 경우에 적용
- 저고압이 혼촉한 경우에 저압 전로에 고압이 침입할 경우 기기의 소손이나 사람의 감전을 방지

06 제3종 접지공사 및 특별 제3종 접지공사의 접지선은 공칭단면적 몇 [mm^2] 이상의 연동선을 사용하여야 하는가?
2010
2012
① 2.5 ② 4
③ 6 ④ 10

해설

접지종별	접지선의 굵기
제1종 접지공사	6[mm^2] 이상의 연동선
제2종 접지공사	특고압에서 저압변성 : 16[mm^2] 이상
	고압, 22.9[kV-Y]에서 저압변성 : 6[mm^2] 이상
제3종 접지공사	2.5[mm^2] 이상 연동선
특별 제3종 접지공사	

07 사용전압이 400[V] 미만인 케이블공사에서 케이블을 넣는 방호장치의 금속제부분 및 금속제의 전선 접속함은 몇 종 접지공사를 하여야 하는가?
2013
① 제1종 ② 제2종
③ 제3종 ④ 특별 제3종

해설 3번 문제 해설 참고

정답 01 ③ 02 ③ 03 ① 04 ① 05 ② 06 ① 07 ③

08 교통신호등 제어장치의 금속제 외함에는 제 몇 종 접지공사를 해야 하는가?
2009 2012

① 제1종 접지공사　② 제2종 접지공사
③ 제3종 접지공사　④ 특별 제3종 접지공사

해설 교통신호등 회로는 300[V] 이하로 하여야 하므로 외함은 제3종 접지공사를 하여야 한다.

09 수변전 배전반에 설치된 고압 계기용 변성기의 2차 측 전로의 접지공사는?
2015

① 제1종 접지공사　② 제2종 접지공사
③ 제3종 접지공사　④ 특별 제3종 접지공사

해설
• 고압용 계기용 변성기 : 제3종 접지공사
• 특고압용 계기용 변성기 : 제1종 접지공사

10 특별 제3종 접지공사의 접지저항값은 몇 [Ω] 이하이어야 하는가?
2012 2015

① 10　② 15
③ 20　④ 100

해설

접지종별	접지저항값
제1종 접지공사	10[Ω] 이하
제2종 접지공사	$\frac{150}{1선지락전류}$[Ω] 이하
제3종 접지공사	100[Ω] 이하
특별 제3종 접지공사	10[Ω] 이하

11 사용전압이 440[V]인 3상 유도전동기의 외함접지공사 시 접지선의 굵기는 공칭단면적 몇 [mm²] 이상의 연동선이어야 하는가?
2014

① 2.5　② 6
③ 10　④ 16

해설

접지종별	적용기기	접지선의 굵기
제1종 접지공사	고압용 또는 특별고압용의 기기외함, 철대	6[mm²] 이상의 연동선
제2종 접지공사	특고압에서 저압변성하는 변압기	16[mm²] 이상 연동선
	고압, 22.9[kV－Y]에서 저압변성하는 변압기	6[mm²] 이상 연동선
특별 제3종 접지공사	400[V] 이상의 저압용 기기외함, 철대	2.5[mm²] 이상 연동선
제3종 접지공사	400[V] 미만의 기기외함, 철대	

12 풀용 수중조명등을 넣는 용기의 금속제 부분은 몇 종 접지를 하여야 하는가?
2014

① 제1종 접지　② 제2종 접지
③ 제3종 접지　④ 특별 제3종 접지

해설 특별 제3종 접지
400[V] 이상 저압기계 · 기구 외함, 철대, 풀용 수중조명등을 넣는 용기의 금속제 부분

13 접지공사의 종류와 접지저항 값이 틀린 것은?
2015

① 제1종 접지 : 10[Ω] 이하
② 제3종 접지 : 100[Ω] 이하
③ 특별 제3종 접지 : 10[Ω] 이하
④ 특별 제1종 접지 : 10[Ω] 이하

해설 10번 문제 해설 참고

14 사람이 접촉될 우려가 있는 곳에 시설하는 경우 접지극은 지하 몇 [cm] 이상의 깊이에 매설하여야 하는가?
2012

① 30　② 45
③ 50　④ 75

해설 접지공사의 접지극은 지하 75[cm] 이상 되는 깊이로 매설할 것

정답 08 ③　09 ③　10 ①　11 ①　12 ④　13 ④　14 ④

15 2015 **제1종 및 제2종 접지공사에서 접지선을 철주, 기타 금속체를 따라 시설하는 경우 접지극은 지중에서 그 금속체로부터 몇 [cm] 이상 띄어 매설하는가?**

① 30　② 60
③ 75　④ 100

해설
- 접지극은 지하 75[cm] 이상으로 매설
- 접지선을 철주 기타의 금속체를 따라서 시설하는 경우에는 접지극을 철주의 밑면부터 30[cm] 이상의 깊이에 매설하거나, 접지극을 지중에서 금속체로부터 1[m] 이상 띄어 매설

16 2009 **접지선의 절연전선 색상은 특별한 경우를 제외하고는 어느 색으로 표시를 하여야 하는가?**

① 적색　② 황색
③ 녹색　④ 흑색

해설 접지선에는 원칙적으로 녹색 표시를 한다.

17 2014 **접지저항 저감 대책이 아닌 것은?**

① 접지봉의 연결개수를 증가시킨다.
② 접지판의 면적을 감소시킨다.
③ 접지극을 깊게 매설한다.
④ 토양의 고유저항을 화학적으로 저감시킨다.

해설 접지저항은 대지와 접지봉(판)의 전기적 접촉 정도를 나타내므로, 접지저항을 낮추기 위해서는 대지와 접촉면적을 넓게 하여야 한다.

18 2011 2014 **지중에 매설되어 있는 금속제 수도관로는 대지와의 전기저항 값이 얼마 이하로 유지되어야 접지극으로 사용할 수 있는가?**

① 1[Ω]　② 3[Ω]
③ 4[Ω]　④ 5[Ω]

해설 금속제 수도관을 접지극으로 사용할 경우 3[Ω] 이하의 접지저항을 가지고 있어야 한다.

참조 건물의 철골 등 금속체를 접지극으로 사용할 경우 2[Ω] 이하의 접지저항을 가지고 있어야 한다.

19 2015 **접지저항 측정방법으로 가장 적당한 것은?**

① 절연저항계
② 전력계
③ 교류의 전압, 전류계
④ 콜라우시 브리지

해설 **콜라우시 브리지**
저저항 측정용 계기로 접지저항, 전해액의 저항 측정에 사용된다.

20 2010 **고압 또는 특고압 가공전선로에서 공급을 받는 수용장소의 인입구 또는 이와 근접한 곳에 시설해야 하는 것은?**

① 계기용 변성기　② 과전류 계전기
③ 접지 계전기　④ 피뢰기

해설 **피뢰기의 시설장소**
- 발전소, 변전소 또는 이에 준하는 장소의 가공전선 인입구 및 인출구
- 가공전선로에 접속하는 특고압 배전용 변압기의 고압 측 및 특고압 측
- 고압 또는 특고압 가공전선로로부터 공급을 받는 수용장소의 인입구
- 가공전선로와 지중전선로가 접속되는 곳

정답 15 ④　16 ③　17 ②　18 ②　19 ④　20 ④

가공인입선 및 배전선 공사

TOPIC 01 가공인입선 공사

1 가공인입선

① 가공전선로의 지지물에서 분기하여 다른 지지물을 거치지 아니하고 수용 장소의 붙임점에 이르는 가공전선을 말한다. 가공인입선에는 저압 가공인입선과 고압 가공인입선이 있다.

② 인입선
  ㉠ 지름 2.6[mm](경간 15[m] 이하는 2[mm])의 경동선 또는 이와 동등 이상의 세기 및 굵기의 것일 것
  ㉡ 전선은 옥외용 비닐전선(OW), 인입용 절연전선(DV) 또는 케이블일 것
  ㉢ 저압 인입선의 길이는 50[m] 이하로 할 것
  ㉣ 고압 및 특고압 인입선의 길이는 30[m]를 표준(불가피한 경우 50[m] 이하)

③ 전선의 높이는 다음에 의할 것

구분	저압인입선[m]	고압 및 특고압인입선[m]
도로 횡단	5	6
철도 궤도 횡단	6.5	6.5
기타	4	5

2 연접인입선

① 한 수용 장소의 인입선에서 분기하여 다른 지지물을 거치지 아니하고 다른 수용가의 인입구에 이르는 부분의 전선을 말한다.

② 시설 제한 규정
  ㉠ 인입선에서의 분기하는 점에서 100[m]를 넘는 지역에 이르지 않아야 한다.
  ㉡ 폭 5[m]를 넘는 도로를 횡단하지 않아야 한다.
  ㉢ 연접인입선은 옥내를 관통하면 안 된다.
  ㉣ 고압 연접인입선은 시설할 수 없다.

TOPIC 02 건주, 장주 및 가선

1 건주

① 지지물을 땅에 세우는 공정

② 전주가 땅에 묻히는 깊이
  ㉠ 전주의 길이 15[m] 이하 : 전주 길이의 1/6 이상
  ㉡ 전주의 길이 15[m] 초과 : 2.5[m] 이상
  ㉢ 철근 콘크리트 전주로서 길이가 14[m] 이상 20[m] 이하이고, 설계하중이 6.8[kN] 초과 9.8[kN] 이하인 것은 위의 ㉠, ㉡의 깊이에 30[cm]을 가산한다.

③ 도로의 경사면 또는 논과 같이 지반이 약한 곳은 표준 근입(깊이)에 0.3[m]를 가산하거나, 근가를 사용하여 보강한다.

2 지선

1. 지선의 설치

① 전주의 강도를 보강하고 전주가 기우는 것을 방지하며, 선로의 신뢰도를 높이기 위해서 설치
② 지형상 지선을 설치하기 곤란한 경우에는 지주를 설치
③ 전선을 끝맺는 경우, 불평형 장력이 작용하는 경우, 선로의 방향이 바뀌는 경우의 전주에 설치
④ 폭풍에 견딜 수 있도록 5기마다 1기의 비율로 선로 방향으로 전주 양측에 설치

2. 지선의 시공

① 지선의 안전율은 2.5 이상, 허용 인장하중의 최저는 4.31[kN]으로 한다.
② 지선에 연선을 사용할 경우, 소선(素線) 3가닥 이상으로 지름 2.6[mm] 이상의 금속선을 사용한다.
③ 지중부분 및 지표상 30[cm]까지의 부분에는 내식성이 있는 것 또는 아연도금을 한 철봉을 사용하고 쉽게 부식되지

아니하는 근가에 견고하게 붙여야 한다.

④ 도로를 횡단하는 지선의 높이는 지표상 5[m] 이상으로 한다.

3. 지선의 종류

① **보통지선** : 일반적인 것으로 전주길이의 약 1/2 거리에 지선용 근가를 매설하여 설치

② **수평지선** : 보통지선을 시설할 수 없을 때 전주와 전주간, 또는 전주와 지주간에 설치

③ **공동지선** : 두 개의 지지물에 공동으로 시설하는 지선

④ **Y지선** : 다단 완금일 경우, 장력이 클 경우, H주일 경우에 보통지선을 2단으로 설치하는 것

⑤ **궁지선** : 장력이 적고 타 종류의 지선을 시설할 수 없는 경우에 설치하는 것으로 A형, R형이 있다.

3 장주

지지물에 전선 그 밖의 기구를 고정시키기 위하여 완금, 완목, 애자 등을 장치하는 공정

1. 완금의 설치

① 지지물에 전선을 설치하기 위하여 완금을 사용한다.

② **완금의 종류** : 경(ㅁ형)완금, ㄱ형 완금

③ **완금 고정** : 전주의 말구에서 25[cm] 되는 곳에 I볼트, U볼트, 암밴드를 사용하여 고정

④ **암타이** : 완금이 상하로 움직이는 것을 방지

⑤ **암타이 밴드** : 암타이를 고정

2. 래크(Rack) 배선

저압선의 경우에 완금을 설치하지 않고 전주에 수직방향으로 애자를 설치하는 배선

3. 주상 기구의 설치

① **주상 변압기 설치**
- 행거 밴드를 사용하여 고정
- 행거 밴드를 사용하기 곤란한 경우에는 변대를 만들어 변압기를 설치한다.
- 변압기 1차측 인하선은 고압 절연 전선 또는 클로로프렌 외장 케이블을 사용하고, 2차측은 옥외 비닐 절연선(OW) 또는 비닐 외장 케이블을 사용한다.

② **변압기의 보호**
- 컷아웃 스위치(COS) : 변압기의 1차측에 시설하여 변압기의 단락을 보호
- 캐치홀더 : 변압기의 2차측에 시설하여 변압기를 보호

③ **구분개폐기** : 전력계통의 수리, 화재 등의 사고 발생시에 구분개폐를 위해 2[km] 이하 마다 설치

4 가선 공사

1. 전선의 종류

① **단금속선** : 구리, 알루미늄, 철 등과 같은 한 종류의 금속선만으로 된 전선

② **합금선** : 장경간 등 특수한 곳에 사용하기 위해 구리 또는 알루미늄에 다른 금속을 배합한 전선

③ **쌍금속선** : 두 종류의 금속을 융착시켜 만든 전선으로 장경간 배전선로용에 쓰인다.

④ **합성 연선**
- 두 종류 이상의 금속선을 꼬아 만든 전선
- 종류 : 강심 알루미늄 연선(ACSR)

⑤ **중공 연선** : 200[kV] 이상의 초고압 송전 선로에서는 코로나의 발생을 방지하기 위하여 단면적은 증가시키지 않고 전선의 바깥지름만 필요한 만큼 크게 만든 전선

2. 저 · 고압 가공 전선의 최소 높이

① **도로를 횡단하는 경우** : 지표상 6[m] 이상

② **철도를 횡단하는 경우** : 레일면상 6.5[m] 이상

③ **횡단보도교 위에 시설하는 경우**
- 저압 : 노면상 3[m] 이상(절연 전선, 케이블 사용 경우)
- 고압 : 노면상 3.5[m] 이상

④ **그 밖의 장소** : 지표상 5[m] 이상

기출 및 예상문제

01 (2015) **가공전선로의 지지물에서 다른 지지물을 거치지 아니하고 수용장소의 인입선 접속점에 이르는 가공전선을 무엇이라 하는가?**

① 연접인입선 ② 가공인입선
③ 구내전선로 ④ 구내인입선

해설 가공인입선
가공전선로의 지지물에서 다른 지지물을 거치지 아니하고 수용장소의 인입선 접속점에 이르는 가공전선

02 (2014) **저압 구내 가공인입선으로 DV전선 사용 시 전선의 길이가 15[m] 이하인 경우 사용할 수 있는 최소 굵기는 몇 [mm] 이상인가?**

① 1.5 ② 2.0
③ 2.6 ④ 4.0

해설 저압 가공인입선의 인입용 비닐절연전선(DV)은 인장강도 2.30[kN] 이상의 것 또는 지름 2.6[mm] 이상. 단, 경간이 15[m] 이하인 경우는 인장강도 1.25[kN] 이상의 것 또는 지름 2[mm] 이상

03 (2009, 2010, 2014) **일반적으로 저압 가공 인입선이 도로를 횡단하는 경우 노면상 설치 높이는 몇 [m] 이상이어야 하는가?**

① 3[m] ② 4[m]
③ 5[m] ④ 6.5[m]

해설 인입선의 높이는 다음에 의할 것

구분	저압인입선[m]	고압 및 특고압인입선[m]
도로 횡단	5	6
철도 궤도 횡단	6.5	6.5
기타	4	5

04 (2011, 2014) **가공 인입선 중 수용장소의 인입선에서 분기하여 다른 수용장소의 인입구에 이르는 전선을 무엇이라 하는가?**

① 소주인입선 ② 연접인입선
③ 본주인입선 ④ 인입간선

해설
- 소주인입선 : 인입간선의 전선로에서 분기한 소주에서 수용가에 이르는 전선로
- 본주인입선 : 인입간선의 전선로에서 수용가에 이르는 전선로
- 인입간선 : 배선선로에서 분기된 인입전선로

05 (2015) **저압 연접 인입선의 시설규정으로 적합한 것은?**

① 분기점으로부터 90[m] 지점에 시설
② 6[m] 도로를 횡단하여 시설
③ 수용가 옥내를 관통하여 시설
④ 지름 1.5[mm] 인입용 비닐절연전선을 사용

해설 연접 인입선 시설 제한 규정
- 인입선에서 분기하는 점에서 100[m]를 넘는 지역에 이르지 않아야 한다.
- 너비 5[m]를 넘는 도로를 횡단하지 않아야 한다.
- 연접 인입선은 옥내를 통과하면 안 된다.
- 고압 연접 인입선은 시설할 수 없다.

06 (2013) **가공전선로의 지지물이 아닌 것은?**

① 목주 ② 지선
③ 철근콘크리트주 ④ 철탑

해설 지선은 지지물의 강도를 보강하기 위해 설치하는 것이다.

07 (2009, 2011, 2012, 2013, 2014) **전주의 길이가 16[m]이고, 설계하중이 6.8[kN] 이하인 철근콘크리트주를 시설할 때 땅에 묻히는 깊이는 몇 [m] 이상이어야 하는가?**

① 1.2 ② 1.4
③ 2.0 ④ 2.5

해설 전주가 땅에 묻히는 깊이
㉠ 전주의 길이 15[m] 이하 : 전주 길이의 1/6 이상
㉡ 전주의 길이 15[m] 초과 : 2.5[m] 이상
㉢ 철근콘크리트 전주로서 길이가 14[m] 이상 20[m] 이하이고, 설계하중이 6.8[kN] 초과 9.8[kN] 이하인 것은 위의 ㉠, ㉡의 깊이에 30[cm]를 가산한다.

정답 01 ② 02 ② 03 ③ 04 ② 05 ① 06 ② 07 ④

08 가공전선 지지물의 기초 강도는 주체(主體)에 가하여지는 곡하중(曲荷重)에 대하여 안전율은 얼마 이상으로 하여야 하는가?
2015

① 1.0 ② 1.5
③ 1.8 ④ 2.0

해설 가공전선로의 지지물에 하중이 가하여지는 경우 그 하중을 받는 지지물의 기초의 안전율은 2 이상이어야 한다.

09 고압 가공전선로의 지지물 중 지선을 사용해서는 안 되는 것은?
2011 2014

① 목주 ② 철탑
③ A종 철주 ④ A종 철근콘크리트주

해설 철탑은 자체적으로 기울어지는 것을 방지하기 위해 높이에 비례하여 밑면의 넓이를 확보하도록 만들어진다.

10 가공전선로의 지선에 사용되는 애자는?
2009 2010 2011

① 노브애자 ② 인류애자
③ 현수애자 ④ 구형애자

해설 ① 노브애자 : 옥내배선에 사용하는 애자
② 인류애자 : 인입선에 사용하는 애자
③ 현수애자 : 가공전선로에서 전선을 잡아당겨 지지하는 애자
④ 구형애자 : 지선의 중간에 사용하는 애자로 지선애자라고도 한다.

11 가공 전선로의 지지물에 시설하는 지선에 연선을 사용할 경우 소선수는 몇 가닥 이상이어야 하는가?
2010 2014

① 3가닥 ② 5가닥
③ 7가닥 ④ 9가닥

해설 지선용 철선은 4.0[mm] 아연도금 철선 3조 이상 또는 7/2.6[선/mm] 아연도금 철선을 사용하며, 안전율 2.5 이상, 허용 인장하중 값은 440[kg] 이상으로 한다.

12 가공전선로의 지지물에 시설하는 지선의 시설에서 맞지 않는 것은?
2009

① 지선의 안전율은 2.5 이상일 것
② 지선의 안전율은 2.5 이상일 경우에 허용 인장하중의 최저는 4.31[kN]으로 할 것
③ 소선의 지름이 1.6[mm] 이상의 동선을 사용한 것일 것
④ 지선에 연선을 사용할 경우에는 소선 3가닥 이상의 연선일 것

해설 지선용 철선은 4.0[mm] 아연도금 철선 3조 이상 또는 7/2.6[선/mm] 아연도금 철선을 사용하며, 안전율 2.5 이상, 허용 인장하중 값은 440[kg](4.31[kN]) 이상으로 한다.

13 도로를 횡단하여 시설하는 지선의 높이는 지표상 몇 [m] 이상이어야 하는가?
2009 2012

① 5[m] ② 6[m]
③ 8[m] ④ 10[m]

해설 지선은 도로 횡단 시 높이는 5[m] 이상이다.

14 철근콘크리트주에 완철을 고정시키려면 어떤 밴드를 사용하는가?
2009

① 암 밴드 ② 지선 밴드
③ 래크 밴드 ④ 행거 밴드

해설
- 완금(완철) 고정 : I볼트, U볼트, 암 밴드
- 지선 밴드 : 지선을 전주에 고정
- 래크 밴드 : 완철 대신에 사용되는 래크 고정
- 행거 밴드 : 주상 변압기를 고정

15 주상 변압기를 철근 콘크리트 전주에 설치할 때 사용되는 기구는?
2009

① 앵커 ② 암 밴드
③ 암타이 밴드 ④ 행거 밴드

해설 **행거 밴드**
주상 변압기를 전주에 고정할 때 사용

정답 08 ④ 09 ② 10 ④ 11 ① 12 ③ 13 ① 14 ① 15 ④

16 2010 2012 **배전용 기구인 COS(컷아웃스위치)의 용도로 알맞은 것은?**

① 배전용 변압기의 1차 측에 시설하여 변압기의 단락 보호용으로 쓰인다.
② 배전용 변압기의 2차 측에 시설하여 변압기의 단락 보호용으로 쓰인다.
③ 배전용 변압기의 1차 측에 시설하여 배전 구역 전환용으로 쓰인다.
④ 배전용 변압기의 2차 측에 시설하여 배전 구역 전환용으로 쓰인다.

해설 주로 변압기의 1차 측의 각 상에 설치하여 내부의 퓨즈가 용단되면 스위치의 덮개가 중력에 의해 개방되어 퓨즈의 용단 여부를 쉽게 눈으로 식별할 수 있게 한 구조로 단락 사고 시 사고전류의 차단 역할을 한다.

17 2010 2015 **주상 변압기의 1차 측 보호장치로 사용하는 것은?**

① 컷아웃 스위치 ② 유입개폐기
③ 캐치홀더 ④ 리클로저

해설 변압기의 보호
- 컷아웃 스위치(COS) : 변압기의 1차 측에 시설하여 변압기의 단락을 보호
- 캐치홀더 : 변압기의 2차 측에 시설하여 변압기를 보호

18 2010 2011 2015 **가공전선의 지지물에 승탑 또는 승강용으로 사용하는 발판 볼트 등은 지표 상 몇 [m] 미만에 시설하여서는 안 되는가?**

① 1.2 ② 1.5
③ 1.6 ④ 1.8

해설 가공전선로의 지지물에 취급자가 오르고 내리는 데 사용하는 발판 볼트 등을 지표 상 1.8[m] 미만에 시설하여서는 아니 된다.

19 2013 **해안지방의 송전용 나전선에 가장 적당한 것은?**

① 철선 ② 강심알루미늄선
③ 동선 ④ 알루미늄합금선

20 2015 **ACSR 약호의 품명은?**

① 경동 연선 ② 중공 연선
③ 알루미늄선 ④ 강심알루미늄 연선

해설 강심알루미늄 연선 ACSR(Aluminum Conductor Steel Reinforced) : 주로 가공송배전선로에 사용되는 전선

21 2010 2012 **저 · 고압 가공전선이 도로를 횡단하는 경우 지표상 몇 [m] 이상으로 시설하여야 하는가?**

① 4[m] ② 6[m]
③ 8[m] ④ 10[m]

해설 저고압 가공 전선의 높이
- 도로 횡단 : 6[m]
- 철도 궤도 횡단 : 6.5[m]
- 기타 : 5[m]

22 2015 **저압가공전선이 철도 또는 궤도를 횡단하는 경우에는 레일면 상 몇 [m] 이상이어야 하는가?**

① 3.5 ② 4.5
③ 5.5 ④ 6.5

해설 21번 문제 해설 참고

23 2015 **지중 전선로 시설 방식이 아닌 것은?**

① 직접 매설식 ② 관로식
③ 트리이식 ④ 암거식

해설
- 직접 매설식 : 대지 중에 케이블을 직접 매설하는 방식
- 관로식 : 맨홀과 맨홀 사이에 만든 관로에 케이블을 넣는 방식
- 암거식 : 터널 내에 케이블을 부설하는 방식

24 2010 2011 2014 2015 **지중전선을 직접매설식에 의하여 시설하는 경우 차량, 기타 중량물의 압력을 받을 우려가 있는 장소의 매설 깊이[m]는?**

① 0.6[m] 이상 ② 1.2[m] 이상
③ 1.5[m] 이상 ④ 2.0[m] 이상

해설 직접매설식 케이블 매설 깊이
- 차량 등 중량물의 압력을 받을 우려가 있는 장소 : 1.2[m] 이상
- 기타 장소 : 0.6[m] 이상

정답 16 ① 17 ① 18 ④ 19 ③ 20 ④ 21 ② 22 ④ 23 ③ 24 ②

TOPIC 03 배전반공사

> **참고**
> 배전반은 전기를 배전하는 설비로 차단기, 개폐기, 계전기, 계기 등을 한곳에 집중하여 시설한 것이다. 일반적으로 인입된 전기가 배전반에서 배분되어 각 분전반으로 통하게 된다.

1 배전반의 종류

1. 라이브 프런트식 배전반

① 종류 : 수직형
② 대리석, 철판 등으로 만들고 개폐기가 표면에 나타나 있다.

2. 데드 프런트식 배전반(Dead Front Board)

① 종류 : 수직형, 벤치형, 포스트형, 조합형
② 반표면은 각종 기계와 개폐기의 조작 핸들만이 나타나고, 모든 충전 부분은 배전반 이면에 장치한다.

3. 폐쇄식 배전반

① 종류 : 조립형, 장갑형
② 데드 프런트식 배전반의 옆면 및 뒷면을 폐쇄하여 만든다.
③ 일반적으로 큐비클형(Cubicle Type)이라고도 한다.
④ 점유 면적이 좁고 운전, 보수에 안전하므로 공장, 빌딩 등의 전기실에 많이 사용된다.

2 배전반 공사

① 배전반, 변압기 등 설치 시 최소 이격거리는 다음 표를 참조하여 충분한 면적을 확보하여야 한다.

부위별 / 기기별	앞면 또는 조작·계측면	뒷면 또는 점검면	열상호간 (점검하는 면)	기타의 면
특별고압반	1,700	800	1,400	–
고압배전반	1,500	600	1,200	–
저압배전반	1,500	600	1,200	–
변압기 등	1,500	600	1,200	300

② 배전반 접지공사
㉠ 제1종 접지공사
- 피뢰기, 변압기, 유입 차단기의 외함
- 특별고압 계기용변성기 및 변류기의 2차측 한 단자

㉡ 제2종 접지공사
변압기의 저압측 중성점 또는 1단자

㉢ 제3종 접지공사
- 고압 계기용변성기 및 변류기의 2차측 한 단자
- 저압 기기의 외함

3 배전반 설치 기기

1. 차단기(CB)

구분	구조 및 특징
유입차단기 (OCB)	전로를 차단할 때 발생한 아크를 절연유를 이용하여 소멸시키는 차단기이다.
자기차단기 (MBB)	아크와 직각으로 자계를 주어 아크를 소호실로 흡입시하여 아크전압을 증대시키고, 냉각하여 소호작용을 하도록 된 구조다.
공기차단기 (ABB)	개방할 때 접촉자가 떨어지면서 발생하는 아크를 압축공기를 이용하여 소호하는 차단기이다.
진공차단기 (VCB)	진공도가 높은 상태에서는 절연내력이 높아지고 아크가 분산되는 원리를 이용하여 소호하고 있는 차단기이다.
가스차단기 (GCB)	절연내력이 높고, 불활성인 6불화유황(SF_6) 가스를 고압으로 압축하여 소호매질로 사용한다.
기중차단기 (ACB)	자연공기 내에서 회로를 차단할 때 접촉자가 떨어지면서 자연소호에 의한 소호방식을 가지는 차단기로 교류 600[V] 이하 또는 직류차단기로 사용된다.

2. 개폐기

장치	기능
고장구분 자동개폐기 (A.S.S)	한 개 수용가의 사고가 다른 수용가에 피해를 최소화하기 위한 방안으로 대용량 수용가에 한하여 설치
자동부하 전환개폐기 (ALTS)	이중 전원을 확보하여 주전원 정전 시 예비전원으로 자동 절환하여 수용가가 항상 일정한 전원 공급을 받을 수 있는 장치
선로개폐기 (L.S)	책임분계점에서 보수 점검 시 전로를 구분하기 위한 개폐기로 시설하고 반드시 무부하 상태로 개방하여야 하며 이는 단로기와 같은 용도로 사용한다.
단로기 (D.S)	공칭전압 3.3[kV] 이상 전로에 사용되며 기기의 보수 점검시 또는 회로 접속변경을 하기 위해 사용하지만 부하전류 개폐는 할 수 없는 기기이다.
컷아웃스위치 (C.O.S)	변압기 1차측 각 상마다 취부하여 변압기의 보호와 개폐를 위한 것
부하개폐기 (L.B.S)	수·변전설비의 인입구 개폐기로 많이 사용되고 있으며 전력퓨즈 용단시 결상을 방지하는 목적으로 사용하고 있다.
기중부하 개폐기 (I.S)	수전용량 300[kVA] 이하에서 인입개폐기로 사용한다.

3. 계기용 변성기(MOF, PCT)

교류고전압회로의 전압과 전류를 측정할 때 계기용변성기를 통해서 전압계나 전류계를 연결하면, 계기회로를 선로전압으로부터 절연하므로 위험이 적고 비용이 절약된다.

① 계기용 변류기(CT)
- 전류를 측정하기 위한 변압기로 2차 전류는 5[A]가 표준이다.
- 계기용 변류기는 2차 전류를 낮게 하게 위하여 권수비가 매우 작으므로 2차측이 개방되면, 2차측에 매우 높은 기전력이 유기되어 위험하므로 2차측을 절대로 개방해서는 안된다.

② 계기용 변압기(PT)
- 전압을 측정하기 위한 변압기로 2차측 정격전압은 110[V]가 표준이다.
- 변성기 용량은 2차 회로의 부하를 말하며 2차 부담이라고 한다.

TOPIC 04 분전반공사

> **참고**
> 분전반은 배전반에서 분배된 전선에서 각 부하로 배선하는 전선을 분기하는 설비로서, 차단기, 개폐기 등을 설치한다.

1 분전반의 종류

① 나이프식 분전반 : 철제 캐비닛에 나이프 스위치와 모선(bus)을 장치한 것이다.

② 텀블러식 분전반 : 철제 캐비닛에 개폐기와 차단기를 각각 텀블러 스위치와 훅 퓨즈, 통형 퓨즈 또는 플러그 퓨즈를 사용하여 장치한 것이다.

③ 브레이크식 분전반 : 철제 캐비닛에 배선용 차단기를 이용한 분전반으로 열동계전기 또는 전자 코일로 만든 차단기 유닛을 장치한 것이다.

2 분전반 공사

① 일반적으로, 분전반은 철제 캐비닛 안에 나이프 스위치, 텀블러 스위치 또는 배선용 차단기를 설치하며, 내열 구조로 만든 것이 많이 사용되고 있다.

② 분전반의 설치위치는 부하의 중심 부근이고, 각 층마다 하나 이상을 설치하나 회로수가 6 이하인 경우에는 2개 층을 담당한다.

3 배선기구 시설

① 전등 점멸용 스위치는 반드시 전압측 전선에 시설하여야 한다.

② 소켓, 리셉터클 등에 전선을 접속할 때에는 전압측 전선을 중심 접촉면에, 접지측 전선을 베이스에 연결하여야 한다.

> **참고**
> 전원공급용 변압기의 2차측 한 단자를 제2접지공사를 하여야 한다. 이 접지된 전선을 접지측 전선이라 하고, 다른 전선을 전압측 전선이라 한다. 전기부하가 꺼진 상태라 해도 전압측 전선에는 전압이 걸려 있으므로 전등 교체 시 누전사고를 방지하기 위해 스위치와 리셉터클의 중심접촉면은 전압측 전선에 연결한다.

③ 상별 전선 색표시
- R상(A상) : 흑색
- S상(B상) : 적색
- T상(C상) : 청색
- N상(중성선) : 흰색 또는 회색
- G상(접지선) : 녹색

TOPIC 05 보호계전기

1 보호계전기의 종류 및 기능

명칭	기능
과전류 계전기 (O.C.R)	일정값 이상의 전류가 흘렀을 때 동작하며, 과부하 계전기라고도 한다.
과전압 계전기 (O.V.R)	일정값 이상의 전압이 걸렸을 때 동작하는 계전기이다.
부족 전압 계전기 (U.V.R)	전압이 일정값 이하로 떨어졌을 경우에 동작하는 계전기이다.
비율차동 계전기	고장에 의하여 생긴 불평형의 전류차가 기준치 이상으로 되었을 때 동작하는 계전기이다. 변압기 내부고장 검출용으로 주로 사용된다.
선택 계전기	병행 2회선 중 한쪽의 회선에 고장이 생겼을 때, 어느 회선에 고장이 발생하는가를 선택하는 계전기이다.
방향 계전기	고장점의 방향을 아는 데 사용하는 계전기이다.
거리 계전기	계전기가 설치된 위치로부터 고장점까지의 전기적 거리에 비례하여 한시로 동작하는 계전기이다.
지락 과전류 계전기	지락보호용으로 사용하도록 과전류 계전기의 동작 전류를 작게 한 계전기이다.
지락 방향 계전기	지락 과전류 계전기에 방향성을 준 계전기이다.
지락 회선선택 계전기	지락보호용으로 사용하도록 선택 계전기의 동작 전류를 작게 한 계전기이다.

2 동작시한에 의한 분류

명칭	기능
순한시 계전기	동작시간이 0.3초 이내인 계전기로 0.05초 이하의 계전기를 고속도 계전기라 한다.
정한시 계전기	최소 동작값 이상의 구동 전기량이 주어지면, 일정 시한으로 동작하는 계전기이다.
반한시 계전기	동작 시한이 구동 전기량 즉, 동작 전류의 값이 커질수록 짧아지는 계전기
반한시-정한시 계전기	어느 한도까지의 구동 전기량에서는 반한시성이고, 그 이상의 전기량에서는 정한시성의 특성을 가지는 계전기이다.

기출 및 예상문제

01 다음 중 배전반 및 분전반의 설치 장소로 적합하지 않은 곳은?
2013 2014 2015

① 전기 회로를 쉽게 조작할 수 있는 장소
② 개폐기를 쉽게 개폐할 수 있는 장소
③ 노출된 장소
④ 사람이 쉽게 조작할 수 없는 장소

해설 전기부하의 중심 부근에 위치하면서, 스위치 조작을 안정적으로 할 수 있는 곳에 설치하여야 한다.

02 수전설비의 저압 배전반은 배전반 앞에서 계측기를 판독하기 위하여 앞면과 최소 몇 [m] 이상 유지하는 것을 원칙으로 하는가?
2010

① 0.6[m] ② 1.2[m]
③ 1.5[m] ④ 1.7[m]

해설 변압기, 배전반 등 설치 시 최소 이격거리는 다음 표를 참조하여 충분한 면적을 확보하여야 한다.(단위 : [mm])

부위별 / 기기별	앞면 또는 조작 · 계측면	뒷면 또는 점검면	열상호간 (점검하는 면)	기타의 면
특별고압반	1,700	800	1,400	–
고압배전반	1,500	600	1,200	–
저압배전반	1,500	600	1,200	–
변압기 등	1,500	600	1,200	300

03 교류차단기에 포함되지 않는 것은?
2014

① GCB ② HSCB
③ VCB ④ ABB

해설 차단기의 종류 · 약호

명칭	약호	명칭	약호
유입차단기	OCB	가스차단기	GCB
자기차단기	MBB	공기차단기	ABB
기중차단기	ACB	진공차단기	VCB

04 가스 절연 개폐기나 가스 차단기에 사용 되는 가스인 SF_6의 성질이 아닌 것은?
2010 2013

① 같은 압력에서 공기의 2.5~3.5배의 절연내력이 있다.
② 무색, 무취, 무해가스이다.
③ 가스 압력 3~4[kgf/cm^2]에서 절연내력은 절연유 이상이다.
④ 소호 능력은 공기보다 2.5배 정도 낮다.

해설 6불화유황(SF_6) 가스는 공기보다 절연내력이 높고, 불활성 기체이다.

05 다음 중 교류차단기의 단선도 심벌은?
2010

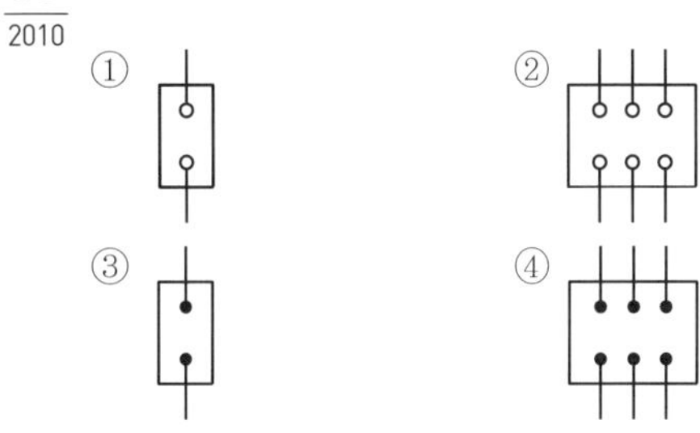

해설 ①은 교류차단기 단선도, ②는 복선도이다.

06 수변전설비 중에서 동력설비 회로의 역률을 개선할 목적으로 사용되는 것은?
2014

① 전력 퓨즈 ② MOF
③ 지락 계전기 ④ 진상용 콘덴서

해설 진상용 콘덴서는 전압과 전류의 위상차를 감소시켜 역률을 개선한다.

07 전력용 콘덴서를 회로로부터 개방하였을 때 전하가 잔류함으로써 일어나는 위험의 방지와 재투입할 때 콘덴서에 걸리는 과전압의 방지를 위하여 무엇을 설치하는가?
2011

① 직렬 리액터 ② 전력용 콘덴서
③ 방전 코일 ④ 피뢰기

정답 01 ④ 02 ③ 03 ② 04 ④ 05 ① 06 ④ 07 ①

해설 전력용 콘덴서의 부속기기
- 방전코일 : 전력용 콘덴서를 회로에서 개방하였을 때 잔류전하로 인해 콘덴서의 점검이나 취급 시 위험방지를 위해 전류전하를 방전시키기 위한 장치
- 직렬 리액터 : 회로에 대용량의 전력용 콘덴서를 설치하면 고조파 전류가 흘러 파형이 찌그러지는 현상을 발생하므로 이를 개선하기 위해 콘덴서에 직렬로 설치하는 리액터

08 역률개선의 효과로 볼 수 없는 것은?
2010
① 감전사고 감소
② 전력손실 감소
③ 전압강하 감소
④ 설비 용량의 이용률 증가

해설 역률개선의 효과
- 전압강하의 저감 : 역률이 개선되면 부하전류가 감소하여 전압강하가 저감되고 전압변동률도 작아진다.
- 설비 이용률 증가 : 동일 부하에 부하전류가 감소하여 공급설비 이용률이 증가한다.
- 선로손실의 저감 : 선로전류를 줄이면 선로손실을 줄일 수 있다.
- 동손 감소 : 동손은 부하전류의 2승에 비례하므로 동손을 줄일 수 있다.

09 고압 이상에서 기기의 점검, 수리 시 무전압, 무전류 상태로 전로에서 단독으로 전로를 접속 또는 분리하는 것을 주목적으로 사용되는 수 · 변전기기는?
2015
① 기중부하 개폐기 ② 단로기
③ 전력퓨즈 ④ 컷아웃 스위치

해설 단로기(DS)
개폐기의 일종으로 기기의 점검, 측정, 시험 및 수리를 할 때 회로를 열어 놓거나 회로 변경 시에 사용

10 다음 중 인입 개폐기가 아닌 것은?
2014
① ASS ② LBS
③ LS ④ UPS

해설 ① ASS : 고장구간 자동개폐기
② LBS : 부하개폐기
③ LS : 라인 스위치
④ UPS : 무정전 전원장치(Uninterruptilbe Power Supply)

11 특고압 수전설비의 결선기호와 명칭으로 잘못된 것은?
2010
① CB－차단기 ② DS－단로기
③ LA－피뢰기 ④ LF－전력퓨즈

해설 PF－전력퓨즈

12 수변전설비 구성기기의 계기용 변압기(PT) 설명으로 맞는 것은?
2015
① 높은 전압을 낮은 전압으로 변성하는 기기이다.
② 높은 전류를 낮은 전류로 변성하는 기기이다.
③ 회로에 병렬로 접속하여 사용하는 기기이다.
④ 부족전압 트립코일의 전원으로 사용된다.

해설 PT(계기용 변압기)
고전압을 저전압으로 변압하여 계전기나 계측기에 전원공급

13 계기용 변류기의 약호는?
2014
① CT ② WH
③ CB ④ DS

해설 ② WH : 전력량계
③ CB : 차단기
④ DS : 단로기

14 수 · 변전 설비의 고압회로에 걸리는 전압을 표시하기 위해 전압계를 시설할 때 고압회로와 전압계 사이에 시설하는 것은?
2013
2014
① 관통형 변압기 ② 계기용 변류기
③ 계기용 변압기 ④ 권선형 변류기

해설 계기용 변압기 2차 측에 전압계를 시설하고, 계기용 변류기 2차 측에는 전류계를 시설한다.

정답 08 ① 09 ② 10 ④ 11 ④ 12 ① 13 ① 14 ③

특수장소 및 전기응용시설 공사

TOPIC 01 특수장소의 배선

> 참고
>
> 폭연성 분진, 가연성 가스나 연소하기 쉬운 위험한 물질, 화약류를 저장하는 장소를 특수장소라 하며, 이 특수장소의 전기배선이 점화원이 되어 위험할 수 있으므로 안정성을 더욱 고려하여야 한다.

1 먼지가 많은 장소의 공사

1. 폭연성 분진 또는 화약류 분말이 존재하는 곳

① 폭연성(먼지가 쌓인 상태에서 착화된 때에 폭발할 우려가 있는 것) 또는 화약류 분말이 존재하는 곳의 전기 설비가 발화원이 되어 폭발할 우려가 있는 곳에 시설하는 저압 옥내 배선은 금속전선관 공사 또는 케이블공사에 의하여 시설하여야 한다.

② 이동 전선은 0.6/1[kV] EP 고무절연 클로로프렌 캡타이어케이블을 사용하고, 모든 전기 기계 기구는 분진 방폭 특수방진구조의 것을 사용하고, 콘센트 및 플러그를 사용해서는 안된다.

③ 관 상호 및 관과 박스 기타의 부속품이나 풀박스 또는 전기 기계 기구는 5턱 이상의 나사 조임으로 접속하는 방법, 기타 이와 동등 이상의 효력이 있는 방법에 의할 것

2. 가연성 분진이 존재하는 곳

① 소맥분, 전분, 유황 기타의 가연성의 먼지로서 공중에 떠다니는 상태에서 착화하였을 때, 폭발의 우려가 있는 곳의 저압 옥내 배선은 합성수지관 배선, 금속전선관 배선, 케이블 배선에 의하여 시설한다.

② 이동 전선은 0.6/1[kV] EP 고무절연 클로로프렌 캡타이어케이블 또는 0.6/1[kV] 비닐절연 비닐캡타이어 케이블을 사용하고, 분진 방폭 보통방진구조의 것을 사용하고, 손상 받을 우려가 없도록 시설한다.

3. 불연성 먼지가 많은 곳

① 정미소, 제분소, 시멘트 공장 등과 같은 먼지가 많아서 전기 공작물의 열방산을 방해하거나, 절연성을 열화시키거나, 개폐 기구의 기능을 떨어뜨릴 우려가 있는 곳의 저압옥내 배선은 애자 사용 공사, 합성수지관 공사(두께 2[mm] 이상), 금속전선관 공사, 금속제 가요 전선관 공사, 금속 덕트 공사, 버스 덕트 공사 또는 케이블 공사에 의하여 시설한다.

② 전선과 기계 기구와는 진동에 의하여 헐거워지지 않도록 기계적, 전기적으로 완전히 접속하고, 온도 상승의 우려가 있는 곳은 방진장치를 한다.

2 가연성 가스가 존재하는 곳의 공사

① 가연성 가스 또는 인화성 물질의 증기가 새거나 체류하여 전기 설비가 발화원이 되어 폭발할 우려가 있는 곳(프로판 가스 등의 가연성 액화 가스를 다른 용기에 옮기거나 나누는 등의 작업을 하는 곳, 에탄올, 메탄올 등의 인화성 액체를 옮기는 곳 등)의 장소에서는 금속전선관 공사 또는 케이블 공사에 의하여 시설하여야 한다.

② 이동용 전선은 접속점이 없는 0.6/1[kV] EP 고무절연 클로로프렌 캡타이어케이블을 사용하여야 한다.

③ 전기기계기구는 설치한 장소에 존재할 우려가 있는 폭발성 가스에 대하여 충분한 방폭 성능을 가지는 것을 사용하여야 한다.

④ 전선과 전기기계 기구의 접속은 진동에 풀리지 않도록, 너트와 스프링 와셔 등을 사용하여 전기적으로는 완전하게 접속하여야 한다.

3 위험물이 있는 곳의 공사

① 셀룰로이드, 성냥, 석유 등 타기 쉬운 위험한 물질을 제조하거나 저장하는 곳은 합성수지관 공사(두께 2[mm] 이상), 금속전선관 공사 또는 케이블 공사에 의하여 시설한다.

② 이동 전선은 0.6/1[kV] EP 고무절연 클로로프렌 캡타이어케이블 또는 0.6/1[kV] 비닐절연 비닐캡타이어 케이블을 사용한다.

③ 불꽃 또는 아크가 발생될 우려가 있는 개폐기, 과전류 차단기, 콘센트, 코드접속기, 전동기 또는 온도가 현저하게 상승될 우려가 있는 가열장치, 저항기 등의 전기기계기구는 전폐구조로 하여 위험물에 착화될 우려가 없도록 시설하여야 한다.

4 화약류 저장소의 위험장소

① 화약류 저장소 안에는 전기설비를 시설하지 아니하는 것이 원칙으로 되어 있다. 다만, 백열 전등, 형광등 또는 이들에 전기를 공급하기 위한 전기설비만을 금속전선관 공사 또는 케이블 공사에 의하여 다음과 같이 시설할 수 있다.

② 전로의 대지 전압은 300[V] 이하로 한다.

③ 전기 기계 기구는 전폐형으로 한다.

④ 화약류 저장소 이외의 곳에 전용 개폐기 및 과전류 차단기를 시설하여 취급자 이외의 사람이 조작할 수 없도록 시설하고, 또한 지락 차단 장치 또는 지락 경보 장치를 시설한다.

⑤ 전용 개폐기 또는 과전류 차단기에서 화약류 저장소의 인입구까지는 케이블을 사용하여 지중 전로로 한다.

5 부식성 가스 등이 있는 장소

① 산류, 알칼리류, 염소산칼리, 표백분, 염료, 또는 인조비료의 제조공장, 제련소, 전기도금공장, 개방형 축전지실 등 부식성 가스 등이 있는 장소의 저압 배선에는 애자사용배선, 금속전선관 배선, 합성수지관 배선, 2종 금속제 가요전선관, 케이블 배선으로 시공하여야 한다.

② 이동전선은 필요에 따라서 방식도료를 칠하여야 한다.

③ 개폐기, 콘센트 및 과전류 차단기를 시설하여서는 안 된다.

④ 전동기와 전력장치 등은 내부에 부식성 가스 또는 용액이 침입할 우려가 없는 구조의 것을 사용한다.

6 습기가 많은 장소

① 습기가 많은 장소(물기가 있는 장소)의 저압 배선은 금속전선관 배선, 합성수지 전선관 배선, 2종 금속제 가요전선관 배선, 케이블 배선으로 시공하여야 한다.

② 조명기구의 플랜지 내에는 전선의 접속점이 없도록 한다.

③ 개폐기, 콘센트 또는 과전류차단기를 시설하여야 하는 경우에는 내부에 습기가 스며들 우려가 없는 구조의 것을 사용하여야 한다.

④ 전동기 등의 동력장치는 방수형을 사용하여야 한다.

⑤ 전기기계 기구에 전기를 공급하는 전로에는 누전차단기를 설치하여야 한다.

7 흥행장소

① 무대, 무대마루 밑, 오케스트라 박스, 영사실 기타의 사람이나 무대 도구가 접촉할 우려가 있는 곳에 시설하는 저압 옥내 배선, 전구선 또는 이동 전선은 사용 전압이 400[V] 미만이어야 한다.

② 무대 밑 배선은 금속전선관 배선, 합성수지 전선관 배선(두께 2[mm] 이상), 케이블배선으로 시공하여야 한다.

③ 이동 전선은 0.6/1[kV] EP 고무절연 클로로프렌 캡타이어케이블 또는 0.6/1[kV] 비닐절연 비닐캡타이어 케이블을 사용한다.

④ 무대, 무대 밑, 오케스트라 박스 및 영사실에서 사용하는 전등 등의 부하에 공급하는 전로에는 이들의 전로에 전용 개폐기 및 과전류차단기를 설치하여야 한다.

8 광산, 터널 및 갱도

① 사람이 상시 통행하는 터널 내의 배선은 저압에 한하여 애자 사용, 금속전선관, 합성수지관, 금속제 가요전선관, 케이블 배선으로 시공하여야 한다.

② 터널의 인입구 가까운 곳에 전용의 개폐기를 시설하여야 한다.

③ 광산, 갱도 내의 배선은 저압 또는 고압에 한하고, 케이블 배선으로 시공하여야 한다.

다음 표에서 각 특수장소에서 시설 가능한 공사방법은 다음과 같다.

구분	먼지			가연성가스	위험물	화약류	부식성가스	습기 있는 장소	흥행장	광산, 터널, 갱도
	폭발성	가연성	불연성							
금속관	○	○	○	○	○	○	○	○	○	○
케이블	○	○	○	○	○	○	○	○	○	○
합성수지관	×	○	○	×	○	×	○	○	○	○
금속제 가요 전선관	×	×	○	×	×	×	○ (2종만 가능)	○ (2종만 가능)	×	○
덕트	×	×	○	×	×	×	×	×	×	○
애자	×	×	○	×	×	×	○	×	×	○
비고						300[V] 미만 조명배선만 가능			400[V] 미만	

[참조] 위 표에서 알 수 있듯이 금속관, 케이블, 합성수지관 배선 공사는 거의 모든 장소의 전기공사에 사용할 수 있으나, 합성수지관이 열에 약한 특성으로 인해 폭발성먼지, 가연성가스, 화약류보관장소의 배선은 할 수 없음을 기억한다.

TOPIC 02 조명배선

1 조명의 용어

용어	기호[단위]	정의
광속	F[lm] 루멘	광원으로 나오는 복사속을 눈으로 보아 빛으로 느끼는 크기를 나타낸 것
광도	I[cd] 칸델라	광원이 가지고 있는 빛의 세기
조도	E[lx] 럭스	어떤 물체에 광속이 입사하여 그 면은 밝게 빛나는 정도로 밝음을 의미함
휘도	B[sb] 스틸브	광원이 빛나는 정도
광속 발산도	R[rlx] 래드럭스	물체의 어느 면에서 반사되어 발산하는 광속
광색	켈빈[K]	점등 중에 있는 램프의 겉보기 색상을 말하며 그 정도를 색온도로 표시 색온도가 높으면 빛은 청색을 띠고 낮을수록 적색을 띤 빛으로 나타난다.
연색성		조명된 피사체의 색 재현 충실도를 나타내는 광원의 성질(빛이 색에 미치는 효과)

2 조명방식

1. 기구의 배치에 의한 분류

조명방식	특징
전반조명	작업면 전반에 균등한 조도를 가지게 하는 방식, 광원을 일정한 높이와 간격으로 배치하며, 일반적으로 사무실, 학교, 공장 등에 채용된다.
국부조명	작업면의 필요한 장소만 고조도로 하기 위한 방식으로 그 장소에 조명기구를 밀집하여 설치하든가 또는 스탠드 등을 사용한다. 이 방식은 밝고 어둠의 차이가 커서 눈부심을 일으키고 눈이 피로하기 쉬운 결점이 있다.
전반 국부 병용 조명	전반 조명에 의하여 시각 환경을 좋게 하고, 국부조명을 병용해서 필요한 장소에 고 조도를 경제적으로 얻는 방식으로 병원 수술실, 공부방, 기계공작실 등에 채용된다.

2. 조명기구의 배광에 의한 분류

조명 방식	상향 광속	하향 광속
직접 조명	0~10[%]	100~90[%]
반직접 조명	10~40[%]	90~60[%]
전반 확산 조명	40~60[%]	60~40[%]
반간접 조명	60~90[%]	40~10[%]
간접 조명	90~100[%]	10~0[%]

3. 건축화 조명

건축구조나 표면마감이 조명기구의 일부가 되는 것으로 건축디자인과 조명과의 조화를 도모하는 조명방식이다.

3 조명 기구의 배치 결정

1. 광원의 높이

광원의 높이가 너무 높으면 조명률이 나빠지고, 너무 낮으면 조도의 분포가 불균일하게 됨

① 직접 조명일 때 : $H=\frac{2}{3}H_o$(천장과 조명 사이의 거리는 $\frac{H_o}{3}$)

② 간접 조명일 때 : $H=H_o$(천장과 조명사이의 거리는 $\frac{H_o}{5}$)

여기서, H_o : 작업면에서 천장까지의 높이

2. 광원의 간격

실내 전체의 명도차가 없는 조명이 되도록 기구 배치한다.

① 광원 상호 간 간격 : $S \le 1.5H$

② 벽과 광원 사이의 간격

- 벽측 사용 안 할 때 : $S_0 \le \frac{H}{2}$
- 벽측 사용할 때 : $S_0 \le \frac{H}{3}$

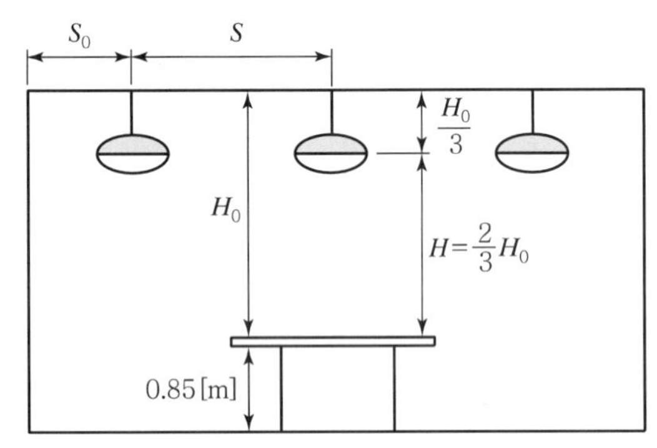

▌직접 조명방식에서 전등의 높이와 간격▐

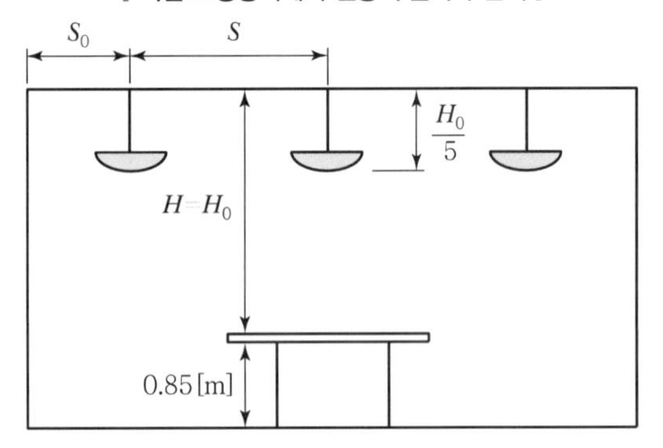

▌간접 조명방식에서 전등의 높이와 간격▐

4 조명의 계산

1. 광속의 결정

$$\text{총 광속 } N \times F = \frac{E \times A}{U \times M} [\text{lm}]$$

여기서, E : 평균 조도
A : 실내의 면적
U : 조명률
M : 보수율
N : 소요 등수
F : 1등당 광속

2. 조명률 결정(U)

광원에서 방사된 총 광속 중 작업 면에 도달하는 광속의 비율을 말하며, 실지수, 조명기구의 종류, 실내면의 반사율, 감광 보상률에 따라 결정된다.

3. 실지수의 결정

조명률을 구하기 위해서는 어떤 특성을 가진 방인가를 나타내는 실지수를 알아야 하는데, 실지수는 실의 크기 및 형태를 나타내는 척도로서 실의 폭, 길이, 작업면 위의 광원의 높이 등의 형태를 나타내는 수치로 다음 식으로 나타낸다.

$$\text{실지수} = \frac{X \cdot Y}{H(X+Y)}$$

여기서, X : 방의 가로 길이
Y : 방의 세로 길이
H : 작업 면으로부터 광원의 높이

4. 반사율

조명률에 대하여 천장, 벽, 바닥의 반사율이 각각 영향을 주지만 이들 중 천장의 영향이 가장 크고, 벽면, 바닥 순서이다.

5. 감광 보상률(D)

램프와 조명기구 최초설치 후 시간이 지남에 따라 광속의 감퇴, 조명기구와 실내 반사면에 붙은 먼지 등으로 광속이 감소 정도를 예상하여 소요 광속에 여유를 두는 정도를 말한다.

6. 보수율(M)

감광 보상률의 역수로 소요되는 평균조도를 유지하기 위한 조도저하에 대한 보상계수라고 볼 수 있다.

기출 및 예상문제

01 2010 2015 **화약류의 분말이 전기설비가 발화원이 되어 폭발할 우려가 있는 곳에 시설하는 저압 옥내배선의 공사방법으로 가장 알맞은 것은?**

① 금속관 공사 ② 애자 사용 공사
③ 버스덕트 공사 ④ 합성수지몰드 공사

해설 폭연성 분진 또는 화약류 분말이 존재하는 곳의 배선
- 저압 옥내 배선은 금속전선관 공사 또는 케이블 공사에 의하여 시설
- 케이블 공사는 개장된 케이블 또는 미네랄인슐레이션 케이블을 사용
- 이동 전선은 0.6/1[kV] EP 고무절연 클로로프렌 캡타이어 케이블을 사용

02 2010 2011 2012 2013 2014 **폭발성 분진이 있는 위험장소에 금속관 배선에 의할 경우 관 상호 및 관과 박스 기타의 부속품이나 풀박스 또는 전기기계기구는 몇 턱 이상의 나사 조임으로 접속하여야 하는가?**

① 2턱 ② 3턱
③ 4턱 ④ 5턱

해설 폭연성 분진 또는 화약류 분말이 존재하는 곳의 배선
- 저압 옥내 배선은 금속전선관공사 또는 케이블공사에 의하여 시설하여야 한다.
- 이동 전선은 접속점이 없는 0.6/1[kV] EP 고무절연 클로로프렌 캡타이어케이블을 사용하고 또한 손상을 받을 우려가 없도록 시설할 것
- 관 상호 및 관과 박스 기타의 부속품이나 풀박스 또는 전기기계기구는 5턱 이상의 나사 조임으로 접속하는 방법, 기타 이와 동등 이상의 효력이 있는 방법에 의할 것

03 2015 **소맥분, 전분 기타 가연성 분진이 존재하는 곳의 저압 옥내배선공사 방법에 해당되는 것으로 짝지어진 것은?**

① 케이블 공사, 애자 사용 공사
② 금속관 공사, 콤바인 덕트관, 애자 사용 공사
③ 케이블 공사, 금속관 공사, 애자 사용 공사
④ 케이블 공사, 금속관 공사, 합성수지관 공사

해설 가연성 분진이 존재하는 곳
가연성의 먼지로서 공중에 떠다니는 상태에서 착화하였을 때, 폭발의 우려가 있는 곳의 저압 옥내 배선은 합성수지관 배선, 금속전선관 배선, 케이블 배선에 의하여 시설한다.

04 2009 2014 **불연성 먼지가 많은 장소에 시설할 수 없는 옥내배선공사 방법은?**

① 금속관 공사
② 금속제 가요전선관 공사
③ 두께가 1.2[mm]인 합성수지관 공사
④ 애자 사용 공사

해설 불연성 먼지가 많은 곳은 애자 사용 공사, 합성수지관 공사(두께 2[mm] 이상), 금속전선관 공사, 금속제 가요전선관 공사, 금속 덕트 공사, 버스 덕트 공사 또는 케이블 공사에 의하여 시설한다.

05 2010 2011 2012 **가연성 가스가 새거나 체류하여 전기설비가 발화원이 되어 폭발할 우려가 있는 곳에 있는 저압 옥내전기설비의 시설방법으로 가장 적합한 것은?**

① 애자사용 공사
② 가요전선관 공사
③ 셀룰러 덕트 공사
④ 금속관 공사

해설 가연성 가스가 존재하는 곳의 공사
금속전선관 공사, 케이블 공사(캡타이어 케이블 제외)에 의하여 시설한다.

06 2009 2015 **위험물 등이 있는 곳에서의 저압 옥내배선 공사방법이 아닌 것은?**

① 케이블 공사 ② 합성수지관 공사
③ 금속관 공사 ④ 애자 사용 공사

해설 위험물이 있는 곳의 공사
금속전선관 공사, 합성수지관 공사(두께 2[mm] 이상), 케이블 공사에 의하여 시설한다.

정답 01 ① 02 ④ 03 ④ 04 ③ 05 ④ 06 ④

07 화약고의 배선공사 시 개폐기 및 과전류차단기에서 화약고 인입구까지는 어떤 배선공사에 의하여 시설하여야 하는가?

2012 2015

① 합성수지관공사로 지중선로
② 금속관공사로 지중선로
③ 합성수지몰드 지중선로
④ 케이블 사용 지중선로

해설 **화약류 저장소의 위험장소**
전용 개폐기 또는 과전류 차단기에서 화약고의 인입구까지는 케이블을 사용하여 지중 전로로 한다.

08 화약류 저장소에서 백열전등이나 형광등 또는 이들에 전기를 공급하기 위한 전기설비를 시설하는 경우 전로의 대지전압은?

2009 2010 2011 2012 2015

① 100[V] 이하 ② 150[V] 이하
③ 220[V] 이하 ④ 300[V] 이하

해설 **화약류 저장소**
전로의 대지전압은 300[V] 이하로 한다.

09 화약고 등의 위험장소에서 전기설비 시설에 관한 내용으로 옳은 것은?

2014

① 전로의 대지전압은 400[V] 이하일 것
② 전기기계 · 기구는 전폐형을 사용할 것
③ 화약고 내의 전기설비는 화약고 장소에 전용개폐기 및 과전류차단기를 시설할 것
④ 개폐기 및 과전류차단기에서 화약고 인입구까지의 배선은 케이블 배선으로 노출로 시설할 것

해설 화약고 등의 위험장소에는 원칙적으로 전기설비를 시설하지 못하지만, 다음의 경우에는 시설한다.
- 전로의 대지전압이 300[V] 이하로 전기기계 · 기구(개폐기, 차단기 제외)는 전폐형으로 사용한다.
- 금속전선관 또는 케이블 배선에 의하여 시설한다.
- 전용 개폐기 및 과전류 차단기는 화약류 저장소 이외의 곳에 시설한다.
- 전용 개폐기 또는 과전류 차단기에서 화약고의 인입구까지는 케이블을 사용하여 지중 전로로 한다.

10 부식성 가스 등이 있는 장소에 시설할 수 없는 배선은?

2010 2012

① 금속관 배선
② 제1종 금속제 가요전선관 배선
③ 케이블 배선
④ 캡타이어 케이블 배선

해설 **부식성 가스 등이 있는 장소**
- 산류, 알칼리류, 염소산칼리, 표백분, 염료 또는 인조비료의 제조공장, 제련소, 전기도금공장, 개방형 축전지실 등 부식성 가스 등이 있는 장소
- 저압 배선 : 애자사용 배선, 금속전선관 배선, 합성수지관 배선, 2종 금속제 가요전선관, 케이블 배선으로 시공

11 부식성 가스 등이 있는 장소에 전기설비를 시설하는 방법으로 적합하지 않은 것은?

2010 2013

① 애자사용배선 시 부식성 가스의 종류에 따라 절연전선인 DV전선을 사용한다.
② 애자사용배선에 의한 경우에는 사람이 쉽게 접촉될 우려가 없는 노출장소에 한한다.
③ 애자사용배선 시 부득이 나전선을 사용하는 경우에는 전선과 조영재와의 거리를 4.5[cm] 이상으로 한다.
④ 애자사용배선 시 전선의 절연물이 상해를 받는 장소는 나전선을 사용할 수 있으며, 이 경우는 바닥 위 2.5[cm] 이상 높이에 시설한다.

해설 DV전선을 제외한 절연전선을 사용하여야 한다.

12 무대 · 무대마루 및 오케스트라 박스 · 영사실, 기타 사람이나 무대 도구가 접촉할 우려가 있는 장소에 시설하는 저압 옥내배선, 전구선 또는 이동전선은 최고 사용 전압이 몇 [V] 미만이어야 하는가?

2010 2012 2013 2014

① 100[V] ② 200[V]
③ 300[V] ④ 400[V]

해설 **흥행장소**
저압옥내배선, 전구선 또는 이동 전선은 사용전압이 400[V] 미만이어야 한다.

정답 07 ④ 08 ④ 09 ② 10 ② 11 ① 12 ④

13 흥행장의 저압 배선 공사 방법으로 잘못된 것은?
2013

① 전선 보호를 위해 적당한 방호장치를 할 것
② 무대나 영사실 등의 사용전압은 400[V] 미만일 것
③ 무대용 콘센트, 박스의 금속제 외함은 특별 제3종 접지공사를 할 것
④ 전구 등의 온도 상승 우려가 있는 기구류는 무대막, 목조의 마루 등과 접촉하지 않도록 할 것

해설 흥행장소의 무대, 무대마루 밑, 오케스트라 박스, 영사실 기타의 사람이나 무대 도구가 접촉할 우려가 있는 곳에 시설하는 저압 옥내 배선, 전구선 또는 이동 전선은 사용 전압이 400[V] 미만이어야 하므로 제3종 접지공사를 시행한다.

14 터널 · 갱도 기타 이와 유사한 장소에서 사람이 상시 통행하는 터널 내의 배선방법으로 적절하지 않은 것은?(단, 사용전압은 저압이다.)
2009
2012

① 라이팅덕트 배선
② 금속제 가요전선관 배선
③ 합성수지관 배선
④ 애자사용 배선

해설 광산, 터널 및 갱도
사람이 상시 통행하는 터널 내의 배선은 저압에 한하여 애자 사용, 금속전선관, 합성수지관, 금속제 가요전선관, 케이블 배선으로 시공하여야 한다.

15 다음 [보기] 중 금속관, 애자, 합성수지 및 케이블공사가 모두 가능한 특수 장소를 옳게 나열한 것은?
2013

> ㉠ 화약고 등의 위험 장소
> ㉡ 부식성 가스가 있는 장소
> ㉢ 위험물 등이 존재하는 장소
> ㉣ 불연성 먼지가 많은 장소
> ㉤ 습기가 많은 장소

① ㉠, ㉡, ㉢　　② ㉡, ㉢, ㉣
③ ㉡, ㉣, ㉤　　④ ㉠, ㉣, ㉤

해설
- 화약고 등의 위험 장소 : 금속관, 케이블 공사 가능
- 부식성 가스가 있는 장소 : 금속관, 케이블, 합성수지, 애자사용공사 가능
- 위험물 등이 존재하는 장소 : 금속관, 케이블, 합성수지관 공사 가능
- 불연성 먼지가 많은 장소 : 금속관, 케이블, 합성수지, 애자사용공사 가능
- 습기가 많은 장소 : 금속관, 케이블, 합성수지관, 애자사용공사(은폐장소 제외) 가능

16 조명설계 시 고려해야 할 사항 중 틀린 것은?
2014

① 적당한 조도일 것
② 휘도 대비가 높을 것
③ 균등한 광속 발산도 분포일 것
④ 적당한 그림자가 있을 것

해설 우수한 조명의 조건
- 조도가 적당할 것
- 시야 내의 조도차가 없을 것
- 눈부심(휘도의 대비)이 일어나지 않도록 할 것
- 적당한 그림자가 있을 것
- 광색이 적당할 것
- 일조조건, 조명기구의 위치나 디자인, 효율이나 보수성을 고려할 것

17 조명기구를 배광에 따라 분류하는 경우 특정한 장소만을 고조도로 하기 위한 조명기구는?
2015

① 직접 조명기구　　② 전반확산 조명기구
③ 광천장 조명기구　　④ 반직접 조명기구

해설 조명기구 배광에 의한 분류

조명 방식	직접 조명	반직접 조명		전반 확산조명
상향 광속	0~10[%]	10~40[%]		40~60[%]
조명기구				
하향 광속	100~90[%]	90~60[%]		60~40[%]

조명 방식	반간접 조명		간접 조명
상향 광속	60~90[%]		90~100[%]
조명기구			
하향 광속	40~10[%]		10~0[%]

정답 13 ③　14 ①　15 ③　16 ②　17 ①

Do! mino

전기기능사 필기

CRAFTSMAN ELECTRICITY

PART 04

최신기출문제

2016년 1회 기출문제

01 기전력이 120[V], 내부저항(r)이 15[Ω]인 전원이 있다. 여기에 부하저항(R)을 연결하여 얻을 수 있는 최대 전력[W]은?(단, 최대 전력 전달조건은 $r=R$이다.)

① 100　　② 140
③ 200　　④ 240

해설 내부저항과 부하의 저항이 같을 때 최대전력을 전송하므로, 부하저항 $R=r=15[\Omega]$이다.

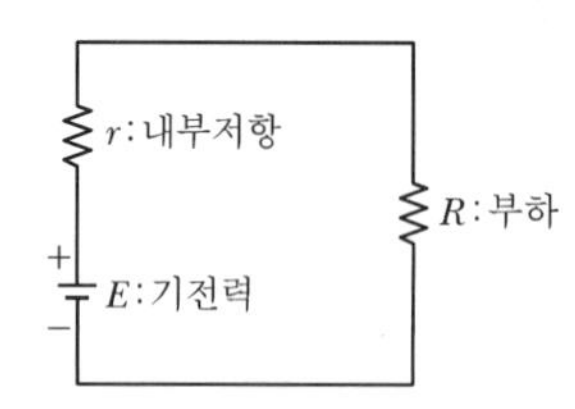

전체전류 $I_0=\dfrac{E}{R_0}=\dfrac{120}{30}=4[\mathrm{A}]$

최대전력 $P=I_0^{\,2}R=4^2\times 15=240[\mathrm{W}]$

02 자기인덕턴스에 축적되는 에너지에 대한 설명으로 가장 옳은 것은?

① 자기인덕턴스 및 전류에 비례한다.
② 자기인덕턴스 및 전류에 반비례한다.
③ 자기인덕턴스와 전류의 제곱에 반비례한다.
④ 자기인덕턴스에 비례하고 전류의 제곱에 비례한다.

해설 전자에너지 $W=\dfrac{1}{2}LI^2[\mathrm{J}]$

03 권수 300회의 코일에 6[A]의 전류가 흘러서 0.05[Wb]의 자속이 코일을 지난다고 하면, 이 코일의 자체 인덕턴스는 몇 [H]인가?

① 0.25　　② 0.35
③ 2.5　　④ 3.5

해설 자체 인덕턴스 $L=\dfrac{N\phi}{I}=\dfrac{300\times 0.05}{6}=2.5[\mathrm{H}]$

04 RL 직렬회로에서 서셉턴스는?

① $\dfrac{R}{R^2+X_L^{\,2}}$　　② $\dfrac{X_L}{R^2+X_L^{\,2}}$

③ $\dfrac{-R}{R^2+X_L^{\,2}}$　　④ $\dfrac{-X_L}{R^2+X_L^{\,2}}$

해설 어드미턴스 $\dot{Y}=\dfrac{1}{\dot{Z}}=G+jB$의 관계이므로,

RL 직렬회로의 어드미턴스

$$\dot{Y}=\frac{1}{\dot{Z}}=\frac{1}{R+jX_L}=\frac{R-jX_L}{(R+jX_L)(R-jX_L)}$$

$$=\frac{R}{(R^2+X_L^{\,2})}+j\frac{-X_L}{(R^2+X_L^{\,2})}$$

따라서, 서셉턴스 $B=\dfrac{-X_L}{(R^2+X_L^{\,2})}$이다.

05 전류에 의한 자기장과 직접적으로 관련이 없는 것은?

① 줄의 법칙
② 플레밍의 왼손 법칙
③ 비오－사바르의 법칙
④ 앙페르의 오른나사의 법칙

해설 ① 줄의 법칙 : 전류의 발열작용
② 플레밍의 왼손 법칙 : 자기장 내에 있는 도체에 전류에 의한 힘의 방향과 크기 결정
③ 비오－사바르의 법칙 : 전류에 의한 자기장의 세기를 구하는 법칙
④ 앙페르의 오른나사의 법칙 : 전류에 의해 만들어지는 자기장의 자력선 방향 결정

06 $C_1=5[\mu\mathrm{F}]$, $C_2=10[\mu\mathrm{F}]$의 콘덴서를 직렬로 접속하고 직류 30[V]를 가했을 때 C_1의 양단의 전압[V]은?

① 5　　② 10
③ 20　　④ 30

정답 01 ④ 02 ④ 03 ③ 04 ④ 05 ① 06 ③

해설 아래 회로와 같이 콘덴서를 직렬로 연결할 경우 각각의 콘덴서의 축적되는 전하량은 동일하고, $V = V_1 + V_2$의 관계가 있다.

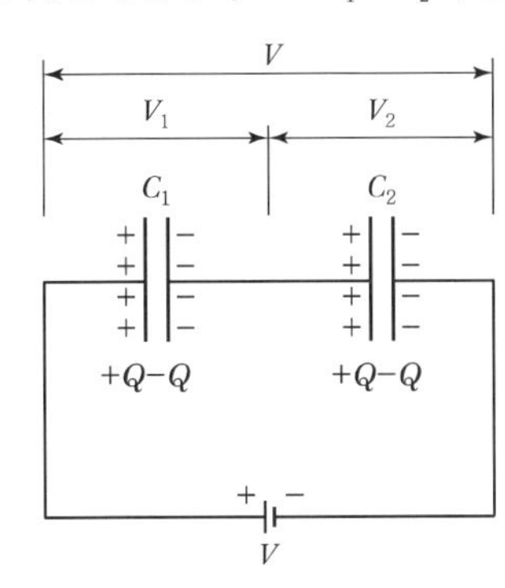

따라서, $Q = CV$에서 각각의 분배되는 전압(V)은 정전용량(C)에 반비례하게 분배되므로, C_1의 양단 전압

$V_1 = \frac{C_2}{C_1 + C_2} V = \frac{10}{5+10} \times 30 = 20[\text{V}]$이다.

07 3상 교류회로의 선간전압이 13,200[V], 선전류 800[A], 역률 80[%] 부하의 소비전력은 약 몇 [MW]인가?

① 4.88　　② 8.45
③ 14.63　　④ 25.34

해설 3상 소비전력

$P = \sqrt{3}\, V_\ell I_\ell \cos\theta = \sqrt{3} \times 13,200 \times 800 \times 0.8$

$= 14,632,365[\text{W}] = 14.63[\text{MW}]$

08 1[Ω · m]는 몇 [Ω · cm]인가?

① 10^2　　② 10^{-2}
③ 10^6　　④ 10^{-6}

해설 단위의 배수 "c"(centi)는 10^{-2}를 의미한다.
즉, $1[\text{m}] = 10^2[\text{cm}]$

09 자체 인덕턴스가 1[H]인 코일에 200[V], 60[Hz]의 사인파 교류 전압을 가했을 때 전류와 전압의 위상차는? (단, 저항 성분은 무시한다.)

① 전류는 전압보다 위상이 $\frac{\pi}{2}$[rad]만큼 뒤진다.
② 전류는 전압보다 위상이 π[rad]만큼 뒤진다.
③ 전류는 전압보다 위상이 $\frac{\pi}{2}$[rad]만큼 앞선다.
④ 전류는 전압보다 위상이 π[rad]만큼 앞선다.

해설 인덕턴스 만의 부하에서는 전류가 전압보다 $90°(\frac{\pi}{2}[\text{rad}])$ 뒤진다.

10 알칼리 축전지의 대표적인 축전지로 널리 사용되고 있는 2차 전지는?

① 망간전지　　② 산화은 전지
③ 페이퍼 전지　　④ 니켈카드뮴 전지

해설
- 1차 전지는 재생할 수 없는 전지를, 2차 전지는 재생 가능한 전지를 말한다.
- 2차 전지 중에서 니켈카드뮴 전지가 통신기기, 전기차 등에 사용되고 있다.

11 파고율, 파형률이 모두 1인 파형은?

① 사인파　　② 고조파
③ 구형파　　④ 삼각파

해설 교류파형의 개략적인 윤곽을 알아보기 위하여 파고율과 파형률 계수를 사용한다.

파고율 $= \frac{\text{최댓값}}{\text{실효값}}$, 파형률 $= \frac{\text{실효값}}{\text{평균값}}$ 으로 구한다.

파형	파고율	파형률
구형파(직사각형파)	1	1
정현파	1.414	1.11
삼각파	1.732	1.155

정답 07 ③ 08 ① 09 ① 10 ④ 11 ③

12 황산구리($CuSO_4$) 전해액에 2개의 구리판을 넣고 전원을 연결하였을 때 음극에서 나타나는 현상으로 옳은 것은?

① 변화가 없다. ② 구리판이 두꺼워진다.
③ 구리판이 얇아진다. ④ 수소 가스가 발생한다.

해설 황산구리 용액에 전극을 넣고 전류를 흘리면 음극판에 구리가 석출되면서 전극이 두꺼워진다.

13 두 종류의 금속 접합부에 전류를 흘리면 전류의 방향에 따라 줄열 이외의 열의 흡수 또는 발생현상이 생긴다. 이러한 현상을 무엇이라 하는가?

① 제백 효과 ② 페란티 효과
③ 펠티에 효과 ④ 초전도 효과

해설 펠티에 효과(Peltier Effect)
서로 다른 두 종류의 금속을 접속하고 한쪽 금속에서 다른 쪽 금속으로 전류를 흘리면 열의 발생 또는 흡수가 일어나는 현상을 말한다.

14 자극 가까이에 물체를 두었을 때 자화되는 물체와 자석이 그림과 같은 방향으로 자화되는 자성체는?

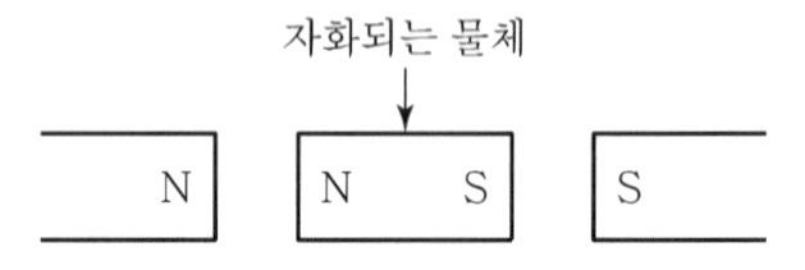

① 상자성체 ② 반자성체
③ 강자성체 ④ 비자성체

해설 ① 상자성체 : 자석에 자화되어 약하게 끌리는 물체
② 반자성체 : 자석에 자화가 반대로 되어 약하게 반발하는 물체
③ 강자성체 : 자석에 자화되어 강하게 끌리는 물체
④ 비자성체 : 자석에 극히 미약하게 자화는 물질

15 다이오드의 정특성이란 무엇을 말하는가?

① PN 접합면에서의 반송자 이동 특성
② 소신호로 동작할 때 전압과 전류의 관계
③ 다이오드를 움직이지 않고 저항률을 측정한 것
④ 직류전압을 걸었을 때 다이오드에 걸리는 전압과 전류의 관계

해설 아래 그림과 같이 다이오드에 순방향(정방향) 전압을 걸었을 때 전압과 전류의 관계를 정특성, 역방향 전압을 걸었을 때 전압과 전류의 관계를 역특성이라 한다.

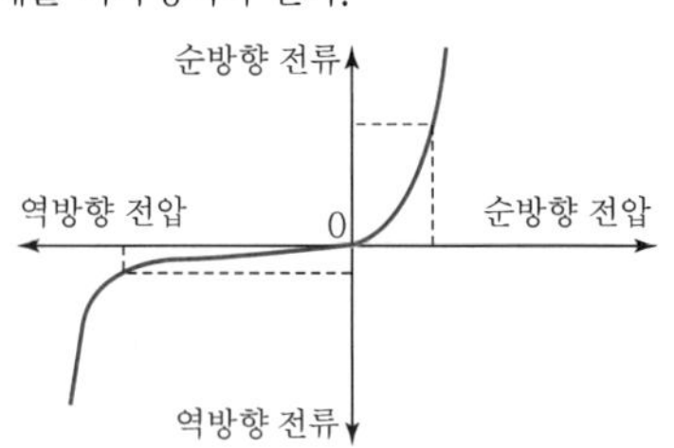

16 공기 중에 10[μC]과 20[μC]를 1[m] 간격으로 놓을 때 발생되는 정전력[N]은?

① 1.8 ② 2.2
③ 4.4 ④ 6.3

해설 쿨롱의 법칙에서 정전력 $F=\dfrac{1}{4\pi\varepsilon}\dfrac{Q_1Q_2}{r^2}$[N]이고,

공기나 진공에서는 $\varepsilon_s=1$이며, $\varepsilon_0=8.855\times10^{-12}$이다.

따라서, 정전력

$$F=\frac{1}{4\pi\times8.855\times10^{-12}\times1}\frac{10\times10^{-6}\times20\times10^{-6}}{1^2}=1.8[\text{N}]$$

17 200[V], 2[kW]의 전열선 2개를 같은 전압에서 직렬로 접속한 경우의 전력은 병렬로 접속한 경우의 전력보다 어떻게 되는가?

① $\dfrac{1}{2}$로 줄어든다. ② $\dfrac{1}{4}$로 줄어든다.
③ 2배로 증가된다. ④ 4배로 증가된다.

해설 전열선은 저항만 있는 부하이므로, 전열선의 저항값을 구하여 직렬일 때와 병렬일 때의 전력을 구하여 비교하면,

- 전열선의 저항 $R=\dfrac{V^2}{P}=\dfrac{(200)^2}{2,000}=20[\Omega]$
- 직렬접속일 때 전력 $P=\dfrac{V^2}{R}=\dfrac{(200)^2}{40}=1,000[\text{W}]$
  (직렬일 때 저항 $20+20=40[\Omega]$)
- 병렬접속일 때 전력 $P=\dfrac{V^2}{R}=\dfrac{(200)^2}{10}=4,000[\text{W}]$
  (병렬일 때 저항 $\dfrac{20\times20}{20+20}=10[\Omega]$)

따라서, $\dfrac{1,000}{4,000}=\dfrac{1}{4}$배

정답 12 ② 13 ③ 14 ② 15 ④ 16 ① 17 ②

18 **"회로의 접속점에서 볼 때, 접속점에 흘러 들어오는 전류의 합은 흘러 나가는 전류의 합과 같다."라고 정의되는 법칙은?**

① 키르히호프의 제1법칙
② 키르히호프의 제2법칙
③ 플레밍의 오른손 법칙
④ 앙페르의 오른나사 법칙

해설 ① 키르히호프의 제1법칙 : 회로 내의 임의의 접속점에서 들어가는 전류와 나오는 전류의 대수합은 0이다.
② 키르히호프의 제2법칙 : 회로 내의 임의의 폐회로에서 한쪽 방향으로 일주하면서 취할 때 공급된 기전력의 대수합은 각 지로에서 발생한 전압강하의 대수합과 같다.
③ 플레밍의 오른손 법칙 : 자기장 내에 있는 도체가 움직일 때 기전력의 방향과 크기 결정
④ 앙페르의 오른나사 법칙 : 전류에 의해 만들어지는 자기장의 자력선 방향 결정

19 **그림과 같은 회로에서 저항 R_1에 흐르는 전류는?**

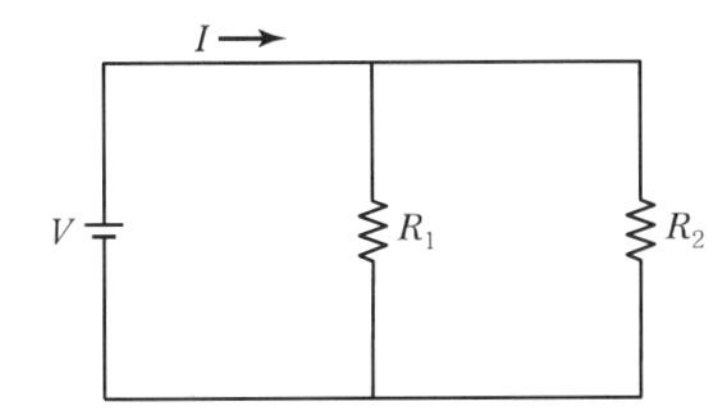

① $(R_1+R_2)I$
② $\frac{R_2}{R_1+R_2}I$
③ $\frac{R_1}{R_1+R_2}I$
④ $\frac{R_1R_2}{R_1+R_2}I$

해설 병렬회로에서 저항과 전류는 반비례하므로, 전체 전류가 각각의 저항값에 반비례로 분류되어 흐른다. 따라서, R_1에 흐르는 전류 $\frac{R_2}{R_1+R_2}I$이다.

20 **동일한 저항 4개를 접속하여 얻을 수 있는 최대 저항값은 최소 저항값의 몇 배인가?**

① 2
② 4
③ 8
④ 16

해설 • 직렬접속일 때 합성저항이 최대이므로 직렬합성저항은 $4R$
• 병렬접속일 때 합성저항이 최소이므로 병렬합성저항은 $\frac{R}{4}$

따라서, $\frac{4R}{\frac{R}{4}}=16$배

21 **3상 교류 발전기의 기전력에 대하여 90° 늦은 전류가 통할 때의 반작용 기자력은?**

① 자극축과 일치하고 감자작용
② 자극축보다 90[°] 빠른 증자작용
③ 자극축보다 90[°] 늦은 감자작용
④ 자극축과 직교하는 교차자화작용

해설 3상 동기발전기의 전기자 반작용
• 기전력에 대하여 90[°] 늦은 전기자 전류 : 자극축과 일치하고 감자작용
• 기전력에 대하여 90[°] 앞선 전기자 전류 : 자극축과 일치하고 증자작용
• 동상 전기자 전류 : 자극축과 직교하는 교차 자화 작용

22 **반파 정류 회로에서 변압기 2차 전압의 실효치를 E[V]라 하면 직류 전류 평균치는?(단, 정류기의 전압강하는 무시한다.)**

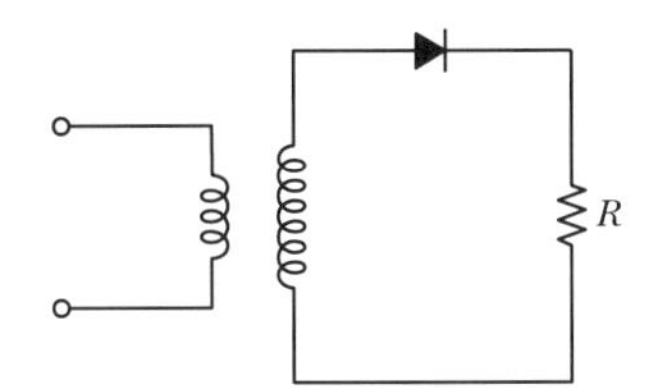

① $\frac{E}{R}$
② $\frac{1}{2}\frac{E}{R}$
③ $\frac{2\sqrt{2}}{\pi}\frac{E}{R}$
④ $\frac{\sqrt{2}}{\pi}\frac{E}{R}$

해설 • 단상반파 출력전압 평균값 $E_d=\frac{\sqrt{2}}{\pi}E$[V]
• 직류 전류 평균값 $I_d=\frac{E_d}{R}=\frac{\sqrt{2}}{\pi}\cdot\frac{E}{R}$[A]

정답 18 ① 19 ② 20 ④ 21 ① 22 ④

23 1차 전압 6,300[V], 2차 전압 210[V], 주파수 60[Hz]의 변압기가 있다. 이 변압기의 권수비는?

① 30 ② 40
③ 50 ④ 60

해설 권수비 $a=\frac{V_1}{V_2}=\frac{6,300}{210}=30$

24 동기 전동기를 송전선의 전압 조정 및 역률 개선에 사용한 것을 무엇이라 하는가?

① 댐퍼 ② 동기이탈
③ 제동권선 ④ 동기 조상기

해설 동기 조상기
전력계통의 전압조정과 역률 개선을 위해 계통에 접속한 무부하의 동기 전동기를 말한다.

25 3상 동기 발전기의 상간 접속을 Y결선으로 하는 이유 중 틀린 것은?

① 중성점을 이용할 수 있다.
② 선간전압이 상전압의 $\sqrt{3}$ 배가 된다.
③ 선간전압에 제3고조파가 나타나지 않는다.
④ 같은 선간전압의 결선에 비하여 절연이 어렵다.

해설 상전압은 선간전압의 $\frac{1}{\sqrt{3}}$ 이므로 절연이 용이하다.

26 동기기의 손실에서 고정손에 해당되는 것은?

① 계자철심의 철손 ② 브러시의 전기손
③ 계자 권선의 저항손 ④ 전기자 권선의 저항손

해설 철손은 고정손이다.

27 60[Hz], 4극 유도 전동기가 1,700[rpm]으로 회전하고 있다. 이 전동기의 슬립은 약 얼마인가?

① 3.42% ② 4.56%
③ 5.56% ④ 6.64%

해설 동기속도 $N_s=\frac{120f}{P}=\frac{120\times 60}{4}=1,800[\text{rpm}]$,
슬립 $s=\frac{N_s-N}{N_s}$ 이므로, $s=\frac{1,800-1,700}{1800}\times 100=5.56[\%]$
이다.

28 발전기 권선의 층간단락보호에 가장 적합한 계전기는?

① 차동계전기 ② 방향계전기
③ 온도계전기 ④ 접지계전기

해설 차동계전기
고장에 의하여 생긴 불평형의 전류차가 기준치 이상으로 되었을 때 동작하는 계전기이다. 변압기 내부고장 검출용으로 주로 사용된다.

29 다음 중 ( ) 속에 들어갈 내용은?

> 유입변압기에 많이 사용되는 목면, 명주, 종이 등의 절연재료는 내열등급 ( )으로 분류되고, 장시간 지속하여 최고 허용온도 ( )℃를 넘어서는 안 된다.

① Y종, 90 ② A종, 105
③ E종, 120 ④ B종, 130

해설

종류	최고허용 온도(℃)	절연재료
Y종	90	목면, 견, 종이 등 바니스류에 함침되지 않은 것
A종	105	목면, 견, 종이 등 바니스류에 함침된 것
E종	120	대부분의 플라스틱류
B종	130	운모, 석면, 유리섬유 등을 아스팔트의 접착재료와 같이 구성시킨 것
F종	155	운모, 석면, 유리섬유 등을 알킬수지 등 내열성 재료와 같이 구성시킨 것
H종	180	운모, 석면, 유리섬유 등을 규소수지 등 내열성 재료와 같이 구성시킨 것
C종	180 이상	운모, 석면, 유리섬유 등을 단독으로 사용한 것

정답 23 ① 24 ④ 25 ④ 26 ① 27 ③ 28 ① 29 ②

30 퍼센트 저항강하 3[%], 리액턴스 강하 4[%]인 변압기의 최대 전압변동률[%]은?

① 1　　② 5
③ 7　　④ 12

해설 퍼센트 저항강하 $p=3[\%]$, 퍼센트 리액턴스 강하 $q=4[\%]$
최대 전압변동률 $\varepsilon_{max} = \sqrt{p^2+q^2} = \sqrt{3^2+4^2} = 5[\%]$

31 다음 중 자기 소호기능이 가장 좋은 소자는?

① SCR　　② GTO
③ TRIAC　　④ LASCR

해설 GTO
게이트 신호가 양(+)이면 도통되고, 음(−)이면 자기 소호하는 사이리스터이다.

32 3상 유도전동기의 속도제어방법 중 인버터(Inverter)를 이용한 속도제어법은?

① 극수 변환법　　② 전압 제어법
③ 초퍼 제어법　　④ 주파수 제어법

해설 인버터
직류를 교류로 변환하는 장치로서 주파수를 변환시켜 전동기 속도제어와 형광등의 고주파 점등이 가능하다.

33 회전변류기의 직류 측 전압을 조정하려는 방법이 아닌 것은?

① 직렬 리액턴스에 의한 방법
② 여자 전류를 조정하는 방법
③ 동기 승압기를 사용하는 방법
④ 부하 시 전압 조정 변압기를 사용하는 방법

해설 회전변류기는 그림과 같이 동기전동기의 전기자 권선에 슬립링을 통하여 교류를 가하면, 전기자에 접속된 정류자에서 직류전압을 얻을 수 있는 기기이다.

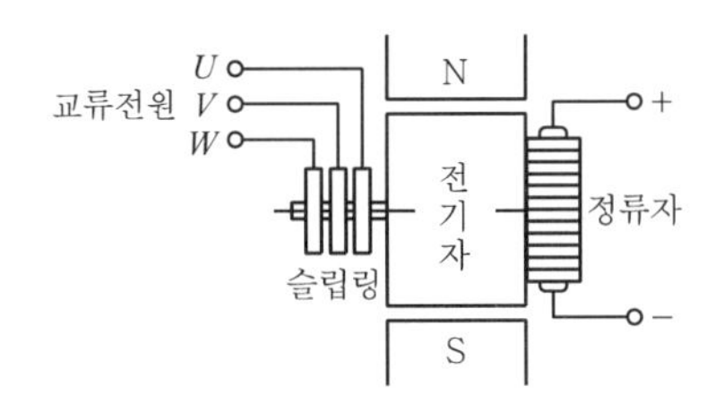

직류 측의 전압을 변경하려면, 슬립링에 가해지는 교류 측 전압을 변화시키며, 그 방법에는 직렬 리액턴스, 유도 전압조정기, 부하 시 전압 조정변압기, 동기 승압기 등이 있다.

34 변압기의 규약 효율은?

① $\dfrac{출력}{입력}$　　② $\dfrac{출력}{입력-손실}$
③ $\dfrac{출력}{출력+손실}$　　④ $\dfrac{입력+손실}{입력}$

해설 변압기의 규약 효율
$\eta = \dfrac{출력[kW]}{출력[kW]+손실[kW]} \times 100[\%]$

35 다음 중 권선저항의 측정방법은?

① 메거　　② 전압 전류계법
③ 켈빈 더블 브리지법　　④ 휘트스톤 브리지법

해설 저항측정
- 저 저항측정 : 켈빈 더블 브리지 – 권선저항 측정
- 중 저항측정 : 휘트스톤 브리지
- 고 저항측정 : 메거(Megger) – 절연저항 측정

36 직류 발전기의 병렬운전 중 한쪽 발전기의 여자를 늘리면 그 발전기는?

① 부하 전류는 불변, 전압은 증가
② 부하 전류는 줄고, 전압은 증가
③ 부하 전류는 늘고, 전압은 증가
④ 부하 전류는 늘고, 전압은 불변

해설 병렬운전 중 한쪽 발전기의 여자전류를 늘리면, 자속의 증가로 전압이 증가하며, 부하전류가 늘게 된다.

37 직류전압을 직접 제어하는 것은?

① 브리지형 인버터　　② 단상 인버터
③ 3상 인버터　　④ 초퍼형 인버터

해설 초퍼
직류를 다른 크기의 직류로 변환하는 장치

정답 30 ② 31 ② 32 ④ 33 ② 34 ③ 35 ③ 36 ③ 37 ④

38 **전동기에 접지공사를 하는 주된 이유는?**

① 보안상 ② 미관상
③ 역률 증가 ④ 감전사고 방지

해설 **접지의 목적**
- 누설 전류로 인한 감전을 방지
- 뇌해로부터 전기설비를 보호
- 전로에 지락 사고 발생 시 보호계전기를 확실하게 작동시키기 위함
- 이상 전압이 발생하였을 때 대지전압을 억제하여 절연강도를 낮추기 위함

39 **동기기를 병렬운전할 때 순환전류가 흐르는 원인은?**

① 기전력의 저항이 다른 경우
② 기전력의 위상이 다른 경우
③ 기전력의 전류가 다른 경우
④ 기전력의 역률이 다른 경우

해설 병렬운전조건 중 기전력의 위상이 서로 다르면 순환전류(유효 횡류)가 흐르며, 위상이 앞선 발전기는 부하의 증가를 가져와서 회전속도가 감소하게 되고, 위상이 뒤진 발전기는 부하의 감소를 가져와서 발전기의 속도가 상승하게 된다.

40 **역률과 효율이 좋아서 가정용 선풍기, 전기세탁기, 냉장고 등에 주로 사용되는 것은?**

① 분상 기동형 전동기
② 반발 기동형 전동기
③ 콘덴서 기동형 전동기
④ 셰이딩 코일형 전동기

해설 **영구 콘덴서 기동형**
원심력스위치가 없어서 가격도 싸고, 보수할 필요가 없으므로 큰 기동토오크를 요구하지 않는 선풍기, 냉장고, 세탁기 등에 널리 사용된다.

41 **3상 4선식 380/220[V] 전로에서 전원의 중성극에 접속된 전선을 무엇이라 하는가?**

① 접지선 ② 중성선
③ 전원선 ④ 접지측선

해설 그림과 같이 각 상의 중성점에 접속된 전선을 중성선이라 한다.

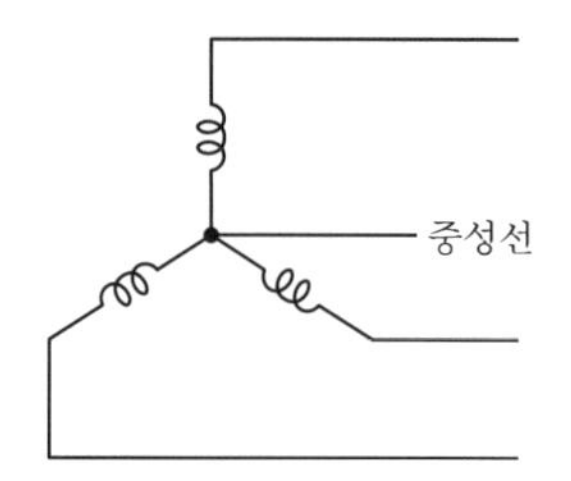

42 **플로어덕트 배선의 사용전압은 몇 [V] 미만으로 제한되는가?**

① 220 ② 400
③ 600 ④ 700

해설 사람 등과 접촉할 우려가 높은 플로어 덕트배선 및 흥행장의 전기배선은 사용 전압이 400[V] 미만이다.

43 **자동화재탐지설비의 구성 요소가 아닌 것은?**

① 비상콘센트 ② 발신기
③ 수신기 ④ 감지기

해설 **자동화재탐지설비의 구소요소**
- 감지기
- 수신기
- 중계기
- 발신기
- 표시등 및 음향장치

44 **셀룰로이드, 성냥, 석유류 등 기타 가연성 위험물질을 제조 또는 저장하는 장소의 배선으로 틀린 것은?**

① 금속관 배선
② 케이블 배선
③ 플로어덕트 배선
④ 합성수지관(CD관 제외) 배선

해설 **위험물이 있는 곳의 공사**
금속전선관 공사, 합성수지관 공사(두께 2[mm] 이상), 케이블 공사에 의하여 시설한다.

45 **합성수지관을 새들 등으로 지지하는 경우 지지점 간의 거리는 몇 [m] 이하인가?**

① 1.5 ② 2.0
③ 2.5 ④ 3.0

정답 38 ④ 39 ② 40 ③ 41 ② 42 ② 43 ① 44 ③ 45 ①

해설
- 합성수지관의 지지점 간의 거리는 1.5[m] 이하로 하고, 관과 박스의 접속점 및 관 상호 간의 접속점 등에서는 0.3[m] 이내에 지지점을 시설하여야 한다.
- 금속전선관 노출 배관 시 조영재에 따라 지지점 간의 거리는 2[m] 이하로 고정시킨다.
- 합성수지제 가요관은 합성수지관과 같다.
- 금속제 가요전선관의 지지점 간의 거리는 1[m] 이하마다 새들을 써서 고정시킨다.

46 가요전선관 공사에서 접지공사방법으로 틀린 것은?

① 사람이 접촉될 우려가 없도록 시설한 사용전압 400[V] 이상인 경우의 가요전선관 및 부속품에는 제3종 접지공사를 할 수 있다.
② 강전류회로의 전선과 약전류회로의 약전류전선을 동일 박스 내에 넣는 경우에는 격벽을 시설하고 제3종 접지공사를 하여야 한다.
③ 사용전압 400[V] 미만인 경우의 가요전선관 및 부속품에는 제3종 접지공사를 하여야 한다.
④ 1종 가요전선관은 단면적 2.5[mm^2] 이상의 나연동선을 접지선으로 하여 배관 전체의 길이에 삽입 또는 첨가한다.

해설 강전류회로의 전선과 약전류전선을 동일 박스 내에 넣을 경우에는 격벽을 시설하고 특별 제3종 접지공사로 시공한다.

47 금속관 공사를 할 경우 케이블 손상 방지용으로 사용하는 부품은?

① 부싱　　② 엘보
③ 커플링　　④ 로크너트

해설 부싱
전선의 절연피복을 보호하기 위하여 금속관 끝에 취부하여 사용한다.

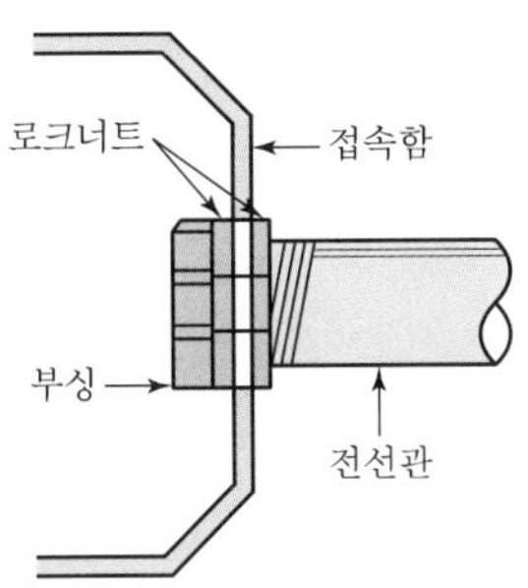

48 부하의 역률이 규정값 이하인 경우 역률 개선을 위하여 설치하는 것은?

① 저항　　② 리액터
③ 컨덕턴스　　④ 진상용 콘덴서

해설 진상용 콘덴서는 전압과 전류의 위상차를 감소시켜 역률을 개선한다.

49 전선을 종단 겹침용 슬리브에 의해 종단 접속할 경우 소정의 압축공구를 사용하여 보통 몇 개소를 압착하는가?

① 1　　② 2
③ 3　　④ 4

해설 전선을 종단 겹침용 슬리브에 의해 종단 접속할 경우 소정의 압축공구를 사용하여 보통 2개소를 압착한다.

50 사람이 상시 통행하는 터널 내 배선의 사용전압이 저압일 때 배선방법으로 틀린 것은?

① 금속관 배선
② 금속덕트 배선
③ 합성수지관 배선
④ 금속제 가요전선관 배선

해설 광산, 터널 및 갱도
사람이 상시 통행하는 터널 내의 배선은 저압에 한하여 애자 사용, 금속전선관, 합성수지관, 금속제 가요전선관, 케이블 배선으로 시공하여야 한다.

51 변압기 중성점에 2종 접지공사를 하는 이유는?

① 전류 변동의 방지
② 전압 변동의 방지
③ 전력 변동의 방지
④ 고저압 혼촉 방지

해설 제2종 접지공사의 목적은 높은 전압과 낮은 전압의 혼촉사고가 발생했을 때 사람에게 위험을 주는 높은 전류를 대지로 흐르게 하기 위함이다.

정답 46 ② 47 ① 48 ④ 49 ② 50 ② 51 ④

52 어느 가정집이 40[W] LED등 10개, 1[kW] 전자레인지 1개, 100[W] 컴퓨터 세트 2대, 1[kW] 세탁기 1대를 사용하고, 하루 평균 사용 시간이 LED등은 5시간, 전자레인지 30분, 컴퓨터 5시간, 세탁기 1시간이라면 1개월(30일)간의 사용 전력량[kWh]은?

① 115 ② 135
③ 155 ④ 175

해설 각 부하별 사용 전력량을 계산하여 총합을 구한다.
- LED등 : 0.04[kW]×10개×5시간×30일=60[kWh]
- 전자레인지 : 1[kW]×1개×0.5시간×30일=15[kWh]
- 컴퓨터 세트 : 0.1[kW]×2대×5시간×30일=30[kWh]
- 세탁기 : 1[kW]×1대×1시간×30일=30[kWh]

따라서, 총 사용 전력량=60+15+30+30=135[kWh]

53 고압 가공전선로의 지지물로 철탑을 사용하는 경우 경간은 몇 [m] 이하로 제한하는가?

① 150 ② 300
③ 500 ④ 600

해설 고압 가공전선로 경간의 제한 범위
- 목주, A종 철주 또는 A종 철근콘크리트주 : 150[m]
- B종 철주 또는 B종 철근콘크리트주 : 250[m]
- 철탑 : 600[m]

54 금속관 구부리기에 있어서 관의 굴곡이 3개소가 넘거나 관의 길이가 30[m]를 초과하는 경우 적용하는 것은?

① 커플링 ② 풀박스
③ 로크너트 ④ 링 리듀서

해설 풀박스는 금속제의 캐비닛 형태로 만들며, 전선관에 전선 등을 넣는 작업을 위해 설치하는 것으로 전선관의 길이가 30[m]를 초과하거나 굴곡 개소가 많은 경우(3개소 초과)에 설치하는 것이 바람직하다.

55 옥내배선공사를 할 때 연동선을 사용할 경우 전선의 최소 굵기[mm^2]는?

① 1.5 ② 2.5
③ 4 ④ 6

해설 저압 옥내배선에 사용하는 전선의 굵기는 다음과 같다.
- 단면적이 2.5[mm^2] 이상의 연동선
- 단면적이 1[mm^2] 이상의 미네랄인슐레이션케이블

56 연선 결정에 있어서 중심 소선을 뺀 층수가 3층이다. 전체 소선 수는?

① 91 ② 61
③ 37 ④ 19

해설 총 소선 수
$N = 3N(N+1)+1 = 3\times3\times(3+1)+1 = 37$

57 동전선의 종단접속방법이 아닌 것은?

① 동선압착단자에 의한 접속
② 종단겹침용 슬리브에 의한 접속
③ C형 전선접속기 등에 의한 접속
④ 비틀어 꽂는 형의 전선접속기에 의한 접속

해설 동(구리)전선의 접속
- 비틀어 꽂는 형의 전선접속기에 의한 접속
- 종단겹침용 슬리브(E형)에 의한 접속
- 직선 맞대기용 슬리브(B형)에 의한 압착접속
- 동선압착단자에 의한 접속

58 접지전극의 매설 깊이는 몇 [m] 이상인가?

① 0.6 ② 0.65
③ 0.7 ④ 0.75

해설 접지공사의 접지극은 지하 75[cm] 이상 되는 깊이로 매설할 것

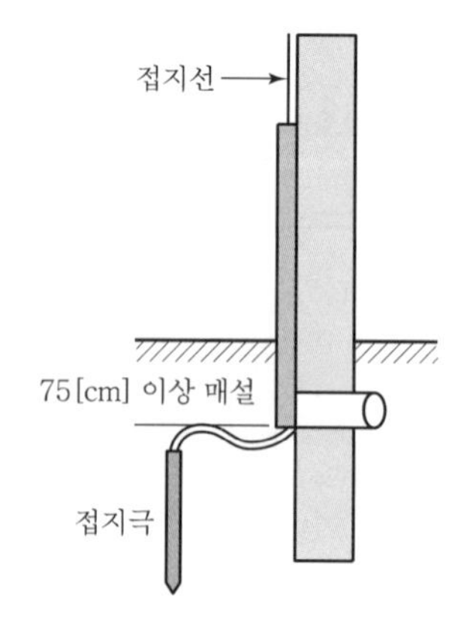

정답 52 ② 53 ④ 54 ② 55 ② 56 ③ 57 ③ 58 ④

59 금속관 절단구의 다듬기에 쓰이는 공구는?

① 리머 ② 홀소
③ 프레셔 툴 ④ 파이프 렌치

해설 리머(Reamer)
금속관을 쇠톱이나 커터로 끊은 다음, 관 안의 날카로운 부분을 다듬는 공구이다.

60 합성수지관 상호 접속 시에 관을 삽입하는 깊이는 관 바깥지름의 몇 배 이상으로 하여야 하는가?

① 0.6 ② 0.8
③ 1.0 ④ 1.2

해설 합성수지관 관 상호 접속방법
- 커플링에 들어가는 관의 길이는 관 바깥지름의 1.2배 이상으로 한다.
- 접착제를 사용하는 경우에는 0.8배 이상으로 한다.

정답 59 ① 60 ④

2016년 2회 기출문제

01 다음 ( ) 안의 알맞은 내용으로 옳은 것은?

> 회로에 흐르는 전류의 크기는 저항에 (㉮)하고, 가해진 전압에 (㉯)한다.

① ㉮ 비례, ㉯ 비례 ② ㉮ 비례, ㉯ 반비례
③ ㉮ 반비례, ㉯ 비례 ④ ㉮ 반비례, ㉯ 반비례

해설 오옴의 법칙 $I=\frac{V}{R}$

02 초산은($AgNO_3$) 용액에 1[A]의 전류를 2시간 동안 흘렸다. 이때 은의 석출량[g]은?(단, 은의 전기 화학당량은 1.1×10^{-3}[g/C]이다.)

① 5.44 ② 6.08
③ 7.92 ④ 9.84

해설 패러데이의 법칙(Faraday's Law)에서
석출량 $\omega=kQ=kIt$ [g]
$=1.1\times10^{-3}\times1\times2\times60\times60=7.92$[g]

03 평균 반지름이 10[cm]이고 감은 횟수 10회인 원형 코일에 5[A]의 전류를 흐르게 하면 코일 중심의 자장의 세기[AT/m]는?

① 250 ② 500
③ 750 ④ 1,000

해설 원형 코일 중심의 자기장 세기
$H=\frac{NI}{2r}=\frac{10\times5}{2\times10\times10^{-2}}=250$[AT/m]

04 3[V]의 기전력으로 300[C]의 전기량이 이동할 때 몇 [J]의 일을 하게 되는가?

① 1,200 ② 900
③ 600 ④ 100

해설 전위차 $V=\frac{W}{Q}$ 이므로,
에너지(일) $W=VQ=3\times300=900$[J]이다.

05 충전된 대전체를 대지(大地)에 연결하면 대전체는 어떻게 되는가?

① 방전한다. ② 반발한다.
③ 충전이 계속된다. ④ 반발과 흡인을 반복한다.

해설 충전된 대전체는 전자가 부족(양전기)하거나 남게 된(음전기) 상태이며, 거대한 유전체인 대지와 대전체를 연결하게 되면, 대전체에 부족하거나 남는 수만큼의 전자가 들어오거나 나가게 되어 전기를 띠지 않는 중성 상태로 방전하게 된다.

06 반자성체 물질의 특색을 나타낸 것은?(단, μ_s는 비투자율이다.)

① $\mu_s>1$ ② $\mu_s\gg1$
③ $\mu_s=1$ ④ $\mu_s<1$

해설 ① $\mu_s>1$: 상자성체(자석에 자화되어 약하게 끌리는 물체)
② $\mu_s\gg1$: 강자성체(자석에 자화되어 강하게 끌리는 물체)
③ $\mu_s=1$: 진공 또는 공기
④ $\mu_s<1$: 반자성체(자석에 자화가 반대로 되어 약하게 반발하는 물체)

07 비사인파 교류회로의 전력에 대한 설명으로 옳은 것은?

① 전압의 제3고조파와 전류의 제3고조파 성분 사이에서 소비전력이 발생한다.
② 전압의 제2고조파와 전류의 제3고조파 성분 사이에서 소비전력이 발생한다.
③ 전압의 제3고조파와 전류의 제5고조파 성분 사이에서 소비전력이 발생한다.
④ 전압의 제6고조파와 전류의 제7고조파 성분 사이에서 소비전력이 발생한다.

해설 비사인파의 유효전력(소비전력)은 주파수가 같은 전압과 전류에 의한 유효전력의 대수의 합이다. 따라서, 전압과 전류가 같은 고조파에서 유효전력이 발생한다.

정답 01 ③ 02 ③ 03 ① 04 ② 05 ① 06 ④ 07 ①

08 **2[μF], 3[μF], 5[μF]인 3개의 콘덴서가 병렬로 접속되었을 때의 합성 정전용량[μF]은?**

① 0.97　　② 3
③ 5　　④ 10

해설 합성 정전용량 $= 2+3+5=10[\mu\text{F}]$

09 **PN 접합 다이오드의 대표적인 작용으로 옳은 것은?**

① 정류작용　　② 변조작용
③ 증폭작용　　④ 발진작용

해설 PN 접합 다이오드 또는 다이오드(D ; Diode)
PN 접합 양단에 가해지는 전압의 방향에 따라 전류를 흐르게 하거나 흐르지 못하게 하는 작용을 정류작용이라고 하며, 이 성질을 이용한 반도체소자가 다이오드이다.

10 **$R=2[\Omega]$, $L=10[\text{mH}]$, $C=4[\mu\text{F}]$로 구성되는 직렬 공진회로의 L과 C에서의 전압 확대율은?**

① 3　　② 6
③ 16　　④ 25

해설 • 직렬 공진 시 인덕턴스 L이나 정전용량 C단자에 걸리는 전압과 인가되는 전원 전압의 비율을 전압 확대율 Q라 한다.
즉, $Q=\dfrac{V_L}{V}=\dfrac{V_C}{V}=\dfrac{\omega L}{R}=\dfrac{1}{\omega CR}$이다.

• 공진 주파수

$$f_o=\frac{1}{2\pi\sqrt{LC}}=\frac{1}{2\pi\sqrt{10\times10^{-3}\times4\times10^{-6}}}=795.8[\text{Hz}]$$

• 전압 확대율 $Q=\dfrac{\omega L}{R}=\dfrac{2\pi\times795.8\times10\times10^{-3}}{2}=25$

11 **최대눈금 1[A], 내부저항 10[Ω]의 전류계로 최대 101[A]까지 측정하려면 몇 [Ω]의 분류기가 필요한가?**

① 0.01　　② 0.02
③ 0.05　　④ 0.1

해설 분류기(Shunt)는 아래와 같이 전류계와 병렬연결로 연결한다.

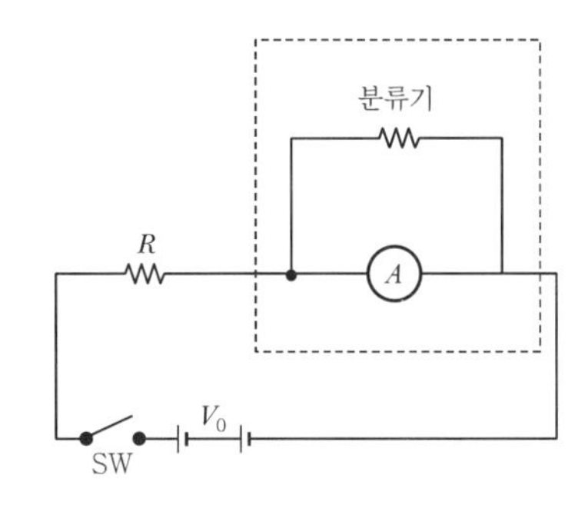

전류계로 흐르는 전류가 1[A]일 때 분류기에 흐르는 전류가 100[A]이어야 하므로(100배),
병렬회로의 저항과 전류의 반비례 관계를 이용하면,
전류계 내부저항이 10[Ω]이므로,
분류기 내부저항은 $\dfrac{10}{100}=0.1[\Omega]$(1/100배)이여야 한다.

12 **전력과 전력량에 관한 설명으로 틀린 것은?**

① 전력은 전력량과 다르다.
② 전력량은 와트로 환산된다.
③ 전력량은 칼로리 단위로 환산된다.
④ 전력은 칼로리 단위로 환산할 수 없다.

해설 전력 P와 전략량 W의 관계는 $W=P\cdot t[\text{W}\cdot\text{sec}]$이며, 전력량과 열량의 관계는 $H=0.24I^2Rt=0.24Pt=0.24W[\text{cal}]$이다.

13 **전자 냉동기는 어떤 효과를 응용한 것인가?**

① 제벡 효과　　② 톰슨 효과
③ 펠티에 효과　　④ 줄 효과

해설 펠티에 효과(Peltier Effect)
서로 다른 두 종류의 금속을 접속하고 한쪽 금속에서 다른 쪽 금속으로 전류를 흘리면 열의 발생 또는 흡수가 일어나는 현상을 말한다.

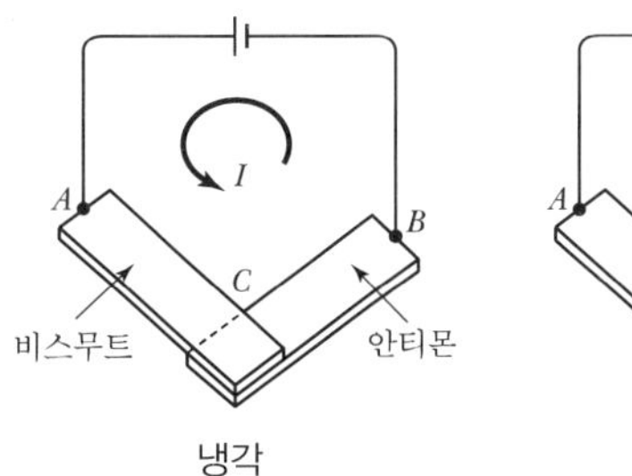

정답 08 ④　09 ①　10 ④　11 ④　12 ②　13 ③

14 자속밀도가 2[Wb/m²]인 평등 자기장 중에 자기장과 30°의 방향으로 길이 0.5[m]인 도체에 8[A]의 전류가 흐르는 경우 전자력[N]은?

① 8 ② 4
③ 2 ④ 1

해설 플레밍의 왼손법칙에 의한 전자력
$F=BI\ell\sin\theta=2\times8\times0.5\times\sin30°=4[N]$

15 어떤 3상 회로에서 선간전압이 200[V], 선전류 25[A], 3상 전력이 7[kW]이었다. 이때의 역률은 약 얼마인가?

① 0.65 ② 0.73
③ 0.81 ④ 0.97

해설 3상 전력 $P=\sqrt{3}\,V_\ell I_\ell\cos\theta$

역률 $\cos\theta=\dfrac{P}{\sqrt{3}\,V_\ell I_\ell}=\dfrac{7\times10^3}{\sqrt{3}\times200\times25}=0.81$

16 3상 220[V], Δ결선에서 1상의 부하가 $Z=8+j6[\Omega]$이면 선전류[A]는?

① 11 ② $22\sqrt{3}$
③ 22 ④ $\dfrac{22}{\sqrt{3}}$

해설 아래와 같은 회로이므로,

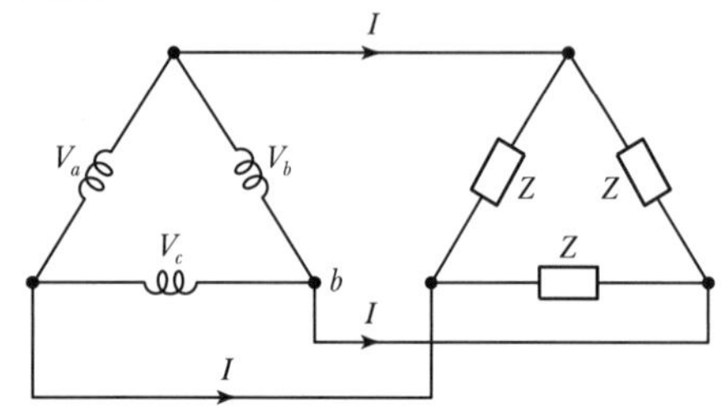

- 한 상의 부하 임피던스가 $Z=\sqrt{R^2+X^2}=\sqrt{8^2+6^2}=10[\Omega]$
- 상전류 $I_p=\dfrac{V_p}{Z}=\dfrac{220}{10}=22[A]$
- Δ결선에서 선전류 $I_\ell=\sqrt{3}\cdot I_p=\sqrt{3}\times22=22\sqrt{3}[A]$

17 환상 솔레노이드에 감겨진 코일의 권회 수를 3배로 늘리면 자체 인덕턴스는 몇 배로 되는가?

① 3 ② 9
③ $\dfrac{1}{3}$ ④ $\dfrac{1}{9}$

해설 자체 인덕턴스 $L=\dfrac{\mu AN^2}{\ell}$[H]의 관계가 있으므로,
권회 수 N을 3배 늘리면, 자체 인덕턴스는 9배 커진다.

18 $+Q_1$[C]과 $-Q_2$[C]의 전하가 진공 중에서 r[m]의 거리에 있을 때 이들 사이에 작용하는 정전기력 F[N]는?

① $F=9\times10^{-7}\times\dfrac{Q_1Q_2}{r^2}$

② $F=9\times10^{-9}\times\dfrac{Q_1Q_2}{r^2}$

③ $F=9\times10^{9}\times\dfrac{Q_1Q_2}{r^2}$

④ $F=9\times10^{10}\times\dfrac{Q_1Q_2}{r^2}$

해설 정전기력 $F=\dfrac{1}{4\pi\varepsilon}\dfrac{Q_1Q_2}{r^2}$[N]에서
진공 중이므로 $\varepsilon=\varepsilon_o\varepsilon_s=8.85\times10^{-12}\times1$이다.
따라서, $F=9\times10^9\times\dfrac{Q_1Q_2}{r^2}$[N]이다.

19 다음 설명에서 나타내는 법칙은?

유도 기전력은 자신이 발생 원인이 되는 자속의 변화를 방해하려는 방향으로 발생한다.

① 줄의 법칙 ② 렌츠의 법칙
③ 플레밍의 법칙 ④ 패러데이의 법칙

해설 **렌츠의 법칙**
유도 기전력의 방향은 코일(리액터)을 지나는 자속이 증가될 때에는 자속을 감소시키는 방향으로, 자속이 감소될 때는 자속을 증가시키는 방향으로 발생한다.

정답 14 ② 15 ③ 16 ② 17 ② 18 ③ 19 ②

20 임피던스 $Z=6+j8[\Omega]$에서 서셉턴스[℧]는?

① 0.06　② 0.08
③ 0.6　④ 0.8

해설 어드미턴스 $\dot{Y}=\frac{1}{\dot{Z}}=G+jB$의 관계이므로,
RL 직렬회로의 어드미턴스
$\dot{Y}=\frac{1}{\dot{Z}}=\frac{1}{6+j8}=\frac{6-j8}{(6+j8)(6-j8)}$
$=\frac{6}{(6^2+8^2)}+j\frac{-8}{(6^2+8^2)}=0.06-j0.08$
따라서, 서셉턴스 $B=0.08$[℧]이다.

21 3상 유도전동기의 회전방향을 바꾸기 위한 방법으로 옳은 것은?

① 전원의 전압과 주파수를 바꾸어 준다.
② $\Delta-$Y결선으로 결선법을 바꾸어 준다.
③ 기동보상기를 사용하여 권선을 바꾸어 준다.
④ 전동기의 1차 권선에 있는 3개의 단자 중 어느 2개의 단자를 서로 바꾸어 준다.

해설 3상 유도전동기의 회전방향을 바꾸기 위해서는 상회전 순서를 바꾸어야 하는데, 3상 전원 세 선 중 두 선의 접속을 바꾼다.

22 발전기를 정격전압 220[V]로 전부하 운전하다가 무부하로 운전하였더니 단자전압이 242[V]가 되었다. 이 발전기의 전압변동률[%]은?

① 10　② 14
③ 20　④ 25

해설 전압변동률 $\varepsilon=\frac{V_o-V_n}{V_n}\times100[\%]$이므로
$\varepsilon=\frac{242-220}{220}\times100[\%]=10[\%]$

23 6극 직류 파권 발전기의 전기자 도체 수 300, 매극 자속 0.02[Wb], 회전수 900[rpm]일 때 유도 기전력[V]은?

① 90　② 110
③ 220　④ 270

해설 유도 기전력 $E=\frac{P}{a}Z\phi\frac{N}{60}$[V]에서 파권($a=2$)이므로,
$E=\frac{6}{2}\times300\times0.02\times\frac{900}{60}=270$[V]이다.

24 동기조상기의 계자를 부족여자로 하여 운전하면?

① 콘덴서로 작용　② 뒤진 역률 보상
③ 리액터로 작용　④ 저항손의 보상

해설 동기조상기는 조상설비로 사용할 수 있다.
- 여자가 약할 때(부족여자) : I가 V보다 지상(뒤짐) → 리액터 역할
- 여자가 강할 때(과여자) : I가 V보다 진상(앞섬) → 콘덴서 역할

25 3상 교류 발전기의 기전력에 대하여 $\frac{\pi}{2}$[rad] 뒤진 전기자 저류가 흐르면 전기자 반작용은?

① 횡축 반작용으로 기전력을 증가시킨다.
② 증자 작용을 하여 기전력을 증가시킨다.
③ 감자 작용을 하여 기전력을 감소시킨다.
④ 교차 자화작용으로 기전력을 감소시킨다.

해설 교류 발전기의 전기자 반작용
- 뒤진 전기자 전류 : 감자 작용
- 앞선 전기자 전류 : 증자 작용

26 전기기기의 철심 재료로 규소 강판을 많이 사용하는 이유로 가장 적당한 것은?

① 와류손을 줄이기 위해
② 구리손을 줄이기 위해
③ 맴돌이 전류를 없애기 위해
④ 히스테리시스손을 줄이기 위해

해설
- 규소강판 사용 : 히스테리시스손 감소
- 성층철심 사용 : 와류손(맴돌이 전류손) 감소

정답 20 ② 21 ④ 22 ① 23 ④ 24 ③ 25 ③ 26 ④

27 역병렬 결합의 SCR의 특성과 같은 반도체 소자는?

① PUT ② UJT
③ Diac ④ Triac

해설 Triac(쌍방향성 3단자 사이리스터)
SCR(사이리스터) 2개를 역병렬로 접속한 것으로 양방향 전류가 흐르기 때문에 교류 스위치로 사용

28 전기기계의 효율 중 발전기의 규약 효율 η_G는 몇 [%]인가?(단, P는 입력, Q는 출력, L은 손실이다.)

① $\eta_G = \frac{P-L}{P} \times 100$ ② $\eta_G = \frac{P-L}{P+L} \times 100$
③ $\eta_G = \frac{Q}{P} \times 100$ ④ $\eta_G = \frac{Q}{Q+L} \times 100$

해설
- 발전기 규약효율 $\eta_G = \frac{\text{출력}}{\text{출력}+\text{손실}} \times 100[\%]$
- 전동기 규약효율 $\eta_M = \frac{\text{입력}-\text{손실}}{\text{입력}} \times 100[\%]$

29 20[kVA]의 단상 변압기 2대를 사용하여 V-V 결선으로 하고 3상 전원을 얻고자 한다. 이때 여기에 접속시킬 수 있는 3상 부하의 용량은 약 몇 [kVA]인가?

① 34.6 ② 44.6
③ 54.6 ④ 66.6

해설 V결선 3상 용량 $P_v = \sqrt{3}P = \sqrt{3} \times 20 = 34.6[\text{kVA}]$

30 동기 발전기의 병렬운전 조건이 아닌 것은?

① 유도 기전력의 크기가 같을 것
② 동기발전기의 용량이 같을 것
③ 유도 기전력의 위상이 같을 것
④ 유도 기전력의 주파수가 같을 것

해설 병렬운전 조건
- 기전력의 크기가 같을 것
- 기전력의 위상이 같을 것
- 기전력의 주파수가 같을 것
- 기전력의 파형이 같을 것

31 직류 분권전동기의 기동방법 중 가장 적당한 것은?

① 기동 토크를 작게 한다.
② 계자 저항기의 저항값을 크게 한다.
③ 계자 저항기의 저항값을 0으로 한다.
④ 기동저항기를 전기자와 병렬접속한다.

해설 $I_a = \frac{V-k\phi N}{R_a}$에서, 기동 시 기동전류를 최소로 하기 위해서는 전기자저항 R_a를 최대로 하고, 기동 토크를 유지하기 위해서는 자속 ϕ를 최대로 해야 한다. 여기서, 자속 ϕ는 계자 저항 R_f와 반비례 관계를 가지므로 계자 저항기의 저항값을 최소로 해야 한다.

32 극수 10, 동기속도 600[rpm]인 동기 발전기에서 나오는 전압의 주파수는 몇 [Hz]인가?

① 50 ② 60
③ 80 ④ 120

해설 동기속도 $N_s = \frac{120f}{P}$[rpm]에서, $f = \frac{N_s \cdot P}{120}$이므로
$f = \frac{600 \times 10}{120} = 50[\text{Hz}]$이다.

33 변압기유의 구비조건으로 틀린 것은?

① 냉각 효과가 클 것
② 응고점이 높을 것
③ 절연내력이 클 것
④ 고온에서 화학반응이 없을 것

해설 변압기 기름의 구비조건
- 절연내력이 클 것
- 비열이 커서 냉각 효과가 클 것
- 인화점이 높을 것
- 응고점이 낮을 것
- 절연 재료 및 금속에 접촉하여도 화학작용을 일으키지 않을 것
- 고온에서 석출물이 생기거나, 산화하지 않을 것

34 동기기 손실 중 무부하손(No Load Loss)이 아닌 것은?

① 풍손 ② 와류손
③ 전기자 동손 ④ 베어링 마찰손

해설
- 무부하손 : 기계손(마찰손, 풍손), 철손(히스테리시스손, 와류손) 등
- 부하손 : 동손, 표유부하손 등

정답 27 ④ 28 ④ 29 ① 30 ② 31 ③ 32 ① 33 ② 34 ③

35 직류 전동기의 제어에 널리 응용되는 직류 – 직류 전압 제어장치는?

① 초퍼 ② 인버터
③ 전파정류회로 ④ 사이클로 컨버터

해설 ① 초퍼 : 직류를 다른 크기의 직류로 변환하는 장치
② 인버터 : 직류를 교류로 바꾸는 장치
③ 전파정류회로 : 교류를 직류로 바꾸는 회로
④ 사이클로 컨버터 : 어떤 주파수의 교류를 다른 주파수의 교류로 변환하는 장치

36 동기 와트 P_2, 출력 P_0, 슬립 s, 동기속도 N_s, 회전속도 N, 2차 동손 P_{2c}일 때 2차 효율 표기로 틀린 것은?

① $1-s$ ② P_{2c}/P_2
③ P_0/P_2 ④ N/N_s

해설 2차 효율 $\eta_2 = \dfrac{P_0}{P_2} = 1-s = \dfrac{N}{N_s}$이다.

37 변압기의 결선에서 제3고조파를 발생시켜 통신선에 유도장해를 일으키는 3상 결선은?

① Y－Y ② $\Delta-\Delta$
③ Y－Δ ④ Δ－Y

해설 Y－Y 결선은 선로에 제3고조파를 포함한 전류가 흘러 통신장애를 일으켜 거의 사용되지 않으나, Y－Y－Δ의 송전 전용으로 사용한다.

38 부흐홀츠 계전기의 설치 위치로 가장 적당한 곳은?

① 콘서베이터 내부
② 변압기 고압 측 부싱
③ 변압기 주 탱크 내부
④ 변압기 주 탱크와 콘서베이터 사이

해설 부흐홀츠 계전기
변압기 내부 고장으로 인한 절연유의 온도 상승 시 발생하는 유증기를 검출하여 경보 및 차단하기 위한 계전기로 변압기 탱크와 콘서베이터 사이에 설치한다.

39 3상 유도전동기의 운전 중 급속 정지가 필요할 때 사용하는 제동방식은?

① 단상 제동 ② 회생 제동
③ 발전 제동 ④ 역상 제동

해설 역상 제동(플러깅)
전동기를 급정지시키기 위해 제동 시 전동기를 역회전으로 접속하여 제동하는 방법이다.

40 슬립 4[%]인 유도전동기의 등가 부하 저항은 2차 저항의 몇 배인가?

① 5 ② 19
③ 20 ④ 24

해설
- 유도전동기는 변압기와 같은 등가회로로 해석할 수 있는데, 다만 유도전동기는 회전기계이므로 2차 권선의 기전력과 주파수는 슬립에 따라 변하게 된다.
- 등가회로에서 유도전동기의 기계적 출력을 등가 부하저항의 소비전력으로 환산하여 구하면 다음과 같이 된다.

  등가 부하저항 $R = r_2\left(\dfrac{1-s}{s}\right) = r_2\left(\dfrac{1-0.04}{0.04}\right) = 24r_2$ 즉, 24배이다.

41 역률 개선의 효과로 볼 수 없는 것은?

① 전력손실 감소 ② 전압강하 감소
③ 감전사고 감소 ④ 설비 용량의 이용률 증가

해설 역률 개선의 효과
- 전압강하의 저감 : 역률이 개선되면 부하전류가 감소하여 전압강하가 저감되고 전압변동률도 작아진다.
- 설비 이용률 증가 : 동일 부하에 부하전류가 감소하여 공급설비 이용률이 증가한다.
- 선로손실의 저감 : 선로전류를 줄이면 선로손실을 줄일 수 있다.
- 동손 감소 : 동손은 부하전류의 2승에 비례하므로 동손을 줄일 수 있다.

42 옥내배선 공사에서 절연전선의 피복을 벗길 때 사용하면 편리한 공구는?

① 드라이버 ② 플라이어
③ 압착펜치 ④ 와이어 스트리퍼

해설 와이어 스트리퍼
전선의 피복을 벗기는 공구

정답 35 ① 36 ② 37 ① 38 ④ 39 ④ 40 ④ 41 ③ 42 ④

43 전기설비기술기준의 판단기준에 의하여 애자사용 공사를 건조한 장소에 시설하고자 한다. 사용 전압이 400[V] 미만인 경우 전선과 조영재 사이의 이격거리는 최소 몇 [cm] 이상이어야 하는가?

① 2.5 ② 4.5
③ 6.0 ④ 12

해설

구분	400[V] 미만	400[V] 이상
전선 상호 간의 거리	6[cm] 이상	6[cm] 이상
전선과 조영재의 거리	2.5[cm] 이상	4.5[cm] 이상(건조한 곳은 2.5[cm]이상)

44 전선 접속방법 중 트위스트 직선 접속의 설명으로 옳은 것은?

① 연선의 직선 접속에 적용된다.
② 연선의 분기 접속에 적용된다.
③ 6[mm²] 이하의 가는 단선인 경우에 적용된다.
④ 6[mm²] 초과의 굵은 단선인 경우에 적용된다.

해설
- 트위스트 접속 : 단면적 6[mm²] 이하의 가는 단선
- 브리타니아 접속 : 직경 3.2[mm] 이상의 굵은 단선

45 건축물에 고정되는 본체부와 제거할 수 있거나 개폐할 수 있는 커버로 이루어지며 절연전선, 케이블 및 코드를 완전하게 수용할 수 있는 구조의 배선설비의 명칭은?

① 케이블 래더 ② 케이블 트레이
③ 케이블 트렁킹 ④ 케이블 브래킷

해설 케이블 트렁킹
건축물에 고정되는 본체부와 제거할 수 있거나 개폐할 수 있는 커버로 이루어지며 절연전선, 케이블 및 코드를 완전하게 수용할 수 있는 구조의 배선설비

46 금속전선관 공사에서 금속관에 나사를 내기 위해 사용하는 공구는?

① 리머 ② 오스터
③ 프레서 툴 ④ 파이프 벤더

해설 오스터
금속관에 나사를 내는 공구

47 성냥을 제조하는 공장의 공사방법으로 틀린 것은?

① 금속관 공사
② 케이블 공사
③ 금속 몰드 공사
④ 합성수지관 공사(두께 2[mm] 미만 및 난연성이 없는 것은 제외)

해설 위험물이 있는 곳의 공사
금속전선관 공사, 합성수지관 공사(두께 2[mm] 이상), 케이블 공사에 의하여 시설한다.

참조 금속관공사, 케이블 공사 및 합성수지관 공사는 모든 장소에서 시설이 가능하다. 단, 합성수지관 공사는 열에 약한 특성으로 폭발성 먼지, 가연성 가스, 화약류 보관장소의 배선을 할 수 없다.

48 콘크리트 조영재에 볼트를 시설할 때 필요한 공구는?

① 파이프 렌치 ② 볼트 클리퍼
③ 노크아웃 펀치 ④ 드라이브 이트

해설 드라이브 이트
화약의 폭발력을 이용하여 철근 콘크리트 등의 단단한 조영물에 드라이브이트 핀을 박을 때 사용하는 공구

49 실내 면적 100[m²]인 교실에 전광속이 2,500[lm]인 40[W] 형광등을 설치하여 평균조도를 150[lx]로 하려면 몇 개의 등을 설치하면 되겠는가?(단, 조명률은 50[%], 감광보상률은 1.25로 한다.)

① 15개 ② 20개
③ 25개 ④ 30개

해설 광속 $N \times F = \frac{E \times A \times D}{U \times M}$[lm]이므로,
광속 $F=2,500$[lm], 평균조도 $E=150$[lx],
방의 면적 $A=100$[m²], 조명률 $U=0.5$,
감광보상률 $D=1.25$, 유지율 $M=1$로 계산하면,
$N \times 2,500 = \frac{150 \times 100 \times 1.25}{0.5 \times 1.0}$
따라서, $N=15$개이다.

정답 43 ① 44 ③ 45 ③ 46 ② 47 ③ 48 ④ 49 ①

50 교류 배전반에서 전류가 많이 흘러 전류계를 직접 주 회로에 연결할 수 없을 때 사용하는 기기는?

① 전류 제한기 ② 계기용 변압기
③ 계기용 변류기 ④ 전류계용 절환 개폐기

해설 계기용 변류기(CT)
대전류를 소전류로 변류하여 계전기나 계측기에 전원을 공급

51 플로어 덕트 공사에 대한 설명 중 틀린 것은?

① 덕트의 끝 부분은 막는다.
② 플로어 덕트는 특별 제3종 접지공사로 하여야 한다.
③ 덕트 상호 간 접속은 견고하고 전기적으로 완전하게 접속하여야 한다.
④ 덕트 및 박스, 기타 부속품은 물이 고이는 부분이 없도록 시설하여야 한다.

해설 플로어 덕트는 사용전압이 400[V] 미만으로 제3종 접지공사를 하여야 한다.

52 진동이 심한 전기 기계·기구의 단자에 전선을 접속할 때 사용되는 것은?

① 커플링 ② 압착단자
③ 링 슬리브 ④ 스프링 와셔

해설 진동 등의 영향으로 헐거워질 우려가 있는 경우에는 스프링 와셔 또는 더블 너트를 사용하여야 한다.

53 전기설비기술기준의 판단기준에 의하여 가공전선에 케이블을 사용하는 경우 케이블은 조가용선에 행거로 시설하여야 한다. 이 경우 사용전압이 고압인 때에는 그 행거의 간격은 몇 [cm] 이하로 시설하여야 하는가?

① 50 ② 60
③ 70 ④ 80

해설 가공케이블의 시설 시 케이블은 조가용선에 행거로 시설하여야 하며, 사용전압이 고압인 때에는 행거의 간격을 50[cm] 이하로 시설하여야 한다.

54 라이팅 덕트 공사에 의한 저압 옥내배선의 시설기준으로 틀린 것은?

① 덕트의 끝부분은 막을 것
② 덕트는 조영재에 견고하게 붙일 것
③ 덕트의 개구부는 위로 향하여 시설할 것
④ 덕트는 조영재를 관통하여 시설하지 아니할 것

해설 라이팅 덕트 공사 시 덕트의 개구부(開口部)는 아래로 향하여 시설하여야 한다.

55 전기설비기술기준의 판단기준에 의한 고압가공전선로 철탑의 경간은 몇 [m] 이하로 제한하고 있는가?

① 150 ② 250
③ 500 ④ 600

해설 고압 가공전선로 경간의 제한
- 목주, A종 철주 또는 A종 철근콘크리트주 : 150[m]
- B종 철주 또는 B종 철근콘크리트주 : 250[m]
- 철탑 : 600[m]

56 A종 철근콘크리트주의 길이가 9[m]이고, 설계하중이 6.8[kN]인 경우 땅에 묻히는 깊이는 최소 몇 [m] 이상이어야 하는가?

① 1.2 ② 1.5
③ 1.8 ④ 2.0

해설 전주가 땅에 묻히는 깊이
- 전주의 길이 15[m] 이하 : 1/6 이상
- 전주의 길이 15[m] 이상 : 2.5[m] 이상
- 철근 콘크리트 전주로서 길이가 14[m] 이상 20[m] 이하이고, 설계하중이 6.8[kN] 초과 9.8[kN] 이하인 것은 30[cm]를 가산한다.

따라서, 땅에 묻히는 깊이 $= 9 \times \frac{1}{6} = 1.5$[m] 이상

정답 50 ③ 51 ② 52 ④ 53 ① 54 ③ 55 ④ 56 ②

57 **전선의 접속법에서 두 개 이상의 전선을 병렬로 사용하는 경우의 시설기준으로 틀린 것은?**

① 각 전선의 굵기는 구리인 경우 50[mm²] 이상이어야 한다.
② 각 전선의 굵기는 알루미늄인 경우 70[mm²] 이상이어야 한다.
③ 병렬로 사용하는 전선은 각각에 퓨즈를 설치할 것
④ 동극의 각 전선은 동일한 터미널러그에 완전히 접속할 것

해설 두 개 이상의 전선을 병렬로 사용하는 경우의 시설기준

- 병렬로 사용하는 각 전선의 굵기는 동선 50[mm²](알루미늄 70[mm²]) 이상으로 하고, 전선은 같은 도체, 같은 재료, 같은 길이 및 같은 굵기의 것을 사용할 것
- 같은 극의 각 전선은 동일한 터미널러그에 완전히 접속할 것
- 같은 극인 각 전선의 터미널러그는 동일한 도체에 2개 이상의 리벳 또는 2개 이상의 나사로 접속할 것
- 병렬로 사용하는 전선에는 각각에 퓨즈를 설치하지 말 것
- 교류회로에서 병렬로 사용하는 전선은 금속관 안에 전자적 불평형이 생기지 않도록 시설할 것

58 **정격전류가 50[A]인 저압전로의 과전류차단기를 배선용 차단기로 사용하는 경우 정격전류의 2배의 전류가 통과하였을 경우 몇 분 이내에 자동적으로 동작하여야 하는가?**

① 2분　　② 4분
③ 6분　　④ 8분

해설 과전류차단기에 과전류가 흐를 때 자동차단시간은 다음과 같다.

정격전류의 구분	자동작동시간(용단시간)	
	정격전류의 1.25배의 전류가 흐를때(분)	정격전류의 2배의 전류가 흐를때(분)
30[A] 이하	60	2
30[A] 초과 50[A] 이하	60	4
50[A] 초과 100[A] 이하	120	6
100[A] 초과 225[A] 이하	120	8
225[A] 초과 400[A] 이하	120	10

59 **서로 다른 굵기의 절연전선을 동일 관내에 넣는 경우 금속관의 굵기는 전선의 피복절연물을 포함한 단면적의 총 합계가 관의 내 단면적의 몇 [%] 이하가 되도록 선정하여야 하는가?**

① 32　　② 38
③ 45　　④ 48

해설 전선과 금속전선관의 단면적 관계

배선 구분	전선 단면적에 따른 전선관 굵기 선정 (전선 단면적은 절연피복 포함)
• 동일 굵기의 절연전선을 동일 관내에 넣을 경우 • 배관의 굴곡이 작아 전선을 쉽게 인입하고 교체할 수 있는 경우	전선관 내 단면적의 48[%] 이하로 전선관 선정
굵기가 다른 절연 전선을 동일 관내에 넣는 경우	전선관 내 단면적의 32[%] 이하로 전선관 선정

60 **제3종 접지공사를 시설하는 주된 목적은?**

① 기기의 효율을 좋게 한다.
② 기기의 절연을 좋게 한다.
③ 기기의 누전에 의한 감전을 방지한다.
④ 기기의 누전에 의한 역률을 좋게 한다.

해설 전기설비의 절연물이 열화 또는 손상되었을 때 흐르는 누설 전류로 인한 감전을 방지할 수 있다.

정답 57 ③　58 ②　59 ①　60 ③

2016년 4회 기출문제

01 $R_1[\Omega]$, $R_2[\Omega]$, $R_3[\Omega]$의 저항 3개를 직렬 접속했을 때의 합성 저항[Ω]은?

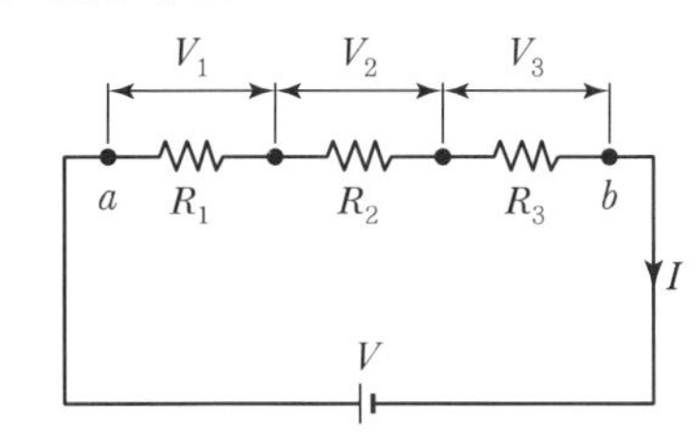

① $R=\dfrac{R_1 \cdot R_2 \cdot R_3}{R_1+R_2+R_3}$ ② $R=\dfrac{R_1+R_2+R_3}{R_1 \cdot R_2 \cdot R_3}$

③ $R=R_1 \cdot R_2 \cdot R_3$ ④ $R=R_1+R_2+R_3$

해설 저항의 직렬 연결 시 합성 저항은 모두 합하여 구한다.

02 정상상태에서의 원자를 설명한 것으로 틀린 것은?

① 양성자와 전자의 극성은 같다.
② 원자는 전체적으로 보면 전기적으로 중성이다.
③ 원자를 이루고 있는 양성자의 수는 전자의 수와 같다.
④ 양성자 1개가 지니는 전기량은 전자 1개가 지니는 전기량과 크기가 같다.

해설 양성자와 전자의 극성은 반대이고, 정상상태일 때의 원자는 양성자와 전자의 수가 같아서 전기적인 중성상태이다.

03 2전력계법으로 3상 전력을 측정할 때 지시값이 $P_1=200[W]$, $P_2=200[W]$이었다. 부하전력[W]은?

① 600 ② 500
③ 400 ④ 300

해설
- 유효전력 $P=P_1+P_2[W]$
- 무효전력 $P_r=\sqrt{3}(P_1-P_2)[Var]$
- 피상전력 $P_a=\sqrt{P^2+P_r^2}[VA]$

∴ 부하전력＝유효전력＝200＋200＝400[W]

04 0.2[℧]의 컨덕턴스 2개를 직렬로 접속하여 3[A]의 전류를 흘리려면 몇 [V]의 전압을 공급하면 되는가?

① 12 ② 15
③ 30 ④ 45

해설 컨덕턴스 $G=\dfrac{1}{R}$이므로, 저항 $R=\dfrac{1}{0.2}=5[\Omega]$이다.
따라서, 전압 $V=I \cdot R=3\times(5+5)=30[V]$

05 어떤 교류회로의 순시값이 $v=\sqrt{2}V\sin\omega t[V]$인 전압에서 $\omega t=\dfrac{\pi}{6}[rad]$일 때 $100\sqrt{2}[V]$이면 이 전압의 실효값[V]은?

① 100 ② $100\sqrt{2}$
③ 200 ④ $200\sqrt{2}[V]$

해설 $\omega t=\dfrac{\pi}{6}[rad]$일 때 순시전압 $v=\sqrt{2}V\sin 30°=\dfrac{\sqrt{2}V}{2}$

$\dfrac{\sqrt{2}V}{2}=100\sqrt{2}$ 이므로 $V=200[V]$

06 다음은 어떤 법칙을 설명한 것인가?

> 전류가 흐르려고 하면 코일은 전류의 흐름을 방해한다. 또, 전류가 감소하면 이를 계속 유지하려고 하는 성질이 있다.

① 쿨롱의 법칙 ② 렌츠의 법칙
③ 패러데이의 법칙 ④ 플레밍의 왼손법칙

해설 코일에 흐르는 전류를 변화시키면 코일의 내부를 지나는 자속도 변화하므로 렌츠의 법칙에 따라 자속의 변화를 방해하려는 방향으로 유도 기전력이 발생하여 전류의 변화를 방해하게 된다.

정답 01 ④ 02 ① 03 ③ 04 ③ 05 ③ 06 ②

07 그림과 같은 RC 병렬회로의 위상각 θ는?

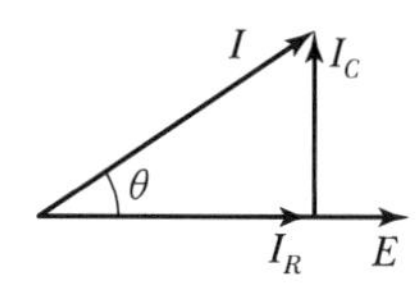

① $\tan^{-1}\frac{\omega C}{R}$　　② $\tan^{-1}\omega CR$

③ $\tan^{-1}\frac{\omega C}{R}$　　④ $\tan^{-1}\frac{\omega C}{R}$

해설 위상각 $\theta = \tan^{-1}\frac{I_C}{I_R} = \tan^{-1}\frac{\frac{V}{X_C}}{\frac{V}{R}}$

$= \tan^{-1}\frac{R}{X_C} = \tan^{-1}\frac{R}{\frac{1}{\omega C}} = \tan^{-1}\omega CR$

08 진공 중에 10[μC]과 20[μC]의 점전하를 1[m]의 거리로 놓았을 때 작용하는 힘[N]은?

① 18×10^{-1}　　② 2×10^{-1}

③ 9.8×10^{-9}　　④ 98×10^{-9}

해설 정전기력

$F = 9\times10^9\times\frac{Q_1Q_2}{r^2} = 9\times10^9\times\frac{(10\times10^{-6})\times(20\times10^{-6})}{1^2}$

$= 18\times10^{-1}$[N]

09 그림과 같은 회로에서 a-b 간에 E[V]의 전압을 가하여 일정하게 하고, 스위치 S를 닫았을 때의 전전류 I[A]가 닫기 전 전류의 3배가 되었다면 저항 R_x의 값은 약 몇 [Ω]인가?

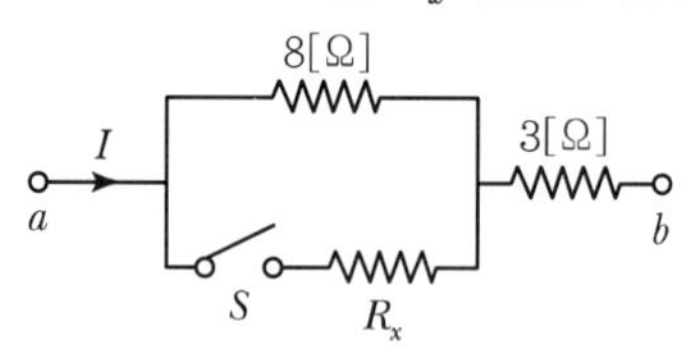

① 0.73　　② 1.44

③ 2.16　　④ 2.88

해설 스위치를 닫았을 때 전 전류 $I_1 = \frac{E}{\frac{8R_x}{8+R_x}+3}$

스위치를 닫기 전 전 전류 $I_2 = \frac{E}{8+3} = \frac{E}{11}$

$I_1 = 3I_2$이므로, $\frac{E}{\frac{8R_x}{8+R_x}+3} = 3\times\frac{E}{11}$ 전개해서 풀면

$R_x = 0.73$

10 공기 중에서 m[Wb]의 자극으로부터 나오는 자속수는?

① m　　② $\mu_0 m$

③ $\frac{1}{m}$　　④ $\frac{m}{\mu_0}$

해설 가우스의 정리(Gauss Theorem)
임의의 폐곡면 내의 전체 자하량 m[Wb]이 있을 때 이 폐곡면을 통해서 나오는 자기력선의 총수는 $\frac{m}{\mu}$개이다. 공기 중이므로 $\mu_s = 1$, 즉 자력선의 총수는 $\frac{m}{\mu_0}$개이다.

11 평형 3상 회로에서 1상의 소비전력이 P[W]라면, 3상 회로 전체 소비전력[W]은?

① $2P$　　② $\sqrt{2}P$

③ $3P$　　④ $\sqrt{3}P$

해설 $P_{3\phi} = \sqrt{3}V_\ell I_\ell\cos\theta = 3V_pI_p\cos\theta = 3P$
여기서, 1상의 소비전력 $P = V_pI_p\cos\theta$

12 영구자석의 재료로서 적당한 것은?

① 잔류자기가 적고 보자력이 큰 것
② 잔류자기와 보자력이 모두 큰 것
③ 잔류자기와 보자력이 모두 작은 것
④ 잔류자기가 크고 보자력이 작은 것

정답 07 ② 08 ① 09 ① 10 ④ 11 ③ 12 ②

해설 그림의 히스테리시스 곡선(Hysteresis Loop)에서 폐곡선 내부 면적이 영구자석의 에너지에 비례하므로 잔류자기와 보자력이 큰 것을 사용하여야 한다.

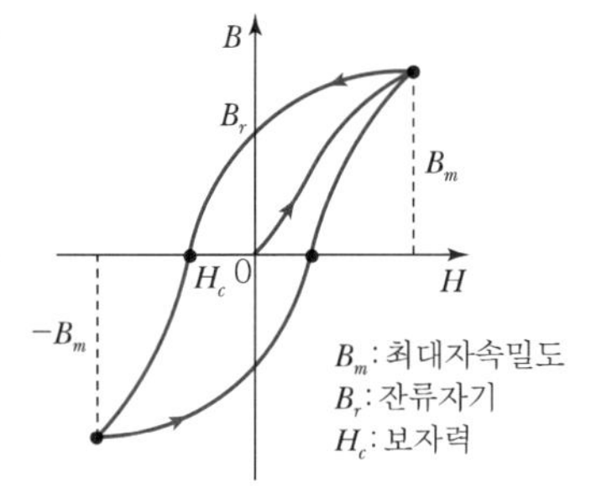

13 1차 전지로 가장 많이 사용되는 것은?

① 니켈·카드뮴전지 ② 연료전지
③ 망간건전지 ④ 납축전지

해설 1차 전지는 재생할 수 없는 전지를 말하고, 2차 전지는 재생 가능한 전지를 말한다.

14 플레밍의 왼손법칙에서 전류의 방향을 나타내는 손가락은?

① 엄지 ② 검지
③ 중지 ④ 약지

해설 플레밍의 왼손법칙에서는 중지－전류, 검지－자장, 엄지－힘의 방향이 된다.

15 3[kW]의 전열기를 1시간 동안 사용할 때 발생하는 열량[kcal]은?

① 3 ② 180
③ 860 ④ 2,580

해설 줄의 법칙에 의한 열량

$H = 0.24\,I^2Rt = 0.24\,Pt$

$= 0.24 \times 3 \times 10^3 \times 1 \times 60 \times 60$

$= 2{,}592{,}000[\text{cal}] = 2{,}592[\text{kcal}]$

여기서, 0.24는 0.239를 반올림한 수이므로, 2,580[kcal]를 선택한다.

16 어느 회로의 전류가 다음과 같을 때, 이 회로에 대한 전류의 실효값[A]은?

$$i = 3 + 10\sqrt{2}\sin\left(\omega t - \frac{\pi}{6}\right) + 5\sqrt{2}\sin\left(3\omega t - \frac{\pi}{3}\right)[\text{A}]$$

① 11.6 ② 23.2
③ 32.2 ④ 48.3

해설 비정현파 교류의 실효값은 직류분(I_0)과 기본파(I_1) 및 고조파(I_2, I_3, ⋯, I_n)의 실효값의 제곱의 합을 제곱근한 것이다.

$I = \sqrt{I_0^2 + I_1^2 + I_3^2} = \sqrt{3^2 + 10^2 + 5^2} = 11.58[\text{A}]$

17 다음 설명 중 틀린 것은?

① 같은 부호의 전하끼리는 반발력이 생긴다.
② 정전유도에 의하여 작용하는 힘은 반발력이다.
③ 정전용량이란 콘덴서가 전하를 축적하는 능력을 말한다.
④ 콘덴서에 전압을 가하는 순간은 콘덴서는 단락상태가 된다.

해설 정전유도는 도체에 대전체를 가까이 하면 대전체에 가까운 쪽에서 대전체와 다른 종류의 전하가 나타나는 현상으로 흡인력이 발생한다.

18 비유전율 2.5의 유전체 내부의 전속밀도가 $2 \times 10^{-6}[\text{C/m}^2]$ 되는 점의 전기장의 세기는 약 몇 [V/m]인가?

① 18×10^4 ② 9×10^4
③ 6×10^4 ④ 3.6×10^4

해설 전기장의 세기 $E = \frac{D}{\varepsilon} = \frac{D}{\varepsilon_0 \times \varepsilon_s}$

$= \frac{2 \times 10^{-6}}{8.855 \times 10^{-12} \times 2.5} = 9 \times 10^4[\text{V/m}]$

19 전력량 1[Wh]와 그 의미가 같은 것은?

① 1[C] ② 1[J]
③ 3,600[C] ④ 3,600[J]

해설 전력량 1[W · s]은 1[J]의 일에 해당하는 전력량이므로,
1[Wh] = 1 × 60 × 60[W · s] = 3,600[J]

정답 13 ③ 14 ③ 15 ④ 16 ① 17 ② 18 ② 19 ④

20 전기력선에 대한 설명으로 틀린 것은?

① 같은 전기력선은 흡입한다.
② 전기력선은 서로 교차하지 않는다.
③ 전기력선은 도체의 표면에 수직으로 출입한다.
④ 전기력선은 양전하의 표면에서 나와서 음전하의 표면에서 끝난다.

해설 같은 전기력선은 서로 반발한다.

21 3상 유도 전동기의 정격 전압 V_n[V], 출력을 P[kW], 1차 전류를 I_1[A], 역률을 $\cos\theta$라 하면 효율을 나타내는 식은?

① $\dfrac{P\times 10^3}{3V_nI_1\cos\theta}\times 100\%$
② $\dfrac{3V_nI_1\cos\theta}{P\times 10^3}\times 100\%$
③ $\dfrac{P\times 10^3}{\sqrt{3}V_nI_1\cos\theta}\times 100\%$
④ $\dfrac{\sqrt{3}V_nI_1\cos\theta}{P\times 10^3}\times 100\%$

해설 효율 $\eta=\dfrac{출력}{입력}\times 100[\%]$ 이므로
출력은 $P[\text{kW}]=P\times 10^3[\text{W}]$
입력은 정격전압 V_n[V]가 선간전압을 나타내므로
$\sqrt{3}V_nI_1\cos\theta[\text{W}]$가 된다.

22 6극 36슬롯 3상 동기 발전기의 매극 매상당 슬롯 수는?

① 2　② 3
③ 4　④ 5

해설 매극 매상당의 홈수
$\dfrac{홈수}{극수\times 상수}=\dfrac{36}{6\times 3}=2$

23 주파수 60[Hz]의 회로에 접속되어 슬립 3[%], 회전수 1,164[rpm]으로 회전하고 있는 유도 전동기의 극수는?

① 4　② 6
③ 8　④ 10

해설 $S=\dfrac{N_s-N}{N_s}$이므로 $0.03=\dfrac{N_s-1164}{N_s}$에서 $N_S=1{,}200$[rpm]이다.
따라서, $N_s=\dfrac{120f}{P}$에서 $1{,}200=\dfrac{120\times 60}{P}$이므로
$P=6$극이다.

24 그림은 트랜지스터의 스위칭 작용에 의한 직류 전동기의 속도제어회로이다. 전동기의 속도가 $N=K\dfrac{V-I_aR_a}{\Phi}$[rpm]이라고 할 때, 이 회로에서 사용한 전동기의 속도 제어법은?

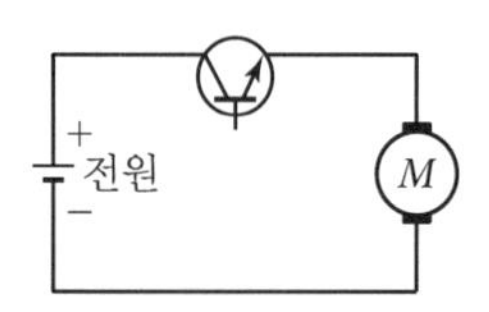

① 전압제어법　② 계자제어법
③ 저항제어법　④ 주파수제어법

해설 트랜지스터의 스위칭 작용에 의해 인가되는 전압이 제어되고 있으므로 전압제어법에 해당된다.

25 직류 전동기의 최저 절연 저항값[MΩ]은?

① $\dfrac{정격전압[\text{V}]}{1{,}000+정격출력[\text{kW}]}$
② $\dfrac{정격출력[\text{kW}]}{1{,}000+정격입력[\text{kW}]}$
③ $\dfrac{정격입력[\text{kW}]}{1{,}000+정격출력[\text{kW}]}$
④ $\dfrac{정격전압[\text{V}]}{1{,}000+정격입력[\text{kW}]}$

해설 최저 절연 저항값[Ω]$=\dfrac{정격전압[\text{V}]}{1{,}000+정격출력[\text{kW}]}$

정답 20 ① 21 ③ 22 ① 23 ② 24 ① 25 ①

26 **동기 발전기의 병렬 운전 중 기전력의 크기가 다를 경우 나타나는 현상이 아닌 것은?**

① 권선이 가열된다.
② 동기화 전력이 생긴다.
③ 무효 순환 전류가 흐른다.
④ 고압 측에 감자작용이 생긴다.

해설 동기 발전기 병렬 운전 중 기전력의 크기가 서로 다르면, 각 발전기 내부에 순환 전류(무효 순환 전류)가 흐르게 된다. 이 순환 전류는 두 발전기의 내부를 순환하여 흘러서 전기자 권선에 저항손을 생기게 하여, 높은 전압의 발전기 전압을 낮추어 주고(감자작용), 낮은 전압의 발전기 전압은 높여 주어서(증자작용) 전압을 같게 하는 작용을 한다.

27 **전압을 일정하게 유지하기 위해서 이용되는 다이오드는?**

① 발광 다이오드 ② 포토 다이오드
③ 제너 다이오드 ④ 바리스터 다이오드

해설 제너 다이오드
역방향으로 특정전압(항복전압)을 인가시에 전류가 급격하게 증가하는 현상을 이용하여 만든 PN접합다이오드이다.

A Anode(+) K Cathode(−)

28 **변압기의 무부하 시험, 단락 시험에서 구할 수 없는 것은?**

① 동손 ② 철손
③ 절연 내력 ④ 전압 변동률

해설
- 무부하 시험 : 철손, 무부하 여자 전류 측정
- 단락시험 : 동손(임피던스 와트), 누설임피던스, 누설리액턴스, 저항, %저항강하, %리액턴스강하, %임피던스강하, 전압 변동률 측정

29 **대전류 · 고전압의 전기량을 제어할 수 있는 자기소호형 소자는?**

① FET ② Diode
③ Triac ④ IGBT

해설

명칭	기호	동작특성	용도	비고
IGBT	G, C, E	게이트에 전압을 인가했을 때만 컬렉터 전류가 흐른다.	고속 인버터, 고속 초퍼 제어소자	대전류 · 고전압 제어 가능

30 **1차 권수 6,000, 2차 권수 200인 변압기의 전압비는?**

① 10 ② 30
③ 60 ④ 90

해설 전압비
$a=\frac{V_1}{V_2}=\frac{N_1}{N_2}=\frac{6,000}{200}=30$

31 **주파수 60[Hz]를 내는 발전용 원동기인 터빈 발전기의 최고 속도[rpm]는?**

① 1,800 ② 2,400
③ 3,600 ④ 4,800

해설 동기속도 $N_s=\frac{120f}{P}$이고, 우리나라의 주파수는 60[Hz]이므로 극수 $P=2$일 때, 최고속도가 나온다.
따라서, $N_s=\frac{120\times 60}{2}=3,600$[rpm]

32 **변압기의 권수비가 60일 때 2차 측 저항이 0.1[Ω]이다. 이것을 1차로 환산하면 몇 [Ω]인가?**

① 310 ②360
③ 390 ④ 410

해설 권수비 $a=\sqrt{\frac{r_1}{r_2}}$, $r_1=a^2\times r_2=60^2\times 0.1=360$[Ω]

33 **직류기의 파권에서 극수에 관계없이 병렬회로 수 a는 얼마인가?**

① 1 ② 2
③ 4 ④ 6

해설 직류기의 파권에서 극수에 관계없이 병렬회로 수 a는 2이다.

정답 26 ② 27 ③ 28 ③ 29 ④ 30 ② 31 ③ 32 ② 33 ②

34 단락비가 큰 동기 발전기에 대한 설명으로 틀린 것은?

① 단락 전류가 크다.
② 동기 임피던스가 작다.
③ 전기자 반작용이 크다.
④ 공극이 크고 전압 변동률이 작다.

해설 단락비가 큰 동기기(철기계)의 특징
- 전기자 반작용이 작고, 전압 변동률이 작다.
- 공극이 크고 과부하 내량이 크다.
- 기계의 중량이 무겁고 효율이 낮다.
- 안정도가 높다.
- 단락전류가 크다.
- 동기 임피던스가 작다.

35 변압기의 철심에서 실제 철의 단면적과 철심의 유효면적과의 비를 무엇이라고 하는가?

① 권수비 ② 변류비
③ 변동률 ④ 점적률

해설 점적률
어느 정해진 공간 면적 중 유효한 부분의 면적이 차지하는 비율을 말한다.

36 교류 전동기를 기동할 때 그림과 같은 기동 특성을 가지는 전동기는?(단, 곡선 (1)~(5)는 기동 단계에 대한 토크 특성 곡선이다.)

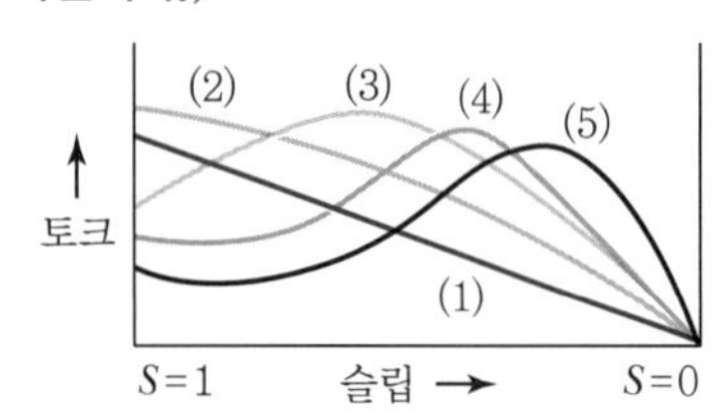

① 반발 유도 전동기
② 2중 농형 유도 전동기
③ 3상 분권 정류자 전동기
④ 3상 권선형 유도 전동기

해설 그림은 토크의 비례 추이 곡선으로 3상 권선형 유도 전동기와 같이 2차 저항을 조절할 수 있는 기기에서 응용할 수 있다.

37 고장 시의 불평형 차전류가 평형 전류의 어떤 비율 이상으로 되었을 때 동작하는 계전기는?

① 과전압 계전기 ② 과전류 계전기
③ 전압 차동 계전기 ④ 비율 차동 계전기

해설 비율 차동 계전기
2개 또는 그 이상의 같은 종류의 전기량의 벡터차가 예정 비율을 넘었을 때 동작하는 계전기

38 단상 유도 전동기의 기동 방법 중 기동 토크가 가장 큰 것은?

① 반발 기동형 ② 분상 기동형
③ 반발 유도형 ④ 콘덴서 기동형

해설 기동 토크가 큰 순서
반발 기동형 → 콘덴서 기동형 → 분상 기동형 → 셰이딩 코일형

39 전압 변동률 ε의 식은?(단, 정격 전압 V_n[V], 무부하 전압 V_0[V]이다.)

① $\varepsilon = \frac{V_0 - V_n}{V_n} \times 100[\%]$

② $\varepsilon = \frac{V_n - V_0}{V_n} \times 100[\%]$

③ $\varepsilon = \frac{V_n - V_0}{V_0} \times 100[\%]$

④ $\varepsilon = \frac{V_0 - V_n}{V_0} \times 100[\%]$

해설 전압 변동률은 발전기, 변압기 등의 부하로 인한 단자전압의 변화의 정도를 나타내는 것이다.
전압 변동률 ε의 식은 $\varepsilon = \frac{V_0 - V_n}{V_n} \times 100[\%]$이다.

40 계자 권선이 전기자와 접속되어 있지 않은 직류기는?

① 직권기 ② 분권기
③ 복권기 ④ 타여자기

정답 34 ③ 35 ④ 36 ④ 37 ④ 38 ① 39 ① 40 ④

해설 타여자기는 계자 권선과 전기자 권선이 분리되어 있다.

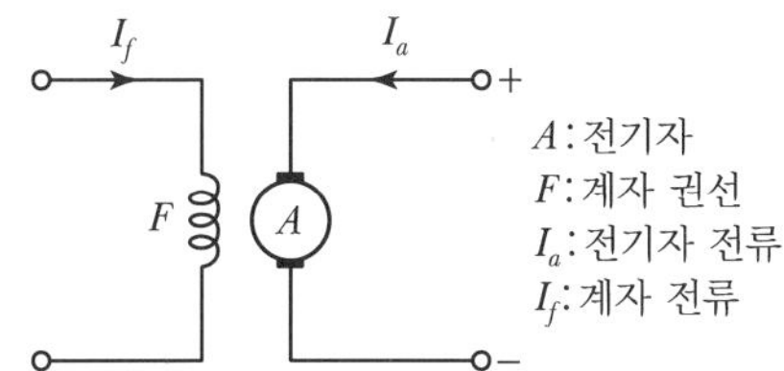

41 450/750[V] 일반용 단심 비닐절연전선의 약호는?

① NRI ② NF
③ NFI ④ NR

해설 ① NRI : 300/500[V] 기기 배선용 단심 비닐절연전선
② NF : 450/750[V] 일반용 유연성 단심 비닐절연전선
③ NFI : 300/500[V] 기기 배선용 유연성 단심 비닐절연전선
④ NR : 450/750[V] 일반용 단심 비닐절연전선

42 최대 사용전압이 220[V]인 3상 유도 전동기가 있다. 이것의 절연내력 시험 전압은 몇 [V]로 하여야 하는가?

① 330 ② 500
③ 750 ④ 1,050

해설 최대 사용전압 7[kV] 이하인 회전기의 절연내력 시험 전압은 최대 사용전압의 1.5배의 전압으로 결정하지만 500[V] 미만인 경우에는 500[V]로 한다.

43 금속전선관 공사에서 사용되는 후강 전선관의 규격이 아닌 것은?

① 16 ② 28
③ 36 ④ 50

해설

구분	후강 전선관
관의 호칭	안지름의 크기에 가까운 짝수
관의 종류 [mm]	16, 22, 28, 36, 42, 54, 70, 82, 92, 104(10종류)
관의 두께	2.3~3.5[mm]

44 금속관을 구부릴 때 그 안쪽의 반지름은 관 안지름의 최소 몇 배 이상이 되어야 하는가?

① 4 ② 6
③ 8 ④ 10

해설 금속전선관을 구부릴 때는 히키(벤더)를 사용하여 관이 심하게 변형되지 않도록 구부려야 하며, 구부러지는 관의 안쪽 반지름은 관 안지름의 6배 이상으로 구부려야 한다.

45 피뢰기의 약호는?

① LA ② PF
③ SA ④ COS

해설 ① LA : 피뢰기
② PF : 전력용 퓨즈
③ SA : 서지 흡수기
④ COS : 컷아웃 스위치

46 차단기 문자 기호 중 "OCB"는?

① 진공 차단기 ② 기중 차단기
③ 자기 차단기 ④ 유입 차단기

해설 ① 진공 차단기 : VCB
② 기중 차단기 : ACB
③ 자기 차단기 : MCB
④ 유입 차단기 : OCB

47 전기설비기술기준의 판단기준에서 교통신호등 회로의 사용전압이 몇 [V]를 초과하는 경우에는 지락 발생 시 자동적으로 전로를 차단하는 장치를 시설하여야 하는가?

① 50 ② 100
③ 150 ④ 200

해설 교통신호등 제어장치의 전원 측에는 전용 개폐기 및 과전류 차단기를 각 극에 시설하여야 하며 또한 교통신호등 회로의 사용전압이 150[V]를 초과하는 경우에는 전로에 지락이 생겼을 때에 자동적으로 전로를 차단하는 장치(전기용품안전관리법의 적용을 받는 것)를 시설할 것

정답 41 ④ 42 ② 43 ④ 44 ② 45 ① 46 ④ 47 ③

48 케이블 공사에서 비닐 외장 케이블을 조영재의 옆면에 따라 붙이는 경우 전선의 지지점 간의 거리는 최대 몇 [m]인가?

① 1.0　　② 1.5
③ 2.0　　④ 2.5

해설 케이블 지지점 간의 거리
- 조영재의 수직방향으로 시설할 경우 : 2[m] 이하(단, 캡타이어 케이블은 1[m])
- 조영재의 수평방향으로 시설할 경우 : 1[m] 이하

49 누전차단기의 설치목적은 무엇인가?

① 단락　　② 단선
③ 지락　　④ 과부하

해설 누전차단기
전로에 누전(지락)이 발생했을 때 이를 감지하고, 자동적으로 회로를 차단하는 장치로서 감전사고 및 화재를 방지할 수 있는 장치이다.

50 금속덕트를 조영재에 붙이는 경우에는 지지점 간의 거리는 최대 몇 [m] 이하로 하여야 하는가?

① 1.5　　② 2.0
③ 3.0　　④ 3.5

해설 금속덕트를 조영재에 붙이는 경우에는 덕트의 지지점 간의 거리를 3[m] 이하로 하고 견고하게 붙일 것

51 절연물 중에서 가교폴리에틸렌(XLPE)과 에틸렌프로필렌 고무혼합물(EPR)의 허용온도[℃]는?

① 70(전선)　　② 90(전선)
③ 95(전선)　　④ 105(전선)

해설 절연물의 종류에 대한 허용온도

절연물의 종류	허용온도[℃]
염화비닐(PVC)	70(전선)
가교폴리에틸렌(XLPE)과 에틸렌프로필렌 고무혼합물(EPR)	90(전선)
무기물(PVC 피복 또는 나전선으로 사람이 접촉할 우려가 있는 것)	70(시스)
무기물(접촉에 노출되지 않고 가연성 물질과 접촉할 우려가 없는 나전선)	105(시스)

52 완전 확산면은 어느 방향에서 보아도 무엇이 동일한가?

① 광속　　② 휘도
③ 조도　　④ 광도

해설 완전 확산면은 모든 방향으로 동일한 휘도(광원이 빛나는 정도)를 가진 반사면 또는 투과면을 말한다.

53 합성수지 전선관 공사에서 관 상호 간 접속에 필요한 부속품은?

① 커플링　　② 커넥터
③ 리머　　④ 노멀 밴드

해설 ① 커플링 : 전선관 상호를 연결하기 위하여 사용
② 커넥터 : 전선관과 박스를 연결하기 위하여 사용
③ 리머 : 금속관을 쇠톱이나 커터로 끊은 다음, 관 안의 날카로운 것을 다듬는 공구
④ 노멀 밴드 : 금속관 매입 시 직각 굴곡 부분에 사용

54 배전반을 나타내는 그림 기호는?

① ◪　　② ⊠
③ ⧓　　④ S

해설 ① 분전반
② 배전반
③ 제어반
④ 개폐기

55 조명공학에서 사용되는 칸델라[cd]는 무엇의 단위인가?

① 광도　　② 조도
③ 광속　　④ 휘도

해설

용어	기호[단위]	정의
광도	I[cd], 칸델라	광원이 가지고 있는 빛의 세기
조도	E[lx], 럭스	광속이 입사하여 그 면이 밝게 빛나는 정도
광속	F[lm], 루멘	광원에서 나오는 복사속을 눈으로 보아 빛으로 느끼는 크기
휘도	B[rlx], 레드럭스	광원이 빛나는 정도

정답 48 ③ 49 ③ 50 ③ 51 ② 52 ② 53 ① 54 ② 55 ①

56 옥내 배선을 합성수지관 공사에 의하여 실시할 때 사용할 수 있는 단선의 최대 굵기[mm^2]는?

① 4 ② 6
③ 10 ④ 16

해설 전선은 절연전선을 사용하여 단선은 단면적 10[mm^2](알루미늄선은 16[mm^2]) 이하를 사용하며, 그 이상일 경우는 연선을 사용한다.

57 다음 중 배선기구가 아닌 것은?

① 배전반 ② 개폐기
③ 접속기 ④ 배선용 차단기

해설
- 배선기구란 전선을 연결하기 위한 전기기구라고 말하는데, 종류는 스위치류, 콘센트와 플러그류 및 소켓, 과전류차단기 등이 있다.
- 배전반은 전기를 배전하는 설비로 차단기, 개폐기, 계전기, 계기 등을 한 곳에 집중하여 시설한 것이다.

58 전기설비기술기준의 판단기준에서 가공전선로의 지지물에 하중이 가하여지는 경우에 그 하중을 받는 지지물의 기초 안전율은 얼마 이상인가?

① 0.5 ② 1
③ 1.5 ④ 2

해설 가공전선로의 지지물에 하중이 가하여지는 경우에 그 하중을 받는 지지물의 기초 안전율은 2 이상이어야 한다.

59 흥행장소의 저압 옥내배선, 전구선 또는 이동전선의 사용전압은 최대 몇 [V] 미만인가?

① 400 ② 440
③ 450 ④ 750

해설 흥행장소
저압옥내배선, 전구선 또는 이동 전선은 사용전압이 400[V] 미만이어야 한다.

60 구리 전선과 전기 기계 · 기구 단자를 접속하는 경우에 진동 등으로 인하여 헐거워질 염려가 있는 곳에는 어떤 것을 사용하여 접속하여야 하는가?

① 정 슬리브를 끼운다.
② 평와셔 2개를 끼운다.
③ 코드 패스너를 끼운다.
④ 스프링 와셔를 끼운다.

해설 진동 등의 영향으로 헐거워질 우려가 있는 경우에는 스프링 와셔 또는 더블 너트를 사용하여야 한다.

정답 56 ③ 57 ① 58 ④ 59 ① 60 ④

2016년 5회 기출문제

01 평균 반지름이 10[cm]이고 감은 횟수 10회의 원형 코일에 20[A]의 전류를 흐르게 하면 코일 중심의 자기장 세기는?

① 10[AT/m] ② 20[AT/m]
③ 1,000[AT/m] ④ 2,000[AT/m]

해설 $H = \frac{NI}{2r} = \frac{10 \times 20}{2 \times 10 \times 10^{-2}} = 1{,}000[\text{AT/m}]$

02 다음 설명 중 틀린 것은?

① 코일은 직렬로 연결할수록 인덕턴스가 커진다.
② 콘덴서는 직렬로 연결할수록 용량이 커진다.
③ 저항은 병렬로 연결할수록 저항치가 작아진다.
④ 리액턴스는 주파수의 함수이다.

해설 콘덴서는 직렬로 연결할수록 용량이 작아진다.

03 어떤 회로에 50[V]의 전압을 가하니 $8+j6$[A]의 전류가 흘렀다면 이 회로의 임피던스[Ω]는?

① $3-j4$ ② $3+j4$
③ $4-j3$ ④ $4+j3$

해설 $Z = \frac{V}{I} = \frac{50}{8+j6} = \frac{50(8-j6)}{(8+j6)(8-j6)} = 4-j3[\Omega]$

04 자극의 세기 4[Wb], 자축의 길이 10[cm]의 막대자석이 100[AT/m]의 평등자장 내에서 20[N · m]의 회전력을 받았다면 이때 막대자석과 자장이 이루는 각도는?

① 0[°] ② 30[°]
③ 60[°] ④ 90

해설 $T = m\ell H \sin\theta$

$\sin\theta = \frac{T}{m\ell H} = \frac{20}{4 \times 0.1 \times 100} = 0.5$

$\theta = \sin^{-1}0.5 = 30°$

05 $R=10[\Omega]$, $X_L=15[\Omega]$, $X_C=15[\Omega]$의 직렬회로에 100[V]의 교류전압을 인가할 때 흐르는 전류[A]는?

① 6 ② 8
③ 10 ④ 12

해설 $Z = \sqrt{R_2 + (X_L - X_C)^2} = \sqrt{10^2 + (15-15)^2} = 10$

$I = \frac{V}{Z} = \frac{100}{10} = 10[\text{A}]$

06 C_1, C_2를 직렬로 접속한 회로에 C_3를 병렬로 접속하였다. 이 회로의 합성 정전용량[F]은?

① $C_3 + \frac{1}{\frac{1}{C_1}+\frac{1}{C_2}}$ ② $C_1 + \frac{1}{\frac{1}{C_2}+\frac{1}{C_3}}$
③ $\frac{C_1+C_2}{C_3}$ ④ $C_1 + C_2 + \frac{1}{C_3}$

해설 직렬접속한 C_1, C_2의 합성 정전용량은 $\frac{1}{\frac{1}{C_1}+\frac{1}{C_2}}$이고, 여기에 병렬로 C_3를 접속하면, 합성 정전용량은 $C_3 + \frac{1}{\frac{1}{C_1}+\frac{1}{C_2}}$이다.

07 Δ 결선인 3상 유도전동기의 상전압(V_p)과 상전류(I_p)를 측정하였더니 각각 200[V], 30[A]이었다. 이 3상 유도전동기의 선간전압(V_ℓ)과 선전류(I_ℓ)의 크기는 각각 얼마인가?

① $V_\ell = 200[\text{V}]$, $I_\ell = 30[\text{A}]$
② $V_\ell = 200\sqrt{3}[\text{V}]$, $I_\ell = 30[\text{A}]$
③ $V_\ell = 200\sqrt{3}[\text{V}]$, $I_\ell = 30\sqrt{3}[\text{A}]$
④ $V_\ell = 200[\text{V}]$, $I_\ell = 30\sqrt{3}[\text{A}]$

해설 평형 3상 Δ결선 : $V_l = V_p = 200[\text{V}]$, $I_l = \sqrt{3}I_p[\text{A}] = 30\sqrt{3}[\text{A}]$

정답 01 ③ 02 ② 03 ③ 04 ② 05 ③ 06 ① 07 ④

08 임피던스 $Z_1 = 12 + j16[\Omega]$과 $Z_2 = 8 + j24[\Omega]$이 직렬로 접속된 회로에 전압 $V = 200[V]$를 가할 때 이 회로에 흐르는 전류[A]는?

① 2.35[A] ② 4.47[A]
③ 6.02[A] ④ 10.25[A]

해설 • 합성 임피던스
$Z = Z_1 + Z_2 = 12 + j16 + 8 + j24 = 20 + j40[\Omega]$
• 전류 $I = \frac{V}{|Z|} = \frac{200}{44.72} = 4.47[A]$

09 자속밀도 B [Wb/m²]가 되는 균등한 자계 내에 길이 ℓ [m]의 도선을 자계에 수직인 방향으로 운동시킬 때 도선에 e [V]의 기전력이 발생한다면 이 도선의 속도[m/s]는?

① $B\ell e \sin\theta$ ② $B\ell e \cos\theta$
③ $\frac{B\ell \sin\theta}{e}$ ④ $\frac{e}{B\ell \sin\theta}$

해설 플레밍의 오른손법칙에 의한 유도 기전력 $e = B\ell u \sin\theta$[V]에서 속도 $u = \frac{e}{B\ell \sin\theta}$[m/s]이다.

10 $R = 15[\Omega]$인 RC 직렬회로에 60[Hz], 100[V]의 전압을 가하니 4[A]의 전류가 흘렀다면 용량 리액턴스[Ω]는?

① 10 ② 15
③ 20 ④ 25

해설 아래 그림과 같은 회로이므로,

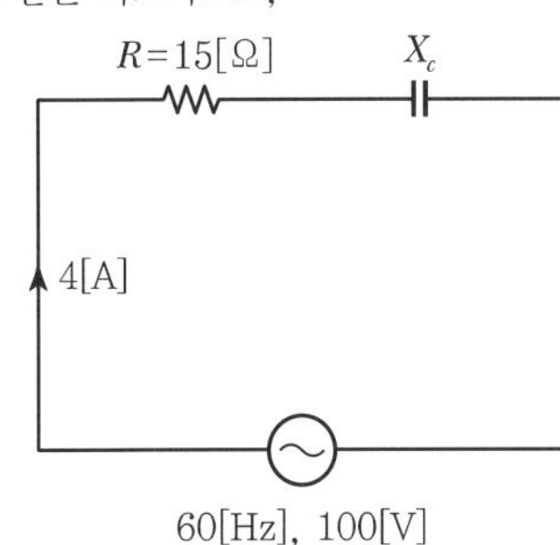

• $Z = \frac{V}{I} = \frac{100}{4} = 25[\Omega]$
• $Z = \sqrt{R^2 + X_c^2} = \sqrt{15^2 + X_c^2} = 25$에서 $X_C = 20[\Omega]$

11 도면과 같이 공기 중에 놓인 2×10^{-8}[C]의 전하에서 2[m] 떨어진 점 P와 1[m] 떨어진 점 Q와의 전위차는 몇 [V]인가?

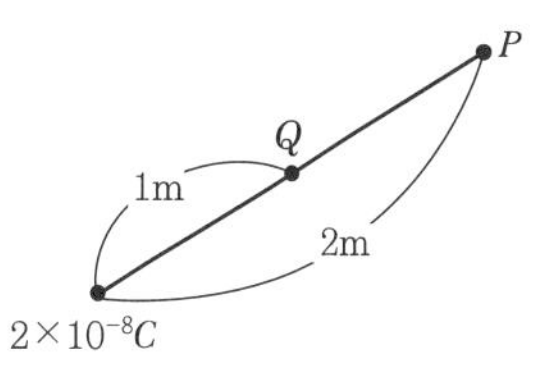

① 80[V] ② 90[V]
③ 100[V] ④ 110[V]

해설 점전하일 때 전위차
$V = \frac{Q}{4\pi\varepsilon}\left(\frac{1}{r_1} - \frac{1}{r_2}\right) = 2 \times 10^{-8} \times 9 \times 10^9 \left(\frac{1}{1} - \frac{1}{2}\right) = 90[V]$

12 RL 직렬회로에서 임피던스(Z)의 크기를 나타내는 식은?

① $R^2 + X_L^{\ 2}$ ② $R^2 - X_L^{\ 2}$
③ $\sqrt{R^2 + X_L^{\ 2}}$ ④ $\sqrt{R^2 - X_L^{\ 2}}$

해설 그림과 같이 복소평면을 이용한 임피던스 삼각형에서 임피던스 $Z = \sqrt{R^2 + X_L^{\ 2}}$ [Ω]이다.

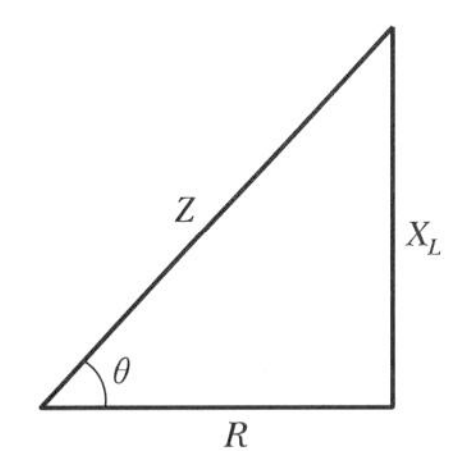

13 평행한 두 도선 간의 전자력은?

① 거리 r에 비례한다. ② 거리 r에 반비례한다.
③ 거리 r^2에 비례한다. ④ 거리 r^2에 반비례한다.

해설 평행한 두 도선에 작용하는 힘 $F = \frac{2I_1I_2}{r} \times 10^{-7}$[N/m]

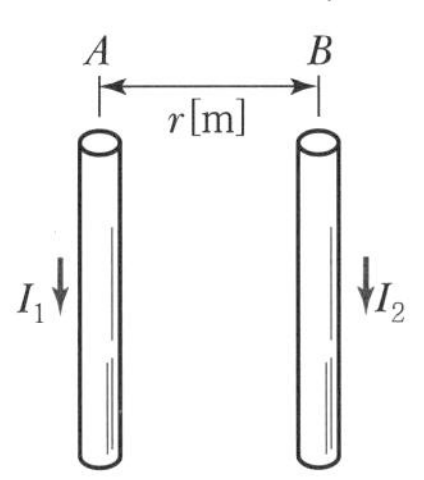

정답 08 ② 09 ④ 10 ③ 11 ② 12 ③ 13 ②

14 전원과 부하가 다같이 Δ결선된 3상 평형회로가 있다. 상전압이 200[V], 부하 임피던스가 $Z=6+j8[\Omega]$인 경우 선전류는 몇 [A]인가?

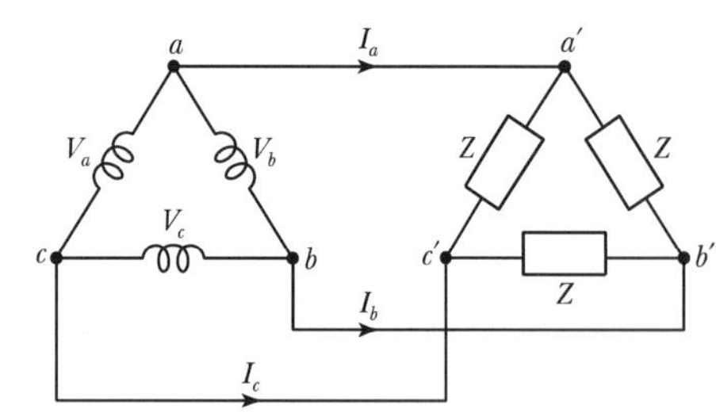

① 20　　② $\frac{20}{\sqrt{2}}$
③ $20\sqrt{3}$　　④ $10\sqrt{3}$

해설
- 한 상의 부하 임피던스 $Z=\sqrt{R^2+X^2}=\sqrt{6^2+8^2}=10[\Omega]$
- 상전류 $I_p=\frac{V_p}{Z}=\frac{200}{10}=20[A]$
- Δ결선에서 선전류 $I_\ell=\sqrt{3}\cdot I_p=\sqrt{3}\times 20=20\sqrt{3}[A]$

15 Q[C]의 전기량이 도체를 이동하면서 한 일을 W[J]이라 했을 때 전위차 V[V]를 나타내는 관계식으로 옳은 것은?

① $V=QW$　　② $V=\frac{W}{Q}$
③ $V=\frac{Q}{W}$　　④ $V=\frac{1}{QW}$

해설 전위차 $V=\frac{W}{Q}$

16 평형 3상 교류회로에서 Δ부하의 한 상의 임피던스가 Z_Δ일 때, 등가 변환한 Y부하의 한 상의 임피던스 Z_Y는 얼마인가?

① $Z_Y=\sqrt{3}Z_\Delta$　　② $Z_Y=3Z_\Delta$
③ $Z_Y=\frac{1}{\sqrt{3}}Z_\Delta$　　④ $Z_Y=\frac{1}{3}Z_\Delta$

해설
- $Y\rightarrow\Delta$ 변환 $Z_\Delta=3Z_Y$
- $\Delta\rightarrow Y$ 변환 $Z_Y=\frac{1}{3}Z_\Delta$

17 두 금속을 접속하여 여기에 전류를 흘리면, 줄열 외에 그 접점에서 열의 발생 또는 흡수가 일어나는 현상은?

① 줄 효과　　② 홀 효과
③ 제벡 효과　　④ 펠티에 효과

해설 펠티에 효과(Peltier Effect)
서로 다른 두 종류의 금속을 접속하고 한쪽 금속에서 다른 쪽 금속으로 전류를 흘리면 열의 발생 또는 흡수가 일어나는 현상을 말한다.

18 정전에너지 W[J]를 구하는 식으로 옳은 것은?

① $W=\frac{1}{2}CV^2$　　② $W=\frac{1}{2}CV$
③ $W=\frac{1}{2}C^2V$　　④ $W=2CV^2$

해설 정전에너지 $W=\frac{1}{2}CV^2[J]$

19 자체 인덕턴스 40[mH]의 코일에 10[A]의 전류가 흐를 때 저장되는 에너지는 몇 [J]인가?

① 2　　② 3
③ 4　　④ 8

해설 전자에너지 $W=\frac{1}{2}LI^2=\frac{1}{2}\times 40\times 10^{-3}\times 10^2=2[J]$

20 다이오드의 정특성이란 무엇을 말하는가?

① PN 접합면에서의 반송자 이동 특성
② 소신호로 동작할 때 전압과 전류의 관계
③ 다이오드를 움직이지 않고 저항률을 측정한 것
④ 직류전압을 걸었을 때 다이오드에 걸리는 전압과 전류의 관계

해설 그림과 같이 다이오드에 순방향(정방향) 전압을 걸었을 때 전압과 전류의 관계를 정특성, 역방향 전압을 걸었을 때 전압과 전류의 관계를 역특성이라 한다.

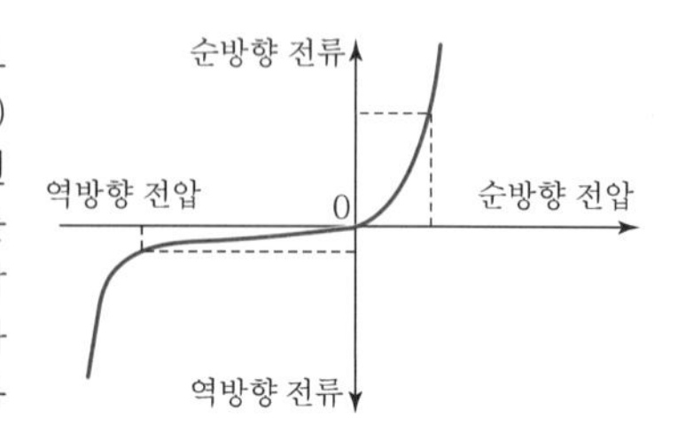

정답 14 ③ 15 ② 16 ④ 17 ④ 18 ① 19 ① 20 ④

21 **유도전동기에서 원선도 작성 시 필요하지 않은 시험은?**

① 무부하시험 ② 구속시험
③ 저항 측정 ④ 슬립 측정

해설 원선도 작성에 필요한 시험 : 저항 측정, 무부하시험, 구속시험

22 **직류분권 전동기의 계자 전류를 약하게 하면 회전수는?**

① 감소한다. ② 정지한다.
③ 증가한다. ④ 변화 없다.

해설 직류 전동기의 속도 관계식은 $N=K_1\dfrac{V-I_aR_a}{\phi}$[rpm]이므로 계자 전류를 약하게 하면 자속이 감소하므로, 회전수는 증가한다.

23 **동기 발전기에서 전기자 전류가 무부하 유도 기전력보다 $\pi/2$[rad] 앞서 있는 경우에 나타나는 전기자 반작용은?**

① 증자 작용 ② 감자 작용
③ 교차 자화 작용 ④ 직축 반작용

해설 동기 발전기의 전기자 반작용
- 뒤진 전기자 전류 : 감자 작용
- 앞선 전기자 전류 : 증자 작용

24 **3상 동기 전동기의 단자전압과 부하를 일정하게 유지하고, 회전자 여자 전류의 크기를 변화시킬 때 옳은 것은?**

① 전기자 전류의 크기와 위상이 바뀐다.
② 전기자 권선의 역기전력은 변하지 않는다.
③ 동기 전동기의 기계적 출력은 일정하다.
④ 회전속도가 바뀐다.

해설
- 동기 전동기는 여자 전류를 조정하여 전기자 전류의 크기와 위상을 바꿀 수 있다.
- 역기전력 $E=4.44\cdot f\cdot N\cdot\phi$이므로 여자 전류에 의해 자속이 변하므로 역기전력도 변화한다.
- 기계적 출력 $P_2=\dfrac{EV\sin\delta}{x_s}$이므로 역기전력이 변화하면, 기계적 출력도 변화한다.
- 회전속도는 여자권선의 동기속도 $N_s=\dfrac{120f}{P}$에 의해 결정되므로, 속도는 변하지 않는다.

25 **3상 동기기의 제동권선의 역할은?**

① 난조 방지 ② 효율 증가
③ 출력 증가 ④ 역률 개선

해설 제동권선 목적
- 발전기 : 난조(Hunting) 방지
- 전동기 : 기동작용

26 **동기 전동기의 자기 기동에서 계자 권선을 단락하는 이유는?**

① 기동이 쉽다.
② 기동권선으로 이용
③ 고전압 유도에 의한 절연파괴 위험 방지
④ 전기자 반작용을 방지한다.

해설 동기 전동기의 자기(자체) 기동법
회전 자극 표면에 기동권선을 설치하여 기동 시에는 농형 유도 전동기로 동작시켜 기동시키는 방법으로, 계자 권선을 열어 둔 채로 전기자에 전원을 가하면 권선 수가 많은 계자회로가 전기자 회전 자계를 끊고 높은 전압을 유기하여 계자회로가 소손될 염려가 있으므로 반드시 계자회로는 저항을 통해 단락시켜 놓고 기동시켜야 한다.

27 **변압기의 규약 효율은?**

① $\dfrac{출력}{입력}\times100[\%]$ ② $\dfrac{출력}{출력+손실}\times100[\%]$
③ $\dfrac{출력}{입력-손실}\times100[\%]$ ④ $\dfrac{입력+손실}{입력}\times100[\%]$

해설 $\eta_{Tr}=\dfrac{출력}{출력+손실}\times100[\%]=\dfrac{입력-손실}{입력}\times100[\%]$

28 **동기 전동기의 특징과 용도에 대한 설명으로 잘못된 것은?**

① 진상, 지상의 역률이 조정이 된다.
② 속도 제어가 원활하다.
③ 시멘트 공장의 분쇄기 등에 사용된다.
④ 난조가 발생하기 쉽다.

해설 동기 전동기는 정속도 전동기이다.

정답 21 ④ 22 ③ 23 ① 24 ① 25 ① 26 ③ 27 ② 28 ②

29 동기 발전기의 병렬운전 조건이 아닌 것은?

① 기전력의 주파수가 같을 것
② 기전력의 크기가 같을 것
③ 기전력의 위상이 같을 것
④ 발전기의 회전수가 같을 것

해설 병렬운전 조건
- 기전력의 크기가 같을 것
- 기전력의 위상이 같을 것
- 기전력의 주파수가 같을 것
- 기전력의 파형이 같을 것

30 속도를 광범위하게 조정할 수 있으므로 압연기나 엘리베이터 등에 사용되는 직류 전동기는?

① 직권 전동기　② 분권 전동기
③ 타여자 전동기　④ 가동 복권 전동기

해설 타여자 전동기는 속도를 광범위하게 조정할 수 있으므로 압연기나 엘리베이터 등에 사용되고, 일그너 방식 또는 워드레오나드 방식의 속도제어장치를 사용하는 경우에 주 전동기로 사용된다.

31 부흐홀츠 계전기의 설치 위치는?

① 변압기 본체와 콘서베이터 사이
② 콘서베이터 내부
③ 변압기의 고압 측 부싱
④ 변압기 주탱크 내부

해설 변압기의 탱크와 콘서베이터의 연결관 도중에 설치한다.

32 변압기 기름의 구비조건이 아닌 것은?

① 절연내력이 클 것
② 인화점과 응고점이 높을 것
③ 냉각효과가 클 것
④ 산화현상이 없을 것

해설 변압기 기름의 구비조건
- 절연내력이 클 것
- 비열이 커서 냉각효과가 클 것
- 인화점이 높을 것
- 응고점이 낮을 것
- 절연 재료 및 금속에 접촉하여도 화학 작용을 일으키지 않을 것
- 고온에서 석출물이 생기거나, 산화하지 않을 것

33 출력 10[kW], 슬립 4[%]로 운전되는 3상 유도전동기의 2차 동손은 약 몇 [W]인가?

① 250　② 315
③ 417　④ 620

해설 $P_2 : P_{2c} : P_o = 1 : S : (1-S)$이므로

$P_{2c} : P_o = S : (1-S)$에서 P_{c2}로 정리하면,

$P_{2c} = \dfrac{S \cdot P_2}{(1-S)} = \dfrac{0.04 \times 10 \times 10^3}{(1-0.04)} = 417$[W]가 된다.

34 전압을 일정하게 유지하기 위해서 이용되는 다이오드는?

① 발광 다이오드　② 포토 다이오드
③ 제너 다이오드　④ 바리스터 다이오드

해설 제너 다이오드

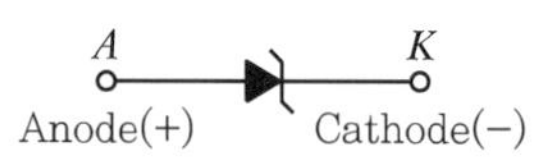

- 역방향으로 특정 전압(항복전압)을 인가 시에 전류가 급격하게 증가하는 현상을 이용하여 만든 PN 접합다이오드이다.
- 정류회로의 정전압(전압 안정회로)에 많이 이용한다.

35 변압기 절연내력시험 중 권선의 층간 절연시험은?

① 충격전압시험　② 무부하시험
③ 가압시험　④ 유도시험

해설
- 변압기 절연내력시험 : 변압기유의 절연파괴 전압시험, 가압시험, 유도시험, 충격전압시험
- 유도시험 : 변압기나 그 외의 기기는 층간절연을 시험하기 위하여, 권선의 단자 사이에 상호유도전압의 2배 전압을 유도시켜서 유도절연시험을 한다.

36 다음 중 기동 토크가 가장 큰 전동기는?

① 분상 기동형　② 콘덴서 모터형
③ 셰이딩 코일형　④ 반발 기동형

해설 기동 토크가 큰 순서
반발 기동형 > 콘덴서 모터형 > 분상 기동형 > 셰이딩 코일형

정답 29 ④ 30 ③ 31 ① 32 ② 33 ③ 34 ③ 35 ④ 36 ④

37 유도전동기의 동기속도가 n_s, 회전속도 n일 때 슬립은?

① $s=\frac{n_s-n}{n}$ ② $s=\frac{n-n_s}{n}$

③ $s=\frac{n_s-n}{n_s}$ ④ $s=\frac{n_s+n}{n_s}$

해설 $s=\frac{\text{동기속도}-\text{회전속도}}{\text{동기속도}}=\frac{n_s-n}{n_s}$

38 인버터(Inverter)란?

① 교류를 직류로 변환 ② 직류를 교류로 변환

③ 교류를 교류로 변환 ④ 직류를 직류로 변환

해설
- 인버터 : 직류를 교류로 바꾸는 장치
- 컨버터 : 교류를 직류로 바꾸는 장치
- 초퍼 : 직류를 다른 전압의 직류로 바꾸는 장치

39 3상 유도전동기의 1차 입력 60[kW], 1차 손실 1[kW], 슬립 3[%]일 때 기계적 출력은 약 몇 [kW]인가?

① 57 ② 75

③ 95 ④ 100

해설 $P_2 : P_{2C} : P_o = 1 : S : (1-S)$이므로

P_2 = 1차 입력 − 1차 손실 = 60 − 1 = 59[kW]

$P_o = (1-S)P_2 = (1-0.03)\times 59 ≒ 57$[kW]

40 역률과 효율이 좋아서 가정용 선풍기, 전기세탁기, 냉장고 등에 주로 사용되는 것은?

① 분상 기동형 전동기 ② 반발 기동형 전동기

③ 콘덴서 기동형 전동기 ④ 셰이딩 코일형 전동기

해설 영구 콘덴서 기동형
원심력스위치가 없어서 가격도 싸고, 보수할 필요가 없으므로 큰 기동토크를 요구하지 않는 선풍기, 냉장고, 세탁기 등에 널리 사용된다.

41 일반적으로 분기회로의 개폐기 및 과전류 차단기는 저압 옥내간선과의 분기점에서 전선의 길이가 몇 [m] 이하인 곳에 시설하여야 하는가?

① 3[m] ② 4[m]

③ 5[m] ④ 8[m]

해설 아래 그림과 같이 원칙적으로 3[m] 이하인 곳에 설치하여야 한다.

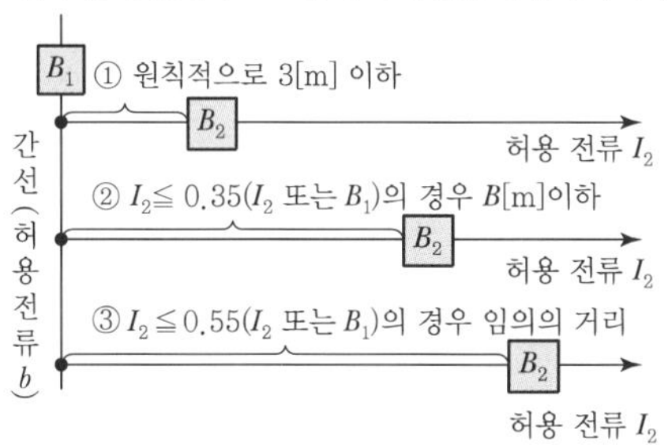

42 접착제를 사용하여 합성수지관을 삽입해 접속할 경우 관의 깊이는 합성수지관 외경의 최소 몇 배인가?

① 0.8배 ② 1.2배

③ 1.5배 ④ 1.8배

해설 합성수지관의 관 상호 접속방법
- 커플링에 들어가는 관의 길이는 관 바깥지름의 1.2배 이상으로 한다.
- 접착제를 사용하는 경우에는 0.8배 이상으로 한다.

43 정격전류 30[A] 이하의 A종 퓨즈는 정격전류 200[%]에서 몇 분 이내에 용단되어야 하는가?

① 2분 ② 4분

③ 6분 ④ 8분

해설 과전류차단기로 저압전로에 사용하는 퓨즈가 정격전류의 1.1배의 전류에 견디고, 과전류가 흐를 때 용단시간은 다음과 같다.

정격전류의 구분	자동작동시간(용단시간)	
	정격전류의 1.25배의 전류가 흐를 때(분)	정격전류의 2배의 전류가 흐를 때(분)
30[A] 이하	60	2
30[A] 초과 60[A] 이하	60	4
60[A] 초과 100[A] 이하	120	6
100[A] 초과 200[A] 이하	120	8
200[A] 초과 400[A] 이하	180	10

정답 37 ③ 38 ② 39 ① 40 ③ 41 ① 42 ① 43 ①

44 특별 제3종 접지공사의 접지저항값은 몇 [Ω] 이하이어야 하는가?

① 10　　② 15
③ 20　　④ 100

해설

접지종별	접지저항값
제1종 접지공사	10[Ω] 이하
제2종 접지공사	$\frac{150}{1\text{선 지락전류}}$[Ω] 이하
제3종 접지공사	100[Ω] 이하
특별 제3종 접지공사	10[Ω] 이하

45 도로를 횡단하여 시설하는 지선의 높이는 지표 상 몇 [m] 이상이어야 하는가?

① 5[m]　　② 6[m]
③ 8[m]　　④ 10[m]

해설 지선은 도로 횡단 시 높이 5[m] 이상이어야 한다.

46 무대, 무대 밑, 오케스트라 박스, 영사실, 기타 사람이나 무대 도구가 접촉할 우려가 있는 장소에 시설하는 저압옥내배선, 전구선 또는 이동전선은 사용 전압이 몇 [V] 미만이어야 하는가?

① 60[V]　　② 110[V]
③ 220[V]　　④ 400[V]

해설 흥행장소
저압옥내배선, 전구선 또는 이동전선은 사용전압이 400[V] 미만이어야 한다.

47 네온 변압기를 넣는 금속함의 접지공사는?

① 제1종 접지공사　　② 제2종 접지공사
③ 제3종 접지공사　　④ 특별 제3종 접지공사

해설 네온 변압기 외함
제3종 접지공사

48 전등 한 개를 2개소에서 점멸하고자 할 때 옳은 배선은?

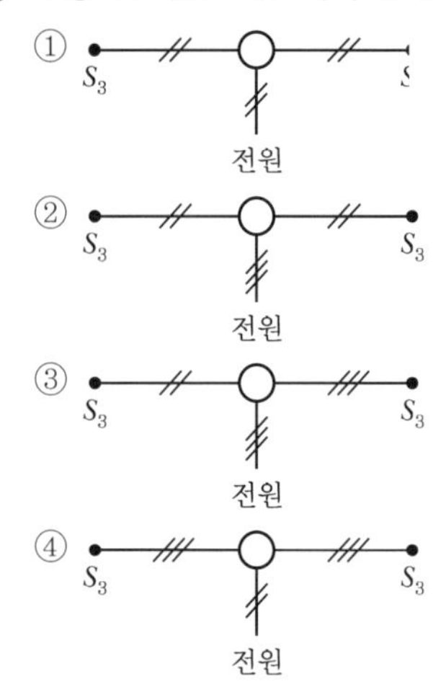

해설

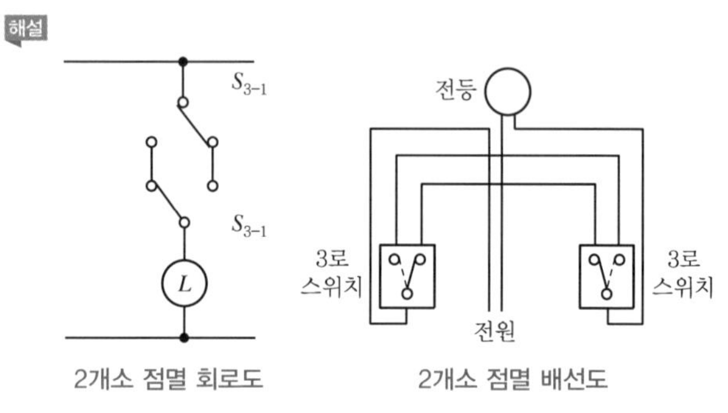

49 배전반을 나타내는 그림 기호는?

해설 ① 분전반　② 배전반　③ 제어반　④ 개폐기

50 배선설계를 위한 전동 및 소형 전기기계 · 기구의 부하용량 산정 시 건축물의 종류에 대응한 표준부하에서 원칙적으로 표준부하를 20[VA/m²]으로 적용하여야 하는 건축물은?

① 교회, 극장　　② 학교, 음식점
③ 은행, 상점　　④ 아파트, 미용원

정답 44 ① 45 ① 46 ④ 47 ③ 48 ④ 49 ② 50 ②

해설 건물의 표준부하

건물의 종류 및 부분	표준부하밀도[VA/m^2]
공장, 공회장, 사원, 교회, 극장, 영화관	10
학교, 기숙사, 여관, 호텔, 병원, 음식점, 다방	20
주택, 아파트, 사무실, 은행, 백화점, 상점	30

51 석유류를 저장하는 장소의 공사방법 중 틀린 것은?

① 케이블 공사 ② 애자사용 공사
③ 금속관 공사 ④ 합성수지관 공사

해설 위험물이 있는 곳의 공사
금속전선관 공사, 합성수지관 공사(두께 2[mm] 이상), 케이블 공사에 의하여 시설한다.
금속전선관, 합성수지관, 케이블은 대부분의 전기공사에 사용할 수 있으며, 합성수지관은 열에 약한 특성이 있으므로 화재의 우려가 있는 장소는 제한된다.

52 사용전압이 400[V] 이상인 경우 금속관 및 부속품 등은 사람이 접촉할 우려가 없는 경우 제 몇 종 접지공사를 하는가?

① 제1종 ② 제2종
③ 제3종 ④ 특별 제3종

해설 금속전선관의 접지
㉠ 사용 전압이 400[V] 미만인 경우 제3종 접지공사
㉡ 사용 전압이 400[V] 이상의 저압인 경우 특별 제3종 접지공사 (단, 사람이 접촉할 우려가 없는 경우에는 제3종 접지공사)
㉢ 강전류 회로의 전선과 약전류 회로의 전선을 전선관에 시공할 때는 특별 제3종 접지공사
㉣ 사용전압이 400[V] 미만인 다음의 경우에는 접지공사를 생략
- 건조한 장소 또는 사람이 쉽게 접촉할 우려가 없는 장소의 대지전압이 150[V] 이하이고, 8[m] 이하의 금속관을 시설하는 경우
- 대지전압이 150[V]를 초과할 때 4[m] 이하의 전선을 건조한 장소에 시설하는 경우

53 옥내의 건조하고 전개된 장소에서 사용전압이 400[V] 이상인 경우에는 시설할 수 없는 배선공사는?

① 애자사용 공사 ② 금속덕트 공사
③ 버스덕트 공사 ④ 금속몰드 공사

해설 금속몰드공사는 사용전압 400[V] 미만인 경우에 시설하여야 한다.

54 간선에 접속하는 전동기의 정격전류의 합계가 50[A]를 초과하는 경우에는 그 정격전류 합계의 몇 배에 견디는 전선을 선정하여야 하는가?

① 0.8 ② 1.1
③ 1.25 ④ 3

해설 전동기 부하의 간선의 굵기 산정

전동기 정격전류	허용전류 계산
50[A] 이하	정격전류 합계의 1.25배
50[A] 초과	정격전류 합계의 1.1배

55 굵은 전선이나 케이블을 절단할 때 사용되는 공구는?

① 클리퍼 ② 펜치
③ 나이프 ④ 플라이어

해설 클리퍼(Clipper)
굵은 전선을 절단하는 데 사용하는 가위

56 배전반 및 분전반의 설치장소로 적합하지 않은 곳은?

① 안정된 장소
② 밀폐된 장소
③ 개폐기를 쉽게 개폐할 수 있는 장소
④ 전기회로를 쉽게 조작할 수 있는 장소

해설 전기부하의 중심 부근에 위치하면서, 스위치 조작을 안정적으로 할 수 있는 곳에 설치하여야 한다.

57 소맥분, 전분, 기타 가연성 분진이 존재하는 곳의 저압 옥내배선 공사방법에 해당되는 것으로 짝지어진 것은?

① 케이블 공사, 애자 사용 공사
② 금속관 공사, 콤바인 덕트관, 애자 사용 공사
③ 케이블 공사, 금속관 공사, 애자 사용 공사
④ 케이블 공사, 금속관 공사, 합성수지관 공사

해설 가연성 분진이 존재하는 곳
가연성의 먼지로서 공중에 떠다니는 상태에서 착화하였을 때, 폭발의 우려가 있는 곳의 저압 옥내배선은 합성수지관 배선, 금속전선관 배선, 케이블 배선에 의하여 시설한다.

정답 51 ② 52 ③ 53 ④ 54 ② 55 ① 56 ② 57 ④

58 변압기 중성점에 2종 접지공사를 하는 이유는?

① 전류 변동의 방지　　② 전압 변동의 방지
③ 전력 변동의 방지　　④ 고저압 혼촉 방지

해설 제2종 접지공사의 목적은 높은 전압과 낮은 전압의 혼촉사고가 발생했을 때 사람에게 위험을 주는 높은 전류를 대지로 흐르게 하기 위함이다.

59 연선 결정에 있어서 중심 소선을 뺀 층수가 3층이다. 전체 소선 수는?

① 91　　② 61
③ 37　　④ 19

해설 총 소선 수
$N=3N(N+1)+1=3\times3\times(3+1)+1=37$

60 60[cd]의 점광원으로부터 2[m]의 거리에서 그 방향과 직각인 면과 30° 기울어진 평면 위의 조도[lx]는?

① 7.5　　② 10.8
③ 13.0　　④ 13.8

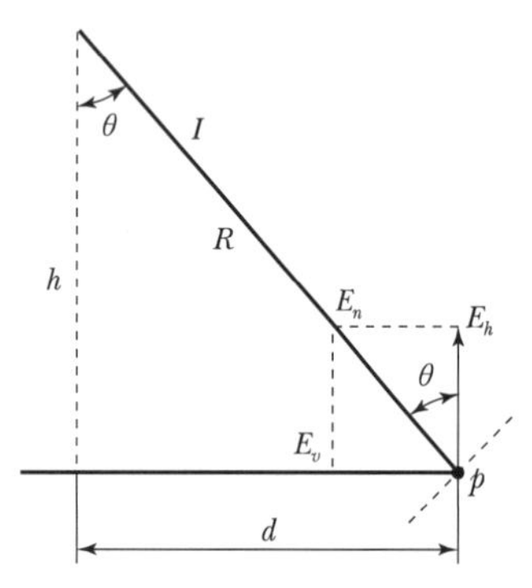

법선조도 $E_n=\dfrac{I}{R^2}$

수평면 조도 $E_h=E_n\cos\theta=\dfrac{I}{R^2}\cos\theta$

수직면 조도 $E_v=E_n\sin\theta=\dfrac{I}{R^2}\sin\theta$

즉, $E_h=E_n\cos\theta=\dfrac{I}{R^2}\cos\theta=\dfrac{60}{2^2}\times\cos30°\fallingdotseq13[\text{lx}]$

정답 58 ④　59 ③　60 ③

Do! mino

전기기능사 필기

CRAFTSMAN ELECTRICITY

단기 기능사 합격 독하게 기출만 보자!

단기 독기

시험장 핵심노트

❶ 맞춤 합격! 기출만 푸는 [핵심테마 36선]

❷ 시험 10분 전 외우는 [합격 페이퍼]

❸ 실전점검! [CBT 실전모의고사]

단기독기 01

맞춤 합격! 기출만 푸는 **핵심테마 36선**

THEMA 1 전류와 전압 및 저항

G · U · I · D · E

01 어떤 도체에 5초간 4[C]의 전하가 이동했다면 이 도체에 흐르는 전류는?

① 0.12×10^3[mA]　　② 0.8×10^3[mA]

③ 1.25×10^3[mA]　　④ 8×10^3[mA]

$I = \frac{Q}{t}$ 이므로, $I = \frac{4}{5} = 0.8$[A]이다.

02 어떤 전지에서 5[A]의 전류가 10분간 흘렀다면 이 전지에서 나온 전기량은?

① 0.83[C]　　② 50[C]

③ 250[C]　　④ 3,000[C]

$Q = It = 5 \times 10 \times 60 = 3,000$[C]

03 1[Ah]는 몇 [C]인가?

① 1,200　　② 2,400

③ 3,600　　④ 4,800

$Q = It$[C]이므로,
1[Ah] = 1[A] × 3,600[sec] = 3,600[C]

04 Q(C)의 전기량이 도체를 이동하면서 한 일을 W(J)이라 했을 때 전위차 V(V)를 나타내는 관계식으로 옳은 것은?

① $V = QW$　　② $V = \frac{W}{Q}$

③ $V = \frac{Q}{W}$　　④ $V = \frac{1}{QW}$

전위차 $V = \frac{W}{Q}$

05 24[C]의 전기량이 이동해서 144[J]의 일을 했을 때 기전력은?

① 2[V]　　② 4[V]

③ 6[V]　　④ 8[V]

전위차 $V = \frac{W}{Q} = \frac{144}{24} = 6$[V]

정답 01 ② 02 ④ 03 ③ 04 ② 05 ③

06 1.5[V]의 전위차로 3[A]의 전류가 3분 동안 흘렀을 때 한 일은?

① 1.5[J] ② 13.5[J]
③ 810[J] ④ 2,430[J]

07 도체의 전기저항에 대한 설명으로 옳은 것은?

① 길이와 단면적에 비례한다.
② 길이와 단면적에 반비례한다.
③ 길이에 비례하고 단면적에 반비례한다.
④ 길이에 반비례하고 단면적에 비례한다.

08 어떤 도체의 길이를 2배로 하고 단면적을 $\frac{1}{3}$로 했을 때의 저항은 원래 저항의 몇 배가 되는가?

① 3배 ② 4배
③ 6배 ④ 9배

09 동선의 길이를 2배로 늘리면 저항은 처음의 몇 배가 되는가?(단, 동선의 체적은 일정함)

① 2배 ② 4배
③ 8배 ④ 16배

G · U · I · D · E

$W = VQ = VIt = 1.5\times 3\times 3\times 60$
$= 810[J]$

전기저항 $R=\rho\frac{\ell}{A}$이므로, 길이에 비례하고 단면적에 반비례한다.

$R=\rho\frac{\ell}{A}$이므로,
$R=\rho\frac{2\times\ell}{\frac{1}{3}A}=\rho\frac{\ell}{A}\times 6$이 된다.

- 체적은 단면적×길이이다.
- 체적을 일정하게 하고 길이를 n배로 늘리면 단면적은 $\frac{1}{n}$배로 감소한다.
- $R=\rho\frac{\ell}{A}$

$\therefore R'=\rho\frac{2\ell}{\frac{A}{2}}=2^2\cdot\rho\frac{1}{A}=2^2R=4R$

정답 06 ③ 07 ③ 08 ③ 09 ②

THEMA 2

오옴의 법칙

G · U · I · D · E

01 "회로에 흐르는 전류의 크기는 저항에 (㉠) 하고, 가해진 전압에 (㉡)한다." ( )에 알맞은 내용을 바르게 나열한 것은?

① ㉠ - 비례, ㉡ - 비례
② ㉠ - 비례, ㉡ - 반비례
③ ㉡ - 반비례, ㉡ - 비례
④ ㉠ - 반비례, ㉡ - 반비례

> 오옴의 법칙 $I=\frac{V}{R}$

02 어떤 저항(R)에 전압(V)를 가하니 전류(I)가 흘렀다. 이 회로의 저항(R)을 20% 줄이면 전류(I)는 처음의 몇 배가 되는가?

① 0.8
② 0.88
③ 1.25
④ 2.04

> 오옴의 법칙 $I=\frac{V}{R}$에서 전압이 일정할 때 저항을 20[%] 줄이면, 전류는 125[%] 증가한다.

03 R_1, R_2, R_3의 저항 3개를 직렬 접속했을 때의 합성 저항값은?

① $R=R_1+R_2 \cdot R_3$
② $R=R_1 \cdot R_2+R_3$
③ $R=R_1 \cdot R_2 \cdot R_3$
④ $R=R_1+R_2+R_3$

04 5[Ω], 10[Ω], 15[Ω]의 저항을 직렬로 접속하고 전압을 가하였더니 10[Ω]의 저항 양단에 30[V]의 전압이 측정 되었다. 이 회로에 공급되는 전전압은 몇 [V]인가?

① 30[V]
② 60[V]
③ 90[V]
④ 120[V]

> 10[Ω]에 흐르는 전류를 구하면 $I=\frac{30}{10}=3[\text{A}]$
> 직렬접속 회로에 전류는 일정하므로, 5[Ω], 15[Ω]에도 3[A]의 전류가 흐른다.
> 각 저항에 전압강하를 구하면,
> $V_5=3\times5=15[\text{V}]$, $V_{15}=3\times15=45[\text{V}]$
> 따라서, 전전압은 각 저항에서 발생하는 전압강하의 합과 같으므로,
> 전전압 $V=15+30+45=90[\text{V}]$이다.

05 2개의 저항 R_1, R_2를 병렬 접속하면 합성 저항은?

① $\frac{1}{R_1+R_2}$
② $\frac{R_1}{R_1+R_2}$
③ $\frac{R_1R_2}{R_1+R_2}$
④ $\frac{R_2}{R_1+R_2}$

> 병렬 합성 저항은 $\frac{1}{R_0}=\frac{1}{R_1}+\frac{1}{R_2}$ 이므로,
> 정리하면, 병렬 합성 저항 $R_0=\frac{R_1R_2}{R_1+R_2}$ 이다.

정답 01 ③ 02 ③ 03 ④ 04 ③ 05 ③

06 20[Ω], 30[Ω], 60[Ω]의 저항 3개를 병렬로 접속하고 여기에 60[V]의 전압을 가했을 때, 이 회로에 흐르는 전체 전류는 몇 [A]인가?

① 3[A] ② 6[A]
③ 30[A] ④ 60[A]

07 그림과 같이 R_1, R_2, R_3의 저항 3개가 직병렬 접속되었을 때 합성 저항은?

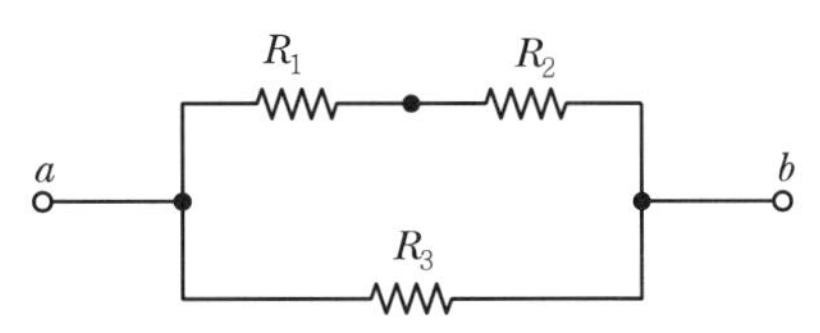

① $R=\dfrac{(R_1+R_2)R_3}{R_1+R_2+R_3}$ ② $R=\dfrac{(R_2+R_3)R_1}{R_1+R_2+R_3}$

③ $R=\dfrac{(R_1+R_3)R_2}{R_1+R_2+R_3}$ ④ $R=\dfrac{R_1R_2R_3}{R_1+R_2+R_3}$

08 그림과 같은 회로에서 4[Ω]에 흐르는 전류[A] 값은?

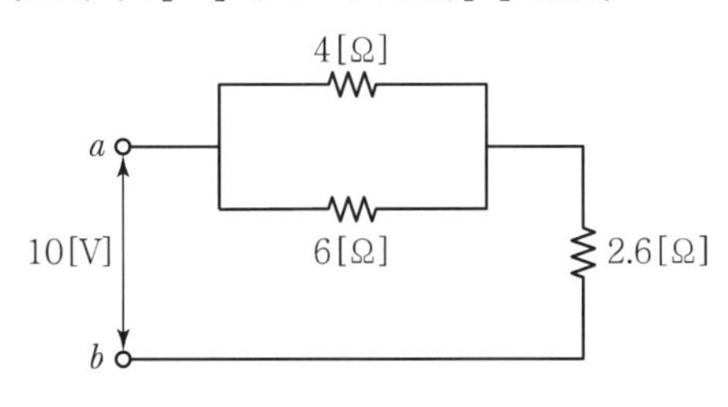

① 0.6 ② 0.8
③ 1.0 ④ 1.2

G · U · I · D · E

- $\dfrac{1}{R_0}=\dfrac{1}{20}+\dfrac{1}{30}+\dfrac{1}{60}$에서 합성 저항 $R_0=10[\Omega]$
- 전체 전류 $I_0=\dfrac{V}{R_0}=\dfrac{60}{10}=6[\mathrm{A}]$

R_1과 R_2는 직렬연결이고, 이들과 R_3는 병렬연결이다.

전체 합성 저항 $R=\dfrac{4\times6}{4+6}+2.6=5[\Omega]$

전 전류 $I=\dfrac{V}{R}=\dfrac{10}{5}=2[\mathrm{A}]$

4[Ω]에 흐르는 전류

$I_1=\dfrac{R_2}{R_1+R_2}\times I=\dfrac{6}{4+6}\times2=1.2[\mathrm{A}]$

정답 06 ② 07 ① 08 ④

THEMA 3 전력과 전력량

01 4[Ω]의 저항에 200[V]의 전압을 인가할 때 소비되는 전력은?

① 20[W] ② 400[W]
③ 2.5[kW] ④ 10[kW]

02 200[V], 500[W]의 전열기를 220[V] 전원에 사용하였다면 이때의 전력은?

① 400[W] ② 500[W]
③ 550[W] ④ 605[W]

03 20[A]의 전류를 흘렸을 때 전력이 60[W]인 저항에 30[A]를 흘리면 전력은 몇 [W]가 되겠는가?

① 80 ② 90
③ 120 ④ 135

04 20분간에 876,000[J]의 일을 할 때 전력은 몇 [kW]인가?

① 0.73 ② 7.3
③ 73 ④ 730

05 다음 중 전력량 1[J]과 같은 것은?

① 1[cal] ② 1[W · s]
③ 1[kg · m] ④ 860[N · m]

G · U · I · D · E

01 소비전력 $P = VI = I^2R = \frac{V^2}{R}$[W]이므로, 소비전력 $P = \frac{200^2}{4} = 10,000[W] = 10[kW]$ 이다.

02 전열기의 저항은 일정하므로,
$R = \frac{V_1^2}{P} = \frac{200^2}{500} = 80[\Omega]$
$\therefore P = \frac{V_2^2}{R} = \frac{220^2}{80} = 605[W]$

03 $P = I^2R[W]$, $R = \frac{P}{I^2} = \frac{60}{20^2} = 0.15[\Omega]$
$P' = I'^2R = 30^2 \times 0.15 = 135[W]$

04 전력
$P = \frac{W}{t} = \frac{876,000}{20 \times 60} = 730[W] = 0.73[kW]$

05 1[W · s]란 1[J]의 일에 해당하는 전력량이다.
1[W · s] = 1[J]

정답 01 ④ 02 ④ 03 ④ 04 ① 05 ②

06 5[Wh]는 몇 [J]인가?

① 720 ② 1,800
③ 7,200 ④ 18,000

07 저항이 있는 도선에 전류가 흐르면 열이 발생한다. 이와 같이 전류의 열작용과 가장 관계가 깊은 법칙은?

① 패러데이 법칙 ② 키르히호프의 법칙
③ 줄의 법칙 ④ 옴의 법칙

08 저항이 10[Ω]인 도체에 1[A]의 전류를 10분간 흘렸다면 발생하는 열량은 몇 [kcal]인가?

① 0.62 ② 1.44
③ 4.46 ④ 6.24

09 10[℃], 5,000[g]의 물을 40[℃]로 올리기 위하여 1[kW]의 전열기를 쓰면 몇 분이 걸리게 되는가?(단, 여기서 효율은 80[%]라고 한다.)

① 약 13분 ② 약 15분
③ 약 25분 ④ 약 50분

G · U · I · D · E

1[J] = 1[W · sec]이므로,
5[Wh] = 5[W] × 3,600[sec] = 18,000[J]

줄의 법칙(Joule's Law) : 전류의 발열작용
$H = 0.24\, I^2 Rt$[cal]

줄의 법칙에 의한 열량
$H = 0.24\, I^2 R t = 0.24 \times 1^2 \times 10 \times 10 \times 60$
$= 1,440$[cal] $= 1.44$[kcal]

- 5,000g의 물을 10℃에서 40℃로 올리는 데 필요한 열량[cal]은
  $H = Cm\Delta T = 1 \times 5,000 \times (40 - 10)$
  $= 150,000$[cal]
  여기서, C : 물의 비열
  m : 질량
  ΔT : 온도변화
- $H = 0.24\, I^2 R t\, \eta = 0.24\, P t\, \eta$에서 시간 t[sec]는
  $t = \dfrac{H}{0.24P\eta} = \dfrac{150,000}{0.24 \times 1 \times 10^3 \times 0.8}$
  $= 781$[sec] $= 13.0$[min]

정답 06 ④ 07 ③ 08 ② 09 ①

THEMA 4

정전기 현상

01 일반적으로 절연체를 서로 마찰시키면 이들 물체는 전기를 띠게 된다. 이와 같은 현상은?

① 분극 ② 정전
③ 대전 ④ 코로나

02 진공 중에서 10^{-4}[C]과 10^{-8}[C]의 두 전하가 10[m]의 거리에 놓여 있을 때, 두 전하 사이에 작용하는 힘[N]은?

① 9×10^{2} ② 1×10^{4}
③ 9×10^{-5} ④ 1×10^{-8}

03 진공 중의 두 점전하 Q_1[C], Q_2[C]가 거리 r[m] 사이에서 작용하는 정전력[N]의 크기를 옳게 나타낸 것은?

① $9\times10^{9}\times\dfrac{Q_1Q_2}{r^2}$ ② $6.33\times10^{4}\times\dfrac{Q_1Q_2}{r^2}$
③ $9\times10^{9}\times\dfrac{Q_1Q_2}{r}$ ④ $6.33\times10^{4}\times\dfrac{Q_1Q_2}{r}$

04 전기장(電氣場)에 대한 설명으로 옳지 않은 것은?

① 대전된 무한장 원통의 내부 전기장은 0이다.
② 대전된 구(球)의 내부 전기장은 0이다.
③ 대전된 도체 내부의 전하 및 전기장은 모두 0이다.
④ 도체 표면의 전기장은 그 표면에 평행이다.

05 전기장의 세기 단위로 옳은 것은?

① H/m ② F/m
③ AT/m ④ V/m

G · U · I · D · E

01 **대전**
두 물질이 마찰할 때 한 물질 중의 전자가 다른 물질로 이동하여 양(+)이나 음(−)전기를 띠게 되는 현상

02 쿨롱의 법칙에서 정전력 $F=\dfrac{1}{4\pi\varepsilon}\dfrac{Q_1Q_2}{r^2}$[N]이다.
여기서 진공에서는 $\varepsilon_s=1$이고, $\varepsilon_0=8.855\times10^{-12}$이므로,
$F=9\times10^{9}\times\dfrac{10^{-4}\times10^{-8}}{10^2}=9\times10^{-5}$[N]
이다.

03 쿨롱의 법칙에서 정전력 $F=\dfrac{1}{4\pi\varepsilon}\dfrac{Q_1Q_2}{r^2}$[N]이다. 여기서 진공에서는 $\varepsilon_s=1$이고, $\varepsilon_0=8.855\times10^{-12}$ 이다.

04 전기장은 전기력선에 접선방향이며, 전기력선은 도체 표면에 수직이다.

05 ① 투자율 단위
② 유전율 단위
③ 자기장의 세기 단위

정답 01 ③ 02 ③ 03 ① 04 ④ 05 ④

06 전기장 중에 단위 전하를 놓았을 때 그것에 작용하는 힘은 어느 값과 같은가?

① 전장의 세기 ② 전하
③ 전위 ④ 전속

07 전기력선의 성질 중 맞지 않는 것은?

① 전기력선은 양(+)전하에서 나와 음(−)전하에서 끝난다.
② 전기력선의 접선방향이 전장의 방향이다.
③ 전기력선은 도중에 만나거나 끊어지지 않는다.
④ 전기력선은 등전위면과 교차하지 않는다.

08 그림과 같이 공기중에 놓인 2×10^{-8}[C]의 전하에서 2[m] 떨어진 점 P와 1[m] 떨어진 점 Q와의 전위차는?

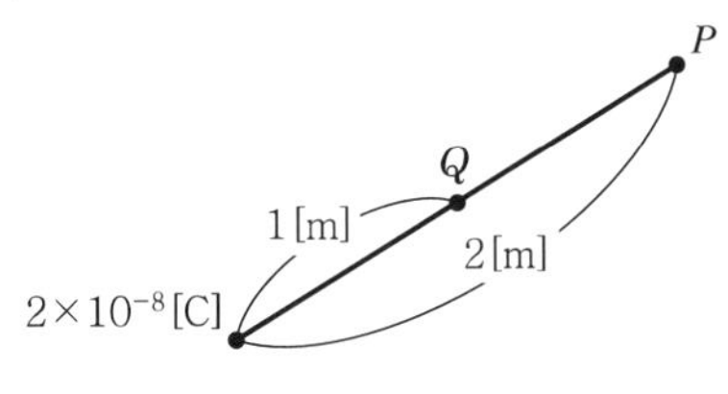

① 80[V] ② 90[V]
③ 100[V] ④ 110[V]

G · U · I · D · E

전장의 세기는 $E=\frac{F}{Q}$[N/C]으로 단위 정전하에 작용하는 힘이라 할 수 있다.

전기력선은 등전위면과 수직으로 교차한다.

Q[C]의 전하에서 r[m] 떨어진 점의 전위 P와 r_0[m] 떨어진 점의 전위 Q와의 전위차

$$V_d=\frac{Q}{4\pi\varepsilon}\left(\frac{1}{r}-\frac{1}{r_0}\right)$$

$$=\frac{2\times10^{-8}}{4\pi\times8.855\times10^{-12}\times1}\left(\frac{1}{1}-\frac{1}{2}\right)$$

$$=90[\mathrm{V}]$$

정답 06 ① 07 ④ 08 ②

THEMA 5 콘덴서의 정전용량과 정전에너지

01 콘덴서에 1,000[V]의 전압을 가하였더니 5×10^{-3}[C] 전하가 축적되었다. 이 콘덴서의 용량은?

① 2.5[μF] ② 5[μF]
③ 250[μF] ④ 5,000[μF]

02 콘덴서의 정전용량에 대한 설명으로 틀린 것은?

① 전압에 반비례한다.
② 이동 전하량에 비례한다.
③ 극판의 넓이에 비례한다.
④ 극판의 간격에 비례한다.

03 그림에서 $C_1 = 1[\mu F]$, $C_2 = 2[\mu F]$, $C_3 = 2[\mu F]$일 때 합성 정전용량은 몇 [μF]인가?

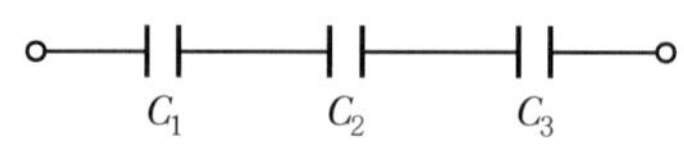

① $\frac{1}{2}$ ② $\frac{1}{5}$
③ 2 ④ 5

04 3[μF], 4[μF], 5[μF]의 3개의 콘덴서를 병렬로 연결된 회로의 합성 정전용량은 얼마인가?

① 1.2[μF] ② 3.6[μF]
③ 12[μF] ④ 36[μF]

05 다음 중 콘덴서의 접속법에 대한 설명으로 알맞은 것은?

① 직렬로 접속하면 용량이 커진다.
② 병렬로 접속하면 용량이 적어진다.
③ 콘덴서는 직렬 접속만 가능하다.
④ 직렬로 접속하면 용량이 적어진다.

G·U·I·D·E

01: $C = \frac{Q}{V} = \frac{5 \times 10^{-3}}{1,000} = 5 \times 10^{-6} = 5[\mu F]$

02: 전압, 전하량, 정전용량은 $C = \frac{Q}{V}$ [F]의 관계이고, 극판의 넓이, 간격, 정전용량은 $C = \varepsilon \frac{A}{\ell}$ [F]으로 정해진다.

03: 직렬일 경우 합성 정전용량

$$C_0 = \frac{1}{\frac{1}{C_1} + \frac{1}{C_2} + \frac{1}{C_3}} = \frac{1}{\frac{1}{1} + \frac{1}{2} + \frac{1}{2}} = \frac{1}{2}[\mu F]$$

04: $C = C_1 + C_2 + C_3 = 3 + 4 + 5 = 12[\mu F]$

05:
- 직렬 접속 시 합성 정전용량은 적어진다. ($C = \frac{C_1 C_2}{C_1 + C_2}$)
- 병렬 접속 시 합성 정전용량은 커진다. ($C = C_1 + C_2$)

정답 01 ② 02 ④ 03 ① 04 ③ 05 ④

06 다음 회로의 합성 정전용량[μF]은?

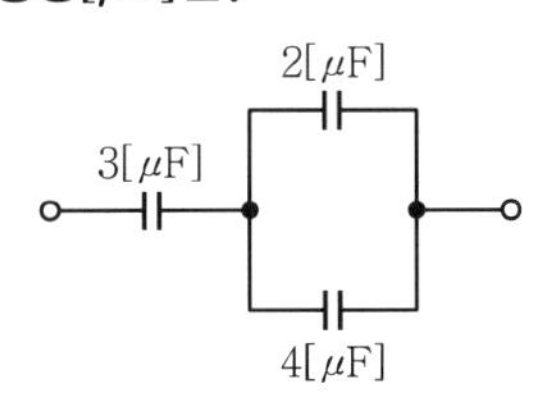

① 5 ② 4
③ 3 ④ 2

07 정전용량이 같은 콘덴서 2개를 병렬로 연결하였을 때의 합성 정전용량은 직렬로 접속하였을 때의 몇 배인가?

① $\frac{1}{4}$ ② $\frac{1}{2}$
③ 2 ④ 4

08 동일한 용량의 콘덴서 5개를 병렬로 접속하였을 때의 합성 용량을 Cp 라고 하고, 5개를 직렬로 접속하였을 때의 합성 용량을 Cs 라 할 때 Cp 와 Cs 의 관계는?

① $Cp = 5Cs$ ② $Cp = 10Cs$
③ $Cp = 25Cs$ ④ $Cp = 50Cs$

09 어떤 콘덴서에 V[V]의 전압을 가해서 Q[C]의 전하를 충전할 때 저장되는 에너지[J]는?

① $2QV$ ② $2QV^2$
③ $\frac{1}{2}QV$ ④ $\frac{1}{2}QV^2$

G · U · I · D · E

- 2[μF]과 4[μF]의 병렬합성 정전용량 6[μF]
- 3[μF]과 6[μF]의 직렬합성 정전용량 $\frac{3\times6}{3+6} = 2[\mu F]$

병렬 접속시 합성 정전용량 $C_P = 2C$
직렬 접속시 합성 정전용량 $C_S = \frac{C}{2}$
따라서 $\frac{C_P}{C_S} = \frac{2C}{\frac{C}{2}} = 4$ 배이다.

병렬로 접속 시 합성 용량 : $Cp = 5C$
직렬로 접속 시 합성 용량 : $Cs = \frac{C}{5}$
(즉, $C = 5Cs$)
$\therefore\ Cp = 5\times(5Cs) = 25Cs$

정전에너지 $W = \frac{1}{2}CV^2 = \frac{1}{2}QV = \frac{1}{2}\frac{Q^2}{C}$
($\because\ Q = CV$)

정답 06 ④ 07 ④ 08 ③ 09 ③

THEMA 6 전류에 의한 자기현상

G·U·I·D·E

01 **전류에 의해 발생되는 자기장에서 자력선의 방향을 간단하게 알아내는 법칙은?**

① 오른나사의 법칙 ② 플레밍의 왼손법칙
③ 주회적분의 법칙 ④ 줄의 법칙

① 앙페르의 오른나사 법칙 : 전류에 의하여 발생하는 자기장의 방향을 결정
② 플레밍의 왼손법칙 : 전자력의 방향을 결정
③ 앙페르의 주회적분 법칙 : 전류에 의하여 발생하는 자기장의 세기를 결정
④ 줄의 법칙 : 전류가 부하에 흘러서 발생되는 열량을 결정

02 **비오-사바르(Biot-Savart)의 법칙과 가장 관계가 깊은 것은?**

① 전류가 만드는 자장의 세기
② 전류와 전압의 관계
③ 기전력과 자계의 세기
④ 기전력과 자속의 변화

비오-사바르 법칙
전류의 방향에 따른 자기장의 세기 정의

03 **전류에 의한 자기장의 세기를 구하는 비오-사바르의 법칙을 옳게 나타낸 것은?**

① $\Delta H = \dfrac{I\Delta\ell\sin\theta}{4\pi r^2}$ [AT/m] ② $\Delta H = \dfrac{I\Delta\ell\sin\theta}{4\pi r}$ [AT/m]
③ $\Delta H = \dfrac{I\Delta\ell\cos\theta}{4\pi r}$ [AT/m] ④ $\Delta H = \dfrac{I\Delta\ell\cos\theta}{4\pi r^2}$ [AT/m]

비오-사바르 법칙
도선에 I[A]의 전류를 흘릴 때 도선의 미소부분 $\Delta\ell$에서 r[m] 떨어지고 $\Delta\ell$과 이루는 각도가 θ인 점P에서 $\Delta\ell$에 의한 자장의 세기 ΔH[AT/m]는

$$\Delta H = \frac{I\Delta\ell\sin\theta}{4\pi r^2}\text{[AT/m]}$$

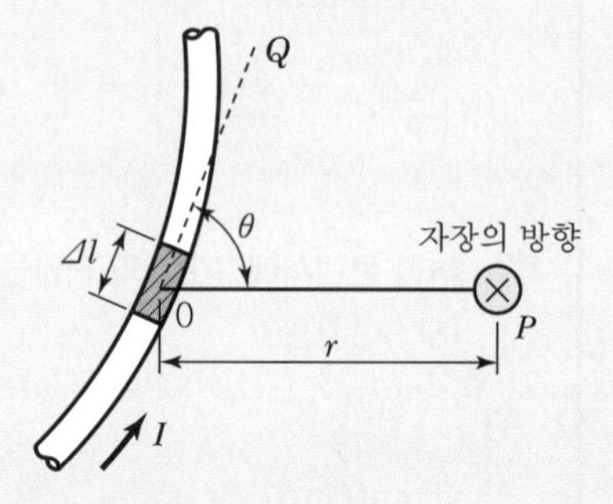

04 **반지름 50[cm], 권수 10[회]인 원형 코일에 0.1[A]의 전류가 흐를 때, 이 코일 중심의 자계의 세기 H는?**

① 1[AT/m] ② 2[AT/m]
③ 3[AT/m] ④ 4[AT/m]

원형코일 중심의 자장의 세기

$$H = \frac{NI}{2r} = \frac{10\times 0.1}{2\times 50\times 10^{-2}} = 1\text{[AT/m]}$$

정답 01 ① 02 ① 03 ① 04 ①

05 반지름 r[m], 권수 N회의 환상 솔레노이드에 I[A]의 전류가 흐를 때, 그 내부의 자장의 세기 H[AT/m]는 얼마인가?

① $\frac{NI}{r^2}$　② $\frac{NI}{2\pi}$
③ $\frac{NI}{4\pi r^2}$　④ $\frac{NI}{2\pi r}$

06 단위 길이당 권수 100회인 무한장 솔레노이드에 10[A]의 전류가 흐를 때 솔레노이드 내부의 자장[AT/m]은?

① 10　② 100
③ 1,000　④ 10,000

07 1[cm]당 권선 수가 10인 무한 길이 솔레노이드에 1[A]의 전류가 흐르고 있을 때 솔레노이드 외부 자계의 세기[AT/m]는?

① 0　② 10
③ 100　④ 1,000

G · U · I · D · E

환상 솔레노이드에 의한 자기장의 세기
$H = \frac{NI}{2\pi r}$ 이다.

무한장 솔레노이드의 내부 자장의 세기
$H = nI$[AT/m] (단, n은 1[m] 당 권수)
$H = 10 \times 100 = 1,000$[AT/m]

솔레노이드의 내부에서는 자기력선이 집중되어 자계의 세기가 높은 반면에 외부에서는 N극에서 S극 방향으로 넓게 분포되기 때문에 그 세력은 아주 작은 값이 된다. 또한, 무한 길이의 솔레노이드의 경우에는 매우 작아져서 무시할 정도가 된다.

정답 05 ④ 06 ③ 07 ①

THEMA 7 전자력과 전자유도 작용

01 다음 중 전동기의 원리에 적용되는 법칙은?

① 렌츠의 법칙　② 플레밍의 오른손법칙
③ 플레밍의 왼손법칙　④ 옴의 법칙

02 플레밍의 왼손법칙에서 전류의 방향을 나타내는 손가락은?

① 약지　② 중지
③ 검지　④ 엄지

03 공기 중에서 자속밀도 $3[Wb/m^2]$의 평등 자장 속에 길이 10[cm]의 직선 도선을 자장의 방향과 직각으로 놓고 여기에 4[A]의 전류를 흐르게 하면 이 도선이 받는 힘은 몇 [N]인가?

① 0.5　② 1.2
③ 2.8　④ 4.2

04 자속의 변화에 의한 유도 기전력의 방향 결정은?

① 렌츠의 법칙　② 패러데이의 법칙
③ 앙페르의 법칙　④ 줄의 법칙

05 권수가 150인 코일에서 2초간에 1[Wb]의 자속이 변화한다면, 코일에 발생되는 유도 기전력의 크기는 몇 [V]인가?

① 50　② 75
③ 100　④ 150

G·U·I·D·E

- 플레밍의 오른손법칙 : 발전기
- 플레밍의 왼손법칙 : 전동기

전자력의 방향 : 플레밍의 왼손법칙(Fleming's left-hand rule)
- 전동기의 회전 방향을 결정
- 엄지손가락 : 힘의 방향(F)
- 검지손가락 : 자장의 방향(B)
- 중지가락 : 전류의 방향(I)

플레밍의 왼손법칙에 의한 전자력

$F = BI\ell\sin\theta = 3\times4\times10\times10^{-2}\times\sin 90° = 1.2[N]$

유도 기전력의 방향

렌츠의 법칙(Lenz's law)
전자 유도에 의하여 발생한 기전력의 방향은 그 유도 전류가 만든 자속이 항상 원래의 자속의 증가 또는 감소를 방해하려는 방향이다.

유도 기전력

$e = -N\frac{\Delta\phi}{\Delta t} = -150\times\frac{1}{2} = -75[V]$

정답 01 ③ 02 ② 03 ② 04 ① 05 ②

G · U · I · D · E

06 도체가 운동하여 자속을 끊었을 때 기전력의 방향을 알아내는 데 편리한 법칙은?

① 렌츠의 법칙 ② 패러데이의 법칙
③ 플레밍의 왼손법칙 ④ 플레밍의 오른손법칙

자기장 내에서 도체가 움직일 때 유도 기전력이 발생하는 현상은 플레밍의 오른손법칙이다. 참고로, 자속이 변화할 때 도체에 유도 기전력이 발생하는 현상은 렌츠의 법칙이다.

07 발전기의 유도 전압의 방향을 나타내는 법칙은?

① 패러데이의 법칙
② 렌츠의 법칙
③ 오른나사의 법칙
④ 플레밍의 오른손법칙

① 패러데이의 법칙 : 전자유도작용에 의한 유도 기전력의 크기
② 렌츠의 법칙 : 전자유도작용에 의한 유도 기전력의 방향
③ 오른나사의 법칙 : 전류에 의한 자기장의 방향

08 플레밍의 오른손법칙에서 셋째 손가락의 방향은?

① 운동 방향 ② 자속밀도의 방향
③ 유도 기전력의 방향 ④ 자력선의 방향

- 첫째(엄지) 손가락 : 운동(힘)의 방향
- 둘째(검지) 손가락 : 자기장(자력선)의 방향
- 셋째(중지) 손가락 : 유도 기전력(유도전류)의 방향

09 자속밀도 $B[\mathrm{Wb/m^2}]$되는 균등한 자계 내에 길이 $\ell[\mathrm{m}]$의 도선을 자계에 수직인 방향으로 운동시킬 때 도선에 $e[\mathrm{V}]$의 기전력이 발생한다면 이 도선의 속도[m/s]는?

① $B\ell e\sin\theta$ ② $B\ell e\cos\theta$
③ $\dfrac{B\ell\sin\theta}{e}$ ④ $\dfrac{e}{B\ell\sin\theta}$

플레밍의 오른손법칙에 의한 유도 기전력
$e = B\ell u\sin\theta[\mathrm{V}]$에서
속도 $u = \dfrac{e}{B\ell\sin\theta}[\mathrm{m/s}]$이다.

정답 06 ④ 07 ④ 08 ③ 09 ④

THEMA 8 인덕턴스와 전자에너지

01 자체 인덕턴스가 100[H] 가 되는 코일에 전류를 1초 동안 0.1[A] 만큼 변화시켰다면 유도 기전력[V]은?

① 1[V] ② 10[V]
③ 100[V] ④ 1,000[V]

02 단면적 A[m²], 자로의 길이 ℓ[m], 투자율 μ, 권수 N회인 환상 철심의 자체 인덕턴스[H]는?

① $\frac{\mu A N^2}{\ell}$ ② $\frac{A \ell N^2}{4\pi\mu}$
③ $\frac{4\pi A N^2}{\ell}$ ④ $\frac{\mu \ell N^2}{A}$

03 코일이 접속되어 있을 때, 누설 자속이 없는 이상적인 코일 간의 상호 인덕턴스는?

① $M=\sqrt{L_1+L_2}$ ② $M=\sqrt{L_1-L_2}$
③ $M=\sqrt{L_1 L_2}$ ④ $M=\sqrt{\frac{L_1}{L_2}}$

04 자체 인덕턴스가 각각 L_1, L_2[H]의 두 원통 코일이 서로 직교하고 있다. 두 코일 사이의 상호 인덕턴스[H]는?

① L_1+L_2 ② $L_1 L_2$
③ 0 ④ $\sqrt{L_1 L_2}$

05 자체 인덕턴스가 각각 160[mH], 250[mH]의 두 코일이 있다. 두 코일 사이의 상호 인덕턴스가 150[mH]이면 결합계수는?

① 0.5 ② 0.62
③ 0.75 ④ 0.86

G · U · I · D · E

유도 기전력
$e=-L\frac{\Delta I}{\Delta t}=-100\times\frac{0.1}{1}=-10$[V]

자체 인덕턴스
$L=\frac{\mu A N^2}{\ell}$[H]

누설 자속이 없으므로 결합계수 $k=1$
따라서, $M=k\sqrt{L_1 L_2}=\sqrt{L_1 L_2}$

코일이 서로 직교하면 쇄교자속이 없으므로 결합계수 $k=0$이다.
즉, 상호 인덕턴스 $M=k\sqrt{L_1 L_2}$ 이므로, $M=0$이다.

결합계수
$k=\frac{M}{\sqrt{L_1 L_2}}=\frac{150}{\sqrt{160\times 250}}=0.75$

정답 01 ② 02 ① 03 ③ 04 ③ 05 ③

06 자체 인덕턴스 L_1, L_2, 상호 인덕턴스 M인 두 코일을 같은 방향으로 직렬 연결한 경우 합성 인덕턴스는?

① L_1+L_2+M ② L_1+L_2-M
③ L_1+L_2+2M ④ L_1+L_2-2M

07 두 코일의 자체 인덕턴스를 L_1[H], L_2[H]라 하고 상호 인덕턴스를 M이라 할 때, 두 코일을 자속이 동일한 방향과 역방향이 되도록 하여 직렬로 각각 연결하였을 경우, 합성 인덕턴스의 큰 쪽과 작은 쪽의 차는?

① M ② 2M
③ 4M ④ 8M

08 자체 인덕턴스 0.1[H]의 코일에 5[A]의 전류가 흐르고 있다. 축적되는 전자 에너지는?

① 0.25[J] ② 0.5[J]
③ 1.25[J] ④ 2.5[J]

09 자체 인덕턴스 2[H]의 코일에 25[J]의 에너지가 저장되어 있다면 코일에 흐르는 전류는?

① 2[A] ② 3[A]
③ 4[A] ④ 5[A]

G · U · I · D · E

06
- 가동 접속시(같은 방향연결) 합성 인덕턴스 L_1+L_2+2M
- 차동 접속시(반대 방향연결) 합성 인덕턴스 L_1+L_2-2M

07
가동 접속시(같은 방향연결) 합성 인덕턴스 L_1+L_2+2M,
차동 접속시(반대 방향연결) 합성 인덕턴스 L_1+L_2-2M 이므로
따라서,
$(L_1+L_2+2M)-(L_1+L_2-2M)=4M$이다.

08
$W=\frac{1}{2}LI^2=\frac{1}{2}\times 0.1\times 5^2=1.25[J]$

09
전자에너지 $W=\frac{1}{2}LI^2[J]$이므로,
$I=\sqrt{\frac{2W}{L}}=\sqrt{\frac{2\times 25}{2}}=5[A]$

정답 06 ③ 07 ③ 08 ③ 09 ④

THEMA 9 교류의 표시

GUIDE

01 $e=100\sin\left(314t-\frac{\pi}{6}\right)$[V]인 파형의 주파수는 약 몇 [Hz]인가?

① 40　② 50
③ 60　④ 80

교류순시값의 표시방법에서 $e=V_m\sin\omega t$ 이고 $\omega=2\pi f$ 이므로,
주파수 $f=\frac{314}{2\pi}=50$[Hz]

02 실효값 5[A], 주파수 f[Hz], 위상 60[°]인 전류의 순시값 i[A]를 수식으로 옳게 표현한 것은?

① $i=5\sqrt{2}\sin\left(2\pi ft+\frac{\pi}{2}\right)$　② $i=5\sqrt{2}\sin\left(2\pi ft+\frac{\pi}{3}\right)$
③ $i=5\sin\left(2\pi ft+\frac{\pi}{2}\right)$　④ $i=5\sin\left(2\pi ft+\frac{\pi}{3}\right)$

교류 전류의 순시값 $i=I_m\sin\omega t$ 이고,
여기서, $I_m=5\sqrt{2}$, $\omega=2\pi ft$,
위상차 $60°=\frac{\pi}{3}$[rad/s]이다.

03 사인파 교류전압을 표시한 것으로 잘못된 것은?(단, θ는 회전각이며, ω는 각속도이다.)

① $v=V_m\sin\theta$　② $v=V_m\sin\omega t$
③ $v=V_m\sin 2\pi t$　④ $v=V_m\sin\frac{2\pi}{T}t$

교류전압의 순시값 $v=V_m\sin\omega t$ 이다.
여기서, 각속도 $\omega=2\pi f=\frac{2\pi}{T}$[rad/s],
$\omega=\frac{\theta}{t}$[rad/s]이다.

04 다음 전압과 전류의 위상차는 어떻게 되는가?

$$v=\sqrt{2}V\sin\left(wt-\frac{\pi}{3}\right)[V]$$
$$i=\sqrt{2}I\sin\left(\omega t-\frac{\pi}{6}\right)[A]$$

① 전류가 $\frac{\pi}{3}$만큼 앞선다.　② 전압이 $\frac{\pi}{3}$만큼 앞선다.
③ 전압이 $\frac{\pi}{6}$만큼 앞선다.　④ 전류가 $\frac{\pi}{6}$만큼 앞선다.

전압의 위상은 $\frac{\pi}{3}$[rad]이고, 전류의 위상은 $\frac{\pi}{6}$[rad] 이므로, 전류는 전압보다 $\frac{\pi}{6}$[rad] 앞선다.

정답 01 ② 02 ② 03 ③ 04 ④

05 최대값이 110[V]인 사인파 교류전압이 있다. 평균값은 약 몇 [V]인가?

① 30[V] ② 70[V]
③ 100[V] ④ 110[V]

06 어떤 사인파 교류전압의 평균값이 191[V]이면 최대값은?

① 150[V] ② 250[V]
③ 300[V] ④ 400[V]

07 일반적으로 교류전압계의 지시값은?

① 최대값 ② 순시값
③ 평균값 ④ 실효값

08 어느 교류전압의 순시값이 $v = 311\sin(120\pi t)$[V]라고 하면 이 전압의 실효값은 약 몇 [V]인가?

① 180[V] ② 220[V]
③ 440[V] ④ 622[V]

09 $i = I_m \sin\omega t$[A]인 정현파 교류에서 ωt가 몇 [°]일 때 순시값과 실효값이 같게 되는가?

① 90[°] ② 60[°]
③ 45[°] ④ 0[°]

G · U · I · D · E

평균값 $V_a = \frac{2}{\pi} V_m$이므로
$V_a = \frac{2}{\pi} \times 110 = 70.03$[V]

$V_a = \frac{2}{\pi} V_m$에서,
$V_m = \frac{\pi}{2} V_a = \frac{\pi}{2} \times 191 = 300$[V]

$V_m = 311$[V],
$V = \frac{1}{\sqrt{2}} V_m = \frac{1}{\sqrt{2}} \times 311 = 220$[V]

순시값 = 실효값이므로, $I_m \sin\omega t = \frac{I_m}{\sqrt{2}}$에서
$\sin\omega t = \frac{1}{\sqrt{2}}$이다. 따라서, $\omega t = 45$[°]이다.

정답 05 ② 06 ③ 07 ④ 08 ② 09 ③

THEMA 10 RLC 회로계산

01 저항 50[Ω]인 전구에 $e = 100\sqrt{2}\sin\omega t$[V]의 전압을 가할 때 순시전류[A] 값은?

① $\sqrt{2}\sin\omega t$
② $2\sqrt{2}\sin\omega t$
③ $5\sqrt{2}\sin\omega t$
④ $10\sqrt{2}\sin\omega t$

순시전류

$i = \frac{e}{R} = \frac{100\sqrt{2}\sin\omega t}{50} = 2\sqrt{2}\sin\omega t$[A]

02 인덕턴스 0.5[H]에 주파수가 60[Hz]이고 전압이 220[V]인 교류전압이 가해질 때 흐르는 전류는 약 몇 [A]인가?

① 0.59
② 0.87
③ 0.97
④ 1.17

전류

$I = \frac{V}{X_L} = \frac{V}{2\pi fL} = \frac{220}{2\pi \times 60 \times 0.5} = 0.97$[A]

03 RL 직렬회로에서 임피던스(Z)의 크기를 나타내는 식은?

① $R^2 + X_L^2$
② $R^2 - X_L^2$
③ $\sqrt{R^2 + X_L^2}$
④ $\sqrt{R^2 - X_L^2}$

아래 그림과 같이 복소평면을 이용한 임피던스 삼각형에서 임피던스 $Z = \sqrt{R^2 + X_L^2}$[Ω]이다.

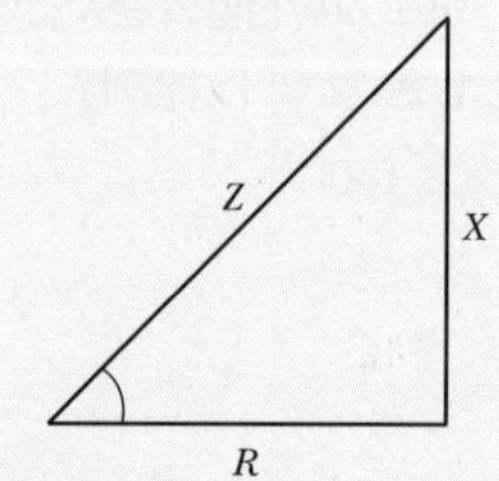

04 R = 5[Ω], L = 30[mH]의 RL 직렬회로에 V = 200[V], f = 60[Hz]의 교류전압을 가할 때 전류의 크기는 약 몇 [A]인가?

① 8.67
② 11.42
③ 16.17
④ 21.25

• 유도리액턴스
$X_L = \omega L = 2\pi fL = 2\pi \times 60 \times 30 \times 10^{-3} = 11.3$[Ω]

• 임피던스
$Z = \sqrt{R^2 + X_L^2} = \sqrt{5^2 + 11.3^2} = 12.36$[Ω]

• 전류 $I = \frac{V}{Z} = \frac{200}{12.36} = 16.17$[A]

정답 01 ② 02 ④ 03 ③ 04 ③

05 RL 직렬회로에 교류전압 $v = V_m \sin\theta$ [V]를 가했을 때 회로의 위상각 θ를 나타낸 것은?

① $\theta = \tan^{-1}\dfrac{R}{\omega L}$　　② $\theta = \tan^{-1}\dfrac{\omega L}{R}$

③ $\theta = \tan^{-1}\dfrac{1}{R\omega L}$　　④ $\theta = \tan^{-1}\dfrac{R}{\sqrt{R^2+(\omega L)^2}}$

G · U · I · D · E

RL 직렬회로는 아래 벡터도와 같으므로, 위상각 $\theta = \tan^{-1}\dfrac{\omega L}{R}$ 이다.

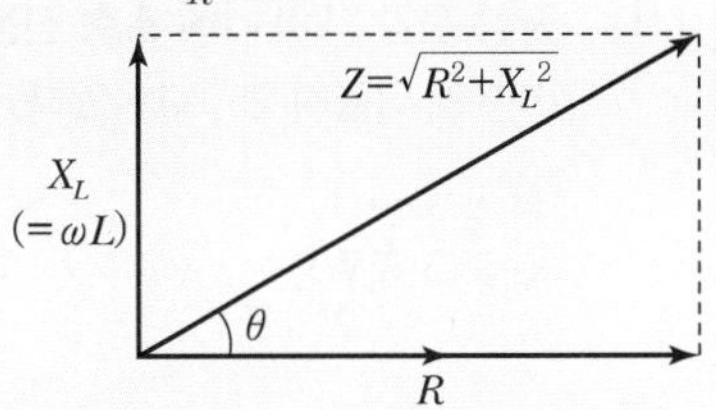

06 $R=4[\Omega]$, $X_L=8[\Omega]$, $X_C=5[\Omega]$가 직렬로 연결된 회로에 100[V]의 교류를 가했을 때 흐르는 ㉠ 전류와 ㉡ 임피던스는?

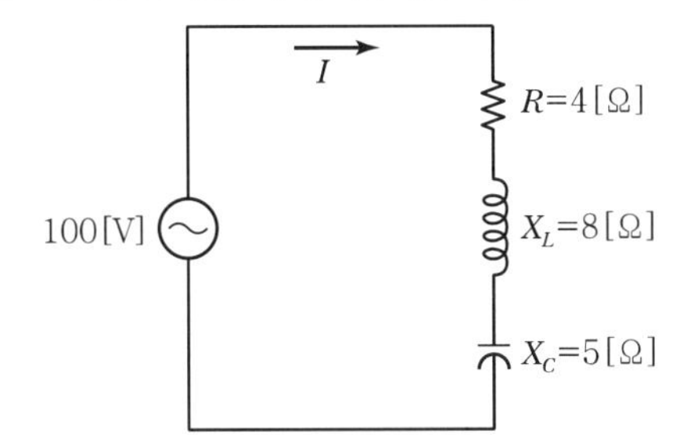

① ㉠ 5.9[A], ㉡ 용량성　　② ㉠ 5.9[A], ㉡ 유도성

③ ㉠ 20[A], ㉡ 용량성　　④ ㉠ 20[A], ㉡ 유도성

- $\dot{Z} = 4 + j(8-5) = 4 + j3$
  $|\dot{Z}| = \sqrt{4^2+3^2} = 5$,
  $I = \dfrac{V}{|\dot{Z}|} = \dfrac{100}{5} = 20[\text{A}]$
- $X_L > X_C$ 이므로 유도성이다.

07 임피던스 $Z_1 = 12 + j16[\Omega]$과 $Z_2 = 8 + j24[\Omega]$이 직렬로 접속된 회로에 전압 $V = 200$[V]를 가할 때 이 회로에 흐르는 전류[A]는?

① 2.35[A]　　② 4.47[A]

③ 6.02[A]　　④ 10.25[A]

합성 임피던스
$Z = Z_1 + Z_2 = 12 + j16 + 8 + j24$
$= 20 + j40[\Omega]$

전류 $I = \dfrac{V}{|Z|} = \dfrac{200}{44.72} = 4.47[\text{A}]$

정답 05 ② 06 ④ 07 ②

THEMA 11 교류전력

01 단상 전압 220[V]에 소형 전동기를 접속하였더니 2.5[A]의 전류가 흘렀다. 이때의 역률이 75[%]이었다. 이 전동기의 소비전력[W]은?

① 187.5[W] ② 412.5[W]
③ 545.5[W] ④ 714.5[W]

$P = VIcos\theta = 220 \times 2.5 \times 0.75 = 412.5$[W]

02 그림의 회로에서 전압 100[V]의 교류전압을 가했을 때 전력은?

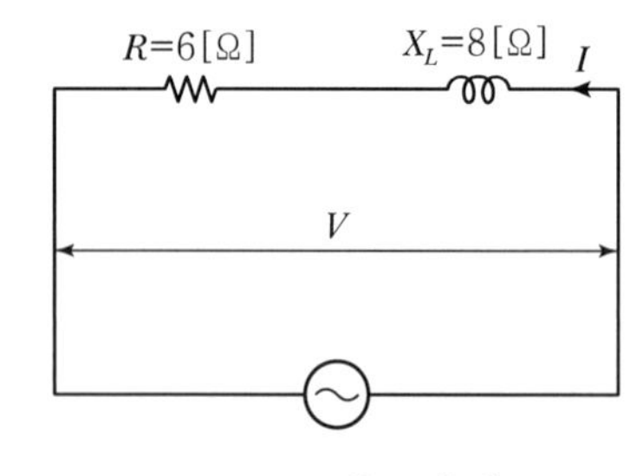

① 10[W] ② 60[W]
③ 100[W] ④ 600[W]

교류전력 $P = VI\cos\theta$[W]이므로,

전류 $I = \frac{V}{Z} = \frac{V}{\sqrt{R^2 + X_L^2}} = \frac{100}{\sqrt{6^2 + 8^2}} = 10$[A]

역률 $\cos\theta = \frac{R}{Z} = \frac{6}{10} = 0.6$

따라서, $P = 100 \times 10 \times 0.6 = 600$[W]이다.

03 교류회로에서 무효전력의 단위는?

① W ② VA
③ Var ④ V/m

① 유효전력
② 피상전력
③ 무효전력

04 교류 기기나 교류 전원의 용량을 나타낼 때 사용되는 것과 그 단위가 바르게 나열된 것은?

① 유효전력 : [VAh] ② 무효전력 : [W]
③ 피상전력 : [VA] ④ 최대전력 : [Wh]

- 유효전력 : [W]
- 무효전력 : [var]
- 피상전력 : [VA]
- 전력량 : [Wh]

05 교류회로에서 전압과 전류의 위상차를 θ[rad]라 할 때 $\cos\theta$는?

① 전압 변동률 ② 왜곡률
③ 효율 ④ 역률

정답 01 ② 02 ④ 03 ③ 04 ③ 05 ④

06 200[V]의 교류전원에 선풍기를 접속하고 전력과 전류를 측정하였더니 600[W], 5[A]였다. 이 선풍기의 역률은?

① 0.5 ② 0.6
③ 0.7 ④ 0.8

07 평형 3상 회로에서 1상의 소비전력이 P라면 3상 회로의 전체 소비전력은?

① P ② $2P$
③ $3P$ ④ $\sqrt{3}P$

08 전압 220[V], 전류 10[A], 역률 0.8인 3상 전동기 사용 시 소비전력은?

① 약 1.5[kW] ② 약 3.0[kW]
③ 약 5.2[kW] ④ 약 7.1[kW]

09 어떤 3상 회로에서 선간전압이 200[V], 선전류 25[A], 3상 전력이 7[kW]였다. 이때의 역률은?

① 약 60[%] ② 약 70[%]
③ 약 80[%] ④ 약 90[%]

G · U · I · D · E

$P = VI\cos\theta$[W]이므로, $\cos\theta = \frac{P}{VI}$

따라서, $\cos\theta = \frac{600}{200\times 5} = 0.6$이다.

$P_3 = \sqrt{3}\,V_\ell I_\ell\cos\theta = 3V_pI_p\cos\theta = 3P$

여기서, 1상의 소비전력 $P = V_pI_p\cos\theta$

3상 유효전력

$P = \sqrt{3}\,V_\ell I_\ell\cos\theta = \sqrt{3}\times 220\times 10\times 0.8$

$= 3{,}048[\text{W}] \fallingdotseq 3[\text{kW}]$

3상 유효전력 $P = \sqrt{3}\,V_\ell I_\ell\cos\theta$

역률 $\cos\theta = \frac{P}{\sqrt{3}\,V_\ell I_\ell}$

$= \frac{7\times 10^3}{\sqrt{3}\times 200\times 25} = 0.8$

$= 80[\%]$

정답 06 ② 07 ③ 08 ② 09 ③

THEMA 12 3상회로의 결선

G · U · I · D · E

01 대칭 3상 교류를 올바르게 설명한 것은?

① 3상의 크기 및 주파수가 같고 상차가 60[°]의 간격을 가진 교류
② 3상의 크기 및 주파수가 각각 다르고 상차가 60[°]의 간격을 가진 교류
③ 동시에 존재하는 3상의 크기 및 주파수가 같고 상차가 120[°]의 간격을 가진 교류
④ 동시에 존재하는 3상의 크기 및 주파수가 같고 상차가 90[°]의 간격을 가진 교류

대칭 3상 교류의 조건
- 기전력의 크기가 같을 것
- 주파수가 같을 것
- 파형이 같을 것
- 위상차가 각각 $\frac{2}{3}\pi$[rad]일 것

02 Y－Y결선 회로에서 선간전압이 200[V]일 때 상전압은 약 몇 [V]인가?

① 100[V] ② 115[V]
③ 120[V] ④ 135[V]

Y 결선에서 상전압(V_p)과 선간전압(V_l)의 관계 $V_\ell = \sqrt{3}\, V_p \angle \frac{\pi}{6}$[V]이므로, $200 = \sqrt{3}\, V_p$에서 $V_p = \frac{200}{\sqrt{3}} = 115.5$[V]이다.

03 평형 3상 Y결선에서 상전류 I_p와 선전류 I_ℓ과의 관계는?

① $I_\ell = 3I_p$ ② $I_\ell = \sqrt{3}\, I_p$
③ $I_\ell = I_p$ ④ $I_\ell = \frac{1}{3} I_p$

평형 3상 Y결선 : $V_\ell = \sqrt{3}\, V_p$, $I_\ell = I_P$

04 선간전압 210[V], 선전류 10[A]의 Y결선 회로가 있다. 상전압과 상전류는 각각 약 얼마인가?

① 121[V], 5.77[A] ② 121[V], 10[A]
③ 210[V], 5.77[A] ④ 210[V], 10[A]

Y결선(성형 결선) : $V_\ell = \sqrt{3}\, V_P$, $I_\ell = I_P$

정답 01 ③ 02 ② 03 ③ 04 ②

G · U · I · D · E

05 Y－Y평형 회로에서 상전압 V_P가 100[V], 부하 $Z=8+j6[\Omega]$이면 선전류 I_ℓ의 크기는 몇 [A]인가?

① 2 ② 5
③ 7 ④ 10

아래 그림과 같은 회로이므로

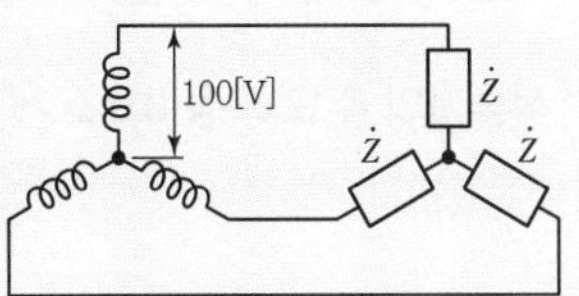

- 한상의 임피던스
  $Z=\sqrt{R^2+X^2}=\sqrt{8^2+6^2}=10[\Omega]$
- 한상에 흐르는 전류 상전류
  $I_P=\frac{V_P}{Z}=\frac{100}{10}=10[\mathrm{A}]$
- Y결선에서 선전류와 상전류는 같으므로,
  $I_\ell=I_P=10[\mathrm{A}]$

06 Δ결선의 전원에서 선전류가 40[A]이고 선간전압이 220[V]일 때의 상전류는?

① 13[A] ② 23[A]
③ 69[A] ④ 120[A]

평형 3상 Δ결선

$I_\ell=\sqrt{3}\,I_p,\ I_p=\frac{I_\ell}{\sqrt{3}}=\frac{40}{\sqrt{3}}=23[\mathrm{A}]$

07 Δ결선인 3상 유도전동기의 상전압(V_p)과 상전류(I_p)를 측정하였더니 각각 200[V], 30[V]이었다. 이 3상 유도전동기의 선간전압(V_ℓ)과 선전류(I_ℓ)의 크기는 각각 얼마인가?

① $V_\ell=200[\mathrm{V}],\ I_\ell=30[\mathrm{A}]$ ② $V_\ell=200\sqrt{3}[\mathrm{V}],\ I_\ell=30[\mathrm{A}]$
③ $V_\ell=200\sqrt{3}[\mathrm{V}],\ I_\ell=30\sqrt{3}[\mathrm{A}]$ ④ $V_\ell=200[\mathrm{V}],\ I_\ell=30\sqrt{3}[\mathrm{A}]$

평형 3상 Δ결선

$V_\ell=V_p=200[\mathrm{V}]$,
$I_\ell=\sqrt{3}\,I_p[\mathrm{A}]=30\sqrt{3}[\mathrm{A}]$

08 전원과 부하가 다 같이 Δ결선된 3상 평형회로가 있다. 상전압이 200[V], 부하 임피던스가 $Z=6+j8[\Omega]$인 경우 선전류는 몇 [A]인가?

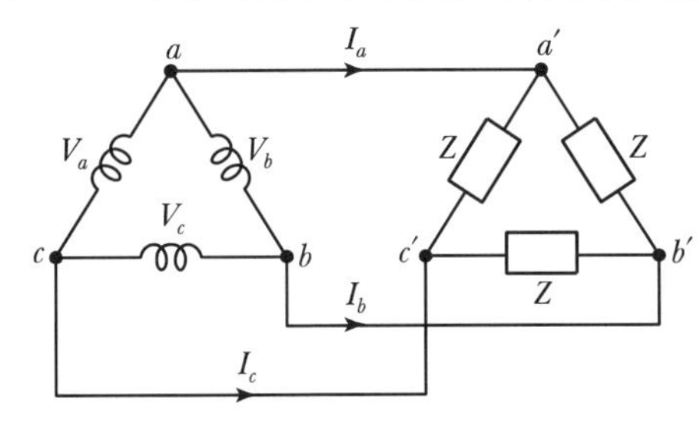

① 20 ② $\frac{20}{\sqrt{2}}$
③ $20\sqrt{3}$ ④ $10\sqrt{3}$

- 한상의 부하 임피던스가
  $Z=\sqrt{R^2+X^2}=\sqrt{6^2+8^2}=10[\Omega]$
- 상전류 $I_p=\frac{V_p}{Z}=\frac{200}{10}=20[\mathrm{A}]$
- Δ결선에서 선전류
  $I_\ell=\sqrt{3}\cdot I_p=\sqrt{3}\times 20=20\sqrt{3}[\mathrm{A}]$

정답 05 ④ 06 ② 07 ④ 08 ③

THEMA 13 직류 발전기의 구조

G · U · I · D · E

01 직류기의 주요 구성 3요소가 아닌 것은?

① 전기자　　② 정류자
③ 계자　　④ 보극

직류기의 3대 요소
- 전기자
- 계자
- 정류자

02 직류 발전기 전기자의 구성으로 옳은 것은?

① 전기자 철심, 정류자
② 전기자 권선, 전기자 철심
③ 전기자 권선, 계자
④ 전기자 철심, 브러시

03 직류 발전기에서 계자의 주된 역할은?

① 기전력을 유도한다.　　② 자속을 만든다.
③ 정류작용을 한다.　　④ 정류자면에 접촉한다.

직류 발전기의 주요부분
- 계자(Field Magnet) : 자속을 만들어 주는 부분
- 전기자(Armature) : 계자에서 만든 자속으로부터 기전력을 유도하는 부분
- 정류자(Commutator) : 교류를 직류로 변환하는 부분

04 직류 발전기 전기자의 주된 역할은?

① 기전력을 유도한다.
② 자속을 만든다.
③ 정류작용을 한다.
④ 회전자와 외부회로를 접속한다.

전기자(Armature)
계자에서 만든 자속으로부터 기전력을 유도하는 부분

05 직류 발전기를 구성하는 부분 중 정류자란?

① 전기자와 쇄교하는 자속을 만들어 주는 부분
② 자속을 끊어서 기전력을 유기하는 부분
③ 전기자 권선에서 생긴 교류를 직류로 바꾸어 주는 부분
④ 계자 권선과 외부회로를 연결시켜 주는 부분

① 계자
② 전기자
③ 정류자
④ 브러시

정답 01 ④ 02 ② 03 ② 04 ① 05 ③

06 **정류자와 접촉하여 전기자 권선과 외부회로를 연결하는 역할을 하는 것은?**

① 계자 ② 전기자
③ 브러시 ④ 계자 철심

07 **직류 발전기에서 브러시와 접촉하여 전기자 권선에 유도되는 교류기전력을 정류해서 직류로 만드는 부분은?**

① 계자 ② 정류자
③ 슬립링 ④ 전기자

08 **전기기기의 철심 재료로 규소강판을 많이 사용하는 이유로 가장 적당한 것은?**

① 와류손을 줄이기 위해
② 맴돌이 전류를 없애기 위해
③ 히스테리시스손을 줄이기 위해
④ 구리손을 줄이기 위해

09 **전기기계에 있어 와전류손(Eddy Current Loss)을 감소하기 위한 적합한 방법은?**

① 규소강판에 성층철심을 사용한다.
② 보상권선을 설치한다.
③ 교류전원을 사용한다.
④ 냉각 압연한다.

G · U · I · D · E

브러시의 역할
정류자면에 접촉하여 전기자 권선과 외부회로를 연결하는 것

3번 문제 해설 참고

- 규소강판 사용 : 히스테리시스손 감소
- 성층철심 사용 : 와류손(맴돌이 전류손) 감소
- 철손 = 히스테리시스손 감소+와류손(맴돌이 전류손)

8번 문제 해설 참고

정답 06 ③ 07 ② 08 ③ 09 ①

THEMA 14

직류 직권 전동기

G · U · I · D · E

01 직류 전동기의 속도특성 곡선을 나타낸 것이다. 직권 전동기의 속도특성을 나타낸 것은?

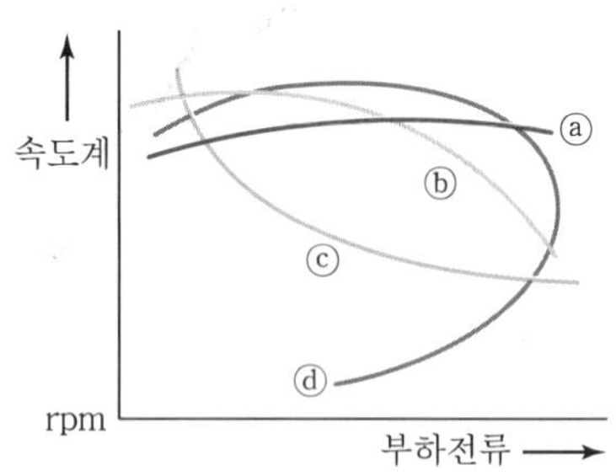

① ⓐ ② ⓑ
③ ⓒ ④ ⓓ

직권 전동기의 속도는 $N \propto \frac{1}{I}$ 이므로 부하가 증가하면 속도가 감소한다.

02 직류 직권 전동기의 회전수(N)와 토크(τ)와의 관계는?

① $\tau \propto \frac{1}{N}$ ② $\tau \propto \frac{1}{N^2}$
③ $\tau \propto N$ ④ $\tau \propto N^{\frac{3}{2}}$

$N \propto \frac{1}{I_a}$ 이고, $\tau \propto I_a^2$이므로 $\tau \propto \frac{1}{N^2}$ 이다.

03 직류 직권 전동기에서 벨트를 걸고 운전하면 안 되는 가장 큰 이유는?

① 벨트가 벗어지면 위험 속도로 도달하므로
② 손실이 많아지므로
③ 직결하지 않으면 속도 제어가 곤란하므로
④ 벨트의 마멸 보수가 곤란하므로

$N = K_1 \frac{V - I_a R_a}{\phi}$ [rpm] 에서 직류 직권 전동기는 벨트가 벗어지면 무부하 상태가 되어, 여자전류가 거의 0이 된다. 이때 자속이 최대가 되므로 위험 속도가 된다.

정답 01 ③ 02 ② 03 ①

04 정격 속도에 비하여 기동 회전력이 가장 큰 전동기는?

① 타여자기 ② 직권기
③ 분권기 ④ 복권기

05 기중기, 전기 자동차, 전기 철도와 같은 곳에 가장 많이 사용되는 전동기는?

① 가동 복권 전동기 ② 차동 복권 전동기
③ 분권 전동기 ④ 직권 전동기

06 직류 직권 전동기의 특징에 대한 설명으로 틀린 것은?

① 부하전류가 증가하면 속도가 크게 감소된다.
② 기동 토크가 작다.
③ 무부하 운전이나 벨트를 연결한 운전은 위험하다.
④ 계자 권선과 전기자 권선이 직렬로 접속되어 있다.

07 직류 직권 전동기의 공급전압의 극성을 반대로 하면 회전방향은 어떻게 되는가?

① 변하지 않는다. ② 반대로 된다.
③ 회전하지 않는다. ④ 발전기로 된다.

G · U · I · D · E

아래의 특성 곡선과 같이 직권기는 기동 시 부하 전류 증가에 속도는 감소하고, 큰 회전력을 얻을 수 있다.

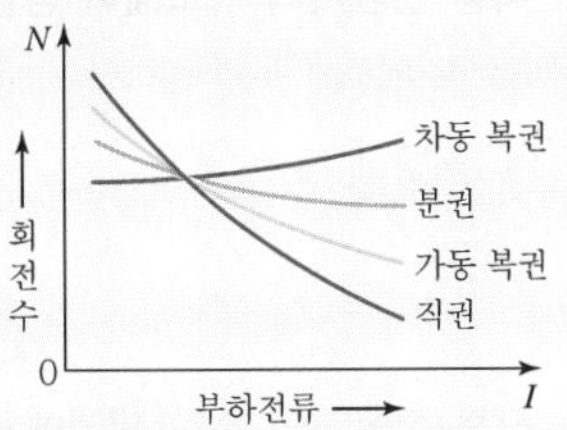

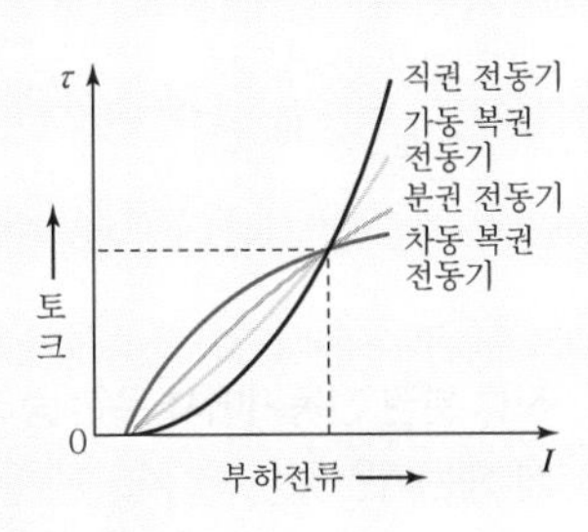

직권 전동기
부하 변동이 심하고, 큰 기동 토크가 요구되는 전동차, 크레인, 전기 철도에 적합하다.

직류 직권 전동기는 전기자와 계자 권선이 직렬로 접속되어 있어서 자속이 전기자 전류에 비례하므로, $T = K_2 \phi I_a \propto I_a^2$가 된다. 따라서, 직류 직권 전동기는 기동 토크가 크다.

- 직류 전동기는 전원의 극성을 바꾸게 되면, 계자 권선과 전기자 권선의 전류방향이 동시에 바뀌게 되므로 회전방향이 바뀌지 않는다.
- 회전방향을 바꾸려면, 계자 권선이나 전기자 권선 중 어느 한쪽의 접속을 반대로 하면 되는데, 일반적으로 전기자 권선의 접속을 바꾸어 역회전시킨다.

정답 04 ② 05 ④ 06 ② 07 ①

THEMA 15

직류 전동기의 속도제어

01 직류 전동기의 속도제어 방법이 아닌 것은?

① 전압제어　② 계자제어
③ 저항제어　④ 플러깅제어

02 직류 전동기의 속도 제어에서 자속을 2배로 하면 회전수는?

① 1/2로 줄어든다.　② 변함이 없다.
③ 2배로 증가한다.　④ 4배로 증가한다.

03 직류 분권 전동기에서 운전 중 계자 권선의 저항이 증가하면 회전속도는 어떻게 되는가?

① 감소한다.
② 증가한다.
③ 일정하다.
④ 증가하다가 계자저항이 무한대가 되면 감소한다.

04 직류 분권 전동기의 계자 전류를 약하게 하면 회전수는?

① 감소한다.　② 정지한다.
③ 증가한다.　④ 변화 없다.

05 직류 전동기의 속도 제어법 중 전압제어법으로서 제철소의 압연기, 고속 엘리베이터의 제어에 사용되는 방법은?

① 워드 레오나드 방식　② 정지 레오나드 방식
③ 일그너 방식　④ 크래머 방식

G · U · I · D · E

직류 전동기의 속도제어법
- 계자제어 : 정출력 제어
- 저항제어 : 전력손실이 크며, 속도제어의 범위가 좁다.
- 전압제어 : 정토크 제어

직류 전동기의 속도 N는 $N = K_1 \frac{V - I_a R_a}{\phi}$ [rpm] 이므로, 속도와 자속은 반비례관계를 가지고 있다. 즉 자속을 2배로 하면 회전수는 1/2로 줄어든다.

$N = K_1 \frac{V - I_a R_a}{\phi}$ [rpm] 이므로 계자저항을 증가시키면 계자전류가 감소하여 자속이 감소하므로, 회전속도는 증가한다.

직류 전동기의 속도 관계식
$N = K_1 \frac{V - I_a R_a}{\phi}$ [rpm] 이므로 계자 전류를 약하게 하면 자속이 감소하므로, 회전수는 증가한다.

일그너 방식
타려 직류 전동기의 운전방식의 하나로, 그 전원 설비인 유도전동직류 발전기에 큰 플라이휠과 슬립 조정기를 붙이고 직류 전동기의 부하가 급변할 때에도 전원보다는 거의 일정한 전력을 공급하고 그 전력의 과부족은 플라이휠로 처리할 수 있게 한 방식을 말한다.

정답 01 ④ 02 ① 03 ② 04 ③ 05 ③

06 직류 전동기의 전기자에 가해지는 단자전압을 변화하여 속도를 조정하는 제어법이 아닌 것은?

① 워드 레오나드 방식　② 일그너 방식
③ 직 · 병렬 제어　④ 계자 제어

07 직류 전동기의 속도제어방법 중 속도제어가 원활하고 정토크 제어가 되며 운전 효율이 좋은 것은?

① 계자제어　② 병렬 저항제어
③ 직렬 저항제어　④ 전압제어

08 정속도 및 가변속도 제어가 되는 전동기는?

① 직권기　② 가동 복권기
③ 분권기　④ 차동 복권기

G · U · I · D · E

직류 전동기의 속도 제어
- 계자 제어법 : 계자 권선에 직렬로 저항을 삽입하여 자속을 조정하여 속도를 제어한다.
- 전압 제어법 : 직류전압을 조정하여 속도를 조정한다.(워드 레오나드 방식, 일그너 방식, 직 · 병렬제어)
- 저항 제어법 : 전기자 권선에 직렬로 저항을 삽입하여 속도를 조정한다.

직류 전동기의 속도제어법
- 계자제어 : 정출력 제어
- 저항제어 : 전력손실이 크며, 속도제어의 범위가 좁다.
- 전압제어 : 정토크 제어

직권계자 권선이 있는 전동기는 부하변화에 따라 계자 권선의 자속이 변화하므로, 속도제어가 어렵다.

정답 06 ④ 07 ④ 08 ③

THEMA 16 동기 발전기의 병렬 운전

G · U · I · D · E

01 3상 동기 발전기를 병렬운전시키는 경우 고려하지 않아도 되는 조건은?

① 주파수가 같을 것 ② 회전수가 같을 것
③ 위상이 같을 것 ④ 전압 파형이 같을 것

병렬운전조건
- 기전력의 크기가 같을 것
- 기전력의 위상이 같을 것
- 기전력의 주파수가 같을 것
- 기전력의 파형이 같을 것

02 동기 발전기의 병렬운전에서 기전력의 크기가 다를 경우 나타나는 현상은?

① 주파수가 변한다. ② 동기화 전류가 흐른다.
③ 난조 현상이 발생한다. ④ 무효 순환 전류가 흐른다.

병렬운전조건 중 기전력의 크기가 다르면, 무효 횡류(무효 순환 전류)가 흐른다.

03 동기 발전기의 병렬운전 중에 기전력의 위상차가 생기면?

① 위상이 일치하는 경우보다 출력이 감소한다.
② 부하 분담이 변한다.
③ 무효 순환 전류가 흘러 전기자 권선이 과열된다.
④ 동기화력이 생겨 두 기전력의 위상이 동상이 되도록 작용한다.

병렬운전조건 중 기전력의 위상이 서로 다르면 순환 전류(유효 횡류)가 흐르며, 위상이 앞선 발전기는 부하의 증가를 가져와서 회전속도가 감소하게 되고, 위상이 뒤진 발전기는 부하의 감소를 가져와서 발전기의 속도가 상승하게 된다.

04 2대의 동기 발전기가 병렬운전하고 있을 때 동기화 전류가 흐르는 경우는?

① 기전력의 크기에 차가 있을 때
② 기전력의 위상에 차가 있을 때
③ 부하분담에 차가 있을 때
④ 기전력의 파형에 차가 있을 때

병렬운전조건 중 기전력의 위상이 서로 다르면 순환 전류(유효 횡류 또는 동기화 전류)가 흐르며, 위상이 앞선 발전기는 부하의 증가를 가져와서 회전속도가 감소하게 되고, 위상이 뒤진 발전기는 부하의 감소를 가져와서 발전기의 속도가 상승하게 된다.

05 동기 발전기의 병렬운전 중 주파수가 틀리면 어떤 현상이 나타나는가?

① 무효 전력이 생긴다.
② 무효 순환 전류가 흐른다.
③ 유효 순환 전류가 흐른다.
④ 출력이 요동치고 권선이 가열된다.

기전력의 주파수가 조금이라도 다르면, 기전력의 위상이 일치하지 않은 시간이 생기고 동기화 전류가 두 발전기 사이에 서로 주기적으로 흐르게 된다. 이와 같은 동기화 전류의 교환이 심하게 되면 만족한 병렬 운전이 되지 않고, 난조의 원인이 된다.

정답 01 ② 02 ④ 03 ④ 04 ② 05 ④

06 동기 검정기로 알 수 있는 것은?

① 전압의 크기 ② 전압의 위상
③ 전류의 크기 ④ 주파수

07 동기임피던스 5[Ω]인 2대의 3상 동기 발전기의 유도 기전력에 100[V]의 전압 차이가 있다면 무효 순환 전류는?

① 10[A] ② 15[A]
③ 20[A] ④ 25[A]

08 2극 3,600[rpm]인 동기 발전기와 병렬운전하려는 12극 발전기의 회전수는?

① 600[rpm] ② 3,600[rpm]
③ 7,200[rpm] ④ 21,600[rpm]

09 2대의 동기 발전기 A, B가 병렬운전하고 있을 때 A기의 여자 전류를 증가시키면 어떻게 되는가?

① A기의 역률은 낮아지고 B기의 역률은 높아진다.
② A기의 역률은 높아지고 B기의 역률은 낮아진다.
③ A, B 양 발전기의 역률이 높아진다.
④ A, B 양 발전기의 역률이 낮아진다.

G · U · I · D · E

병렬운전조건 중 기전력의 크기가 다르면, 무효 순환 전류(무효 횡류)가 흐르므로, 등가회로로 변환하여 무효 순환 전류를 계산하면,

$I_r = \frac{100}{5+5} = 10[A]$이다.

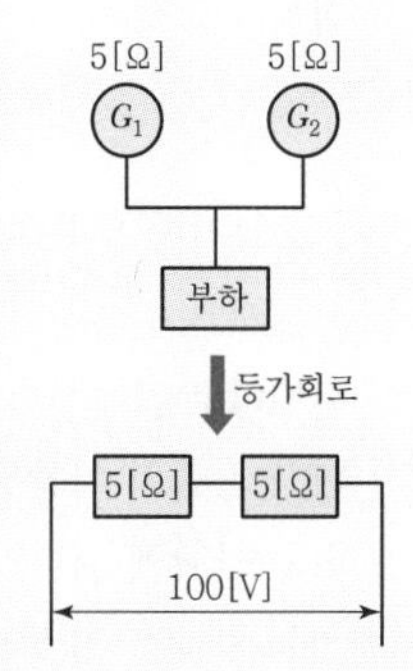

병렬운전조건 중 주파수가 같아야 하는 조건이 있으므로,

- $N_s = \frac{120f}{P}$에서 2극의 발전기의 주파수는 $f = \frac{2 \times 3,600}{120} = 60[Hz]$이고,
- 12극 발전기의 회전수는 $N_s = \frac{120f}{P} = \frac{120 \times 60}{12} = 600[rpm]$이다.

여자 전류가 증가된 발전기는 기전력이 커지므로 무효 순환 전류가 발생하여 무효분의 값이 증가된다. 따라서 A기의 역률은 낮아지고 B기의 역률은 높아진다.

정답 06 ② 07 ① 08 ① 09 ①

THEMA 17 동기 조상기

G · U · I · D · E

01 4극인 동기 전동기가 1,800[rpm]으로 회전할 때 전원 주파수는 몇 [Hz]인가?

① 50[Hz] ② 60[Hz]
③ 70[Hz] ④ 80[Hz]

동기 전동기 회전속도는 동기속도와 같으므로, $N_s = \frac{120f}{P}$[rpm]에서 $f = \frac{N_s \cdot P}{120}$이므로

따라서, $f = \frac{1,800 \times 4}{120} = 60$[Hz]이다.

02 동기 전동기를 송전선의 전압 조정 및 역률 개선에 사용한 것을 무엇이라 하는가?

① 동기 이탈 ② 동기 조상기
③ 댐퍼 ④ 제동권선

동기 조상기
전력계통의 전압조정과 역률 개선을 하기 위해 계통에 접속한 무부하의 동기 전동기를 말한다.

03 동기 조상기를 부족여자로 운전하면 어떻게 되는가?

① 콘덴서로 작용한다.
② 리액터로 작용한다.
③ 여자 전압의 이상상승이 발생한다.
④ 일부 부하에 대하여 뒤진 역률을 보상한다.

동기 조상기는 조상설비로 사용할 수 있다.
- 여자가 약할 때(부족여자) : I가 V보다 지상(뒤짐) : 리액터 역할
- 여자가 강할 때(과여자) : I가 V보다 진상(앞섬) : 콘덴서 역할

04 동기 조상기를 과여자로 사용하면?

① 리액터로 작용 ② 저항손의 보상
③ 일반부하의 뒤진 전류 보상 ④ 콘덴서로 작용

3번 문제 해설 참고

05 동기 전동기의 직류 여자 전류가 증가될 때의 현상으로 옳은 것은?

① 진상 역률을 만든다.
② 지상 역률을 만든다.
③ 동상 역률을 만든다.
④ 진상 · 지상 역률을 만든다.

동기 전동기의 위상특성곡선에 따라 회전자의 계자전류를 변화시키면, 고정자의 전압과 전류의 위상이 변하게 된다.
- 여자가 약할 때(부족여자) : I가 V보다 지상(뒤짐)
- 여자가 강할 때(과여자) : I가 V보다 진상(앞섬)
- 여자가 적합할 때 : I와 V가 동위상이 되어 역률이 100[%]
- 부하가 클수록 V 곡선은 위쪽으로 이동한다.

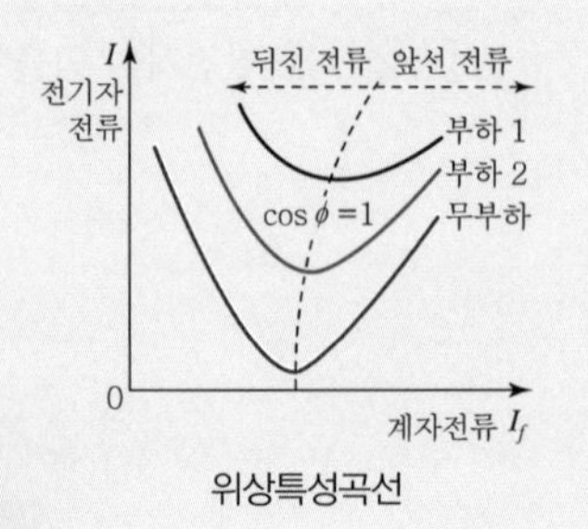

위상특성곡선

정답 01 ② 02 ② 03 ② 04 ④ 05 ①

06 동기 전동기 전기자 반작용에 대한 설명이다. 공급전압에 대한 앞선 전류의 전기자 반작용은?

① 감자작용 ② 증자작용
③ 교차 자화 작용 ④ 편자작용

07 그림은 동기기의 위상특성곡선을 나타낸 것이다. 전기자 전류가 가장 작게 흐를 때의 역률은?

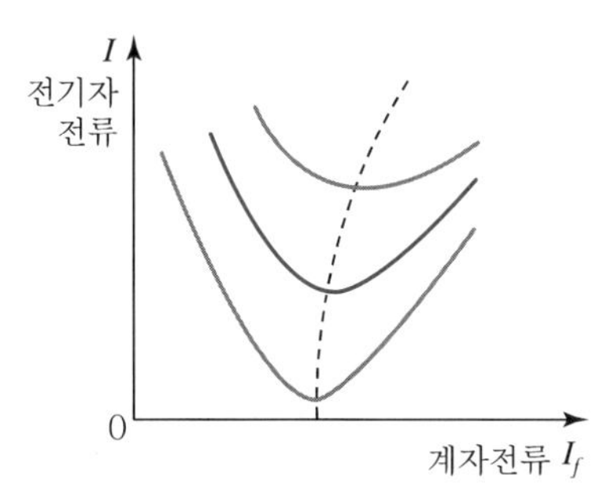

① 1 ② 0.9[진상]
③ 0.9[지상] ④ 0

08 동기 전동기의 계자 전류를 가로축에, 전기자 전류를 세로축으로 하여 나타낸 V 곡선에 관한 설명으로 옳지 않은 것은?

① 위상 특성 곡선이라 한다.
② 부하가 클수록 V 곡선은 아래쪽으로 이동한다.
③ 곡선의 최저점은 역률 1에 해당한다.
④ 계자 전류를 조정하여 역률을 조정할 수 있다.

G · U · I · D · E

동기 전동기도 전기자 권선에 전류가 흐르면 동기 발전기와 같이 전기자 반작용이 발생한다.
다만, 발전기와 전동기는 전류방향이 반대이므로, 가해 준 전압에 앞선 전류는 감자작용, 뒤진 전류는 증자작용, 위상이 같은 경우에는 교차 자화 작용을 한다.

위상특성곡선(V곡선)에서 전기자 전류가 최소일 때 역률이 100[%]이다.

위상특성곡선
동기 전동기에 단자전압을 일정하게 하고, 회전자의 계자전류를 변화시키면, 고정자의 전압과 전류의 위상이 변하게 된다.

- 여자가 약할 때(부족여자) : I가 V보다 지상(뒤짐)
- 여자가 강할 때(과여자) : I가 V보다 진상(앞섬)
- 여자가 적합할 때 : I와 V가 동위상이 되어 역률이 100[%]
- 부하가 클수록 V 곡선은 위쪽으로 이동한다.

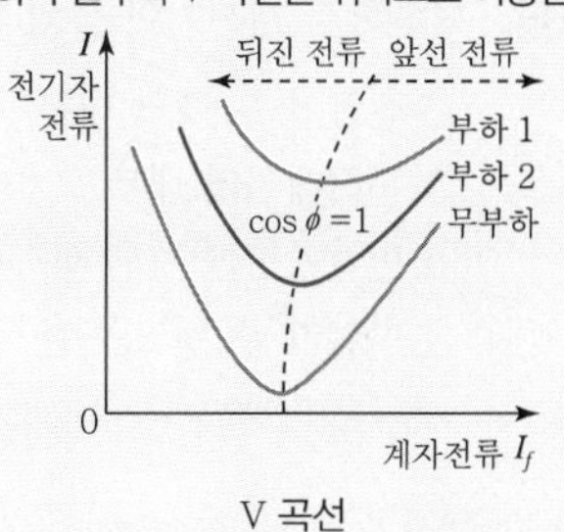

V 곡선

정답 06 ① 07 ① 08 ②

THEMA 18 변압기유 및 내부 고장 보호

01 변압기유가 구비해야 할 조건으로 틀린 것은?

① 점도가 낮을 것
② 인화점이 높을 것
③ 응고점이 높을 것
④ 절연내력이 클 것

02 변압기의 콘서베이터의 사용 목적은?

① 일정한 유압의 유지
② 과부하로부터의 변압기 보호
③ 냉각장치의 효과를 높임
④ 변압 기름의 열화 방지

03 변압기유의 열화방지를 위해 쓰이는 방법이 아닌 것은?

① 방열기 ② 브리더
③ 콘서베이터 ④ 질소 봉입

04 부흐홀츠 계전기로 보호되는 기기는?

① 변압기 ② 유도전동기
③ 직류 발전기 ④ 교류 발전기

05 부흐홀츠 계전기의 설치 위치로 가장 적당한 것은?

① 변압기 주 탱크 내부
② 콘서베이터 내부
③ 변압기 고압측 부싱
④ 변압기 주 탱크와 콘서베이터 사이

G · U · I · D · E

변압기유의 구비조건
- 절연내력이 클 것
- 비열이 커서 냉각 효과가 클 것
- 인화점이 높고, 응고점이 낮을 것
- 고온에서도 산화하지 않을 것
- 절연재료와 화학작용을 일으키지 않을 것
- 점성도가 작고 유동성이 풍부해야 한다.

콘서베이터
공기가 변압기 외함 속으로 들어갈 수 없게 하여 기름의 열화를 방지한다.

변압기유의 열화방지 대책
- 브리더 : 습기를 흡수
- 콘서베이터 : 공기와의 접촉을 차단하기 위해 설치하며, 유면 위에 질소 봉입
- 부흐홀츠 계전기 : 기포나 기름의 흐름을 감지

부흐홀츠 계전기
변압기 내부 고장으로 인한 절연유의 온도 상승 시 발생하는 가스(기포) 또는 기름의 흐름에 의해 동작하는 계전기

변압기의 탱크와 콘서베이터의 연결관 도중에 설치한다.

정답 01 ③ 02 ④ 03 ① 04 ① 05 ④

06 일종의 전류 계전기로 보호 대상 설비에 유입되는 전류와 유출되는 전류의 차에 의해 동작하는 계전기는?

① 차동 계전기　　② 전류 계전기
③ 주파수 계전기　　④ 재폐로 계전기

07 변압기 내부 고장 보호에 쓰이는 계전기는?

① 접지 계전기　　② 차동 계전기
③ 과전압 계전기　　④ 역상 계전기

08 고장에 의하여 생긴 불평형의 전류차가 평형 전류의 어떤 비율 이상으로 되었을 때 동작하는 것으로, 변압기 내부 고장의 보호용으로 사용되는 계전기는?

① 과전류 계전기　　② 방향 계전기
③ 비율차동 계전기　　④ 역상 계전기

09 변압기, 동기기 등의 층간 단락 등의 내부 고장 보호에 사용되는 계전기는?

① 차동 계전기　　② 접지 계전기
③ 과전압 계전기　　④ 역상 계전기

G · U · I · D · E

차동 계전기
주로 변압기의 내부 고장 검출용으로 사용되며, 1 · 2차측에 설치한 CT 2차전류의 차에 의하여 계전기를 동작시키는 방식이다.

차동 계전기
변압기 내부 고장 발생시 고 · 저압측에 설치한 CT 2차 전류의 차에 의하여 계전기를 동작시키는 방식으로 현재 가장 많이 쓰인다.

비율차동 계전기
- 변압기 내부고장 발생 시 1 · 2차측에 설치한 CT 2차측의 억제 코일에 흐르는 전류차가 일정 비율 이상이 되었을 때 계전기가 동작하는 방식
- 주로 변압기 단락 보호용으로 사용된다.

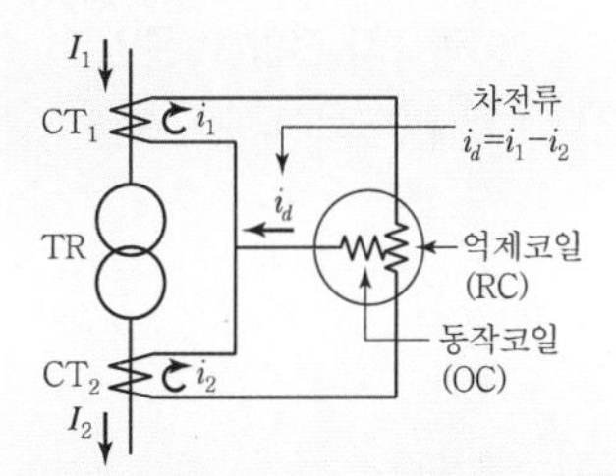

3번 문제 해설 참고

정답 06 ① 07 ② 08 ③ 09 ①

THEMA 19 변압기의 이론

G · U · I · D · E

01 1차 전압 3,300[V], 2차 전압 220[V]인 변압기의 권수비(Turn Ratio)는 얼마인가?

① 15 ② 220
③ 3,300 ④ 7,260

권수비 $a=\frac{V_1}{V_2}=\frac{N_1}{N_2}=\frac{3,300}{220}=15$

02 권수비가 100의 변압기에 있어 2차측의 전류가 10^3[A]일 때, 이것을 1차측으로 환산하면 얼마인가?

① 16[A] ② 10[A]
③ 9[A] ④ 6[A]

$I_1=\frac{I_2}{a}=\frac{10^3}{100}=10[A]$

03 변압기의 1차 권회수 80회, 2차 권회수 320회일 때 2차측의 전압이 100[V]이면 1차 전압(V)은?

① 15 ② 25
③ 50 ④ 100

권수비 $a=\frac{V_2}{V1}=\frac{320}{80}=4$이므로,

따라서, $V_1'=\frac{V_2'}{a}=\frac{100}{4}=25[V]$이다.

04 $\frac{6,600}{220}$[V]인 변압기의 1차에 2,850[V]를 가하면 2차 전압[V]은?

① 90 ② 95
③ 120 ④ 105

권수비 $a=\frac{V_1}{V_2}=\frac{6,600}{220}=30$이므로,

따라서, $V_2'=\frac{V_1'}{a}=\frac{2,850}{30}=95[V]$이다.

05 복잡한 전기회로를 등가 임피던스를 사용하여 간단히 변화시킨 회로는?

① 유도회로 ② 전개회로
③ 등가회로 ④ 단순회로

등가회로
특수한 전기소자나 기계적 출력을 갖는 회로소자 등을 근사적으로 등가한 저항, 용량, 임피던스 등의 조합으로 치환한 회로망을 말한다.

정답 01 ① 02 ② 03 ② 04 ② 05 ③

06 권수비 2, 2차 전압 100[V], 2차 전류 5[A], 2차 임피던스 20[Ω]인 변압기의 ㉠ 1차 환산 전압 및 ㉡ 1차 환산 임피던스는?

① ㉠ 200[V], ㉡ 80[Ω]　② ㉠ 200[V], ㉡ 40[Ω]
③ ㉠ 50[V], ㉡ 10[Ω]　④ ㉠ 50[V], ㉡ 5[Ω]

G · U · I · D · E

변압기의 1, 2차 전압, 전류, 임피던스 환산

구분	2차를 1차로 환산	1차를 2차로 환산
전압	$V_1 = aV_2$	$V_2 = \frac{V_1}{a}$
전류	$I_1 = \frac{I_2}{a}$	$I_2 = aI_1$
임피던스	$Z'_2 = a^2 Z_2$	$Z'_1 = \frac{Z_1}{a^2}$

- $V_1 = aV_2$에서 $V_1 = 2 \times 100 = 200[\mathrm{V}]$
- $Z'_2 = a^2 Z_2$에서 $Z'_2 = 2^2 \times 20 = 80[\Omega]$

07 변압기의 2차측을 개방하였을 경우 1차측에 흐르는 전류는 무엇에 의하여 결정되는가?

① 저항　② 임피던스
③ 누설 리액턴스　④ 여자 어드미턴스

변압기의 2차측을 개방하였을 경우 다음 그림과 같이 1차측에는 여자 어드미턴스(Y_o)에 의하여 여자 전류(I_o)만이 흐른다고 생각할 수 있다.

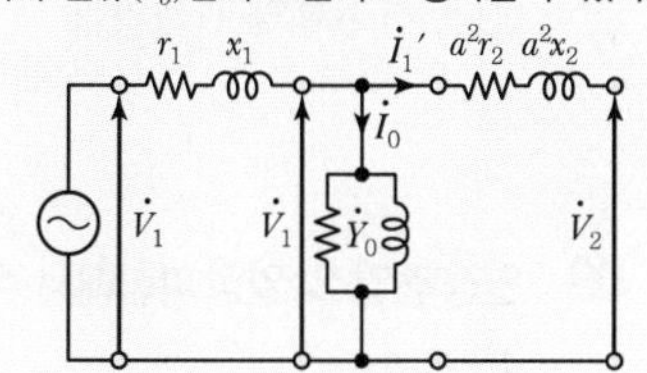

08 변압기의 무부하인 경우에 1차 권선에 흐르는 전류는?

① 정격 전류　② 단락 전류
③ 부하 전류　④ 여자 전류

무부하 시에는 대부분 여자 전류만 흐르게 된다.

09 변압기의 자속에 관한 설명으로 옳은 것은?

① 전압과 주파수에 반비례한다.
② 전압과 주파수에 비례한다.
③ 전압에 반비례하고 주파수에 비례한다.
④ 전압에 비례하고 주파수에 반비례한다.

유도 기전력 $E = 4.44 \cdot f \cdot N \cdot \phi_m$

$\phi_m \propto E$, $\phi_m \propto \frac{1}{f}$

정답 06 ① 07 ④ 08 ④ 09 ④

THEMA 20 변압기 손실 및 효율

G · U · I · D · E

01 다음 중 변압기의 무부하손으로 대부분을 차지하는 것은?

① 유전체손 ② 동손
③ 철손 ④ 표유 부하손

무부하손 = 철손+유전체손+표유부하손에서 유전체손과 표유부하손은 대단히 작으므로 보통 무시한다.

02 변압기에서 철손은 부하전류와 어떤 관계인가?

① 부하전류에 비례한다.
② 부하전류의 자승에 비례한다.
③ 부하전류에 반비례한다.
④ 부하전류와 관계없다.

철손 = 히스테리시스손 + 와류손
$\propto f \cdot B_m^{1.6} + (t \cdot f \cdot B_m)^2$이다.
즉, 부하전류와는 관계가 없다.

03 일정 전압 및 일정 파형에서 주파수가 상승하면 변압기 철손은 어떻게 변하는가?

① 증가한다. ② 감소한다.
③ 불변이다. ④ 어떤 기간 동안 증가한다.

- 철손 = 히스테리시스손 + 와류손
  $\propto f \cdot B_m^{1.6} + (t \cdot f \cdot B_m)^2$이다.
- 유도 기전력
  $E = 4.44 \cdot f \cdot N \cdot \phi_m$
  $= 4.44 \cdot f \cdot N \cdot A \cdot B_m$에서,
  일정전압이므로 $f \propto \frac{1}{B_m}$이다.
- 따라서, 주파수가 상승하면 와류손은 변하지 않으나, 히스테리시스손은 감소하므로, 철손은 감소한다.

04 변압기의 부하전류 및 전압이 일정하고, 주파수만 낮아지면?

① 철손이 증가한다. ② 동손이 증가한다.
③ 철손이 감소한다. ④ 동손이 감소한다.

- 철손 = 히스테리시스손 + 와류손
  $\propto f \cdot B_m^{1.6} + (t \cdot f \cdot B_m)^2$이다.
- 유도 기전력
  $E = 4.44 \cdot f \cdot N \cdot \phi_m$
  $= 4.44 \cdot f \cdot N \cdot A \cdot B_m$에서,
  일정전압이므로 $f \propto \frac{1}{B_m}$이다.
- 따라서, 주파수가 낮아지면 와류손은 변하지 않으나, 히스테리시스손은 증가하므로, 철손이 증가한다.

05 변압기의 손실에 해당되지 않는 것은?

① 동손 ② 와전류손
③ 히스테리시스손 ④ 기계손

기계손은 베어링 마찰손, 브러시 마찰손, 풍손 등으로 회전기에서만 발생한다.

정답 01 ③ 02 ④ 03 ② 04 ① 05 ④

06 정격 2차 전압 및 정격주파수에 대한 출력[kW]과 전체손실[kW]이 주어졌을 때 변압기의 규약효율을 나타내는 식은?

① $\dfrac{\text{입력(kW)}}{\text{입력(kW)} - \text{전체손실(kW)}} \times 100\%$

② $\dfrac{\text{출력(kW)}}{\text{출력(kW)} + \text{전체손실(kW)}} \times 100\%$

③ $\dfrac{\text{출력(kW)}}{\text{입력(kW)} - \text{철손(kW)} - \text{동손(kW)}} \times 100\%$

④ $\dfrac{\text{입력(kW)} - \text{철손(kW)} - \text{동손(kW)}}{\text{입력(kW)}} \times 100\%$

07 출력에 대한 전부하 동손이 2[%], 철손이 1[%]인 변압기의 전부하 효율[%]은?

① 95 ② 96
③ 97 ④ 98

08 변압기의 효율이 가장 좋을 때의 조건은?

① 철손=동손 ② 철손=1/2동손
③ 동손=1/2철손 ④ 동손=2철손

G · U · I · D · E

변압기의 규약효율

$\eta = \dfrac{\text{출력[kW]}}{\text{출력[kW]} + \text{손실[kW]}} \times 100[\%]$

효율

$\eta = \dfrac{\text{출력}}{\text{출력} + \text{손실}} \times 100[\%]$ 에서 손실 $=$ 동손 $+$ 철손이므로

$\eta = \dfrac{\text{출력}}{\text{출력} + \text{동손} + \text{철손}} \times 100[\%]$

$= \dfrac{\text{출력}}{\text{출력} + 0.02\text{출력} + 0.01\text{출력}} \times 100[\%]$

$= \dfrac{\text{출력}}{1.03\text{출력}} \times 100[\%] \fallingdotseq 97[\%]$이다.

변압기는 철손과 동손이 같을 때 최대효율이 된다.

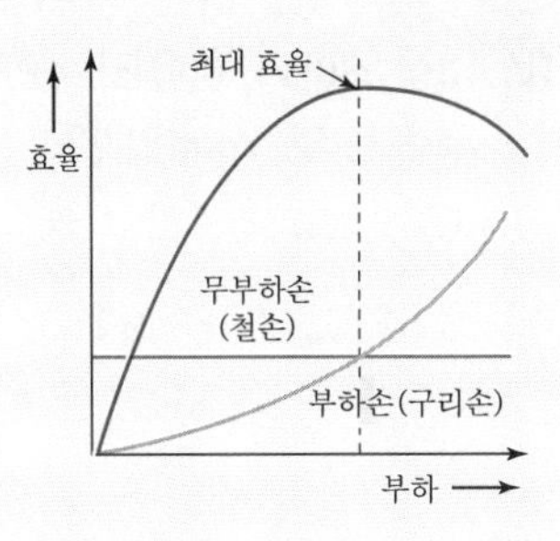

정답 06 ② 07 ③ 08 ①

THEMA **21** 유도전동기의 이론

G · U · I · D · E

01 유도전동기의 동기속도 N_s, 회전속도 N일 때 슬립은?

① $s=\dfrac{N_s-N}{N}$　② $s=\dfrac{N-N_s}{N}$

③ $s=\dfrac{N_s-N}{N_s}$　④ $s=\dfrac{N_s+N}{N}$

슬립

$s=\dfrac{동기속도-회전자속도}{동기속도}=\dfrac{N_s-N}{N_s}$

02 유도전동기의 동기속도가 1,200[rpm]이고, 회전수가 1,176[rpm]일 때 슬립은?

① 0.06　② 0.04

③ 0.02　④ 0.01

슬립

$s=\dfrac{N_s-N}{N_s}$이므로,

$s=\dfrac{1,200-1,176}{1,200}=0.02$이다.

03 50[Hz], 6극인 3상 유도전동기의 전부하에서 회전수가 955[rpm]일 때 슬립[%]은?

① 4　② 4.5

③ 5　④ 5.5

동기속도

$N_s=\dfrac{120f}{P}=\dfrac{120\times 50}{6}=1,000[\text{rpm}]$

슬립

$s=\dfrac{N_s-N}{N_s}\times 100=\dfrac{1,000-955}{1,000}\times 100$

$=4.5[\%]$

04 3상 380[V], 60[Hz], 4P, 슬립 5[%], 55[kW] 유도전동기가 있다. 회전자 속도는 몇 [rpm]인가?

① 1,200　② 1,526

③ 1,710　④ 2,280

동기속도

$N_s=\dfrac{120f}{P}=\dfrac{120\times 60}{4}=1,800[\text{rpm}]$

슬립

$s=\dfrac{N_s-N}{N_s}$에서

회전자 속도

$N=N_s-SN_s=1,800-1,800\times 0.05$

$=1,710[\text{rpm}]$

05 전부하에서의 용량 10[kW] 이하의 소형 3상 유도전동기의 슬립은?

① 0.1~0.5[%]　② 0.5~5[%]

③ 5~10[%]　④ 25~50[%]

- 소형 전동기 5~10[%]
- 중 · 대형 전동기 2.5~5[%]

정답 01 ③ 02 ③ 03 ② 04 ③ 05 ③

06 유도전동기의 무부하 시 슬립은?

① 4　　② 3
③ 1　　④ 0

> 무부하 시 회전자속도와 동기속도는 거의 같으므로 $s = \frac{N_s - N}{N_s} \fallingdotseq 0$이 된다.

07 유도전동기에서 슬립이 가장 큰 상태는?

① 무부하 운전 시　　② 경부하 운전 시
③ 정격 부하 운전 시　　④ 기동 시

> $s = \frac{N_s - N}{N_s}$에서
> - 무부하 시($N = N_s$) : $s = 0$
> - 기동 시($N = 0$) : $s = 1$
> - 부하 운전 시($0 < N < N_s$) : $0 < s < 1$

08 3상 유도전동기의 1차 입력 60[kW], 1차 손실 1[kW], 슬립 3[%]일 때 기계적 출력[kW]은?

① 57　　② 75
③ 95　　④ 100

> $P_2 : P_{2c} : P_o = 1 : S : (1 - S)$이므로
> $P_2 = 1차\ 입력 - 1차\ 손실 = 60 - 1 = 59[kW]$
> $P_o = (1 - S)P_2 = (1 - 0.03) \times 59 \fallingdotseq 57[kW]$

09 전부하 슬립 5[%], 2차 저항손 5.26[kW]인 3상 유도전동기의 2차 입력은 몇 [kW]인가?

① 2.63　　② 5.26
③ 105.2　　④ 226.5

> $P_2 : P_{2c} : P_o = 1 : S : (1 - S)$이므로
> $P_2 : P_{2c} = 1 : S$에서 P_2로 정리하면,
> $P_2 = \frac{P_{2c}}{S} = \frac{5.26}{0.05} = 105.5[kW]$이다.

10 출력 10[kW], 슬립 4[%]로 운전되고 3상 유도전동기의 2차 동손은 약 몇 [W]인가?

① 250　　② 315
③ 417　　④ 620

> $P_2 : P_{2c} : P_o = 1 : S : (1 - S)$이므로
> $P_{2c} : P_o = S : (1 - S)$에서 P_{c2}로 정리하면,
> $P_{2c} = \frac{S \cdot P_2}{(1 - S)} = \frac{0.04 \times 10 \times 10^3}{(1 - 0.04)} = 417[W]$이 된다.

정답 06 ④ 07 ④ 08 ① 09 ③ 10 ③

THEMA 22 유도전동기의 운전

G · U · I · D · E

01 유도전동기의 Y－Δ기동 시 기동 토크와 기동 전류는 전전압 기동 시의 몇 배가 되는가?

① $1/\sqrt{3}$　② $\sqrt{3}$
③ 1/3　④ 3

> **Y－Δ기동법**
> 기동 전류와 기동토크가 전부하의 1/3로 줄어든다.

02 50[kW]의 농형 유도전동기를 기동하려고 할 때 다음 중 가장 적당한 기동 방법은?

① 분상 기동법　② 기동보상기법
③ 권선형 기동법　④ 2차 저항기동법

> • 농형 유도전동기의 기동법
> － 전전압 기동법 : 보통 6[kW] 이하
> － 리액터 기동법 : 보통 6[kW] 이하
> － Y－Δ 기동법 : 보통 10~15[kW] 이하
> － 기동 보상기법 : 보통 15[kW] 이상
> • 권선형 유도전동기의 기동법 : 2차 저항법

03 농형 유도전동기의 기동법이 아닌 것은?

① 기동보상기에 의한 기동법　② 2차 저항기법
③ 리액터 기동법　④ Y－Δ 기동법

> 2차 저항법은 권선형 유도전동기의 기동법에 속한다.

04 3상 권선형 유도전동기의 기동 시 2차측에 저항을 접속하는 이유는?

① 기동 토크를 크게 하기 위해
② 회전수를 감소시키기 위해
③ 기동 전류를 크게 하기 위해
④ 역률을 개선하기 위해

> 권선형 유도전동기의 기동법 중 2차측에 저항을 접속하는 2차 저항법은 비례추이의 원리에 의하여 큰 기동토크를 얻고 기동전류도 억제하여 기동시키는 방법이다.

05 다음 중 유도전동기의 속도제어에 사용되는 인버터 장치의 약호는?

① CVCF　② VVVF
③ CVVF　④ VVCF

> ① CVCF(Constant Voltage Constant Frequency) : 일정 전압, 일정 주파수를 발생하는 교류전원 장치
> ② VVVF(Variable Voltage Variable Frequency) : 가변전압, 가변주파수를 발생하는 교류전원 장치로서 주파수 제어에 의한 유도전동기 속도제어에 많이 사용된다.

정답 01 ③ 02 ② 03 ② 04 ① 05 ②

06 유도전동기의 회전자에 슬립 주파수의 전압을 공급하여 속도 제어를 하는 것은?

① 자극수 변환법 ② 2차 여자법
③ 2차 저항법 ④ 인버터 주파수 변환법

07 유도전동기의 제동법이 아닌 것은?

① 3상제동 ② 발전제동
③ 회생제동 ④ 역상제동

08 전동기의 제동에서 전동기가 가지는 운동에너지를 전기에너지로 변화시키고 이것을 전원에 변환하여 전력을 회생시킴과 동시에 제동하는 방법은?

① 발전제동(Dynamic Braking)
② 역전제동(Plugging Braking)
③ 맴돌이전류제동(Eddy Current Braking)
④ 회생제동(Regenerative Braking)

09 3상 유도전동기의 회전방향을 바꾸기 위한 방법으로 옳은 것은?

① 전원의 전압과 주파수를 바꾸어 준다.
② $\Delta-Y$결선으로 결선법을 바꾸어 준다.
③ 기동보상기를 사용하여 권선을 바꾸어 준다.
④ 전동기의 1차 권선에 있는 3개의 단자 중 어느 2개의 단자를 서로 바꾸어 준다.

G · U · I · D · E

2차 여자법
권선형 유도전동기에 사용되는 방법으로 2차 회로에 적당한 크기의 전압을 외부에서 가하여 속도 제어하는 방법이다.

유도전동기의 제동법
발전제동, 회생제동, 역상제동, 단상제동

회생제동
전동기의 유도 기전력을 전원 전압보다 높게 하여 전동기가 갖는 운동에너지를 전기에너지로 변화시켜 전원으로 반환하는 방식

3상 유도전동기의 회전방향을 바꾸기 위해서는 상회전 순서를 바꾸어야 하는데, 3상 전원 3상 중 두선의 접속을 바꾼다.

정답 06 ② 07 ① 08 ④ 09 ④

THEMA 23 단상 유도전동기

G·U·I·D·E

01 단상 유도전동기에 보조권선을 사용하는 주된 이유는?

① 역률개선을 한다.
② 회전자장을 얻는다.
③ 속도제어를 한다.
④ 기동 전류를 줄인다.

단상 유도전동기는 주권선(운전권선)과 보조권선(기동권선)으로 구성되어 있으며, 보조권선은 기동시 회전자장을 발생시킨다.

02 선풍기, 가정용 펌프, 헤어 드라이어 등에 주로 사용되는 전동기는?

① 단상 유도전동기　② 권선형 유도전동기
③ 동기 전동기　④ 직류 직권 전동기

단상 유도전동기는 전부하전류에 대한 무부하전류의 비율이 대단히 크고, 역률과 효율 등 동일한 정격의 3상 유도전동기에 비해 대단히 나쁘고, 중량이 무거우며 가격도 비싸다. 그러나 단상전원으로 간단하게 사용될 수 있는 편리한 점이 있어 가정용, 소공업용, 농사용 등 주로 0.75[kW] 이하의 소출력용으로 많이 사용된다.

03 단상 유도전동기 기동장치에 의한 분류가 아닌 것은?

① 분상 기동형　② 콘덴서 기동형
③ 셰이딩 코일형　④ 회전계자형

단상 유도전동기 기동장치에 의한 분류
분상 기동형, 콘덴서 기동형, 셰이딩 코일형, 반발 기동형, 반발 유도전동기, 모노사이클릭형 전동기

04 그림과 같은 분상 기동형 단상 유도전동기를 역회전시키기 위한 방법이 아닌 것은?

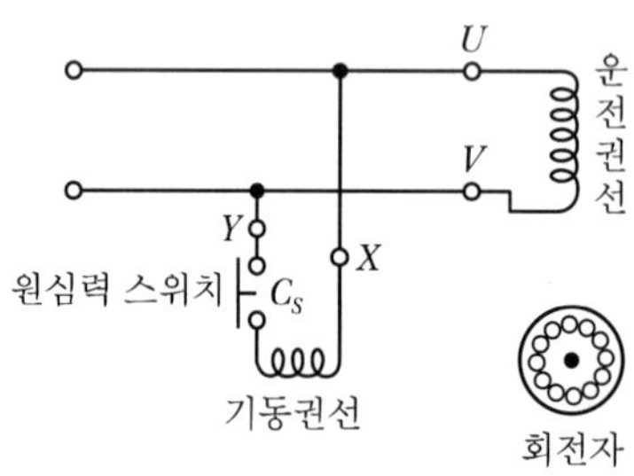

① 원심력스위치를 개로 또는 폐로한다.
② 기동권선이나 운전권선의 어느 한 권선의 단자접속을 반대로 한다.
③ 기동권선의 단자접속을 반대로 한다.
④ 운전권선의 단자접속을 반대로 한다.

단상 유도전동기를 역회전시키기 위해서는 기동권선이나 운전권선의 어느 한 권선의 단자접속을 반대로 한다.

정답 01 ② 02 ① 03 ④ 04 ①

05 분상 기동형 단상 유도전동기 원심개폐기의 작동 시기는 회전자 속도가 동기 속도의 몇 [%] 정도인가?

① 10 ~ 30[%]　② 40 ~ 50[%]
③ 60 ~ 80[%]　④ 90 ~ 100[%]

06 역률과 효율이 좋아서 가정용 선풍기, 전기세탁기, 냉장고 등에 주로 사용되는 것은?

① 분상 기동형 전동기　② 반발 기동형 전동기
③ 콘덴서 기동형 전동기　④ 셰이딩 코일형 전동기

07 기동 토크가 대단히 작고 역률과 효율이 낮으며 전축, 선풍기 등 수 10[kW] 이하의 소형 전동기에 널리 사용되는 단상 유도전동기는?

① 반발 기동형　② 셰이딩 코일형
③ 모노사이클릭형　④ 콘덴서형

08 다음 단상 유도전동기 중 기동 토크가 큰 것부터 옳게 나열한 것은?

> ㉠ 반발 기동형　㉡ 콘덴서 기동형
> ㉢ 분상 기동형　㉣ 셰이딩 코일형

① ㉠ > ㉡ > ㉢ > ㉣　② ㉠ > ㉣ > ㉡ > ㉢
③ ㉠ > ㉢ > ㉣ > ㉡　④ ㉠ > ㉡ > ㉣ > ㉢

G · U · I · D · E

영구 콘덴서 기동형
원심력 스위치가 없어서 가격도 싸고, 보수할 필요가 없으므로 큰 기동토크를 요구하지 않는 선풍기, 냉장고, 세탁기 등에 널리 사용된다.

셰이딩 코일형
슬립이나 속도 변동이 크고 효율이 낮아, 극히 소형 전동기에 한해 사용되고 있다.

기동 토크가 큰 순서
반발 기동형 → 콘덴서 기동형 → 분상 기동형 → 셰이딩 코일형

정답 05 ③ 06 ③ 07 ② 08 ①

THEMA 24 전력변환회로

01 단상 전파 정류회로에서 직류 전압의 평균값으로 가장 적당한 것은?(단, E는 교류전압의 실효값)

① 1.35E[V]　　② 1.17E[V]
③ 0.9E[V]　　④ 0.45E[V]

02 단상 반파 정류회로의 전원전압 200[V], 부하저항이 20[Ω]이면 부하 전류는 약 몇 [A]인가?

① 4　　② 4.5
③ 6　　④ 6.5

03 상전압 300[V]의 3상 반파 정류회로의 직류전압은 약 몇[V]인가?

① 520[V]　　② 350[V]
③ 260[V]　　④ 50[V]

04 다음 중 SCR 기호는?

①
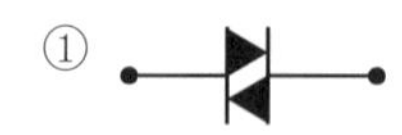

②
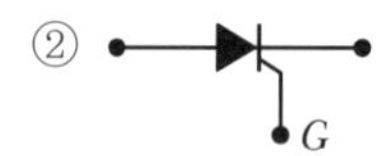

③
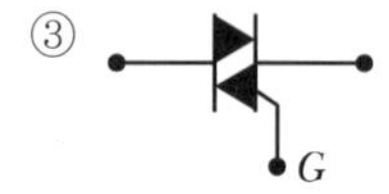

④
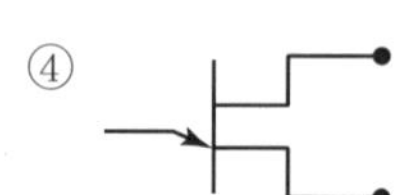

05 다음 사이리스터 중 3단자 형식이 아닌 것은?

① SCR　　② GTO
③ DIAC　　④ TRIAC

G · U · I · D · E

01
① 3상 전파 정류회로
② 3상 반파 정류회로
③ 단상 전파 정류회로
④ 단상 반파 정류회로

02
단상 반파 정류회로의 출력 평균전압
$V_a = 0.45V = 0.45 \times 200 = 90[V]$
따라서, 부하전류 $I = \frac{V_a}{R} = \frac{90}{20} = 4.5[A]$

03
3상 반파 정류회로
- 직류전압의 평균값 : $E_d = 1.17E$
- $E_d = 1.17E = 1.17 \times 300 = 351[V]$

04
① DIAC
② SCR
③ TRIAC
④ UJT

05
- 3단자 소자 : SCR, GTO, TRIAC 등
- 2단자 소자 : DIAC, SSS, Diode 등

정답 01 ③ 02 ② 03 ② 04 ② 05 ③

06 통전 중인 사이리스터를 턴 오프(Turn Off)하려면?

① 순방향 Anode 전류를 유지전류 이하로 한다.
② 순방향 Anode 전류를 증가시킨다.
③ 게이트 전압을 0으로 또는 −로 한다.
④ 역방향 Anode 전류를 통전한다.

07 양방향성 3단자 사이리스터의 대표적인 것은?

① SCR ② SSS
③ DIAC ④ TRIAC

08 직류를 교류로 변환하는 것은?

① 다이오드 ② 사이리스터
③ 초퍼 ④ 인버터

09 직류 전동기의 제어에 널리 응용되는 직류－직류 전압 제어장치는?

① 인버터 ② 컨버터
③ 초퍼 ④ 전파정류

G · U · I · D · E

사이리스터를 턴 오프하는 방법

- 온(On) 상태에 있는 사이리스터는 순방향 전류를 유지전류 미만으로 감소시켜 턴 오프시킬 수 있다.
- 역전압을 Anode와 Cathod 양단에 인가한다.

명칭	기호
SCR (역저지 3단자 사이리스터)	G
SSS (양방향성 대칭형 스위치)	
DIAC (대칭형 3층 다이오드)	
TRIAC (쌍방향성 3단자 사이리스터)	G

인버터

직류를 교류로 변환하는 장치로서 주파수를 변환시키는 장치로서 역변환장치라고도 한다.

초퍼

직류를 다른 크기의 직류로 변환하는 장치

정답 06 ① 07 ④ 08 ④ 09 ③

THEMA 25 배선재료 및 기구

G · U · I · D · E

01 조명용 백열전등을 호텔 또는 여관 객실의 입구에 설치할 때나 일반 주택 및 아파트 각 실의 현관에 설치할 때 사용되는 스위치는?

① 타임스위치 ② 누름버튼스위치
③ 토글스위치 ④ 로터리스위치

02 가정용 전등에 사용되는 점멸스위치를 설치하여야 할 위치에 대한 설명으로 가장 적당한 것은?

① 접지측 전선에 설치한다.
② 중성선에 설치한다.
③ 부하의 2차측에 설치한다.
④ 전압측 전선에 설치한다.

배선기구 시설
- 전등 점멸용 스위치는 반드시 전압측 전선에 시설하여야 한다.
- 소켓, 리셉터클 등에 전선을 접속할 때에는 전압측 전선을 중심 접촉면에, 접지측 전선을 속 베이스에 연결하여야 한다.

03 하나의 콘센트에 두 개 이상의 플러그를 꽂아 사용할 수 있는 기구는?

① 코드 접속기 ② 멀티 탭
③ 테이블 탭 ④ 아이어 플러그

- 멀티 탭 : 하나의 콘센트에 2~3가지의 기구를 사용할 때 쓴다.
- 테이블 탭 : 코드의 길이가 짧을 때 연장하여 사용한다.

04 일반적으로 과전류 차단기를 설치하여야 할 곳은?

① 접지공사의 접지선
② 다선식 전로의 중성선
③ 송배전선의 보호용 인입선 등 분기선을 보호하는 곳
④ 저압가공전로의 접지측 전선

과전류 차단기의 시설 금지 장소
- 접지공사의 접지선
- 다선식 전로의 중성선
- 제2종 접지공사를 한 저압가공전로의 접지측 전선

05 정격전압 3상 24[kV], 정격차단전류 300[A]인 수전설비의 차단용량은 몇 [MVA]인가?

① 17.26 ② 28.34
③ 12.47 ④ 24.94

차단기 용량[MVA]
$= \sqrt{3} \times$ 정격전압[kV] $\times$ 정격차단전류[kV]
$= \sqrt{3} \times 24 \times 0.3 = 12.47[\text{MVA}]$

정답 01 ① 02 ④ 03 ② 04 ③ 05 ③

06 과전류 차단기로 저압 전로에 사용하는 배선용 차단기는 정격전류 30[A]이하일 때 정격전류의 1.25배 전류를 통한 경우 몇 분 안에 자동으로 동작되어야 하는가?

① 2　② 10
③ 20　④ 60

07 과전류차단기로 저압전로에 사용하는 퓨즈를 수평으로 붙인 경우 퓨즈는 정격전류 몇 배의 전류에 견디어야 하는가?

① 2.0　② 1.6
③ 1.25　④ 1.1

08 사람이 쉽게 접촉하는 장소에 설치하는 누전차단기의 사용전압 기준은 몇 [V] 초과인가?

① 60　② 110
③ 150　④ 220

G · U · I · D · E

저압전로에 사용되는 배선용 차단기는 정격전류의 1배의 전류에는 견디어야 하며, 1.25배, 2배의 정격전류에는 아래 표의 시간 이내에 차단되어야 한다.

정격전류의 구분	1.25배	2배
30[A] 이하	60분	2분
30[A] 초과 50[A] 이하	60분	4분
50[A] 초과 100[A] 이하	120분	6분

저압용 전선로에 사용되는 퓨즈는 정격전류의 1.1배의 전류에는 견디어야 하며, 1.6배, 2배의 정격전류에는 규정시한 이내에 용단되어야 한다.

누전차단기(ELB)의 설치기준

- 주택의 옥내에 시설하는 것으로 대지전압 150[V] 초과 300[V] 이하의 저압 전로 인입구
- 사람이 쉽게 접촉할 우려가 있는 장소에 시설하는 사용 전압이 60[V]를 초과하는 저압의 금속제 외함을 가지는 기계기구에 전기를 공급하는 전로

정답 06 ④ 07 ④ 08 ①

THEMA 26 전기공사용 공구

G · U · I · D · E

01 펜치로 절단하기 힘든 굵은 전선의 절단에 사용되는 공구는?

① 파이프 렌치　② 파이프 커터
③ 클리퍼　④ 와이어 게이지

클리퍼(Clipper)
굵은 전선을 절단하는 데 사용하는 가위

02 전기공사 시공에 필요한 공구 사용법 설명 중 잘못된 것은?

① 콘크리트의 구멍을 뚫기 위한 공구로 타격용 임팩트 전기드릴을 사용한다.
② 스위치박스에 전선관용 구멍을 뚫기 위해 녹아웃 펀치를 사용한다.
③ 합성수지 가요전선관의 굽힘 작업을 위해 토치램프를 사용한다.
④ 금속전선관의 굽힘 작업을 위해 파이프 밴더를 사용한다.

토치램프는 합성수지관을 가공할 때 사용한다.

03 금속관 배관공사를 할 때 금속관을 구부리는 데 사용하는 공구는?

① 히키(Hickey)　② 파이프 렌치(Pipe Wrench)
③ 오스터(Oster)　④ 파이프 커터(Pipe Cutter)

② 금속관과 커플링을 물고 죄는 공구
③ 금속관에 나사를 내기 위한 공구
④ 금속관을 절단할 때 사용되는 공구

04 금속관을 절단할 때 사용되는 공구는?

① 오스터　② 녹 아웃 펀치
③ 파이프 커터　④ 파이프 렌치

① 금속관 끝에 나사를 내는 공구
② 배전반, 분전반 등의 캐비닛에 구멍을 뚫을 때 필요한 공구
④ 금속관과 커플링을 물고 죄는 공구

05 다음 중 금속관공사에서 나사내기에 사용하는 공구는?

① 토치램프　② 벤더
③ 리머　④ 오스터

정답 01 ③ 02 ③ 03 ① 04 ③ 05 ④

06 **녹아웃 펀치과 같은 용도로 배전반이나 분전반 등에 구멍을 뚫을 때 사용하는 것은?**

① 클리퍼(Cliper)　　② 홀소(Hole Saw)
③ 플레셔 툴(Pressure Tool)　　④ 드라이브이트 툴(Driveit Tool)

07 **피시 테이프(Fish Tape)의 용도는?**

① 전선을 테이핑하기 위하여 사용
② 전선관의 끝마무리를 위해서 사용
③ 전선관에 전선을 넣을 때 사용
④ 합성수지관을 구부릴 때 사용

08 **절연전선으로 가선된 배전 선로에서 활선 상태인 경우 전선의 피복을 벗기는 것은 매우 곤란한 작업이다. 이런 경우 활선 상태에서 전선의 피복을 벗기는 공구는?**

① 전선 피박기　　② 애자커버
③ 와이어 통　　④ 데드 엔드 커버

G · U · I · D · E

- 클리퍼 : 굵은 전선을 절단할 때 사용하는 가위로서 굵은 전선을 펜치로 절단하기 힘들 때 클리퍼나 쇠톱을 사용한다.
- 플레셔 툴 : 솔더리스(Solderless) 커넥터 또는 솔더리스 터미널을 압착하는 공구이다.
- 드라이브이트 툴 : 화약의 폭발력을 이용하여 철근 콘크리트 등의 단단한 조영물에 드라이브이트 핀을 박을 때 사용하는 것으로 취급자는 보안상 훈련을 받아야 한다.

피시 테이프(Fish Tape)
전선관에 전선을 넣을 때 사용되는 평각강철선이다.

활선장구의 종류
- 와이어 통 : 활선을 움직이거나 작업권 밖으로 밀어낼 때 사용하는 절연봉
- 전선피박기 : 활선 상태에서 전선의 피복을 벗기는 공구
- 데드 엔드 커버 : 현수애자나 데드 엔드 클램프 접촉에 의한 감전사고를 방지하기 위해 사용

정답 06 ② 07 ③ 08 ①

THEMA 27 전선 접속

01 전선의 접속에 대한 설명으로 틀린 것은?

① 접속 부분의 전기저항을 20[%] 이상 증가되도록 한다.
② 접속 부분의 인장강도를 80[%] 이상 유지되도록 한다.
③ 접속 부분에 전선 접속 기구를 사용한다.
④ 알루미늄전선과 구리선의 접속 시 전기적인 부식이 생기지 않도록 한다.

전선의 접속 조건
- 접속 시 전기적 저항을 증가시키지 않는다.
- 접속부위의 기계적 강도를 20% 이상 감소시키지 않는다.
- 접속점의 절연이 약화되지 않도록 테이핑 또는 와이어 커넥터로 절연한다.
- 전선의 접속은 박스 안에서 하고, 접속점에 장력이 가해지지 않도록 한다.

02 동전선의 직선 접속(트위스트조인트)은 몇 [mm^2] 이하의 전선이어야 하는가?

① 2.5　　② 6
③ 10　　④ 16

트위스트 접속은 단면적 6[mm^2] 이하의 가는 단선의 직선 접속에 적용된다.

03 옥내배선의 접속함이나 박스 내에서 접속할 때 주로 사용하는 접속법은?

① 슬리브 접속　　② 쥐꼬리 접속
③ 트위스트 접속　　④ 브리타니아 접속

단선의 종단 접속
쥐꼬리 접속, 링 슬리브 접속

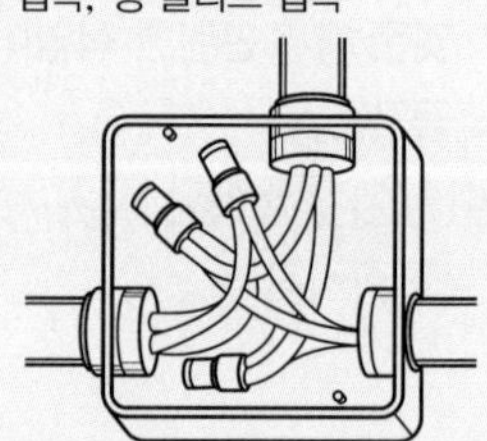

04 정선 박스 내에서 절연 전선을 쥐꼬리 접속한 후 접속과 절연을 위해 사용되는 재료는?

① 링형 슬리브　　② S형 슬리브
③ 와이어 커넥터　　④ 터미널 러그

와이어 커넥터
정선 박스 내에서 쥐꼬리 접속 후 사용되며, 납땜과 테이프 감기가 필요 없다.

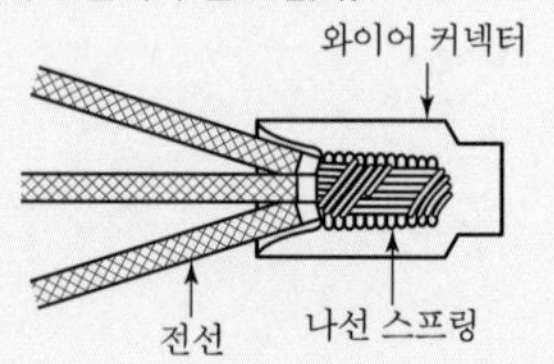

05 접착력은 떨어지나 절연성, 내온성, 내유성이 좋아 연피케이블의 접속에 사용되는 테이프는?

① 고무 테이프　　② 리노 테이프
③ 비닐 테이프　　④ 자기 융착 테이프

리노 테이프
접착성은 없으나 절연성, 내온성, 내유성이 있어서 연피케이블 접속 시 사용한다.

정답 01 ① 02 ② 03 ② 04 ③ 05 ②

06 S형 슬리브를 사용하여 전선을 접속하는 경우의 유의사항이 아닌 것은?

① 전선은 연선만 사용이 가능하다.
② 전선의 끝은 슬리브의 끝에서 조금 나오는 것이 좋다.
③ 슬리브는 전선의 굵기에 적합한 것을 사용한다.
④ 도체는 샌드페이퍼 등으로 닦아서 사용한다.

07 절연 전선을 서로 접속할 때 사용하는 방법이 아닌 것은?

① 커플링에 의한 접속
② 와이어 커넥터에 의한 접속
③ 슬리브에 의한 접속
④ 압축 슬리브에 의한 접속

08 구리 전선과 전기기계기구 단자를 접속하는 경우에 진동 등으로 인하여 헐거워질 염려가 있는 곳에는 어떤 것을 사용하여 접속하여야 하는가?

① 평와셔 2개를 끼운다.　② 스프링 와셔를 끼운다.
③ 코드 패스너를 끼운다.　④ 정 슬리브를 끼운다.

G · U · I · D · E

S형 슬리브는 단선, 연선 어느 것에도 사용할 수 있다.

커플링에 의한 접속은 전선관을 서로 접속할 때 사용한다.

진동 등의 영향으로 헐거워질 우려가 있는 경우에는 스프링 와셔 또는 더블 너트를 사용하여야 한다.

정답 06 ① 07 ① 08 ②

THEMA 28 합성수지관 배선

G · U · I · D · E

01 금속전선관과 비교한 합성수지전선관 공사의 특징으로 거리가 먼 것은?

① 내식성이 우수하다. ② 배관 작업이 용이하다.
③ 열에 강하다. ④ 절연성이 우수하다.

합성수지관의 특징
- 염화비닐 수지로 만든 것으로, 금속관에 비하여 가격이 싸다.
- 절연성과 내부식성이 우수하고, 재료가 가볍기 때문에 시공이 편리하다.
- 관자체가 비자성체이므로 접지할 필요가 없고, 피뢰기 · 피뢰침의 접지선 보호에 적당하다.
- 열에 약할 뿐 아니라, 충격 강도가 떨어지는 결점이 있다.

02 합성수지제 전선관의 호칭은 관 굵기의 무엇으로 표시하는가?

① 홀수인 안지름 ② 짝수인 바깥지름
③ 짝수인 안지름 ④ 홀수인 바깥지름

합성수지제 전선관의 호칭
안지름의 크기에 가까운 짝수로 표시
(14, 16, 22, 28, 36, 42[mm])

03 경질비닐전선관 1본의 표준 길이는?

① 3[m] ② 3.6[m]
③ 4[m] ④ 4.6[m]

- 경질비닐전선관 1본은 4[m]
- 금속전선관 1본은 3.6[m]

04 합성수지제 가요전선관의 규격이 아닌 것은?

① 14 ② 22
③ 36 ④ 52

합성수지제 가요전선관(CD－PIPE) 호칭
14, 16, 22, 28, 36, 42[mm]

05 합성수지관 공사에서 관의 지지점 간 거리는 최대 몇 [m]인가?

① 1 ② 1.2
③ 1.5 ④ 2

- 합성수지관의 지지점 간의 거리는 1.5[m] 이하로 하고, 관과 박스의 접속점 및 관 상호 간의 접속점 등에 서는 가까운 곳(0.3[m] 이내)에 지지점을 시설하여야 한다.
- 금속전선관 노출 배관 시 조영재에 따라 지지점 간의 거리는 2[m] 이하로 고정시킨다.
- 합성수지제 가요관은 합성수지관과 같다.
- 금속제 가요전선관의 지지점 간의 거리는 1[m] 이하마다 새들을 써서 고정시킨다.

정답 01 ③ 02 ③ 03 ③ 04 ④ 05 ③

06 16[mm] 합성수지 전선관을 직각 구부리기를 할 경우 구부림 부분의 길이는 약 몇 [mm]인가?(단, 16[mm] 합성수지관의 안지름은 18[mm], 바깥지름은 22[mm]이다.)

① 119 ② 132
③ 187 ④ 220

07 합성수지관 상호 및 관과 박스는 접속 시에 삽입하는 깊이를 관 바깥지름의 몇 배 이상으로 하여야 하는가?(단, 접착제를 사용하지 않은 경우이다.)

① 0.2 ② 0.5
③ 1 ④ 1.2

08 합성수지관 공사에 대한 설명 중 옳지 않은 것은?

① 습기가 많은 장소, 또는 물기가 있는 장소에 시설하는 경우에는 방습장치를 한다.
② 관 상호 간 및 박스와는 관을 삽입하는 깊이를 관의 바깥지름의 1.2배 이상으로 한다.
③ 관이 지지점 간의 거리는 3[m] 이상으로 한다.
④ 합성수지관 안에는 전선에 접속점이 없도록 한다.

G · U · I · D · E

- 구부러지는 관의 안쪽 반지름은 관 안지름의 6배 이상으로 구부려야 한다.
- 아래 그림과 같이 구부리는 부분의 안쪽 반지름 $r=6d+\frac{D}{2}=6\times18+\frac{22}{2}=119[\mathrm{mm}]$ 이다.
- 구부리는 부분의 길이 $L=\frac{2\pi r}{4}=\frac{2\pi\times119}{4}=187[\mathrm{mm}]$ 이다.

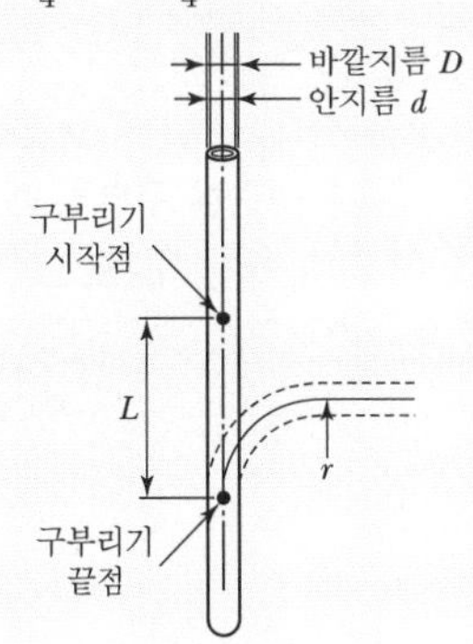

합성수지관 관 상호 접속방법
- 커플링에 들어가는 관의 길이는 관 바깥지름의 1.2배 이상으로 한다.
- 접착제를 사용하는 경우에는 0.8배 이상으로 한다.

관의 지지점 간의 거리는 1.5[m] 이하로 하고, 관과 박스의 접속점 및 관 상호 간의 접속점에 가까운 곳(0.3[m] 이내)에 지지점을 시설하여야 한다.

정답 06 ③ 07 ④ 08 ③

THEMA 29 금속전선관 배선

01 금속전선관 공사에서 사용되는 후강 전선관의 규격이 아닌 것은?

① 16 ② 28
③ 36 ④ 50

구분	후강 전선관
관의 호칭	안지름의 크기에 가까운 짝수
관의 종류[mm]	16, 22, 28, 36, 42, 54, 70, 82, 92, 104 (10종류)
관의 두께	2.3~3.5[mm]

02 금속전선관을 구부릴 때 금속관의 단면이 심하게 변형되지 않도록 구부려야 하며, 일반적으로 그 안측의 반지름은 관 안지름의 몇 배 이상이 되어야 하는가?

① 2배 ② 4배
③ 6배 ④ 8배

금속전선관을 구부릴 때는 히키(벤더)를 사용하여 관이 심하게 변형되지 않도록 구부려야 하며, 구부러지는 관의 안쪽 반지름은 관 안지름의 6배 이상으로 구부려야 한다.

03 저압 가공 인입선의 인입구에 사용하며 금속관 공사에서 끝 부분의 빗물 침입을 방지하는 데 적당한 것은?

① 플로어 박스 ② 엔트런스 캡
③ 부싱 ④ 터미널 캡

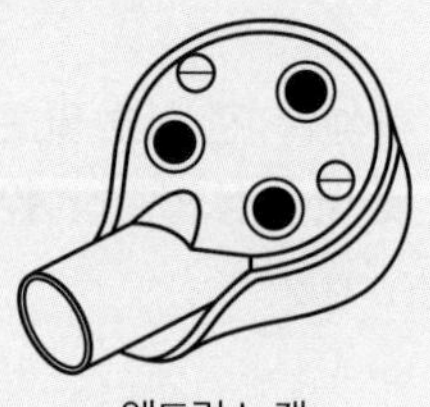
엔트런스 캡

04 금속관 공사를 노출로 시공할 때 직각으로 구부러지는 곳에서 어떤 배선기구를 사용하는가?

① 유니온 커플링 ② 아웃렛 박스
③ 픽스처 히키 ④ 유니버설 엘보

① 유니온 커플링 : 금속관 상호 접속용으로 관이 고정되어 있을 때 사용
② 아웃렛 박스 : 전선접속, 조명기구, 콘센트 등의 취부에 사용
③ 픽스처 히키 : 기구를 파이프로 매달 때 사용
④ 유니버설 엘보 : 노출 배관 공사에서 관을 직각으로 굽히는 곳에 사용

05 금속전선관 공사에서 금속관과 접속함을 접속하는 경우 녹아웃 구멍이 금속관보다 클 때 사용하는 부품은?

① 록너트(로크너트) ② 부싱
③ 새들 ④ 링 리듀서

정답 01 ④ 02 ③ 03 ② 04 ④ 05 ④

06 금속관 내의 같은 굵기의 전선을 넣을 때는 절연전선의 피복을 포함한 총 단면적이 금속관 내부 단면적의 몇 [%] 이하이어야 하는가?

① 16　　② 24
③ 32　　④ 48

07 사용전압이 400[V] 이상인 경우 금속관 및 부속품 등은 사람이 접촉할 우려가 없는 경우 제 몇 종 접지공사를 하는가?

① 제1종　　② 제2종
③ 제3종　　④ 특별 제3종

G · U · I · D · E

전선과 금속전선관의 단면적 관계

배선 구분	전선 단면적에 따른 전선관 굵기 선정 (전선 단면적은 절연피복 포함)
• 동일 굵기의 절연전선을 동일관 내에 넣을 경우 • 배관의 굴곡이 작아 전선을 쉽게 인입하고 교체할 수 있는 경우	• 전선관 내단면적의 48[%] 이하로 전선관 선정
• 굵기가 다른 절연 전선을 동일관 내에 넣는 경우	• 전선관 내단면적의 32[%] 이하로 전선관 선정

금속전선관의 접지

- 사용 전압이 400[V] 미만인 경우 제3종 접지공사
- 사용 전압이 400[V] 이상의 저압인 경우 특별 제3종 접지공사(단, 사람이 접촉할 우려가 없는 경우에는 제3종 접지공사)
- 강전류 회로의 전선과 약전류 회로의 전선을 전선관에 시공할 때는 특별 제3종 접지공사
- 사용전압이 400[V] 미만인 다음의 경우에는 접지공사를 생략
  - 건조한 장소 또는 사람이 쉽게 접촉할 우려가 없는 장소의 대지전압이 150[V] 이하, 8[m] 이하의 금속관을 시설하는 경우
  - 대지전압이 150[V]를 초과할 때 4[m] 이하의 전선을 건조한 장소에 시설하는 경우

정답 06 ④ 07 ③

THEMA 30 가요전선관 배선

01 다음 중 가요전선관 공사로 적당하지 않은 것은?

① 옥내의 천장 은폐배선으로 8각 박스에서 형광등기구에 이르는 짧은 부분의 전선관 공사
② 프레스 공작기계 등의 굴곡개소가 많아 금속관 공사가 어려운 부분의 전선관 공사
③ 금속관에서 전동기 부하에 이르는 짧은 부분의 전선관 공사
④ 수변전실에서 배전반에 이르는 부분의 전선관 공사

02 사람이 접촉될 우려가 있는 것으로서 가요전선관을 새들 등으로 지지하는 경우 지지점 간의 거리는 얼마 이하이어야 하는가?

① 0.3[m] 이하 ② 0.5[m] 이하
③ 1[m] 이하 ④ 1.5[m] 이하

03 관을 시설하고 제거하는 것이 자유롭고 점검 가능한 은폐장소에서 가요전선관을 구부리는 경우 곡률 반지름은 2종 가요전선관 안지름의 몇 배 이상으로 하여야 하는가?

① 10 ② 9
③ 6 ④ 3

04 가요전선관의 상호 접속은 무엇을 사용하는가?

① 콤비네이션 커플링 ② 스플릿 커플링
③ 더블 커넥터 ④ 앵글 커넥터

G · U · I · D · E

가요전선관 공사는 작은 증설 배선, 안전함과 전동기 사이의 배선, 엘리베이터, 기차나 전차 안의 배선 등의 시설에 적당하다.

- 금속제 가요전선관의 지지점 간의 거리는 1[m] 이하
- 합성수지관의 지지점 간의 거리는 1.5[m] 이하
- 금속전선관 지지점 간의 거리는 2[m] 이하

가요전선관 곡률 반지름
- 자유로운 경우 : 전선관 안지름의 3배 이상
- 부자유로운 경우 : 전선관 안지름의 6배 이상

- 가요전선관 상호의 접속 : 스플릿 커플링
- 가요전선관과 금속관의 접속 : 콤비네이션 커플링
- 가요전선관과 박스와의 접속 : 스트레이트 박스 커넥터, 앵글 박스 커넥터

정답 01 ④ 02 ③ 03 ④ 04 ②

G · U · I · D · E

05 금속제 가요전선관 공사 방법의 설명으로 옳은 것은?

① 가요전선관과 박스와의 직각부분에 연결하는 부속품은 앵글박스 커넥터이다.
② 가요전선관과 금속관과의 접속에 사용하는 부속품은 스트레이트박스 커넥터이다.
③ 가요전선관과 상호접속에 사용하는 부속품은 콤비네이션 커플링이다.
④ 스위치 박스에는 콤비네이션 커플링을 사용하여 가요전선관과 접속한다.

4번 문제 해설 참고

06 건물의 모서리(직각)에서 가요전선관을 박스에 연결할 때 필요한 접속기는?

① 스플릿 박스 커넥터 ② 앵글 박스 커넥터
③ 플렉시블 커플링 ④ 콤비네이션 커플링

가요전선관과 박스와의 접속

스트레이트 박스 커넥터

앵글 박스 커넥터

07 가요전선관 공사에 다음의 전선을 사용하였다. 맞게 사용한 것은?

① 알루미늄 35[mm²]의 단선 ② 절연전선 16[mm²]의 단선
③ 절연전선 10[mm²]의 연선 ④ 알루미늄 25[mm²]의 단선

전선은 절연전선으로 단면적 10[mm²](알루미늄선은 16[mm²])를 초과하는 것은 연선을 사용해야 하며, 관내에서는 전선의 접속점을 만들어서는 안 된다.

08 사용전압이 400[V] 미만인 경우에 가요전선관 및 부속품은 몇 종 접지공사를 하여야 하는가?

① 제1종 접지공사 ② 제2종 접지공사
③ 제3종 접지공사 ④ 특별 제3종 접지공사

- 금속제 가요전선관 및 부속품이 사용 전압이 400[V] 미만인 경우에 제3종 접지공사 해야 한다.(길이가 4[m] 이하인 경우는 생략)
- 사용 전압이 400[V] 이상의 저압인 경우에는 특별 제3종 접지공사를 하여야 하며, 사람이 접촉할 우려가 없는 경우에는 제3종 접지공사를 할 수 있다.

정답 05 ① 06 ② 07 ③ 08 ③

THEMA **31** 덕트 배선

G · U · I · D · E

01 금속덕트 배선에 사용하는 금속덕트의 철판 두께는 몇 [mm] 이상이어야 하는가?

① 0.8 ② 1.2
③ 1.5 ④ 1.8

금속덕트
- 폭 5[cm]를 넘고 두께 1.2[mm] 이상인 철판으로 제작
- 지지점 간의 거리는 3[m] 이하
- 덕트의 끝부분은 막는다.
- 전선은 단면적의 총합이 금속 덕트 내 단면적의 20[%] 이하(전광사인 장치, 출퇴 표시등, 기타 이와 유사한 장치 또는 제어회로 등의 배선에 사용하는 전선만을 넣는 경우에는 50[%] 이하)

02 금속덕트 배선에서 금속덕트를 조영재에 붙이는 경우 지지점 간의 거리는?

① 0.3[m] 이하 ② 0.6[m] 이하
③ 2.0[m] 이하 ④ 3.0[m] 이하

03 다음 중 금속덕트 공사의 시설방법 중 틀린 것은?

① 덕트 상호 간은 견고하고 또한 전기적으로 완전하게 접속할 것
② 덕트 지지점 간의 거리는 3[m] 이하로 할 것
③ 덕트의 끝부분은 열어 둘 것
④ 저압 옥내배선의 사용전압이 400[V] 미만인 경우에는 덕트에 제3종 접지공사를 할 것

덕트의 말단은 막아야 한다.

04 금속덕트에 전광표시장치 · 출퇴 표시등 또는 제어회로 등의 배선에 사용하는 전선만을 넣을 경우 금속덕트의 크기는 전선의 피복절연물을 포함한 단면적의 총합계가 금속 덕트 내 단면적의 몇 [%] 이하가 되도록 선정하여야 하는가?

① 20[%] ② 30[%]
③ 40[%] ④ 50[%]

- 금속 덕트에 수용하는 전선은 절연물을 포함하는 단면적의 총합이 금속 덕트 내 단면적의 20[%] 이하가 되도록 한다.
- 전광사인 장치, 출퇴 표시등, 기타 이와 유사한 장치 또는 제어회로 등의 배선에 사용하는 전선만을 넣는 경우에는 50[%] 이하로 할 수 있다.

05 다음 중 버스덕트가 아닌 것은?

① 플로어 버스덕트 ② 피더 버스덕트
③ 트롤리 버스덕트 ④ 플러그인 버스덕트

버스덕트의 종류

명칭	비고
피더 버스덕트	도중에 부하를 접속하지 않는 것
플러그인 버스덕트	도중에서 부하를 접속할 수 있도록 꽂음 구멍이 있는 것
트롤리 버스덕트	도중에서 이동부하를 접속할 수 있도록 트롤리 접속식 구조로 한 것

정답 01 ② 02 ④ 03 ③ 04 ④ 05 ①

G · U · I · D · E

06 버스덕트 공사에서 저압 옥내 배선의 사용전압이 400[V] 미만인 경우에는 덕트에 몇 종 접지공사를 하여야 하는가?

① 제1종　　② 제2종
③ 제3종　　④ 특별 제3종

사용전압이 400[V] 미만이므로 제3종 접지공사를 하여야 한다.

07 플로어 덕트 공사의 설명 중 옳지 않은 것은?

① 덕트 상호 간 접속은 견고하고 전기적으로 완전하게 접속하여야 한다.
② 덕트의 끝 부분은 막는다.
③ 덕트 및 박스 기타 부속품은 물이 고이는 부분이 없도록 시설하여야 한다.
④ 플로어 덕트는 특별 제3종 접지공사로 하여야 한다.

플로어 덕트는 사용전압이 400[V] 미만으로 제3종 접지공사를 하여야 한다.

08 라이팅 덕트 공사에 의한 저압 옥내배선 시 덕트의 지지점 간의 거리는 몇 [m] 이하로 해야 하는가?

① 1.0　　② 1.2
③ 2.0　　④ 3.0

건축구조물에 부착할 경우 지지점은 매덕트마다 2개소 이상 및 거리는 2[m] 이하로 한다.

정답 06 ③ 07 ④ 08 ③

THEMA 32 접지공사

G · U · I · D · E

01 접지를 하는 목적이 아닌 것은?

① 이상 전압의 발생 ② 전로의 대지전압의 저하
③ 보호 계전기의 동작 확보 ④ 감전의 방지

접지의 목적
- 누설 전류로 인한 감전을 방지
- 뇌해로 인한 전기설비를 보호
- 전로에 지락사고 발생 시 보호계전기를 확실하게 작동
- 이상 전압이 발생하였을 때 대지전압을 억제하여 절연강도를 낮추기 위함

02 제3종 접지공사 및 특별 제3종 접지공사의 접지선은 공칭 단면적 몇 [mm²] 이상의 연동선을 사용하여야 하는가?

① 2.5 ② 4
③ 6 ④ 10

접지종별	접지선의 굵기
제1종 접지공사	6[mm²] 이상의 연동선
제2종 접지공사	특고압에서 저압변성 : 16[mm²] 이상
	고압, 22.9[kV－Y]에서 저압변성 : 6[mm²] 이상
제3종 접지공사	2.5[mm²] 이상 연동선
특별 제3종 접지공사	

03 사용전압이 400[V] 미만인 케이블공사에서 케이블을 넣는 방호장치의 금속제 부분 및 금속제의 전선 접속함은 몇 종 접지공사를 하여야 하는가?

① 제1종 ② 제2종
③ 제3종 ④ 특별 제3종

접지종별	적용기기
제1종 접지공사	고압 이상 기계기구의 외함
제2종 접지공사	변압기 2차측 중성점 또는 1단자
제3종 접지공사	400[V] 미만의 기기외함, 철대
특별 제3종 접지공사	400[V] 이상 저압기계기구 외함, 철대

04 교통신호등 제어장치의 금속제 외함에는 제 몇 종 접지공사를 해야 하는가?

① 제1종 접지공사 ② 제2종 접지공사
③ 제3종 접지공사 ④ 특별 제3종 접지공사

교통신호등 회로는 300[V] 이하로 하여야 하므로 외함은 제3종 접지공사를 하여야 한다.

05 네온 변압기를 넣는 금속함의 접지공사는?

① 제1종 접지공사 ② 제2종 접지공사
③ 제3종 접지공사 ④ 특별 제3종 접지공사

네온 변압기 외함
제3종 접지공사

정답 01 ① 02 ① 03 ③ 04 ③ 05 ③

06 특별 제3종 접지공사의 접지저항 값은 몇 [Ω] 이하이어야 하는가?

① 10 ② 15
③ 20 ④ 100

07 사용전압이 440[V]인 3상 유도전동기의 외함접지공사 시 접지선의 굵기는 공칭단면적 몇 [mm^2] 이상의 연동선이어야 하는가?

① 2.5 ② 6
③ 10 ④ 16

08 지중에 매설되어 있는 금속제 수도관로는 대지와의 전기저항 값이 얼마 이하로 유지되어야 접지극으로 사용할 수 있는가?

① 1[Ω] ② 3[Ω]
③ 4[Ω] ④ 5[Ω]

G · U · I · D · E

접지종별	접지저항값
제1종 접지공사	10[Ω] 이하
제2종 접지공사	$\frac{150}{1선지락전류}$[Ω] 이하
제3종 접지공사	100[Ω] 이하
특별 제3종 접지공사	10[Ω] 이하

접지종별	적용기기	접지선의 굵기
제1종 접지공사	고압용 또는 특별고압용의 기기외함, 철대	6[mm^2] 이상의 연동선
제2종 접지공사	특고압에서 저압변성하는 변압기	16[mm^2] 이상
	고압, 22.9[kV-Y]에서 저압변성하는 변압기	6[mm^2] 이상
특별 제3종 접지공사	400[V] 이상의 저압용 기기외함, 철대	2.5[mm^2] 이상 연동선
제3종 접지공사	400[V] 미만의 기기외함, 철대	

금속제 수도관을 접지극으로 사용할 경우 3[Ω] 이하의 접지저항을 가지고 있어야 한다.

참조 건물의 철골 등 금속제를 접지극으로 사용할 경우 2[Ω] 이하의 접지저항을 가지고 있어야 한다.

정답 06 ① 07 ① 08 ②

THEMA 33

가공인입선 공사

G · U · I · D · E

01 가공전선로의 지지물에서 다른 지지물을 거치지 아니하고 수용장소의 인입선 접속점에 이르는 가공전선을 무엇이라 하는가?

① 연접인입선 ② 가공인입선
③ 구내전선로 ④ 구내인입선

가공인입선
가공전선로의 지지물에서 다른 지지물을 거치지 아니하고 수용장소의 인입선 접속점에 이르는 가공전선

02 OW전선을 사용하는 저압 구내 가공인입전선으로 전선의 길이가 15[m]를 초과하는 경우 그 전선의 지름은 몇 [mm] 이상을 사용하여야 하는가?

① 1.6 ② 2.0
③ 2.6 ④ 3.2

가공인입선은 지름 2.6[mm](경간 15[m] 이하는 2[mm])의 경동선 또는 이와 동등 이상의 세기 및 굵기를 사용하며, 전선은 옥외용 비닐전선(OW), 인입용 절연전선(DV) 또는 케이블을 사용하여야 한다.

03 일반적으로 저압 가공 인입선이 도로를 횡단하는 경우 노면상 설치 높이는 몇 [m] 이상이어야 하는가?

① 3[m] ② 4[m]
③ 5[m] ④ 6.5[m]

인입선의 높이는 다음에 의할 것

구분	저압 인입선[m]	고압 및 특고압인입선[m]
도로 횡단	5	6
철도 궤도 횡단	6.5	6.5
기타	4	5

04 가공인입선 중 수용장소의 인입선에서 분기하여 다른 수용장소의 인입구에 이르는 전선을 무엇이라 하는가?

① 소주인입선 ② 연접인입선
③ 본주인입선 ④ 인입간선

- 소주인입선 : 인입간선의 전선로에서 분기한 소주에서 수용가에 이르는 전선로
- 본주인입선 : 인입간선의 전선로에서 수용가에 이르는 전선로
- 인입간선 : 배선선로에서 분기된 인입전선로

05 저압 연접인입선은 인입선에서 분기하는 점으로부터 몇 [m]를 넘지 않는 지역에 시설하고 폭 몇 [m]를 넘는 도로를 횡단하지 않아야 하는가?

① 50[m], 4[m] ② 100[m], 5[m]
③ 150[m], 6[m] ④ 200[m], 8[m]

연접인입선 시설제한 규정
- 인입선에서 분기하는 점에서 100[m]를 넘는 지역에 이르지 않아야 한다.
- 너비 5[m]를 넘는 도로를 횡단하지 않아야 한다.
- 연접인입선은 옥내를 통과하면 안 된다.
- 지름 2.6[mm]의 경동선 또는 이와 동등 이상의 세기 및 굵기의 것일 것
- 고압 연접인입선은 시설할 수 없다.

정답 01 ② 02 ③ 03 ③ 04 ② 05 ②

G · U · I · D · E

06 저압 연접인입선의 시설방법으로 틀린 것은?

① 인입선에서 분기되는 점에서 150[m]를 넘지 않도록 할 것
② 일반적으로 인입선 접속점에서 인입구장치까지의 배선은 중도에 접속점을 두지 않도록 할 것
③ 폭 5[m]를 넘는 도로를 횡단하지 않도록 할 것
④ 옥내를 통과하지 않도록 할 것

07 저압 연접인입선의 시설과 관련된 설명으로 잘못된 것은?

① 옥내를 통과하지 아니할 것
② 전선의 굵기는 1.5[mm] 이하일 것
③ 폭 5[m]를 넘는 도로를 횡단하지 아니할 것
④ 인입선에서 분기하는 점으로부터 100[m]를 넘는 지역에 미치지 아니할 것

정답 06 ① 07 ②

THEMA 34 건주공사

GUIDE

01 가공배전선로 시설에는 전선을 지지하고 각종 기기를 설치하기 위한 지지물이 필요하다. 이 지지물 중 가장 많이 사용되는 것은?

① 철주　　② 철탑
③ 강관 전주　　④ 철근콘크리트주

지지물은 철근콘크리트주, 강관주, 철주, 철탑, 목주 등을 사용하고 있으며, 그 중에서 철근콘크리트주가 주로 사용된다.

02 고압 가공전선로의 지지물 중 지선을 사용해서는 안 되는 것은?

① 목주　　② 철탑
③ A종 철주　　④ A종 철근콘크리트주

철탑은 자체적으로 기울어지는 것을 방지하기 위해 높이에 비례하여 밑면의 넓이를 확보하도록 만들어진다.

03 전주의 길이가 16[m]이고, 설계하중이 6.8[kN] 이하의 철근콘크리트주를 시설할 때 땅에 묻히는 깊이는 몇 [m] 이상이어야 하는가?

① 1.2　　② 1.4
③ 2.0　　④ 2.5

전주가 땅에 묻히는 깊이
㉠ 전주의 길이 15[m] 이하 : 전주 길이의 1/6 이상
㉡ 전주의 길이 15[m] 초과 : 2.5[m] 이상
㉢ 철근콘크리트 전주로서 길이가 14[m] 이상 20[m] 이하이고, 설계하중이 6.8[kN] 초과 9.8[kN] 이하인 것은 위의 ㉠, ㉡의 깊이에 30[cm]을 가산한다.

04 고압 가공전선로의 지지물로 철탑을 사용하는 경우 경간은 몇 [m] 이하이어야 하는가?

① 150　　② 300
③ 500　　④ 600

고압 가공전선로 경간의 제한
- 목주, A종 철주 또는 A종 철근콘크리트주 : 150[m]
- B종 철주 또는 B종 철근콘크리트주 : 250[m]
- 철탑 : 600[m]

05 가공전선로의 지선에 사용되는 애자는?

① 노브애자　　② 인류애자
③ 현수애자　　④ 구형애자

① 노브애자 : 옥내배선에 사용하는 애자
② 인류애자 : 인입선에 사용하는 애자
③ 현수애자 : 가공전선로에서 전선을 잡아당겨 지지하는 애자
④ 구형애자 : 지선에 중간에 사용하는 애자로 지선애자라고도 한다.

정답 01 ④ 02 ② 03 ④ 04 ④ 05 ④

G · U · I · D · E

06 가공전선로의 지지물에 시설하는 지선에 연선을 사용할 경우 소선수는 몇 가닥 이상이어야 하는가?

① 3가닥 ② 5가닥
③ 7가닥 ④ 9가닥

지선용 철선은 4.0[mm] 아연도금 철선 3조 이상 또는 7/2.6[선/mm] 아연도금 철선을 사용하며, 안전율 2.5 이상, 허용 인장 하중 값은 440[kg] 이상으로 한다.

07 도로를 횡단하여 시설하는 지선의 높이는 지표상 몇 [m] 이상이어야 하는가?

① 5[m] ② 6[m]
③ 8[m] ④ 10[m]

지선의 도로 횡단 시 높이는 5[m] 이상이다.

08 지선을 사용 목적에 따라 형태별로 분류한 것으로, 비교적 장력이 적고 다른 종류의 지선을 시설할 수 없는 경우에 적용하며, 지선용 근가를 근원(지지물의 중심) 가까이 매설하여 시설하는 것은?

① 수평지선 ② 공동지선
③ 궁지선 ④ Y지선

지선의 종류
- 수평지선 : 보통지선을 시설할 수 없을 때 전주와 전주 간, 또는 전주와 지주 간에 설치
- 공동지선 : 두 개의 지지물에 공동으로 시설하는 지선
- Y지선 : 다단 완금일 경우, 장력이 클 경우, H주일 경우에 보통지선을 2단으로 설치하는 것
- 궁지선 : 장력이 적고 타 종류의 지선을 시설할 수 없는 경우에 설치하는 것

정답 06 ① 07 ① 08 ③

THEMA 35

배전반공사

G · U · I · D · E

01 다음 중 배전반 및 분전반의 설치 장소로 적합하지 않은 곳은?

① 전기회로를 쉽게 조작할 수 있는 장소
② 개폐기를 쉽게 개폐할 수 있는 장소
③ 노출된 장소
④ 사람이 쉽게 조작할 수 없는 장소

전기부하의 중심부근에 위치하면서, 스위치 조작을 안정적으로 할 수 있는 곳에 설치하여야 한다.

02 배전반을 나타내는 그림 기호는?

① 
②
③ 
④ S

① 분전반
② 배전반
③ 제어반
④ 개폐기

03 배전반 및 분전반을 넣은 강판제로 만든 함의 두께는 몇 [mm] 이상인가? (단, 가로 세로의 길이가 30[cm] 초과한 경우이다.)

① 0.8
② 1.2
③ 1.5
④ 2.0

내선규정 1455－6
- 난연성 합성수지로 된 것은 두께 1.5[mm] 이상으로 내아크성인 것이어야 한다.
- 강판제인 것은 두께 1.2[mm] 이상이어야 한다. 다만, 가로 또는 세로의 길이가 30[cm] 이하인 것은 두께 1.0[mm] 이상으로 할 수 있다.

04 교류 차단기에 포함되지 않는 것은?

① GCB
② HSCB
③ VCB
④ ABB

차단기의 종류 · 약호

명칭	약호
유입차단기	OCB
자기차단기	MBB
기중차단기	ACB
가스차단기	GCB
공기차단기	ABB
진공차단기	VCB

05 가스 절연 개폐기나 가스 차단기에 사용 되는 가스인 SF_6의 성질이 아닌 것은?

① 같은 압력에서 공기의 2.5~3.5배의 절연내력이 있다.
② 무색, 무취, 무해 가스이다.
③ 가스 압력이 3~4[kfg/cm^2]에서는 절연내력은 절연유 이상이다.
④ 소호능력은 공기보다 2.5배 정도 낮다.

6불화유황(SF_6) 가스는 공기보다 절연내력이 높고, 불활성 기체이다.

정답 01 ④ 02 ② 03 ② 04 ② 05 ④

G · U · I · D · E

06 수변전 설비 중에서 동력설비 회로의 역률을 개선할 목적으로 사용되는 것은?

① 전력 퓨즈 ② MOF
③ 지락 계전기 ④ 진상용 콘덴서

진상용 콘덴서는 전압과 전류의 위상차를 감소시켜 역률을 개선한다.

07 고압 이상에서 기기의 점검, 수리 시 무전압, 무전류 상태로 전로에서 단독으로 전로의 접속 또는 분리하는 것을 주목적으로 사용되는 수 · 변전기기는?

① 기중부하 개폐기 ② 단로기
③ 전력퓨즈 ④ 컷아웃 스위치

단로기(DS)
개폐기의 일종으로 기기의 점검, 측정, 시험 및 수리를 할 때 회로를 열어 놓거나 회로 변경 시에 사용

08 수변전설비 구성기기의 계기용 변압기(PT) 설명으로 맞는 것은?

① 높은 전압을 낮은 전압으로 변성하는 기기이다.
② 높은 전류를 낮은 전류로 변성하는 기기이다.
③ 회로에 병렬로 접속하여 사용하는 기기이다.
④ 부족전압 트립코일의 전원으로 사용된다.

PT(계기용변압기)
고전압을 저전압으로 변압하여 계전기나 계측기에 전원공급

09 수 · 변전 설비의 고압회로에 걸리는 전압을 표시하기 위해 전압계를 시설할 때 고압회로와 전압계 사이에 시설하는 것은?

① 관통형 변압기 ② 계기용 변류기
③ 계기용 변압기 ④ 권선형 변류기

계기용 변압기 2차측에 전압계를 시설하고, 계기용 변류기 2차측에는 전류계를 시설한다.

정답 06 ④ 07 ② 08 ① 09 ③

THEMA 36 특수장소의 배선

01 화약류의 분말이 전기설비가 발화원이 되어 폭발할 우려가 있는 곳에 시설하는 저압 옥내배선의 공사방법으로 가장 알맞은 것은?

① 금속관 공사 ② 애자 사용 공사
③ 버스덕트 공사 ④ 합성수지몰드 공사

02 폭발성 분진이 있는 위험장소에 금속관 배선에 의할 경우 관 상호 및 관과 박스 기타의 부속품이나 풀박스 또는 전기기계기구는 몇 턱 이상의 나사 조임으로 접속하여야 하는가?

① 2턱 ② 3턱
③ 4턱 ④ 5턱

03 소맥분, 전분 기타 가연성의 분진이 존재하는 곳의 저압 옥내 배선 공사방법 중 적당하지 않는 것은?

① 애자 사용 공사 ② 합성수지관 공사
③ 케이블공사 ④ 금속관 공사

04 불연성 먼지가 많은 장소에 시설할 수 없는 옥내 배선 공사방법은?

① 금속관 공사
② 금속제 가요전선관 공사
③ 두께가 1.2[mm]인 합성수지관 공사
④ 애자 사용 공사

G · U · I · D · E

폭연성 분진 또는 화약류 분말이 존재하는 곳의 배선
- 저압 옥내 배선은 금속전선관 공사 또는 케이블 공사에 의하여 시설
- 케이블 공사는 개장된 케이블 또는 미네럴 인슈레이션 케이블을 사용
- 이동 전선은 0.6/1 kV EP 고무절연 클로로프렌 캡타이어케이블을 사용

금속전선관, 합성수지관, 케이블은 대부분의 전기공사에 사용할 수 있으며, 합성수지관은 열에 약한 특성이 있으므로 화재의 우려가 있는 장소는 제한된다.

폭연성 분진 또는 화약류 분말이 존재하는 곳의 배선에서 관 상호 및 관과 박스 기타의 부속품이나 플박스 또는 전기기계 기구는 5턱 이상의 나사 조임으로 접속하는 방법, 기타 이와 동등 이상의 효력이 있는 방법에 의할 것

가연성 분진이 존재하는 곳
가연성의 먼지로서 공중에 떠다니는 상태에서 착화하였을 때, 폭발의 우려가 있는 곳의 저압 옥내 배선은 합성수지관 배선, 금속전선관 배선, 케이블 배선에 의하여 시설한다.

불연성 먼지가 많은 곳
애자 사용 공사, 합성수지관 공사(두께 2[mm] 이상), 금속전선관 공사, 금속제 가요전선관 공사, 금속 덕트 공사, 버스 덕트 공사 또는 케이블 공사에 의하여 시설한다.

정답 01 ① 02 ④ 03 ① 04 ③

05 가연성 가스가 새거나 체류하여 전기설비가 발화원이 되어 폭발할 우려가 있는 곳에 있는 저압 옥내전기설비의 시설 방법으로 가장 적합한 것은?

① 애자사용 공사 ② 가요전선관 공사
③ 셀룰러 덕트 공사 ④ 금속관 공사

06 화약류 저장소에서 백열전등이나 형광등 또는 이들에 전기를 공급하기 위한 전기설비를 시설하는 경우 전로의 대지전압은?

① 100[V] 이하 ② 150[V] 이하
③ 220[V] 이하 ④ 300[V] 이하

07 부식성 가스 등이 있는 장소에 시설할 수 없는 배선은?

① 금속관 배선 ② 제1종 금속제 가요전선관 배선
③ 케이블 배선 ④ 캡타이어 케이블 배선

08 무대 · 무대마루 및 오케스트라 박스 · 영사실, 기타 사람이나 무대 도구가 접촉할 우려가 있는 장소에 시설하는 저압 옥내배선, 전구선 또는 이동전선은 최고 사용 전압이 몇 [V] 미만이어야 하는가?

① 100[V] ② 200[V]
③ 300[V] ④ 400[V]

09 터널 · 갱도 기타 이와 유사한 장소에서 사람이 상시 통행하는 터널 내의 배선 방법으로 적절하지 않은 것은?(단, 사용전압은 저압이다.)

① 라이팅덕트 배선 ② 금속제 가요전선관 배선
③ 합성수지관 배선 ④ 애자 사용 배선

G · U · I · D · E

가연성 가스가 존재하는 곳의 공사
금속전선관 공사, 케이블 공사(캡타이어 케이블 제외)에 의하여 시설한다.

화약류 저장소
전로의 대지전압이 300[V] 이하로 한다.

부식성 가스 등이 있는 장소
- 산류, 알칼리류, 염소산칼리, 표백분, 염료 또는 인조비료의 제조공장, 제련소, 전기도금공장, 개방형 축전지실 등 부식성 가스 등이 있는 장소
- 저압 배선 : 애자사용 배선, 금속전선관 배선, 합성수지관 배선, 2종 금속제 가요전선관, 케이블 배선으로 시공

흥행장소
저압 옥내배선, 전구선 또는 이동 전선은 사용전압이 400[V] 미만이어야 한다.

광산, 터널 및 갱도
사람이 상시 통행하는 터널 내의 배선은 저압에 한하여 애자 사용, 금속전선관, 합성수지관, 금속제 가요전선관, 케이블 배선으로 시공하여야 한다.

정답 05 ④ 06 ④ 07 ② 08 ④ 09 ①

단기독기 02 시험 10분 전 외우는 합격 페이퍼

TOPIC 01 전기이론

1 직류회로

❶ 전기의 본질

- 자유전자 : 물질 내에서 자유로이 움직일 수 있는 전자
- 전자의 전기량 : 1.602×10^{-19}[C]
- 전자의 질량 : 9.1×10^{-31}[kg]
- 전하 : 대전된 물체가 가지고 있는 전기
- 전기량(전하량) Q[C] : 전하가 가지고 있는 전기의 양

❷ 전류와 전압 및 저항

- 전류 $I = \frac{Q}{t}$[C/S] ; [A]
- 전압 $V = \frac{W}{Q}$[J/C] ; [V]
- 저항 $R = \rho \frac{\ell}{A}$[Ω]

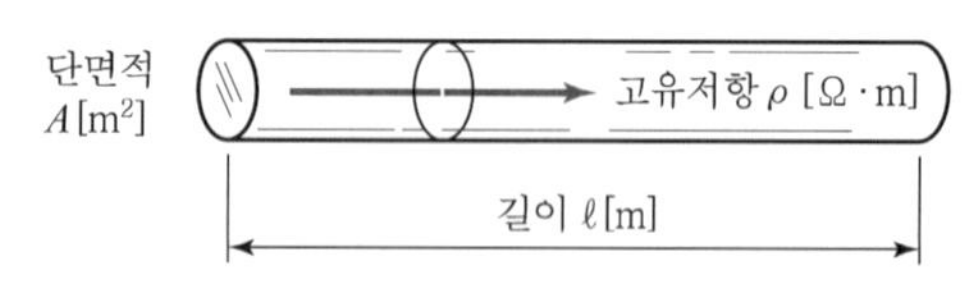

❙ 도체의 저항 ❙

고유 저항(Specific Resistinity) : ρ[Ω · m]

❸ 전기회로의 회로해석

1) 옴의 법칙 $V = IR$[V]

▼ 저항의 접속

접속	회로	합성 저항(R)	전압(V)	전류(I)
직렬	R_1 R_2	$R = R_1 + R_2$	분배	일정
병렬	R_1 R_2	$R = \frac{R_1 \times R_2}{R_1 + R_2}$	일정	분배

2) 키르히호프의 법칙(Kirchhoff's law)

- 제1법칙(전류의 법칙)
  Σ유입전류 = Σ유출 전류, $\Sigma I = 0$
- 제2법칙(전압의 법칙)
  Σ기전력 = Σ전압강하, $\Sigma V = \Sigma IR$

2 전류의 열작용과 화학작용

❶ 전력과 전기회로 측정

1) 전력(Electric Power) : P

$$P = VI = I^2R = \frac{V^2}{R}\text{[W]} \; (\because V = IR)$$

2) 전력량 : W

$W = VQ = VIt = Pt$[W · sec](1[J] = 1[W · sec])

3) 줄의 법칙(Joule's law)

도체에 흐르는 전류에 의하여 단위 시간 내에 발생하는 열량은 도체의 저항과 전류의 제곱에 비례한다.

4) 줄열 $H = 0.24 I^2Rt = \frac{1}{4.2} I^2Rt$[cal]

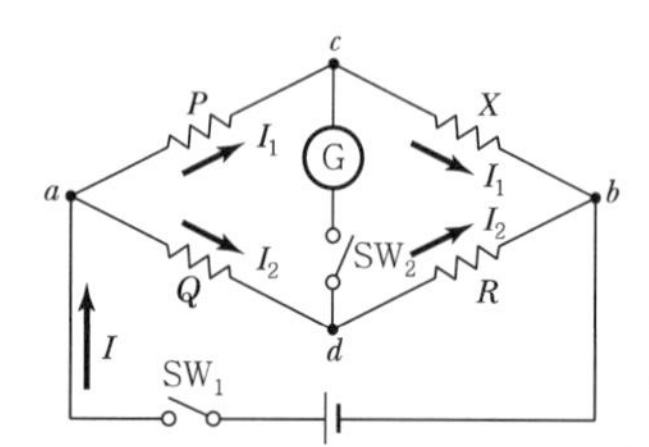

$X \cdot Q = P \cdot R$

❙ 휘트스톤 브리지의 평형 회로 ❙

❷ 전류의 화학작용과 열작용

1) 패러데이 법칙(Faraday's law)

전기 분해에 의해서 전극에 석출되는 물질의 양은 전해액 속을 통과한 전기량과 전기화학당량에 비례한다.
$(\omega = kIt$ [g]$)$

2) 국부작용

전극에 이물질로 인하여 기전력이 감소하는 현상

3) 성극(분극)작용

전극에 수소기포로 인하여 기전력이 감소하는 현상

3 정전기와 콘덴서

❶ 정전기의 성질

1) 대전(Electrification)

물질이 전자가 부족하거나 남게 된 상태에서 양전기나 음전기를 띠게 되는 현상

2) 쿨롱의 법칙(Coulomb's Law)

$$F = \frac{1}{4\pi\varepsilon} \cdot \frac{Q_1 Q_2}{r^2}[\text{N}] = 9\times10^9 \cdot \frac{Q_1 Q_2}{r^2}[\text{N}]$$

유전율 $\varepsilon = \varepsilon_o \varepsilon_s [\text{F/m}]$

(진공 중의 유전율 $\varepsilon_0 = 8.855\times10^{-12}[\text{F/m}]$)

3) 전기장의 세기(Intensity of Electric Field)

$$E = \frac{F}{Q}[\text{N/C}] = \frac{1}{4\pi\varepsilon} \cdot \frac{Q}{r^2}$$

$$= 9\times10^9 \cdot \frac{Q}{r^2} = \frac{V}{r}[\text{V/m}]$$

$F = QE[\text{N}]$

전기장의 세기는 $+1[\text{C}]$가 있었을 때, 전하 Q와 작용하는 힘의 크기와 방향을 나타낸다.

4) 가우스의 정리

전기력선의 총수는 $\frac{Q}{\varepsilon}$개이다.

이것으로 전기력선 밀도(=전기장의 세기)를 알 수 있다.

5) 전속 밀도

$$D = \frac{Q}{A}[\text{C/m}^2]$$

6) 전속 밀도와 전기장의 세기와의 관계

$D = \varepsilon E\,[\text{C/m}^2]$(유전체 안에서)

7) 전위

$Q[\text{J/C}]$의 전하에서 $r[\text{rpm}]$ 떨어진 점의 전위 V

$V = Er[\text{V}]$(균일한 전장 내)

❷ 정전용량과 정전에너지

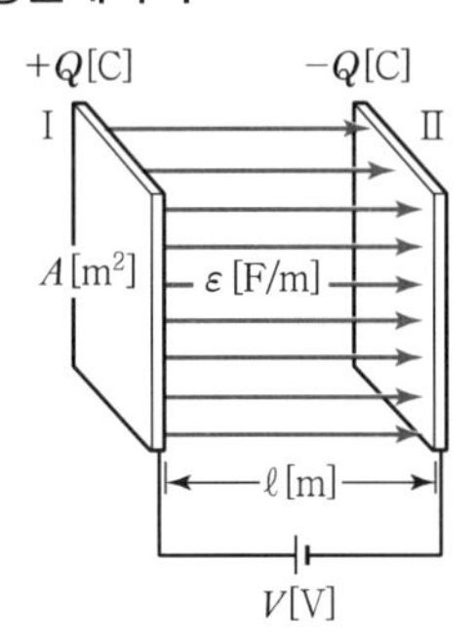

▎평행판 콘덴서▎

1) 콘덴서의 전하량 $Q = CV[\text{J/C}]$

2) 평행판 도체의 정전용량 $C = \varepsilon \frac{A}{\ell}[\text{F}]$

3) 정전에너지(Electrostatic Energy)

$$W = \frac{1}{2}QV = \frac{1}{2}\frac{Q^2}{C} = \frac{1}{2}CV^2[\text{J}]$$

4) 유전체 내의 에너지

정전에너지는 $W = \frac{1}{2}\varepsilon E^2\,[\text{J/m}^3](\because D = \varepsilon E)$

5) 정전 흡인력 $\therefore f \propto V^2$

❸ 콘덴서

▼ 콘덴서의 접속

접속	회로	합성 정전용량(C)	전압(V)	전하(Q)
직렬	C_1 C_2	$C = \frac{C_1 \times C_2}{C_1 + C_2}$	분배	일정
병렬	C_1 C_2	$C = C_1 + C_2$	일정	분배

4 자기의 성질과 전류에 의한 자기장

❶ 자석의 자기작용

1) 쿨롱의 법칙(Coulomb's law)

$$F = \frac{1}{4\pi\mu} \cdot \frac{m_1 m_2}{r^2} = 6.33\times10^4 \times \frac{m_1 m_2}{r^2}[\text{N}]$$

투자율 $\mu = \mu_0 \times \mu_s[\text{H/m}]$

(진공 중의 투자율 $\mu_0 = 4\pi\times10^{-7}[\text{H/m}]$)

▼ 전기와 자기의 비교

전기	자기
전하 Q[C]	자하 m[Wb]
+, − 분리 가능	N, S 분리 불가
쿨롱의 법칙 $F=\frac{1}{4\pi\varepsilon}\cdot\frac{Q_1Q_2}{r^2}$[N]	쿨롱의 법칙 $F=\frac{1}{4\pi\mu}\cdot\frac{m_1m_2}{r^2}$[N]
유전율 $\varepsilon=\varepsilon_0\cdot\varepsilon_s$ [F/m]	투자율 $\mu=\mu_0\cdot\mu_s$ [H/m]
전기장(전장, 전계)	자기장(자장, 자계)
전기장의 세기 $E=\frac{1}{4\pi\varepsilon}\cdot\frac{Q}{r^2}$[V/m]	자기장의 세기 $H=\frac{1}{4\pi\mu}\cdot\frac{m}{r^2}$[AT/m]
$F=QE$[N]	$F=mH$[N]
전기력선	자기력선
가우스의 정리(전기력선의 수) $N=\frac{Q}{\varepsilon}$개	가우스의 정리(자기력선의 수) $N=\frac{m}{\mu}$개
전속 ψ(=전하)[C]	자속 ϕ(=자하)[Wb]
전속밀도 $D=\frac{Q}{A}=\frac{Q}{4\pi r^2}$[C/m²]	자속밀도 B[Wb/m²] $B=\frac{\Phi}{A}=\frac{Q}{4\pi r^2}$[Wb/m²]
전속밀도와 전기장의 세기의 관계 $D=\varepsilon E=\varepsilon_0\varepsilon_s E$[C/m²]	자속밀도와 자기장의 세기의 관계 $B=\mu H=\mu_0\mu_s H$[Wb/m²]

2) 자장의 세기

$$H=\frac{F}{m}=\frac{1}{4\pi\mu_0}\cdot\frac{m}{r^2}=\frac{NI}{\ell}[\mathrm{AT/m}]$$

$F=\mathrm{mH}$[N]

3) 가우스의 정리

자기력선의 총수는 $\frac{m}{\mu}$개이다. 이것으로 자기력선 밀도(=자기장의 세기)를 알 수 있다.

4) 자속밀도 $B=\frac{\Phi}{A}$[Wb/m²] ; [T]

5) 자속밀도와 자장의 세기와의 관계

$B=\mu H=\mu_0\mu_s H$[Wb/m²]

비투자율이 큰 물질일수록 자속을 잘 통한다.

6) 기자력

$NI=H\cdot\ell$[AT](ℓ : 자로의 길이)

❷ 전류에 의한 자기현상과 자기회로

1) 앙페르의 오른 나사의 법칙

전류에 의한 자기장의 방향을 결정

2) 전류에 의한 자기장의 세기

- 앙페르의 주회적분 법칙 $\sum H\Delta\ell=\sum I$
- 비오–사바르의 법칙 $\Delta H=\frac{I\Delta\ell}{4\pi r^2}\sin\theta$[AT/m]

3) 무한 직선 전류에 의한 자장 $H=\frac{I}{2\pi r}$[AT/m]

4) 원형 코일 중심의 자장 $H=\frac{NI}{2r}$[AT/m]

▼ 전기회로와 자기회로 비교

전기회로	자기회로
I[A], V[V], +, −, R[Ω]	I, N회, H, 철심, A, φ, ℓ
기전력 V[V]	기자력 $F=NI$[AT]
전류 I[A]	자속 ϕ[Wb]
전기저항 R[Ω]	자기저항 R[AT/Wb]
옴의 법칙 $R=\frac{V}{I}$[Ω]	옴의 법칙 $R=\frac{NI}{\phi}$[AT/Wb]

5 전자력과 전자유도

❶ 전자력

1) 플레밍의 왼손법칙

직류 전동기의 원리(회전방향)를 결정

(엄지 : F, 검지 : B, 중지 : I)

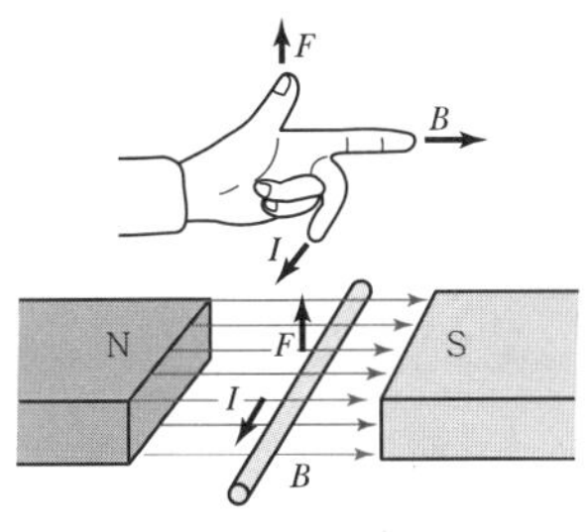

▌플레밍의 왼손법칙▐

2) 전자력의 크기 $F = BI\ell\sin\theta$[N]

3) 평행 도체 사이에 작용하는 힘의 방향

- 같은 방향의 전류에 의한 흡인력
- 반대 방향의 전류에 의한 반발력
- 두 도체 사이에 작용하는 힘 F는

$$F = \frac{2I_1I_2}{r} \times 10^{-7}[\text{N/m}]$$

❷ 전자유도

1) 유도 기전력의 방향

렌츠의 법칙(전자유도법칙) : 전자 유도에 의하여 발생한 기전력의 방향은 그 유도 전류가 만든 자속이 항상 원래의 자속의 증가 또는 감소를 방해하려는 방향이다.

2) 유도 기전력의 크기

패러데이 법칙(Faraday's law)

$$e = -N\frac{\Delta\Phi}{\Delta t} = -L\frac{\Delta I}{\Delta t}[\text{V}]$$ (− : 유도 기전력의 방향)

3) 변압기의 원리 : 전자 유도 법칙

4) 플레밍의 오른손법칙

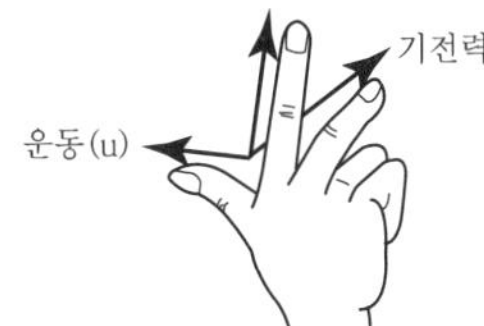

직류 발전기의 유도 기전력의 방향을 결정

(엄지 : u, 검지 : B, 중지 : e)

5) 직선 도체에 발생하는 기전력 $e = Blu\sin\theta$[V]

❸ 인덕턴스와 전자에너지

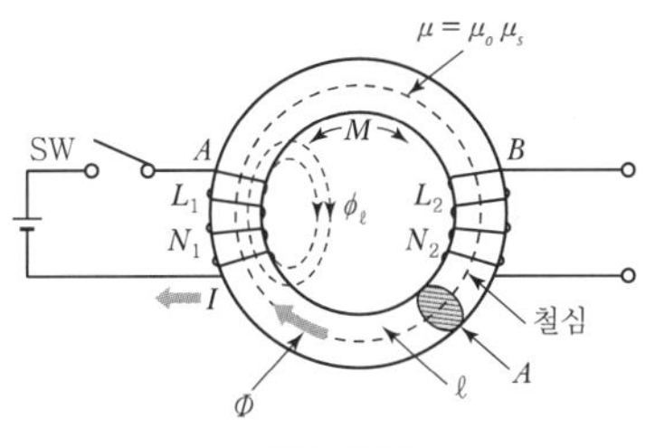

▌상호유도▐

1) 자체 인덕턴스

$$L = \frac{\mu AN^2}{\ell}[\text{H}] \qquad \therefore L \propto N^2$$

2) 상호 인덕턴스

$$M = k\sqrt{L_1L_2}[\text{H}],\ \text{결합계수 } k = \frac{M}{\sqrt{L_1L_2}}$$

k : 1차 코일과 2차 코일의 자속에 의한 결합의 정도 $(0 < k \leq 1)$

(누설 자속이 없다는 것은 $k=1$임을 의미한다.)

3) 합성 인덕턴스

$L_O = L_1 + L_2 \pm 2M$[H] (+ : 가동, − : 차동)

4) 코일에 축적되는 전자 에너지

$$W = \frac{1}{2}LI^2[J]$$

$$w = \frac{1}{2}\mu H^2[\text{J/m}^3]\ (\because B = \mu H[\text{Wb/m}^2])$$

5) 히스테리시스 곡선(Hysteresis Loop)

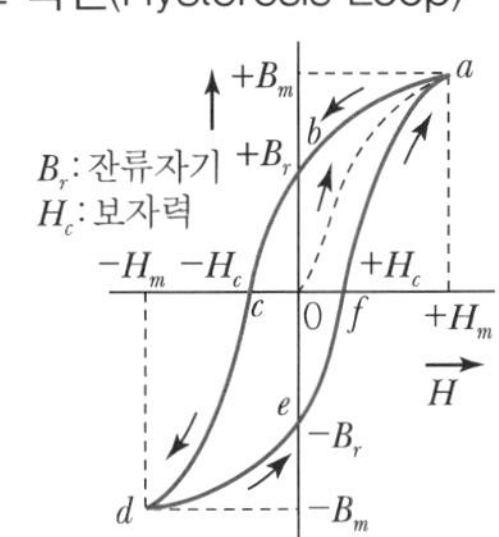

6 교류회로

❶ 교류회로의 기초

- 순시값 $v = V_m \sin\omega t$[V], $i = I_m \sin\omega t$[A]
  (기본형) 여기서, 각속도 $\omega = 2\pi f$[rad/sec]
- 평균값 $V_a = \frac{2}{\pi} V_m$[V]
- 실효값 $V = \frac{1}{\sqrt{2}} V_m$[V](일반적인 교류의 전압, 전류를 표시)

❷ 교류전류에 대한 RLC의 작용

구분	기본 회로	
	임피던스	위상
저항(R)만의 회로	R	전압과 전류는 동상이다.
인덕턴스(L)만의 회로	$X_L = \omega L = 2\pi f L$	전류는 전압보다 위상이 $\frac{\pi}{2}$(=90°) 뒤진다.
정전용량(C)만의 회로	$X_C = \frac{1}{\omega C} = \frac{1}{2\pi f C}$	전류는 전압보다 위상이 $\frac{\pi}{2}$(=90°) 앞선다.

❸ RLC 직렬회로

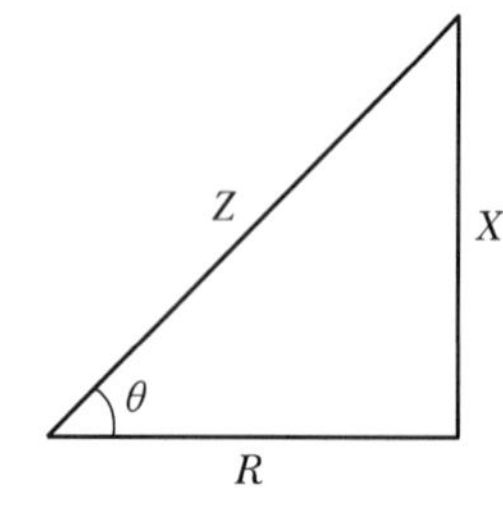

❙ RLC 직렬회로 암기내용 ❙

▼ RLC 직렬회로 요약정리

구분	$R-L$	$R-C$	$R-L-C$
임피던스	$\sqrt{R^2+(\omega L)^2}$	$\sqrt{R^2+\left(\frac{1}{\omega C}\right)^2}$	$\sqrt{R^2+\left(\omega L-\frac{1}{\omega C}\right)^2}$
위상각	$\tan^{-1}\frac{\omega L}{R}$	$\tan^{-1}\frac{1}{\omega CR}$	$\tan^{-1}\frac{\omega L-\frac{1}{\omega C}}{R}$
역률	$\frac{R}{\sqrt{R^2+(\omega L)^2}}$	$\frac{R}{\sqrt{R^2+\left(\frac{1}{\omega C}\right)^2}}$	$\frac{R}{\sqrt{R^2+\left(\omega L-\frac{1}{\omega C}\right)^2}}$
위상	전류가 뒤진다.	전류가 앞선다.	L이 크면 전류는 뒤진다. C가 크면 전류는 앞선다.

❹ RLC 병렬회로

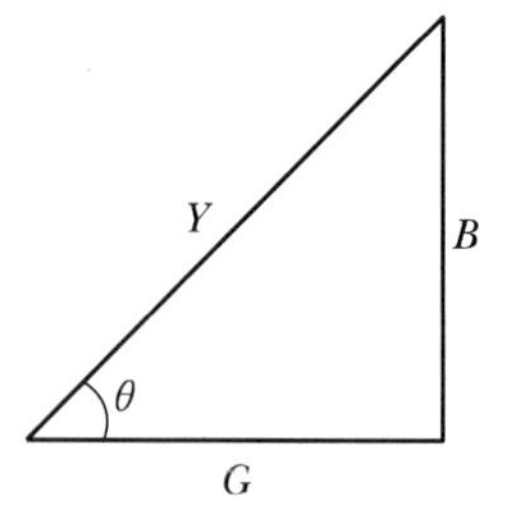

❙ RLC 병렬회로 암기내용 ❙

▼ RLC 병렬회로 요약 정리

구분	$R-L$	$R-C$	$R-L-C$
어드미턴스	$\sqrt{\left(\frac{1}{R}\right)^2+\left(\frac{1}{\omega L}\right)^2}$	$\sqrt{\left(\frac{1}{R}\right)^2+(\omega C)^2}$	$\sqrt{\left(\frac{1}{R}\right)^2+\left(\frac{1}{\omega L}-\omega C\right)^2}$
위상각	$\tan^{-1}\frac{R}{\omega L}$	$\tan^{-1}\omega CR$	$\tan^{-1}\frac{\frac{1}{\omega L}-\omega C}{\frac{1}{R}}$
역률	$\frac{\omega L}{\sqrt{R^2+(\omega L)^2}}$	$\frac{\frac{1}{\omega C}}{\sqrt{R^2+\left(\frac{1}{\omega C}\right)^2}}$	$\frac{1}{\sqrt{1+\left(\omega CR-\frac{R}{\omega L}\right)^2}}$
위상	전류가 뒤진다.	전류가 앞선다.	L이 크면 전류는 뒤진다. C가 크면 전류는 앞선다.

- 임피던스 및 어드미턴스

$\dot{Z}$ (임피던스)	=	R(저항)	$\pm jX$(리액턴스)	(+ : 유도성, − : 용량성)
↕ 역수		↕ 역수	↕ 역수	
$\dot{Y}$ (어드미턴스)	=	G(컨덕턴스)	$\mp jB$(서셉턴스)	(+ : 용량성, − : 유도성)

❺ 공진회로

구분	직렬공진	병렬공진
조건	$\omega L = \frac{1}{\omega C}$	$\omega C = \frac{1}{\omega L}$
공진의 의미	• 허수부가 0이다. • 전압과 전류가 동상이다. • 역률이 1이다. • 임피던스가 최소이다. • 흐르는 전류가 최대이다.	• 허수부가 0이다. • 전압과 전류가 동상이다. • 역률이 1이다. • 어드미턴스가 최소이다. • 흐르는 전류가 최소이다.
전류	$I = \frac{V}{R}$	$I = GV$
공진 주파수	$f_0 = \frac{1}{2\pi\sqrt{LC}}$	$f_0 = \frac{1}{2\pi\sqrt{LC}}$

❻ 교류 전력

- 유효전력 : $P = VI\cos\theta[W]$($\cos\theta$ 역률) : 소비기기, 소비전력
- 무효전력 : $P_r = VI\sin\theta[Var]$($\sin\theta$ 무효율)
- 피상전력 : $P_a = VI[VA]$: 공급기기
- 역률 : $\cos\theta = \dfrac{P}{P_a}$

7 3상 교류회로

1) 대칭 3상 교류의 조건
   - 기전력의 크기가 같을 것
   - 주파수가 같을 것
   - 파형이 같을 것
   - 위상차가 각각 $\frac{2}{3}\pi[rad]$일 것

2) 3상 회로의 결선

Y결선 : 스타(성형) 결선	Δ결선 : 델타(삼각) 결선
$V_\ell = \sqrt{3}V_P$ (30°, $\frac{\pi}{6}$ 위상이 앞섬) $I_\ell = I_P$	$V_\ell = V_P$ $I_\ell = \sqrt{3}I_P$ (30°, $\frac{\pi}{6}$ 위상이 뒤짐)

3) 부하 Y↔Δ 변환 $Z_\Delta = 3Z_Y$

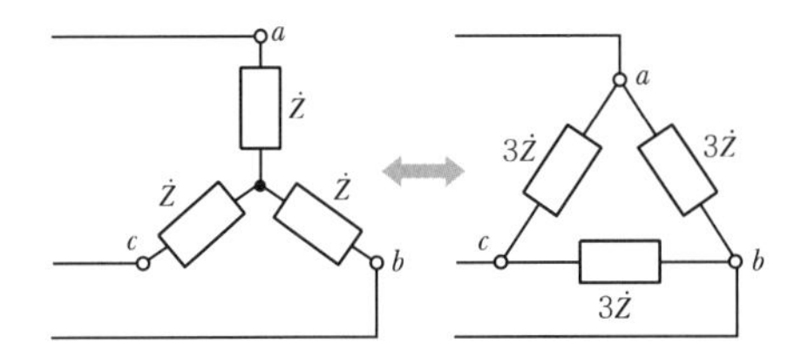

4) V결선
   - 이용률 $\dfrac{\sqrt{3}P_1}{2P_1} = 86.6[\%]$
   - 출력비 $\dfrac{\sqrt{3}P_1}{3P_1} = 57.7[\%]$

5) 3상 전력
   - 유효 전력 : $P = \sqrt{3}V_\ell I_\ell \cos\theta[W]$
   - 무효 전력 : $P = \sqrt{3}V_\ell I_\ell \sin\theta[Var]$
   - 피상 전력 : $P_a = \sqrt{3}V_\ell I_\ell[VA]$

8 비정현파와 과도현상

1) 비정현파 = 직류분 + 기본파 + 고조파

2) 정현파의 파형률 및 파고율
   - 파형률 $= \dfrac{실효값}{평균값} = \dfrac{\pi}{2\sqrt{2}} = 1.111$
   - 파고율 $= \dfrac{최대값}{실효값} = \sqrt{2} = 1.414$

3) 시정수
   - RL 직렬회로 $\tau = \dfrac{L}{R}$
   - RC 직렬회로 $\tau = RC$

TOPIC 02 전기기기

1 직류기

❶ 직류 발전기의 원리 : 플레밍의 오른손법칙

❷ 직류 발전기의 구조

1) 계자
   철손(히스테리시스손과 와류손)을 줄이기 위해 규소강판을 성층

2) 전기자
   전기자 철심과 도체

3) 공극
   공극이 넓으면 효율이 낮아짐

4) 정류자
   가장 중요 부분 교류를 직류로 변환

5) 브러시
   정류자면에 접촉하여 전기자 권선과 외부회로를 연결하는 것 → 전기 흑연 브러시(가장 많이 사용)

6) 전기자 권선법
   ① 중권(병렬권 $I\uparrow$) : $P = a$, 균압결선 필요
   ② 파권(직렬권 $V\uparrow$) : $a = 2$(a : 병렬회로수, P : 극수)

❸ 직류 발전기의 이론

1) 유도 기전력

$E = \frac{p}{a}\phi Z \frac{N}{60}$[V] (전기자 총 도체수 Z)

2) 전기자 반작용

부하전류에 의한 기자력이 주자속 분포에 영향을 주는 작용

① 전기자 반작용에 나타나는 현상

- 중성축 이동(편자작용) : 브러시에 불꽃을 발생
- 자속이 감소되어 유도 기전력이 감소(감자작용)

② 전자기 반작용을 없애는 방법

- 보상권선 설치(가장 유효한 방법)
- 보극 설치(경감법)
- 브러시 위치를 전기적 중성점으로 이동

3) 정류를 좋게 하는 방법

① 저항 정류 : 접촉저항이 큰 브러시 사용

② 전압 정류 : 보극 설치(또 다른 역할)

③ 정류 : 전기자 코일에 유도되는 교류를 직류로 변환

❹ 직류 발전기의 종류

1) 여자 방식에 따른 분류

영구자석G / 타여자G / 자여자G

2) 계자 권선의 접속 방법에 의한 분류

① 직권G : 계자 권선과 전기자를 직렬연결

② 분권G : 계자 권선과 전기자를 병렬연결

③ 복권G : 분권+직권 / 가동과 차동

❺ 직류 발전기의 특성

- 무부하 포화곡선 : 계자 전류 I_f – 유도 기전력 E
- 부하 포화곡선 : 계자 전류 I_f – 단자 전압 V
- 외부 특성곡선 : 부하 전류 I – 단자 전압 V

1) 타여자 발전기

전압강하가 적고, 전압을 광범위하게 조정하는 용도

2) 분권 발전기

① 잔류자기가 반드시 있어야 함(전압의 확립)

② 전압변동률이 적음

③ 운전 중 무부하가 되면 계자 권선에 큰전류가 흘러서 계자 권선 고전압 유기됨(권선 소손)

3) 직권 발전기

무부하 상태에서는 발전불가능

4) 복권 발전기

차동 복권 발전기 – 수하특성으로 용접기용 전원으로 사용

❻ 직류 발전기의 운전

1) 기동법

계자저항을 최대로 하고 운전시작

2) 전압조정

$E = \frac{p}{a}\phi Z \frac{N}{60}$[V]에서 자속을 조정

3) 병렬 운전 조건

① 유도 기전력이 같을 것

② 외부 특성 곡선이 일치할 것

③ 수하 특성일 것 → 직권, 복권G : 수하특성이 없으므로 균압모선 사용

❼ 직류 전동기의 원리 : 플레밍의 왼손법칙

❽ 직류 전동기의 이론

- 회전수 : $N = \frac{V - r_a I_a}{K\phi}$
- 토크 : $T \propto \phi \cdot I_a$
- 기계적 출력 : $P_o = 2\pi \frac{N}{60} T$[W]

❾ 직류 전동기의 종류 및 구조

직류 발전기와 똑같다.

❿ 직류 전동기의 특성

1) 타여자 전동기

운전 중 계자전류가 0이 되면 위험속도가 되므로 계자회로에 퓨즈사용 금지

2) 분권 전동기 : 정속도 특성

3) 직권 전동기

① 운전 중 무부하가 되면, 회전속도가 상승하여 위험하므로 무부하 운전이나 벨트운전 금지

② 부하 증가에 따라서 속도가 급격히 상승하는 특성이므로 기동이 잦은 부하에 적합

4) 복권 전동기

분권과 직권의 중간특성

⑪ 직류 전동기의 운전

1) 기동

기동전류를 낮추기 위해 전기자에 직렬로 기동저항 연결

→ 기동 시 기동저항은 최대, 계자저항은 최소로 하여 기동토크유지

2) 속도제어 : $N = K\frac{V - I_a R_a}{\phi}$

① 계자제어 : 자속 ϕ을 계자저항으로 조정 → 정출력제어

② 저항제어 : R_a 값을 조정
(전력소모와 속도조정범위 좁음)

③ 전압제어 : V값을 조정(워드레오너드방식)
→ 정토크제어

3) 제동

① 발전제동 : 제동 시 발전된 전력을 저항으로 소비

② 회생제동 : 발전된 전력을 다시 전원으로 환원

③ 역전제동(플러깅) : 역회전으로 제동 → 급정지에 사용

⑫ 직류기의 손실

1) 동손(P_c)

부하전류에 의한 권선에서 생기는 줄열

2) 철손(P_i)

히스테리시스손+와류손

⑬ 직류기 효율

- 발전기, 변압기 규약효율

$$\eta_G = \frac{출력}{출력 + 손실} \times 100[\%]$$

- 전동기 규약효율

$$\eta_M = \frac{입력 - 손실}{입력} \times 100[\%]$$

2 동기기

❶ 동기 발전기의 원리

1) 회전전기자형

플레밍의 오른손법칙

2) 회전계자형

렌쯔의 전자유도법칙(주로 사용됨)

3) 동기속도

$$N_s = \frac{120f}{P}[\text{rpm}]\ (P : 극수)$$

❷ 동기 발전기의 구조

1) 회전 계자형

고정자 → 전기자, 회전자 → 계자

2) 수소냉각

전폐 냉각형으로 냉각매체로 수소를 사용

① 밀도가 공기의 약 7[%]이므로 풍손이 1/10로 감소

② 열전도율이 공기의 약 6.7배로 출력 25[%] 정도 증대

③ 불활성기체, 소음이 적어짐(전폐형)

④ 단점으로 설비 비용이 높아짐

3) 전기자 권선법

① 분포권 : 1극 1상당 슬롯수가 2개 이상인 것
기전력의 파형이 좋아지고, 열이 분산됨

② 단절권 : 코일간격을 자극간격보다 작게 하는 것
파형이 좋아지고, 동량이 적어짐

③ 권선계수=분포계수×단절계수

❸ 동기 발전기의 이론

1) 유도 기전력

$E = 4.44 f N\phi[\text{V}]$

2) 전기자 반작용

부하전류에 의한 자속이 주자속에 영향을 주는 작용

① 교차자화작용 : 저항부하, 주자속과 부하전류에 의한 자속이 직각

② 감자작용 : 리액터부하, 부하전류에 의한 자속이 주자속을 감소시키는 작용

③ 증자작용 : 콘덴서부하, 부하전류에 의한 자속이 주자속을 증가시키는 작용 → 자기여자현상

3) 동기 발전기의 출력

$$P_s = \frac{VE}{x_s}\sin\delta[\mathrm{W}]$$

(기전력 E, 단자전압 V의 부하각 δ)

❹ 동기 발전기의 특성

1) 단락비

무부하포화곡선과 3상 단락곡선에서 구함
→ 동기임피던스의 역수

2) 단락비가 큰 발전기

① 전기자 반작용이 작아서 전압 변동률도 작다.
② 공극이 큼 : 중량이 무겁고, 비싸다. 기계적 안정성 확보
③ 기계에 여유가 있으며 과부하내량이 크다.

❺ 동기 발전기의 병렬 운전

① 기전력의 크기가 같을 것
② 기전력의 위상이 같을 것(동기검정기로 확인)
③ 기전력의 주파수가 같을 것
④ 기전력의 파형이 같을 것

❻ 난조의 발생과 대책

1) 난조

부하가 갑자기 변하면 동기화력에 의해 진동이 발생하여 계속 진동하는 현상

2) 원인 → 방지법

- 조속기 감도가 예민한 경우 → 조속기를 둔하게 함
- 원동기에 고조파 토크가 포함 → 고조파 토크를 제거함
- 전기자저항이 큰 경우 → 전기자저항을 작게 함

3) 방지법

제동권선을 설치

❼ 동기 전동기 원리

회전자계에 의한 자기적인 이끌림

❽ 위상특성곡선(V 곡선)

동기 전동기에 여자 전류를 가변하여, 전류의 위상차를 변화시킬 수 있다. 전력 계통에서 동기 조상기로 이용

① **부족여자** : 지상 전류가 증가하여 리액터의 역할
② **과여자** : 진상 전류가 증가하여 콘덴서 역할

❾ 동기 전동기의 기동법

동기 전동기는 동기 속도로 회전하고 있을 때만 토크를 발생하므로 기동토크는 0이다.

① **자기 시동법** : 기동 권선을 이용함 → 기동방법이 복잡함
② **타 기동법** : 유도전동기를 사용할 경우 극수가 2극 작은 것 사용 → 기동용 전동기가 더 빨라야 하기 때문

❿ 동기 전동기의 특징

1) 장점

① 속도 불변
② 역률을 조정할 수 있다. → 동기 조상기
③ 공극이 넓으므로 기계적으로 견고하다.

2) 단점

① 직류 전원 장치가 필요하고, 가격이 비싸다.
② 난조가 발생하기 쉽다.

3 변압기

❶ 변압기의 원리

전자 유도 작용(렌쯔의 법칙)

❷ 변압기의 구조

규소강판을 성층한 철심에 2개의 권선

1) 변압기의 분류

내철형, 외철형, 권철심형

2) 변압기의 재료

규소강판을 성층하여 사용 → 철손감소

3) 권선법

① **직권** : 철심에 직접권선을 감는 방법(주상변압기)
② **형권** : 권형에 코일을 감은 방법. 중대형

4) 부싱

기기의 구출선을 외함에 끌어내는 절연단자(콤파운드 부싱이 주로 사용)

❸ 변압기유

1) 구비조건

① 절연 내력이 클 것
② 비열이 클 것
③ 인화점이 높고, 응고점이 낮을 것
④ 절연 재료와 화학 작용을 일으키지 않을 것
⑤ 고온에서도 산화하지 않을 것

2) 변압기유의 열화방지 대책

① 브리더 → 산소와 습기 차단
② 콘서베이터 → 질소로 봉입
③ 부흐홀츠 계전기 → 기름흐름이나 기포감지
④ 차동 계전기, 비율 차동 계전기(변압기 내부고장 검출)

❹ 변압기의 이론

1) 권수비

$$a = \frac{N_1}{N_2} = \frac{V_1}{V_2} = \frac{I_2}{I_1}$$

$$a^2 = \frac{Z_{12}}{Z_{21}} = \frac{\text{1차를 2차로 환산한 } Z}{\text{2차를 1차로 환산한 } Z}$$

2) 변압기여자 전류가 비정현파(첨두파)가 되는 현상

변압기 철심의 자기포화현상과 히스테리시스 현상

❺ 변압기의 특성

1) 전압 변동률

$$\varepsilon = \frac{V_{2O} - V_{2n}}{V_{2n}} \times 100[\%] \fallingdotseq p\cos\theta + q\sin\theta[\%]$$

$$\varepsilon_{\max} = \sqrt{p^2 + q^2}[\%]$$

(%저항강하 p, %리액턴스강하 q)

2) 손실

① 무부하손(철손) : $P_i = P_h + P_e$

- 히스테리시스손 : $P_h \propto f B_m^{1.6}$[W/kg](50[%] 이상)
- 맴돌이손(와류손) : $P_e \propto (tfB_m)^2$[W/kg]

② 부하손(동손) : $P_c = (r_1 + a^2 r_2) \cdot I_1^{\,2}$[W]

3) 규약효율

$$\eta = \frac{\text{출력}}{\text{출력} + \text{손실}} \times 100[\%]$$

4) 최대 효율 조건

철손과 동손이 같을 때의 부하

❻ 변압기의 극성

감극성과 가극성 중 감극성이 표준

❼ 단상변압기로 3상 결선

1) $\Delta - \Delta$ 결선

① 제3고조파가 발생하지 않음
② V결선 운전가능
③ 중성점접지 할 수 없음

2) Y－Y 결선

① 중성점을 접지
② 절연이 용이
③ 제3고조파 발생

3) Δ－Y결선

승압용 변압기

4) Y－Δ결선

강압용 변압기

5) V－V결선

$$\text{출력비} = \frac{P_V}{P_\triangle} = \frac{\sqrt{3}P}{3P} = 0.577$$

$$\text{이용률} = \frac{\sqrt{3}P}{2P} = 0.866$$

❽ 병렬운전 조건

① 극성이 같을 것
② 정격전압이 같을 것
③ 백분율 임피던스 강하가 같을 것
④ r/x 비율이 같을 것

❾ 3상 변압기군의 병렬운전 조건

(“Δ”나 “Y”가 짝수－가능, 홀수－불가능)

❿ 변압기의 시험

1) 온도시험

반환부하법, 단락시험법

2) 절연내력시험

① 변압기유 절연파괴 전압시험

② 가압시험(절연저항확인)

③ 유도시험(층간절연확인)

④ 충격전압시험(절연파괴확인)

⑪ 특수 변압기

1) 3권선 변압기

1개의 철심에 3권선이 감겨 있는 변압기

① 선로조상기

② 구내전력 공급용

③ 전력계통의 연계용

2) 단권 변압기

권선 하나의 도중에 탭을 만들어 사용한 것

3) 계기용 변성기

높은 전압과 전류를 측정하기 위한 변압기

① **계기용 변압기**(PT) : 전압 측정용(2차측 110[V])

② **계기용 변류기**(CT) : 전류 측정용(2차측 5[A])

⇒ 2차측 개방시 고압이 유기되어 위험함

4) 누설변압기 : 용접용 변압기에 이용

4 유도전동기

❶ 유도전동기 원리 : 아라고 원판

회전자계의 속도 $N_s = \dfrac{120f}{P}$[rpm]

❷ 3상 유도전동기의 구조

1) 고정자

프레임, 철심, 권선(대부분이 2층권)

2) 회전자

규소강판을 성층하여 제작

① **농형 회전자** : 회전자 둘레의 홈에 구리 막대를 넣어서 원통모양으로 접속한 것. 축방향에 비뚤어져 있는데, 소음발생을 억제하는 효과

② **권선형 회전자** : 회전자 둘레의 홈에 3상 권선을 넣어서 결선한 것. 슬립 링을 통해 기동 저항기와 연결하여 기동전류 감소와 속도조정 용이

3) 공극

공극이 크면 기계적으로 안전하지만, 역률이 낮아짐

❸ 3상 유도 전동기의 이론

1) 회전수와 슬립

① 슬립은 동기속도와 회전자 속도의 차에 대한 비

슬립 $S = \dfrac{N_s - N}{N_s} = 1 - \dfrac{N}{N_s}$

② 슬립 $s=1$이면 정지상태이고, $s=0$이면 동기속도로 회전

2) 2차 회로 주파수

$f_{2s} = s\,f_1$[Hz]

3) 전력의 변환

$P_2 : P_{c2} : P_o = 1 : S : (1-S)$

$\eta_2 = \dfrac{P_o}{P_2}$ $\eta = \dfrac{P_o}{P_1}$

4) 토크

$P_o = \omega T = 2\pi \cdot \dfrac{N}{60} T$[W]

$T = \dfrac{60}{2\pi} \cdot \dfrac{P_o}{N}$[N·m]

❹ 비례추이

권선형 유도전동기에서 2차 저항의 변화에 따라 슬립이 비례해서 변화하는 것

$\dfrac{r_2}{S} = \dfrac{mr_2}{mS} = \dfrac{r_2 + R}{S'}$

❺ 기동 방법

1) 농형 유도전동기의 기동법

① 전전압 기동 : 소용량에 채용 → 직입기동

② 리액터 기동 : 소용량에 채용

③ Y－Δ기동법 : 중용량에 쓰이며, 기동 전류가 1/3로 감소하지만, 기동 토크도 1/3로 감소

④ 기동 보상기법 : 대용량 전동기에 채용

2) 권선형 유도 전동기의 기동법(2차 저항법)

2차 회로에 가변 저항을 접속하고 비례추이의 원리에 의하여 큰 토크로 기동하고 기동전류도 억제

❻ 속도 제어

1) 2차 저항 가감법

권선형 유도 전동기에서 비례추이를 이용

2) 주파수 변환법

주파수를 변화시켜 동기속도를 바꾸는 방법(VVVF제어)

3) 극수 변환법

권선의 접속을 바꾸어 극수를 바꾸면 단계적이지만 속도를 바꿀 수 있다.

4) 2차 여자제어

2차 저항제어를 발전시킨 형태로 저항에 의한 전압강하 대신에 반대의 전압을 가하여 전압강하가 일어나도록 한 것으로 효율이 좋음

❼ 제동법

발전제동/역상제동(플러깅)/회생제동/단상제동/직류제동

❽ 단상 유도전동기

- 기동토크의 크기에 따라 성능이 결정됨
- 기동토크가 큰 순서 : 반발형 → 콘덴서형 → 분상형 → 셰이딩형

1) 분상 기동형

기동권선은 주권선보다 가는 코일을 적은 권수로 감은 형태로 기동

2) 콘덴서 전동기

① 콘덴서 기동형 : 기동권선에 직렬로 콘덴서를 넣은 형태로 큰 시동 토크를 얻을 수 있음

② 영구 콘덴서형 : 가격이 싸고, 선풍기, 냉장고, 세탁기 등에 사용

3) 셰이딩 코일형

고정자의 일부에 틈을 만들어 여기에 셰이딩 코일이라는 동대로 만든 단락 코일을 끼워 넣은 형태. 극소형 기기로 회전방향을 바꿀 수 없음

4) 반발형 전동기

회전자에 정류자를 갖고 있고 브러시를 단락하면 기동 시에 큰 토크가 생김

5 정류기 및 제어기기

❶ 반도체

1) PN접합과 정류

PN접합 반도체는 정류작용을 함

2) 온도특성

소자의 온도를 높이면, 순 · 역방향 전류가 증가하는 성질이 있음

❷ 단상 정류회로

① 반파 정류 평균치 $V_a = \frac{1}{\pi} V_m = \frac{\sqrt{2}}{\pi} V[V]$

② 전파 정류 평균치 $V_a = \frac{2}{\pi} V_m = \frac{2\sqrt{2}}{\pi} V[V]$

❸ 맥동률

정류된 직류 속에 포함되어 있는 교류성분의 정도

① 맥동률이 작을수록 좋은 직류파형

② 맥동률이 작은 순서

3상전파정류 → 3상반파정류 → 단상전파정류 → 단상반파정류

❹ SCR(사이리스터)

① PNPN의 4층 구조를 기본구조로 하는 반도체 소자

② 순방향 전압을 가한 상태에서 게이트에 전압을 걸면 통전

❺ 트라이액(TRIAC)

2개의 SCR를 역병렬로 연결한 것

❻ GTO

초퍼제어에 사용

❼ 전력 변환기

① 컨버터 회로(교류 → 직류 전력 변환기)

② 초퍼 회로(직류 → 직류 전력 변환기)

③ 인버터(직류 → 교류 전력 변환기)

TOPIC 03 전기설비

1 배선재료 및 공구

❶ 전선 및 케이블

1) 전선

① 전선의 구비조건

- 도전율이 크고, 기계적 강도가 클 것
- 신장률이 크고, 내구성이 있을 것
- 비중(밀도)이 작고, 가선이 용이할 것
- 가격이 저렴하고, 구입이 쉬울 것

② 연선

- 총 소선수 : $N=3n(n+1)+1$
- 연선의 바깥지름 : $D=(2n+1)d$

2) 전선의 종류와 용도

명칭	약호
450/750[V] 일반용 단심 비닐절연전선	NR
450/750[V] 일반용 유연성 비닐절연전선	NF
300/500[V] 기기 배선용 단심 비닐절연전선(70℃)	NRI(70)
300/500[V] 기기 배선용 유연성 단심 비닐절연전선(70℃)	NFI(70)
300/500[V] 기기 배선용 단심 비닐절연전선(90℃)	NRI(90)
300/500[V] 기기 배선용 유연성 단심 비닐절연전선(90℃)	NFI(90)
750[V] 내열성 고무 절연전선(110℃)	HR(0.75)
300/500[V] 내열 실리콘 고무 절연전선(180℃)	HRS
옥외용 비닐절연전선	OW
인입용 비닐절연전선	DV
형광방전등용 비닐전선	FL
비닐절연 네온전선	NV
6/10[kV] 고압 인하용 가교 폴리에틸렌 절연전선	PDC
6/10[kV] 고압 인하용 가교 EP 고무절연전선	PDP

3) 허용전류

전류의 줄열로 절연체 절연이 약화되기 때문에 전선에 흐르는 한계전류

동일관내의 전선수	전류 감소계수
3 이하	0.70
4	0.63
5 또는 6	0.56
7 이상 15 이하	0.49

❷ 배선재료 및 기구

1) 플러그

명칭	용도
멀티 탭	하나의 콘센트에 2~3가지의 기구를 사용
테이블 탭	코드의 길이가 짧을 때 연장하여 사용

2) 과전류 차단기

① 과전류 차단기의 시설 금지 장소

- 접지공사의 접지선
- 다선식 전로의 중성선
- 제2종 접지공사를 한 저압 가공 전로의 접지측 전선

② 과전류 차단기용 배선용 차단기 동작특성 : 정격전류의 1배의 전류로 자동적으로 동작하지 않아야 한다.

③ 차단기의 정격용량 : ($\sqrt{3}$: 3상)×정격차단전압×정격차단전류

④ 과전류 차단기용 퓨즈

- 저압퓨즈는 정격전류 1.1배의 전류에 견디고, 1.6배 및 2배의 과전류가 흐를 때는 정해진 표에 의한다.
- 고압퓨즈 특성
  - 비포장 퓨즈는 정격전류 1.25배에 견디고, 2배의 전류로는 2분 안에 용단
  - 포장 퓨즈는 정격전류 1.3배에 견디고, 2배의 전류로는 120분 안에 용단

3) 누전 차단기(ELB)

누전이 발생했을 때 이를 감지하고, 자동적으로 회로를 차단하는 장치

❸ 전기공사용 공구

1) 게이지

① 마이크로미터 : 전선의 굵기, 철판, 구리판 등의 두께를 측정하는 것

② 와이어 게이지 : 전선의 굵기를 측정하는 것

③ 버니어 캘리퍼스 : 둥근 물건의 외경이나 파이프 등의 내경과 깊이를 측정하는 것

2) 공구

① 와이어 스트리퍼 : 절연 전선의 피복 절연물을 벗기는 자동공구

② 토치 램프 : 전선 접속의 납땜과 합성수지관의 가공에 열을 가할 때 사용하는 것
③ 펌프 플라이어 : 금속관 공사의 로크너트를 죌 때 사용
④ 플레셔 툴 : 솔더리스 커넥터 또는 솔더리스 터미널을 압착하는 공구
⑤ 벤더 및 히키 : 금속관을 구부리는 공구
⑥ 오스터 : 금속관 끝에 나사를 내는 공구
⑦ 녹아웃 펀치 : 캐비닛에 구멍을 뚫을 때 필요한 공구
⑧ 리머 : 금속관을 쇠톱이나 커터로 끊은 다음, 관 안에 날카로운 것을 다듬는 공구
⑨ 드라이브이트 툴 : 화약의 폭발력을 이용하여 철근 콘크리트에 드라이브이트 핀을 박을 때 사용
⑩ 홀소 : 녹아웃 펀치와 같은 용도로 배 · 분전반 등의 캐비닛에 구멍을 뚫을 때 사용
⑪ 피시테이프 : 전선관에 전선을 넣을 때 사용되는 평각 강철선
⑫ 철망 그립 : 여러 가닥의 전선을 전선관에 넣을 때 사용하는 공구

❹ 전선접속

▼ 전선의 접속 요건

- 접속 시 전기적 저항을 증가시키지 않는다.
- 접속부위의 기계적 강도를 20% 이상 감소시키지 않는다.
- 접속점의 절연이 약화되지 않도록 테이핑 또는 와이어 커넥터로 절연한다.
- 전선의 접속은 박스 안에서 하고, 접속점에 장력이 가해지지 않도록 한다.

1) 직선 접속

① 단선의 직선 접속
- 6[mm²] 이하의 가는 단선 : 트위스트 접속
- 3.2[mm] 이상의 굵은 단선 : 브리타니아 접속

② 연선의 접속
- 권선 접속 : 접속선을 사용하여 접속
- 단권 접속 : 소손 자체를 감아서 접속하는 방법
- 복권 접속 : 소선 자체를 전부 한꺼번에 감는 방법

2) 종단접속

쥐꼬리 접속(박스 안에 가는 전선을 접속할 때)

❺ 납땜과 테이프

1) 납땜

슬리브나 커넥터를 쓰지 않고 전선을 접속했을 때에는 반드시 납땜

2) 테이프

① 면 테이프 : 가제 테이프에 검은색 점착성의 고무 혼합물을 양면에 함침시킨 것
② 고무 테이프 : 테이프를 2.5배로 늘려가면서 테이프 폭이 반 정도가 겹치도록 감는다.
③ 비닐 테이프 : 테이프 폭의 반씩 겹치게 하고, 다시 반대 방향으로 감아서 4겹 이상 감는다.
④ 리노 테이프 : 점착성은 없으나 절연성, 내온성 및 내유성이 있으므로 연피 케이블 접속에는 반드시 사용
⑤ 자기 융착 테이프 : 내오존성, 내수성, 내약품성, 내온성이 우수해서 오래도록 열화하지 않기 때문에 비닐 외장 케이블 및 클로로프렌 외장 케이블의 접속에 사용된다.

2 옥내배선공사

❶ 애자사용배선

① 애자는 절연성, 난연성 및 내수성이 있는 재질을 사용
② 지지점 간의 거리는 2[m] 이하
③ 전선의 이격거리

구분	400[V] 미만	400[V] 이상
전선 상호 간의 거리	6[cm] 이상	6[cm] 이상
전선과 조영재와의 거리	2.5[cm] 이상	4.5[cm] 이상 (건조 2.5[cm] 이상)

❷ 몰드 배선공사 : 사용 전압은 400[V] 미만

1) 합성수지 몰드 배선

홈의 폭과 깊이가 3.5[cm] 이하, 두께는 2[mm] 이상(사람이 쉽게 접촉될 우려가 없을 때 폭 5[cm] 이하, 두께 1[mm] 이상)

2) 금속 몰드 배선(1종 금속 몰드)

지지점의 거리 1.5[m] 이하

3) 레이스 웨이 배선(2종 금속 몰드)

전선은 몰드 내 단면적의 20[%] 이하

❸ 합성수지관 배선

1) 합성수지관의 특징

① 절연성과 내부식성이 우수하고, 재료가 가볍기 때문에 시공이 편리

② 관이 비자성체이므로 접지할 필요가 없고, 피뢰기 · 피뢰침의 접지선 보호에 적당

③ 열에 약할 뿐 아니라, 충격 강도가 떨어지는 결점

2) 합성수지관의 종류

① 경질비닐 전선관
- 관의 굵기를 안지름의 크기에 가까운 짝수로 표시
- 지름 14~82[mm]으로 9종(14, 16, 22, 28, 36, 42, 54, 70, 82[mm])
- 한 본의 길이는 4[m]로 제작

② 폴리에틸렌 전선관(PE관) : 배관작업에 토치램프로 가열할 필요가 없다.

③ 합성수지제 가요전선관(CD관)
- 가요성이 뛰어나므로 굴곡된 배관작업에 공구가 불필요하며 배관작업이 용이
- 관의 내면이 파부형이므로 마찰계수가 적어 굴곡이 많은 배관 시에도 전선의 인입이 용이

3) 합성수지관의 시공

① 관의 지지점 간의 거리는 1.5[m] 이하

② 단선은 지름 10[mm^2](알루미늄선은 16[mm^2]) 이하를 사용

③ L형 곡률 반지름은 관 안지름의 6배 이상

④ 관 접속시 들어가는 관의 길이는 관 바깥지름의 1.2배 이상(접착제를 사용할 때는 0.8배 이상)

4) 합성수지관(금속전선관)의 굵기 선정

배선 구분	전선관 굵기 선정
동일 굵기의 전선을 동일관 내에 넣을 경우	전선관 내단면적의 48% 이하 선정
굵기가 다른 전선을 동일관 내에 넣는 경우	전선관 내단면적의 32% 이하 선정

❹ 금속전선관 배선

1) 금속전선관의 특징

① 전선이 기계적으로 완전히 보호

② 단락 사고, 접지 사고 등에 있어서 화재의 우려가 적다.

③ 접지공사를 완전히 하면 감전의 우려가 없다.

④ 방습 장치를 할 수 있으므로, 전선을 내수적으로 시설할 수 있다.

⑤ 전선이 노후되었을 경우나 배선 방법을 변경할 경우에 전선의 교환이 쉽다.

2) 금속전선관 종류

구분	관의 호칭	관의 종류[mm]	특징
후강 전선관	안지름의 크기에 가까운 짝수	16, 22, 28, 36, 42, 54, 70, 82, 92, 104(10종류)	두께가 2.3[mm] 이상으로 두꺼운 금속관
박강 전선관	바깥 지름의 크기에 가까운 홀수	15, 19, 25, 31, 39, 51, 63, 75(8종류)	두께가 1.2[mm] 이상으로 얇은 금속관

① 한 본의 길이 : 3.66[m]

② 관의 두께와 공사
- 콘크리트에 매설하는 경우 : 1.2[mm] 이상
- 기타의 경우 : 1[mm] 이상

3) 금속전선관의 시공

① L형 곡률 반지름은 관 안지름의 6배 이상

② 지지점 간의 거리는 2[m] 이하

4) 금속전선관 시공용 부품

① 로크 너트 : 전선관과 박스를 죄기 위하여 사용

② 절연 부싱 : 전선의 절연 피복을 보호하기 위하여 금속관 끝에 취부

③ 엔트러스 캡 : 저압 가공 인입선의 인입구에 사용

④ 유니온 커플링 : 관 상호 접속용으로 관이 고정되어 있을 때 사용

⑤ 노멀 밴드 : 매입 배관의 직각 굴곡 부분에 사용

⑥ 유니버설 엘보 : 노출 배관 공사에서 관을 직각으로 굽히는 곳에 사용

⑦ 링리듀서 : 박스의 녹아웃 지름이 관 지름보다 클 때 사용

5) 금속전선관의 굵기 선정

① 전선은 단면적 6[mm²](알루미늄선은 16[mm²]) 이하 사용

② 교류회로에서는 1회로의 전선 모두를 동일관 내에 넣는 것이 원칙

6) 금속전선관의 접지

① 강 · 약전류 전선을 관에 시공할 때는 특별 제3종 접지공사 이외는 제3종 접지공사

② 접지공사 생략하는 경우(사용전압이 400[V] 미만)

- 건조하거나, 사람이 접촉할 우려가 없는 장소의 대지전압이 150[V] 이하, 8[m] 이하의 금속관
- 건조한 장소에 대지전압이 150[V]를 초과하고 4[m] 이하의 전선관

❺ 가요전선관 배선

1) 작은 증설 배선, 안전함과 전동기 사이의 배선, 엘리베이터, 기차나 전차 안의 배선 등의 시설

2) 금속제 가요전선관의 종류

① 제1종 금속제 가요전선관 : 플렉시블 콘디트

② 제2종 금속제 가요전선관 : 플리커 튜브

③ 호칭 : 안지름에 가까운 홀수

3) 시공

① 지지점 간의 거리는 1[m] 이하

② L형 곡률 반지름은 관 안지름의 6배 이상

4) 부속품

① 가요전선관 상호의 접속 : 스플릿 커플링

② 가요전선관과 금속관의 접속 : 콤비네이션 커플링

③ 가요전선관과 박스와의 접속 : 스트레이트 박스 커넥터, 앵글 박스 커넥터

❻ 덕트 배선

1) 금속덕트

① 폭 5[cm]를 넘고 두께 1.2[mm] 이상인 철판으로 제작

② 지지점 간의 거리는 3[m] 이하

③ 덕트의 끝부분은 막는다.

④ 전선은 단면적의 총합이 금속 덕트 내 단면적의 20[%] 이하(전광사인 장치, 출퇴 표시등, 기타 이와 유사한 장치 또는 제어회로 등의 배선에 사용하는 전선만을 넣는 경우에는 50[%] 이하)

2) 버스덕트

나도체를 절연물로 지지하고, 강판 또는 알루미늄으로 만든 덕트 내에 수용한 것

3) 플로어덕트

마루 밑에 매입하는 배선용의 덕트로 사용전압 400[V] 미만에서 사용

❼ 케이블 배선

1) 케이블을 구부리는 경우 굴곡부의 곡률 반지름

① 연피가 없는 케이블 : 케이블 바깥지름의 6배(단심인 것은 8배) 이상

② 연피가 있는 케이블 : 케이블 바깥지름의 12배(금속관 사용 시 15배) 이상

2) 케이블 지지점 간의 거리

① 수직방향 : 2[m] 이하(단, 캡타이어 케이블은 1[m])

② 수평방향 : 1[m] 이하

3 전선 및 기계기구의 보안공사

❶ 전압

1) 전압의 종류

저압	교류는 600[V] 이하, 직류는 750[V] 이하
고압	교류는 600[V]를 넘고 7,000[V] 이하 직류는 750[V]를 넘고 7,000[V] 이하
특고압	7,000[V]를 넘는 것

2) 옥내배선선로의 대지전압 제한 : 대지전압은 300[V] 이하

① 사용전압은 400[V] 미만일 것

② 사람이 쉽게 접촉할 우려가 없도록 할 것

③ 전로 인입구에는 누전차단기를 시설할 것

④ 백열전등 및 형광등 안전기는 옥내배선과 직접 접속하여 시설할 것

⑤ 전구소켓은 키나 점멸기구가 없는 것일 것

⑥ 2[kW] 이상의 부하는 옥내배선과 직접 시설하고, 전용의 개폐기 및 과전류 차단기를 시설할 것

3) 불평형 부하의 제한

① 단상 3선식 : 40[%] 이하

② 3상 3선식 또는 3상 4선식 : 30[%] 이하

4) 전압강하의 제한

표준전압의 2[%] 이하로 하는 것이 원칙(변압기에서 공급되는 경우에는 3[%] 이하)

❷ 간선

1) 간선의 굵기 결정

허용전류, 전압강하 및 기계적 강도를 고려하여 선정

전동기 정격전류	허용전류 계산
50[A] 이하	정격전류 합계의 1.25배
50[A] 초과	정격전류 합계의 1.1배

2) 수용률과 역률을 고려하여 수정된 부하 전류값 이상의 허용전류를 갖는 전선을 선정

건물의 종류	간선의 수용률[%]	
	10[kVA] 이하	10[kVA] 초과
주택, 아파트, 기숙사, 여관, 호텔, 병원	100	50
사무실, 은행, 학교	100	70

3) 간선의 보안

과전류 차단기 정격 : [전동기 정격전류 합계의 3배+일반 부하의 정격전류의 합]과 [간선의 허용전류의 2.5배 한 값] 중 작은 값으로 선정

❸ 분기회로

건물종류 및 부분	표준부하밀도[VA/m²]
공장, 공회장, 교회, 극장, 영화관	10
기숙사, 여관, 호텔, 병원, 음식점	20
주택, 아파트, 사무실, 은행, 백화점	30
계단, 복도, 세면장, 창고	5
강당, 관람석	10

❹ 변압기 용량 산정

1) 부하 설비 용량 산정

$$\text{수용률} = \frac{\text{최대수용전력}}{\text{총 부하설비용량 합계}} \times 100[\%]$$

$$\text{부등률} = \frac{\text{각 부하의 최대수용전력의 합계}}{\text{합성최대수용전력}}$$

$$\text{부하율} = \frac{\text{부하의 평균전력}}{\text{최대수용전력}} \times 100[\%]$$

2) 변압기 용량 산정

(합성)최대수용전력을 변압기 용량으로 산정

❺ 전로의 절연

1) 저압 전선로의 절연

▼ 옥내의 신규로 공사한 초기값은 1[MΩ] 이상

전로의 사용 전압의 구분	절연 저항 값
대지전압이 150[V] 이하의 경우	0.1[MΩ]
대지전압이 150[V]를 넘고 300[V] 이하의 경우	0.2[MΩ]
사용전압이 300[V]를 넘고 400[V] 미만인 경우	0.3[MΩ]
사용전압이 400[V] 이상 저압인 경우	0.4[MΩ]

옥외의 절연저항은 최대공급전류의 1/2,000을 초과하지 않도록 해야 한다.

$$\text{누설전류} \le \frac{\text{최대공급전류}}{2{,}000}$$

$$\text{옥외배선의 절연저항} \ge \frac{\text{사용전압}}{\text{누설전류}}[\Omega]$$

2) 고압 및 특고압 전로의 절연내력 시험전압

시험전압을 전로와 대지 간에 10분간 연속적으로 가하여 견디어야 한다.(다만, 케이블 시험에서는 시험전압 2배의 직류전압을 10분간 가하여 시험)

구분	시험전압 배율	시험 최저전압[V]
7[kV] 이하	1.5	500

❻ 접지공사

1) 접지의 목적

① 누설 전류로 인한 감전을 방지

② 고저압 혼촉 사고 시 높은 전류를 대지로 흐르게 하기 위함

③ 뇌해로 인한 전기설비나 전기기기 등을 보호하기 위함

④ 전로에 지락 사고 발생시 보호계전기를 신속하고, 확실하게 작동하도록 하기 위함

⑤ 이상 전압이 발생하였을 때 대지전압을 억제하여 절연강도를 낮추기 위함

2) 0.5초 이내에 자동적으로 전로를 차단하는 장치를 시설한 경우의 제3종과 특별 제3종 접지공사의 접지저항치

정격감도 전류	접지저항치
30[mA]	500[Ω]
50[mA]	300[Ω]
100[mA]	150[Ω]
200[mA]	75[Ω]
300[mA]	50[Ω]
500[mA]	30[Ω]

3) 접지선의 시설기준

① 접지극은 지하 75[cm] 이상의 깊이로 매설할 것

② 접지극을 지중에서 철주 등의 금속체로부터 1[m] 이상 떼어 매설할 것

③ 접지선은 지표상 60[cm]까지의 부분에는 절연전선, 케이블을 사용할 것

④ 지하 75[cm]로부터 지표상 2[m]까지의 부분을 두께 2[mm] 이상의 합성수지관으로 덮을 것

⑤ 수도관 접지극 사용 : 3[Ω] 이하의 접지저항을 가지고 있을 것

⑥ 철골 등 금속체 접지극 사용 : 2[Ω] 이하의 접지저항을 가지고 있을 것

▼ 접지공사 종류

접지종별	접지저항값	접지선의 굵기	적용기기
제1종 접지공사	10[Ω] 이하	6[mm^2] 이상의 연동선 10[mm^2] 이상(이동용)	피뢰기, 피뢰침 특고압 계기용 변성기 고압 이상 기계기구의 외함
제2종 접지공사	$\frac{150}{1선지락전류}$[Ω] 이하[주1)]	특고압에서 저압변성 : 16[mm^2] 이상 10[mm^2] 이상(이동용) 고압, 22.9[kV–Y][주2)]에서 저압변성 : 6[mm^2] 이상 10[mm^2] 이상(이동용)	변압기 2차측 중성점 또는 1단자 (고저압 혼촉으로 인한 사고방지)
제3종 접지공사	100[Ω] 이하	2.5[mm^2] 이상 연동선 0.75[mm^2](이동용)	고압용 계기용 변성기 400[V] 미만의 기기외함, 철대 금속제 전선관(400[V] 미만)
특별 제3종 접지공사	10[Ω] 이하	2.5[mm^2] 이상 연동선 1.5[mm^2](이동용)	400[V] 이상 기기 외함, 철대수중용 조명등

주1) 변압기의 혼촉 발생시 1초를 넘고 2초 이내에 자동으로 전로를 차단하는 장치를 설치할 때는 $\frac{300}{I_g}$

1초 이내에 자동으로 차단하는 장치를 설치할 때는 $\frac{600}{I_g}$

주2) 22.9[kV–Y] : 22.9[kV] 중성점 다중접지식 전로

❼ 피뢰기 설치공사

1) 피뢰기가 구비해야 할 성능

① 이상전압이 침입할 때 파고값을 감소시키기 위해 방전 특성을 가질 것

② 이상전압 방전완료 이후 속류를 차단하여 절연의 자동 회복능력을 가질 것

③ 방전개시 이후 이상전류 통전시의 단자전압을 일정전압 이하로 억제할 것

④ 반복 동작에 대하여 특성이 변화하지 않을 것

2) 피뢰기의 구비조건

① 충격방전개시 전압이 낮을 것

② 제한 전압이 낮을 것

③ 뇌전류 방전능력이 클 것

④ 속류차단을 확실하게 할 수 있을 것

⑤ 반복동작이 가능하고, 구조가 견고하며 특성이 변화하지 않을 것

3) 피뢰기의 시설장소

① 발전소, 변전소 또는 이에 준하는 장소의 가공전선 인입구 및 인출구

② 가공전선로에 접속하는 특고압 배전용 변압기의 고압측 및 특고압측

③ 고압 또는 특고압 가공전선로로부터 공급을 받는 수용 장소의 인입구

④ 가공전선로와 지중전선로가 접속되는 곳

4 가공 인입선 및 배전선 공사

❶ 가공 인입선 공사

1) 가공 인입선

① 가공 전선로의 지지물에서 분기하여 다른 지지물을 거치지 아니하고 수용 장소의 붙임점에 이르는 가공 전선을 말한다.

② 인입선

- 지름 2.6[mm](경간 15[m] 이하는 2[mm])의 경동선을 사용할 것
- 옥외용 비닐전선(OW), 인입용 절연전선(DV) 또는 케이블일 것
- 길이는 50[m] 이하로 할 것(고압 및 특고압 길이는 30m를 표준)

2) 연접인입선

① 한 수용 장소의 인입선에서 분기하여 다른 지지물을 거치지 아니하고 다른 수용가의 인입구에 이르는 부분의 전선을 말한다.

② 시설 제한 규정

- 인입선에서의 분기하는 점에서 100[m]를 넘지 않도록 한다.
- 폭 5[m]를 넘는 도로를 횡단 금지
- 옥내 관통 금지
- 고압 연접인입선은 시설 금지

❷ 건주, 장주 및 가선

1) 건주

① 지지물을 땅에 세우는 공정

② 전주가 땅에 묻히는 깊이

㉠ 전주의 길이 15[m] 이하 : 전주 길이의 1/6 이상

㉡ 전주의 길이 15[m] 초과 : 2.5[m] 이상

㉢ 철근 콘크리트 전주로서 길이가 14[m] 이상 20[m] 이하이고, 설계하중이 6.8[kN] 초과 9.8[kN] 이하인 것은 위의 ㉠, ㉡의 깊이에 30[cm]를 가산

2) 지선

① 지선의 시공

- 지선밴드로 설치하고, 장력의 합성점에 가깝게 설치
- 지선애자는 감전을 방지하기 위하여 지표상 2.5[m] 되는 곳에 설치
- 지선의 부착 각도는 30~45[°]로 하되 60[°] 이하로 설치
- 지선용 철선은 4.0[mm] 아연도금 철선 3조 이상 또는 7/2.6[선/mm] 아연도금 철선을 사용하며, 안전율 2.5 이상, 허용 인장 하중 값은 440[kg] 이상으로 한다.
- 도로 횡단 시 지선의 높이는 5[m] 이상

② 지선의 종류

- 보통지선 : 일반적인 것으로 전주길이의 약 1/2 거리에 지선용 근가를 매설하여 설치
- 수평지선 : 보통지선을 시설할 수 없을 때 전주와 전주간, 또는 전주와 지주간에 설치
- 공동지선 : 두 개의 지지물에 공동으로 시설하는 지선
- Y지선 : 다단 완금일 경우, 장력이 클 경우, H주일 경우에 보통지선을 2단으로 설치하는 것

- 궁지선 : 장력이 적고 타 종류의 지선을 시설할 수 없는 경우에 설치

3) 장주

지지물에 전선 그 밖의 기구를 고정시키기 위하여 완금, 완목, 애자 등을 장치하는 공정

① 완금고정 : I볼트, U볼트, 암밴드를 사용하여 고정

② 암타이 : 완금이 상하로 움직이는 것을 방지

③ 암타이 밴드 : 암타이를 고정

4) 래크(Rack)배선

저압선의 경우에 전주의 수직방향으로 애자를 설치하는 배선

5) 주상 기구의 설치

① 주상 변압기 설치 : 행거 밴드를 사용하여 고정

② 변압기의 보호

- 컷아웃 스위치(COS) : 변압기의 1차측에 시설하여 변압기의 단락을 보호
- 캐치홀더 : 변압기의 2차측에 시설하여 변압기를 보호

③ 구분개폐기 : 전력계통의 사고 발생시에 구분개폐를 위해 2[km] 이하마다 설치

6) 가선 공사

① 합성 연선 : 두 종류 이상의 금속선을 꼬아 만든 전선으로 강심 알루미늄 연선(ACSR)

② 중공 연선 : 초고압 송전 선로에서는 코로나의 발생을 방지하기 위하여 단면적은 증가시키지 않고 전선의 바깥지름만 필요한 만큼 크게 만든 전선

③ 저 · 고압 가공 전선의 최소 높이

- 도로를 횡단하는 경우 : 지표상 6[m] 이상
- 철도를 횡단하는 경우 : 레일면상 6.5[m] 이상
- 횡단보도교 위에 시설하는 경우
  - 저압 : 노면상 3[m] 이상(절연 전선, 케이블 사용 경우)
  - 고압 : 노면상 3.5[m] 이상
- 그 밖의 장소 : 지표상 5[m] 이상

❸ 배전반공사

1) 폐쇄식 배전반(큐비클형)

점유면적이 좁고 운전, 보수에 안전하므로 공장, 빌딩 등에 많이 사용

2) 배전반 설치 기기

▼ 차단기(CB)

구분	특징
유입차단기(OCB)	절연유를 이용
자기차단기(MBB)	자계를 주어 아크전압을 증대시켜, 냉각하여 소호작용
공기차단기(ABB)	압축공기를 이용
진공차단기(VCB)	진공도가 높은 상태에서 아크가 분산되는 원리를 이용
가스차단기(GCB)	불활성인 6불화유황(SF_6) 가스를 사용
기중차단기(ACB)	자연공기 내에서 자연소호에 의한 소호방식

▼ 계기용 변성기(MOF, PCT)

계기용 변류기(CT)	계기용 변압기(PT)
• 전류를 측정하기 위한 변압기로 2차 전류는 5[A]가 표준이다. • 2차 측을 개방되면, 매우 높은 기전력이 유기되므로 2차 측을 절대로 개방해서는 안 된다.	• 전압을 측정하기 위한 변압기로 2차측 정격전압은 110[V]가 표준이다. • 변성기 용량은 2차 회로의 부하를 말하며 2차 부담이라고 한다.

❹ 분전반공사

1) 배선 기구 시설

① 점멸용 스위치는 전압측 전선에 시설

② 리셉터클에 전압측 전선은 중심 접촉면에, 접지측 전선은 속 베이스에 연결

③ 상별 전선 색표시

- R상(A상) : 흑색
- S상(B상) : 적색
- T상(C상) : 청색
- N상(중성선) : 흰색 또는 회색
- G상(접지선) : 녹색

❺ 보호계전기

▼ 보호계전기의 종류 및 기능

명칭	기능
과전류 계전기(O.C.R)	일정값 이상의 전류가 흘렀을 때 동작
과전압 계전기(O.V.R)	일정값 이상의 전압이 걸렸을 때 동작
부족 전압계전기(U.V.R)	전압이 일정값 이하로 떨어졌을 경우에 동작
비율차동 계전기	고장에 의하여 생긴 불평형의 전류차가 기준치 이상으로 되었을 때 동작
선택 계전기	2회선 중에 고장이 발생하는가를 선택하는 계전기
방향 계전기	고장점의 방향을 아는 데 사용하는 계전기
거리 계전기	고장점까지의 전기적 거리에 비례하여 한시로 동작하는 계전기
지락 과전류 계전기	지락보호용으로 과전류 계전기의 동작전류를 작게 한 계전기
지락 방향 계전기	지락 과전류 계전기에 방향성을 준 계전기
지락 회선선택 계전기	지락보호용으로 선택 계전기의 동작전류를 작게 한 계전기

▼ 동작시한에 의한 분류

명칭	기능
순한시 계전기	동작시간이 0.3초 이내인 계전기
정한시 계전기	일정 시한으로 동작하는 계전기
반한시 계전기	동작 시한이 동작 전류의 값이 커질수록 짧아지는 계전기
반한시 – 정한시 계전기	어느 한도까지는 반한시성이고, 그 이상에서는 정한시성의 특성

5 특수장소 및 전기응용시설 공사

❶ 특수장소의 배선

구분		금속관	케이블	합성수지관	금속제 가요전선관	덕트	애자
먼지	폭발성*1)	○	○	×	×	×	×
	가연성	○	○	○	×	×	×
	불연성*2)	○	○	○	○	○	○
가연성 가스		○	○	×	×	×	×
위험물*3)		○	○	○	×	×	×
화약류*4)		○	○	×	×	×	×
부식성 가스		○	○	○	○(2종만)	×	○
습기 있는 장소		○	○	○	○(2종만)	×	×
흥행장*5)		○	○	○	×	×	×
광산, 터널, 갱도		○	○	○	○	×	○

*1) 콘센트 및 플러그를 사용금지 기구는 5턱 이상의 나사 조임접속
*2) 합성수지관(두께 2[mm] 이상)
*3) 합성수지관(두께 2[mm] 이상)
*4) 300[V] 미만 조명배선만 가능
*5) 400[V] 미만 합성수지 전선관(두께 2[mm] 이상)
전용개폐기 및 과전류차단기를 설치

❷ 조명배선

1) 조명기구의 배광에 의한 분류

조명방식	상향광속[%]	하향광속[%]
직접조명	0~10	100~90
반직접조명	10~40	90~60
전반확산조명	40~60	60~40
반간접조명	60~90	40~10
간접조명	90~100	10~0

2) 조명 기구의 배치

① 광원 상호 간 간격 : $S \leq 1.5H$

② 벽과 광원 사이의 간격

- 벽측 사용 안 할 때 : $S_0 \leq \frac{H}{2}$
- 벽측 사용할 때 : $S_0 \leq \frac{H}{3}$

MEMO

단기독기 03

실전점검!
CBT 실전모의고사

수험번호 :
수험자명 :

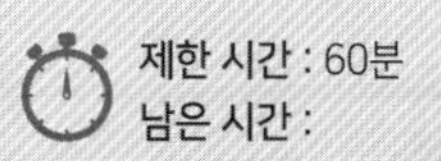

글자 크기 100% 150% 200% 화면 배치 전체 문제 수 : 안 푼 문제 수 :

답안 표기란

01 어떤 전지에서 5[A]의 전류가 10분간 흘렀다면 이 전지에서 나온 전기량은?

① 0.83[C] ② 50[C]
③ 250[C] ④ 3,000[C]

02 동선의 길이를 2배로 늘리면 저항은 처음의 몇 배가 되는가?(단, 동선의 체적은 일정함)

① 2배 ② 4배
③ 8배 ④ 16배

03 20[Ω], 30[Ω], 60[Ω]의 저항 3개를 병렬로 접속하고 여기에 60[V]의 전압을 가했을 때, 이 회로에 흐르는 전체 전류는 몇 [A]인가?

① 3[A] ② 6[A]
③ 30[A] ④ 60[A]

04 200[V], 500[W]의 전열기를 220[V] 전원에 사용하였다면 이때의 전력은?

① 400[W] ② 500[W]
③ 550[W] ④ 605[W]

05 저항이 10[Ω]인 도체에 1[A]의 전류를 10분간 흘렸다면 발생하는 열량은 몇 [kcal]인가?

① 0.62 ② 1.44
③ 4.46 ④ 6.24

06 전기력선의 성질 중 맞지 않는 것은?

① 전기력선은 양(+)전하에서 나와 음(−)전하에서 끝난다.
② 전기력선의 접선방향이 전장의 방향이다.
③ 전기력선은 도중에 만나거나 끊어지지 않는다.
④ 전기력선은 등전위면과 교차하지 않는다.

계산기 다음 ▶ 안 푼 문제 답안 제출

01회 실전점검! CBT 실전모의고사

수험번호 :
수험자명 :

제한 시간 : 60분
남은 시간 :

글자 크기 100% 150% 200% 화면 배치

전체 문제 수 :
안 푼 문제 수 :

답안 표기란

07 다음 중 콘덴서의 접속법에 대한 설명으로 알맞은 것은?

① 직렬로 접속하면 용량이 커진다.
② 병렬로 접속하면 용량이 적어진다.
③ 콘덴서는 직렬 접속만 가능하다.
④ 직렬로 접속하면 용량이 적어진다.

08 어떤 콘덴서에 V[V]의 전압을 가해서 Q[C]의 전하를 충전할 때 저장되는 에너지[J]는?

① $2QV$
② $2QV^2$
③ $\frac{1}{2}QV$
④ $\frac{1}{2}QV^2$

09 반지름 50[cm], 권수 10[회]인 원형 코일에 0.1[A]의 전류가 흐를 때, 이 코일 중심의 자계의 세기 H는?

① 1[AT/m]
② 2[AT/m]
③ 3[AT/m]
④ 4[AT/m]

10 권수가 150인 코일에서 2초간에 1[Wb]의 자속이 변화한다면, 코일에 발생되는 유도 기전력의 크기는 몇 [V]인가?

① 50
② 75
③ 100
④ 150

11 단면적 A(m²), 자로의 길이 ℓ(m), 투자율 μ, 권수 N회인 환상 철심의 자체 인덕턴스[H]는?

① $\frac{\mu AN^2}{\ell}$
② $\frac{A\ell N^2}{4\pi\mu}$
③ $\frac{4\pi AN^2}{\ell}$
④ $\frac{\mu\ell N^2}{A}$

1	①	②	③	④
2	①	②	③	④
3	①	②	③	④
4	①	②	③	④
5	①	②	③	④
6	①	②	③	④
7	①	②	③	④
8	①	②	③	④
9	①	②	③	④
10	①	②	③	④
11	①	②	③	④
12	①	②	③	④
13	①	②	③	④
14	①	②	③	④
15	①	②	③	④
16	①	②	③	④
17	①	②	③	④
18	①	②	③	④
19	①	②	③	④
20	①	②	③	④
21	①	②	③	④
22	①	②	③	④
23	①	②	③	④
24	①	②	③	④
25	①	②	③	④
26	①	②	③	④
27	①	②	③	④
28	①	②	③	④
29	①	②	③	④
30	①	②	③	④

계산기 다음 ▶ 안 푼 문제 답안 제출

수험번호 :
수험자명 :

제한 시간 : 60분
남은 시간 :

글자 크기 100% 150% 200% 화면 배치

전체 문제 수 :
안 푼 문제 수 :

답안 표기란

12 자체 인덕턴스 0.1[H]의 코일에 5[A]의 전류가 흐르고 있다. 축적되는 전자 에너지는?

① 0.25[J] ② 0.5[J]
③ 1.25[J] ④ 2.5[J]

13 어떤 사인파 교류전압의 평균값이 191[V]이면 최댓값은?

① 150[V] ② 250[V]
③ 300[V] ④ 400[V]

14 인덕턴스 0.5[H]에 주파수가 60[Hz]이고 전압이 220[V]인 교류전압이 가해질 때 흐르는 전류는 약 몇 [A]인가?

① 0.59 ② 0.87
③ 0.97 ④ 1.17

15 그림의 회로에서 전압 100[V]의 교류전압을 가했을 때 전력은?

$R=6[\Omega]$ $X_L=8[\Omega]$ I

V

① 10[W] ② 60[W]
③ 100[W] ④ 600[W]

16 전압 220[V], 전류 10[A], 역률 0.8인 3상 전동기 사용 시 소비전력은?

① 약 1.5[kW] ② 약 3.0[kW]
③ 약 5.2[kW] ④ 약 7.1[kW]

계산기 다음 ▶ 안 푼 문제 답안 제출

17 △ 결선인 3상 유도전동기의 상전압(V_p)과 상전류(I_p)를 측정하였더니 각각 200[V], 30[V]이었다. 이 3상 유도전동기의 선간전압(V_ℓ)과 선전류(I_ℓ)의 크기는 각각 얼마인가?

① $V_\ell = 200[\mathrm{V}]$, $I_\ell = 30[\mathrm{A}]$
② $V_\ell = 200\sqrt{3}[\mathrm{V}]$, $I_\ell = 30[\mathrm{A}]$
③ $V_\ell = 200\sqrt{3}[\mathrm{V}]$, $I_\ell = 30\sqrt{3}[\mathrm{A}]$
④ $V_\ell = 200[\mathrm{V}]$, $I_\ell = 30\sqrt{3}[\mathrm{A}]$

18 "회로의 접속점에서 볼 때, 접속점에 흘러들어오는 전류의 합은 흘러나가는 전류의 합과 같다."라고 정의되는 법칙은?

① 키르히호프의 제1법칙
② 키르히호프의 제2법칙
③ 플레밍의 오른손법칙
④ 앙페르의 오른나사 법칙

19 전기분해를 통하여 석출된 물질의 양은 통과한 전기량 및 화학당량과 어떤 관계인가?

① 전기량과 화학당량에 비례한다.
② 전기량과 화학당량에 반비례한다.
③ 전기량에 비례하고 화학당량에 반비례한다.
④ 전기량에 반비례하고 화학당량에 비례한다.

20 자기 인덕턴스가 각각 L_1과 L_2인 2개의 코일이 직렬로 가동접속되었을 때, 합성 인덕턴스를 나타낸 식은 ?(단, 자기력선에 의한 영향을 서로 받는 경우이다.)

① $L = L_1 + L_2 - M$
② $L = L_1 + L_2 - 2M$
③ $L = L_1 + L_2 + M$
④ $L = L_1 + L_2 + 2M$

21 다음 중 SCR 기호는?

① ② ③ ④

22 역률과 효율이 좋아서 가정용 선풍기, 전기세탁기, 냉장고 등에 주로 사용되는 것은?

① 분상 기동형 전동기
② 반발 기동형 전동기
③ 콘덴서 기동형 전동기
④ 셰이딩 코일형 전동기

23 농형 유도전동기의 기동법이 아닌 것은?

① 기동보상기에 의한 기동법
② 2차 저항기법
③ 리액터 기동법
④ Y－Δ 기동법

24 유도 전동기에서 슬립이 가장 큰 상태는?

① 무부하 운전 시
② 경부하 운전 시
③ 정격 부하 운전 시
④ 기동 시

25 변압기가 무부하인 경우에 1차 권선에 흐르는 전류는?

① 정격 전류
② 단락 전류
③ 부하 전류
④ 여자 전류

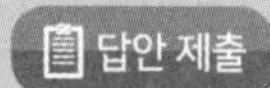

01회 실전점검! CBT 실전모의고사

수험번호 :
수험자명 :

제한 시간 : 60분
남은 시간 :

글자 크기 100% 150% 200% 화면 배치 전체 문제 수 : 안 푼 문제 수 :

답안 표기란

26 4극인 동기 전동기가 1,800[rpm]으로 회전할 때 전원 주파수는 몇 [Hz]인가?

① 50[Hz]
② 60[Hz]
③ 70[Hz]
④ 80[Hz]

27 전기 기기의 철심 재료로 규소 강판을 많이 사용하는 이유로 가장 적당한 것은?

① 와류손을 줄이기 위해
② 맴돌이 전류를 없애기 위해
③ 히스테리시스손을 줄이기 위해
④ 구리손을 줄이기 위해

28 3상 동기 발전기를 병렬운전시키는 경우 고려하지 않아도 되는 조건은?

① 주파수가 같을 것
② 회전수가 같을 것
③ 위상이 같을 것
④ 전압 파형이 같을 것

29 단상 반파 정류회로의 전원전압이 200[V], 부하저항이 20[Ω]이면 부하 전류는 약 몇 [A]인가?

① 4
② 4.5
③ 6
④ 6.5

30 변압기의 손실에 해당되지 않는 것은?

① 동손
② 와전류손
③ 히스테리시스손
④ 기계손

번호				
1	①	②	③	④
2	①	②	③	④
3	①	②	③	④
4	①	②	③	④
5	①	②	③	④
6	①	②	③	④
7	①	②	③	④
8	①	②	③	④
9	①	②	③	④
10	①	②	③	④
11	①	②	③	④
12	①	②	③	④
13	①	②	③	④
14	①	②	③	④
15	①	②	③	④
16	①	②	③	④
17	①	②	③	④
18	①	②	③	④
19	①	②	③	④
20	①	②	③	④
21	①	②	③	④
22	①	②	③	④
23	①	②	③	④
24	①	②	③	④
25	①	②	③	④
26	①	②	③	④
27	①	②	③	④
28	①	②	③	④
29	①	②	③	④
30	①	②	③	④

계산기 다음 ▶ 안 푼 문제 답안 제출

01회 실전점검!
CBT 실전모의고사

수험번호 :
수험자명 :

제한 시간 : 60분
남은 시간 :

글자 크기 100% 150% 200% 화면 배치

전체 문제 수 :
안 푼 문제 수 :

답안 표기란

번호				
31	①	②	③	④
32	①	②	③	④
33	①	②	③	④
34	①	②	③	④
35	①	②	③	④
36	①	②	③	④
37	①	②	③	④
38	①	②	③	④
39	①	②	③	④
40	①	②	③	④
41	①	②	③	④
42	①	②	③	④
43	①	②	③	④
44	①	②	③	④
45	①	②	③	④
46	①	②	③	④
47	①	②	③	④
48	①	②	③	④
49	①	②	③	④
50	①	②	③	④
51	①	②	③	④
52	①	②	③	④
53	①	②	③	④
54	①	②	③	④
55	①	②	③	④
56	①	②	③	④
57	①	②	③	④
58	①	②	③	④
59	①	②	③	④
60	①	②	③	④

31 변압기유가 구비해야 할 조건으로 틀린 것은?

① 점도가 낮을 것 ② 인화점이 높을 것
③ 응고점이 높을 것 ④ 절연내력이 클 것

32 3상 유도전동기의 회전방향을 바꾸기 위한 방법으로 옳은 것은?

① 전원의 전압과 주파수를 바꾸어 준다.
② △−Y 결선으로 결선법을 바꾸어 준다.
③ 기동보상기를 사용하여 권선을 바꾸어 준다.
④ 전동기의 1차 권선에 있는 3개의 단자 중 어느 2개의 단자를 서로 바꾸어 준다.

33 기동장치에 의한 단상 유도전동기의 분류가 아닌 것은?

① 분상 기동형 ② 콘덴서 기동형
③ 셰이딩 코일형 ④ 회전계자형

34 3상 유도전동기의 1차 입력 60[kW], 1차 손실 1[kW], 슬립 3[%]일 때 기계적 출력[kW]은?

① 57 ② 75
③ 95 ④ 100

35 직류 발전기에서 계자의 주된 역할은?

① 기전력을 유도한다. ② 자속을 만든다.
③ 정류작용을 한다. ④ 정류자면에 접촉한다.

계산기 다음 ▶ 안 푼 문제 답안 제출

01회 실전점검! CBT 실전모의고사

수험번호 :
수험자명 :

제한 시간 : 60분
남은 시간 :

글자 크기 100% 150% 200% 화면 배치

전체 문제 수 :
안 푼 문제 수 :

답안 표기란

36 직류 전동기의 속도제어 방법 중 속도제어가 원활하고 정토크 제어가 되며 운전 효율이 좋은 것은?

① 계자제어 ② 병렬 저항제어
③ 직렬 저항제어 ④ 전압제어

37 직류 직권 전동기에서 벨트를 걸고 운전하면 안 되는 가장 큰 이유는?

① 벨트가 벗겨지면 위험 속도에 도달하므로
② 손실이 많아지므로
③ 직결하지 않으면 속도 제어가 곤란하므로
④ 벨트의 마멸 보수가 곤란하므로

38 기중기, 전기 자동차, 전기 철도와 같은 곳에 가장 많이 사용되는 전동기는?

① 가동 복권 전동기 ② 차동 복권 전동기
③ 분권 전동기 ④ 직권 전동기

39 2극 3,600[rpm]인 동기 발전기와 병렬 운전하려는 12극 발전기의 회전수는?

① 600[rpm] ② 3,600[rpm]
③ 7,200[rpm] ④ 21,600[rpm]

40 동기 전동기의 직류 여자 전류가 증가될 때의 현상으로 옳은 것은?

① 진상 역률을 만든다. ② 지상 역률을 만든다.
③ 동상 역률을 만든다. ④ 진상 · 지상 역률을 만든다.

31	①	②	③	④
32	①	②	③	④
33	①	②	③	④
34	①	②	③	④
35	①	②	③	④
36	①	②	③	④
37	①	②	③	④
38	①	②	③	④
39	①	②	③	④
40	①	②	③	④
41	①	②	③	④
42	①	②	③	④
43	①	②	③	④
44	①	②	③	④
45	①	②	③	④
46	①	②	③	④
47	①	②	③	④
48	①	②	③	④
49	①	②	③	④
50	①	②	③	④
51	①	②	③	④
52	①	②	③	④
53	①	②	③	④
54	①	②	③	④
55	①	②	③	④
56	①	②	③	④
57	①	②	③	④
58	①	②	③	④
59	①	②	③	④
60	①	②	③	④

계산기 다음 ▶ 안 푼 문제 답안 제출

01회 실전점검! CBT 실전모의고사

수험번호 :
수험자명 :

제한 시간 : 60분
남은 시간 :

글자 크기 100% 150% 200%　화면 배치　전체 문제 수 : 안 푼 문제 수 :

41 가정용 전등에 사용되는 점멸스위치를 설치하여야 할 위치에 대한 설명으로 가장 적당한 것은?

① 접지 측 전선에 설치한다.
② 중성선에 설치한다.
③ 부하의 2차측에 설치한다.
④ 전압 측 전선에 설치한다.

42 과전류차단기로 저압전로에 사용하는 퓨즈를 수평으로 붙인 경우 퓨즈는 정격전류 몇 배의 전류에 견디어야 하는가?

① 2.0
② 1.6
③ 1.25
④ 1.1

43 녹아웃 펀치과 같은 용도로 배전반이나 분전반 등에 구멍을 뚫을 때 사용하는 것은?

① 클리퍼(Cliper)
② 홀소(Hole Saw)
③ 프레셔 툴(Pressure Tool)
④ 드라이브이트 툴(Driveit Tool)

44 전선의 접속에 대한 설명으로 틀린 것은?

① 접속 부분의 전기저항을 20[%] 이상 증가되도록 한다.
② 접속 부분의 인장강도를 80[%] 이상 유지되도록 한다.
③ 접속 부분에 전선 접속기구를 사용한다.
④ 알류미늄 전선과 구리선의 접속 시 전기적인 부식이 생기지 않도록 한다.

45 정크션 박스 내에서 절연 전선을 쥐꼬리 접속한 후 접속과 절연을 위해 사용되는 재료는?

① 링형 슬리브
② S형 슬리브
③ 와이어 커넥터
④ 터미널 러그

답안 표기란

번호				
31	①	②	③	④
32	①	②	③	④
33	①	②	③	④
34	①	②	③	④
35	①	②	③	④
36	①	②	③	④
37	①	②	③	④
38	①	②	③	④
39	①	②	③	④
40	①	②	③	④
41	①	②	③	④
42	①	②	③	④
43	①	②	③	④
44	①	②	③	④
45	①	②	③	④
46	①	②	③	④
47	①	②	③	④
48	①	②	③	④
49	①	②	③	④
50	①	②	③	④
51	①	②	③	④
52	①	②	③	④
53	①	②	③	④
54	①	②	③	④
55	①	②	③	④
56	①	②	③	④
57	①	②	③	④
58	①	②	③	④
59	①	②	③	④
60	①	②	③	④

계산기　다음 ▶　안 푼 문제　답안 제출

수험번호 :
수험자명 :

제한 시간 : 60분
남은 시간 :

글자 크기 100% 150% 200% 화면 배치 전체 문제 수 : 안 푼 문제 수 :

답안 표기란

46 합성수지관 상호 및 관과 박스는 접속 시에 삽입하는 깊이를 관 바깥지름의 몇 배 이상으로 하여야 하는가?(단, 접착제를 사용하지 않은 경우이다.)

① 0.2
② 0.5
③ 1
④ 1.2

47 금속전선관을 구부릴 때 금속관의 단면이 심하게 변형되지 않도록 구부려야 하며, 일반적으로 그 안측의 반지름은 관 안지름의 몇 배 이상이 되어야 하는가?

① 2배
② 4배
③ 6배
④ 8배

48 금속관 내의 같은 굵기의 전선을 넣을 때는 절연전선의 피복을 포함한 총 단면적이 금속관 내부 단면적의 몇 [%] 이하이어야 하는가?

① 16
② 24
③ 32
④ 48

49 사람이 접촉될 우려가 있는 것으로서 가요전선관을 새들 등으로 지지하는 경우 지지점 간의 거리는 얼마 이하이어야 하는가?

① 0.3[m] 이하
② 0.5[m] 이하
③ 1[m] 이하
④ 1.5[m] 이하

50 가요전선관 공사에 다음의 전선을 사용하였다. 맞게 사용한 것은?

① 알루미늄 35[mm^2]의 단선
② 절연전선 16[mm^2]의 단선
③ 절연전선 10[mm^2]의 연선
④ 알루미늄 25[mm^2]의 단선

계산기 다음 ▶ 안 푼 문제 답안 제출

01회 실전점검! CBT 실전모의고사

수험번호 :
수험자명 :

제한 시간 : 60분
남은 시간 :

글자 크기 100% 150% 200% | 화면 배치 | 전체 문제 수 : 안 푼 문제 수 :

51 금속덕트에 전광표시장치 · 출퇴 표시등 또는 제어회로 등의 배선에 사용하는 전선만을 넣을 경우 금속덕트의 크기는 전선의 피복절연물을 포함한 단면적의 총합계가 금속 덕트 내 단면적의 몇 [%] 이하가 되도록 선정하여야 하는가?

① 20[%]　② 30[%]
③ 40[%]　④ 50[%]

52 접지를 하는 목적이 아닌 것은?

① 이상 전압의 발생　② 전로의 대지전압의 저하
③ 보호 계전기의 동작 확보　④ 감전의 방지

53 사용전압이 440[V]인 3상 유도전동기의 외함접지공사 시 접지선의 굵기는 공칭단면적 몇 [mm^2] 이상의 연동선이어야 하는가?

① 2.5　② 6
③ 10　④ 16

54 지중에 매설되어 있는 금속제 수도관로는 대지와의 전기저항 값이 얼마 이하로 유지되어야 접지극으로 사용할 수 있는가?

① 1[Ω]　② 3[Ω]
③ 4[Ω]　④ 5[Ω]

55 가공 인입선 중 수용장소의 인입선에서 분기하여 다른 수용장소의 인입구에 이르는 전선을 무엇이라 하는가?

① 소주인입선　② 연접인입선
③ 본주인입선　④ 인입간선

답안 표기란

번호				
31	①	②	③	④
32	①	②	③	④
33	①	②	③	④
34	①	②	③	④
35	①	②	③	④
36	①	②	③	④
37	①	②	③	④
38	①	②	③	④
39	①	②	③	④
40	①	②	③	④
41	①	②	③	④
42	①	②	③	④
43	①	②	③	④
44	①	②	③	④
45	①	②	③	④
46	①	②	③	④
47	①	②	③	④
48	①	②	③	④
49	①	②	③	④
50	①	②	③	④
51	①	②	③	④
52	①	②	③	④
53	①	②	③	④
54	①	②	③	④
55	①	②	③	④
56	①	②	③	④
57	①	②	③	④
58	①	②	③	④
59	①	②	③	④
60	①	②	③	④

계산기　다음 ▶　안 푼 문제　답안 제출

수험번호 :
수험자명 :

제한 시간 : 60분
남은 시간 :

글자 크기 100% 150% 200% 화면 배치 전체 문제 수 : 안 푼 문제 수 :

답안 표기란

56 고압 가공전선로의 지지물 중 지선을 사용해서는 안 되는 것은?

① 목주
② 철탑
③ A종 철주
④ A종 철근콘크리트주

57 공전선로의 지선에 사용되는 애자는?

① 노브 애자
② 인류 애자
③ 현수 애자
④ 구형 애자

58 가스 절연 개폐기나 가스 차단기에 사용되는 가스인 SF_6의 성질이 아닌 것은?

① 같은 압력에서 공기의 2.5∼3.5배의 절연 내력이 있다.
② 무색, 무취, 무해 가스이다.
③ 가스 압력이 3∼4[kfg/cm^2]에서는 절연 내력은 절연유 이상이다.
④ 소호 능력은 공기보다 2.5배 정도 낮다.

59 화약류의 분말이 전기설비가 발화원이 되어 폭발할 우려가 있는 곳에 시설하는 저압 옥내배선의 공사방법으로 가장 알맞은 것은?

① 금속관 공사
② 애자 사용 공사
③ 버스덕트 공사
④ 합성수지몰드 공사

60 무대 · 무대마루 및 오케스트라 박스 · 영사실, 기타 사람이나 무대 도구가 접촉할 우려가 있는 장소에 시설하는 저압 옥내배선, 전구선 또는 이동전선은 최고 사용 전압이 몇 [V] 미만이어야 하는가?

① 100[V]
② 200[V]
③ 300[V]
④ 400[V]

31	①	②	③	④
32	①	②	③	④
33	①	②	③	④
34	①	②	③	④
35	①	②	③	④
36	①	②	③	④
37	①	②	③	④
38	①	②	③	④
39	①	②	③	④
40	①	②	③	④
41	①	②	③	④
42	①	②	③	④
43	①	②	③	④
44	①	②	③	④
45	①	②	③	④
46	①	②	③	④
47	①	②	③	④
48	①	②	③	④
49	①	②	③	④
50	①	②	③	④
51	①	②	③	④
52	①	②	③	④
53	①	②	③	④
54	①	②	③	④
55	①	②	③	④
56	①	②	③	④
57	①	②	③	④
58	①	②	③	④
59	①	②	③	④
60	①	②	③	④

계산기 다음 ▶ 안 푼 문제 답안 제출

CBT 정답 및 해설

01 정답 | ④
풀이 | $Q = It = 5 \times 10 \times 60 = 3{,}000[C]$

02 정답 | ②
풀이 | • 체적은 단면적×길이이다.
• 체적을 일정하게 하고 길이를 n배로 늘리면 단면적은 $\frac{1}{n}$배로 감소한다.
• $R = \rho\frac{\ell}{A}$
$\therefore R' = \rho\frac{2\ell}{\frac{A}{2}} = 2^2 \cdot \rho\frac{1}{A} = 2^2R = 4R$

03 정답 | ②
풀이 | • $\frac{1}{R_0} = \frac{1}{20} + \frac{1}{30} + \frac{1}{60}$에서 합성 저항 $R_0 = 10[\Omega]$
• 전체 전류 $I_0 = \frac{V}{R_0} = \frac{60}{10} = 6[A]$

04 정답 | ④
풀이 | 전열기의 저항은 일정하므로, $R = \frac{V_1^2}{P} = \frac{200^2}{500} = 80[\Omega]$
$\therefore P = \frac{V_2^2}{R} = \frac{220^2}{80} = 605[W]$

05 정답 | ②
풀이 | 줄의 법칙에 의한 열량
$H = 0.24\,I^2Rt = 0.24 \times 1^2 \times 10 \times 10 \times 60$
$= 1{,}440[cal] = 1.44[kcal]$

06 정답 | ④
풀이 | 전기력선은 등전위면과 수직으로 교차한다.

07 정답 | ④
풀이 | • 직렬 접속 시 합성 정전용량은 적어진다. $\left(C = \frac{C_1C_2}{C_1 + C_2}\right)$
• 병렬 접속 시 합성 정전용량은 커진다. $(C = C_1 + C_2)$

08 정답 | ③
풀이 | 정전에너지 $W = \frac{1}{2}CV^2 = \frac{1}{2}QV = \frac{1}{2}\frac{Q^2}{C}$ $(\because Q = CV)$

09 정답 | ①
풀이 | 원형 코일 중심의 자장의 세기
$H = \frac{NI}{2r} = \frac{10 \times 0.1}{2 \times 50 \times 10^{-2}} = 1[AT/m]$

10 정답 | ②
풀이 | 유도 기전력 $e = -N\frac{\Delta\phi}{\Delta t} = -150 \times \frac{1}{2} = -75[V]$

11 정답 | ①
풀이 | 자체 인덕턴스 $L = \frac{\mu A N^2}{\ell}[H]$

12 정답 | ③
풀이 | $W = \frac{1}{2}LI^2 = \frac{1}{2} \times 0.1 \times 5^2 = 1.25[J]$

13 정답 | ③
풀이 | $V_a = \frac{2}{\pi}V_m$에서, $V_m = \frac{\pi}{2}V_a = \frac{\pi}{2} \times 191 = 300[V]$

14 정답 | ④
풀이 | 전류 $I = \frac{V}{X_L} = \frac{V}{2\pi fL} = \frac{220}{2\pi \times 60 \times 0.5} = 0.97[A]$

15 정답 | ④
풀이 | 교류전력 $P = VI\cos\theta[W]$이므로,
전류 $I = \frac{V}{Z} = \frac{V}{\sqrt{R^2 + X_L^2}} = \frac{100}{\sqrt{6^2 + 8^2}} = 10[A]$
역률 $\cos\theta = \frac{R}{Z} = \frac{6}{10} = 0.6$
따라서, $P = 100 \times 10 \times 0.6 = 600[W]$이다.

16 정답 | ②
풀이 | 3상 유효전력
$P = \sqrt{3}\,V_\ell I_\ell\cos\theta = \sqrt{3} \times 220 \times 10 \times 0.8 = 3{,}048[W]$
$\fallingdotseq 3[kW]$

17 정답 | ④
풀이 | 평형 3상 Δ결선
$V_\ell = V_p = 200[V]$, $I_\ell = \sqrt{3}\,I_p[A] = 30\sqrt{3}[A]$

18 정답 | ①
풀이 | ① 키르히호프의 제1법칙 : 회로 내 임의의 접속점에서 들어가는 전류와 나오는 전류의 대수합은 0이다.
② 키르히호프의 제2법칙 : 회로 내 임의의 폐회로에서 한쪽 방향으로 일주하면서 취할 때 공급된 기전력의 대수합은 각 지로에서 발생한 전압강하의 대수합과 같다.
③ 플레밍의 오른손법칙 : 자기장 내에 있는 도체가 움직일 때 기전력의 방향과 크기 결정
④ 앙페르의 오른나사 법칙 : 전류에 의해 만들어지는 자기장의 자력선 방향 결정

19 정답 | ①
풀이 | 패러데이의 법칙(Faraday’s Law)
$w = kQ = kIt\,[g]$
여기서, k(전기 화학 당량) : 1[C]의 전하에서 석출되는 물질의 양

20 정답 | ④
풀이 | 두 코일이 가동접속되어 있으므로,
합성 인덕턴스는 $L = L_1 + L_2 + 2M$이다.

21 정답 | ②
풀이 | ① DIAC ② SCR ③ TRIAC ④ UJT

22 정답 | ③
풀이 | 영구 콘덴서 기동형 : 원심력스위치가 없어서 가격도 싸고, 보수할 필요가 없으므로 큰 기동토크를 요구하지 않는 선풍기, 냉장고, 세탁기 등에 널리 사용된다.

23 정답 | ②
풀이 | 2차 저항법은 권선형 유도전동기의 기동법에 속한다.

24 정답 | ④
풀이 | $s = \frac{N_s - N}{N_s}$ 에서
- 무부하 시($N = N_s$) : $s = 0$
- 기동 시($N = 0$) : $s = 1$
- 부하 운전시($0 < N < N_s$) : $0 < s < 1$

25 정답 | ④
풀이 | 무부하 시에는 대부분 여자 전류만 흐르게 된다.

26 정답 | ②
풀이 | 동기 전동기 회전속도는 동기속도와 같으므로,
$N_s = \frac{120f}{P}$[rpm]에서 $f = \frac{N_s \cdot P}{120}$ 이므로
따라서, $f = \frac{1,800 \times 4}{120} = 60$[Hz]이다.

27 정답 | ③
풀이 | • 규소강판 사용 : 히스테리시스손 감소
- 성층철심 사용 : 와류손(맴돌이 전류손) 감소
- 철손 = 히스테리시스손 감소+와류손(맴돌이 전류손)

28 정답 | ②
풀이 | 병렬운전 조건
- 기전력의 크기가 같을 것
- 기전력의 위상이 같을 것
- 기전력의 주파수가 같을 것
- 기전력의 파형이 같을 것

29 정답 | ②
풀이 | 단상 반파 정류회로의 출력 평균전압
$V_a = 0.45V = 0.45 \times 200 = 90$[V]
따라서, 부하전류 $I = \frac{V_a}{R} = \frac{90}{20} = 4.5$[A]

30 정답 | ④
풀이 | 기계손은 베어링 마찰손, 브러시 마찰손, 풍손 등으로 회전기에서만 발생한다.

31 정답 | ③
풀이 | 변압기유의 구비 조건
- 절연내력이 클 것
- 비열이 커서 냉각 효과가 클 것
- 인화점이 높고, 응고점이 낮을 것
- 고온에서도 산화하지 않을 것
- 절연 재료와 화학작용을 일으키지 않을 것
- 점성도가 작고 유동성이 풍부해야 한다.

32 정답 | ④
풀이 | 3상 유도전동기의 회전방향을 바꾸기 위해서는 상회전 순서를 바꾸어야 하는데, 3상 전원 3선 중 두 선의 접속을 바꾼다.

33 정답 | ④
풀이 | 기동장치에 의한 단상 유도전동기 분류 : 분상 기동형, 콘덴서 기동형, 셰이딩 코일형, 반발 기동형, 반발 유도 전동기, 모노사이클릭형 전동기

34 정답 | ①
풀이 | $P_2 : P_{2c} : P_o = 1 : S : (1-S)$ 이므로
P_2 = 1차 입력 − 1차 손실 = $60 - 1 = 59$[kW]
$P_o = (1-S)P_2 = (1-0.03) \times 59 \fallingdotseq 57$[kW]

35 정답 | ②
풀이 | 직류 발전기의 주요 부분
- 계자(Field Magnet) : 자속을 만들어 주는 부분
- 전기자(Armature) : 계자에서 만든 자속으로부터 기전력을 유도하는 부분
- 정류자(Commutator) : 교류를 직류로 변환하는 부분

36 정답 | ④
풀이 | 직류 전동기의 속도제어법
- 계자제어 : 정출력 제어
- 저항제어 : 전력손실이 크며, 속도제어의 범위가 좁다.
- 전압제어 : 정토크 제어

37 정답 | ①
풀이 | $N = K_1 \frac{V - I_a R_a}{\phi}$[rpm]에서 직류 직권 전동기는 벨트가 벗겨지면 무부하 상태가 되어, 여자 전류가 거의 0이 된다. 이때 자속이 최대가 되므로 위험 속도로 된다.

38 정답 | ④
풀이 | 직권 전동기 : 부하 변동이 심하고, 큰 기동 토크가 요구되는 전동차, 크레인, 전기 철도에 적합하다.

39 정답 | ①
풀이 | 병렬운전 조건 중 주파수가 같아야 하는 조건이 있으므로,
- $N_s = \frac{120f}{P}$ 에서 2극의 발전기의 주파수는
$f = \frac{2 \times 3,600}{120} = 60$[Hz]이고,
- 12극 발전기의 회전수는
$N_s = \frac{120f}{P} = \frac{120 \times 60}{12} = 600$[rpm]이다.

40 정답 | ①
풀이 | 동기 전동기의 위상특성곡선에 따라 회전자의 계자전류를 변화시키면, 고정자의 전압과 전류의 위상이 변하게 된다.
- 여자가 약할 때(부족여자) : I가 V보다 지상(뒤짐)
- 여자가 강할 때(과여자) : I가 V보다 진상(앞섬)

- 여자가 적합할 때 : I와 V가 동위상이 되어 역률이 100[%]
- 부하가 클수록 V 곡선은 위쪽으로 이동한다.

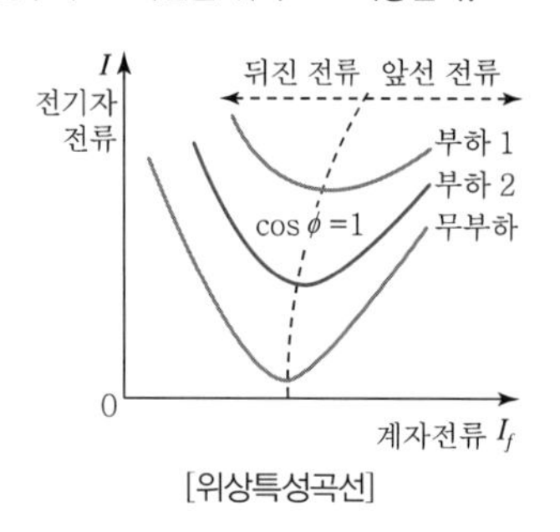

[위상특성곡선]

41 정답 | ④
풀이 | 배선기구 시설
- 전등 점멸용 스위치는 반드시 전압 측 전선에 시설하여야 한다.
- 소켓, 리셉터클 등에 전선을 접속할 때에는 전압 측 전선을 중심 접촉면에, 접지 측 전선을 속 베이스에 연결하여야 한다.

42 정답 | ④
풀이 | 저압용 전선로에 사용되는 퓨즈는 정격전류의 1.1배의 전류에는 견디어야 하며 1.6배, 2배의 정격전류에는 규정시한 이내에 용단되어야 한다.

43 정답 | ②
풀이 | ① 클리퍼 : 굵은 전선을 절단할 때 사용하는 가위로서 굵은 전선을 펜치로 절단하기 힘들 때 클리퍼나 쇠톱을 사용한다.
② 플레셔 툴 : 솔더리스(solderless)커넥터 또는 솔더리스 터미널을 압착하는 공구이다.
④ 드라이브이트 툴 : 화약의 폭발력을 이용하여 철근콘크리트 등의 단단한 조영물에 드라이브이트 핀을 박을 때 사용하는 것으로 취급자는 보안상 훈련을 받아야 한다.

44 정답 | ①
풀이 | 전선의 접속 조건
- 접속 시 전기적 저항을 증가시키지 않아야 한다.
- 접속부위의 기계적 강도를 20% 이상 감소시키지 않아야 한다.
- 접속점의 절연이 악화되지 않도록 테이핑 또는 와이어 커넥터로 절연한다.
- 전선의 접속은 박스 안에서 하고, 접속점에 장력이 가해지지 않도록 한다.

45 정답 | ③
풀이 | 와이어 커넥터 : 정크션 박스 내에서 쥐꼬리 접속 후 사용되며, 납땜과 테이프 감기가 필요 없다.

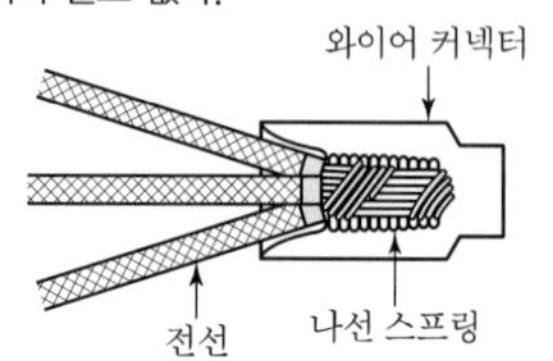

46 정답 | ④
풀이 | 합성수지관 관 상호 및 관과 박스 접속방법
- 커플링에 들어가는 관의 길이는 관 바깥지름의 1.2배 이상으로 한다.
- 접착제를 사용하는 경우에는 0.8배 이상으로 한다.

47 정답 | ③
풀이 | 금속전선관을 구부릴 때는 히키(벤더)를 사용하여 관이 심하게 변형되지 않도록 구부려야 하며, 구부러지는 관의 안쪽 반지름은 관 안지름의 6배 이상으로 구부려야 한다.

48 정답 | ④
풀이 | 전선과 금속전선관의 단면적 관계

배선 구분	전선 단면적에 따른 전선관 굵기 선정 (전선 단면적은 절연피복 포함)
• 동일 굵기의 절연전선을 동일 관 내에 넣을 경우 • 배관의 굴곡이 작아 전선을 쉽게 인입하고 교체할 수 있는 경우	• 전선관 내단면적의 48[%] 이하로 전선관 선정
• 굵기가 다른 절연 전선을 동일 관 내에 넣는 경우	• 전선관 내단면적의 32[%] 이하로 전선관 선정

49 정답 | ③
풀이 | • 금속제 가요전선관의 지지점 간 거리는 1[m] 이하
- 합성수지관의 지지점 간 거리는 1.5[m] 이하
- 금속전선관 지지점 간 거리는 2[m] 이하

50 정답 | ③
풀이 | 전선은 절연전선으로 단면적 10[mm^2](알루미늄선은 16[mm^2])를 초과하는 것은 연선을 사용해야 하며, 관내에서는 전선의 접속점을 만들어서는 안 된다.

51 정답 | ④
풀이 | • 금속 덕트에 수용하는 전선은 절연물을 포함하는 단면적의 총합이 금속 덕트 내 단면적의 20[%] 이하가 되도록 한다.
- 전광사인 장치, 출퇴 표시등, 기타 이와 유사한 장치 또는 제어회로 등의 배선에 사용하는 전선만을 넣는 경우에는 50[%] 이하로 할 수 있다.

52 정답 | ①
풀이 | 접지의 목적
- 누설 전류로 인한 감전을 방지
- 뇌해로 인한 전기설비를 보호
- 전로에 지락사고 발생 시 보호계전기를 확실하게 작동
- 이상 전압이 발생하였을 때 대지전압을 억제하여 절연강도를 낮추기 위함

CBT 정답 및 해설

53 정답 | ①
풀이 |

접지종별	적용기기	접지선의 굵기
제1종 접지공사	고압용 또는 특별고압용의 기기외함, 철대	6[mm^2] 이상의 연동선
제2종 접지공사	특고압에서 저압변성하는 변압기	16[mm^2] 이상
	고압, 22.9[kV－Y]에서 저압변성하는 변압기	6[mm^2] 이상
특별 제3종 접지공사	400[V] 이상의 저압용 기기외함, 철대	2.5[mm^2] 이상 연동선
제3종 접지공사	400[V] 미만의 기기외함, 철대	

54 정답 | ②
풀이 | 금속제 수도관을 접지극으로 사용할 경우 3[Ω] 이하의 접지저항을 가지고 있어야 한다.
참조 건물의 철골 등 금속체를 접지극으로 사용할 경우 2[Ω] 이하의 접지저항을 가지고 있어야 한다.

55 정답 | ②
풀이 | ① 소주인입선 : 인입간선의 전선로에서 분기한 소주에서 수용가에 이르는 전선로
③ 본주인입선 : 인입간선의 전선로에서 수용가에 이르는 전선로
④ 인입간선 : 배선선로에서 분기된 인입전선로

56 정답 | ②
풀이 | 철탑은 자체적으로 기울어지는 것을 방지하기 위해 높이에 비례하여 밑면의 넓이를 확보하도록 만들어진다.

57 정답 | ④
풀이 | ① 노브 애자 : 옥내배선에 사용하는 애자
② 인류 애자 : 인입선에 사용하는 애자
③ 현수 애자 : 가공전선로에서 전선을 잡아당겨 지지하는 애자
④ 구형 애자 : 지선에 중간에 사용하는 애자로 지선애자라고도 한다.

58 정답 | ④
풀이 | 6불화유황(SF_6) 가스는 공기보다 절연내력이 높고, 불활성 기체이다.

59 정답 | ①
풀이 | 폭연성 분진 또는 화약류 분말이 존재하는 곳의 배선
- 저압 옥내 배선은 금속전선관 공사 또는 케이블 공사에 의하여 시설
- 케이블 공사는 개장된 케이블 또는 미네랄인슐레이션 케이블을 사용
- 이동 전선은 0.6/1[kV EP] 고무절연 클로로프렌 캡타이어케이블을 사용

TIP 금속전선관, 합성수지관, 케이블은 대부분의 전기공사에 사용할 수 있으며, 합성수지관은 열에 약한 특성이 있으므로 화재의 우려가 있는 장소는 제한된다.

60 정답 | ④
풀이 | 흥행장소 : 저압옥내배선, 전구선 또는 이동전선은 사용전압이 400[V] 미만이어야 한다.

02회 실전점검! CBT 실전모의고사

수험번호 :
수험자명 :

제한 시간 : 60분
남은 시간 :

글자 크기 100% 150% 200% 화면 배치

전체 문제 수 :
안 푼 문제 수 :

답안 표기란

1	①	②	③	④
2	①	②	③	④
3	①	②	③	④
4	①	②	③	④
5	①	②	③	④
6	①	②	③	④
7	①	②	③	④
8	①	②	③	④
9	①	②	③	④
10	①	②	③	④
11	①	②	③	④
12	①	②	③	④
13	①	②	③	④
14	①	②	③	④
15	①	②	③	④
16	①	②	③	④
17	①	②	③	④
18	①	②	③	④
19	①	②	③	④
20	①	②	③	④
21	①	②	③	④
22	①	②	③	④
23	①	②	③	④
24	①	②	③	④
25	①	②	③	④
26	①	②	③	④
27	①	②	③	④
28	①	②	③	④
29	①	②	③	④
30	①	②	③	④

01 24[C]의 전기량이 이동해서 144[J]의 일을 했을 때 기전력은?

① 2[V] ② 4[V]
③ 6[V] ④ 8[V]

02 어떤 저항(R)에 전압(V)를 가하니 전류(I)가 흘렀다. 이 회로의 저항(R)을 20% 줄이면 전류(I)는 처음의 몇 배가 되는가?

① 0.8 ② 0.88
③ 1.25 ④ 2.04

03 그림과 같은 회로에서 4[Ω]에 흐르는 전류[A] 값은?

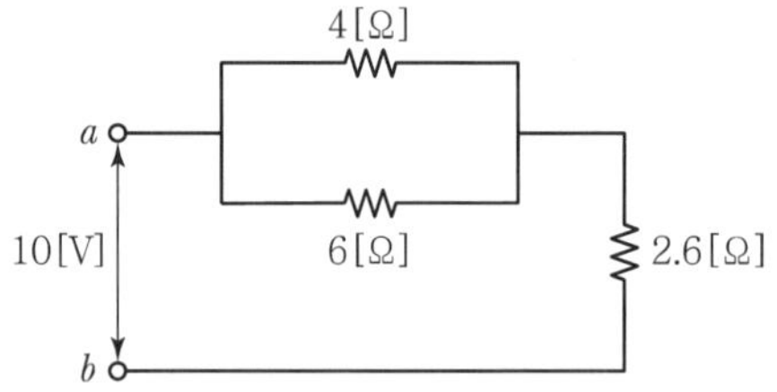

4[Ω]
a
10[V]
6[Ω]
2.6[Ω]
b

① 0.6 ② 0.8
③ 1.0 ④ 1.2

04 5[Wh]는 몇 [J]인가?

① 720 ② 1,800
③ 7,200 ④ 18,000

05 진공 중에서 10^{-4}[C]과 10^{-8}[C]의 두 전하가 10[m]의 거리에 놓여 있을 때, 두 전하 사이에 작용하는 힘[N]은?

① 9×10^{2} ② 1×10^{4}
③ 9×10^{-5} ④ 1×10^{-8}

계산기 다음 ▶ 안 푼 문제 답안 제출

02회 실전점검! CBT 실전모의고사

수험번호 :
수험자명 :

제한 시간 : 60분
남은 시간 :

글자 크기 100% 150% 200% 화면 배치

전체 문제 수 :
안 푼 문제 수 :

답안 표기란

1	①	②	③	④
2	①	②	③	④
3	①	②	③	④
4	①	②	③	④
5	①	②	③	④
6	①	②	③	④
7	①	②	③	④
8	①	②	③	④
9	①	②	③	④
10	①	②	③	④
11	①	②	③	④
12	①	②	③	④
13	①	②	③	④
14	①	②	③	④
15	①	②	③	④
16	①	②	③	④
17	①	②	③	④
18	①	②	③	④
19	①	②	③	④
20	①	②	③	④
21	①	②	③	④
22	①	②	③	④
23	①	②	③	④
24	①	②	③	④
25	①	②	③	④
26	①	②	③	④
27	①	②	③	④
28	①	②	③	④
29	①	②	③	④
30	①	②	③	④

06 콘덴서에 1,000[V]의 전압을 가하였더니 5×10^{-3}[C] 전하가 축적되었다. 이 콘덴서의 용량은?

① 2.5[μF] ② 5[μF]
③ 250[μF] ④ 5,000[μF]

07 정전용량이 같은 콘덴서 2개를 병렬로 연결하였을 때의 합성 정전용량은 직렬로 접속하였을 때의 몇 배인가?

① $\frac{1}{4}$ ② $\frac{1}{2}$
③ 2 ④ 4

08 비오-사바르(Biot-Savart)의 법칙과 가장 관계가 깊은 것은?

① 전류가 만드는 자장의 세기 ② 전류와 전압의 관계
③ 기전력과 자계의 세기 ④ 기전력과 자속의 변화

09 다음 중 전동기의 원리에 적용되는 법칙은?

① 렌츠의 법칙 ② 플레밍의 오른손법칙
③ 플레밍의 왼손법칙 ④ 옴의 법칙

10 도체가 운동하여 자속을 끊었을 때 기전력의 방향을 알아내는 데 편리한 법칙은?

① 렌츠의 법칙 ② 패러데이의 법칙
③ 플레밍의 왼손법칙 ④ 플레밍의 오른손법칙

계산기 다음 ▶ 안 푼 문제 답안 제출

실전점검!
CBT 실전모의고사

수험번호 :
수험자명 :

제한 시간 : 60분
남은 시간 :

글자 크기 100% 150% 200% 화면 배치

전체 문제 수 :
안 푼 문제 수 :

답안 표기란

11 코일이 접속되어 있을 때, 누설 자속이 없는 이상적인 코일 간의 상호 인덕턴스는?

① $M=\sqrt{L_1+L_2}$　② $M=\sqrt{L_1-L_2}$
③ $M=\sqrt{L_1 L_2}$　④ $M=\sqrt{\frac{L_1}{L_2}}$

12 $e=100\sin\left(314t-\frac{\pi}{6}\right)$[V]인 파형의 주파수는 약 몇 [Hz]인가?

① 40　② 50
③ 60　④ 80

13 $R=4[\Omega]$, $X_L=8[\Omega]$, $X_C=5[\Omega]$가 직렬로 연결된 회로에 100[V]의 교류를 가했을 때 흐르는 ㉠ 전류와 ㉡ 임피던스는?

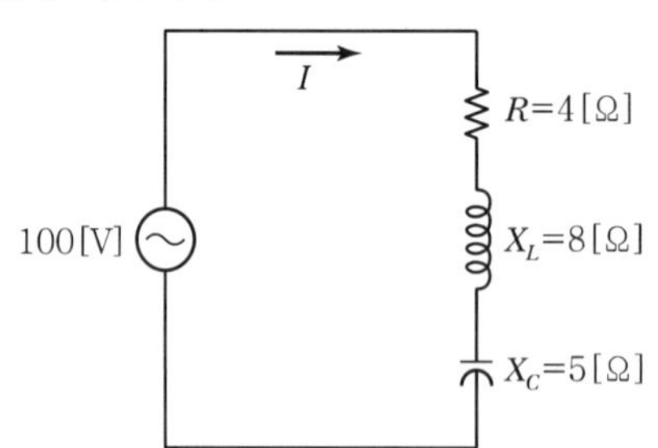

① ㉠ 5.9[A], ㉡ 용량성　② ㉠ 5.9[A], ㉡ 유도성
③ ㉠ 20[A], ㉡ 용량성　④ ㉠ 20[A], ㉡ 유도성

14 어느 교류전압의 순시값이 $v=311\sin(120\pi t)$[V]라고 하면 이 전압의 실효값은 약 몇 [V]인가?

① 180[V]　② 220[V]
③ 440[V]　④ 622[V]

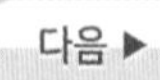
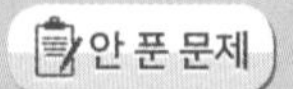

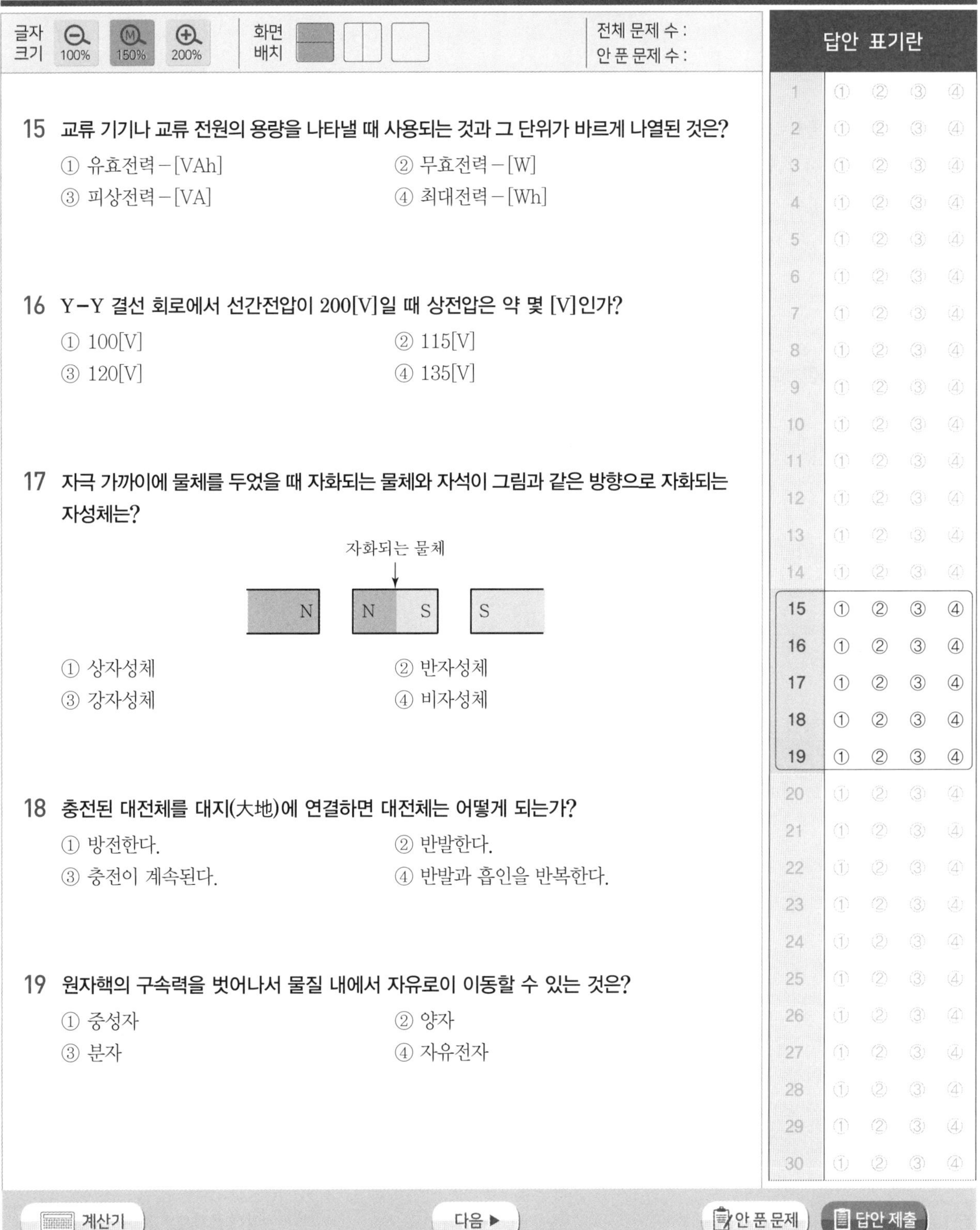

02회 실전점검! CBT 실전모의고사

수험번호 :
수험자명 :

제한 시간 : 60분
남은 시간 :

글자 크기 100% 150% 200% 화면 배치 전체 문제 수 : 안 푼 문제 수 :

답안 표기란

15 교류 기기나 교류 전원의 용량을 나타낼 때 사용되는 것과 그 단위가 바르게 나열된 것은?

① 유효전력 – [VAh] ② 무효전력 – [W]
③ 피상전력 – [VA] ④ 최대전력 – [Wh]

16 Y–Y 결선 회로에서 선간전압이 200[V]일 때 상전압은 약 몇 [V]인가?

① 100[V] ② 115[V]
③ 120[V] ④ 135[V]

17 자극 가까이에 물체를 두었을 때 자화되는 물체와 자석이 그림과 같은 방향으로 자화되는 자성체는?

① 상자성체 ② 반자성체
③ 강자성체 ④ 비자성체

18 충전된 대전체를 대지(大地)에 연결하면 대전체는 어떻게 되는가?

① 방전한다. ② 반발한다.
③ 충전이 계속된다. ④ 반발과 흡인을 반복한다.

19 원자핵의 구속력을 벗어나서 물질 내에서 자유로이 이동할 수 있는 것은?

① 중성자 ② 양자
③ 분자 ④ 자유전자

계산기 다음 ▶ 안 푼 문제 답안 제출

20 평형 3상 교류회로에서 Δ부하의 한 상의 임피던스가 Z_Δ일 때, 등가 변환한 Y부하의 한 상의 임피던스 Z_Y는 얼마인가?

① $Z_Y = \sqrt{3} Z_\Delta$
② $Z_Y = 3Z_\Delta$
③ $Z_Y = \dfrac{1}{\sqrt{3}} Z_\Delta$
④ $Z_Y = \dfrac{1}{3} Z_\Delta$

21 부흐홀츠 계전기로 보호되는 기기는?

① 변압기
② 유도 전동기
③ 직류 발전기
④ 교류 발전기

22 6,600/220[V]인 변압기의 1차에 2,850[V]를 가하면 2차 전압[V]은?

① 90
② 95
③ 120
④ 105

23 변압기의 효율이 가장 좋을 때의 조건은?

① 철손=동손
② 철손=1/2 동손
③ 동손=1/2 철손
④ 동손=2 철손

24 유도전동기의 동기속도가 1,200[rpm]이고, 회전수가 1,176[rpm]일 때 슬립은?

① 0.06
② 0.04
③ 0.02
④ 0.01

25 유도 전동기의 Y−Δ 기동 시 기동 토크와 기동 전류는 전전압 기동 시의 몇 배가 되는가?

① $1/\sqrt{3}$
② $\sqrt{3}$
③ 1/3
④ 3

1	①	②	③	④
2	①	②	③	④
3	①	②	③	④
4	①	②	③	④
5	①	②	③	④
6	①	②	③	④
7	①	②	③	④
8	①	②	③	④
9	①	②	③	④
10	①	②	③	④
11	①	②	③	④
12	①	②	③	④
13	①	②	③	④
14	①	②	③	④
15	①	②	③	④
16	①	②	③	④
17	①	②	③	④
18	①	②	③	④
19	①	②	③	④
20	①	②	③	④
21	①	②	③	④
22	①	②	③	④
23	①	②	③	④
24	①	②	③	④
25	①	②	③	④
26	①	②	③	④
27	①	②	③	④
28	①	②	③	④
29	①	②	③	④
30	①	②	③	④

02회 실전점검! CBT 실전모의고사

수험번호 :
수험자명 :

제한 시간 : 60분
남은 시간 :

글자 크기 100% 150% 200% 화면 배치 전체 문제 수 : 안 푼 문제 수 :

답안 표기란

26 선풍기, 가정용 펌프, 헤어 드라이기 등에 주로 사용되는 전동기는?

① 단상 유도전동기
② 권선형 유도전동기
③ 동기 전동기
④ 직류 직권전동기

27 직류를 교류로 변환하는 것은?

① 다이오드
② 사이리스터
③ 초퍼
④ 인버터

28 동기 조상기를 과여자로 사용하면?

① 리액터로 작용
② 저항손의 보상
③ 일반부하의 뒤진 전류 보상
④ 콘덴서로 작용

29 동기 발전기의 병렬운전 중에 기전력의 위상차가 생기면?

① 위상이 일치하는 경우보다 출력이 감소한다.
② 부하 분담이 변한다.
③ 무효 순환 전류가 흘러 전기자 권선이 과열된다.
④ 동기화력이 생겨 두 기전력의 위상이 동상이 되도록 작용한다.

30 직류 전동기의 속도제어 방법이 아닌 것은?

① 전압제어
② 계자제어
③ 저항제어
④ 플러깅 제어

계산기 다음 ▶ 안 푼 문제 답안 제출

31	①	②	③	④
32	①	②	③	④
33	①	②	③	④
34	①	②	③	④
35	①	②	③	④
36	①	②	③	④
37	①	②	③	④
38	①	②	③	④
39	①	②	③	④
40	①	②	③	④
41	①	②	③	④
42	①	②	③	④
43	①	②	③	④
44	①	②	③	④
45	①	②	③	④
46	①	②	③	④
47	①	②	③	④
48	①	②	③	④
49	①	②	③	④
50	①	②	③	④
51	①	②	③	④
52	①	②	③	④
53	①	②	③	④
54	①	②	③	④
55	①	②	③	④
56	①	②	③	④
57	①	②	③	④
58	①	②	③	④
59	①	②	③	④
60	①	②	③	④

31 직류 직권 전동기의 회전수(N)와 토크(τ)의 관계는?

① $\tau \propto \frac{1}{N}$
② $\tau \propto \frac{1}{N^2}$
③ $\tau \propto N$
④ $\tau \propto N^{\frac{3}{2}}$

32 직류기의 주요 구성 3요소가 아닌 것은?

① 전기자
② 정류자
③ 계자
④ 보극

33 통전 중인 사이리스터를 턴 오프(Turn Off)하려면?

① 순방향 Anode 전류를 유지전류 이하로 한다.
② 순방향 Anode 전류를 증가시킨다.
③ 게이트 전압을 0 또는 -로 한다.
④ 역방향 Anode 전류를 통전한다.

34 다음 단상 유도전동기 중 기동 토크가 큰 것부터 옳게 나열한 것은?

> ㉠ 반발 기동형 ㉡ 콘덴서 기동형
> ㉢ 분상 기동형 ㉣ 셰이딩 코일형

① ㉠ > ㉡ > ㉢ > ㉣
② ㉠ > ㉣ > ㉡ > ㉢
③ ㉠ > ㉢ > ㉣ > ㉡
④ ㉠ > ㉡ > ㉣ > ㉢

35 유도전동기의 제동법이 아닌 것은?

① 3상 제동
② 발전제동
③ 회생제동
④ 역상제동

36 3상 380[V], 60[Hz], 4P, 슬립 5[%], 55[kW] 유도전동기가 있다. 회전자 속도는 몇 [rpm]인가?

① 1,200 ② 1,526
③ 1,710 ④ 2,280

37 변압기에서 철손은 부하전류와 어떤 관계인가?

① 부하전류에 비례한다. ② 부하전류의 자승에 비례한다.
③ 부하전류에 반비례한다. ④ 부하전류와 관계없다.

38 1차 전압 3,300[V], 2차 전압 220[V]인 변압기의 권수비(Turn Ratio)는 얼마인가?

① 15 ② 220
③ 3,300 ④ 7,260

39 2대의 동기 발전기 A, B가 병렬 운전하고 있을 때 A기의 여자 전류를 증가시키면 어떻게 되는가?

① A기의 역률은 낮아지고 B기의 역률은 높아진다.
② A기의 역률은 높아지고 B기의 역률은 낮아진다.
③ A, B 양 발전기의 역률이 높아진다.
④ A, B 양 발전기의 역률이 낮아진다.

40 직류 분권 전동기에서 운전 중 계자 권선의 저항이 증가하면 회전속도는 어떻게 되는가?

① 감소한다.
② 증가한다.
③ 일정하다.
④ 증가하다가 계자저항이 무한대가 되면 감소한다.

41 **일반적으로 과전류 차단기를 설치하여야 할 곳은?**

① 접지공사의 접지선
② 다선식 전로의 중성선
③ 송배전선의 보호용 인입선 등 분기선을 보호하는 곳
④ 저압 가공 전로의 접지측 전선

42 **펜치로 절단하기 힘든 굵은 전선의 절단에 사용되는 공구는?**

① 파이프 렌치
② 파이프 커터
③ 클리퍼
④ 와이어 게이지

43 **피시 테이프(Fish Tape)의 용도는?**

① 전선을 테이핑하기 위하여 사용
② 전선관의 끝마무리를 위해서 사용
③ 전선관에 전선을 넣을 때 사용
④ 합성수지관을 구부릴 때 사용

44 **동전선의 직선 접속(트위스트조인트)은 몇 [mm^2] 이하의 전선이어야 하는가?**

① 2.5
② 6
③ 10
④ 16

45 **금속전선관과 비교한 합성수지 전선관 공사의 특징으로 거리가 먼 것은?**

① 내식성이 우수하다.
② 배관 작업이 용이하다.
③ 열에 강하다.
④ 절연성이 우수하다.

02회 실전점검! CBT 실전모의고사

수험번호 :
수험자명 :

제한 시간 : 60분
남은 시간 :

글자 크기 100% 150% 200% 화면 배치 전체 문제 수 : 안 푼 문제 수 :

답안 표기란

46 합성수지관 공사에 대한 설명 중 옳지 않은 것은?

① 습기가 많은 장소 또는 물기가 있는 장소에 시설하는 경우에는 방습 장치를 한다.
② 관 상호 간 및 박스와는 관을 삽입하는 깊이를 관의 바깥지름의 1.2배 이상으로 한다.
③ 관의 지지점 간 거리는 3m 이상으로 한다.
④ 합성수지관 안에는 전선에 접속점이 없도록 한다.

47 금속전선관 공사에서 금속관과 접속함을 접속하는 경우 녹아웃 구멍이 금속관보다 클 때 사용하는 부품은?

① 록너트(로크너트) ② 부싱
③ 새들 ④ 링 리듀서

48 사용전압이 400[V] 이상인 경우 금속관 및 부속품 등은 사람이 접촉할 우려가 없는 경우 제 몇 종 접지공사를 하는가?

① 제1종 ② 제2종
③ 제3종 ④ 특별 제3종

49 가요전선관의 상호 접속은 무엇을 사용하는가?

① 콤비네이션 커플링 ② 스플릿 커플링
③ 더블 커넥터 ④ 앵글 커넥터

50 다음 중 금속덕트 공사의 시설방법 중 틀린 것은?

① 덕트 상호 간은 견고하고 또한 전기적으로 완전하게 접속할 것
② 덕트 지지점 간의 거리는 3[m] 이하로 할 것
③ 덕트의 끝부분은 열어 둘 것
④ 저압 옥내배선의 사용전압이 400[V] 미만인 경우에는 덕트에 제3종 접지공사를 할 것

번호				
31	①	②	③	④
32	①	②	③	④
33	①	②	③	④
34	①	②	③	④
35	①	②	③	④
36	①	②	③	④
37	①	②	③	④
38	①	②	③	④
39	①	②	③	④
40	①	②	③	④
41	①	②	③	④
42	①	②	③	④
43	①	②	③	④
44	①	②	③	④
45	①	②	③	④
46	①	②	③	④
47	①	②	③	④
48	①	②	③	④
49	①	②	③	④
50	①	②	③	④
51	①	②	③	④
52	①	②	③	④
53	①	②	③	④
54	①	②	③	④
55	①	②	③	④
56	①	②	③	④
57	①	②	③	④
58	①	②	③	④
59	①	②	③	④
60	①	②	③	④

계산기 다음 ▶ 안 푼 문제 답안 제출

02회 실전점검! CBT 실전모의고사

수험번호 :
수험자명 :

제한 시간 : 60분
남은 시간 :

글자 크기 100% 150% 200% 화면 배치

전체 문제 수 :
안 푼 문제 수 :

답안 표기란

51 플로어 덕트 공사에 대한 설명 중 옳지 않은 것은?

① 덕트 상호간 접속은 견고하고 전기적으로 완전하게 접속하여야 한다.
② 덕트의 끝 부분은 막는다.
③ 덕트 및 박스 기타 부속품은 물이 고이는 부분이 없도록 시설하여야 한다.
④ 플로어 덕트는 특별 제3종 접지공사로 하여야 한다.

52 제3종 접지공사 및 특별 제3종 접지공사의 접지선은 공칭 단면적 몇 [mm^2] 이상의 연동선을 사용하여야 하는가?

① 2.5
② 4
③ 6
④ 10

53 교통신호등 제어장치의 금속제 외함에는 제 몇 종 접지공사를 해야 하는가?

① 제1종 접지공사
② 제2종 접지공사
③ 제3종 접지공사
④ 특별 제3종 접지공사

54 일반적으로 저압 가공 인입선이 도로를 횡단하는 경우 노면 상 설치 높이는 몇 [m] 이상이어야 하는가?

① 3[m]
② 4[m]
③ 5[m]
④ 6.5[m]

55 저압 연접인입선의 시설방법으로 틀린 것은?

① 인입선에서 분기되는 점에서 150[m]를 넘지 않도록 할 것
② 일반적으로 인입선 접속점에서 인입구 장치까지의 배선은 중도에 접속점을 두지 않도록 할 것
③ 폭 5[m]를 넘는 도로를 횡단하지 않도록 할 것
④ 옥내를 통과하지 않도록 할 것

번호				
31	①	②	③	④
32	①	②	③	④
33	①	②	③	④
34	①	②	③	④
35	①	②	③	④
36	①	②	③	④
37	①	②	③	④
38	①	②	③	④
39	①	②	③	④
40	①	②	③	④
41	①	②	③	④
42	①	②	③	④
43	①	②	③	④
44	①	②	③	④
45	①	②	③	④
46	①	②	③	④
47	①	②	③	④
48	①	②	③	④
49	①	②	③	④
50	①	②	③	④
51	①	②	③	④
52	①	②	③	④
53	①	②	③	④
54	①	②	③	④
55	①	②	③	④
56	①	②	③	④
57	①	②	③	④
58	①	②	③	④
59	①	②	③	④
60	①	②	③	④

계산기 다음 ▶ 안 푼 문제 답안 제출

수험번호 :
수험자명 :

제한 시간 : 10분
남은 시간 :

글자 크기 100% 150% 200% 화면 배치

전체 문제 수 :
안 푼 문제 수 :

56 전주의 길이가 16[m]이고, 설계하중이 6.8[kN] 이하인 철근콘크리트주를 시설할 때 땅에 묻히는 깊이는 몇 [m] 이상이어야 하는가?

① 1.2 ② 1.4
③ 2.0 ④ 2.5

57 다음 중 배전반 및 분전반의 설치 장소로 적합하지 않은 곳은?

① 전기회로를 쉽게 조작할 수 있는 장소
② 개폐기를 쉽게 개폐할 수 있는 장소
③ 노출된 장소
④ 사람이 쉽게 조작할 수 없는 장소

58 수 · 변전 설비의 고압회로에 걸리는 전압을 표시하기 위해 전압계를 시설할 때 고압회로와 전압계 사이에 시설하는 것은?

① 관통형 변압기 ② 계기용 변류기
③ 계기용 변압기 ④ 권선형 변류기

59 화약류 저장소에서 백열전등이나 형광등 또는 이들에 전기를 공급하기 위한 전기설비를 시설하는 경우 전로의 대지전압은?

① 100[V] 이하 ② 150[V] 이하
③ 220[V] 이하 ④ 300[V] 이하

60 부식성 가스 등이 있는 장소에 시설할 수 없는 배선은?

① 금속관 배선 ② 제1종 금속제 가요전선관 배선
③ 케이블 배선 ④ 캡타이어 케이블 배선

답안 표기란

번호				
31	①	②	③	④
32	①	②	③	④
33	①	②	③	④
34	①	②	③	④
35	①	②	③	④
36	①	②	③	④
37	①	②	③	④
38	①	②	③	④
39	①	②	③	④
40	①	②	③	④
41	①	②	③	④
42	①	②	③	④
43	①	②	③	④
44	①	②	③	④
45	①	②	③	④
46	①	②	③	④
47	①	②	③	④
48	①	②	③	④
49	①	②	③	④
50	①	②	③	④
51	①	②	③	④
52	①	②	③	④
53	①	②	③	④
54	①	②	③	④
55	①	②	③	④
56	①	②	③	④
57	①	②	③	④
58	①	②	③	④
59	①	②	③	④
60	①	②	③	④

계산기 다음 ▶ 안 푼 문제 답안 제출

CBT 정답 및 해설

01 정답 | ③

풀이 | 전위차 $V=\frac{W}{Q}=\frac{144}{24}=6[V]$

02 정답 | ③

풀이 | 옴의 법칙 $I=\frac{V}{R}$에서 전압이 일정할 때 저항을 20% 줄이면, 전류는 125% 증가한다.

03 정답 | ④

풀이 | 전체 합성 저항 $R=\frac{4\times6}{4+6}+2.6=5[\Omega]$

전 전류 $I=\frac{V}{R}=\frac{10}{5}=2[A]$

4[Ω]에 흐르는 전류 $I_1=\frac{R_2}{R_1+R_2}\times I=\frac{6}{4+6}\times2=1.2[A]$

04 정답 | ④

풀이 | 1[J] = 1[W · sec]이므로,

5 [Wh] = 5[W] × 3,600[sec] = 18,000[J]

05 정답 | ③

풀이 | 쿨롱의 법칙에서 정전력 $F=\frac{1}{4\pi\varepsilon}\frac{Q_1Q_2}{r^2}[N]$이다.

여기서 진공에서는 ε_s=1이고, $\varepsilon_0=8.855\times10^{-12}$이므로,

$F=9\times10^9\times\frac{10^{-4}\times10^{-8}}{10^2}=9\times10^{-5}[N]$이다.

06 정답 | ②

풀이 | $C=\frac{Q}{V}=\frac{5\times10^{-3}}{1,000}=5\times10^{-6}=5[\mu F]$

07 정답 | ④

풀이 | 병렬 접속 시 합성 정전용량 $C_P=2C$

직렬 접속 시 합성 정전용량 $C_S=\frac{C}{2}$

따라서 $\frac{C_P}{C_S}=\frac{2C}{\frac{C}{2}}=4$배이다.

08 정답 | ①

풀이 | 비오-사바르의 법칙 : 전류의 방향에 따른 자기장의 세기 정의

09 정답 | ③

풀이 | • 플레밍의 오른손법칙 : 발전기

• 플레밍의 왼손법칙 : 전동기

10 정답 | ④

풀이 | 자기장 내에서 도체가 움직일 때 유도 기전력이 발생하는 현상은 플레밍의 오른손법칙이다.

참고로, 자속이 변화할 때 도체에 유도 기전력이 발생하는 현상은 렌츠의 법칙이다.

11 정답 | ③

풀이 | 누설 자속이 없으므로 결합계수 $k=1$

따라서, $M=k\sqrt{L_1L_2}=\sqrt{L_1L_2}$

12 정답 | ②

풀이 | 교류순시값의 표시방법에서 $e=V_m\sin\omega t$이고 $\omega=2\pi f$이므로,

주파수 $f=\frac{314}{2\pi}=50[Hz]$

13 정답 | ④

풀이 | • $\dot{Z}=4+j(8-5)=4+j3$

$|\dot{Z}|=\sqrt{4^2+3^2}=5,\ I=\frac{V}{|\dot{Z}|}=\frac{100}{5}=20[A]$

• $X_L>X_C$이므로 유도성이다.

14 정답 | ②

풀이 | $V_m=311[V],\ V=\frac{1}{\sqrt{2}}V_m=\frac{1}{\sqrt{2}}\times311=220[V]$

15 정답 | ③

풀이 | ① 유효전력 – [W]

② 무효전력 – [var]

④ 전력량 – [Wh]

16 정답 | ②

풀이 | Y 결선에서 상전압(V_p)과 선간전압(V_l)의 관계

$V_\ell=\sqrt{3}V_p\angle\frac{\pi}{6}$[V]이므로,

$200=\sqrt{3}V_p$에서 $V_p=\frac{200}{\sqrt{3}}=115.5[V]$이다.

17 정답 | ②

풀이 | ① 상자성체 : 자석에 자화되어 약하게 끌리는 물체

② 반자성체 : 자석에 자화가 반대로 되어 약하게 반발하는 물체

③ 강자성체 : 자석에 자화되어 강하게 끌리는 물체

18 정답 | ①

풀이 | 충전된 대전체는 전자가 부족(양전기)하거나 남게 된(음전기) 상태이며, 거대한 유전체인 대지와 대전체를 연결하게 되면, 대전체에 부족하거나 남는 수만큼의 전자가 들어오거나 나가게 되어 전기를 띠지 않는 중성 상태로 방전하게 된다.

19 정답 | ④

20 정답 | ④

풀이 | • Y → Δ 변환 $Z_\Delta=3Z_Y$

• Δ → Y 변환 $Z_Y=\frac{1}{3}Z_\Delta$

21 정답 | ①

풀이 | 부흐홀츠 계전기 : 변압기 내부 고장으로 인한 절연유의 온도 상승 시 발생하는 가스(기포) 또는 기름의 흐름에 의해 동작하는 계전기

22 정답 | ②

풀이 | 권수비 $a = \frac{V_1}{V_2} = \frac{6,600}{220} = 30$ 이므로,

따라서, $V_2' = \frac{V_1'}{a} = \frac{2,850}{30} = 95[V]$ 이다.

23 정답 | ①

풀이 | 변압기는 철손과 동손이 같을 때 최대효율이 된다.

24 정답 | ③

풀이 | 슬립 $s = \frac{N_s - N}{N_s}$ 이므로, $s = \frac{1,200 - 1,176}{1,200} = 0.02$ 이다.

25 정답 | ③

풀이 | $Y - \Delta$ 기동법 : 기동 전류와 기동 토크가 전 부하의 1/3로 줄어든다.

26 정답 | ①

풀이 | 단상 유도전동기는 전부하전류에 대한 무부하전류의 비율이 대단히 크고, 역률과 효율 등 동일한 정격의 3상 유도 전동기에 비해 대단히 나쁘고, 중량이 무거우며 가격도 비싸다. 그러나, 단상전원으로 간단하게 사용될 수 있는 편리한 점이 있어 가정용, 소공업용, 농사용 등 주로 0.75[kW] 이하의 소출력용으로 많이 사용된다.

27 정답 | ④

풀이 | 인버터 : 직류를 교류로 변환하는 장치로서 주파수를 변환시키는 장치로서 역변환 장치라고도 한다.

28 정답 | ④

풀이 | 동기 조상기는 조상설비로 사용할 수 있다.
- 여자가 약할 때(부족여자) : I가 V보다 지상(뒤짐), 리액터 역할
- 여자가 강할 때(과여자) : I가 V보다 진상(앞섬), 콘덴서 역할

29 정답 | ④

풀이 | 병렬운전 조건 중 기전력의 위상이 서로 다르면 순환 전류(유효 횡류)가 흐르며, 위상이 앞선 발전기는 부하의 증가를 가져와서 회전속도가 감소하게 되고, 위상이 뒤진 발전기는 부하의 감소를 가져와서 발전기의 속도가 상승하게 된다.

30 정답 | ④

풀이 | 직류 전동기의 속도제어법
- 계자제어 : 정출력 제어
- 저항제어 : 전력손실이 크며, 속도제어의 범위가 좁다.
- 전압제어 : 정토크 제어

31 정답 | ②

풀이 | $N \propto \frac{1}{I_a}$ 이고, $\tau \propto I_a^2$ 이므로 $\tau \propto \frac{1}{N^2}$ 이다.

32 정답 | ④

풀이 | 직류기의 3대 요소
- 전기자 • 계자 • 정류자

33 정답 | ①

풀이 | 사이리스터를 턴 오프하는 방법
- 온(On) 상태에 있는 사이리스터는 순방향 전류를 유지전류 미만으로 감소시켜 턴 오프시킬 수 있다.
- 역전압을 Anode와 Cathod 양단에 인가한다.

34 정답 | ①

풀이 | 기동 토크가 큰 순서
반발 기동형 → 콘덴서 기동형 → 분상 기동형 → 셰이딩 코일형

35 정답 | ①

풀이 | 유도전동기의 제동법 : 발전제동, 회생제동, 역상제동, 단상제동

36 정답 | ③

풀이 | 동기속도 $N_s = \frac{120f}{P} = \frac{120 \times 60}{4} = 1,800[rpm]$

슬립 $s = \frac{N_s - N}{N_s}$ 에서 회전자 속도

$N = N_s - S\,N_s = 1,800 - 1,800 \times 0.05 = 1,710[rpm]$

37 정답 | ④

풀이 | 철손 = 히스테리시스손 + 와류손
$\propto f \cdot B_m^{1.6} + (t \cdot f \cdot B_m)^2$ 이다. 즉, 부하전류와는 관계가 없다.

38 정답 | ①

풀이 | 권수비 $a = \frac{V_1}{V_2} = \frac{N_1}{N_2} = \frac{3,300}{220} = 15$

39 정답 | ①

풀이 | 여자 전류가 증가된 발전기는 기전력이 커지므로 무효 순환 전류가 발생하여 무효분의 값이 증가된다. 따라서 A기의 역률은 낮아지고 B기의 역률은 높아진다.

40 정답 | ②

풀이 | $N = K_1 \frac{V - I_a R_a}{\phi}[rpm]$ 이므로 계자저항을 증가시키면 계자전류가 감소하여 자속이 감소하므로, 회전수는 증가한다.

41 정답 | ③

풀이 | 과전류 차단기의 시설 금지 장소
- 접지공사의 접지선
- 다선식 전로의 중성선
- 제2종 접지공사를 한 저압가공전로의 접지 측 전선

42 정답 | ③

풀이 | 클리퍼(Clipper) : 굵은 전선을 절단하는 데 사용하는 가위

43 정답 | ③

풀이 | 피시 테이프(Fish Tape) : 전선관에 전선을 넣을 때 사용되는 평각 강철선이다.

44 정답 | ②
풀이 | 트위스트 접속은 단면적 6[mm^2] 이하의 가는 단선의 직선 접속에 적용된다.

45 정답 | ③
풀이 | 합성수지관의 특징
- 염화비닐 수지로 만든 것으로, 금속관에 비하여 가격이 저렴하다.
- 절연성과 내부식성이 우수하고, 재료가 가볍기 때문에 시공이 편리하다.
- 관자체가 비자성체이므로 접지할 필요가 없고, 피뢰기 · 피뢰침의 접지선 보호에 적당하다.
- 열에 약할 뿐 아니라, 충격 강도가 떨어지는 결점이 있다.

46 정답 | ③
풀이 | 관의 지지점 간 거리는 1.5m 이하로 하고, 관과 박스의 접속점 및 관 상호간의 접속점에 가까운 곳(0.3m 이내)에 지지점을 시설하여야 한다.

47 정답 | ④

48 정답 | ③
풀이 | 금속전선관의 접지
㉠ 사용 전압이 400[V] 미만인 경우 제3종 접지공사
㉡ 사용 전압이 400[V] 이상의 저압인 경우 특별 제3종 접지공사 (단, 사람이 접촉할 우려가 없는 경우에는 제3종 접지공사)
㉢ 강전류 회로의 전선과 약전류 회로의 전선을 전선관에 시공할 때는 특별 제3종 접지공사
㉣ 사용전압이 400[V] 미만인 다음의 경우에는 접지공사를 생략
- 건조한 장소 또는 사람이 쉽게 접촉할 우려가 없는 장소의 대지전압이 150[V] 이하, 8[m] 이하의 금속관을 시설하는 경우
- 대지전압이 150[V]를 초과할 때 4[m] 이하의 전선을 건조한 장소에 시설하는 경우

49 정답 | ②
풀이 | • 가요전선관 상호의 접속 : 스플릿 커플링
- 가요전선관과 금속관의 접속 : 콤비네이션 커플링
- 가요전선관과 박스의 접속 : 스트레이트 박스 커넥터, 앵글 박스 커넥터

50 정답 | ③
풀이 | 덕트의 말단은 막아야 한다.

51 정답 | ④
풀이 | 플로어 덕트는 사용전압이 400[V] 미만으로 제3종 접지공사를 하여야 한다.

52 정답 | ①

접지종별	접지선의 굵기
제1종 접지공사	6[mm^2] 이상의 연동선
제2종 접지공사	특고압에서 저압변성 : 16[mm^2] 이상
	고압, 22.9[kV−Y]에서 저압변성 : 6[mm^2] 이상
제3종 접지공사	2.5[mm^2] 이상의 연동선
특별 제3종 접지공사	

53 정답 | ③
풀이 | 교통신호등 회로는 300[V] 이하로 하여야 하므로 외함은 제3종 접지공사를 하여야 한다.

54 정답 | ③
풀이 | 인입선의 높이는 다음에 의할 것

구분	저압 인입선[m]	고압 및 특고압인입선[m]
도로 횡단	5	6
철도 궤도 횡단	6.5	6.5
기타	4	5

55 정답 | ①

56 정답 | ④
풀이 | 전주가 땅에 묻히는 깊이
㉠ 전주의 길이 15[m] 이하 : 전주 길이의 1/6 이상
㉡ 전주의 길이 15[m] 초과 : 2.5[m] 이상
㉢ 철근 콘크리트 전주로서 길이가 14[m] 이상 20[m] 이하이고, 설계하중이 6.8[kN] 초과 9.8[kN] 이하인 것은 위의 ㉠, ㉡의 깊이에 30cm을 가산한다.

57 정답 | ④
풀이 | 전기부하의 중심 부근에 위치하면서, 스위치 조작을 안정적으로 할 수 있는 곳에 설치하여야 한다.

58 정답 | ③
풀이 | 계기용 변압기 2차 측에 전압계를 시설하고, 계기용 변류기 2차 측에는 전류계를 시설한다.

59 정답 | ④
풀이 | 화약류 저장소 : 전로의 대지전압을 300[V] 이하로 한다.

60 정답 | ②
풀이 | 부식성 가스 등이 있는 장소
- 산류, 알칼리류, 염소산칼리, 표백분, 염료 또는 인조비료의 제조공장, 제련소, 전기도금공장, 개방형 축전지실 등 부식성 가스 등이 있는 장소
- 저압 배선 : 애자 사용 배선, 금속전선관 배선, 합성수지관 배선, 2종 금속제 가요전선관, 케이블 배선으로 시공

2019 | DOMINO
전기기능사 필기 단기완성

발행일 | 2017. 1. 5 초판 발행
2019. 4. 10 개정 1판1쇄
저 자 | 김 종 남 · 이 현 옥
발행인 | 정 용 수
발행처 | 예문사
주 소 | 경기도 파주시 직지길 460(출판도시) 도서출판 예문사
T E L | 031) 955-0550
F A X | 031) 955-0660
등록번호 | 11-76호

정가 : 16,000원

http : //www.yeamoonsa.com
ISBN 978-89-274-3050-6 13560

이 도서의 국립중앙도서관 출판예정도서목록(CIP)은 서지정보유통지원시스템 홈페이지(http : //seoji.nl.go.kr)와 국가자료공동목록시스템(http : //www.nl.go.kr/kolisnet)에서 이용하실 수 있습니다.(CIP제어번호 : CIP2019010005)